国家职业资格培训

轧制原料工

主　编　杨荣东
副主编　陈　龙

中国建材工业出版社

图书在版编目（CIP）数据

轧制原料工/杨荣东主编．—北京：中国建材工业出版社，2011.5
国家职业资格培训教程
ISBN 978-7-80227-921-6

Ⅰ．①轧… Ⅱ．①杨… Ⅲ．①轧制-技术培训-教材 Ⅳ．①TG33

中国版本图书馆CIP数据核字（2011）第056830号

内 容 简 介

本书根据《有色金属加工行业特有工种职业技能鉴定标准汇编——轧制原料工》编写，是职业技能培训、考核鉴定指导用书。本书介绍了铝、铜两种主要有色金属轧制前原料准备作业的相关知识和操作技能。结合《标准》要求，本书共分三篇，分别为轧制原料工专业基础知识、轧制原料加热工技能和轧制原料机加工技能。专业基础部分主要介绍金属切削加工基础、加热炉基础、铸锭加热金属学基础等知识；技能部分从初级、中级、高级、技师四个等级分别介绍了方、圆铸锭加热工和机加工考核鉴定的知识要求和技能要求的内容，包括铸锭轧制前加热、均热，铸锭锯切、车皮、镗孔、刨边和铣面等操作，常用吊具、刀具、热工仪表、机床、加热炉的基本结构、工作原理和操作、维护、保养方法，以及操作过程质量控制、生产管理、安全知识和技能培训方法等。

本书可作为轧制原料工考核鉴定前培训和自学教材，也可供从事有色金属熔铸和轧制工作的有关人员参考。

轧制原料工
主　编　杨荣东
副主编　陈　龙

出版发行：中国建材工业出版社
地　　址：北京市西城区车公庄大街6号
邮　　编：100044
经　　销：全国各地新华书店
印　　刷：北京雁林吉兆印刷有限公司
开　　本：710mm×1000mm　1/16
印　　张：30.75
字　　数：646千字
版　　次：2011年5月第1版
印　　次：2011年5月第1次
书　　号：ISBN 978-7-80227-921-6
定　　价：77.00元

本社网址：www.jccbs.com.cn

《轧制原料工》编审委员会

主　任： 丁学全

副主任： 丁跃华　汪　洁　尹晓辉

委　员： 谢承杰　伍祚明　代作春　李晓春

杨荣东　牟大强

前　　言

为了在有色金属加工生产从业人员中开展职业培训和职业技能鉴定，根据人力资源和社会保障部有关规定，中国有色金属工业协会、中国铝业公司、有色金属行业职业技能鉴定指导中心组织西南铝业公司牵头编写了《国家职业资格培训教程——轧制原料工》（以下简称《教程》）。

《教程》以中国有色金属工业协会颁布的《有色金属行业职业技能鉴定标准——轧制原料工》（以下简称《标准》）为依据，《教程》紧贴《标准》，内容上遵循“以职业活动为导向，以职业技能为核心”的指导思想，突出职业培训特色；结构上针对轧制原料工职业活动领域，按照《标准》中划分的职业功能模块，分初级工、中级工、高级工、技师四个级别编写。《教程》的基础知识部分覆盖《标准》的“基本要求”；“操作技能部分”对应于《标准》的“职业功能”、“技能要求”和“相关知识”。

本书介绍了铝、铜两种主要有色金属轧制前原料准备作业的相关知识和操作技能。结合《标准》要求，本书共分三篇，轧制原料工专业基础知识、轧制原料加热工技能、轧制原料机加工技能。专业基础部分主要介绍金属切削加工基础、加热炉基础、铸锭加热金属学基础等知识；技能部分介绍了方、圆铸锭加热工和机加工考核鉴定的知识要求和技能要求的内容，包括铸锭轧制前加热、均热，铸锭锯切、车皮、镗孔、刨边和铣面等操作，常用吊具、刀具、热工仪表、机床、加热炉的基本结构、工作原理和操作、维护、保养方法，以及操作过程质量控制、生产管理、安全知识和技能培训方法等。

本书是轧制原料工考核鉴定前培训和自学教材，也可供从事有色金属熔铸和轧制工作的有关人员参考。

由于第一次组织编写《国家职业资格培训教程——轧制原料工》职业技能培训教程，不足之处在所难免，欢迎广大读者提出宝贵意见和建议，以便再版时完善。

编　者

2011 年 3 月

目　录

第1篇　轧制原料工专业基础知识

第1章　金属切削加工基础知识 ………… 3
1.1　工件和切削运动 ………… 3
1.2　切削刀具 ………… 4
1.3　切削要素和切削过程 ………… 17
1.4　切削润滑知识 ………… 21
1.5　切削加工质量 ………… 26
1.6　切削加工常用设备 ………… 28
第2章　加热炉基础知识 ………… 36
2.1　加热炉热源 ………… 36
2.2　加热炉用耐火材料 ………… 44
2.3　炉内传热和炉内气氛 ………… 53
2.4　加热炉类型和基本结构 ………… 58
2.5　加热炉的控制 ………… 71
第3章　铸锭加热基础知识 ………… 90
3.1　金属学基础知识 ………… 90
3.2　铸锭组织 ………… 103
3.3　铸锭加热的基本原理 ………… 107
3.4　铸锭加热制度 ………… 111

第2篇　轧制原料加热工技能

第1章　加热工初级技能 ………… 119
1.1　生产准备 ………… 119
1.2　生产操作 ………… 134
1.3　质量控制 ………… 153
1.4　设备保养与维护 ………… 155
第2章　加热工中级技能 ………… 167
2.1　生产准备 ………… 167
2.2　生产操作 ………… 186

2.3 质量控制 …… 213
2.4 设备保养与维护 …… 234
第 3 章 加热工高级技能 …… 243
3.1 生产操作 …… 243
3.2 质量控制 …… 250
3.3 设备管理 …… 258
3.4 生产管理 …… 267
3.5 培训与指导 …… 276
第 4 章 加热工技师技能 …… 279
4.1 生产操作 …… 279
4.2 质量控制 …… 284
4.3 设备管理 …… 290
4.4 生产管理 …… 301
4.5 技术总结与工艺改进 …… 308
4.6 培训与指导 …… 322

第 3 篇 轧制原料机加工技能

第 1 章 机加工初级技能 …… 327
1.1 生产准备 …… 327
1.2 生产操作 …… 327
1.3 质量控制 …… 331
1.4 设备保养与维护 …… 337
第 2 章 机加工中级技能 …… 358
2.1 生产准备 …… 358
2.2 生产操作 …… 365
2.3 质量控制 …… 388
2.4 设备保养与维护 …… 399
第 3 章 机加工高级技能 …… 411
3.1 生产操作 …… 411
3.2 质量控制 …… 421
3.3 设备管理 …… 429
3.4 生产管理 …… 440
3.5 培训与指导 …… 449
第 4 章 机加工技师技能 …… 453
4.1 生产操作 …… 453
4.2 质量控制 …… 463

4.3　设备管理 …… 463
4.4　生产管理 …… 474
4.5　技术总结与工艺改进 …… 474
4.6　培训与指导 …… 480
参考文献 …… 481

第1篇

轧制原料工专业基础知识

第 1 章　金属切削加工基础知识

金属切削加工是通过金属切削刀具与工件之间的相对运动，从工件上切除多余的金属，使工件达到规定的几何形状、尺寸精度和表面质量的一种机械加工方法。任何切削加工都必须具备三个基本条件：工件、切削运动和切削工具。

切削加工基本形式有锯切、车削、铣削、钻削、镗削、刨削、拉削和磨削等。

1.1　工件和切削运动

1.1.1　工件表面

切削过程中，工件上始终存在着三个不断变化的表面，即待加工表面、已加工表面和过渡表面，如图 1-1-1 所示。

待加工表面：工件上有待切除的表面。

已加工表面：工件上由刀具切削后而形成的表面。

过渡表面：工件上由切削刃切成的那部分表面。当用单刃刀具切削时，它将在工件或刀具的下一转或者下一次切削行程中被切除；而用多刃刀具切削时，它将被随后的一个切削刃切除。

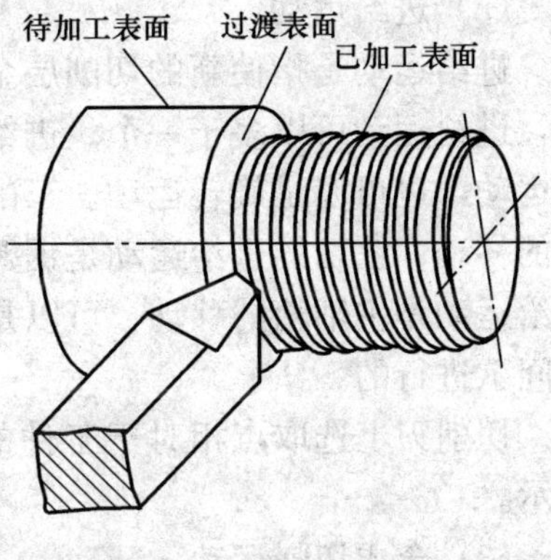

图 1-1-1　工件上的表面

1.1.2　切削运动

切削运动是指切削过程中刀具与工件之间的相对运动。切削运动可分为主运动及进给运动两类。所有运动的方向都是刀具相对于工件来确定的，如图 1-1-2 所示。

（1）主运动

主运动是刀具与工件之间使刀具的前刀面逼近工件材料以进行切削加工的相对运动。在切削过程中，必须有且只有一个主运动，它的速度最高，消耗的功率最大。主运动可以是直线运动，也可以是旋转运动。例如：在车削加工中，工件的回转是主运动；而在铣削、磨削、镗削及锯切加工中，则铣刀、砂轮、镗杆、锯片的回转是主运动，刨削的主运动是刀具（如牛头刨床）或工件（如龙门刨床）的往复直线运动等。

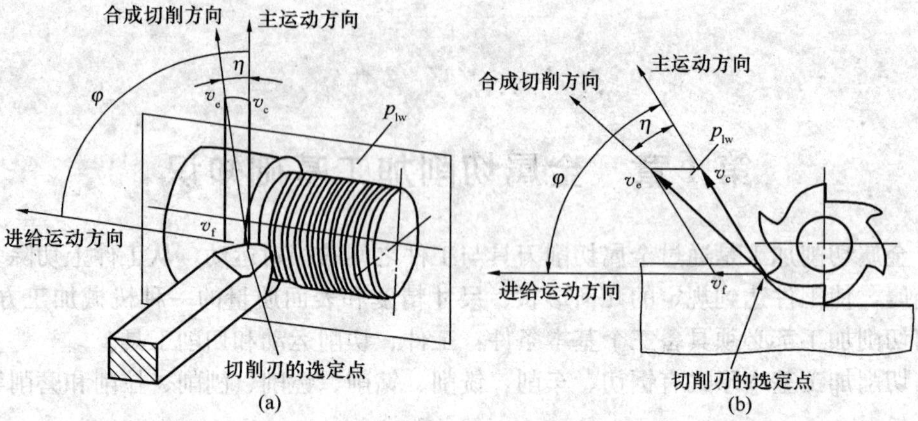

v_c—主运动的瞬时速度；v_f—进给运动的瞬时速度；v_e—合成切削运动的瞬时速度

图 1-1-2 切削运动

（a）车削；（b）铣削

切削刃上选取点相对于工件主运动的瞬时速度称为切削速度，用矢量 v_c 表示。

（2）进给运动

进给运动是指使新的切削层金属不断地投入切削，从而切出整个工件表面的运动，进给运动可以多于一个。进给运动可以是间歇的，也可以是连续的；可以是直线运动，也可以是旋转运动。车削的进给运动是刀具的移动；铣削的进给运动是工件的移动；锯切的进给运动是锯头的移动；刨削的进给运动是刀架的移动；镗削的进给运动是主轴箱的移动。可以是与主运动同时连续进行的，也可能是与主运动交替间歇进行的。

切削刃上选取点相对于工件的进给运动的瞬时速度称为进给速度，用矢量 v_f 表示。

（3）合成切削运动

合成切削运动是由主运动与进给运动合成的运动。合成切削运动的瞬时速度用矢量 v_e 表示。

1.2 切削刀具

1.2.1 刀具材料的基本要求

在切削加工时，刀具切削部分与切屑、工件相互接触，承受着巨大的压力和强烈的摩擦，刀具在高温下进行切削的同时，还承受着切削力、冲击和振动，工作条件十分恶劣，因此刀具材料必须满足以下基本要求。

（1）高硬度和耐磨性。目的是为满足刀具抵抗机械摩擦磨损的需要。刀具材料的硬度必须高于被加工材料的硬度才能切下金属，这是刀具材料必备的基本要求，现有刀具材料硬度都在60HRC以上。刀具材料越硬，其耐磨性越好，但由于切削条件较复杂，材料的耐磨性还决定于它的化学成分和金相组织的稳定性。

（2）足够的强度和韧性。目的是为满足刀刃在承受重载荷及机械冲击时不致破损的需要。强度是指刀具抵抗切削力的作用而不会导致刀刃崩碎与刀杆折断所应具备的性能，一般用抗弯强度来表示。冲击韧性是指刀具材料在间断切削或有冲击的工作条件下保证不崩刃的能力，一般来说，刀具材料硬度越高，冲击韧性越低，刀具越脆。硬度和韧性是相互矛盾的，这也是刀具材料应克服的一个关键。

（3）高的耐热性。目的是为满足刀具热稳定性的需要。耐热性又称红硬性，是衡量刀具材料性能的主要指标。它综合反映了刀具材料在高温下保持硬度、耐磨性、强度、抗氧化、抗粘结和抗扩散的能力。

（4）良好的导热性和较小的膨胀系数。目的是为提高加工精度的需要。

（5）稳定的化学性能和良好的抗粘结性能。目的是提高刀具抗化学磨损的需要。

（6）良好的工艺性能和经济性。目的是为了便于使用和推广。为了便于制造，刀具材料应有良好的工艺性，如锻造、热处理及磨削加工性能。在制造和选用刀具时应综合考虑经济性，如超硬材料及涂层刀具材料费用都较高，但其使用寿命长，在成批大量生产中，分摊到每个零件中的费用反而有所降低。

1.2.2　刀具材料

常用的刀具材料主要有工具钢（包括碳素工具钢、合金工具钢和高速钢）、硬质合金、陶瓷和超硬刀具材料（金刚石、立方氮化硼）等四大类。目前使用量最大的刀具材料是高速钢和硬质合金。碳素工具钢和合金工具钢是早期使用的刀具材料，由于耐热性较差，现在已较少使用，主要用于手工工具或低速切削刀具，如锉刀、拉刀、丝锥和板牙等。以下介绍高速钢和硬质合金刀具材料。

1.2.2.1　高速钢

1. 高速钢的特点

高速钢是一种含碳（C）、钨（W）、钼（Mo）、铬（Cr）、钒（V）等元素的高合金钢，热处理后具有高的强度和高的韧性，其红硬温度可达600～660℃左右。与碳素工具钢和合金工具钢相比，它的耐热性显著提高，允许的切削速度提高两倍以上，用其制造的刀具切削速度可达60m/min以上，而得名高速钢。它具有较好的工艺性能，可以制造刃形复杂的刀具，如钻头、丝锥、成形刀具、铣刀、车刀、锯片和齿轮刀具等。刃磨时切削刃易锋利，故又名锋钢。

2. 高速钢的分类

高速钢根据切削性能，可分为普通高速钢和高性能高速钢；根据化学成分可分为钨系、钨钼系和钼系高速钢；根据制造方法，可分为熔炼高速钢和粉末冶金高速钢。

(1) 普通高速钢

普通高速钢工艺性能好，切削性能可满足一般工程材料的常规加工要求。常用的品种有：

1) 钨系高速钢。典型牌号为W18Cr4V，热处理硬度可达63～66HRC，抗弯强度可达3500MPa，耐磨性好。

2) 钨钼系高速钢。典型牌号为W6Mo5Cr4V2，目前正在取代钨系高速钢，具有碳化物细小分布均匀，耐磨性高，成本低等一系列优点。热处理硬度63～66HRC，抗弯强度达4700MPa，韧性及热塑性比W18Cr4V提高50%。常用于制造各种工具，例如钻头、丝锥、铣刀、铰刀、拉刀、齿轮刀具等，可以满足加工一般工程材料的要求。只是它的脱碳敏感性稍强。

3) 钼系高速钢。典型牌号为W9Mo3Cr4V，这是近几年发展起来的新品种。强度及热塑性略高于W6Mo5Cr4V2，硬度为63～64HRC，与韧性相配合，容易轧制、锻造，热处理工艺范围宽，脱碳敏感性小，成本更低。

(2) 高性能高速钢

高性能高速钢是在普通型高速钢中增加一些合金元素的新钢种，耐磨性和耐热性有显著提高，其常温硬度可达67～70HRC，切削速度可达50～100m/min，耐用性为普通高速钢的1.5～3倍，能用于不锈钢、耐热钢和高强度钢等难加工材料的切削加工。常用的品种有：

1) 高碳系高速钢。典型牌号为9W18Cr4V，因含碳量高（0.9%），故硬度、耐磨性及热硬性都比较好。用其制造的刀具在切削不锈钢、耐热合金等难加工材料时，寿命显著提高，但其抗弯强度为3000MPa，冲击韧性较低，热处理工艺要求严格。

2) 高钒系高速钢。典型牌号有W12Cr4V4Mo及W6Mo5Cr4V3（美国牌号M3)，含钒量达3%～4%，使耐磨性大大提高，但随之带来的是可磨性变差。高钒系高速钢的使用及发展还需要依赖于磨削工艺及砂轮技术的发展。

3) 钴高速钢。典型牌号有W2Mo9Cr4VCo8（美国牌号M42)。含钴量8%，钴能促使碳化物在淬火加热时更多地溶解在基体内，利用高的基体硬度来提高耐磨性。这种高速钢，硬度、热硬性、耐磨性及可磨性都很好。热处理硬度可达67～70HRC。钴高速钢可制成各种刀具，用于切削难加工材料效果很好，又因其磨削性能好，可制成复杂刀具，但钴高速钢价格昂贵，约为普通高速钢的5～8倍。

4) 铝高速钢。典型牌号为W6Mo5Cr4V2Al、W6Mo5Cr4V5SiNbAl等，主要加入铝（Al）和硅（Si)、铌（Nb）元素，来提高热硬性、耐磨性。热处理硬度可达到68HRC，热硬性也不错。但是这种钢易氧化及脱碳，可塑性、可磨性稍差，仍需改进。

(3) 粉末冶金高速钢

粉末冶金高速钢是把高频感应炉熔炼好的高速钢钢水置于保护气罐中，用高压惰性气体（如氩气）雾化成细小的粉末，然后用高温（1100℃）、高压（300MPa）压制、烧结而成。它克服了一般熔炼方法产生的粗大共晶偏析，热处理变形小，韧性、硬度较高，耐磨性好。用它制成的刀具，可切削各种难加工材料。

（4）涂层高速钢

涂层高速钢是一种复合材料，基体是强度、韧性好的高速钢，而表层是具有高硬度、高耐磨性的其他材料。涂层高速钢刀具的切削力小、切削温度下降约 25%，切削速度、进给量可提高一倍左右，刀具寿命显著提高。

1.2.2.2　硬质合金

1. 硬质合金的组成与特点

硬质合金是由高硬度、高熔点的金属碳化物和金属粘结剂，经过粉末冶金工艺制成的。硬质合金刀具中常用的碳化物有 WC、TiC、TaC、NbC 等，粘结剂有 Co、Mo、Ni 等。

常用的硬质合金中含有大量的 WC、TiC，因此硬度、耐磨性、耐热性均高于高速钢。常温硬度达 89～94HRA，红硬温度高达 800～1000℃。切削钢时，切削速度可达 220m/min 左右。在合金中加入了熔点更高的 TaC、NbC 后，可使红硬温度提高到 1000～1100℃，切削钢的切削速度进一步提高到 200～300m/min。但是硬质合金的抗弯强度低、韧性差，怕冲击振动，工艺性能较差，不易做成形状复杂的整体刀具。表 1-1-1 列出了各种硬质合金牌号及应用范围。

表 1-1-1　各种硬质合金牌号及应用范围

合金牌号	应用范围
YG3X	铸铁、有色金属及其合金的精加工、半精加工；不能承受冲击载荷
YG3	铸铁、有色金属及其合金的精加工、半精加工；不能承受冲击载荷
YG6X	铸铁、冷硬铸铁、高温合金的精加工、半精加工
YG6	铸铁、有色金属及其合金的半精加工和粗加工
YG8	铸铁、有色金属及其合金、非金属材料的粗加工，也可用于断续切削
YC6A	冷硬铸铁、有色金属及其合金的半精加工，亦可用于高锰钢、淬硬钢的半精加工和精加工
YT30	碳素钢、合金钢的精加工
YTl5 YTl4	碳素钢、合金钢在连续切削时的粗加工、半精加工，亦可用于断续切削时碳素钢、合金钢、铸铝精加工
YT5	碳素钢、合金钢的粗加工，可用于断续切削
YWl	高温合金、高锰钢、不锈钢等难加工材料及普通钢材、铸铁、有色金属及其合金的半精加工和精加工
YW2	高温合金、高锰钢、不锈钢等难加工材料及普通钢材、铸铁、有色金属及其合金的粗加工和半精加工

2. 普通硬质合金的分类

普通硬质合金按其化学成分与使用性能分为四类：即钨钴类、钨钛钴类、钨钛钽（铌）钴类和碳化钛基类。

1.2.3　刀具的组成要素

刀具的组成要素如图 1-1-3 所示。

刀柄：刀具的夹持部分。

安装面：刀柄上与基面相平行或相垂直的平面，在刀具的制造、刃磨及测量时要用它来进行定位。

刀具轴线：此为一条假想的直线，它与刀具制造、刃磨及使用时供夹持用的定位表面之间保持一定的几何关系。刀具轴线通常是刀柄或刀具定位孔的中心线。

切削部分：由切削刃及刀面构成的刀具工作部分。在多刃刀具上，每一刀齿都有一个切削部分。

刀楔：刀具切削部分上由前刀面及后刀面之间的部分。

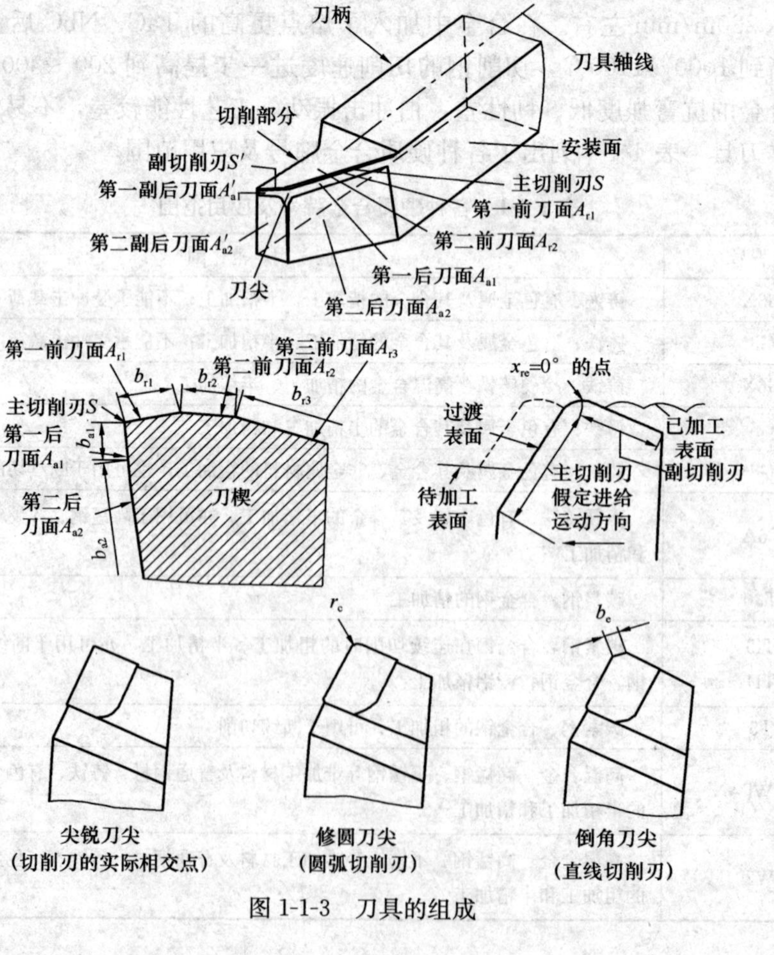

图 1-1-3　刀具的组成

前刀面（A_r）：刀具切削部分上与切屑直接相接触的表面。当前刀面由几个相互倾斜的表面组成时，则由切削刃开始依次称为第一前刀面、第二前刀面……，符号为 A_{r1}、A_{r2} ……其宽度用 b_{r1}、b_{r2} 等来表示。前刀面还有主副之分。与后刀面相交而形成主切削刃的那部分前刀面，称为主前刀面，简称前刀面 A_{r1} ……；与后刀面相交而形成副切削刃的那部分前刀面，称为副前刀面，其标记符号是 A'_{r1}、A'_{r2} ……。

后刀面（A_a）：刀具切削部分上与工件上被切成的表面相对的表面。当后刀面由几个相互倾斜的表面组成时，则由切削刃开始依次称为第一后刀面、第二后刀面等，符号为 A_{a1}、A_{a2} ……，它们的宽度分别为 b_{a1}、b_{a2} ……。后刀面也有主副之分。与前刀面相交而形成主切削刃的那部分后刀面，称为主后刀面，简称后刀面 A_{a1} ……；与前刀面相交而形成副切削刃的那部分后刀面，称为副后刀面，其标记符号是 A'_{a1}、A'_{a2} ……。

主切削刃（S）：用来进行切削工作的前刀面的边缘，即为刀具的切削刃。由主偏角（主切削刃与进给运动方向的夹角）$k_r=0°$的一点开始的一段切削刃，它至少有一部分是用来切成工件过渡表面的，称为主切削刃。在刀具的刀尖是尖锐的情况下，则认为刀尖处的主偏角为 0°，而在刀具切削刃上任何一点的主偏角都不为零的情况下（如圆柱形铣刀），则整条切削刃都是主切削刃。

副切削刃（S'）：除主切削刃之外的其余部分切削刃，称为副切削刃，它是由主偏角 $k_r^{\prime}=0°$的一点开始，沿与主切削刃相反的方向延伸。它不参与工件过渡表面的切成工作。有些刀具（如切断车刀、锯片、铣刀等）的切削部分可具有两条副切削刃。

切削刃钝圆半径（r_n）：前刀面与后刀面之间过渡部分的圆弧半径，在垂直于切削刃的法平面内测量它的大小。过去也称切削回弧半径。

刀尖：位于主切削刃与副切削刃交接处的相当小的一部分刃口。它可能是主切削刃与副切削刃的实际交点，也可能是圆弧形或直线形的过渡切削刃。

刀尖圆弧半径（r_c）：在基面内测量的圆弧过渡切削刃的半径，简称刀尖半径。过去全称圆弧过渡切削刃半径。

倒角刀尖长度（b_e）：在基面内测量的直线过渡切削刃的长度，也称过渡刃长度。

切削刃选定点：为了定义刀具的几何角度而在切削刃上任选的一点。它可以在主切削刃上，也可以在副切削刃上。当选在副切削刃上时，则所定义的均为副切削刃角度。

1.2.4　刀具的几何角度

刀具要从工件上切下金属，就必须使刀具切削部分具有合理的几何形状。为了确定和测量刀具各表面和各刀刃在空间的相对位置，必须建立用以度量各刀刃、各刀面空间位置的参考系。

确定刀具的几何角度有两类：一类是将刀具看成是一个几何实体，用来确定刀刃、刀面相对于刀具在制造、刃磨及测量时定位基准的几何位置的角度，是在刀具工作图上所标注的角度，这类角度称为刀具的静态角度或标注角度，是由主运动确定的，即静止参考系；另一类是在切削过程中用来确定切削刃、刀面相对于工件几何位置的角度，是在刀具工作过程中的实效几何角度，这类角度称为刀具的工作角度，是由合成运动确定的，即工作角度参考系。

1.2.4.1 正交平面参考系

为了方便理解，我们假设刀具和切削状态：一是不考虑进给运动的影响；二是车刀安装绝对正确，即刀尖与工件中心等高，刀杆轴线垂直工件轴线；三是刀刃平直，刀刃选定点的切削速度方向与刀刃各处平行。由此建立正交平面参考系由以下三个两两互相垂直的平面组成。如图1-1-4所示。

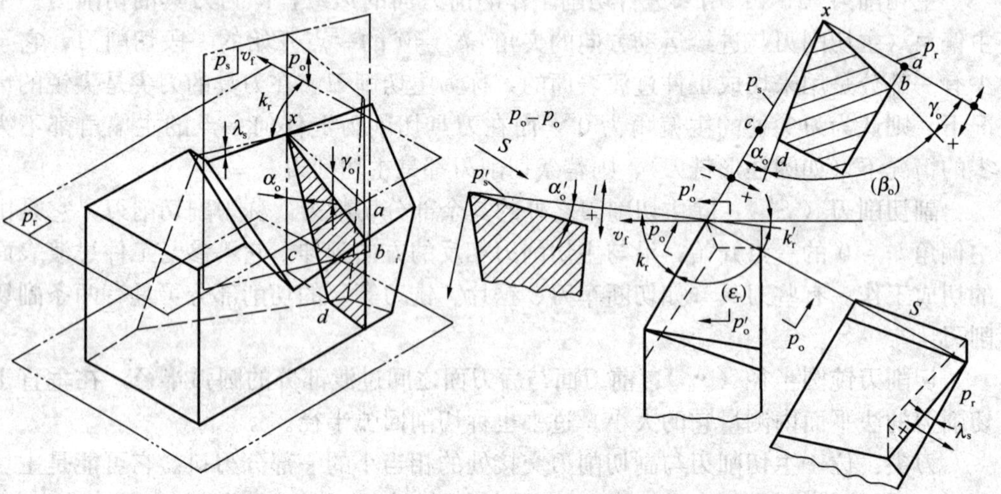

图1-1-4 正交平面参考系与刀具角度

(a) 正交平面参考系；(b) 刀具角度

主切削平面 p_s：是指通过刀刃上选定点，包含该点假定主运动方向和刀刃的平面，即切于工件过渡表面的平面。

基面 p_r：是指通过刀刃上选定点，垂直于该点假定主运动速度方向的平面。由假设可知，它平行于安装底面和刀杆轴线。

p_o-p_o 平面（又称为正交平面）：是过主切削刃上选定点，同时垂直于基面和切削平面的平面。

在图1-1-4中，由 p_s、p_r、p_o-p_o 组成一个正交平面参考系。这是目前生产中最常用的刀具标注角度参考系。

1.2.4.2　刀具的标注角度

刀具在设计、制造、刃磨和测量时，都是用刀具标注角度参考系中的角度来标明切削刃和刀面的空间位置的，故这些角度称为刀具的标注角度。

由于刀具角度的参考系沿切削刃上各点可能是变化的，因此所定义的角度均应指切削刃选定点处的角度；凡未指明的，则一般是指切削刃上与刀尖毗邻的那一点的角度。

下面通过普通外圆车刀给各标注角度下定义，这些定义也可以用于其他类型的刀具。

1. 在基面中测量的角度

① 主偏角 k_r：主切削刃在基面上的投影与进给运动方向之间的夹角。

② 副偏角 k'_r：副切削刃在基面上的投影与进给运动反方向之间的夹角。

③ 刀尖角 ε_r：主切削刃、副切削刃在基面上投影的夹角。

由此可知：$k_r + k'_r + \varepsilon_r = 180°$。

2. 在 $p_o - p_o$ 截面中测量的角度

① 前角 γ_o：基面与前刀面之间的夹角。它有正、负之分，当前刀面低于基面时，前角为正，即 $\gamma_o > 0$；前刀面高于基面时，前角为负，即 $\gamma_o < 0$。

② 主后角 α_o：后刀面与切削平面之间的夹角。加工过程中，一般不允许 $\alpha_o < 0$。

③ 楔角 β_o：后刀面与前刀面的夹角。

由此可知：$\beta_o = 90° - (a_o + \gamma_o)$。

3. 在主切削平面中测量的角度

刃倾角 λ_s：主切削刃与基面之间的夹角。刃倾角有正、负之分，当刀尖处在切削刃上最高位置时，取正号；若刀尖处于切削刃上最低位置时，取负号；当主切削刃与基面平行时，刃倾角为零。

4. 在副 $p_o - p_o$ 截面中测量的角度

① 副前角 γ'_o：副基面与副前刀面之间的夹角。

② 副后角 α'_o：副后刀面与副切削平面之间的夹角。该角度影响表面粗糙度及振动。加工过程中，一般也不允许 $\alpha'_o < 0$。

5. 在副切削平面中测量的角度

刃倾角 λ'_s：副切削刃与副基面之间的夹角。

1.2.4.3　刀具工作角度

刀具标注角度是在假定运动条件和假定安装条件下的标注角度。如果考虑合成运动和实际安装情况，则刀具的参考系将发生变化，刀具角度也发生了变化。按照刀具工作中的实际情况，在刀具工作角度参考系确定的角度，称为刀具工作角度。

由于通常进给运动在合成切削运动中所起的作用很小，所以，在一般安装条件下，可用标注角度代替工作角度。这样，在大多数场合下，不必进行工作角度的计算。只有在进给运动和刀具安装对工作角度产生较大影响时，才需计算工作角度。

1. 进给运动对工作角度的影响

以横向进给切断工件为例，如图1-1-5所示。切削刃相对于工件的运动轨迹为阿基米德螺旋线，工作切削平面 p_{se} 为过切削刃且相切于螺旋线的平面，而工作基面 p_{re} 又恒与工作切削平面垂直，因而引起了实际切削时前、后角的变化，分别称为工作前角 γ_{oe} 和工作后角 α_{oe}，由此可以看出，工件直径减小或进给量增大都将使 η 值增大，工作后角减小。在一般情况下（如普通车削、镗削、端铣），η 增值很小，故可略去不计。但在车螺纹或丝杠、铲背时，η 增值很大，它是不可忽略的。

2. 刀具安装情况对工作角度的影响

(1) 刀具安装高度对工作角度的影响

图1-1-6所示为车刀车外圆，当刀尖安装得高于或低于工件中心线时，则切削平面变为 p_{se}，基面变为 p_{re}，刀具角度也随之变为工作前角 γ_{oe} 和工作后角 α_{oe}，在背平面内这两个角度的变化值 θ_p 都会发生变化。

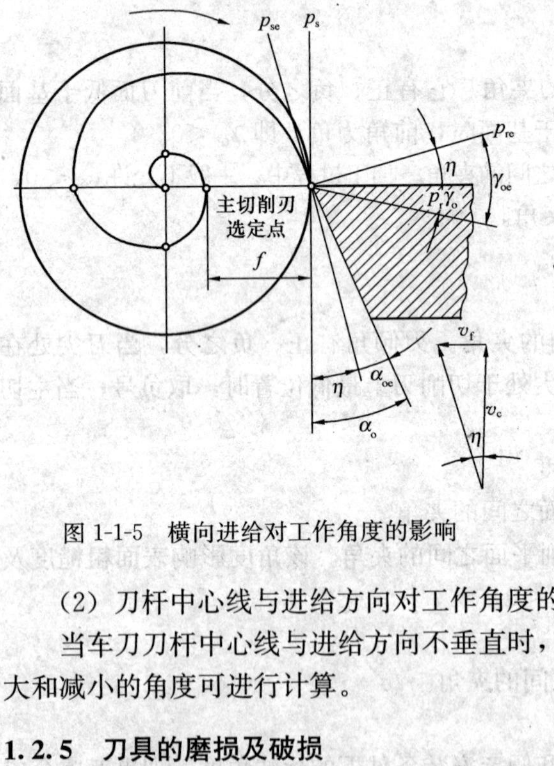

图1-1-5 横向进给对工作角度的影响

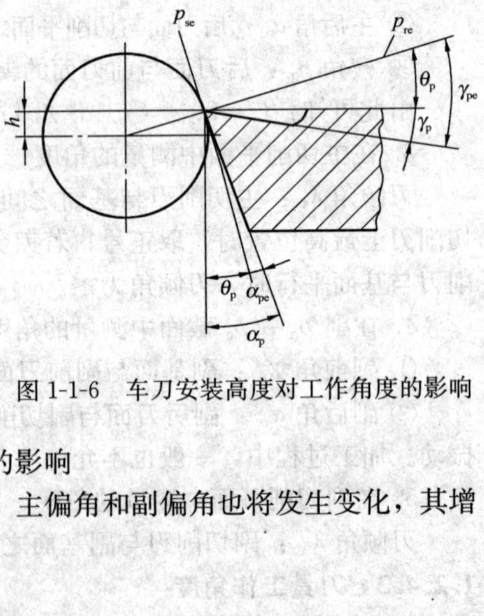

图1-1-6 车刀安装高度对工作角度的影响

(2) 刀杆中心线与进给方向对工作角度的影响

当车刀刀杆中心线与进给方向不垂直时，主偏角和副偏角也将发生变化，其增大和减小的角度可进行计算。

1.2.5 刀具的磨损及破损

刀具随着切削过程的进行必然会钝化。刀具钝化后，改变了原有的几何形状及正常的切削性能，这时必须重新刃磨或更换切削刃（可转位刀具）。刀具钝化的主要原因有磨损、破损、卷刃三种。

磨损：在切削过程中，由于工件—刀具—切屑的接触区里发生着强烈的摩擦，以致刀具表面某些部位（如前、后刀面）的材料被切屑或工件逐渐带走而磨损。刀具的磨损是一种不可避免的现象，属于刀具的正常磨损，主要有前刀面磨损、后刀面磨损、刀尖磨损和边界磨损等。

破损：在切削过程中，切削刃或刀面上产生裂纹、崩刃，甚至整把刀片碎裂的现象称为破损。产生破损的原因是焊接或刃磨时因骤冷骤热而产生太大的热应力，或刀具的几何参数不合理，使切削刃过于脆弱或切削力过大。如在车削铝圆锭中，进刀量过大或车削偏心料时，常出现车刀崩刃，甚至车刀打断现象；又如在锯切加工中，由于进刀速度过快，常出现锯片锯齿连续打刀现象，严重时，出现锯片片体裂纹。这些均为刀具非正常磨损。

卷刃：切削加工时，切削刃产生塌陷或隆起的塑性变形现象称为卷刃。这是因为刀具材料的强度或硬度太低，切削用量过大以致切削太大或切削温度太高造成的。如在试片车削加工或在圆铸锭的车削加工中，由于使用的刀具大部分采用高速钢刀具，强度或硬度相对较低，且均采用干车屑，切削温度较高，常会出现切削刃塑性变形现象，产生非正常磨损——卷刃。

1.2.5.1　刀具磨损的形式（图1-1-7）

1. 前刀面磨损

当以较大的切削厚度（>0.1mm）切削塑性材料时，前刀面上靠近切削刃的部位，在切屑的作用下，会磨损成月牙状凹洼，因此也称月牙洼磨损。前刀面磨损的程度可用月牙洼的深度KT来衡量。在磨损的初期，随月牙洼的加深，刀具实际前角加大，使切削条件有所改善，并有利于切屑的卷曲折断。但当月牙洼进一步扩展时，切削刃强度大大削弱，最终可能与后刀面磨损汇合而造成切削刃崩碎毁损的情况。

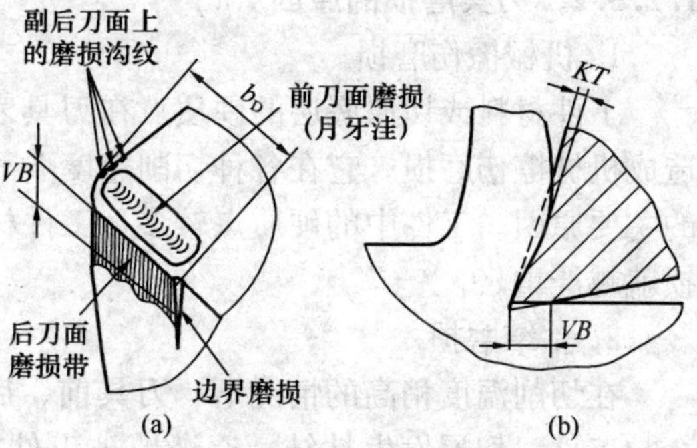

图1-1-7　刀具的磨损形式

(a) 磨损形式；(b) 刀具切削

切削脆性材料，或以较低的切削速度及较薄的切削厚度切削塑性材料时，一般不会产生月牙洼磨损。

2. 后刀面磨损

用很大的切削厚度（>0.5mm）切削塑性材料时，由于积屑瘤的存在，刀具的后刀面可能不与工件接触。除此之外，通常后刀面都会与工件发生接触，而在后刀面上形成一道后角为零的磨损带。一般在切削刃工作长度的中部，后刀面磨损比较均匀，因此后刀面的磨损程度，可用该段切削刃的后刀面磨损带宽度VB来衡量。

由于各种类型的刀具，在不同的切削情况下几乎都会发生后刀面磨损，特别是切削脆性材料或以较小的切削厚度（≤0.1mm）切削塑性材料时，刀具的磨损主要是后刀面磨损，而且磨损带的宽度 VB 的测量比较简便（可用带刻度的10倍放大镜对准后刀面直接测取），因此通常都用 VB 来表示刀具的磨损程度。VB 愈大，不但会使切削力增大，引起切削振动，而且会影响刀尖圆弧处的磨损，从而影响加工精度及加工表面质量。

3. 刀尖磨损

系刀尖圆弧下的后刀面及邻近的副后刀面上的磨损，它是刀具主后刀面磨损的延续。由于此处的散热条件差，应力集中，故磨损速度要比后刀面快。有时在副后刀面上还会形成一系列间距等于进给量的小沟，称为沟纹磨损。它们主要是由于已加工表面的硬化层及切削纹路造成的。在切削加工硬化倾向大的难切削材料时，最易引起沟纹磨损。

刀尖磨损对工件表面粗糙度及加工精度影响最大。

4. 边界磨损

是在后刀面上相应于工件外圆处形成的磨损深沟。它是由工件的硬皮或表面的加工硬化层引起的，在切削带硬皮的工件或难切削材料时最易发生。边界磨损不影响加工表面光洁度，它除了增加刀具重磨工作量外，危害并不大；但沟纹过深，则会使硬质合金大块地崩掉。一般采用较小的主偏角，可减轻边界磨损。

1.2.5.2 刀具磨损的原因

1. 机械擦伤磨损

工件材料或切屑底层的硬质点在刀具表面摩擦刻划，逐渐擦掉刀具表面材料，造成机械擦伤磨损。它在各种切削速度下都存在。但在低速切削时，这是刀具磨损的主要原因。工件中的硬质点较多，工件材料硬度与刀具硬度比越高，机械擦伤磨损就越严重。

2. 粘结磨损

在切削温度稍高的情况下，刀具前、后刀面上的一些突出点，在相对运动中，会与工件、切屑发生粘结，逐渐地被工件或切屑剪切、撕裂而带走，这就是粘结磨损。

刀具材料与工件材料的化学亲和力愈大，刀具材料的性质愈脆，材质愈不均匀，粘结磨损就愈严重。通常，硬质合金刀具在产生积屑瘤切削速度范围内，最易产生这种磨损。

3. 相变磨损

各种工具钢的刀具在一定的切削温度下由回火马氏体转变成贝氏体、屈氏体或素氏体，其硬度大为下降，从而加速了刀具的磨损。通常，高速钢刀具在切削温度超过550℃时，就会发生相变磨损。

4. 扩散磨损

在用硬质合金刀具高速切削时，切削温度可达800℃以上，此时硬质合金中的Co、C、W、Ti等元素会扩散渗透到切屑和工件中去；另一方面，工件材料中的

Fe元素也会扩散到刀具表层来，使刀具材料的金属结构发生变化，硬度、强度下降，促使刀具迅速磨损。

切削温度愈高，扩散速度愈快，刀具磨损也愈迅速；Ti的扩散速度比Co、C、W等元素慢，所以YT类合金比YG类耐磨性好；涂层硬质合金表面沉积有TiC或TiN等较难扩散的材料，也比一般硬质合金的耐磨性能好。

5. 氧化磨损

当切削温度超过700℃后，空气中的氧会与硬质合金中的化学元素发生化学反应，在刀具表面形成疏松而脆弱的氧化物（如WO_3、TiO_2、CoO及CO_3O_4等）。当这些氧化物被机械作用擦去后，刀具将被腐蚀磨损，而在刀具表面留下凹坑。

通常，硬质合金刀具在较高的切削速度（100～200m/min）下，以较大的切削深度及进给量切削钢材时，副后刀面最容易发生氧化磨损。

1.2.5.3　刀具磨损的限度

如前所述，一般的刀具都可用后刀面的摩擦带宽度VB来表示刀具的磨损程度。随着切削加工的进行，VB值将逐渐增大，切削力及切削温度也随之上升。但在整个切削过程中，VB值的扩展速度是变化的，新刃磨好的刀具刚开始切削时，磨损速度较快，然后就很快稳定下来进入正常磨损阶段，磨损速度减慢并趋于一个常数。当VB达到一定值后，切削力及切削温度都明显升高，于是磨损速度急剧上升，若继续切削则刀具会迅速毁损。另外，随VB值的增大，加工表面质量及加工精度也会恶化。因此，当VB达到某一数值后就必须及时换刀、刃磨或更换新的切削刃，这就是通常所谓“磨损限度”。

1.2.6　刀具寿命

刀具寿命是指刀具新刃磨之后，从开始使用起到刀具磨损至规定的磨损限度为止的实际切削时间。一把新磨好的刀具，从开始切削，经过反复刃磨、使用，直至完全失去切削能力而报废的实际总切削时间，称为刀具的总寿命。

在磨损限度已确定后，刀具寿命与磨损速度有关。磨损速度愈慢，刀具寿命愈高。为了提高刀具寿命，一般可从改善工件材料的可加工性、合理设计刀具的几何参数、改进刀具材料的切削性能、采用性能优良的切削液及合理选择切削用量等多方面着手。

在工件材料、刀具材料、刀具几何参数及切削液等已确定的条件下，刀具寿命主要取决于切削量的大小。切削量愈大，则切削温度愈高，刀具磨损也愈快，刀具寿命就随之降低。反之，则刀具寿命随之提高。显然，刀具寿命的高低将影响到切削加工的效率及加工成本。若刀具寿命规定得较高，则切削量必然很低，加工的机动时间长，不利于提高生产率及降低加工成本；但也不能将刀具寿命规定得很低，因为这样固然可提高切削用量，但需经常换刀，增加生产辅助时间，刀具的消耗也大，同样会使生产率下降，加工成本上升。因此，刀具寿命的确定要综合考虑具体的加工情况，做到既有较高的生产率，而加工成本又较低。一般在确定刀具寿命时，应考虑以下几点：

(1) 刀具材料的切削性能愈差，则切削用量对刀具寿命的影响愈大，因此必须将刀具寿命规定得高一些，以降低切削量。在同类刀具中，一般高速钢刀具的寿命要比硬质合金刀具规定得高一些。

(2) 对于制造及刃磨都比较复杂、价格昂贵的刀具，如铣刀、拉刀、齿轮刀具等，刀具寿命应比简单而价廉的刀具定得高一些，这样可减少刀具的消耗，降低加工成本。

(3) 对于装卡、调整比较复杂的刀具，如多刀车床用的车刀、锯片、圆盘铣床用的铣刀以及各种复合刀具等，为了节约换刀时间，寿命可规定得高一些。反之，对一些换刀简单的刀具，则刀具寿命可规定得低一些。

(4) 加工大型工件时，为了避免在切削行程中中途换刀，刀具寿命应规定得高一些，一般约为中、小件加工时的2～3倍。

(5) 解决硬质合金刀具崩刃打刀的问题。

1.2.7 刀具的使用

1.2.7.1 刀具使用中应考虑的问题

(1) 作业方式。简单看来，作业效率和切削参数有关。大切削量，全速进刀好像是产量最大的时候，实则不然。因为切削量加大了，前进速度必然要降低，对刀具的磨损也就越严重，切削的产量也就下降，因而合理选择切削用量，可以提高工作效率。

(2) 刀具的磨损。刀具的磨损主要有刀头的磨损和刀体的磨损，尤其是刀头、刀尖的磨损。刀具的合理磨损主要发生在刀尖和刀柄的上部。要减少刀具磨损，缩短停机时间，需要做到：合理选用刀具，使刀具和机床功率、切削的材料、切削用量相匹配；同时选择适当的切削液，提高切削性能，从而提高刀具的使用寿命。

(3) 刀具的更换。刀具更换的理由有两点：首先，随着刀尖的磨损，刀尖直径变大，导致切削能力降低，从而机床的作业效率也降低。其次，磨损的刀具导致刀尖切削圆直径不同，机器的作业质量降低。虽然延迟刀具的更换，使其在磨损的状态下继续工作，可以节省刀头费用，但是磨钝了的刀头会降低工作速度。所以及时更换磨损的刀具有利于提高经济效益。

具体的更换时间是由操作人员靠感觉机床的振动以及切削材料表面质量来判断刀具的磨损情况。当发现机床振动加大，切削材料表面质量差、切削阻力加剧时，需要停机检查刀头。发现不正常磨损的刀头以及正常磨钝的刀头，就需要及时更换。刀座的更换需要根据刀座的磨损标志线来评估。当标志线被磨完时，就需要更换刀座。

1.2.7.2　刀具使用的注意事项

（1）由于刀刃很锋利，直接用手触及有碰伤的可能。特别是从套壳中取出时或将其安装在机床上时，更容易碰伤，应使用手套等保护用品。

（2）使用错误的方法或使用条件不恰当，可导致刀具破损飞出，造成碰伤的危险。应选择恰当的切削条件，并仔细阅读使用说明书及样本资料。高温的切屑飞溅及过长切屑排出，可造成伤害及烫伤操作人员，工作现场应安装安全罩、安全网，作业人员应穿戴好劳保用品。

（3）切削过程产生高温，切莫直接触摸加工完的刀具或工件，以避免烫伤的危险。在除去切屑时应关停机床，并戴上手套采用钳子或夹子等工具。

（4）在高速旋转时，如机床夹具等平衡性能差，会产生振动及颤振，使刀具破碎而发生危险情况。必须对机床进行试运转，并确认没有振动或颤振等异常声音后再正式操作。

（5）带可转位刀片切削刀具。若未把刀片与有关零件夹紧，在切削中有脱落或飞出的可能，造成伤害事故。安装刀片的定位面和紧固零件上，不允许有杂物粘附，应仔细检查确认可靠后，再安装刀片，并使用附带的专用扳手夹固刀片与零件，专用扳手决不允许作其他用途。用通用套筒扳手等辅助工具时，若夹紧力太大时，会造成刀片产生微裂纹等缺陷，产生事故隐患，只允许用附带的专用扳手夹紧刀片等零件。刀具高速旋转时，由于离心力，刀片有可能飞出的危险，应在推荐的范围内使用。

（6）各种铣刀及其他旋转刀具。铣刀类刀具，由于刃口锋利直接用手触摸可能碰伤手。应用保护手套等防护用品。刀具因偏心旋转，不平衡等因素引起颤振、振动，会使刀具破碎而飞溅，造成伤害事故。旋转速度按推荐的条件选择。为防止因轴承磨损引起的偏心回转振动等，应定期检查回转部分的精度和调整平衡。

（7）焊接刀具。有刀片脱落，破碎造成受伤的危险性。使用前要确认已牢靠焊上。在可能产生高温的条件下请勿使用。

1.3　切削要素和切削过程

1.3.1　切削要素

切削要素包括切削用量和切削层横截面要素以及材料切除率。

1.3.1.1　切削用量三要素

切削用量是指切削速度、进给量及背吃刀量等三个切削要素。它们表示切削过程中切削运动的大小及刀具切入工件的程度。

（1）切削速度

切削刃的选定点相对工件的主运动的瞬时速度，通常用 v_c 表示，单位为m/min或m/s（工厂通常磨削速度用m/s，切削速度用m/min，但按ISO规定，应均为 m/s)。在计算切削速度时，习惯上都取切削刃工作部分上速度最高的点为切削刃的选定点。

(2) 进给量

在工件或刀具的每一转或每一往复行程的时间内，刀具与工件之间沿进给运动方向的相对位移。通常用 f 表示，单位为 mm/转或 mm/行程。

铣削加工时，为调整机床的方便，需要知道在单位时间内刀具与工件之间沿进给运动方向的相对位移，即进给速度。它也被称为每分进给量，用 v_f 表示，单位为 mm/min。

此外，对多刃刀具（如铣刀、锯片等），为了衡量每个刀齿的切削负荷，尚需计算每齿进给量，即刀具与工件之间在每转过一个齿间角的期间沿进给运动方向的位移。通常用 f_z表示，单位为 mm/齿。

(3) 背吃刀量

在通过切削刃基点并垂直于工作平面方向上测量的吃刀量 a_P，即工件待加工表面与已加工表面之间的垂直距离，习惯上也将背吃刀量称为切削深度。通常用 a_P 表示，单位为 mm。

1.3.1.2　切削层的参数

切削层是指工件上正被刀具切削刃切削着的一层金属，即相邻的两过渡表面之间所夹着的一层金属，如图 1-1-8 所示。

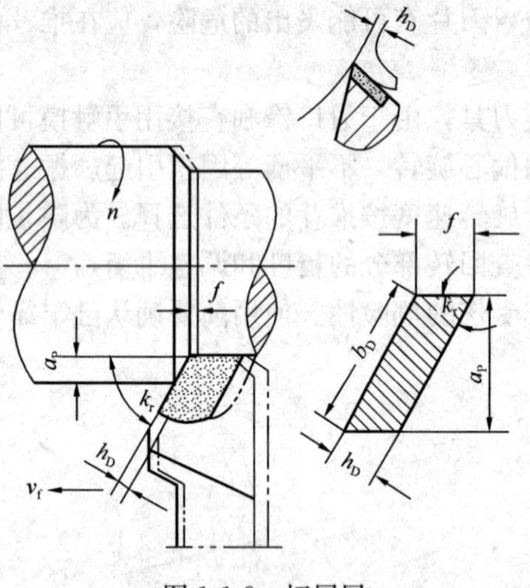

图 1-1-8　切屑层

(1) 切削层公称厚度

切削层公称厚度习惯称切削厚度。它是相邻两过渡表面之间的垂直距离，通常用 h_D 表示，单位为 mm。切削厚度反映了主切削刃单位长度上的切削负荷，它对切削层的变形、切削力、切削热、刀具磨损及已加工表面质量都有很大的影响。

(2) 切削层公称宽度

切削层公称宽度习惯称切削宽度。它是沿主切削刃测量的切削层尺寸。通常用 b_D 表示，单位为 mm。当 $k_r=0°$时，切削宽度也就是主切削刃的工作长度，它对切削力的影响最大。

(3) 切削层公称横截面积

切削层公称横截面积习惯称切削面积。它是切削层的断面面积，通常用 A_D 表示，单位为 mm^2。

1.3.1.3　材料切除率

材料切除率是指切削过程中在单位时间内所切除的材料的体积，常用 Q 表示，

单位为 mm^3/min。

材料切除率在一定程度上反映了切削加工的效率。并且在一定的切削厚度下，材料切除率越高，则切削过程所消耗的功率也越大。

1.3.2　切削过程

1.3.2.1　切屑的形成过程及切削力、切削热

在金属切削过程中，工件上的被切削层材料将在刀具的作用下，或因剪应力的关系产生塑性滑移，或因张应力的关系产生拉伸破坏而形成切屑。切削塑性金属材料，如钢材、铝、紫铜等时，可用图 1-1-9 所示的卡片模型来说明切屑的形成过程：工件上的被切削层材料可看成是一叠斜置的卡片，当刀具相对其作切削运动时，各卡片将在材料内部形成的剪应力的作用下依次错动滑移成切屑，沿前刀面流出。平常所看到的带状切屑其上侧呈层状的锯齿形，即为塑性滑移的结果，而其底面则由于刀具前刀面推挤关系已变得很光滑平整；而在切削脆性材料，如铸铁、青铜等时，由于这类材料的塑性变形能力很差，在材料产生明显的塑性滑移前，内部的张应力已达到了破坏强度，于是材料发生崩碎，并沿切削速度方向飞散，形成崩碎状的切屑。通常，切屑的厚度比切削厚度大，而切屑的长度比切削长度短，这种现象就叫切屑变形。

在切屑形成过程中除了材料发生变形外，所形成的切屑与刀具的前刀面之间及工件上的切削表面与刀具的后刀面之间还要发生摩擦，因此刀具在切削加工时必然要克服材料的变形抗力及前、后刀面上的摩擦阻力。这些作用在刀具上所有力的合力称之为刀具的一个切削部分上的总切削力，故也称切削合力，用 F_r 来表示。总切削力的方向、大小将随工件材料的性质、切削用量的大小及刀具的几何形状的变化而变化，因此通常将其分解成几个方向既定的分力。图 1-1-10 所示为外圆车削时的总切削力及其各分力，其中：F_c 为切削力，也称主切削力，在外圆车削时，又称切向力；F_f 为进给力，在车外圆时因它与工件的轴线相平行，故又称为轴向力；F_P 为背向力，在车外圆时它与工件的径向重合，故又称为径向力。

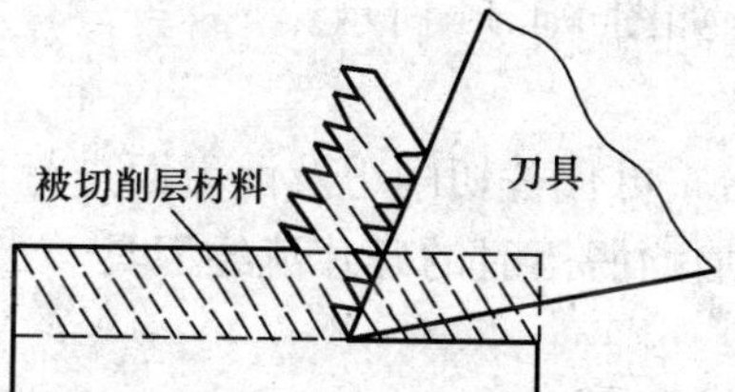

图 1-1-9　切屑形成模型

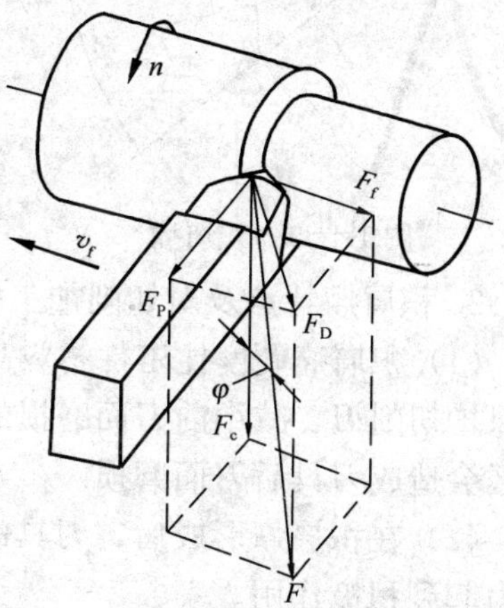

图 1-1-10　总切削力及切削分力

切削金属时，由于切屑剪切变形所做的功和刀具前面、后面摩擦所做的功都转变为热，这种热叫切削热。使用切削液时，刀具、工件和切屑上的切削热主要由切削液带走；不用切削液时，切削热主要由切屑、工件和刀具带走或传出，其中切屑带走的热量最大，传向刀具的热量虽小，但前面和后面上的温度却影响着切削过程和刀具的磨损情况，所以了解切削温度的变化规律是十分必要的。

切削过程中切削区各处的温度是不同的，形成一个温度场，这个温度场影响切屑变形、积屑瘤的大小、加工表面质量、加工精度和刀具的磨损等，还影响切削速度的提高。一般说来，切削区的金属经过剪切变形以后成为切屑，随之又进一步与刀具前面发生剧烈摩擦，所以温度场中温度分布的最高点不是在正压力最大的刃口处，而是在前面上距刃口一段距离的地方。

通常希望切削过程中材料的变形及前、后刀面上的摩擦要尽可能小，这样切削负荷较轻，产生的切削热也较少。

1.3.2.2　积屑瘤

在用低、中速连续切削某些塑性金材料时，切屑同刀具前面之间存在着摩擦，如果切屑上紧靠刀具前面的薄层在较高压强和温度的作用下，同切屑基体分离而粘结在刀具前面上，再经层层重叠粘结，在刀尖附近往往会堆积成一块经过剧烈变形的楔状切屑材料，称为积屑瘤。

1. 积屑瘤形成原因

在靠近切削刃的一部分刀—屑接触区内，由于正压力很大，使切屑底层金属嵌入前刀面上的微观不平的峰谷内，形成无间隙的真正的金属间接触而产生粘结现象，这部分刀—屑接触区被称为粘结区。在粘结区内，切屑底层将有一薄层金属材料层积滞留在前刀面上，这部分切屑的金属材料经过了剧烈的变形，在适当的切削温度下发生强化。随着切屑的连续流出，在后继切屑的流动推挤下，这层滞积材料便与切屑上层发生相对滑移而分离开来，成为积屑瘤的基础。随后，在它的上面又会形成第二层滞积的切屑材料，这样不断地层积，就形成了积屑瘤，如图1-1-11所示。

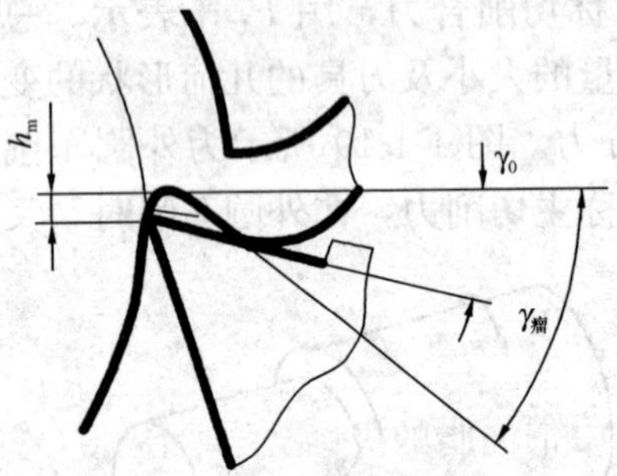

图1-1-11　积屑瘤

2. 积屑瘤特点及对切削加工的影响

(1) 积屑瘤硬度比工件材料高1.5～2.5倍，可代替切削刃及前刀面进行切削，有保护切削刃、减小前刀面磨损的作用，但积屑瘤脱落时的碎片流经刀具—工件接触区会造成刀具后刀面磨损。

(2) 在积屑瘤形成后，刀具的工作前角将明显增大，对减小切屑变形及降低切削力起到积极作用。

(3) 由于积屑瘤突出于切削刃之外，使实际切削深度增大，影响工件的尺寸精度。

(4) 积屑瘤会在工件表面造成“犁沟”现象，影响工件的表面粗糙度。

(5) 积屑瘤的碎片会嵌入工件表面，造成硬质点，影响工件已加工表面的质量。

由上述分析可知，积屑瘤对切削加工，特别对精加工是不利的。

1.4　切削润滑知识

合理使用切削液可以减小切削力和降低切削温度，改善刀具与工件的状况，从而改善已加工表面质量，延长刀具寿命，降低动力消耗。此外，选用高性能的切削液，也是改善某些难加工材料切削加工性的有效途径之一。

1.4.1　切削液的作用

1.4.1.1　冷却作用

切削液浇注在切削区后，通过切削液的热传导、对流和汽化等方式，把切屑、工件和刀具上的热量带走，降低了切削温度，起到冷却作用，从而有效地减小了热变形，减少了刀具磨损。

切削液冷却性能的好坏，取决于它的导热系数、比热容、汽化热、汽化速度、流量和流速等。一般来说，水基切削液冷却性能好，而油基切削液差。

切削液对刀尖切削区的渗透性，影响冷却效果。渗透性好的切削液能迅速扩散到刀具与工件或刀具与切屑接触的缝隙中，将增强冷却效果。加入有效的表面活性剂能使切削液的渗透性大大提高。此外，切削液的冷却效果还与其泡沫有关（因为泡沫内是空气，空气的导热性比水差），切削液的泡沫多，其冷却性能就差。所以，在合成切削液中常添加少量的乳化硅油消泡剂。

另外，改变液体流速和流量等流量条件，能有效地提高切削液的冷却效果；采用喷雾冷却方法使液体容易汽化，也能明显的提高冷却性能。

1.4.1.2　润滑作用

切削液渗透到刀具、切屑与加工表面之间，其中带油脂的极性分子吸附在刀具的前后刀面上，形成物理性吸附膜。若与添加在切削液中的化学物质产生化学反应，则形成化学吸附膜。从而在高温时减小切屑、工件与刀具之间的摩擦，减少粘结，减少刀具磨损，提高加工表面质量。

通常油基切削液的润滑性能比水基的好，而加入油性和极压添加剂的油基切削液润滑性能更好。

切削液的润滑作用和其渗透性有关，渗透性好的切削液能及时渗入到刀尖切削区形成润滑膜，以降低切削阻力和摩擦系数。

1.4.1.3　清洗作用

在金属切削中，为了防止碎屑、磨料细粉粘附在工件、刀具和机床上，影响工件已加工表面质量和机床加工精度，要求切削液具有良好的清洗作用。清洗性能的好坏与切削液的渗透性、流动性和使用压力有关。为了改善切削液的渗透性、流动性，一般常加入剂量较大的表面活性剂和少量矿物油，配制成高水基合成液、半合成液或乳化液，可提高清洗能力。

1.4.1.4　防锈作用

为了防止工件、机床受周围介质腐蚀，要求切削液具有一定的防锈作用。防锈作用的强弱取决于切削液本身的性能和加入防锈添加剂的性质。防锈添加剂的加入可在金属表面吸附或化合形成保护膜，防止与腐蚀介质接触而起到防锈作用。

切削液对于改善切削条件、减少刀具磨损、提高切削速度、提高已加工表面质量、改善材料的切削加工性等，都有一定的积极意义。

1.4.2　切削液的要求及种类

1.4.2.1　切削液的要求

切削液应具有抗泡性、抗霉菌变质能力，应达到排放时不污染环境、对人体无害，并应考虑其使用经济性。

1.4.2.2　切削液种类

金属切削加工中，常用的切削液可分为三大类：水溶液、乳化液、切削油。

（1）水溶液。水溶液是以水为主要成分的切削液。由于天然水虽有很好的冷却作用，但其润滑性能太差，又易使金属材料生锈，因此不能直接作为切削液在切削加工中使用。为此，常在水中加入一定含量的油性、防锈等添加剂制成水溶液，改善水的润滑、防锈性能，使水溶液在保持良好冷却性能的同时，还具有一定的润滑和防锈性能。水溶液是一种透明液体，对操作者观察切削进行情况十分有利。

（2）乳化液。乳化液是将乳化油用水稀释而成。乳化油主要是由矿物油、乳化剂、防锈剂、油性剂、极压剂和防腐剂等组成。乳化液的优点在于具有较好的散热性、清洗性以及经济性和安全性。乳化液把油的润滑性、防锈性与水的极好冷却性结合起来，同时具备较好的润滑冷却性，因而对于大量热生成的高速低压力的金属切削加工很有效。实际上除特别难加工的材料外，乳化液几乎可以用于所有的轻、中等负荷的切削加工及大部分重负荷加工。乳化液的缺点是容易使细菌、霉菌繁殖，使乳化液中的有效成分产生化学分解而发臭、变质，所以一般都应加入毒性小的有机杀菌剂。

（3）切削油。切削油的主要成分是矿物油，少数采用矿物油和动植物油的复合油。切削油中也可以根据需要再加入一定量的油性、极压和防锈添加剂，以提高其润滑和防锈性能。纯矿物油不能在摩擦界面上形成坚固的润滑膜，在实际使用中常加入硫、氯等添加剂可制成极压切削油。适用于精加工和加工复杂形状工件（如成形面、齿轮、螺纹等）时，润滑和防锈效果较好。

1.4.3　切削液中的常用添加剂

为了改善切削液的性能所加入的化学物质，称为添加剂。常用的添加剂有：油性添加剂、极压添加剂、乳化剂。

1.4.3.1　油性添加剂

油性添加剂含有极性分子，能降低油与金属表面的界面张力，使切削液很快渗透到切削区，形成物理吸附膜，减少刀具与切屑、工件界面的摩擦。但这种吸附膜只能在较低温度（<200℃）下起到较好的润滑作用，所以它主要用于低速精加工。常用的油性添加剂有动植物油、脂肪酸、胺类、醇类及脂类等。

1.4.3.2　极压添加剂

极压添加剂是含硫、磷、氯、硼的化合物，这些化合物在高温下与金属表面发生化学反应生成化学反应膜，在切削中起极压润滑作用。因此，在高温、高压条件下使用的切削液中必须添加极压添加剂，能显著提高极压状态下切削液的润滑效果。常用的极压添加剂多为含硫、磷、氯、碘等的有机化合物，如氯化石蜡、二烷基二硫代磷酸锌等。

1.4.3.3　乳化剂

乳化剂是使矿物油和水乳化形成稳定乳化液的物质。具有亲水、亲油的性质，能起乳化、增溶、润湿、洗涤、润滑等一系列作用，乳化剂的分子是由极性基团与非极性基团两部分组成。极性基团是亲水的称作亲水基团，可溶于水；非极性基团是亲油的，叫亲油基团，可溶于油。油水本来是互不相溶的，加入乳化剂后，它能定向地排列并吸附在油水两极界面上，极性端向水，非极性端向油，把油和水连接起来，降低油—水的界面张力，使油以微小的颗粒稳定地分散在水中，形成稳定的“水包油”型乳化液。乳化剂在水基切削液中还能吸附在金属表面上形成润滑膜，起油性剂的润滑作用。

目前生产上通常使用的乳化剂种类很多，在水基切削液中，应用最广泛的是阴离子乳化剂和非离子乳化剂。前者如石油磺酸钠、油酸钠皂等，它价格便宜，且有碱性，同时具有防锈和润滑性能。后者如聚氧乙烯脂肪醇醚、聚氧乙烯烷基酚醚等，它不怕硬水，也不受 pH 值的限制，清洗能力好，而且分子中的亲水、亲油基可以根据需要加以调节。

有时为了提高乳化液的稳定性，在乳化液中加入适量的乳化稳定剂如乙醇、乙二醇等。

除上述添加剂外，还有防锈添加剂（如石油磺酸钡、亚硝酸钠）、消泡剂（如二甲基硅油等）和防霉剂（如苯酚等）。

在配制切削液时，根据具体情况，添加几种添加剂，可得到效果良好的切削液。

1.4.4　切削液的合理使用

1.4.4.1　切削液的选择

选择切削液应根据刀具材料、加工要求、工件材料和加工方法的具体情况选用，以便得到良好的效果。

粗加工时，切削用量大，产生大量的切削热，为降低切削区的温度，应选用以冷却为主的切削液。高速钢刀具耐热性差，故高速钢刀具切削时必须使用切削液，如使用3%～5%的乳化液和水溶液。硬质合金、陶瓷刀具耐热性好，一般不用切削液。但在数控机床上进行高速切削时，也必须使用切削液，如选用水溶液或低浓度的乳化液，但应连续、充分地浇注，以免高温下刀片冷热不均，产生热应力而导致裂纹。精加工时，切削液的主要作用是减小工件表面粗糙度和提高加工精度，所以应选用润滑性能好的极压切削油或高浓度的水溶液及乳化液。

各金属材料加工对切削液的选择：

铝：质软，切割易粘刀具。乳化液如碱性强，与铝产生化学反应，造成乳液分层。应选用专用乳化液或石蜡基矿物油作冷却润滑剂。

铜：粘韧，切削时产生微细卷曲的屑，可使乳化液变成绿色，影响乳化液的稳定，在活性硫作用下生污斑。如选用油剂要配备过滤设备。

可锻铸铁：切削时产生大量微细的具有化学活性的磨蚀性屑。这些活性细屑好似过滤介质，削弱了乳化液的活性，而且可生成铁皂，使乳化液变为红褐色，乳化液的稳定性变劣。如使用油剂，必须用离心机或过滤器把铁屑除去。

铅及其合金：易切削，可生成铅皂，破坏乳化液的稳定。如使用油剂，对油剂有稠化倾向，要防止使用含大量脂肪的油剂。

镁：切削时产生细屑，可燃。一般不使用水基切削液，可采用低黏度油作为切削液。

镍及高镍合金：切削时局部产生高热，切屑可能烧结。可选用重负荷乳化液或非活性硫化油。

钛：产生磨蚀性、可燃的切削，易发生加工硬化现象，应用重负荷乳化油或极压油剂。

锌：切削面不规整，难以取得良好的光洁度，与乳化液生成锌皂，使乳化液分离，应选专用乳化液。

从加工方法考虑，磨削时的温度高，而且会产生大量的细屑和砂末等，影响加工质量，因而磨削液应有较好的冷却性能和清洗性能，并应有一定的润滑性和防锈性。一般磨削加工常用普通乳化液和水溶液。对于钻孔、攻丝、铰孔、拉削等，宜用极压切削液。齿轮刀具切削时，应采用极压切削油。对于数控机床、加工中心，应选用使用寿命长的高浓度水溶液及乳化液，而且要求切削液应适应于多种材料和多种加工方式。

此外，值得注意的是，在精密机床上加工工件时不宜使用含硫的切削液。

1.4.4.2　切削液的使用方法

普遍使用的方法是浇注法。它使用方便，但流速慢，压力低，难于直接渗透入切削区的高温处，影响切削液的效果。切削时，应尽量直接浇注到切削区。车削、锯削和铣削时，切削液流量约为 10～20L/min，如图 1-1-12 所示。深孔加工时，应采用高压冷却法，把切削液直接喷射到切削区，并带出碎屑，工作压力约为 1～10MPa，流量为 50～150L/min。

金锯切加工切削液工作压力为 0.45MPa，流量为 50～150L/min。

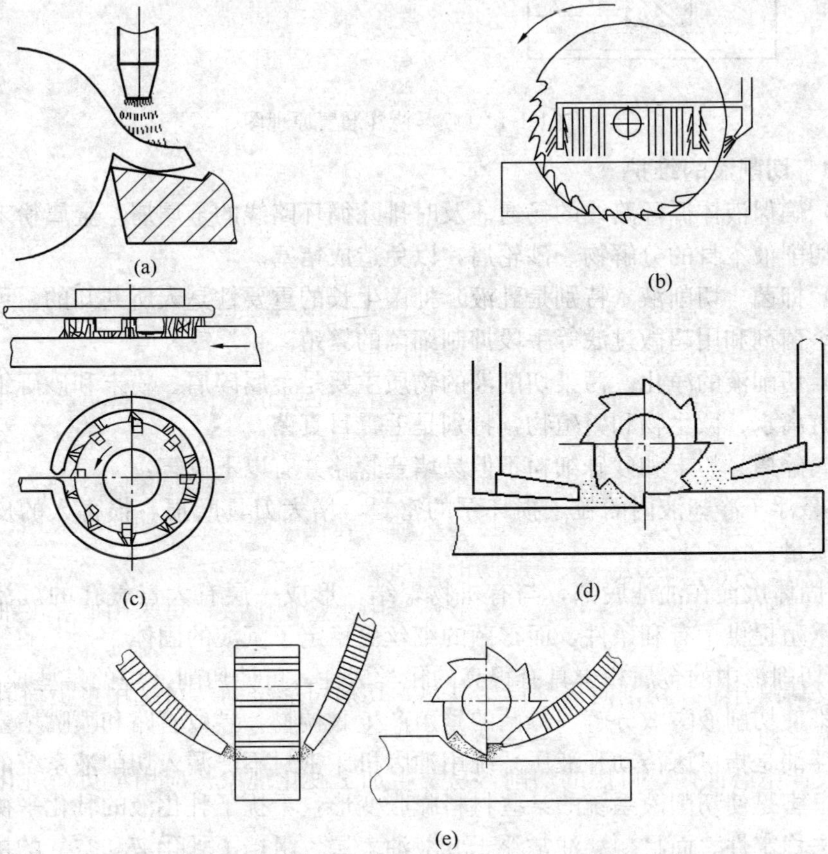

图 1-1-12　车、锯、铣加工中切削液的浇注方法

(a) 车削中切削液浇注方法；(b) 锯切中切削液浇注方法；(c) 圆盘铣削中切削液浇注方法；(d) 立铣中切削液前后浇注方法；(e) 立铣中切削液侧面浇注方法

喷雾冷却法是一种较好的使用切削液的方法。压缩空气以 0.3～0.6MPa 的压力通过喷雾装置，把切削液从 ϕ1.5～ϕ3mm 的喷口中喷出，形成雾状高速喷至切削区，如图 1-1-13 所示。由于雾状液滴的汽化和渗透作用，吸收了大量的热量，并取得了良好的润滑效果。

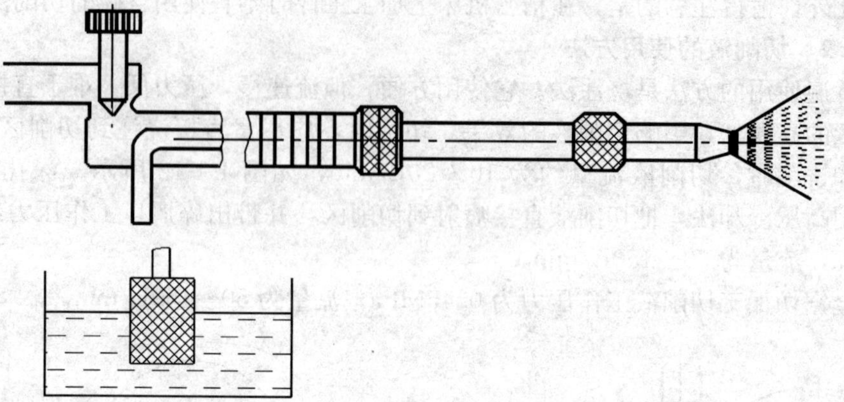

图 1-1-13 喷雾浇注装置原理图

1.4.4.3 切削液的维护

（1）确保液体循环路线的畅通。及时排除循环路线的金属屑、金属粉末、霉菌黏液、切削液本身的分解物、砂轮屑，以免造成堵塞。

（2）抑菌。切削液（特别是乳液）抑菌生长的重要性是人所共知的。可采用定期投入杀菌剂和用超微过滤等手段抑制细菌的繁殖。

（3）切削液的净化。污染切削液的物质主要是金属碎屑、粉末和砂砾细粉、飘浮油和游离水、微生物和繁殖物，特别是毛霉目真菌。

金属碎屑、粉末和砂砾细粉不但易堵塞管路并有以下危害：

1）悬浮于冷却液内的粒子损坏泵的密封，增大刀具磨损，损害人的皮肤，影响加工质量。

2）固体沉淀在油池底部，与有机物聚结，形成一层有大量气孔的沉淀层，为微生物繁殖提供了有利条件，而霉菌的细丝更稳定了沉淀的固体。

3）切削液中的金属粉末具有很高的化学活性，可使切削液中的某些成分失效。霉菌污染使切削液酸败分解，霉菌的繁殖产生黏稠物，导致管路和喷嘴堵塞。

飘浮油是指机床传动和液压系统用油因机床密封不严漏入切削液系统的油。飘浮油的危害是使切削液系统的某些材料膨胀变形，干扰了乳化液的乳化平衡，使乳化液失去稳定性。而且飘浮油常浮于乳液油表层，阻挡了乳化液和空气的接触，导致乳化液缺氧，使厌氧菌快速繁殖，加速乳化液的腐败变质。

切削液的净化方法比较复杂，必须使用一套完整的专业设备系统来完成。在生产工作中，应加强过滤，减少金属碎屑、粉末进入油池，注意定期对油池进行掏洗，同时防止设备漏油进入池内形成飘浮油。

1.5 切削加工质量

铸锭机加工过程中，坯料切削加工质量控制一般包括：尺寸精度，表面粗糙度，表面形状和相互位置精度等。

1.5.1　尺寸精度

切削加工后的坯料，由于机床、刀具、夹具、量具的误差以及操作技术等原因，其尺寸和所要求的基本尺寸总有一定偏差。但一定数值的偏差并不影响坯料的使用。实际生产中，总是会根据坯料的工作条件，给坯料基本尺寸一个允许的偏差值。

尺寸精度的高低，用公差值来表示。基本尺寸相同的坯料，公差的数值愈小，表示精度愈高。公差值是按照确定尺寸精度的等级即公差等级来选定的。标准公差分为 20 级，即 IT01、IT0、IT1 至 IT18，从 IT01 至 IT18 尺寸精度依次降低。

1.5.2　表面粗糙度

表面粗糙度是指加工表面上所具有的较小间距和微小峰谷不平度这种微观几何形状的尺寸特性。其评定参数一般按轮廓算术平均偏差 *R*a 选取。

常见切削加工方法与表面粗糙度数值 *R*a 的关系见表 1-1-2。

表 1-1-2　常见切削加工方法与表面粗糙度数值（*R*a）

加工方法	表面粗糙度数值 *R*a（μm）	加工方法	表面粗糙度数值 *R*a（μm）
刨	12.5～0.4	铣	12.5～0.3
钻	12.5～0.8	车	12.5～0.3
镗	2.5～0.4	磨	3.2～0.025

1.5.3　表面形状和相互位置精度

坯料的形体都是由若干个不同形状和不同位置的几何图形组合而成，而几何图形也都是由点、线、面构成。这些点、线、面统称为坯料的几何要素，故几何要素是构成坯料形状的基本单元。

形状是一个要素本身所处的状态，位置是指两个或几个要素之间形成的方位关系。对坯料的形状和位置精度，国家制定了形位公差标准，包括：形状和位置公差代号及其标注法，形状和位置公差术语和定义，形状和位置公差未标注公差的规定，形状和位置公差检测规定。

形状和位置两大类公差共有十四个项目，其中形状公差有直线度、平面度、圆度、圆柱度、线轮廓度、面轮廓度六个项目；位置公差有平行度、垂直度、倾斜度、同轴度、对称度、位置度、圆跳动、全跳动八个项目。坯料的形位公差均用 mm 数值来表示其大小，数值越小精度越高，加工难度越大，成本越高，加工效率越低。

1.6　切削加工常用设备

金属切削机床是用切削方法将毛坯加工成具有一定形状、尺寸和表面质量的机械零件的机器。它是机械制造业的主要加工设备，所担负的加工工作量约占机械制造总工作量的40%～60%。由于它是制造机器的机器，通常又称为工作母机或工具机，习惯上称为机床。

1.6.1　机床的分类及型号的编制方法

机床的品种和规格繁多，为了便于区别和管理，必须对机床加以分类和编制型号。

1.6.1.1　机床的分类

机床的分类主要按加工性质和所用刀具进行。目前我国将机床分为11大类，即车床、钻床、镗床、磨床、齿轮加工机床、螺纹加工机床、铣床、刨插床、拉床、切断机床、其他机床。每一大类中的机床，按结构、性能和工艺特点还可细分为若干组，每一组又细分为若干系（系列）。

除上述基本分类方法外，还有其他分类方法：

（1）按照通用性程度分为通用机床、专门化机床、专用机床。

1）通用机床。工艺范围很宽，可完成多种类型产品不同工序的加工，如卧式车床、万能外圆磨床及摇臂钻床等。

2）专门化机床。工艺范围较窄，它是为加工某种产品或某种工序而专门设计和制造的，如铲齿车床、丝杠铣床等。

3）专用机床。工艺范围最窄，它一般是为某特定产品的特定工序而设计制造的，如大型铝、铜加工企业所用的各种锯、车、镗、铣等机床。

（2）按照机床的工作精度可分为普通精度机床、精密机床和高精度机床。

（3）按照重量和尺寸，可分为仪表机床、中型机床（一般机床）、大型机床（质量大于10t）、重型机床（质量在30t以上）和超重型机床（质量在100t以上）。

（4）按照机床主要部件的数目可分为单轴、多轴、单刀、多刀机床等。

（5）按照自动化程度不同，可分为普通、半自动和自动机床。

随着机床的发展，其分类方法也将不断发展。机床数控化引起了机床传统分类方法的变化。这种变化主要表现在机床品种不是越分越细，而是趋向综合。

1.6.1.2　机床型号的编制方法

机床的型号必须简明地反映出机床的类型、通用特性、结构特性及主要技术参数等。我国现在的机床型号是按照《金属切削机床型号编制方法》（GB/T 15375—2008）编制而成的。

GB/T 15375—2008规定，采用汉语拼音字母和阿拉伯数字相结合的方式、按照一定规律排列来表示机床型号。现将通用机床的型号表示方法说明如下：

（1）机床类别代号。它用大写的汉语拼音字母表示。如“车床”的汉语拼音是“Che chuang”，所以用“C”表示。当需要分成若干分类时，分类代号用阿拉伯数字表示，位于类别代号之前，但第一分类号不予表示，如磨床类分为 M、2M、3M 三个分类。机床代号见表 1-1-3。

表 1-1-3　机床的类别代号

类别	车床	钻床	镗床	磨床			齿轮加工机床	螺纹加工机床	铣床	刨插床	拉床	锯床	其他机床
代号	C	Z	T	M	2M	3M	Y	S	X	B	L	G	Q
读音	车	钻	镗	磨	二磨	三磨	牙	丝	铣	刨	拉	割	其

（2）机床的特性代号。它包括通用特性和结构特性，也用大写的汉语拼音字母表示。

1）通用特性代号。当机床除具有普通性能外，还具有如表 1-1-4 所示的各种通用特性时，则应在类别代号之后加上相应的特性代号，也用大写的汉语拼音表示。如数控车床用“CK”表示，精密卧式车床用“CM”表示。

2）结构特性代号。为了区别主参数相同而结构不同的机床，在型号中用大写的汉语拼音字母表示结构特性代号。如 CA6140 型是结构上区别于 C6140 型的卧式车床。结构特性代号由生产厂家自行确定，不同型号中意义可不一样。当机床已有通用特性代号时，结构特性代号应排在其后。为避免混淆，通用特性代号已用过的字母以及字母“I”和“O”都有不能作为结构特性代号。

表 1-1-4　通用特性代号

通用特性	高精度	精密	自动	半自动	数控	加工中心（自动换刀）	仿形	轻形	加重型	柔性加工单元	数显	高速
代号	G	M	Z	B	K	H	F	Q	C	R	X	S
读音	高	密	自	半	控	换	仿	轻	重	柔	显	速

（3）机床的组别和系列代号。它用二位数字表示。每类机床按用途、性能、结构分为 10 组（即 0～9 组），见表 1-1-4；每组又分为 10 个系列（即 0～9 系列）。有关机床类、组、系列的划分及其代号可参阅有关资料。

（4）机床主参数、设计序号、第二主参数的代号。机床的主参数、设计序号、第二主参数都是用二位数字表示的。主参数表示机床的规格大小，反映机床的加工能力；第二主参数是为了更完整地表示机床的加工能力和加工范围。第一、二主参数均用折算值表示。机床主参数及其折算方法可参阅有关资料。当某些机床无法用主参数表示时，则在型号中主参数位置用设计序号表示，设计序号不足二位数者，可在其前加“0”。

(5) 机床重大改进序号。当机床的性能和结构有重大改进时，按其设计改进的次序分别用汉语拼音字母“A、B、C、…”表示，附在机床型号的末尾，以示区别。如C6140A即为C6140型卧式车床的第一次重大改进。

1.6.2 机床的传动原理

机床的传动机构指的是传递运动和动力的机构，简称为机床的传动。

机床的传动方式按传动机构的特点分为机械传动、液压传动、电力传动、气压传动以及以上几种传动方式的联合传动等。按传动速度调节变化特点将传动分为有级传动和无级传动。

为了实现加工过程中的各种运动，机床必须具备三个基本部分：

(1) 执行件。执行机床运动的部件。如主轴、刀架、工作台等，其任务是装夹刀具和工件，直接带动它们完成一定形式的运动并保持准确的运动轨迹。

(2) 运动源。为执行件提供运动和动力的装置。如交流异步电动机、直流电动机、步进电动机等。

(3) 传动装置。传动运动和动力的装置。通过它把运动源的运动和动力传给执行件，使之获得一定速度和方向的运动；也可将两个执行件联系起来，使二者之间保持某种确定的运动关系。

1.6.2.1 机床传动链的概念

机床的传动装置有机械、液压、电气、电液和气动等多种形式，这里主要讲述机械传动装置。机械传动装置依靠传动带、齿轮、齿条、丝杆螺母等传动件实现运动联系；使执行件和运动源以及两个有关的执行件保持运动的一系列传动件，称为传动链。联系运动源和执行件的传动链，称为外联系传动链；联系两个有关的执行件的传动链，称为内联系传动链。

通常传动链中包括两类传动机构：一类是传动比和传动方向固定不变的定比传动机构，如定比齿轮副、涡轮涡杆副、丝杆螺母副等；另一类是可根据加工要求变换传动比和传动方向的换置机构，如交换齿轮变速机构、滑移齿轮变速机构、离合器换向机构等。

1.6.2.2 机床传动原理图

为了便于分析和研究机床的传动联系，常用一些简明的符号把机床的传动原理和传动路线表示出来，这就是机床的传动原理图。

传动原理图如图1-1-14所示，其中假想线代表传动链所有的定比传动机构，菱形块代表所有的换置机构。图1-1-14（a）所示为铣平面的传动原理图。圆柱铣刀铣平面需要铣刀旋转和工件直线移动两个独立的简单运动，有两条外联系传动链：传动链“1—2— u_v —3—4”将运动源（电动机）和主轴联系起来，使铣刀获得一定转速和转向的旋转运动 B_1；传动链“5—6— u_f —7—8”将运动源和工作台

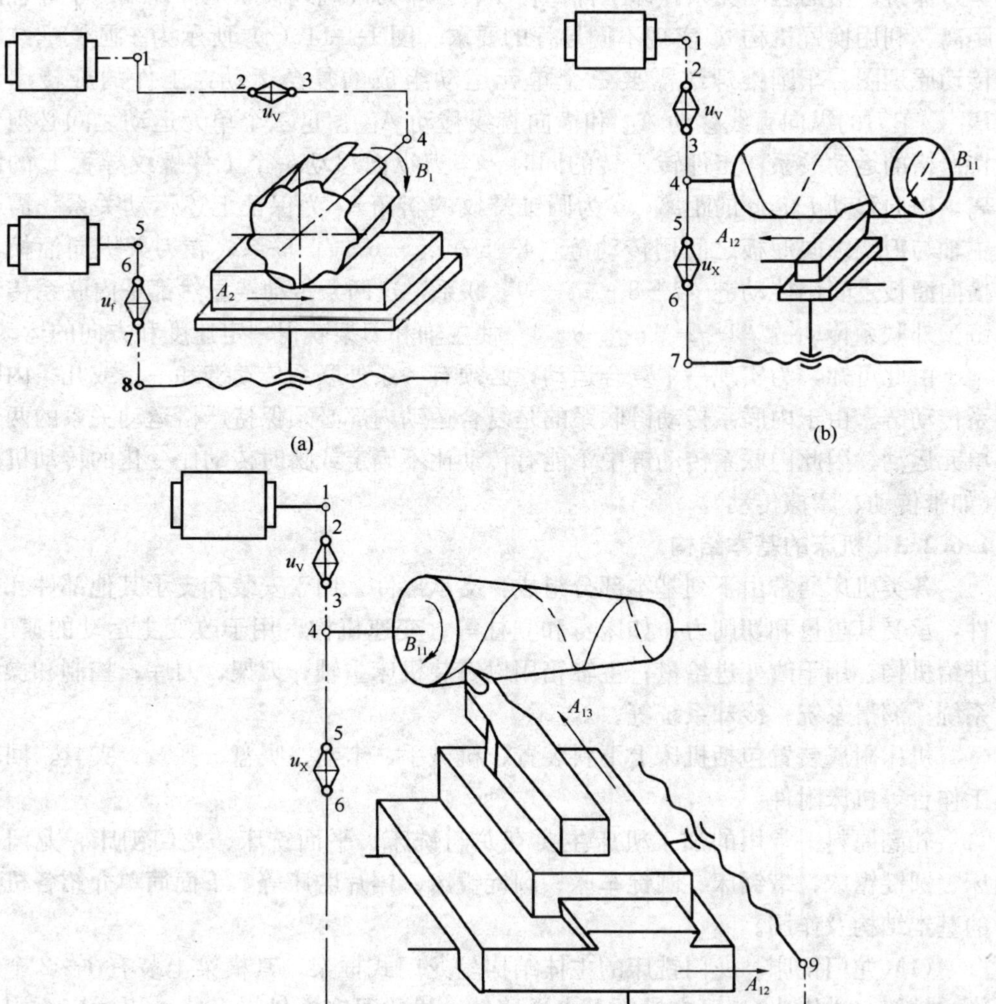

图 1-1-14　传动原理图

(a) 铣平面；(b) 车圆柱螺纹；(c) 车圆锥螺纹

联系起来，使工件获得一定进给速度和方向的直线运动 A_2 。铣刀的转速、转向以及工件的进给速度、方向可通过换置机构 u_v 和 u_f 改变。图 1-1-14（b）所示为车圆柱螺纹的传动原理图。车圆柱螺纹需要工件旋转和车刀移动的复合运动，有两条传动链：外联系传动链“1—2— u_v —3—4”将运动源和主轴联系起来，使工件获得旋转运动；内联系传动链“4—5— u_x —6—7”将主轴和刀架联系起来，使工件和车刀保持严格的运动关系，即工件每转1转，车刀准确地移动工件螺纹一个导程的距离，利用换置机构 u_x 实现不同导程的要求。图1-1-14（c）所示为车圆锥螺纹的传动原理图。车圆锥螺纹需要三个单元运动组成的复合运动：工件的旋转运动 B_{11}、车刀的纵向直线移动 A_{12} 和横向直线移动 A_{13}。这三个单元运动之间必须保持严格的运动关系：工件转1转的同时，车刀纵向移动一个工件螺纹导程 L 的距离，横向移动 $L\tan\alpha$ 的距离（α为圆锥螺纹的斜角）。为保证上述运动关系，需在主轴与刀架纵向溜板之间用传动链“4—5— u_x —6—7”联系，在刀架纵向溜板与横向溜板之间用传动链“7—8— u_y —9”联系，这两条传动链显然都是内联系传动链。外联系传动链“1—2— u_v —3—4”使主轴和刀架获得一定速度和方向的运动。

由此可知，为实现一个复合运动，必须有一条外联系传动链和一条或几条内联系传动链。由于内联系传动链联系的是复合运动内部必须保持严格运动关系的两个单元运动，因此内联系传动链中不能有传动比不确定或瞬时传动比变化的传动机构（如带传动、摩擦传动）。

1.6.2.3 机床的基本结构

各类机床通常由下列基本部分组成：支承部件，用于安装和支承其他部件和工件，承受其重量和切削力，如床身和立柱等；变速机构，用于改变主运动的速度；进给机构，用于改变进给量；主轴箱用以安装机床主轴；刀架、刀库；控制和操纵系统；润滑系统；冷却系统等。

机床附属装置包括机床上下料装置、机械手、卡盘、吸盘、弹簧、夹具、回转工作台等机床附件。

轧制原料工常用的加工机床主要有龙门铣床、平面铣床、龙门刨床、龙门锯床、圆锭锯床、带锯床、圆锭车床、圆锭镗床、锯片磨床等，下面简单介绍各机床的基本结构及作用。

（1）龙门铣床。龙门铣床的主体结构呈龙门式框架，其横梁上装有1～2个铣削主轴箱（立铣头），可在横梁上水平移动，横梁可在立轴上升降，以适应不同高度的坯料加工；两个立柱上又各装一个卧铣头，卧铣头也可在立柱上升降；每个铣头都是一个独立部件，内装主运动变速机构、主轴及操纵机构，各铣头的水平或垂直运动都可以是进给运动，也可以是调整铣头与工件间相对位置的快速调位运动；铣刀的旋转为主运动。龙门铣床的刚度高，可多刀同时加工多个工件或多个表面，生产效率高，适用于批量生产。

（2）平面铣床。用于铸锭热轧前大小面的铣削作业，包括单面铣、双面铣、双面铣带侧面铣等。单面铣在铣削过程中需进行一次翻面，铣削面易机械损伤；双面铣、双面铣带侧面铣生产效率高、表面质量好。平面铣床主要结构包括上料机构、床面工作部分、主轴部分、铝屑抽吸、破碎、回收系统部分、电控系统等。

（3）龙门刨床。龙门刨床结构呈龙门式布局，以保证机床有较高的刚度。龙门刨床主要适用于加工大平面，尤其是长而窄的平面。坯料安装在工作台上，工作台沿床身的导轨作纵向往复主切削运动；装在横梁上的两个立刀架可沿横梁导轨作横向运动，立柱上的两个侧刀架可沿立柱作升降运动，这两个运动可以是间歇进给运动，也可以是快速调位运动；两个立刀架的上滑板还可扳转一定的角度，以便作斜向进给运动；横梁可沿立柱的垂直导轨作调整运动，以适应加工不同高度的工件。

（4）龙门锯床。龙门锯床属圆盘锯床的一种，使用圆盘锯片，主要用于各规格方铸锭的锯切加工，其结构呈龙门式布局。它主要由辊道机构、导料机构、夹紧机构、立柱、滑架横梁、锯头机构、进锯机构、定尺机、碎屑收集机、料头和料尾倾翻器、冷却系统、液压系统、电控系统等组成。

（5）圆锭锯床。圆锭锯床也属圆盘锯床的一种，使用圆盘锯片，主要用于各种规格圆铸锭的锯切加工。由主传动机构、机架及进给机构、夹紧机构、定尺机构、辊道机构、碎屑收集机构、料头和料尾倾翻机构、铸锭承料装置、冷却系统、液压系统、电控系统等组成。

（6）带锯床。带锯床全称为精密带式锯床，因其使用封闭式条状锯带而得名。用于锯切各种规格的方、圆铸锭。带锯床由锯头、进给系统、润滑系统、铸锭测量系统、铸锭夹紧系统、推出装置、电气设备及控制、保护装置、液压系统、人工切割试片取出系统、放下装置、铸锭运输辊道、卸料穿梭转运车、废料（头尾料）输送和处理系统、平台、带锯降噪声罩、自动切割试验样片取出机械手组成。

（7）圆锭车床。圆锭车床主要用于圆铸锭表面的车皮，该机床是一种专用机床。其基本结构由床身、主传动机构、尾架机构、主刀架及进给机构、提升机构、进出料装置、润滑系统、电气系统、气动系统等组成。

（8）圆锭镗床。圆锭镗床主要用于管材内孔表面的加工，该机床是一种专用机床，生产效率高。其基本结构由床身、主轴箱机构、夹紧装置、进给机构、送料机构、尾座装置、润滑系统、冷却系统、电气系统、气动系统等组成。

（9）锯片磨床。锯片磨床属于刀具刃磨磨床，主要用于冷锯片的刃磨。其结构主要由磨床箱、磨头、定齿机构、锯片移动夹紧机构、冷却系统、液压系统等组成。

1.6.3　机床操作基本概念

点动操作：指操作人员对设备进行瞬时操作的状态。此时，一按运转按钮设备就开始运转，一松按钮设备就停止运行，而不需要操作停止按钮来停车。

手动工作方式：一台设备要完成一个工作任务，往往要进行一系列的动作才能实现目的。而其中的每一个动作都要进行人工干预、人为操作的称为手动工作方式。

自动工作方式：设备的部分或者全部动作过程通过先进的自动控制技术实现，不需要人工干预的称为自动工作方式。

调整工作方式：类似于点动工作方式。

停止操作：指让设备从运转变为停止的操作。

急停操作：一般是指在发生紧急情况时的全面停车操作。急停按钮一般为带按下自锁机构。按下此按钮后整个设备全部掉电停止运转，并且此按钮被自动锁定在按下状态。

正转操作：使设备正向运转的操作。

反转操作：使设备反向运转的操作。

停车操作：使设备停止运转的操作，同“停止操作”。

前进操作：使设备前进的操作，同“正转操作”。

后退操作：使设备后退的操作，同“反转操作”。

进刀操作：使切削类设备的刀盘或刀头向着工件前进的操作。

退刀操作：使切削类设备的刀盘或刀头向着工件反向运行的操作。

清零：指由数字控制的设备在回到原点后，电气控制系统内部的数据同时归“零”的动作过程。

限位：限制设备运行的位置，设备运行到这个位置后会自动停止或改变运动方向。它可以通过限位开关、接近开关、光码盘等来实现。

1.6.4　机床的使用维护要求

单机、独立通用机床实行操作工人当班检查和维护、保养负责制；连续生产线上集体操作的机床，实行分区域或分时段设定班组检查和维护、保养负责制；对无固定人员操作的公用机床，应实行专人维护保养负责制；每台机床都要制定和悬挂维护保养责任牌，要写明维护保养者姓名。

坚持使用和维护相结合，操作人员在机床日常使用、维护工作中应做到“三好”和“四会”。

(1)“三好”

1) 管好。对自己使用或分管的设备负保管责任，应保持设备及其附件、工装夹具、仪器仪表、冷却装置、安全防护装置等的完整。

2) 用好。严格按照设备规程正确使用设备。

3) 维护好。操作人员应熟悉设备结构，掌握设备性能，在日常操作中能识别设备的故障类型，能清楚描述故障特征、故障点位置，能排除简单故障。

(2)“四会”

1) 会使用。操作者必须熟悉设备性能，掌握操作要领，取得操作资格证。对尚未取得操作资格证书的新职工，必须指定专人负责操作指导，不得独立顶岗。

2) 会保养。保持设备内外和仪表的整洁，不超负荷使用，严格按照机床操作规程对设备进行正确的润滑，定期检查油位线，添加润滑油或润滑脂，定期换油，保持油路畅通。

3) 会检查。开车前要仔细检查机床的连接螺栓、轴承、刀具等关键部位，达到使用要求后空负荷试车，并检查各控制开关、仪器仪表是否灵敏，发现问题和异常现象，要停车检查，自己能处理的马上处理，不能处理的，及时通知专业维修人员进行处理。

4）会排除故障。操作人员在工作中能通过听、闻、观察发现故障，初步判别故障的发生部位和类型，排除简单故障，对较大的设备故障，杜绝蛮干，应及时上报，请专业维修人员修理。

机床的日常保养要求：

操作人员每班班前应对设备进行检查，零部件是否完整，传动部分是否灵活，拧紧松动螺丝，按规定进行润滑；班中严格遵守操作维护规程，经常检查设备温度、压力、精度及指示仪表的变化情况，发现问题及时处理；下班前对设备进行认真清扫。

第2章 加热炉基础知识

2.1 加热炉热源

加热炉热源分为电阻加热、电感应加热和矿物燃料加热。前两种使用电能，电阻加热利用电流通过电阻而发热，电感应加热在电磁感应线圈通电后，利用电磁感应现象加热金属材料。后一种使用天然气、煤气、燃油等矿物燃料通过喷射烧嘴燃烧加热，是应用最广泛的加热方式，具有成本低，效率高的优点。

2.1.1 电阻加热

电阻加热炉通常是利用电流通过置于炉顶（或炉墙）的电热元件产生热量，并使热量以辐射的方式来加热炉料的。电流通过电热元件所产生的热量，其大小与通过的电流的大小、时间及电热元件本身电阻有关。根据焦耳—楞次定律，可计算产生的热量大小：

$$Q = 0.24I^2Rt$$

式中 Q——电热元件产生的热量（J）；

I——电热元件所通过的电流（A）；

R——电热元件电阻（Ω）；

t——通电时间（s）。

应用不同种类的电热元件，在炉内可以得到不同的最高温度。改变电热元件的安装位置，可以得到各种需要的温度和热量分布。

电热元件可分为两类：金属电热元件和非金属电热元件。金属电热元件又分为纯金属与合金电热元件两种。非金属电热元件有碳化硅棒、石墨碳棒等。不过，现在工业中所用电热元件，大多采用高温合金电热元件。

电热元件应具有的性能：

（1）具有高的耐热性和高温强度。电热元件的工作温度应比炉膛温度高100～200℃，并且在高温长时间工作时不易氧化、不易变形。

（2）具有高的电阻系数。在电热元件端电压一定时，为了获得必须的功率，电热元件应具有较高的电阻系数。

（3）具有小的电阻温度系数。电阻温度系数越大，电热元件在不同温度下的功率差别也越大，选择电阻温度系数小的电热元件，可保持比较稳定的功率。

（4）具有较小的热膨胀系数。电热元件热膨胀系数不能太大，在设计安装电热元件时，应留有一定的膨胀余地。

（5）具有良好的加工性。所谓加工性，主要指电热元件成形加工、绕制、焊接和返修的难易程度。可塑性不好的电热元件，如铁铬铝和碳化硅棒等电热元件，性脆、易断，加工性差。

（6）能抵抗不良气氛的侵蚀。电热元件材料应具有不与外界不良气氛、酸、碱以及炉衬发生化学反应的性质。

（7）成本要低。电热元件材料及材料的加工均要求成本较低。

2.1.1.1　金属电热材料

金属电热材料最常用的是铁铬铝合金和镍铬合金。

（1）铁铬铝合金材料电阻高、电阻温度系数小，使用温度较高、单位表面积允许功率高、高温抗氧化抗硫化及抗各种碳氮气氛的侵蚀能力较强、价格便宜，在功率电压和元件截面尺寸相同条件下，其用量比镍铬合金材料用量少。其缺点是冷加工性能较差，经高温加热后晶料粗大、变脆，难以修复。在氮气中使用时，铬和铝易生成氮化物，其使用寿命比在空气中低。一般铁铬铝电热元件应预期或定期在空气中加热到1000～1100℃，保温5h形成致密的氧化膜，可延长使用寿命。

（2）镍铬合金材料的标准产品有Cr20Ni80和Cr15Ni60两种。这类合金塑性、韧性好，拉拔绕制容易，经高温加热不易脆化，便于返修和焊接。镍铬合金材料具有较好的抗氮化能力，可用于含氮气氛的电阻炉中。与铁铬铝合金相比，镍铬合金电阻系数小，电阻温度大。其缺点是在含硫气氛中元件表面层形成硫化物，降低使用寿命。在含CO还原性气氛中长期工作，氧化膜破坏，表面渗碳，电热元件表熔点降低，产生裂纹甚至熔断，所以在CO气氛中工作，使用温度不能超过1040℃。

合金电热元件一般做成丝状（电阻丝）或者带状（电阻带）以及片状和圆筒状，其厚度大小由炉子所需要的工作温度而定，工作温度高则厚度大。

电热元件在炉内的安装方式，根据炉子用途、形状、大小而定。金属电热元件在安装前须加工成一定形状。电阻丝通常绕成细管型，电阻带加工成回线型。电热元件可以安装在炉顶或炉墙上。

在不同工作介质或炉膛中宜使用的金属电热材料见表1-2-1。

表1-2-1　不同工作介质中宜使用的金属电热元件材料

工作介质或炉膛材料	不宜使用的元件材料	宜使用的元件材料	使用温度（℃）
空气	纯金属W、Mo	0Cr25Al5	1100
		Fe-Cr-Al	1350
氮气	Fe-Cr-Al	Cr-Ni	1200
水蒸气	Fe-Cr-Al	Cr20Ni80	1200
含硫气体	Cr-Ni	Fe-Cr-Al	950

续表

工作介质或炉膛材料	不宜使用的元件材料	宜使用的元件材料	使用温度(℃)
吸热式气氛	Cr-Ni	Fe-Cr-Al Fe-Al-Mn	1000
耐火黏土搁砖	Fe-Cr-Al	Cr-Ni	1000
高铝搁砖	—	Fe-Cr-Al	1100
硅藻土砖	Fe-Cr-Al	Cr-Ni	800
石棉	Fe-Cr-Al	—	—

2.1.1.2 非金属电热材料

(1) 碳化硅电热元件。主要成分为 SiC，通常制成棒状，称为硅碳棒。碳化硅棒形状通常是两端粗、中间较细，有时为了增加电阻，则做成管状，工作温度可达 1350～1400℃，寿命约 2000h。碳化硅棒有“时效性”，使用一段时间后，它的电阻会增加，开始工作 60～80h，增加较快，可达 15%～20%，以后增加较慢。

(2) 二硅化钼电热元件。这是一种耐高温又不明显老化的电热元件，最高使用温度可达 1800℃。但温度高于 1350℃时会软化而失去刚性，故不宜水平安装。

(3) 碳系电热元件。石墨碳粒和各种碳质制品都属于碳系电热元件。碳与氧的亲和力很强，故常用在中性气氛或真空中。石墨电热元件是应用最多的碳系电热元件，常用于 1400～2500℃之间的炉子，最高达 3600℃。

2.1.2 电感应加热

电感应加热基本原理如图 1-2-1，当感应器（感应线圈）通过交变电流时，在其周围产生交变磁场，将锭坯放入交变磁场中，磁力线穿过锭坯，按电磁感应定律，铸锭内将产生感应电动势和感应电流，感应电流做功，引起锭坯自身发热，从而达到加热锭坯的目的。

(1) 集肤效应

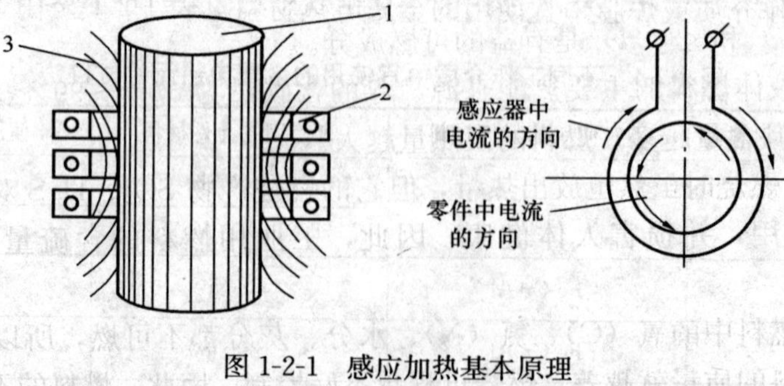

图 1-2-1 感应加热基本原理

1—零件；2—感应器；3—磁力线

由于铸锭内存在着电动势，从而产生闭合电流，称之为涡流。涡流的分布是不均匀的，由铸锭表面向心部呈指数规律衰减。当交流电流通过导体时，在导体表面电流最大，越向内部电流密度越小的现象称为集肤效应。当电流频率越高，集肤效应越显著。

（2）邻近效应

两个通过交流电流的导体彼此相距很近时，则每个导体内的电流将重新分布。电流瞬时方向相反时，则最大电流密度就出现在两导体相邻的一面；当导体内电流的瞬时方向相同，则最大电流密度将出现在两导体相背的一面。这种电流向一侧集中的现象称为邻近效应。导体内电流的频率越高，导体间距越小，邻近效应越明显。

（3）圆环效应

当交电流通过环形导体时，电流在导体横截面上的分布将发生变化，此时电流仅仅集中在圆环的内侧，这种现象叫圆环效应。圆环的曲率半径越小，径向宽度越大，圆环效应也越显著。

（4）尖角效应

当感应器与铸锭间的距离相同，但在铸锭尖角处的加热强度远较其他光滑部位强烈，往往会造成过热，这种现象称为尖角效应。尖角效应是由于磁力线易于集中在尖角处，感应涡流较大的缘故。

2.1.3 燃料和燃烧

2.1.3.1 燃料的基本成分

（1）固、液体燃料的基本成分

自然界中的固、液体燃料的基本组成物是呈各种化合形式的有机物质，组成有机物的主要元素是碳、氢、氧、氮和一部分硫。此外，在固、液体燃料中还含有一些矿物杂质，称为灰分，在灰分中主要包含 SiO_2、Al_2O_3、CaO、MgO、Fe_2O_3、Na_2O 等物质。在固、液体燃料内还存在着一定的水分。

碳、氢、硫都是燃料中的可燃成分，当它们和氧化合时都能放出大量的热。但是，只有碳（C）和氢（H）是有益的可燃成分。

碳是固、液体燃料的主要热能来源，煤的含碳量为 50%～99%，重油的含碳量大于 86%。碳含量越多，燃料的发热量越大。

硫（S）在燃烧时虽然也放出热量，但它的燃烧产物 SO_2、H_2S 对加热工件和设备有腐蚀作用，并损害人体健康，因此，工业用燃料的含硫量一般不应超过 1%。

固、液体燃料中的氧（O）、氮（N）、水分、灰分都不可燃，所以这些物质的含量越多，燃料的质量就越差，燃烧过程越不好控制。因此，燃料的不可燃成分的含量越低越好。

液体燃料和固体燃料相比，具有发热值高、燃烧温度高、灰分少、火焰辐射强的特点，燃烧装置容易实现机械化和自动化。

（2）气体燃料的基本成分

气体燃料是由多种简单化合物组成的机械混合物。其中可燃成分有 CO、H_2、CH_4、C_2H_4、C_mH_n、H_2S 等。在可燃成分中以 CH_4、C_2H_4、C_mH_n 等物的发热量较大，H_2 和 CO 的发热量较小。

气体燃料中的不可燃成分有 CO_2、N_2、SO_2、H_2O、O_2 等。不可燃成分的含量越少，燃料质量越好。同固体、液体燃料一样，气体燃料中 H_2S 的含量也愈少愈好。

与固、液体燃料相比，气体燃料在生产工艺上，能产生高温，容易调节温度控制和气氛性质。燃烧装置容易实现机械化和自动化。

2.1.3.2　燃料的发热量

燃料燃烧放出的热量与燃料的多少有关，单位燃料（每公斤或每立方米）完全燃烧时所放出的热量称为燃料的发热量。

燃烧放出的热量还与燃烧后物质的存在状态有关。例如煤中的氢燃烧生成水，如果生成的水不是液体，而是水蒸气，那么，因为由液体水变成气体水还要消耗热量，所以在同样条件下该反应所放出的热量就少了。正是由于这个原因，燃料的发热量有高发热量和低发热量之分。当燃烧产物的温度冷却到反应物的原始温度，燃烧产物中的水成零度水的状态时，单位燃料完全燃烧所放出的热量称为高发热量，以 $Q_{高}$ 表示。当燃烧产物的温度冷却到反应物的原始温度，燃烧产物中的水呈 20℃ 水蒸气状态时，单位燃料完全燃烧所放出的热量称为低发热量，以 $Q_{低}$ 表示。实际生产中常用 $Q_{低}$ 表示燃料发热量。

燃料的发热量是衡量燃料好坏的主要依据。天然气和重油具有比发生炉煤气和煤高得多的发热量，因此它们是加热炉的理想燃料。

由上可知，燃料的高发热量与低发热量之差等于水的汽化热，在热工计算中通常把 1kg 水的汽化热定为 2.51MJ，因此它们二者之向的关系可用下式表示：

$$Q_{低} = Q_{高} - 2.51(9H + W)$$

式中　$Q_{低}$——燃料的低发热量（MJ）；

$Q_{高}$——燃料的高发热量（MJ）；

H——燃料中含氢百分数（%）；

W——燃料中含水百分数（%）。

2.1.3.3　燃料消耗的表示方法和标准燃料发热量

加热炉的燃料消耗是评价炉子工作的重要指标，在生产中通常用单位燃料消耗量表示。所谓单位燃料消耗量是指生产单位重量（如 1t）产品所消耗的燃料。一般使用气体燃料的燃料消耗单位用 m^3/t 表示；使用固体或液体燃料的燃料消耗单位用 kg/t 表示。

因为成分不同的燃料其发热量不同，所以为了核算和比较炉子的燃料消耗，一般都将燃料消耗折合成“标准燃料”消耗量，即用 kg（标准燃料）/t（产品）表示燃料消耗。规定每 1kg 标准燃料的发热量为 29.3MJ。因此，各种燃料的发热量除以 29.3MJ 即得标准燃料的发热量。

各种燃料的发热值（即单位燃料的发热量）有折算成标准燃料发热值的折算系数如表 1-2-2 所示。

表 1-2-2　燃料发热值换算表

燃料名称	发热值(MJ/kg)	折标准煤的系数(kg/kg)
干洗精煤(灰分 10%～11%)	29.7	0.014
干焦炭(灰分 13.5%)	28.5	0.97
无烟煤	25.1～26.4	0.86～0.9
动力煤	20.9	0.71
重油	39.8～41.0	1.36～1.4
轻油	41.8	1.43
焦油	37.7	1.29
粗苯	41.8	1.43
天然气	35.6～39.8(MJ/m^3)	1.21～1.36 (MJ/m^3)
焦炉煤气	17.2～18.4(MJ/m^3)	0.58～0.63(MJ/m^3)
高炉煤气	3.5～4.186(MJ/m^3)	0.12～0.14(MJ/m^3)
转炉煤气	8.4～8.8(MJ/m^3)	0.29～0.30(MJ/m^3)
电力	12.3(MJ/kW・h)	0.42(kg/kW・h)

注：焦炭灰分每增、减 1%，发热值相应减、增 0.335MJ/kg；洗精煤亦按此作相应增、减。

2.1.3.4　完全燃烧和不完全燃烧

无论什么物质与空气作用，只要能产生热或光，就称该化学反应过程为燃烧。燃料燃烧是有一定条件的，条件不同，燃烧的情况也不相同。

燃料在空气量充足并且混合良好的条件下燃烧，其可燃成分完全与氧气作用，放出所有的热量，燃烧产物中只有二氧化碳和水，这种燃烧称为完全燃烧。1kg 碳在完全燃烧时能产生 34.1MJ 的热量。

如果空气不足，或者燃料与空气的混合不好，燃料中可燃成分未能与氧气完全作用，燃烧后生成一氧化碳，这种燃烧称为不完全燃烧。1kg 碳在不完全燃烧时产生的热量只有 10.5MJ。

由此可知，同一燃料，不完全燃烧的发热量与完全燃烧的发热量可相差数倍。为了使燃料完全燃烧，必须提供以下燃烧条件：

1）供给充足的空气。

2）维持炉膛高温。

3）燃料中可燃成分与空气充分混合。

4）及时排除燃料燃烧生成物。

在实际生产中，加热工人是根据火苗的明亮程度、烟的颜色等来鉴别燃料燃烧情况的。如火苗明亮而无烟，说明燃烧完全，而火苗红暗并带有黑烟，说明燃烧不完全。

2.1.3.5　理论空气量、过剩空气及空气过剩系数

燃料中可燃物质全部烧尽所需要的空气量叫理论空气量。燃料的理论空气量是根据燃料的化学组成按化学反应式计算出来的。

各种燃料燃烧时，即使按计算出的理论空气量供应空气，但由于受具体设备条件、技术条件的限制也很难得到理想的燃烧效果。为了实现完全燃烧，实际需要的空气量往往大于理论空气量，多用的这部分空气量叫过剩空气量。

实际需要空气量与理论空气量之比值称为空气过剩系数。通常用$K_{空}$表示。

$$空气过剩系数\ K_{空}=\frac{实际需要空气量}{理论空气量}>1$$

空气过剩系数的大小与燃料种类、燃烧方法以及燃烧装置的结构特点有关。各类燃料燃烧时的空气过剩系数经验值如下：

气体燃料　　$K_{空}=1.05\sim1.15$

液体燃料　　$K_{空}=1.15\sim1.25$

固体燃料　　$K_{空}=1.20\sim1.50$

实际生产中空气过剩系数的大小可用分析废气成分的方法来测定。如废气里包含的CO_2越多，那么剩余的O_2就越少，空气过剩系数也越小。

空气过剩系数的大小对燃料燃烧有很大影响。如果过剩空气多，很显然燃烧产物中剩余的O_2就多，这对加热铸锭能起氧化作用，操作上称为氧化气氛；如果空气过剩系数太大，还会因多余的空气吸收一部分热能而使炉温降低并增大废气带走的热量。若空气供给不足，燃料燃烧不完全，又会浪费燃料。

2.1.3.6　提高加热炉热效率的措施

加热炉的热效率是衡量炉子工作好坏的重要指标。提高加热炉的热效率是降低炉子燃料消耗的重要途径。加热炉的热效率以加热金属的有效热量占炉内燃料燃烧放出热量的百分数表示。热效率高表明炉子的热能利用情况好。工业炉的热效率$\eta_{热}$大致如下：

连续加热炉：　0.3～0.6

均热用加热炉：　0.2～0.3

在实际生产中，影响炉子热效率的因素很多，如炉子产量、燃料种类、燃烧设备、燃料和空气的预热情况、废气排出量和出炉温度、炉子冷却及散热状况等。因此，要提高炉子热效率必须根据炉子的具体情况，针对影响炉子热效率的主要因素，采取有效措施。从分析炉子热平衡出发提出的主要措施有：

1）减少烟气从炉膛带走的热量，如安装预热器，预热空气或者煤气。

2）减少炉子冷却件带走的热量，如采用无水冷滑轨、炉门等。

3）减少化学及机械不完全燃烧，如保证足够的空气，保证燃烧物质加入的连续性等。

4）减少炉墙传导散热和炉门开关的辐射散热。如采取炉墙绝热、减少炉门开

启次数、防止和减少冷空气吸入等。

5）提高炉子的生产率。

2.1.3.7　充分利用燃料燃烧产生的热量

衡量加热炉工作好坏的重要指标之一是加热单位重量的金属所消耗的燃料。燃料单耗主要取决于加热炉的热效率。加热炉的热效率越高表明炉子的有效利用热量占燃料燃烧放出热量的比重越大，热量损失越小，所以加热单位重量金属消耗的燃料也越少。

在加热炉内，燃料燃烧放出的热量的消耗情况见示意图 1-2-2。

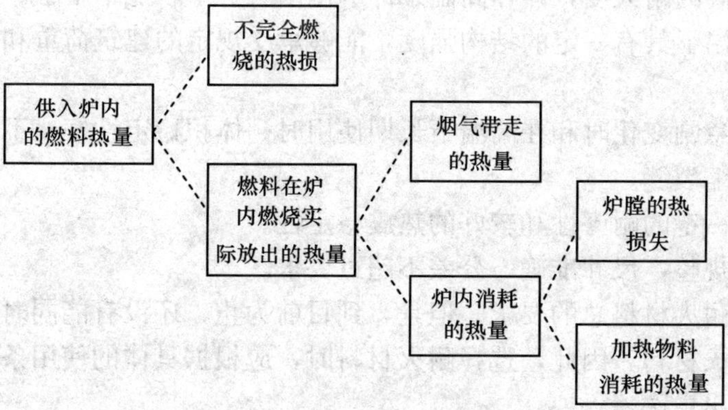

图 1-2-2　热量消耗情况图示

由图可见，炉内的燃料由于燃烧不完全而损失掉一部分，如烟气中的可燃气体CO、H_2以及炭黑等。这部分燃料根本就没有发出热量。另一部分燃料虽然在炉内燃烧放出热量，但热量并没有得到充分利用，其中除了被加热材料消耗部分热量外，还有相当一部分热量，不是被高温烟气、冷却水带走，就是通过炉墙、炉门散失掉。

生产中的实际测定或理论计算结果表明，一般加热炉的热能利用情况如表1-2-3所示。

表 1-2-3　加热炉热平衡表

热能收入	%	热能支出	%
燃料燃烧热量	70～100	金属加热	30～40
煤气预热	0～25	废气带走热	40～50
空气预热	0～5	不完全燃烧热	3～10
金属氧化热	1～5	冷却水带走热	10～15
		炉体散热	5～10
热量收入总和	100	热量支出总和	100

2.2　加热炉用耐火材料

耐火度高于1580℃的无机非金属材料称之为耐火材料。它包括天然矿石及按照一定的目的要求经过一定的工艺制成的各种产品。具有一定的高温力学性能、良好的体积稳定性，是各种高温设备必需的材料。

砌筑加热炉广泛使用各种耐火材料，耐火材料的合理选择与正确使用是保证加热炉的砌筑质量，提高炉子使用寿命，减少炉子热能损耗的前提。

砌筑加热炉的耐火材料应满足以下要求：

(1) 具有高的耐火度，即在高温条件下使用时，不软化不熔融。

(2) 在高温下具有一定的结构强度，能够承受规定的建筑荷重和工作中产生的应力。

(3) 温度急剧变化时和在高温下长期使用时，体积稳定性好，不会产生过大的膨胀应力和收缩裂缝。

(4) 具有一定的耐磨性和较好的热震稳定性。

(5) 外形规整，尺寸准确，公差不超过要求。

以上是对耐火材料总的要求。但是，到目前为止，还没有能同时满足上述所有性能要求的耐火材料，因此，选择耐火材料时，应根据具体的使用条件，对耐火材料的要求确定出主次。

2.2.1　常用耐火材料的分类

耐火材料的种类繁多，通常根据耐火制品耐火度、形状尺寸、烧制方法、耐火基体的化学矿物组成等进行分类。

(1) 按耐火材料的化学—矿物组成主要划分

1) 硅质制品

硅砖，SiO_2含量不小于93%；熔融石英烧制品，SiO_2大于99%。

2) 硅酸铝质制品

半硅砖，SiO_2含量大于65%，Al_2O_3含量小于30%；黏土砖，SiO_2含量小于65%，Al_2O_3含量30%～48%；高铝砖，Al_2O_3含量大于或等于48%。

3) 镁质制品

镁砖，MgO含量80%以上；镁铬砖，MgO含量55%～60%，Cr_2O_3含量8%～12%；白云石制品，CaO含量40%以上，MgO含量30%以上；镁铝砖，MgO含量不小于80%，Al_2O_3含量5%～10%。

4) 碳质制品，如碳砖、石墨砖等。

(2) 按耐火度划分

耐火度为1580～1770℃时为普通耐火材料，1770～2000℃时为高级耐火材料，2000℃以上时为特级耐火材料，大于3000℃的为超级耐火材料。

(3) 按外观划分

耐火制品、耐火泥、不定形耐火材料。

(4) 按形状和尺寸划分

标型、普型、异型、特型。耐火砖的型号和规格，是根据砖的形状和尺寸来区别的。

(5) 按加工制造工艺划分

烧成制品、熔铸制品、不烧制品。

(6) 根据耐火材料的化学性质划分：酸性耐火材料、碱性耐火材料、中性耐火材料。

2.2.2　耐火材料的性能

耐火材料的性能包括物理性能和使用性能两个方面。物理性能如体积密度、气孔率、真密度、吸水率等，反映了材料制造工艺的水平，直接影响着耐火材料的使用性能。耐火材料的使用性能指的是材料在使用过程中表现出来的性能，主要包括耐火度、高温结构强度、高温体积稳定性、热膨胀性、抗热震性、抗渣性等。耐火材料的使用性能取决于耐火材料的化学—矿物组成及其制造工艺。

2.2.2.1　耐火材料的物理性能

(1) 体积密度

指的是单位体积（包括气孔）耐火材料的质量，常用单位为 g/cm^3 或 kg/cm^3。

(2) 气孔率

耐火制品中总存在着一些大小不同、形状各异的气孔，这些气孔的总体积与制品总体积的百分比称为耐火制品的气孔率，以%表示。气孔率分为显气孔率（即开口气孔率）、闭口气孔率和真气孔率。耐火制品的气孔率通常指显气孔率。

(3) 真密度

不包含气孔在内，单位体积耐火材料的质量称为耐火材料的真密度，单位为 kg/m^3。

体积密度、气孔率、真密度这些指标反映了耐火材料的致密程度，是评定耐火制品质量的重要指标。耐火材料的这些指标大小直接影响着耐火制品的耐压强度、耐磨性、抗渣性、导热性等。

(4) 吸水率

指耐火材料开口气孔中所充填的水的质量与该材料干燥后质量的百分比，以%表示。

2.2.2.2　耐火材料的使用性能

(1) 耐火度

耐火材料在高温作用下抵抗熔化和软化的性能称为耐火度，是耐火材料的重要性能指标之一。耐火度并非材料的熔点，而是指材料受热后软化到一定程度时的温度。耐火度是可以测定的。

根据耐火度的高低，耐火材料可分为：

普通耐火材料：耐火度为1580～1770℃；

高级耐火材料：耐火度为1770～2000℃；

特级耐火材料：耐火度为2000℃以上。

耐火材料的耐火度愈高，表明材料的耐高温性质愈好。耐火材料实际使用温度应低于耐火度。

（2）高温结构强度

高温结构强度是指耐火材料在高温下承受压力抵抗变形的能力。耐火材料在高温状态下的结构强度是显著降低的，其原因是由于材料内部的低熔点杂质发生了熔化。

通常用荷重软化点作为评定耐火材料高温结构强度的指标。各种耐火材料的荷重软化开始温度是不一样的。一般常用耐火黏土砖的荷重软化开始温度为1550℃。耐火材料的使用温度不能超过其荷重软化开始温度。每种炉子的最佳使用温度就是根据筑炉耐火材料的荷重软化温度来规定的。

（3）高温体积稳定性

耐火材料在高温及长期使用的情况下，应保持一定的体积稳定性。这种体积的变化不是指一般的热胀冷缩，而是指耐火材料在烧制时，由于其内部组织未完全转化，在使用过程中内部组织结构会继续变化而引起的不可逆的体积变化。

一般耐火制品允许的残余收缩或残余膨胀不超过1%。

（4）热膨胀性

耐火材料的长度和体积随温度升高而增大的性质，称为耐火材料的热膨胀性。耐火材料的热膨胀性用热膨胀系数表征。当温度升高1℃（或1K），耐火材料的长度或体积的相对增长率叫热膨胀系数，单位为K^{-1}或$℃^{-1}$。耐火材料的热膨胀是一种可逆变化，即受热后膨胀，冷却后收缩。

（5）抗热震性

耐火制品抵抗温度急剧变化而不致破裂和剥落的能力称为抗热震性，又称耐热剥落性和耐热崩裂性。在加热炉操作过程中，如炉门开启时冷空气进入炉膛会使炉子温度处于波动之中，如果耐火材料没有足够的抗热震性能，就会过早损坏。

（6）化学稳定性

耐火材料在高温下抵抗侵蚀作用的能力称为耐火材料的化学稳定性。这一指标通常也用抗渣性来表示。酸性耐火材料对酸性炉渣有较强的抵抗能力，而碱性渣对其侵蚀大；碱性耐火材料则反之；中性耐火材料对酸性和碱性炉渣均有较强的抵抗能力。

（7）热导率

指单位时间内、单位温度梯度时，单位面积试样所通过的热量。热导率也叫导热率或导热系数，单位为 W/(m·K)。

另外，砌筑加热炉的耐火材料外观检查也非常重要，外观检查项目包括尺寸公差、缺角、缺边、扭曲、裂纹、渣蚀等。耐火材料的外形和尺寸都直接影响砌筑时的砌缝，进而影响炉子的使用寿命。

2.2.3　加热炉常用的耐火砖

加热炉常用的耐火砖有黏土砖、高铝砖、硅砖、镁砖等。

2.2.3.1　黏土砖

黏土砖是生产量最多、使用最广泛的耐火材料，以 Al_2O_3 及 SiO_2 为基本化学组成，制作原料为耐火黏土和高岭土。

黏土砖的耐火度一般为 1580～1750℃，Al_2O_3/SiO_2 值愈大，黏土砖的耐火度越高。

黏土砖属于弱酸性耐火材料，在高温下容易被碱性炉渣所侵蚀。

黏土砖有良好的抗热震性能，但荷重软化温度较低，只有 1300～1400℃，

黏土砖气孔率不大于 28%。在高温下出现再结晶现象，使砖的体积缩小。同时产生液相，由于液相表面张力的作用，使固体颗粒相互靠近，气孔率低，使砖的体积缩小，因此黏土砖在高温下有残存收缩的性质。

由于黏土砖化学组成的波动范围较大，生产方法不同，烧成温度的差异，各类黏土砖的性质变化较大。国标对黏土砖的理化指标和尺寸允许偏差均有明确要求。普通黏土砖根据组成中 Al_2O_3 含量的多少分为 NZ—40、NZ—35、NZ—30 三种牌号。

我国耐火黏土资源极为丰富，质量好，价格便宜，被广泛的应用于砌筑各种加热炉的炉体、烟道、烟囱、余热利用装置和烧嘴等。

2.2.3.2　高铝砖

高铝砖是含 46%以上 Al_2O_3 的硅酸铝质制品，高铝砖按 Al_2O_3 百分含量分为 LZ—75、LZ—65、LZ—55、LZ—48 四个牌号。

按照矿物组成的不同，高铝质制品分为刚玉质（95%以上的 Al_2O_3）、莫来石质（$3Al_2O_3 \cdot 2SiO_2$）及硅线石质（$Al_2O_3 \cdot SiO_2$）三大类，加热炉大量应用的是莫来石质高铝砖。

高铝砖的耐火度比黏土砖耐火度高，达 1750～1790℃，并随 Al_2O_3 百分含量增加而略有提高。

高铝制品中 Al_2O_3 高，杂质量少，形成易熔的玻璃体少，所以荷重软化温度比黏土砖高，但因莫来石结晶未形成网状组织，故荷重软化温度仍没有硅砖高，约为 1420～1520℃。

高铝砖抗热震性比黏土砖稍低。由于高铝砖的主要成分是 Al_2O_3，接近于中性耐火材料，对酸性、碱性炉渣的侵蚀均有一定的抵抗能力。高铝砖在高温下也会发

生残存收缩。

高铝砖常用来砌筑连续加热炉的炉底、炉墙、烧嘴砖、吊顶等。另外，高铝砖也可用来砌筑蓄热室的格子砖。

2.2.3.3 硅砖

硅砖是含 SiO_2 在 93%以上的硅质耐火材料，属于酸性耐火材料，对酸性渣的抵抗能力强，对碱性渣的抵抗力较差。硅砖的荷重软化开始温度较其他几种常用砖都高，为 1620～1660℃，接近于其耐火度（1690～1730℃），这一特点允许硅砖可用于砌筑高温炉的拱顶。硅砖的抗热震性不好，不宜用在温度有剧烈变化的地方和周期工作的炉子上。

硅砖在 200～300℃ 和 575℃ 时有晶型转变，体积会骤然膨胀，故烘炉时在 600℃以下升温时不能太快，否则会有破裂的危险。同样，在冷却至 600℃以下时也应避免剧烈的温度变化。

硅砖在加热炉上一般用来砌筑炉子的拱顶和炉墙，尤其是拱顶等。此外，硅砖也用来砌筑蓄热室上层的格子砖。

2.2.3.4 镁砖

镁砖是含 MgO 在 80%以上，以方镁石为主要矿物组成的耐火材料。按 MgO 的百分含量，镁砖可分为 MZ—91、MZ—89、MZ—87、MGZ—82（含 5%～10% SiO_2）四个牌号。

镁砖属于碱性耐火材料，对碱性渣有较强的抵抗作用，但不耐酸性渣的侵蚀，在 1600℃高温下，与硅砖、黏土砖甚至高铝砖接触都能起反应，故使用时必须注意不要和硅砖等混砌。镁砖的耐火度在 2000℃以上，但其荷重软化点只有 1520～1550℃。镁砖的抗热震性较差，这是镁砖损坏的一个重要原因。镁砖的线膨胀系数大，故砌砖过程中，应留足够的膨胀缝。

镁砖气孔率不大于 20%，但煅烧不透的镁砖会因水化造成体积膨胀，使镁砖产生裂纹或剥落。因此，镁砖在储存过程中必须注意防潮。

镁砖在冶金工业中应用广泛，加热炉和均热用加热炉的炉底表面层及均热炉的炉墙下部都用镁砖铺筑。镁砖和硅砖一样，不能用于温度波动激烈的地方，用镁砖砌筑的炉子在操作过程中应注意保持炉温的稳定。

2.2.4 不定形耐火材料

不定形耐火材料是由粒状和粉状料与一种或多种结合剂按一定的级别、配比组成的不经成型和烧成而直接使用的耐火材料。这类材料无固定的外形，可制成浆状、泥膏状和松散状，因而也通称为散状耐火材料，可用于构筑工业炉的内衬砌体和其他耐高温砌体。用此种耐火材料可构成无接缝或少接缝的整体构筑物，故也可称为整体性耐火材料。

不定形耐火材料的化学和矿物组成主要取决于所用的粒状和粉状耐火物料，但与结合剂的品种和数量也有密切关系。一般而言，与相同材质的烧结耐火制品相比，多数不定形耐火材料在烧结前甚至烧结后的气孔率较高，但抗热震性一般比较好。

不定形耐火材料通常根据其工艺特性分为浇注料、可塑料、捣打料、喷射料和耐火泥等；按原料材质分为硅质、黏土质、高铝质和镁质等；按结合剂品种分为水玻璃结合、铝酸盐水泥结合、硅酸盐结合和磷酸盐结合等。

在加热炉中，不仅广泛使用普通不定形耐火材料，还使用轻质不定形耐火材料，并向复合加纤维的方向发展。

不定形耐火材料施工方便，筑炉效率高，能适应各种复杂炉体结构的要求。不定形耐火材料的使用，还可以改善炉子的热工指标。

2.2.4.1　耐火浇注料

耐火浇注料是由耐火物料制成的粒状和粉状材料，加入一定量结合剂和水分共同组成的、具有较高流动性、适用于以浇注方式成型的不定形耐火材料。耐火浇注料可采用浇注的方法施工或预先制成具有规定的形状尺寸的预制件，构筑工业炉内衬。由于浇注料的基本组成和施工、硬化过程与土建工程中常用的混凝土相同，因此也常称此材料为耐火混凝土。

耐火浇注料的粒状骨料由各种材质的耐火材料制成，其中以硅酸铝质和刚玉质材料用得最多，粉料是与骨料相同材质的、等级更优良的耐火材料，结合剂是浇注料中不可缺少的重要组分，目前广泛使用的结合剂是铝酸盐水泥、水玻璃和磷酸盐等。为了改善耐火浇注料的理化性能和施工性能，往往还加入适量的外加剂，如增塑剂、分散剂、促凝剂或缓凝剂等，如以水玻璃作结合剂的浇注料常采用氟硅酸钠为促凝剂。

根据结合剂的不同，耐火浇注料可分为铝酸盐水泥耐火混凝土、水玻璃耐火混凝土、磷酸盐耐火混凝土及硅酸盐耐火混凝土等。几种常用耐火混凝土的性能见表 1-2-4。

表 1-2-4　几种耐火混凝土的性能

材　料	铝酸盐水泥耐火混凝土	磷酸盐耐火混凝土	水玻璃耐火混凝土
荷重软化开始温度(℃)	1250～1280	1200～1280	1030～1090
耐火度(℃)	1690～1710	1710～1750	1610～1690
抗热震性(次)	>50	>50	>50
显气孔率(%)	18～21	17～19	17
体积密度(g/m^3)	2.16	2.26～2.30	2.19
常温耐压强度(kg/cm^2)	200～350	180～250	300～400
1250℃烧后强度(kg/cm^2)	140～160	210～260	400～500

耐火浇注料是目前生产和使用最为广泛的一种不定形耐火材料，主要用于砌筑各种加热炉内衬等整体构筑物。

耐火混凝土可以直接浇灌在模板内，捣固以后经过一定的养护期即可烘干使用，也可以做成混凝土预制块，如拱顶、吊顶、炉墙和炉门等。

2.2.4.2 耐火可塑料

耐火可塑料是由70%～80%粒状和粉状物料，加10%～25%可塑性黏土等结合剂和适量增塑剂配制而成，加入少量水分经充分搅拌后形成硬泥膏状，并在较长时间内保持较高可塑性的不定形耐火材料。材质多为黏土质、高铝质，结合剂有黏土、水玻璃、磷酸盐、硫酸盐等，目前国内普遍采用以磷酸-硫酸铝为结合剂的黏土质耐火可塑料。耐火可塑料与耐火浇注料的骨料是相同的，只是结合剂不同。耐火可塑料主要用于不直接与熔融物接触的各种加热炉中，由于耐火可塑料中含有一定的黏土和水分，在干燥和加热过程中往往产生较大的收缩。如不加防缩剂的可塑料干燥收缩4%左右，在1100～1350℃内产生的总收缩可达7%左右，故体积稳定性是耐火可塑料的一项重要技术指标。耐火可塑料的抗热震性能高于其他同材质的不定形耐火材料。

耐火可塑料制成的炉子具有整体性、密封性好，导热系数小，热损失少，抗热震性好，炉体不易剥落，耐高温，有良好的抗蚀性，炉子寿命较长等特点。目前国内耐火可塑料在炉底水管的包扎、加热炉炉顶、烧嘴砖、均热用加热炉炉口和烟道拱顶等部位的使用都取得了满意的效果。

2.2.4.3 耐火泥

耐火泥是由一定颗粒配比的耐火粉状物料和结合剂、外加剂组成的，用水或液态结合剂调制成浆体，用作砌体的接缝材料。主要用作砌筑耐火砖砌体的接缝和涂层材料，用以使耐火砖相互连接，保证炉子具有一定强度和气密性。

耐火泥粉料一般可选用烧结充分的熟料和体积稳定的各种耐火原料，结合剂为塑性黏土。耐火泥的耐火度取决于原料的耐火度及其配料比，一般耐火泥的耐火度应稍低于所砌筑耐火砌体的耐火度。在工业炉中，耐火泥的选择要考虑砌体的性质、使用环境和施工特点，通常所选耐火泥的化学成分、抗化学侵蚀性、热膨胀率等应该接近于被砌筑的耐火制品的相应性质。

根据耐火泥化学成分的不同，分为黏土质、硅质、高铝质和镁质等，分别用于砌筑黏土砖、硅砖、高铝砖和镁砖。由于镁质耐火材料有水化反应，故镁质耐火泥不能加水调制，只能干砌或加卤水调制。

2.2.4.4 红外高温节能涂料

红外高温节能涂料是喷刷在工业炉窑内壁表面上的一种涂料。该涂料是由耐火粉料、过渡金属氧化物、增黑剂、烧结剂、黏结剂和悬浮剂等组成的黏稠悬浮流体，喷刷在工业炉窑内壁上，形成0.3～0.5mm的涂层。该涂层的作用是：

（1）表面涂层在高温下具有高而稳定的发射率（黑度），从而增强了炉窑内衬的辐射中介面作用，强化了炉膛内的传热，减少了炉窑的能耗。

（2）表面涂层的粘结强度高，抗热震性和抗腐蚀性好，可以保护炉衬，延长炉衬的使用寿命。

红外节能涂料的研制始于20世纪60年代，我国很多单位开发和生产了红外节能涂料，目前国产涂料有的已达到国际名牌产品的水平。

节能涂料在国内工业炉窑上得到广泛的应用，一般火焰炉节能5%左右，电加热炉节能可达20%以上。

2.2.5　保温隔热材料

在炉子的热支出项目中，炉壁的蓄热和通过炉壁的散热损失占有很大比例。为了减少这方面的损失，提高炉子的热效率，需选用热容量小、导热率低的筑炉材料，即保温隔热材料。筑炉时通常都在耐火材料的外侧砌筑一层保温隔热材料，以减少炉子热量损失。炉子保温隔热材料的种类很多，常用的有轻质耐火砖、耐火纤维和其他绝热材料，如石棉、硅藻土、蛭石、矿渣棉及珍珠岩制品等。

2.2.5.1　轻质耐火砖

轻质耐火砖是在耐火砖中加入某些特殊物质后烧成的，其气孔率比普通耐火砖高一倍，体积密度比同质耐火砖小0.5～7倍。轻质耐火砖的导热系数小，常用来作为炉子的隔热层或内衬。

轻质耐火砖按所用材质不同，主要有轻质黏土砖、轻质高铝砖和轻质硅砖。轻质耐火砖的耐火度与一般相同材质的耐火砖的耐火度相差不大，荷重软化点则略低。由于多数轻质砖在高温下长期使用时，会继续烧结而不断收缩，从而造成裂纹甚至破坏，故多数轻质砖有一个最高使用温度。轻质黏土砖只有1150～1300℃，轻质高铝砖不超过1350℃，轻质硅砖高些，可达1600℃。

轻质耐火砖的抗热震性、高温结构强度和化学稳定性均较差，故不适合用于高速气流冲刷和振动大的部位，宜用于炉子的侧墙和炉顶。用轻质黏土砖所砌的炉子重量轻、炉体蓄热损失少。因此炉子升温快，热效率高，这对周期性作业的炉子意义尤为重要。

2.2.5.2　石棉

石棉是纤维结构的矿物，它的主要成分是蛇纹石（$3MgO \cdot 2SiO_2 \cdot 2H_2O$）。松散的石棉密度为0.05～0.07g/cm³，压紧的石棉密度为1～1.2g/cm³。石棉的熔点超过1500℃，但在700℃时就会成为粉末，使强度降低，失去保温性能，故石棉制品的最高使用温度不得超过500℃。

石棉板是将石棉纤维用白黏土胶合而成的，最高使用温度为500℃；石棉绳则是用石棉纤维和棉线编织而成，最高使用温度为300～400℃。

因其对人体健康危害较大，工业生产中已逐渐淘汰石棉制品。

2.2.5.3 硅藻土

硅藻土含 SiO_2 60%～94%。硅藻土制品含有大量气孔，质量很小，是一种具有良好隔热性能的保温材料，其允许的工作温度一般不大于900℃。松散的硅藻土粉可作填料，也可制成硅藻土砖使用。硅藻土生料用于砌砖和保温层抹面。

2.2.5.4 蛭石

俗称黑云母或金云母，主要成分为 SiO_2、Fe_2O_3、Al_2O_3、MgO。蛭石内含有5%～10%水分，受热时水分蒸发而体积膨胀，加热到800～1000℃时体积胀大数倍，称为膨胀蛭石。去水后的蛭石可直接填充使用，使用时将脱水后的蛭石直接倒入炉壳与耐火炉衬之间，也可用高铝水泥、水玻璃等作结合剂制成各种保温制品。蛭石的最高工作温度为1000℃。

2.2.5.5 矿渣棉、珍珠岩

（1）矿渣棉。煤渣、高炉渣和某些矿石，在1250～1350℃熔化后，用压缩空气或蒸汽直接使其雾化，形成的线状物称为矿渣棉，可以直接使用，也可制成各种制品使用。矿渣棉的最高使用温度不超过750℃。

（2）珍珠岩。主要成分是 SiO_2，是一种较新型的保温材料，具有体积密度小、保温性能好、耐火度高等特点。其组成以膨胀珍珠岩为主，加磷酸铝、硫酸铝并以纸浆液为结合剂。珍珠岩的最高使用温度为1000℃。

2.2.5.6 耐火纤维

耐火纤维又称陶瓷纤维，是一种纤维状的新型耐火材料，它不仅可用作绝热材料，而且可作炉子内衬。耐火纤维以松散棉状用于工业炉只是使用方法之一，更多的是制成纤维毯、纤维纸、纤维绳，或与耐火可塑料制成复合材料，可适应多种用途。耐火纤维的节能效果显著。

耐火纤维属于硅酸铝质耐火材料，因为形态是纤维，因此性能与黏土砖不尽相同，持续使用温度为1300℃，最高使用温度为1500℃。在1600℃以上，陶瓷纤维失去光泽并软化。其优点是质量小、绝热性能好、抗热震性好、化学稳定性好、容易加工。

2.2.6 耐火材料常见的损毁形式

加热炉中耐火材料常见的损毁形式如表1-2-5所示。

表1-2-5 耐火材料常见的损毁形式

类型	产生原因	说明
熔失（熔渣侵蚀）	熔渣等与耐火材料发生反应生成低熔点物质，当这些物质熔融流失时，使耐火材料熔失	主要损坏形式之一
气损	与气体接触的耐火材料发生化学变化，造成耐火材料侵蚀和破坏	在特定的气氛和特殊的温度区域产生

续表

类型		产生原因	说明
磨损		与装入的物料、气流、装料设备等发生机械摩擦而使耐火材料产生磨损	多数情况下和侵蚀一起发生
剥裂	热剥裂	耐火材料受急冷急热时，由于表面和内部的膨胀差产生应变，从而造成耐火材料剥落	耐火材料种类不同，发生热剥裂的温度范围不一样
	机械剥裂	随着温度的升高，由于热膨胀等原因，耐火材料结构体局部受到大的压力造成的耐火材料的剥裂	易被误认为热剥裂，又称“挤裂”
	结构剥裂	与加热面接触的熔渣、粉尘、气体等侵入耐火材料，使耐火材料表面层发生变质引起剥落	最普通的损坏形式之一，一般一层一层剥落，碱性耐火材料易发生
永久收缩		耐火材料因长时间受热而收缩，砖缝裂开，引起拱砖脱落	可通过外部冷却降低之
软化损失		受热使耐火材料的压缩强度降低，耐火砖被压坏，造成炉壁倒塌	改进炉体结构可减少此类损坏
可逆膨胀		耐火材料发生可逆热膨胀，使结构体皲裂、凸出或破坏	通过留较大的膨胀缝可避免

2.2.7　加热炉耐火材料的选用

耐火材料的正确选用对炉子工作具有重要意义，能够延长炉子的寿命，提高炉子的生产率，降低生产成本等。选择耐火材料时应遵从下述原则：

（1）满足工作条件中的主要要求。耐火材料使用时，必须考虑炉温的高低、变化情况、炉料以及机械摩擦等因素。但是，任何耐火材料都不可能全部满足炉子热工过程的各种条件，这就需要抓住主要矛盾，满足主要条件。就一个炉子来说，各部位的耐火材料是不相同的，应根据各部位的技术条件要求来选取合适的耐火材料。

（2）经济上的合理性。工业加热炉消耗的耐火材料数量很大，在选用耐火材料时除了满足技术条件上的要求外，还必须考虑耐火材料的成本和供应问题，某些高级耐火材料虽然具备比较全面的条件，但因价格昂贵而不能采用。当两种耐火材料都能满足要求的情况下应选择其中价格低廉，来源充足的那一种，即使该材料性能稍差，但能基本符合要求也同样可以选用。对于易耗或使用时间短的耐火制品更应考虑采用价格低，来源广的耐火材料。此外，经济上的合理性，不仅表现在耐火材料的单位价格，同时还应考虑到其使用寿命。

2.3　炉内传热和炉内气氛

铸锭加热炉炉内运行行为主要包括炉内传热行为及炉内气氛控制两方面内容。

2.3.1　炉内传热

传热是物体（固态、液态、气态）相互间或同一物体内部热能的传递。温度差是传热的必要条件，物体间存在温度差，必然产生热量的传递。在加热或冷却时，由于物体间或物体内部各点的温度不一致，形成一定的温度梯度，才能使加热或冷却过程得以进行。

铸锭加热操作中的升温、保温和冷却过程，都是热量的传递过程。传热的基本方式有三种：

2.3.1.1　传导传热

热量直接由物体的一部分传至另一部分，或由一物体传至与其接触的另一物体，而物体的质点没有移动（指宏观的物质移动）的传热现象，称为传导传热。传导传热在固体、液体和气体中都存在。

热处理炉的炉膛温度比室温高得多，所以必然有热量从炉衬内表面向外表面传递，这种传热方式，炉衬质点没有移动，仅热量由内向外转移，所以属于传导传热。铸锭在加热时，表面温度先升高，随后中心温度逐步升高，这种传热也属传导传热。

传导传热的快慢主要与下列因素有关：

（1）材料的导热系数

材料的导热系数越大，传导传热也越快。气体、液体和固体三者比较来看，气体的导热系数最小，而且随着温度的升高，气体的导热系数也随着增大。液体的导热系数居中，温度升高时，有的液体导热系数减小，有的导热系数增大。固体的导热系数比较大，其中以金属的导热系数最大，如铝的导热系数约为203W/(m·℃)，铜的导热系数约为386W/(m·℃)。

（2）温度差

一般说来，温度差越大，传导传热也越强烈。例如铸锭的表面和中心的温差越大，则热量的传递就越快和越多。当然除了温差这一推动因素外，还存在着各种阻碍传热的因素，如传热的距离、热容大小等内在和外在因素。

2.3.1.2　对流传热

对流传热发生在流动的流体中，由于质点的位移和相互混合，从而将热量由一处传至另一处。流体与固体之间的对流传热，实质上是流体质点不断撞击固体表面，放出或吸收热量，然后离开，让位给其他质点，产生同样的热交换过程。由此可见，对流传热与流体质点的转移有密切的关系，而质点转移又与发生流动的原因、流动状态、流体的物理性质以及固体表面的形状、大小和固体放置位置有关。

加热炉内的对流传热属于气体与固体之间的传热，这种传热是炽热的高温气体质点不断地撞击铸锭表面，将热量传给温度较低的铸锭的过程。如果将热铸锭置于一个温度比它低的环境中（例如铸锭出炉后停在输送辊道上待轧制时），冷空气流经铸锭表面吸取铸锭的热量，这也是对流传热。显然，气体的流速愈大，同一时间内气体与固体间传递的热量就愈多，铸锭的加热或冷却也就愈快。如高温炉气对炉内铸锭或炉墙的给热，炉外壁对周围空气的给热等，都是对流给热的例子。

由于对流给热都是在物体的表面进行，因此又称为外部传热。

影响对流给热的因素不仅仅有物体的温度差，而且与下列因素有关：

（1）流体流动的情况

自然对流和强制对流两种情况下的传热强度不同，显然，自然对流热交换强度不及强制对流热交换强度大。强制对流时，运动速度和温度差越大，其内部的扰动与混合越强烈，传热效果就越显著。在强制对流的同时，一般也会发生自然对流，但当强制对流的流动速度相当大时，自然对流的范围和影响也就缩小。

加热炉炉墙表面散热是自然对流的典型例子。加热炉内烧嘴喷出的高温气体或风机将电阻丝加热后吹出的气体，对铸锭表面的加热则属于强制对流给热。

（2）流体流动的性质

流体流动分为层流流动和紊流流动。在层流流动时，流体质点作平行壁面的单向流动，而不能穿过流层去撞击壁面，这时的传热过程实质上是传导传热。而紊流流动时，边界层外流体质点作激烈紊乱流动，因此对流作用强烈，温度趋于均匀化。

（3）铸锭表面形状、大小和位置

铸锭表面形状越复杂，流体流动时搅动越激烈；铸锭表面可接触的面积越大，对对流给热越有利。对于同一形状大小的表面，其位置不同，传热效果也不一样。炉墙、炉顶、炉底位置不同，自然对流强度不一样，其中，炉顶最大，炉底最小。

2.3.1.3 辐射传热

热辐射能是电磁波的一种。物体的热能变为电磁波（辐射能）向四周传播，当辐射能落到其他物体上被吸收后又变为热能，这一过程称为辐射传热。

辐射传热与对流和传导传热有本质的区别，辐射传热的特征如下：

（1）辐射是一切物体固有的特性，任何物体只要自身温度高于绝对零度，由于其内部电子的振动将产生变化的电场，这种变化的电场产生磁场，磁场又产生电场，如此交替循环下去便产生电磁波，传递热量。

（2）辐射传热是通过电磁波实现的，不需要任何中间介质，在真空中同样可以传播。

（3）传递能量的电磁波波长变动范围很大，长到几百米，短到 10^{-6}m。但能够进行辐射传热的只有波长为 0.4～40μm 的可见光波和红外线，通常把这些射线称为热射线。

（4）不仅高温物体把热量辐射给低温物体，而且低温物体同样把热量辐射给高温物体，最后低温物体得到的热量是它们的差额值，此差额只要参与相互辐射的两物体的温度不同，就不会等于零。

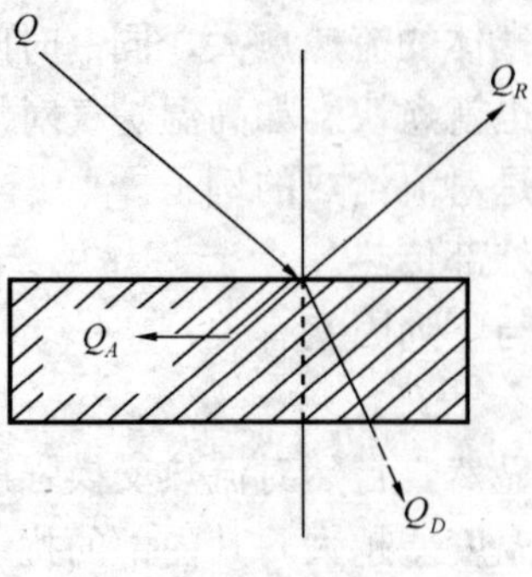

图1-2-3 辐射能的吸收、反射和透过示图

1. 辐射传热的基本概念

当物体接受热射线时，有三种可能的情况：一部分被吸收，一部分被反射，另一部分透过物体继续向前传播，如图1-2-3所示。

根据能量守恒定律，这三者之间应有如下的关系：

$$Q_A + Q_R + Q_D = Q$$

$$\frac{Q_A}{Q} + \frac{Q_B}{Q} + \frac{Q_D}{Q} = 1$$

如以 A、R、D 分别表示物体对热辐射的吸收能力、反射能力和透过能力，称为物体的吸收率 A、反射率 R 和透过率 D，则：

$$A + R + D = 1$$

若 $A=1$，$R=0$，$D=0$，即落在物体上的热辐射都被该物体吸收，没有反射和透过，这种物体称为绝对黑体，简称黑体。

若 $R=1$，$A=0$，$D=0$，即落在物体上的全部辐射能完全被该物体反射出去，这种物体称为绝对白体，简称白体。

若 $D=1$，$A=0$，$R=0$，即投射到物体上的辐射能全部透过该物体，没有任何吸收和反射，这种物体称为绝对透过体，简称透过体。

在自然界中，绝对黑体、绝对白体和绝对透过体都是不存在的。这三种情况只是为了研究方便而进行的假设。自然界中大量物体是介于其间的，例如固体与液体一般认为是不透过的，即 $A+R=1$；气体认为是不反射的，即 $A+D=1$。这些物体统称为灰体。

物体对辐射能的吸收、反射和透过能力，取决于物体的性质、表面状况、温度及热辐射的波长等。

2. 物体的辐射热量

物体在某温度下单位面积、单位时间所辐射出去的能量称为该物体的辐射能力。在加热炉内，燃料燃烧后，热量是通过炉气传给被加热铸锭的。因此，炉内实际进行的是气体与固体表面间的辐射热交换，而炉气(火焰)的辐射是起着关键作用的。

辐射传热量的大小主要与辐射体的温度有关，也就是说，与辐射体之间的温度差有关。在炉膛内加热铸锭时，如果提高炉墙的温度，则炉墙辐射给铸锭的热量就会增加。因此，提高炉温对快速加热有决定性意义。

辐射传热量的大小还与辐射体的黑度有关。烧油时火焰的辐射能力比烧煤气时的火焰辐射能力大得多就是一个典型的例子。这是因为烧油时（特别是焦油），火焰中有热分解的炭粒，这种炭颗粒很小，但黑度很大。又如同样条件下，由于水蒸气的黑度比二氧化碳的黑度大，因此烧焦炉煤气（含有大量的 H_2 和 CH_4）比烧高炉煤气的辐射性要好，烧天然气（含有90%以上的CH_4）其辐射能力比焦炉煤气要好。

3. 综合传热

在加热炉的炉膛内，热的交换过程是相当复杂的，往往是辐射、对流和传导同时存在。把两种以上传热方式同时存在的传热过程，称为综合传热。

在炉内加热铸锭时，铸锭依靠各种方式得到热量，与炉底、隔料架接触或铸锭相互间接触由传导方式得到热量，与炉气接触由对流方式得到热量，高温炉墙和炉气通过辐射方式将热量传给铸锭。

当温度在800℃以下时，热量的传递主要依靠对流作用和传导作用。

当温度在800～1000℃之间时，热量的传递主要以对流及辐射同时进行。

当温度高于1000℃时，虽然同时存在辐射、对流和传导的综合作用，但辐射传热是加热铸锭的主要方式。

2.3.1.4　加热炉炉膛内的传热

炉膛内铸锭的加热可以分为外部加热和内部加热两个组成部分。首先借助于外部传热使铸锭表面获得所需的热量，再靠铸锭内部传热把热量由外表传给内部，以达到铸锭均匀加热的目的。其中，铸锭的外部传热是决定炉子生产率的关键。

1. 炉气的热量分配

炉内的总热量全部包含在燃烧产物——高温炉气内，而后通过不同方式把它传递分配出去，总的有三个方面：

（1）高温炉气以辐射和对流方式传给铸锭。

（2）高温炉气以辐射和对流方式传给炉墙和炉顶。

（3）烟气带走一部分热量。

2. 炉墙炉顶获得的热量分配

炉墙和炉顶获得的热量分配如下：

（1）以辐射方式给铸锭的热量。

（2）炉墙炉顶散失的热量。

铸锭最终得到的热量为高温炉气以辐射和对流方式传给铸锭的热量和炉墙炉顶以辐射的方式传给铸锭的热量之和。

通过分析，可以得到以下结论：

（1）炉内温度以炉气最高，铸锭最低，炉墙居中。炉气通过外部传热将热量传给铸锭，使铸锭温度升高，而炉气失去了热量。所以炉气必须不断由燃料燃烧来补充，同时不断将低温炉气排出炉外。

（2）炉墙本身不是一个热源体，它具有高温是因为它吸收了炉气的热量。当炉墙温度稳定后，它吸收的热量除一小部分经过炉墙传导散失于四周外，大部分都给了铸锭，因此，炉墙在整个热交换过程中只起到了一个传递热量的介质作用。

炉墙面积对传热的影响很大。因为炉气与铸锭的传热是气体与固体间的热交换，而炉墙与铸锭间的热交换是固体间的热交换。一般来说，气体与固体间的辐射热交换远小于固体相互之间的辐射热交换强度，所以炉墙面积的大小，对热交换就显得特别重要。炉墙面积（炉膛内表面总面积）与金属受热面积之比越大，热交换越强烈。

(3) 炉气和铸锭的黑度对热交换有很大的影响，二者黑度越大，热交换越强。铝的黑度在0.2左右，铜的黑度在0.8左右，变化不大，只有气体黑度随着炉气中二氧化碳与水的含量和火焰中炭粒的多少而改变。

3. 炉内气氛

燃料燃烧后炉气中含有 O_2、H_2O、CO_2，SO_2、CO、H_2、N_2、CH_4 等，其中，O_2、H_2O、CO_2 及 SO_2 属于氧化性气体，CO、H_2、CH_4 属于还原性气体，N_2 属于中性气体。加热炉中燃料燃烧后通常含有大量 O_2、H_2O、CO_2，这导致铸锭在加热过程中，表层可能发生氧化而烧损。加热气氛一般分为氧化性气氛、还原性气氛和中性气氛。形成何种气氛，主要取决于炉内燃料与空气的比例关系，即炉气成分的影响。空气过剩的，形成氧化性气氛，其特征是燃料燃烧充分，炉门火焰呈金黄色，炉膛内明亮，能快速升温，只有在加热高温料或需要急升温时，在短时间内可以采用氧化性气氛；燃料过剩的，形成还原性气氛，炉门火焰呈淡蓝色，炉内黯淡，废气中含有未完全燃烧的CO、H_2 等还原性气体；燃料与空气的比例相当，是中性气氛。

铝合金铸锭表面有一层致密的氧化膜能有效地阻止铸锭内部继续氧化，铸锭加热过程中不必严格控制炉内气氛。含氧铜、高锌黄铜以及在高温下能形成致密氧化膜的合金，一般采用中性或微氧化性气氛加热；紫铜在还原性气氛中加热时，氢或一氧化碳在高温下扩散与氧化亚铜中的氧作用形成水汽，影响最终制品质量。因此，大多数铜合金铸锭都采用微氧化性气氛加热，但氧化性气氛的最大害处是氧化烧损，造成金属损失。

理想的加热气氛为中性气氛，但是实际生产中，中性气氛不容易稳定地获得。因此，加热炉内的气氛控制主要根据炉内气氛组成、性质及其与合金的相互作用特性来确定。最主要的是考虑炉内气氛中某些成分和杂质对合金的有害影响，以最大限度地减轻炉内气氛对被加热物料的不利影响，避免由此造成产品缺陷。

加热炉是个不严密的设备，吸风、逸风很难避免，因此，炉膛压力的控制也很重要，炉压对加热炉炉内传热和炉内气氛控制都有一定影响。炉膛压力为负压时，冷空气不断吸入炉内，一方面加剧铸锭氧化，另外也降低加热效果；炉膛正压过大时，大量高温气体逸出炉外，也不利于废气排出，会造成升温太慢，延长加热时间，也会加剧铸锭氧化。生产中，一般采用微正压，即炉门微冒火焰为宜。

2.4 加热炉类型和基本结构

轧制原料工序使用的加热炉主要用于铸锭的加热和均匀化退火，其作用包括：

（1）消除铸锭内部存在的残余应力，避免铸锭加工过程中发生裂纹或开裂。

（2）消除铸锭的化学成分、组织的不均匀性，提高了铸锭的塑性，改善其压力加工工艺性能。

（3）保证轧制时所需的高温塑性，降低变形抗力。

加热炉包括铸锭机加工前均热（或加热）使用的均热炉和坯料轧制、挤压、锻造前通过的加热炉。加热炉种类很多，各生产厂家的配置也不相同，但基本原理是一致的。比较有代表性的有箱式加热炉、立式加热炉、卧式加热炉、推进式加热炉、链式双膛加热炉、步进式加热炉、圆锭环形煤气加热炉、圆锭感应加热炉等。

按加热热源不同，加热炉可分为：电阻式加热炉、电感应加热炉和火焰式加热炉。

按加热方式不同，加热炉可分为：间接加热和直接加热。

（1）间接加热。火焰燃烧产物或电阻加热元件不直接加热铸锭，而是先加热辐射管等传热中介物，然后热量靠炉内循环气流传给铸锭。

（2）直接加热。电阻加热元件通电产生的热量和火焰燃烧产物产生的热量直接传给铸锭，直接加热方法热效率高，但铸锭受到直接辐射易引起局部过热。

按操作方式，加热炉可分为：周期式炉和连续式炉。

（1）周期式加热炉。铸锭由加料车送入加热炉或吊至加热炉内，完成升温保温工序后，整炉铸锭被运到冷却室内或吊至室外自然冷却，即完成了一个周期的加热处理。

（2）连续式加热炉。铸锭通过传送机构连续地送入加热炉内，通过炉内不同区段完成升温、保温工序后，进入冷却室内，按照设定的速度冷却至室温，然后铸锭被传送机构连续地从冷却室运出。连续式炉组多用于品种单一、产量较大和加热工艺稳定的铸锭生产。

2.4.1 电阻加热炉

电阻炉以电为热源，通过电热元件将电能转化为热能，在炉内对铸锭进行加热。电阻炉相对于火焰式加热炉，具有以下优点：

（1）温度可自动控制在规定的范围内，其准确度可以达到2～5℃甚至更高，可以根据加热工艺的需要，对炉内温度分区控制，各区温度独立进行调整。

（2）温度均匀，由于电热元件可以按需要在炉膛内任意布置，温度波动范围小，可控制在5℃以内。

（3）热效率高，可达50%～80%。

（4）便于采用控制气氛，避免炉料的氧化。

（5）结构紧凑，占地面积小。

（6）自动化程度高，劳动条件好，对环境污染小。

电阻炉的主要缺点是耗电量大，受电力资源发展的影响并且加热速度不如火焰炉快。

按电热产生方式，电阻炉分为直接加热和间接加热两种。

在直接加热电阻炉中，电流直接通过炉料，因电热功率集中在炉料本身，所以炉料加热很快，适用于要求快速加热的工艺，例如坯料的加热。

大部分电阻炉是间接加热电阻炉，其中装有专门用来实现电—热转变的电热元件，由它把热能传给炉内炉料。这种电炉炉壳用钢板制成，炉膛砌衬耐火材料，内放炉料。根据需要，炉内气氛可以是普通气氛、保护气氛或真空。一般电源电压220V或380V，必要时配置可调节电压的中间变压器，小于10kW的小型炉可单相供电，大型炉需三相供电。炉温低于700℃的电阻炉，多数装置鼓风机，以强化炉内传热，保证均匀加热。

2.4.1.1 箱式电阻炉

箱式电阻炉按使用温度不同可分为高温炉、中温炉和低温炉。

1. 高温箱式电阻炉

采用合金电热元件的高温箱式电阻炉，其最高工作温度为1200℃，以碳化硅棒为电热元件高温箱式电阻炉，最高工作温度可达1350℃。碳化硅棒可垂直布置在炉膛的左右两侧，或水平布置在炉顶和炉底。由于高温炉主要靠辐射传热，碳化硅棒一定要直接布置在炉膛内，而且应尽量增加辐射面积。

碳化硅棒的电阻值在加热过程中变化很大，为了避免碳化硅棒损坏，在850℃以下加热速度不宜太快。在使用过程中，碳化硅棒会逐渐老化，电阻值显著增加，使升温缓慢，甚至达不到需要的温度，所以需配备小档多级的调压变压器。

对于高温电阻炉，由于炉内温度高，炉子内外温差比较大，容易散热。因此，炉衬比较厚，通常有三层：用高铝铝砖砌的耐火层，用保温砖砌的中间层，外层为保温填料。

2. 中温箱式电阻炉

中温箱式电阻炉的结构简图如图1-2-4所示。主要由炉壳、炉衬、炉门及升降

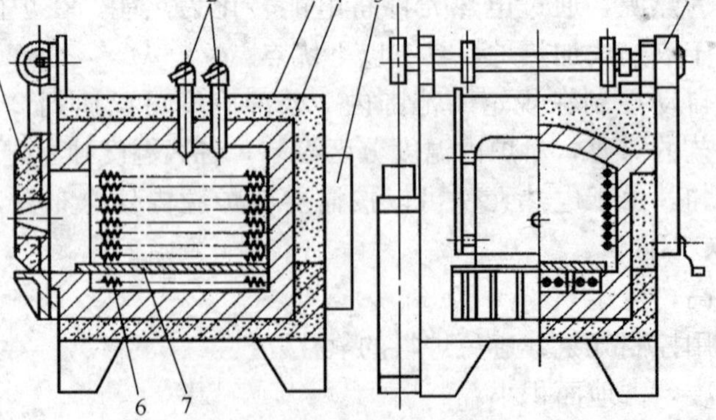

图1-2-4 中温箱式电阻炉结构

1—炉门；2—热电偶；3—炉壳；4—炉衬；5—罩壳；

6—加热元件；7—炉底板；8—炉门升降机构

机构及电热元件等组成。由于中温电阻炉最高工作温度为950℃，故炉衬厚度较高温炉薄一些，一般有两层，内层为轻质耐火砖，外层用保温砖，在保温砖之间及炉顶上均填满蛭石粉。炉子最外层系用角钢、槽钢、钢板焊接成外壳。线状或带状电热元件放置在炉膛两侧壁的搁砖上和炉底上，也可以将电热元件装在炉顶、炉膛后壁有炉门上，所用电热元件一般是铁铬铝合金。

除炉底板固定不动的老式箱式炉外，还有以下一些炉型：

（1）滚底式箱式炉。在这种炉子的炉底上有数条耐热钢轨道，在轨道上放耐热钢滚球、滚柱或滚轮，滚球、滚柱或滚轮上放炉底板或炉料，可大大减少炉料进出的摩擦力。为了便于出、装炉，炉门外设有带滚球结构的装料台，装料台可供几个炉子使用。

（2）台车式炉。台车式炉的炉底是活动的，有两种，一种是炉门炉底在一起移动的；另一种是炉底单独移动的。前一种结构比较简单，但热损失大，后一种结构比较复杂，需增加一套炉门升降机构，但热损失较前者少些。台车式炉由加热室、炉衬、炉壳、炉门、台车、风机等部分组成。

（3）升降底式炉。这类炉子的加热室用支架固定在离地面2～3 m处，炉底可以上升或下降。使用时，当炉底装料后用升降机构将炉底升到加热室内加热。

3. 低温箱式电阻炉

低温箱式电阻炉结构如图1-2-5所示，传热以对流为主，炉内装有风机，以提高对流传热效果，缩短加热时间和改善加热的均匀性。低温箱式电阻炉的结构主要有：炉壳、炉衬、炉门及升降机构、电热元件（电阻加热器）和空气循环系统等。

低温箱式电阻炉分为直接加热式和间接（分离）加热式两种。直接加热式是将电热元件直接放在炉膛内加热，间接加热是将电热元件放在与炉膛相通的分离室内加热。直接加热式热效率较高，但容易使炉料受到直接辐射而引起局部过热。间接加热是用循环风机将热气送入炉膛，由于炉料没有受到电热元件的直接辐射，可避免炉料的局部过热。所以间接式低温箱式电阻炉应用比较广泛。

低温箱式电阻炉由于工作温度低，一般不超过650℃，箱衬内只填以玻璃棉保温，顶部是空气加热室，炉顶两侧沿纵向有两排插入式加热器。加热器由上向下插入，固定在炉顶构架上，加热器的发热段位于风道内，对循环风加热，由轴流风机将被加热的气体经导向器风道送入炉膛加热炉料，余风又被风机吸风口吸入，从而实现循环加热过程。铝合金铸锭用的箱式加热炉就是一种典型的低温箱式电阻炉。

2.4.1.2　井式电阻炉

井式电阻炉一般用于长形炉料的加热。炉膛截面有圆形、方形。炉口开在顶面，这样可以利用车间起重设备垂直出、装炉料。炉盖密封较好，热损失比较小。炉子占地面积小，炉体较高，一般置于地坑中，只露出地面600～700mm。

井式电阻炉按其工作温度不同，分为高温井式炉、中温井式炉、低温井式炉。

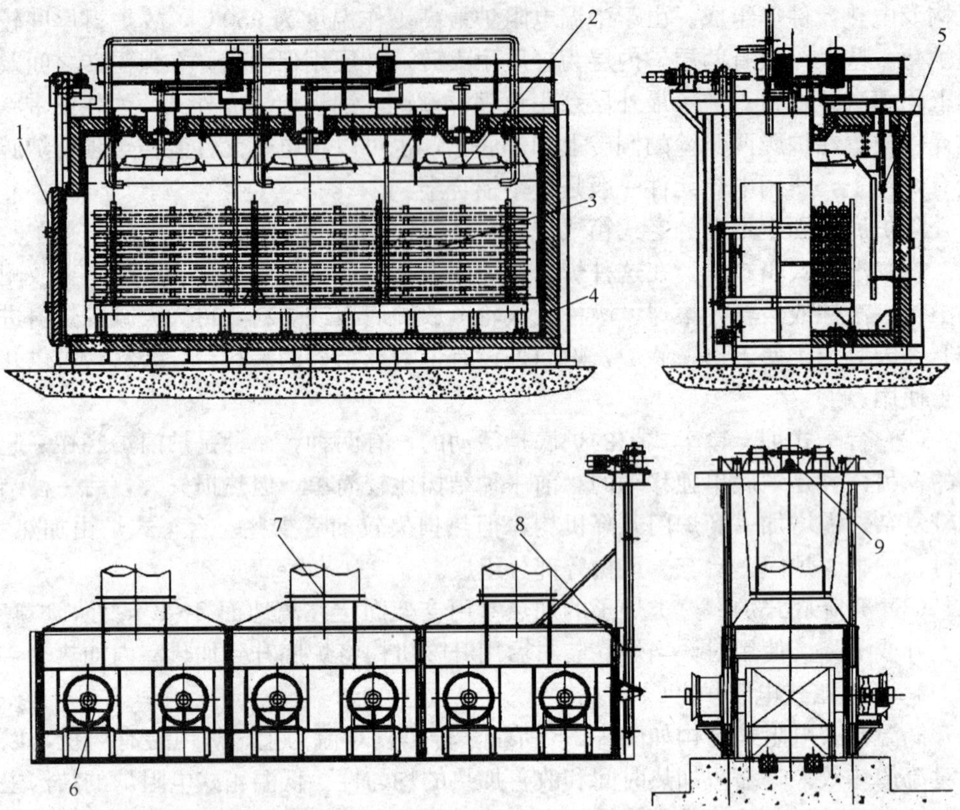

图1-2-5　低温箱式电阻加热炉结构图

1—炉门；2—循环风机；3—炉料；4—炉体；5—电阻加热器；
6—冷却风机；7—排风罩；8—进出料门；9—门提升机构

1. 高温和中温井式电阻炉

采用合金电热元件的高温井式炉，其最高工作温度为1200℃。以硅碳棒为电热元件的高温井式炉，其最高温度可达1350℃。

中温井式电阻炉有用于细长件在空气或在保护气氛中加热的井式炉，还有用于化学热处理如气体渗碳渗氮的井式炉。

2. 低温井式电阻炉

常用的低温井式电阻炉为间接加热，由于低温炉传热以对流为主，所以炉内安装了循环风机，以促使炉内热气均匀循环流动。风机把风送向导风器风道，导风器风道内有加热器，将风加热，热风随导风器出口进入炉膛，对铸锭进行加热，余风又被风机吸风口吸入，从而实现循环加热过程。铝合金铸锭用的立式加热炉就是一种典型的低温井式电阻炉。

低温井式电阻炉在最高使用温度650℃时，炉膛内最大温差小于10℃。炉膛内需安装底座和隔料架。炉盖开启采用轨道式的启盖车。此类炉子装料多，热效率高，但大型井式炉出、装炉时间长，操作人员劳动强度大，环境温度高。

低温井式电阻炉的结构主要由炉壳、炉衬、炉盖、底座、隔料架、炉盖升降机构、风机和加热器（电热元件）等组成，如图 1-2-6 所示。

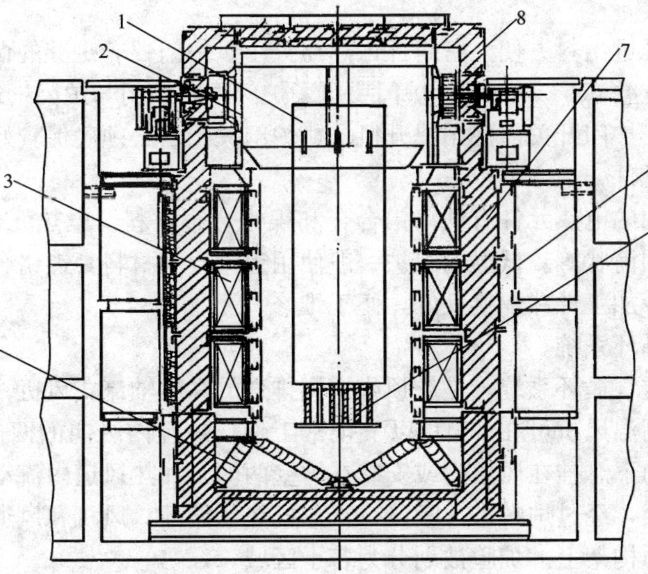

图 1-2-6　低温井式电阻炉结构简图

1—铸锭；2—风机；3—加热器；4—空气导向板；5—底座；
6—炉子外壳；7—炉衬；8—炉盖

2.4.1.3　电阻炉加热炉基本结构

（1）炉壳

电阻炉炉壳采用不同类型钢结构组成炉架，外覆钢板焊接成封闭壳体，炉壳用于保护炉衬，加固炉子结构，保护炉子的密封性，并可支撑部分辅助装置。

（2）炉衬

炉衬是指用耐火材料和保温材料砌筑的炉体衬层。中低温炉炉衬的一般只有两层，耐火层和保温层。内层耐火层由轻质黏土砖砌成，外层保温层用保温材料构成。炉子的保温性能一般要求炉子外表面温度不超过 60℃。低温箱式炉炉衬构成较简单，内外壁使用钢板制成，中间填充保温材料。

（3）炉底

承载铸锭重量的作用，炉底一般除了耐火材料、保温材料外还需安装底座，而其他系列的炉底需安装支撑立柱、辊道等。井式炉炉底一般是固定式炉底，而滚底式炉、台车式炉等则是活动式炉底，活动式炉底的坯料靠炉底机械的运动而移动。

（4）炉顶

加热炉的炉顶不同炉子功能各有不同，对于立式均热炉、卧式均热炉，炉顶其实就是炉盖，是在钢结构内填充保温材料构成，炉盖宽度比炉口大300～600mm，炉盖边缘放置石棉布或陶瓷纤维绳密封。固定式炉顶结构形式主要有拱顶和平顶两种，一般由轻质耐火砖砌成，上面安装有风机、加热元件、热电偶等材料。

(5) 炉门

炉门要保证进出料方便，密封性，热损失小。炉门要有足够的保温层，炉门边缘与炉门框要重叠65～130mm，炉门要压紧炉门框，炉门与炉门框间加装密封垫，防止热量散失，炉门开关需使用提升机构，炉门关闭后必须确保较好的密闭性。

(6) 电热元件

加热炉使用的电热元件有铁铬铝合金和镍铬合金材料。电热元件通常做丝状、带状、片状和圆筒状等。低温电阻炉一般使用镍铬合金材料，镍铬合金材料有较高的高温强度，冷加工性和焊接性好，便于维修。

(7) 空气循环系统

电阻炉的空气循环系统，是炉顶或炉侧排列的高温轴流式风机，通过三角皮带与电机相连，高温风机可在650℃以下正常工作，炉膛内纵向的两侧是循环风道。电加热器由上向下悬挂在风道内或安装在炉壁两侧，加热风道内流动的风，再进入炉膛，由下而上，经过炉料进入吸风口，形成热风循环。风机和风道的导流板均由吊杆固定在炉顶构架上。炉膛被划分为若干区域。

2.4.2 电感应加热炉

电感应加热炉无需宽大的炉膛，加热过程的热效率很高，可达90%以上。具有加热速度快的优点，加热温度不受局限，故在中小容量、高温加热、连续生产条件下均获得了广泛应用。感应加热在圆锭加热中应用广泛，方锭则应用较少。

感应加热炉长度受结构条件限制，很难超过5m，造成锭坯所需最短加热时间与生产效率的要求容易发生矛盾。因此，当一台加热炉不能满足生产率要求时，常用的方法是配置多台加热炉，以交替出料的方式来满足生产效率和加热时间的要求。

2.4.2.1 电感应加热炉的分类

根据电感应加热炉的工作频率的不同，可分为高频、超音频、中频、工频感应炉。也可按变频方式分为电子管变频设备、机式变频设备、半导体（可控硅）变频设备和工频设备。感应加热炉的频率和主要特征见表1-2-6。

表1-2-6 电感应加热炉的频率和主要特征

加热装置类别	频率范围(Hz)	功率范围(kW)	设备效率(%)	应用范围	特　点
电子管变频装置	高　频 10^3～10^4 超音频 10^4～10^5	5～500	50～75	中小零件表面淬火，深度0.1～0.3mm	电流透入工件薄，发热量集中，加热速度快，淬硬层浅

续表

加热装置类别	频率范围（Hz）	功率范围（kW）	设备效率（%）	应用范围	特　点
中频发电机组大功率开关管变频装置	中频　5×（10^2～10^4）	15～1000 100～1000	70～85 90～95	中型毛坯锻、挤前加热，中型零件表面淬火，深度 3mm 以上	淬硬层小于工频大于高频
工频加热装置	工频　5×10	50～4000	70～90	大型毛坯锻、挤前加热，以及大型零件表面淬火，深度在 10mm 以上	频率低，淬硬层深；加热速度低；温度均匀，变形小

2.4.2.2　电感应加热炉的基本结构

电感应加热炉相当于一种空心变压器，圆筒形的螺管线圈当做一次线圈（感应器），被加热铸锭装在线圈中部，当做二次线圈用。电感应加热炉最重要的一个部件是感应器，如图 1-2-7 所示，感应器通常为圆筒形，是空心铜管制成，内部有冷却水循环，管子的截面可以为圆形、椭圆形或矩形。线圈之间的空隙用云母和涂料填充或以空气绝缘，空隙不小于 2～4mm。

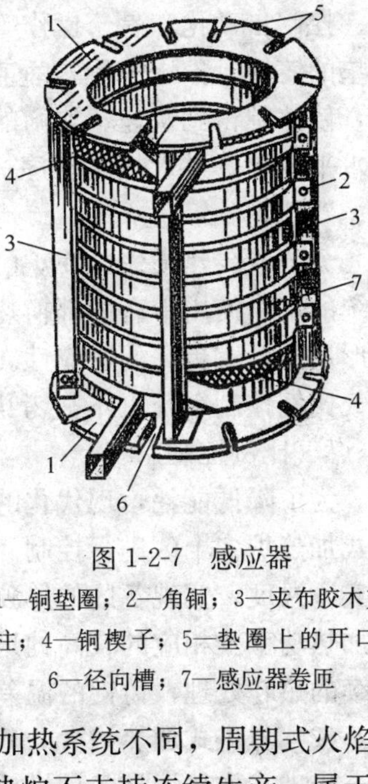

图 1-2-7　感应器

1—铜垫圈；2—角铜；3—夹布胶木支柱；4—铜楔子；5—垫圈上的开口；6—径向槽；7—感应器卷匝

2.4.3　火焰加热炉

火焰加热炉是以某种燃烧物质为介质，通过喷射烧嘴燃烧加热炉料的一种加热炉。火焰加热炉主要有燃气加热炉（石油液化气、天然气、煤气等）和燃油加热炉（柴油、重油等）。火焰加热炉无论是炉子结构还是控制系统都比电阻加热炉复杂。

2.4.3.1　常用火焰加热炉

1. 周期式火焰加热炉

周期式火焰加热炉结构与箱式电阻炉相似，只是加热系统不同，周期式火焰加热炉使用烧嘴加热，如图 1-2-8 所示。周期式火焰加热炉不支持连续生产，属于批量生产炉，只能将一炉铸锭都加热到合适的温度后才能向轧机供料，不能连续地出装炉。

2. 连续式加热炉

连续式加热炉是热轧车间应用最普遍的炉子。铸锭不断由炉温较低的一端装入，以一定的速度向炉温较高的一端移动，在炉内与炉气反向而行，当被加热铸锭达到所要求温度时，便不断从炉内移出，在炉子稳定工作条件下，一般炉气沿着炉膛长度方向流动，沿流动方向炉膛温度和炉气温度逐渐降低，但炉内各点的温度基

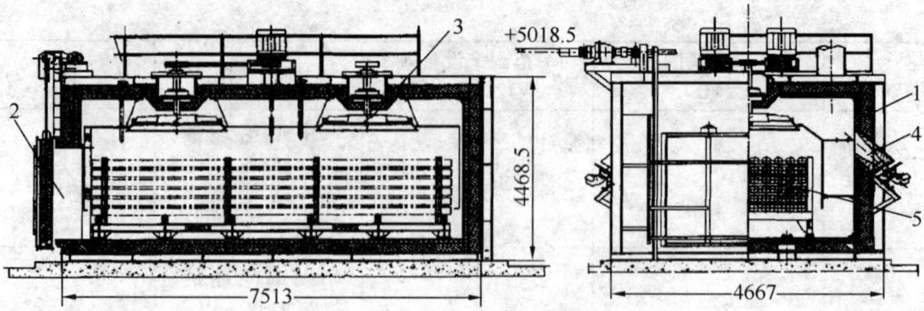

图 1-2-8　周期式火焰加热炉结构图

1—炉体；2—炉门；3—循环风机；4—烧嘴；5—炉料

本上不随时间而变化。

(1) 推进式加热炉

推进式加热炉属于连续生产的加热炉，具有产量大、效率高、加热快、连续生产、控制自动化和易于操作等特点，是应用广泛的、典型的连续炉。生产中，放入料垫的铸锭经推进装置被垂直推入炉内，通过循环风机高速吹过排放好的铸锭表面，使铸锭得到快速、均衡的加热；拉料装置将铸锭从炉内拉出，经下料装置倾翻为水平位置，进入热轧工序。推进式加热工作方式和操作性能优于井式炉、单膛炉、双膛炉。

为了减少热损失，在炉门部分安装了导向轨道，这样炉门能够完全关闭。燃烧系统的烧嘴使用带有内部换热器的自身预热装置，这种烧嘴的使用，对于新炉型的外形尺寸具有更高的适应性。因为在地面上不需考虑换热器的空间，而且在燃气/空气比例控制系统也不需考虑温度补偿，这样就实现了更简单、更低维护率的空气/燃气比例控制系统。

为了降低能耗，现代化的热处理设备提供了精确、柔性的温度控制系统，对推进式加热炉多个区进行控制。在每个区的末端安装了负荷测温热偶，用于测量铸锭的实际温度，实现各区的单独控制。这样，在靠近炉子入口的几个区，可以使用高的加热功率及相应的较高的炉温来快速加热铸锭。在炉子出口的几个区，为了进行后续的热轧处理，铸锭的温差控制在很小的区间内。

(2) 步进式加热炉

步进式加热炉是各种机械化炉底炉中使用最广、发展最快的炉型，是取代推进式加热炉的主要炉型，如图 1-2-9 所示。步进式加热炉与推进式加热炉相比，其基本特征是炉底由固定梁和移动梁（步进梁）两部分组成，炉底可动的步进梁作“上升—前进—下降—后退”的矩形轨迹往复运动，把最初放置在固定梁上的铸锭托起一步一步地由进料端送到出料端，如图 1-2-10 所示。步进梁往复一个周期所需要的时间和升降进退的距离，是按设计或操作规程的要求确定的。可以根据不同合金和规格确定铸锭在炉内的加热时间，并按加热时间的需要，调整步进周期的时间和进退的行程。

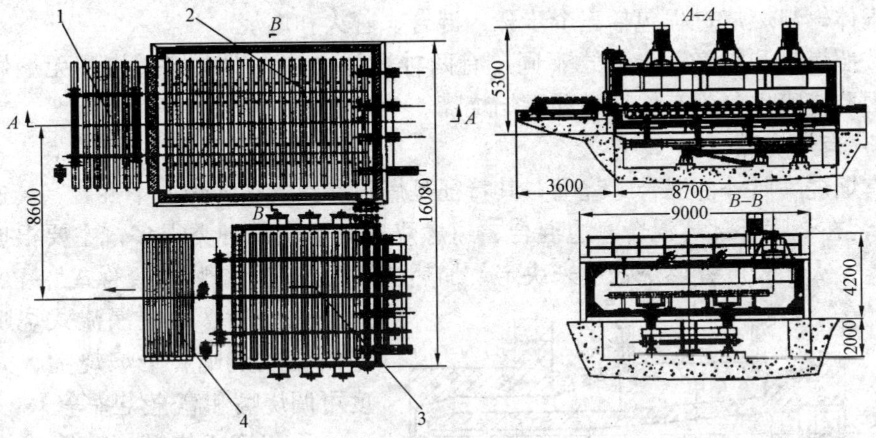

图 1-2-9　步进式加热炉组图

1—上料机构；2—步进式连续加热炉体；3—连续冷却室；4—出料机构

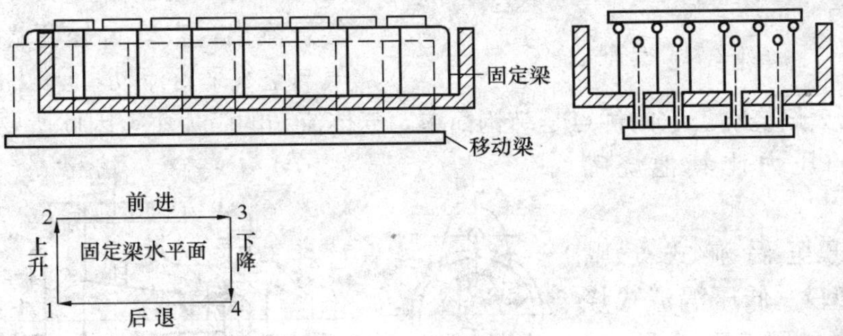

图 1-2-10　步进式炉内铸锭的运动

2.4.3.2　火焰加热炉基本结构

火焰加热炉是一个复杂的热工设备，它由以下几个基本部分构成：炉壳、炉膛及炉衬、燃烧系统、供风系统、排烟系统、冷却系统、余热利用装置、出装炉设备、检测及调节装置、计算机控制系统等。

1. 燃烧装置

火焰加热炉的炉膛被划分为若干区域，燃烧烧嘴按区域均匀地分布在炉膛上方或两侧。通过比例阀调节燃气量及助燃风量的大小，达到空气与燃烧物质按比例混合燃烧。燃气和风量设有下限限幅，每个烧嘴的燃气管上设有控制电磁阀，每个烧嘴配有独立完整的燃烧控制器，具有自动点火熄火、火焰检测、超温报警、灭火自动断气、灭火自动报警等功能，以充分保证燃烧温控系统的稳定性、安全性。火焰加热炉的燃料燃烧的完全程度、燃烧温度的高低、火焰的长短、炉内温度分布与燃烧装置的结构有关，因此燃烧装置是其核心部分。由于气体与液体的燃烧方式不同，因此燃烧装置的结构也截然不同。

（1）气体燃料燃烧装置

气体燃料燃烧过程包括三个步骤：混合、着火和燃烧。

按照燃气和空气混合方式不同，有两种燃烧方法，即有焰燃烧和无焰燃烧两种，因此烧嘴也分为有焰烧嘴和无焰烧嘴。

1）有焰烧嘴

有焰烧嘴属外部混合式烧嘴，其特征是燃料和空气在入炉前不混合（高速烧嘴例外），在烧嘴外部才混合，边混合、边燃烧。有焰烧嘴种类很多，主要根据燃气的种类、火焰长度、燃烧强度来决定。加热炉常用的有焰烧嘴有套管式烧嘴、低压涡流式烧嘴、扁缝涡流式烧嘴、环缝涡流式烧嘴、平焰烧嘴、火焰长度可调烧嘴和高速烧嘴等。

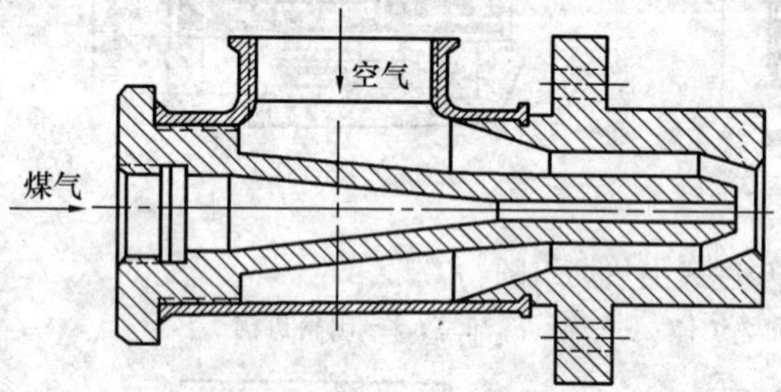

图 1-2-11　套管式烧嘴

①套管式烧嘴。套管式烧嘴的结构如图 1-2-11 所示。烧嘴的结构是两个同心的套管，煤气一般由内套管流出，空气自外套管流出。煤气与空气平行流动，所以混合较慢，是一种长火焰烧嘴。它的优点是结构简单，气体流动的阻力小，因此所要求的煤气与空气的压力比其他烧嘴都低。

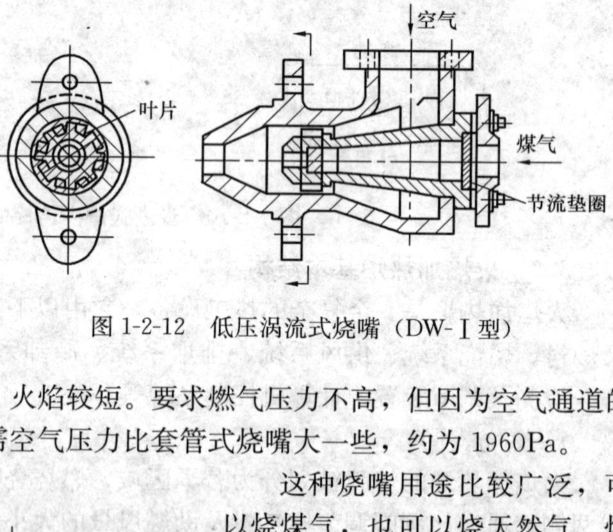

图 1-2-12　低压涡流式烧嘴（DW-Ⅰ型）

②低压涡流式烧嘴（DW-Ⅰ型）。低压涡流式烧嘴的结构如图 1-2-12 所示。这种烧嘴的结构也比较简单，它的特点是煤气与空气在烧嘴内部就开始混合，并在空气和燃气通道内均可安装有涡流叶片，所以混合条件较好，火焰较短。要求燃气压力不高，但因为空气通道的涡流叶片增加了阻力，因此所需空气压力比套管式烧嘴大一些，约为 1960Pa。

这种烧嘴用途比较广泛，可以烧煤气，也可以烧天然气。烧天然气时只需在煤气喷口中加一涡流片或将喷口直径缩小，以改善燃料与空气的混合。

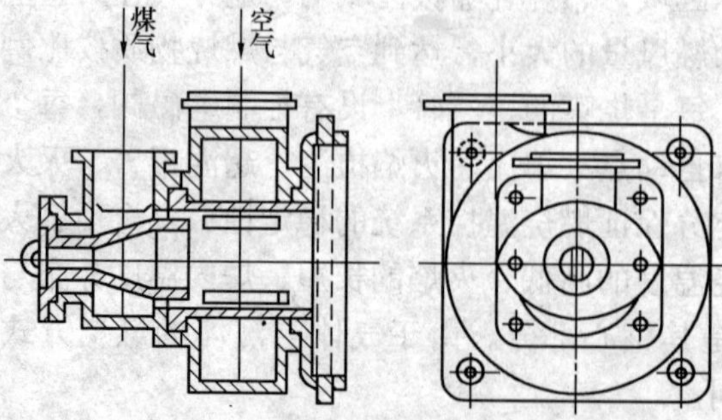

图 1-2-13　扁缝涡流式烧嘴（DW-Ⅱ型）

③扁缝涡流式烧嘴（DW-Ⅱ型）。扁缝涡流式烧嘴的结构如图 1-2-13 所示。扁缝涡流式烧嘴的特点是在煤气通道内安装一个

锥形的煤气分流短管，空气则自煤气管壁上的若干扁缝沿切线方向进入混合管。空气与煤气在混合管内就开始混合，是有焰燃烧烧嘴中混合条件最好、火焰最短的一种。适用于发生炉煤气和混合煤气，扩大缝隙后，也可用于高炉煤气。这种烧嘴要求煤气与空气压力为1470～1960Pa，主要用在要求短火焰的场合。

④环缝涡流式烧嘴。环缝涡流式烧嘴的结构如图1-2-14所示。环缝涡流式烧嘴也是一种混合条件较好的有焰烧嘴，火焰也较短。但是煤气要干净，否则易堵塞喷口。这种烧嘴有一个圆柱形煤气分流短管，煤气经喷口的环状缝隙进入烧嘴头，空气从切线方向进入空气室，经过环缝出来在烧嘴头与煤气相遇而混合。由于气流阻力较大，这种烧嘴要求的煤气与空气压力比一般有焰烧嘴稍高。

⑤平焰烧嘴。适用于烧嘴出口距加热铸锭较近而火焰不要直接冲向被加热铸锭。平焰烧嘴气流的轴向速度很小，得到的是径向放射的扁平火焰，这样火焰就不直接冲击被加热铸锭，而是靠烧嘴砖内壁和扁平火焰辐射加热。平焰烧嘴的结构如图1-2-15所示。煤气由直通管流入，煤气压力约为980～1960Pa，空气从切向进入，造成旋转气流，空气与煤气在进入烧嘴砖以前有一小段混合区，进入烧嘴砖后迅速燃烧。

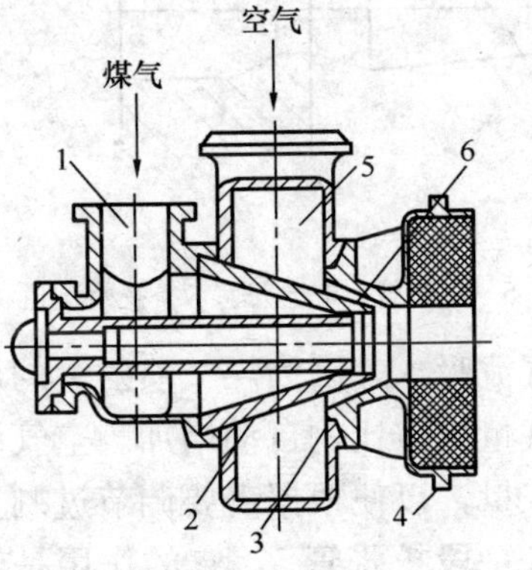

图1-2-14　环缝涡流式烧嘴

1—煤气入口；2—煤气喷口；3—环缝；
4—烧嘴头；5—空气室；6—空气环缝

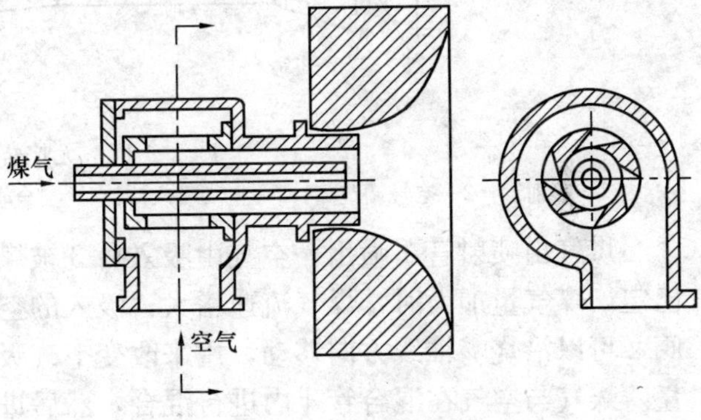

图1-2-15　平焰烧嘴

⑥高速烧嘴。高速烧嘴的结构如图1-2-16所示。煤气与空气按一定比例在燃烧筒内流动混合，经过内筒壁的电火花点火而燃烧。混合气体在筒内燃烧80%～95%，其余在炉膛内完全燃烧。大量热气体以100～300m/s的高速喷出，在炉内产生强烈对流传热，并由于大量气体的强烈搅拌，使炉内温度达到均匀。

2）无焰烧嘴

无焰烧嘴是气体燃料与空气先混合然后再燃烧的燃烧装置。这类烧嘴由于预先混合，故燃烧火焰短，但要有压力较高的煤气（>10kPa），且助燃空气不能预热到高温。工业上常用喷射式无焰烧嘴，由于其结构简单，不用风机，所以在加热炉

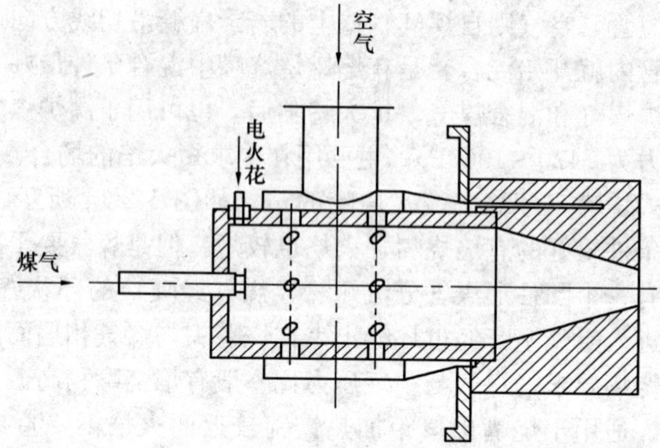

图 1-2-16 高速烧嘴

上常被使用。无焰烧嘴的原理如图 1-2-17 所示。

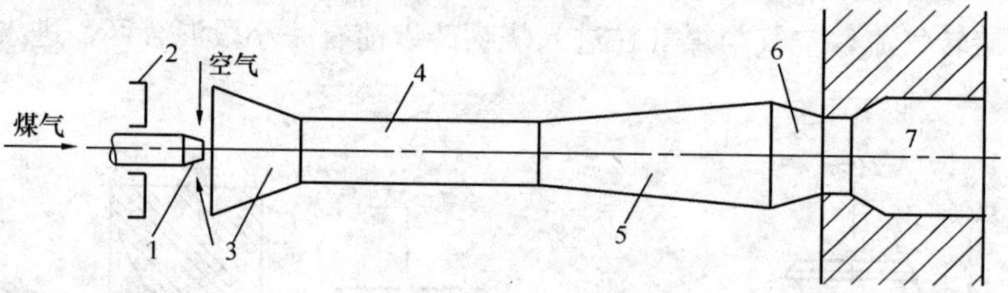

图 1-2-17 无焰烧嘴

1—喷射管；2—空气调节阀；3—空气吸入口；4—混合管；5—扩张管；6—喷头；7—燃烧坑道

煤气由喷射管 1 喷出，空气由吸入口 3 被煤气流吸入，因为煤气喷射管的尺寸已定，煤气量加大时，煤气流速增大，吸入的空气量也按比例自动增加。空气调节阀 2 可以沿烧嘴轴线方向移动，用来改变空气吸入量，以便根据需要调节过剩空气量。煤气与空气在混合管 4 内进行混合，然后进入一段扩张管 5，它的作用是使混合气体的静压加大，以便提高喷射效率。混合气体由扩张管出来进入喷头 6，喷头是收缩形，以保持较大的喷出速度，防止回火现象。最后混合气体被喷入燃烧坑道 7，坑道的耐火材料壁面保持很高的温度，混合气体在这里迅速被加热到着火温度而燃烧。

无焰烧嘴视空气预热与否分为冷风喷射式和热风喷射式两种，根据煤气发热量的高低分为低发热量和高发热量两种烧嘴。

(2) 液体燃料燃烧装置——烧嘴

加热炉用的液体燃料主要是重油，但目前烧重油的炉子不多。液体燃料直接燃烧热效率不高，只有通过燃烧装置的燃油雾化、混合、加热着火和燃烧四个过程来实现加热目的，其中雾化是关键。按雾化方法分为机械雾化及雾化剂雾化，前者靠高速喷出的油与烧嘴的摩擦冲击作用来雾化；后者用雾化剂与油的相对速度来雾化。

常用的重油烧嘴按雾化方法分为三类：低压烧嘴、高压烧嘴及油压式烧嘴。

低压烧嘴：用鼓风机供给空气做雾化剂，烧嘴前风压一般为 4900～9800Pa。

高压烧嘴：用压缩空气或蒸汽等高压气体做雾化剂。

2. 炉壳

炉壳是为了使整个炉子成为一个牢固的整体，采用竖钢架、水平拉杆（或连接梁）组成的钢结构，外覆钢板焊接成封闭壳体。炉门、炉门提升机构、燃烧装置、冷却水管和其他一批零件都安装在炉壳上。

3. 炉膛及炉衬

炉膛是由炉墙、炉门、炉顶和炉底围成的空间，而炉衬是指用耐火材料和保温材料砌筑的炉体衬层，炉衬是加热炉的一个关键技术条件。在加热炉的运行过程中，不仅要求炉衬能够在高温和荷载条件下保持足够的强度和稳定性，而且要求有足够的绝热保温和气密性能。炉衬的内层耐火层由轻质黏土砖砌成，外层保温层用保温材料构成。炉子的保温性能一般要求炉子外表面温度不超过 60℃。

4. 供风系统和排烟系统

为了使加热炉能正常工作，需要不断供给燃料所用的空气，同时又要不断地把燃烧后产生的废烟气排出炉外，因此，炉子设有供风系统和排烟系统。

供风的空气管道一般采用蝶阀调节，亦可采用焊接的闸板阀，热空气管道一般敷设绝热层。

排烟系统包括：烟道、烟道闸板、烟道人孔和烟囱。

5. 计算机控制系统

计算机控制系统是通过人机界面来了解实际的生产情况，分析各检测设备提供的数据，并对设备运行进行操作和必要的干预，将加热设备或工艺过程控制在最佳状态的控制系统。

2.5　加热炉的控制

铸锭加热炉的控制一般包括炉膛（或铸锭）温度控制、炉内气氛（或炉气成分）控制和炉内压力控制。

温度控制一般根据温度检测值与给定值比较，通过增减燃料供应量或控制电热元件发热量达到炉子温度满足需要的目的。

炉内气氛控制一般采用调节空气和燃料的比例来实现，实际的炉内气氛性质可以通过取样分析，也可以根据火焰颜色、料色和铸锭加热后的氧化程度来鉴别。

炉内压力控制一般通过测压装置观察炉压，并根据需要人工或自动调节烟道闸门的开启度，保证炉子在正常压力下工作。

2.5.1　控制基本知识

在生产过程中，总是希望加热炉一直处于最佳的工作状态，而靠人工来实现这一目的往往是不可能的，通常对加热炉采用自动控制的办法达到这一目的。因此，一般都采用仪表将加热炉的工作参数显示出来并对其进行一些测量，以此来指导人们的操作和实现自动调节，从而达到增加产量，提高质量，降低能耗的目的。

所谓自动控制就是在无人直接参与的情况下，通过控制装置使被控制对象（如机器、设备、生产过程）自动地按预定规律变化和运行。自动控制理论就是研究自动控制共同规律的技术科学。

自动控制系统就是能够对被控对象的工作状态进行自动控制的系统。自动控制系统一般由被控对象和控制装置组成。被控对象是指要求实现自动控制的机器、设备或生产过程。控制装置是指对被控对象起控制作用的设备的总体。

计算机控制系统就是利用计算机实现生产过程自动控制的系统。

控制方式包括开环控制和闭环控制。

1. 开环控制

开环控制系统就是系统的输出量对系统没有控制作用的系统。图1-2-18是一个电阻丝加热的电炉温度开环控制系统。电炉是被控对象，炉温 T 是要求实现自动控制的被控制量。旋转调压开关档位能改变控制电压 V（控制量），随着 V 的变化，被控制量就跟着变化。此系统的方框图如图1-2-19所示。炉门开闭的次数变化、外界环境温度的变化、电源电压的波动等都能引起被控制量 T 偏离希望值。如要保持 T 在希望值上，就需要重新调节电压开关。

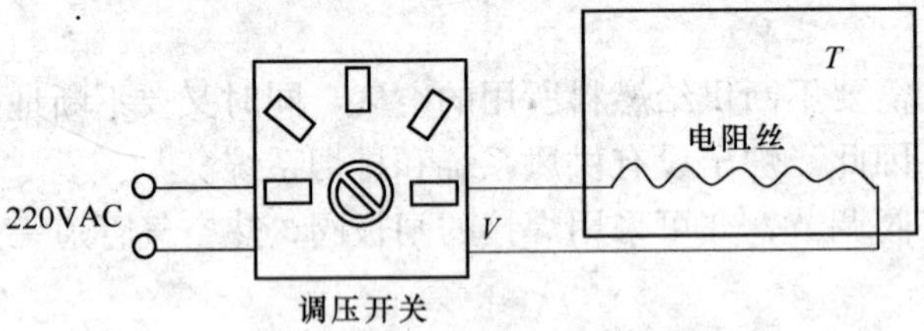

图1-2-18　电炉温度开环控制系统

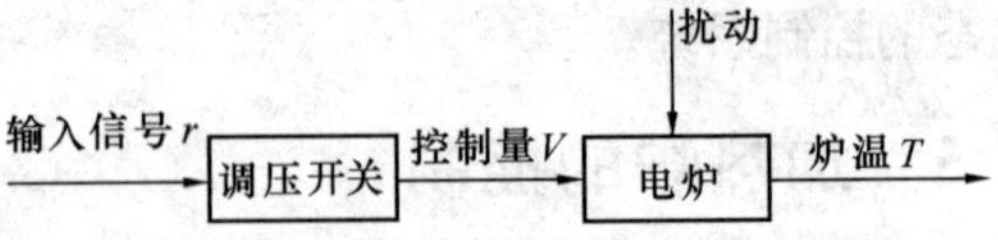

图1-2-19　开环控制系统方框图

开环控制系统的优点是装置简单、调试方便、成本低廉。缺点是抗干扰性能差、控制精度低。

2. 闭环控制

闭环控制系统就是把输出量直接或间接地反馈到系统的输入端，形成闭环并参与控制的系统。图1-2-20是一个电阻丝加热的电炉温度闭环控制系统。图中热电偶是测量元件，它将炉温 T 转换成电压，该电压与给定值 r 进行比较（即相减）得到偏差 e（炉温实际值与希望值之差）经过放大后去驱动伺服电动机，伺服电动机带动调压开关转动以改变控制电压 V，从而使被控制量 T 向希望值趋进。系统方框图如图 1-2-21 所示。

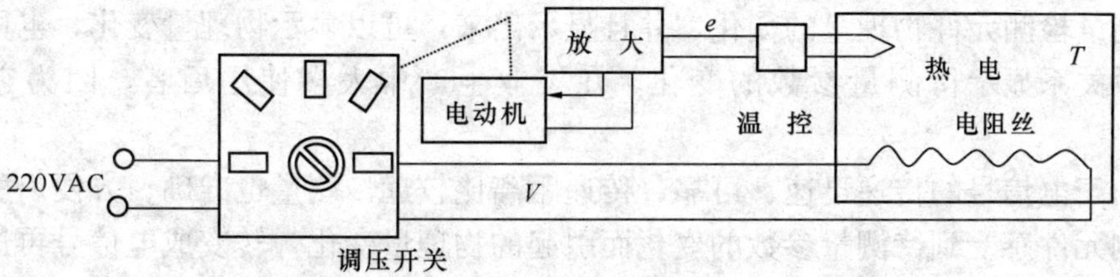

图 1-2-20 电炉温度闭环控制系统

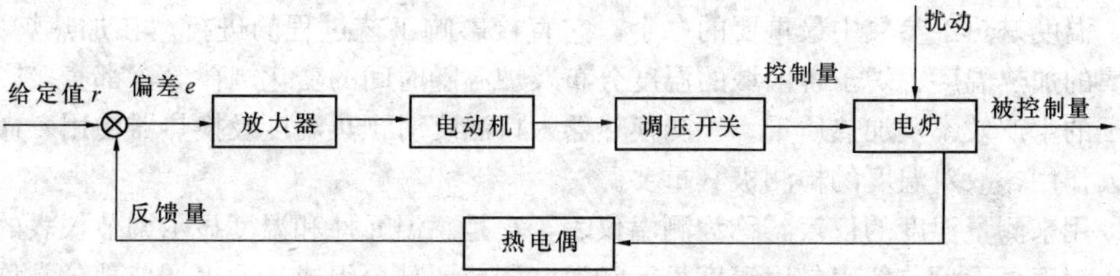

图 1-2-21 电炉温度闭环控制系统方框图

闭环控制系统与开环控制系统的差别在于闭环控制系统存在一条从被控制量 T 经过测量元件（热电偶）到系统输入端的通道，这条通道称为反馈通道。另外还有一条前向通道——从给定值开始，沿着放大器、电动机、调压开关直到被控对象电炉和被控制量 T。

闭环控制系统有如下特点：

（1）测量被控制量。

（2）将测量被控制量所得的反馈量与给定值进行比较，得到偏差 e。

（3）根据偏差 e 对被控制量进行修正。

闭环控制系统的优点是具有良好的抗干扰能力，控制精度高。但是，由于反馈的存在，致使系统可能产生振荡，给调试工作带来困难，而且闭环系统的装置复杂，成本也较高。

2.5.2 加热炉的检测及控制设备

加热炉主要检测及调节温度、压力、流量等几个基本热工参数，达到控制炉内温度、炉内气氛和炉内压力的目的。

对热工参数进行检测，无论采用哪类仪表，大体都由下列几部分组成：

（1）检测部分

它直接感受某一物理量的变化，并引起检测元件某一物理量发生变化，而这个物理量的变化是被检测参数的单位函数。

（2）传递部分

将检测元件的物理量变化，传递到显示部分。

（3）显示部分

测量检测元件物理量的变化，并且显示出来，可以显示物理量变化，也可以根据函数关系显示待测量参数的变化。在工业生产中大多使用后者，因为它比较直观。

由于电信号的传递迅速、可靠，传递距离比较远，测量也准确、方便。所以常将检测元件感受到待测量参数的变化而引起的物理量变化，转变成电信号再进行传递，这类转换装置称为变送器。

2.5.2.1 测温仪表

温度是热工参数中最重要的一个，它直接影响工艺过程的进行。在加热炉中，金属的加热温度、炉子各区域的温度分布及炉温随时间的变化规律等，都直接影响炉子的生产效率及加热质量。检测换热器入口温度对预热温度及换热器使用寿命起很大作用，故对温度的检测极其重要。

用来测量温度的仪表，称为测温仪表，它是感温元件和温度显示调节仪表的统称。温度显示调节仪表是由温度显示和温度调节两部分组成，温度调节部分常称为调节器。加热炉常用的温度测量仪表主要有热电偶、毫伏计、电子电位差计、光学高温计和辐射高温计等。其中，热电偶是常用的感温元件，毫伏计、电子电位差计是常用的温度显示调节仪表。根据温度测量范围，凡测量 550℃以下的仪表称为低温温度计或温度计，凡测量 550℃以上的仪表叫高温温度计或高温计。加热炉常使用的温度计有热电偶高温计、光学高温计和全辐射高温计三种。

1. 热电偶

（1）热电偶的工作原理

由两种不同金属材料的导体，组成一个封闭回路，如果两端结点的温度不同，则会在回路中产生一定大小的电流，这个电流的大小与这两种金属材料性质以及结点温度差有关。这就是温差电效应（或称热电效应）。如图 1-2-22 所示，两种不同金属材料的导体 A 和 B。两端连接在一起，一端温度为 b，另一端温度为 a，假定 $a>b$，则在这个回路中将产生一个与温度 a、b 有关的电动势。

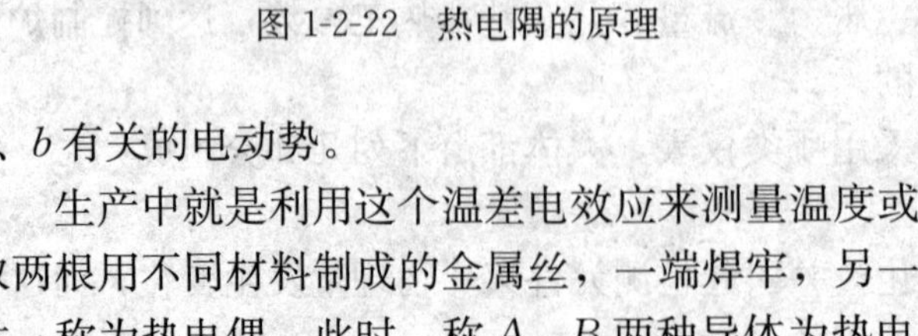

图 1-2-22 热电隅的原理

生产中就是利用这个温差电效应来测量温度或温度差的。在测量温度时，可以取两根用不同材料制成的金属丝，一端焊牢，另一端分开，如此构成的热电变换元件，称为热电偶。此时，称 A、B 两种导体为热电极，两个接点，一个称为测量端 a（或称热端），另一个称为自由端 b（或称冷端）。在测温工作时，一般热电偶与高温毫伏计或电子电位差计连接，组成热电高温计。它广泛应用于各种条件下的温度测量。热电偶用作测温元件，测量范围宽（一般可测－180～＋2800℃温度），可远距离测量，并且结构简单，制造容易，能做成各种形式以适应各种测量对象的要求。

（2）补偿导线的作用

热电偶的分度是在冷端温度为 0℃时进行的，但是在实际使用过程中热电偶冷端的温度是变化的，这就必然引起测量上的误差。为了节省昂贵的热电极金属，同时也为了保证冷端温度的稳定性，在热处理生产上，经常使用补偿导线把热电偶和显示仪表连接起来。补偿导线是一对化学成分不同的金属线，它在 0～100℃温度范围内，与其配接的热电偶具有相同的温度—热电势关系。因此，用价格便宜的补偿导线和价格昂贵的热电极相连，就相当于把热电极的冷端移到温度恒定的较远处，然后测出这个恒定的温度值，再对热电偶的冷端进行校正。在补偿导线和相应的热电偶配接时，应注意补偿导线也有正负极性的区别，应当把补偿导线的正极和负极分别与热电偶的正极和负极相接。常用热电偶补偿导线的有关特性见表 1-2-6。

表 1-2-6　常用的热电偶补偿导线的有关特性

热电偶名称	补偿导线			
	正　极		负　极	
	材料	色别	材料	色别
铂铑-铂	铜	红色	镍铜	绿色
镍铬-镍硅	铜	红色	康铜	棕色
镍铬-康铜	镍铬	褐色	康铜	黄色
钨铼-钨铼	铜	红色	铜镍	蓝色

（3）常用的热电偶类型

1）铂铑-铂热电偶

铂铑-铂热电偶是贵金属热电偶，其正极是铂铑合金，负极是纯铂。这种类型的热电偶可用于测量较高的温度，短时测量温度可达到 1600℃，长时间使用可在 0～1300℃之间工作。它在高温下的抗氧化性好，热电势稳定，准确度高，一般用于较精密的测量，适宜在氧化性气氛及中性气氛中使用。它的缺点是不宜在金属蒸汽、金属氧化物、二氧化碳及硅、氢等还原性气氛中使用；同时由于使用贵金属，所以价格较为昂贵。与其他热电偶相比，它的热电势较小，因此测量时需要采用较高灵敏度的仪表。另外，它的非线性程度也较大，不易进行线性校正。

2）镍铬-镍硅（镍铝）热电偶

镍铬-镍硅（镍铝）热电偶是非贵金属热电偶中性能最稳定的一种，在加热炉控制上的应用极其广泛，它的正极是镍铬合金，负极是镍硅合金或镍铝合金。这种热电偶可以长时间在 900℃使用，短时间可使用到 1200℃。与铂铑-铂热电偶相比，在相同温差下热电势大4～5倍，且具有接近直线的分度曲线。这种热电偶适宜在氧化、中性气氛及真空中使用。缺点是不宜在还原性气氛中使用，且均匀性差，线材质地较硬。

3）镍铬-康铜热电偶

镍铬-康铜热电偶的正极是镍铬合金，负极是康铜。它的热电势更大，灵敏度更高，而价格却比较低廉，其测温范围为－200～900℃，短时间的使用温度为850℃，长时间的使用温度为650～750℃。它比较适于氧化、中性气氛中使用。其缺点是易氧化，在高温场合下不能长期连续使用。

2. 毫伏计

毫伏计是动圈式温度仪表的一种，按使用功能可分为指示型和指示调节型两类。指示型仪表不带任何调节器，只能指示被测温度。指示调节型仪表带有各式调节器，不仅能指示被测温度，还能对温度进行自动控制。

指示型毫伏计的测量机构是一个磁电式表头，其中，动圈是用很细的漆包铜线绕制，它被用张丝悬挂在永久磁铁所产生的磁场中。当被测直流信号加到动圈上时，动圈中便有电流流过，该电流与永久磁铁产生的磁场相互作用，在动圈与磁场方向垂直的两边将受到力作用，动圈将产生一个转矩。

调节型毫伏计由动圈、指针、张丝系统、磁路系统、串联电阻等配合热电偶组成测量机构。

毫伏计的优点：

① 毫伏计的测量机构很容易将较小的直流信号变换成较大的测量指针的机械位移，并且这种变换基本上不受外界电磁场的影响，噪声影响也很小。

② 毫伏计的体积小、重量轻、结构简单、使用寿命长、维修方便、价格低廉。

③ 在工业生产自动化中，毫伏计既能单独指示，又能指示调节。

④ 只要调换反馈和控制电路，就可以构成不同的调节动作。例如，继电器输出和连续电流输出，可以配合不同的执行机构，如中间继电器、交流接触器、晶体闸流管交流开关和电气转换器等。在同一测量机构上，配以不同的测量电路，就能配接不同的测量元件，实现不同参数的测量。

毫伏计的缺点：

① 精度低，不适用于精密温度场的测量和控制。

② 抗震性差，不适于震动较大的场合下使用。

③ 由于仪表测量指针稳定需要一定的时间，所以对要求快速调节对象的调节质量不理想。此外，由于仪表内比例、积分、微分调节的参数是固定的，其应用范围将受到一定的限制。

3. 电子电位差计

用配接热电偶的毫伏计测温时，尽管可以采用一些办法（如补偿导线法）来提高仪表的测量精度，但因在使用条件下无法让热电偶自由端的温度（环境温度）保持 0℃，故其测量误差仍然较大。

用电子电位差计测量热电偶产生的热电势，便可以较精确地显示和记录被测温度场的温度。所以，电子电位差计是一种高精度自动控温仪表，具有温度指示、记录和调节功能，在加热炉控制中应用极广。这种仪表的型号规格较多，热处理生产中大都采用带有圆图记录仪的 XWB 型仪表和带长图记录仪的 XWC 型仪表。

各种类型的电子电位差计的结构大体可分为：测量系统、电子放大器、微电机、机械传动机构及指针与记录机构五大部分，如图 1-2-23 所示。

电子电位差计的测量原理为电压平衡法（也称补偿法），其原理如图 1-2-24 所示。图中测量电桥能输出一个已知大小的准确电动势，热电偶接在测量电桥的输出回路中，它们两者之间的极性相反。当从热电偶输入的被测电动势 E_X 经电路比较与其相等时，则被测电动势等于测量桥路输出的已知电动势，即 $U_{AD}=E_X$，测量桥路呈现平衡状态，即 $U_{AF}=0$。这时在仪表的标尺刻度上读出的温度值（或毫伏值），即是 U_{AD} 的对应值。在实际使用中，就把它作为热电偶的实值 E_X，E_X 是一个随温度变化而变化的变量，当 E_X 变化了（即 $U_{AD}\neq E_X$）时，测量桥路就不再平衡了（$U_{AF}\neq 0$），这时 U_{AF} 值输入放大器，可逆电动机开始转动，通过机械系统带动触点，当触点滑到某个新位置时，又使 $U_{AD}=E_X$，即 $U_{AF}=0$，这时可逆电动机不转了，测量电桥又处于新的平衡状态。

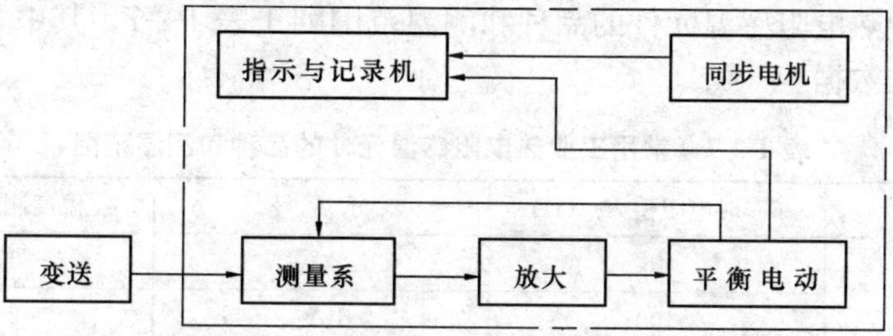

图 1-2-23　电子电位差计的组成及原理框图

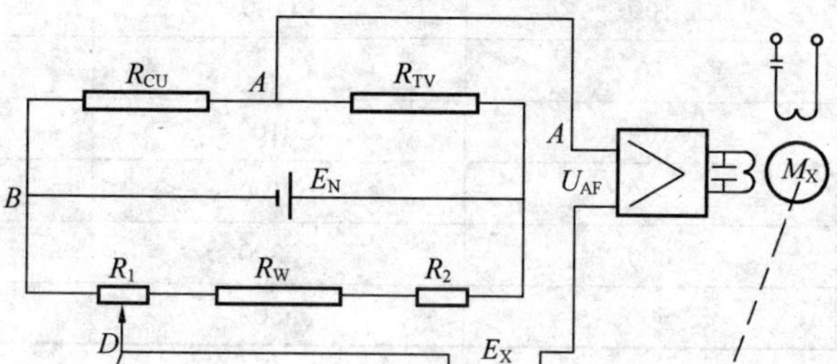

图 1-2-24　电子电位差计的自动补偿原理

电子电位差计的工作原理类似于一台能够自动加码的“天平”，在这里，热电偶测量端的温度相当于被称量的物体。当物体质量发生变化时，自动加码装置便会等量地增减砝码的质量，从而使天平始终处于平衡状态。由于砝码是保存在仪表中的，所以任何时候都能及时将被测温度指示出来。这台“天平”的另一个特点是具有准确无误的识别能力，即只“称”测量端温度，自由端的温度对其平衡状态不产生影响。

4. 热电阻

（1）热电阻的特性

热电阻的测温原理是基于金属及其合金的电阻值随温度而变化的特性。大多数纯金属在温度升高1℃时，电阻值增加0.4%～0.6%。

热电阻是用纯金属制成的感温元件，通常是把细金属丝均匀地成双绕在特殊的绝缘骨架上，为防止介质对它的损害，可将它封闭在套管内保护起来。当把感温元件放在被测介质中时，则所测的温度和电阻的关系符合下述表达式，即

$$R_t = R_0 \ (1 + A_t + B_t^2 + C_t^3 + \cdots)$$

式中　R_0——0℃时的热电阻的电阻值（Ω）；

R_t——温度为 t（℃）时的热电阻的电阻值（Ω）；

t——被测介质的温度；

A、B、$C\cdots$——有关的分度常数。

（2）常用热电阻

常用工业热电阻感温元件的品种和测温范围列于表1-2-7，其中IEC是国际电工委员会标准数据。

表1-2-7　常用工业热电阻感温元件的品种和测温范围

代　号	0℃时电阻值 R_0（Ω）	分度号	温度测量范围（℃）
WZP	46	BA_1	−200～+650
	100	BA_2	−200～+650
IEC	10	Pt10	0～850
	100	Pt100	−200～+850
WZC	50	Cu50	−50～+150
	100	Cu100	−50～+150
WZN	100	Ni100	−60～+180
	300	Ni300	−60～+180
	500	Ni500	−60～+180

1）铂热电阻（WZP）。铂热电阻测温最精确，它的特点是精度高、稳定性好、性能可靠。我国生产的工业用铂热电阻有 R_0 为46Ω和100Ω两种，分度号分别为 BA_1 和 BA_2，其铂丝纯度 $W100$：1.3910±0.0010。它可用来长期测量−200～+500℃，有的可达650℃，甚至更高。

近年根据国际电工协会的建议，已统一 R_0 为10Ω和100Ω两种规格。

2）铜热电阻（WZC）。铜热电阻是用铜漆包线制造，其测量范围为－50～＋150℃。与铂电阻相比，铜热电阻具有价格便宜，容易提纯的优点。

3）镍热电阻（WZN）。镍热电阻在常温下性能很稳定，其电阻温度系数和电阻率较上述几种金属都高，测量范围为－50～＋200℃。由于镍提纯困难，且在高温下易于氧化，其应用受到一定限制。

上述三种热电阻目前在工业中大量使用，其中铂热电阻和铜热电阻都属于统一设计的定型产品。

（3）热电阻的结构

工业用普通热电阻的结构与普通热电偶一样，也是由感温元件、绝缘管、保护管、接线盒和连接导线（补偿导线）等五部分组成。其结构形式除无角尺形外皆与热电偶相同。除普通结构外，也有铠装热电阻，其外形、安装尺寸和铠装热电偶一样。而且也具有时间常数小、反应速度快、可弯曲、耐震动、抗冲击等特点。

5. 光学高温计

在冶金生产过程中，对于加热炉常常要测量其加热的金属表面温度和炉温。而测量这些参数有时无法用直接测量方法（如热电偶高温计），而只能用非接触测量方法进行测量即主要是热辐射测温法。光学测温计就是常用的一种。

（1）光学高温计的测温原理

光学高温计是根据光度灯灯丝亮度与温度之间有对应关系的原理制成的，它用特制光度灯的灯丝发出的亮度与受热物体的亮度相比较的方法测得受热物体的温度。图1-2-25是隐丝式光学高温计示意图，当合上按钮开光K时，光度灯4（又称标准灯）的灯丝由电池E供电。灯丝的亮度取决于流过电流的大小，调节滑线电阻R可以改变通过灯丝的电流，从而调节灯丝亮度。毫伏计用来测量灯丝两端的电压，该电压随流过灯丝电流的变化而变化，间接地反映出灯丝亮度的变化。因此当确定了灯丝在特定波长（0.65μm左右，电磁波波长为0.65μm的可见光对人的眼睛最为敏感）上的亮度和温度之间的对应关系后，毫伏计的读数即反映出温度的高低。所以毫伏计的标尺都是按温度刻度的。

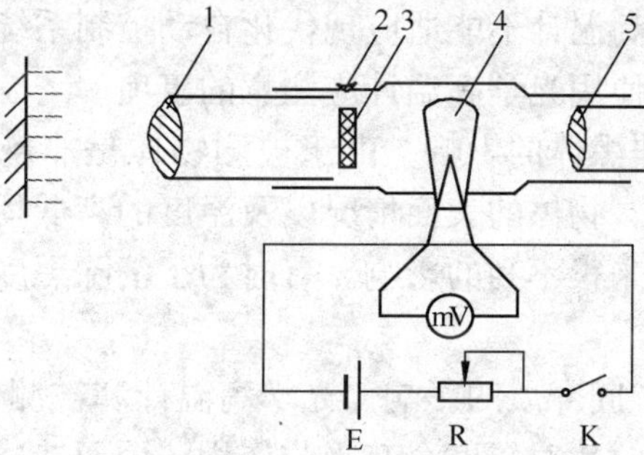

图1-2-25 光学高温计示意图

1—物镜；2—旋钮；3—吸收玻璃；4—光度灯；5—目镜；6—红色滤光片

由放大镜1（物镜）和5（目镜）组成的光学透镜部分相当于一架望远镜。移动目镜5可以清晰地看到标准灯丝的影像，移动物镜1可以看到被测对象的影像，它和灯丝影像处于同一平面上。这样就可以将灯丝的亮度和被测对象的亮度相比较。当被测对象比灯丝亮时，灯丝相对地变为暗色，当被测对象比灯丝暗时，灯丝

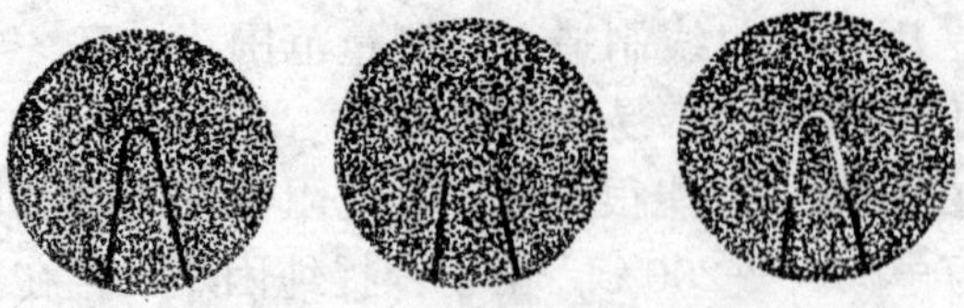

图 1-2-26 光学高温计瞄准状况

变成一条亮线。调节滑线电阻 R 改变灯丝亮度，使之与被测对象亮度相等时，灯丝影像就隐灭在被测对象的影像中，如图 1-2-26 所示，这说明两者的辐射强度是相等的，毫伏计所指示的温度即相当于被测对象的“亮度温度”，这个亮度温度值经单色黑度系数加以修正后便获得被测对象的真实温度。

红色滤光片的作用是为了获得被测对象与标准灯的单色光，以保证两者是在特定波段上（0.65μm 左右）进行亮度比较。吸收玻璃的作用是将高温的被测对象亮度按一定比例减弱后供观察，以扩展仪表的量程。

但是光学高温计毕竟是用人的眼睛来检测亮度偏差的，也是用人工通过调整标准灯亮度来消除偏差达到两者的平衡状态（灯丝影像隐灭）。显然，只有被测对象为高温时，即其辐射光中的红光波段（$\lambda=$ 0.65μm 左右）有足够的强度时，光学高温计才有可能工作。当被测对象为中、低温时，由于其辐射光谱中红光波段微乎其微，这种仪表就无能为力了，所以光学高温计的下限一般是 700℃以上。再者，由于人工操作，反应不能快速、连续，更无法与被测对象一起构成自动调节系统，因而光学高温计不能适应现代化自动控制系统的要求。

（2）使用光学高温计应注意的事项

1）非黑体的影响。由于被测物体是非绝对黑体，而且物体的黑度不是常数，它和波长、物体的表面情况以及温度的高低均有关系。黑度有时变化是很大的，这对测量带来很不利的影响。有时为了消除黑度的影响，可以人为地创造黑体辐射的条件。

2）中间介质的影响。光学高温计和被测物体之间如果有灰尘、烟雾和二氧化碳等气体时，对辐射会有吸收作用，因而造成误差。在实际测量时，很难控制到没有灰尘，因此光学高温计不要距离被测物体太远，一般在 1～2m 之内，最多不超过 3m。

3）光学高温计要尽量做到不在反射光很强的地方进行测量，否则易产生误差。

4）特别注意保持物镜清洁，并定期送检。

6. 光电高温计

光电高温计的优点主要是精度高，反应速度快，因此，可应用在快速工作过程中的测量。

光电高温计的工作原理是利用光电池的光电流和辐射物体的热辐射之间的关系来测量物体温度的。当光电池接受到被测量物体的热辐射之后，就把热辐射能转化为光电流，被转换成的电流讯号再经放大器送到显示记录仪，进行自动指示。

光电高温计可分为利用可见光谱（0.4～0.8μm）的光电高温计和利用红外光谱（0.8～40μm）的光电高温计两种。目前，国内生产的光电高温计型号主要有

WDH-1 型、WDH-2 型，WDH-1 型的结构比 WDH-2 型简单，灵敏度和精确度也较低，量程下限刻度不均匀。WDH-2 型仪表放大器中增加了自动增益控制电路，刻度的线性度得到改善。此外还有 WFH-40 型、HWW-01 型（便携型）和红外辐射温度计和 IR-H 型数字式便携红外辐射温度计，其中 WFH-40 型、HWW-01 型是为适应低温测量的需要而生产的，它们能测量 200℃以下的固体表面和热流温度。

7. 红外线测温仪

通过测量红外辐射能量来测定物体温度的方法叫红外测温。波长在 0.8～100μm 范围内的热辐射称为红外辐射。

红外测温除了具有非接触式测温的特点外，还具有可以遥测、测温范围大（10～3000℃）、测量温度精度高（偏差不大于 1%）以及响应快（在 1s 以内）等优点。

工业用红外测温仪的基本元件包括：会聚镜、辐射强度探测器及指示器，其核心元件是辐射强度探测器。辐射强度探测器有多种形式，功能都是将入射光子通量转变成电信号。目前，先进的辐射强度探测器是量子探测器。

量子探测器实际上是一个光子计数器，是由一个半导体晶体组成，入射光子与晶体内部的约束电子相互作用，如果有足够大的光子能量传给电子，使电子从约束状态进入自由状态而运动，则这种自由的电子就在探测器内产生一个电压信号，在短暂的时间之后，电子又回到约束状态。因此，每一种量子探测器将对一个特定波长以内的所有光子呈完全一致的反应。超过这个波长的光子没有足够的能量使电子自由而发出电信号。

一个可见光波的光子和一个 2μm 红外光子，它们的唯一差别是其波长不同，即所携带的能量不同，光子的能量同其波长成反比。当探测红外辐射强度时，会受可见辐射的影响。所以，实际测温中并不采用足够宽的光谱区，这样可以使温度的测量准确。

2.5.2.2　压力检测仪表

压力检测是流体在密闭容器内静压力与外界大气压力之差，即表压力的检测。压力检测是热工参数检测的重要内容之一。加热炉炉膛压力对炉子操作、加热质量及其产量均有重大影响。同时管道内煤气或天然气压力的检测是安全技术方面的重要内容。

1. U 形液柱压力计

如果玻璃 U 形管一端通往大气，另一端接通被测气体，这时便可由左右两边管内液面高度差 h 测知被测压力的数值 p（表压），见图 1-2-27 所示。

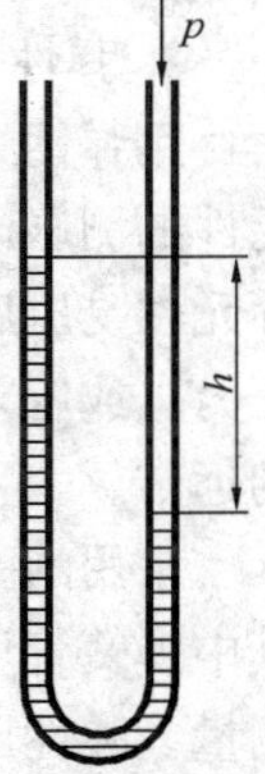

图 1-2-27　U 形液柱压力计

根据静压力平衡原理我们得到被测压力：

$$p = \rho g h$$

式中　p——被测压力的表压值（Pa）；

ρ——U形管内所充工作液体的密度（kg/m^3）；

h——U管内两边液面高度差（m）。

由公式可见，U形管内两边液面高度差 h 与被测压力的表压值 p 成正比。比例系数取决于工作液的密度。因此，被测压力的表压值 p 可以用已知工作液高度 h 的毫米数来表示，例如 mmHg、mmH_2O。U形液柱压力计的测量准确度受读数精度和工作液体毛细作用的影响，绝对误差可达2mm。

2. 单管压力计

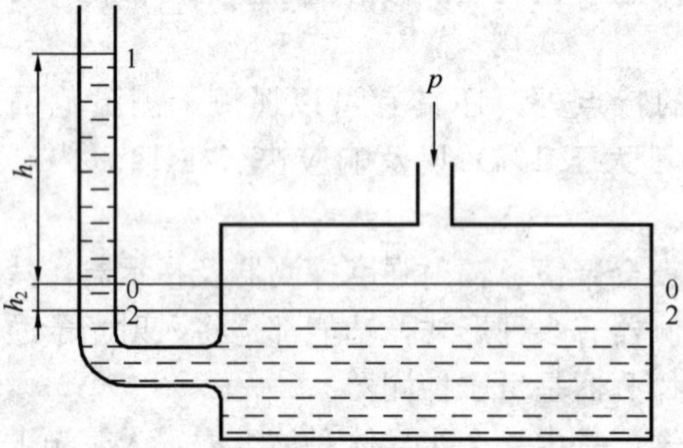

图1-2-28　单管液柱压力计

单管液柱压力计的结构见图1-2-28所示。它的工作原理和U形液柱压力计相同，只是右边杯的内径 D 远大于左边管子的内径 d。由于右边杯内工作液体积的减少量始终是与左边管内工作液体积的增加量相等，所以右边液面的下降将远小于左边液面的上升，即 $h_2 \ll h_1$。根据静力平衡可得到被测压力的表压值 p 和液柱高度 h_1 的关系：

$$h_1 = p/\rho g\ (1+d^2/D^2)$$

由于 $D \gg d$，所以（$1+d^2/D^2$）≈ 1，这样就只需要进行一次读数取得 h_1 的数值便可知被测压力的大小。用 h_1 来代替 h 是足够精确的，它的绝对误差可比U形液柱压差计减少一半。

如果将这种压力计的单管倾斜放置，变为斜管压力计，由于 h_1 读数标尺连同单管一起被倾斜放置，使刻度标尺的分度间距得以放大，它可以测量到十分之一毫米水柱的微压。

3. 弹性压力计

用弹性式传感器（又称弹性元件）组成的压力测量仪表称为弹性压力计。弹性元件的测压原理是当弹性元件在轴向受到外力作用时就会产生拉伸或压缩位移。弹性元件受压后产生的变形输出（力或位移），可以通过传动机构直接带动指针指示压力（或压差），也可以通过某种电气元件组成受送器，实现压力（或压差）信号的远传。

常用的弹性元件有：弹簧管（单圈和多圈），波纹膜片，波纹膜盒和波纹管等。其中弹簧管可用于高、中、低压直到真空度的测量，其他几种多用于微压和低压的测量。弹性压力计测压范围宽、结构简单、价格便宜、使用方便，其中管式弹簧压力计应用最广泛。

弹簧管式压力计由表盘、弹簧弯管、连杆、扇形齿轮、小齿轮、中心轴、指针等零件组成，如图 1-2-29 所示。

弹簧管是由金属管制成，管子截面呈扁平椭圆，它的一端固定在支承座上，并与管接头相通；另一端是封闭的自由端，与连杆相接。连杆的另一端接扇形齿轮，扇形齿轮由与中心轴上的小齿轮相衔接。压力表的指针，固定在中心轴上。

当被测介质的压力作用于弹簧管的内壁时，弹簧管扁平圆形截面就有膨胀成圆形的趋势，从而由固定端开始逐渐向外伸张，也就是使自由端向外移动，再经过连杆带动扇形齿轮转动，使指针向顺时针方向偏转一个角度。这时指针在压力表表盘上指示的刻度值，就是压力值。压力越大，指针偏转越大。当压力降低时，弹簧弯管力图恢复原状，加上游丝的牵制，使指针返回到相应的位置。当压力消失后，弹簧弯管恢复到原来的形状，指针也就回到始点（零位）。

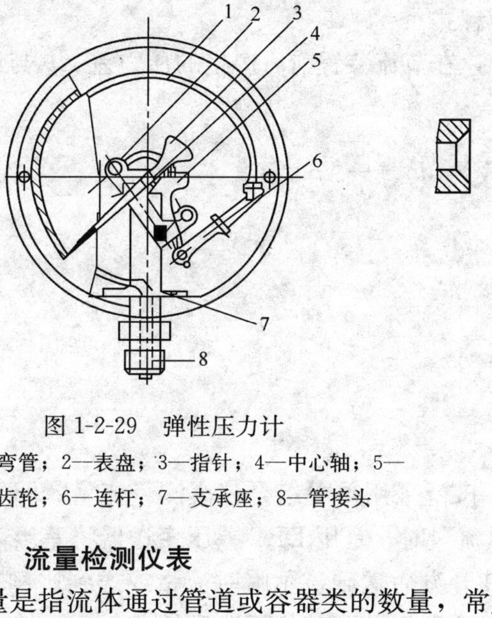

图 1-2-29　弹性压力计

1—弹簧弯管；2—表盘；3—指针；4—中心轴；5—扇形齿轮；6—连杆；7—支承座；8—管接头

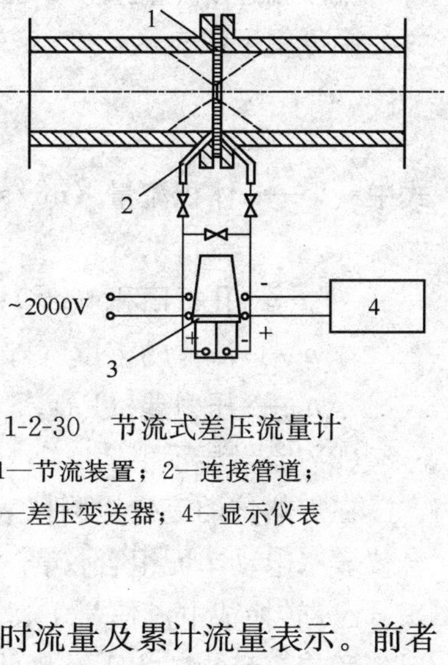

图 1-2-30　节流式差压流量计

1—节流装置；2—连接管道；3—差压变送器；4—显示仪表

2.5.2.3　流量检测仪表

流量是指流体通过管道或容器类的数量，常用瞬时流量及累计流量表示。前者指检测的瞬间流体在单位时间内所流过的数量；后者指检测的一段时间内流过的流体数量总和。流量的表示方法常用体积流量和质量流量表示。体积流量的瞬时流量是单位时间内流过管道某处截面流体的体积，单位用 m^3/s 表示。质量流量是指在单位时间内流过管道某截面处流体的质量，用 kg/s 表示。

加热炉所使用的燃料（气体或液体）、空气、水、水蒸气等采用流量计来测量用量。有时还需要自动调节流量及两种介质的流量比，如燃料与助燃空气的流量比。准确地检测及调节流量对加热炉的经济指标十分重要，对节能工作具有重要意义。

流量计的种类繁多，按其测量原理，通常分为容积式流量计和速度式流量计两大类。加热炉上常用的是节流式差压流量计，即速度式流量计，这里介绍节流式流量计。

节流式差压流量计，即用节流装置测量，其原理是：在管道内装设有截面变化的节流装置，当流体流经节流装置时，由于流束收缩，其流速发生变化而在节流装置前后产生静压差，称为压差。利用此压差与流量的关系达到检测流量的目的。压差可直接显示，也可经差压变送器转换成电信号再显示或累积流量，其组成见图1-2-30所示。图中表明，节流式流量计由下列三个部分组成：

(1) 节流装置，产生与流量有关的差压。

(2) 传递部分，用管道将压差传递到差压计或差压变送器。

(3) 差压计，显示、记录或累积流量，常直接刻度流量标尺。

节流装置是节流式差压流量计的关键元件，常用的节流装置有孔板、喷嘴及文丘里管，其中用得最多的是孔板，目前已标准化、系列化。

(1) 节流式差压流量计流量方程式

流体流经节流装置——孔板时，在节流装置前后产生的压力差 Δp 与流量之间的关系可用下式表示：

$$V=\mu F_0\sqrt{\frac{2}{\rho}\Delta p}$$

式中　V——体积流量（m^3/s）；

μ——流量系数；

F_0——孔板面积（m^2）；

ρ——流体的密度（kg/m^3）；

Δp——压力差（Pa）。

(2) 流量显示仪表

在加热炉的流量检测仪表中，广泛采用单元组合仪表测量流量。DDZ单元组合仪表（电动单元组合仪表）测量流量时，是用DBC差压变送器将差压信号 $p_1-p_2=\Delta p$ 转换成电流信号 $I_{\Delta p}$，将其开方后送到显示瞬时流量或送到比例计算器显示出积累流量来。为了补偿使用过程中 p 及 T 变化所造成的误差，$I_{\Delta p}$ 在进入开方器之前还要使用乘除器补正。它的组成原理见框图1-2-31所示。在节流装置的安装时，应严格按仪表说明书的安装规则进行。具体规则可在有关资料或手册中查到。

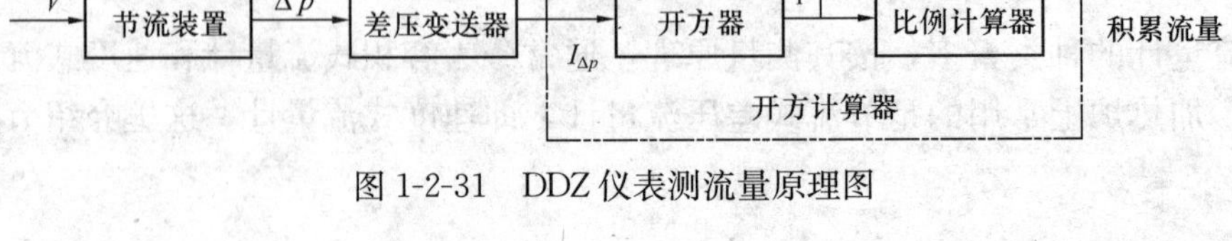

图1-2-31　DDZ仪表测流量原理图

2.5.2.4　炉气成分检测

铸锭在加热过程中，大部分需微氧化性气氛，少数品种需还原性气氛，空气过剩系数可根据需要进行调节，以满足不同的工艺要求。炉内气氛常采用高精度氧化锆探头装置连续检测炉气。当炉气成分超过设定范围时，炉气检测记录报警装置显示记录参数并发出声光警示，同时输出信号控制执行机构调整相关阀门的开口度，注入空气或燃气，改变炉内成分，使炉气成分始终保持在设定范围内。当氧化性炉气超标时，系统控制执行机构使燃气阀门适度增大，适当增大燃气输入量，降低炉内含氧量。当还原性炉气超标时，系统控制执行机构使空气阀门适度增大，适当增大空气输入量，增大炉气含氧量。

氧化锆探头是利用稳定的二氧化锆陶瓷在650℃以上的环境中产生的氧离子导电特性而设计的。在一定的温度条件下，如果在二氧化锆块状陶瓷两侧的气体中分别存在着不同的氧分压（即氧浓度）时，二氧化锆陶瓷内部将产生氧离子的迁移。这时通过二氧化锆两侧的引出电极，可测到稳定的氧电势。如果将二氧化锆的一侧通入已知氧浓度的气体（通常为空气），即参比气；另一侧是被测气体，即要检测的炉内的气氛。利用氧探头输出的氧电势和被测气体的绝对温度 T，通过能斯特方程可以得到被测炉气中的氧分压。

按检测方式的不同，氧化锆氧探头分为两大类：采样检测式氧探头及直插式氧探头。

采样检测方式是通过导引管，将被测气体导入氧化锆检测室，再通过加热元件把氧化锆加热到工作温度（750℃以上）。在被检测气体温度较低（0～650℃），或被测气体较清洁时，适宜采样式检测方式，如制氮机测氧，实验室测氧等。采样检测式由于氧探头的温度由加热器控制，因此测量精度高，工作可靠，但相应时间取决于气体的流量。

直插式检测是将氧化锆直接插入高温被测气体，直接检测气体中的氧含量，这种检测方式适宜被检测气体温度在700～1150℃时（特殊结构还可以用于1400℃的高温）利用被测气氛的高温使氧化锆达到工作温度，不另外用加热器。直插式检测的优点是氧化锆直接接触气体，检测精度高，反应速度快，维护量较小。但直插式氧探头必须很好地解决陶瓷材料高温密封问题和电极问题。

由于氧探头与现有测氧仪表（如电化学式氧量计、气象色谱仪等）相比，具有结构简单，响应时间短（0.1～0.2s），测量范围宽（从 ppm 到百分含量），使用温度高（600～1200℃），运行可靠，安装方便，维护量小等优点。

2.5.2.5　加热炉计算机自动控制

对加热炉进行热工参数测量的目的，是为了便于炉子的操作，使炉子的工作状态符合铸锭加热工艺的要求，实现优质、低耗、高产。当炉子的工作状态与加热工艺要求产生偏差时，就必须对其进行调节。加热炉热工参数的控制方式可分为手动调节、自动调节及计算机自动控制。

在计算机控制下的生产流程，与人工操作时基本相同，但操作人员的操作方式和操作内容发生了变化，更多则是通过人机界面来了解实际的生产情况，进行某些辅助的操作和必要的干预，因此，操作人员应该深入了解各个设备的计算机控制系统是如何工作的以及计算机之间是如何通信的。

1. 手动调节、自动调节及计算机自动控制

热工参数的自动调节是手动调节的发展，它是利用检测仪表与调节仪表模拟人的眼、脑、手的部分功能，代替人的工作而达到调节的作用。

手动调节时，先由操作人员用眼观察显示仪表上温度的数值或直接用眼凭经验判断炉温的高低，确定操作方向，用手调节供给燃料阀门的开启度，改变燃料流量，调节炉温使其稳定在规定的数值上。显然手动调节劳动强度大，特别是对某些变化迅速，条件要求高的调节过程很难适应，有时还会因人的失误而造成事故。

自动调节时，热电偶感受到炉温变化经变送器送入调节器与给定值比较，按一定的调节规律输出调节信号驱动执行器，改变燃料流量，维护炉温恒定。可以看出，热电偶及变送器代替了人的眼睛，调节器代替了人脑的部分功能，执行器代替了人手。在调节过程中没有人的直接参与，显然大大减轻了操作人员的劳动强度，调节质量也有明显提高。当然，自动调节仍离不开人的智能作用，如给定值的设定，调节规律的选择，各环节的联系与配合丝毫离不开人的智能作用。

计算机自动控制系统是应用计算机参与控制，并借助一些辅助部件与被控对象相联系，以获得一定控制目的而构成的系统。加热炉的计算机控制是在自动控制（调节）的基础上发展起来的。采用计算机控制，不仅可以实现全部自动调节的功能，而且可以将设备或工艺过程控制在最佳状态下运行。如对加热炉采用计算机控制时，通过对各热工参数的系统控制，可将炉子工作状态控制在燃料消耗最低、热效率最高、生产率最大的最佳状态，而自动调节很难做到这一点。

2. 加热炉计算机自动控制功能

加热炉的计算机控制是用计算机系统对坯料出入加热炉的整个过程进行控制，主要包括以下功能：

（1）对坯料温度进行控制。通过控制空燃比等参数控制炉温，达到控制坯料温度的目的。

（2）对坯料出炉节奏进行控制。根据生产状况决定实际出炉节奏，提高了坯料温度的控制精度，同时还因无用燃烧时间的减少而使燃耗降低。

（3）能进行空气与燃料比的控制，提高燃烧效率和控制炉内气氛。

（4）可以根据生产计划的变更及其他变化进行控制。

3. 计算机控制系统

与一般控制系统相同，计算机控制系统可以是闭环的，这时计算机要不断采集被控对象的各种状态信息，按照一定的控制策略处理后，输出控制信息直接影响被控对象。它也可以是开环的，这有两种方式：一种是计算机只按时间顺序或某种给

定的规则影响被控对象；另一种是计算机将来自被控对象的信息处理后，只向操作人员提供操作指导信息，然后由人工去影响被控对象。

计算机控制系统通常具有精度高、速度快、存储容量大和有逻辑判断功能等特点，因此可以实现高级复杂的控制方法，获得快速精密的控制效果。计算机技术的发展已使整个人类社会发生了可观的变化，自然也应用到工业生产和企业管理中。而且，计算机所具有的信息处理能力，能够进一步把过程控制和生产管理有机的结合起来，从而实现工厂、企业的全面自动化管理。

(1) 计算机控制系统的基本组成

要实现加热炉的计算机控制，除有计算机和控制软件外，还需要有一系列自动化检测和控制仪表，如测温计、燃料指示调节计和调节阀、空气流量计和调节阀、炉压计等。

测量元件对调节对象的被调节参数（如温度、流量、压力等）进行测量，变送器将被调参数转换成电信号，通过与给定值比较，将偏差信号反馈给调节器，调节器产生调节信号驱动执行器工作，使被调参数值达到预定要求。由图 1-2-32 可以看出，自动控制系统的基本功能是信号传递、加工和比较。这些功能是由测量元件、变送器、调节器和执行机构来完成的。调节器是控制系统中最重要的部分，它决定了控制系统的性能和应用范围。

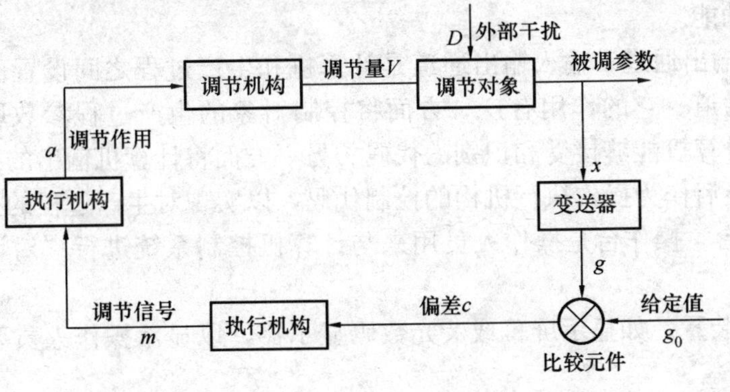

图 1-2-32　简单自动调节系统原理框图

如果将图 1-2-32 中的调节器用计算机代替，这样就构成了一个最基本的计算机控制系统，控制系统框图如图 1-2-33 所示。在自动控制系统中，只要运用各种

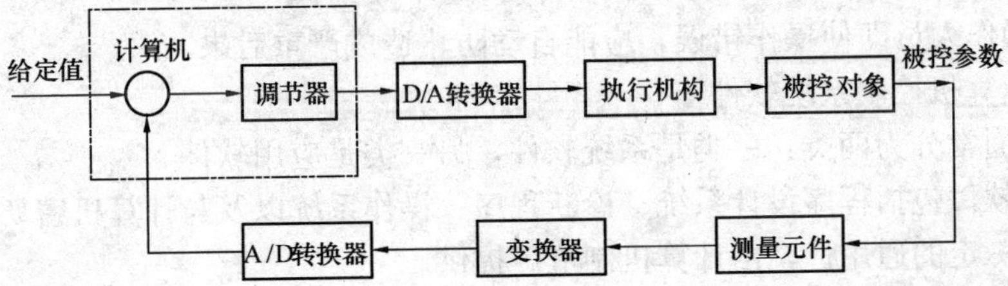

图 1-2-33　自动控制系统

指令，就能编出符合各种控制规律的程序，计算机执行这样的程序，就能实现对被控参数的控制。

在自动控制系统中，由于计算机的输入和输出信号都是数字信号，因此在控制系统中需要有将模拟信号转换为数字信号的 A/D 转换器，也有将数字信号转换为模拟信号的 D/A 转换器。

加热炉生产过程是连续进行的，应用于生产控制的计算机系统是一个实时控制系统，它包括硬件和软件两部分。

1）硬件组成

① 计算机。计算机是控制系统的核心，完成程序储存，程序执行，进行必要的数值计算，逻辑判断和数据处理等工作。

② 外部设备。实现计算机与外界交换信息的功能设备称为外部设备。主要包括人机通信设备，输入/输出和外存储器等。

输入设备主要用来输入数据、程序，常用的输入设备有键盘、鼠标、光电输入等。

输出设备主要用来把各种信息和数据提供给操作人员，以便及时了解控制过程的情况。常用的输出设备有打印机、记录仪表、显示器和纸带穿孔机等。

外存储器主要用于存储系统程序和数据，如磁带装置、磁盘装置等，同时兼有输入、输出功能。

③ 输入输出通道。输入输出通道是计算机和生产过程之间设置的信息传递和转变的连接通道。它的作用有：一方面将控制对象的生产过程参数取出，经过转换，变换成计算机能够接受和识别的代码。另一方面将计算机输出的控制命令和数据，经过转换后作为操作执行机构的控制代码，以实现对生产过程的控制。

④ 操作台。操作台是操作人员用来与计算机控制系统进行“对话”的，其组成有：

A. 显示装置。如显示屏幕或荧光数码显示器，以显示操作人员要求显示的内容或报警信号。

B. 一组或几组功能板键，板键旁有表明其作用的标志或字符，扳动板键，计算机就执行该标志所标明的动作。

C. 一组或几组送入数字的板键，用来送入某些数据或修改控制系统的某些参数。

D. 操作人员即使操作错误，应能自动防止造成严重后果。

2）计算机控制系统软件

软件通常分为两类：一类是系统软件，另一类是应用软件。

系统软件包括程序设计系统、诊断程序、操作系统以及与计算机密切相关的程序，带有一定的通用性，由计算机制造厂提供。

应用软件是根据要解决的实际问题而编制的各种程序。在自动控制系统中，每

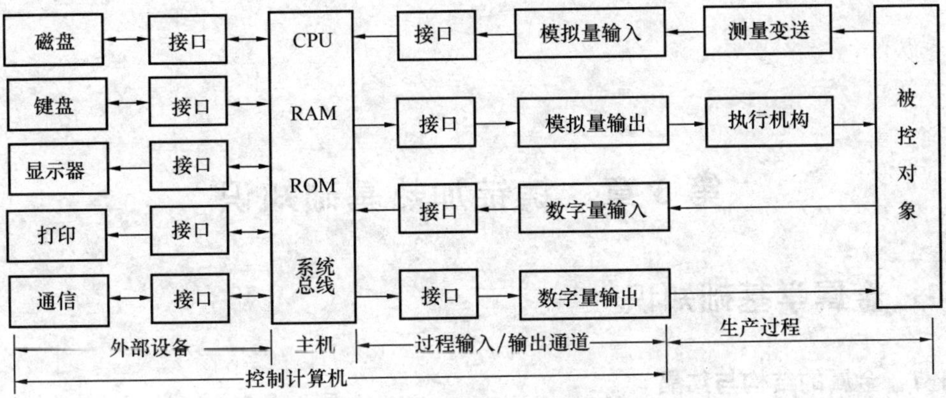

图 1-2-34　计算机控制系统硬件组成框图

个控制对象或控制任务都配有相应的控制程序，用这些控制程序来完成对各个控制对象的不同控制要求。这种为控制目的而编制的程序，通常称为应用程序。这些程序的编制涉及生产工艺、生产设备、控制工具等，首先应建立符合实际的数据模型，确定控制算法和控制功能，然后将其编制成相应的程序。

（2）计算机控制系统的主要功能

1）实时数据处理：对被控参数的瞬时值进行巡回采集、分析处理、性能计算以及显示、记录、制表等。

2）实时监督决策：对系统中的各种数据进行越限报警、事故预报与处理、根据需要进行设备自动启停，对整个系统进行诊断与管理等。

3）实时控制及输出：根据被控生产过程的特点和控制要求，选择合适的控制规律，包括复杂的控制策略，然后按照给定的控制策略和实时的生产情况，实现在线、实时控制。

第3章　铸锭加热基础知识

3.1　金属学基础知识

3.1.1　金属的结构与结晶

3.1.1.1　晶体、晶格、晶胞、晶面、晶向、晶粒的概念

（1）晶体与非晶体

在物质内部，凡是原子呈无序堆积状态的称为非晶体，例如普通玻璃、松香、树脂等，都属于非晶体。相反，凡是原子作有序、有规则排列的称为晶体，绝大多数金属和合金都属于金属晶体。

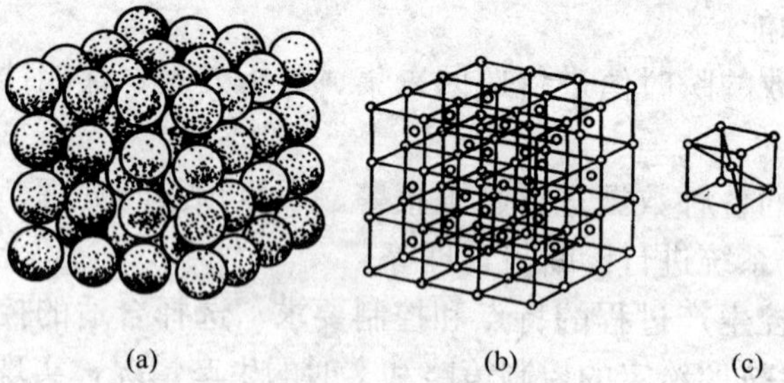

(a)　(b)　(c)

图 1-3-1　晶体中原子排列形式示意图

(a) 原子排列模型；(b) 结晶格子；(c) 晶胞

（2）晶格和晶胞

晶体内部原子是按一定的几何规律排列的。为了便于理解，把原子看成一个小球，则金属晶体就是由这些小球有规律地堆积而成的物体，如图1-3-1 (a)所示。

为了形象地表示晶体中原子排列的规律，可以将原子简化成一个点，用假想的线将这些点联结起来，就构成了有明显规律性的空间格子。这种表示原子在晶体中排列规律的空间格架称为晶格，如图 1-3-1（b）所示。

由图 1-3-1（b）可见，晶格是由许多形状、大小相同的最小几何单元重复堆积而成的；为了简化起见，从晶格中取出一个能够完整地反映晶格特征的最小几何单元称为晶胞，如图 1-3-1（c）所示。

（3）金属晶格的类型

金属的晶格类型很多，但 85％以上金属属于以下三种晶格。

① 体心立方晶格。它的晶胞是一个立方体，原子位于立方体的八个顶角上和立方体的中心，如图 1-3-2 所示。属于这种晶格类型的金属有铬（Cr）、钒（V）、钨（W）、钼（Mo）及 α-铁（α-Fe）等金属。

② 面心立方晶格。它的晶胞也是一个立方体，原子位于立方体的八个顶角上和立方体六个面的中心，如图 1-3-3 所示。属于这种晶格类型的金属有铝（Al）、

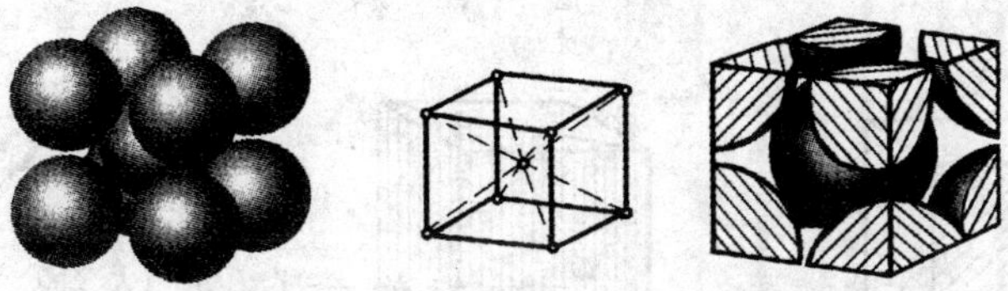

图 1-3-2　体心立方结构的晶胞

铜（Cu）、铅（Pb）、镍（Ni）等金属。

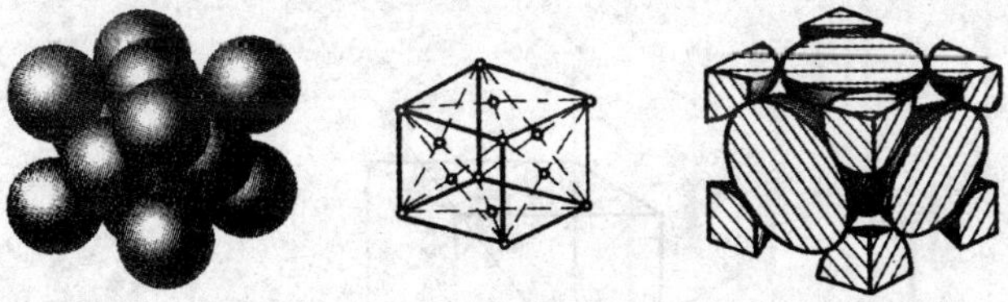

图 1-3-3　面心立方结构的晶胞

③ 密排六方晶格。它的晶胞是一个正六方柱体，原子排列在柱体的每个顶角上和上、下底面的中心，另外三个原子排列在柱体内，如图 1-3-4 所示。属于这种晶格类型的金属有镁（Mg）、铍（Be）、镉（Cd）及锌（Zn）等金属。

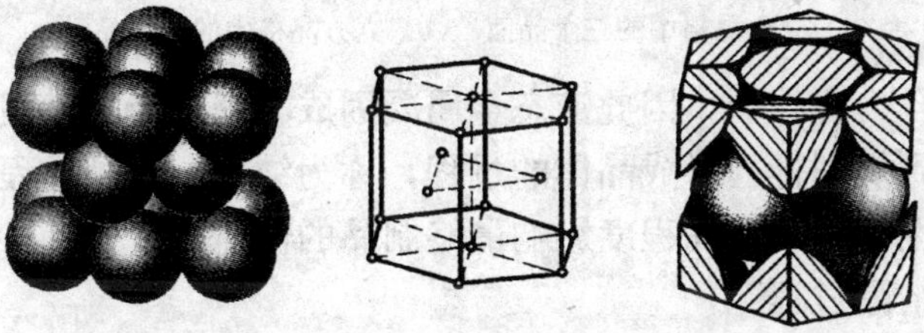

图 1-3-4　密排六方结构的晶胞

④ 晶面与晶向。在晶体中由一系列原子组成的平面，称为晶面。通过两个或两个以上原子中心的直线，可代表晶格空间排列的一定方向，称为晶向。图 1-3-5 所示为简单立方晶格的一些晶面和几个晶向。

由于在同一晶格的不同晶面和晶向上原子排列的疏密程度不同，原子结合力就不同，从而在不同晶面和晶向上显示出不同的性能。

⑤ 晶粒。金属结晶最后形成了许多相互接触而外形不规则的晶体。这些外形不规则而内部原子排列规则的小晶体称为晶粒。每个小晶体内部的晶格位向是一致的，而各个小晶体彼此间位向都不同，使它们相遇时不能合为一体，中间由一层分界面隔开，这种晶粒与晶粒之间的界面称为晶界。晶粒的尺寸通常很小，只有在金相显微镜下才能观察到的金属中晶粒的大小、形态和分布。

3.1.1.2　金属的结晶过程及显微组织

(1) 结晶

固体金属原子是按一定规则排列的，而液态金属的原子不是按照一定规则排

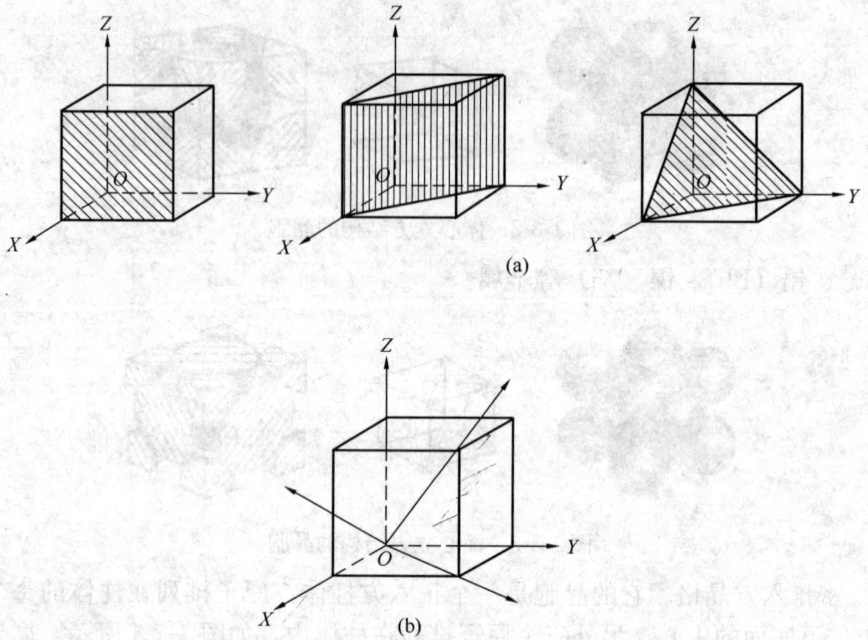

图 1-3-5　立方晶格中的一些晶面和晶向

（a）立方晶格中的三个晶面；（b）立方晶格中的几个晶向

列，其原子间结合力比较弱，因此液态金属凝固成为固态金属过程实质上是由原子不规则排列过渡到规则排列形成晶体的过程，称为结晶。结晶过程直接影响铸锭的轧制等压力加工性能，又不同程度影响最终制品的性能。

（2）金属的结晶过程

熔融的液态金属以正常冷却速度降温至熔点以下开始结晶，从液体中首先形成一些微小而稳定的固体质点开始的，这些固体质点称为晶核。晶核不断长大成为晶体，直到它们互相接触，液体完全消失为止。因此，结晶过程是形核及晶核长大的过程。

图 1-3-6 是金属结晶过程示意图。结晶开始时，液体中某些部位的原子集团先

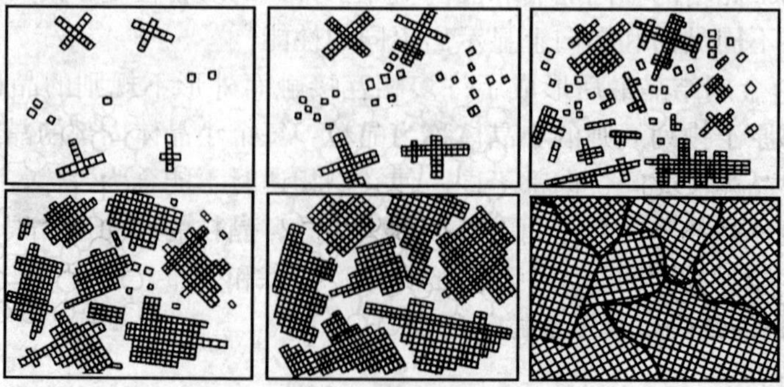

图 1-3-6　金属结晶过程示意图

后按一定的晶格类型排列形成微小的晶核，然后晶核向着不同位向按树枝生长方式长大，当成长的枝晶与相邻晶体的枝晶互相接触时，晶体就向着尚未凝固的部位生长，直到枝晶间的金属液全部凝固为止。最后形成了许多互相接触而外形不规则的晶体。

3.1.2　金属的晶体结构

3.1.2.1　单晶体和多晶体

结晶后的晶粒呈相同的位向，这种晶粒称为单晶体。在现代工业中，只是为了专门用途才制造单晶体。单晶体的性能是“各向异性”的。

常见金属为多晶体，是由大量外形不规则的小晶体即晶粒组成。由于各个晶核形成的位置和取向是随机且均匀分布，多晶体内各晶粒尺寸和取向也为随机均匀分布，它们自身的“各向异性”彼此抵消，显示出“各向同性”，亦称“伪无向性”或“伪各向同性”。

3.1.2.2　金属晶体结构缺陷

在实际使用的金属材料中，由于加进了其他种类的外来原子以及材料在凝固过程中受到各种因素的影响，使本来应该有规律的原子堆积方式受到干扰，不像理想晶体那样规则。晶体中出现的各种不规则的原子堆积现象称为晶体缺陷。常见的晶体缺陷有：空位和间隙原子、位错、晶界和亚晶界等。

按缺陷存在形式的几何特点，通常把金属晶体结构缺陷分为三大类：点缺陷、线缺陷和面缺陷。

1. 点缺陷

点缺陷是指在晶体空间其长、宽、高尺寸都很小的一种缺陷，主要包括晶格空位、间隙原子和外来原子，如图 1-3-7 所示。

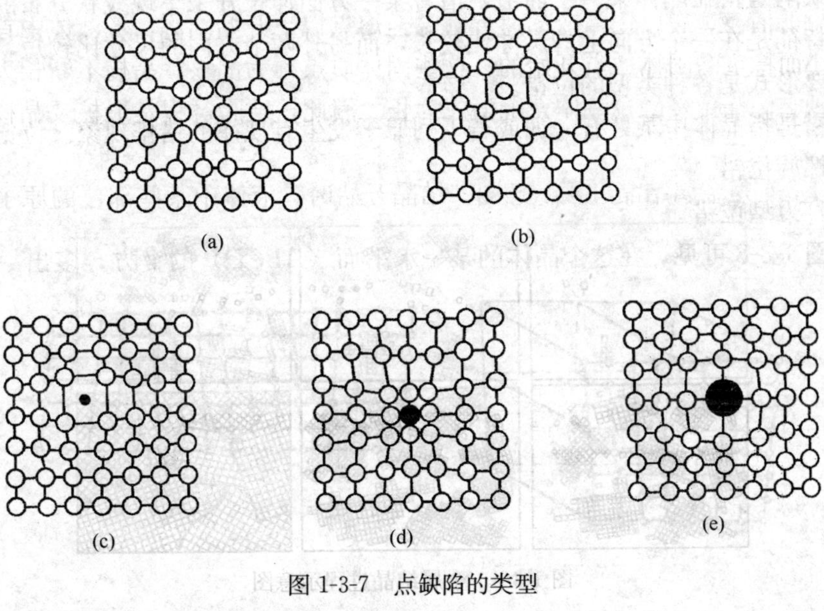

图 1-3-7　点缺陷的类型

（1）晶格空位和间隙原子

在晶体中，某一瞬间个别原子可能获得足够大的振动能量（如在固态下温度升高、金属加工变形及高速粒子轰击等），这就使它们完全有可能克服周围原子对它的牵制作用而离开原来的平衡位置，结果使晶体结构中出现了空结点——空位，它是晶体中最重要的点缺陷。这样的离位原子有两种去向：一方面可能逃到晶体表面的正常位置（或其他空位上），另一方面可能逃到点阵的某些间隙位置上，而形成间隙原子。

无论出现空位或间隙原子，在它们周围原子之间的作用力失去平衡。空位周围的原子使晶格有紧缩趋势，间隙原子周围的原子使晶格有胀开趋势。在晶体中这种对正常晶格的外形或轮廓的任何偏离称为晶格畸变。这些空位和间隙原子在晶体中不是固定不动的，而是在晶体内部移动，或者消失，或者产生新的空位或间隙原子。

（2）外来原子

外来原子是指杂质或合金元素的原子。当外来原子尺寸与基体原子相当，因置换而占据金属晶体的结点时，一般称为置换原子；如果外来原子的直径很小，它不占据结点的位置而可能挤入晶格间隙中，则称为间隙原子。外来原子也使金属晶格产生畸变，对金属性能产生影响。

晶体中的点缺陷处于不断的运动状态，固态金属原子的扩散就是依靠点缺陷的运动而实现的。在常温下由点缺陷的运动而引起的扩散效应可以忽略不计，但在高温下（如铸锭均匀化加热），原子发生迁移的几率明显提高。

2. 线缺陷

线缺陷是指在晶体某一平面上，沿着某一方面伸长开来呈现线状分布的一种缺陷，其特征是在一个方向上的尺寸比较长，而另外两个方向的尺寸比较短，这类缺陷的主要形式是各种类型的位错。

位错是指晶体中某处有一列或若干列原子发生有规律的错排现象。位错有刃型位错和螺旋位错。

（1）刃型位错

由图1-3-8可见，在这个晶体的某一水平面（*ABCD*）的上方，多出一个半原

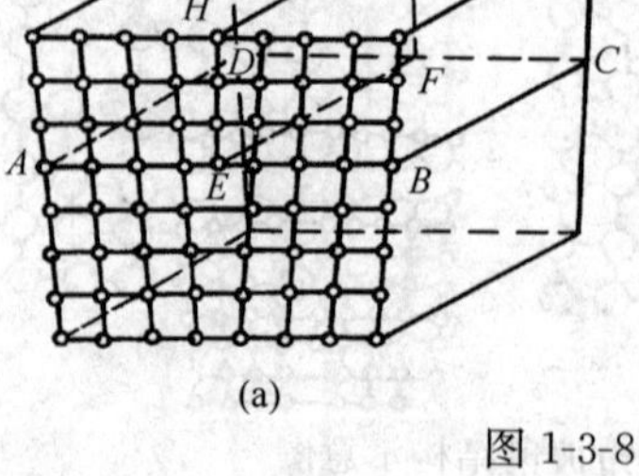

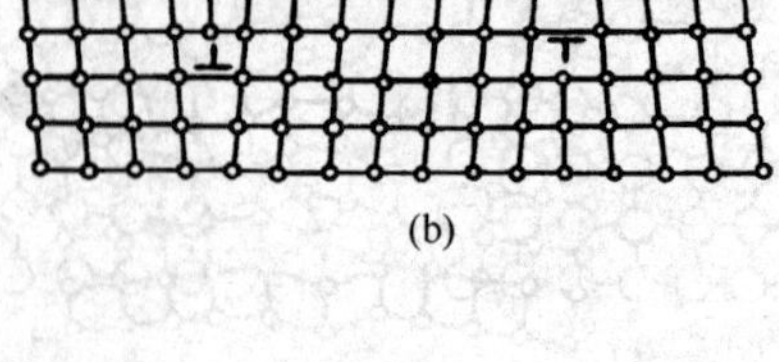

图1-3-8 刃型位错模型

子面（*EFGH*），它中断于 *ABCD* 的 *EF* 处，这个半原子面如同刀刃一样插入了晶体，故称刃型位错。在位错附近区域，晶格发生了畸变。

位错的特点之一是很容易在晶体中移动，金属材料的塑性变形便是通过位错运动来实现的。材料中的位错愈多，这部分材料对那部分材料的滑动过程愈容易进行。位错数量增加到某个值后，众多的位错纠缠在一起，相互阻碍运动，致使材料强度升高。

（2）螺型位错

由图 1-3-9 可见，一个晶体的某一部分相对于其余部分发生滑移，原子平面沿着一根轴线盘旋上升，每绕轴线一周，原子面上升一个晶面间距，在中央轴线处即为一螺型位错。在螺型位错地带的晶格发生了严重的畸变，因此，在这一地带及其附近也是应力集中区，但在螺型位错的应力乃是与位错线平行的切应力，这是与刃型位错不同之处。

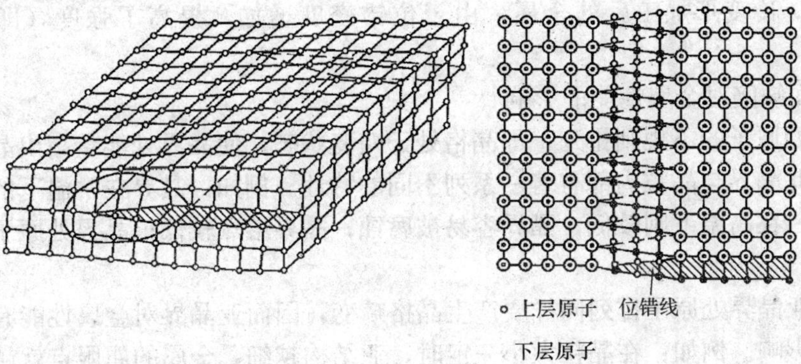

图 1-3-9　螺型位错模型

3. 面缺陷

面缺陷是指三维空间中一个方向上尺寸很小，另外两个方向上尺寸相对较大，呈面状分布的缺陷。包括晶界、亚晶界、相界、表面等。

实际金属是多晶体，各晶粒间位向不同，晶界处原子排列的规律性受到破坏。晶界实际是不同位向晶粒间原子排列无规则的过渡层，亚晶界同样是小区域的原子排列无规则的过渡层。过渡层中晶格产生了畸变，如图 1-3-10 所示。

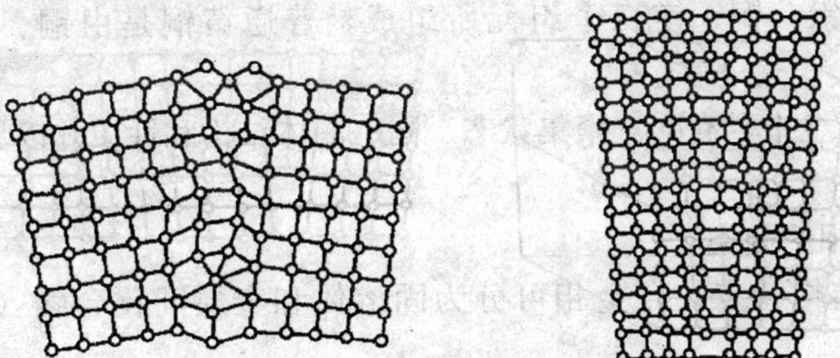

图 1-3-10　晶界、亚晶界的过渡区结构示意图

3.1.2.3 晶体缺陷对金属性能的影响

(1) 点缺陷对金属性能的影响

晶体中的空位和间隙原子都处在不断的运动和变化之中。空位和间隙原子的运动，是金属中原子扩散的主要方式之一，这对铸锭均匀化等热处理过程极为重要。

点缺陷产生后，由于晶格畸变，内能增高的结果，使金属的强度、硬度增高，电阻率增大。

(2) 线缺陷对金属性能的影响

晶体中位错的数量用位错密度表示，它的意义是单位体积晶体中所包含的位错线总长度。晶体中的位错密度变化，以及位错在晶体内的运动，对金属的性能、塑性变形及组织转变等都有着极为重要的影响。

当金属处于退火状态时强度最低，随着位错密度的增加或降低，都能提高金属的强度。冷变形加工后的金属，由于位错密度增加，提高了强度（即加工硬化）。

(3) 面缺陷对金属性能的影响

晶界处原子的不规则排列，即晶格处于畸变状态，使晶界处能量高出晶粒内部能量，因此晶界与晶粒内部有着一系列不同的特性。例如：晶界在常温下的强度和硬度较高，在高温下则较低；晶界容易被腐蚀；晶界熔点较低；晶界处原子扩散速度较快等。

由于亚晶界处原子排列同样要产生晶格畸变，因而亚晶界对金属性能有着与晶界相似的影响。例如：在晶粒大小一定时，亚结构越细，金属的屈服点就越高。

3.1.3 合金的相结构

3.1.3.1 基本概念

(1) 合金。熔合两种或两种以上的金属（或金属与非金属）并具有金属性质的物质称为合金。例如2024合金是在铝中加入了少量的铜、镁等金属熔合而成，普通黄铜就是铜中加入了锌熔合而成。

(2) 组元。组成合金最基本的并能独立存在的物质称为组元，简称元。例如2024合金是由铝、铜、镁三个组元所组成，普通黄铜是由铜、锌两个组元组成。

(3) 相。合金中具有同一聚集状态、同一晶体结构和性质并以界面相互隔开的均匀组成部分。

3.1.3.2 合金相的分类

根据相的结构特点，合金相可分为固溶体和金属间化合物（中间相）两大类。

1. 固溶体

当合金由液态结晶为固态时，以合金中某一组元作为溶剂，其他组元为溶质，所形成的与溶剂有相同晶体结构、晶格常数稍有变化的组成均匀的固相，称为固溶体。

按照溶质原子在溶剂晶格中分布情况的不同，固溶体可分为以下两类：

（1）间隙固溶体

若溶质原子在溶剂晶格中并不占据晶格结点的位置，而是处于各结点间的空隙中，则这种形式的固溶体称为间隙固溶体。一般情况下，当溶质原子与溶剂原子直径的比值小于 0.59 时，才能形成间隙固溶体。因此，形成间隙固溶体的溶质元素，都是一些原子半径比较小的非金属元素，如 H、B、C、O、N 等。间隙固溶体的溶解度都有一定限度。

在金属材料的相结构中，形成间隙固溶体的例子很多，如碳钢中碳原子溶入 α-Fe 晶格空隙中形成的间隙固溶体，称为铁素体；碳原子溶入 γ-Fe 晶格空隙中形成的间隙固溶体，称为奥氏体。

（2）置换固溶体

若溶质原子代替一部分溶剂原子而占据着溶剂晶格中的某些结点位置，则这种类型的固溶体称为置换固溶体。溶质在溶剂中的溶解度主要取决于两者原子直径的差别和晶格类型。一般说来，溶质原子和溶剂原子直径差别越小，则溶解度越大，即两者在元素周期表中位置越靠近，则溶解度也越大。如果上述条件能很好地满足，而且溶质与溶剂的晶格结构也相同，则这些组元往往能无限互相溶解，即可以任何比例形成置换固溶体，这种固溶体称为无限固溶体。如铁和铬、铜和镍便能形成无限固溶体。反之，若不能很好满足上述条件，则溶质在溶剂中的溶解度是有限度的，这种固溶体称为有限固溶体，如铜和锌、铜和锡都形成有限固溶体。有限固溶体的溶解度还与温度有关，一般温度越高，溶解度越大。

由于固溶体的晶格发生畸变，使位错移动时所受到的阻力增大，结果使金属材料的强度、硬度增高。这种通过溶入溶质元素形成固溶体，使金属材料的强度、硬度升高的现象，称为固溶强化。对综合力学性能要求较高的结构材料，几乎都是以固溶体作为最基本的组成相。

2. 金属间化合物

组成合金的两个元素，当它们在化学元素周期表上的位置相距较远时，往往容易形成化合物。金属材料中的化合物可以分为金属间化合物和非金属化合物两类。凡是同由相当程度的金属键结合，并具有明显金属特性的化合物，称为金属间化合物。它可以成为金属材料的组成相。凡是没有金属键结合，并且又没有金属特性的化合物，称为非金属化合物。非金属化合物是合金原材料或熔炼过程带来的杂质，它们数量虽少，对合金性能的影响一般都较坏，故也称非金属夹杂物。下面只介绍金属间化合物。

金属间化合物的晶格类型与组成化合物各组元的晶格类型完全不同，它具有复杂晶格结构。

金属间化合物熔点较高，硬而脆。当合金中出现金属间化合物时，通常能提高合金的强度、硬度、耐磨性和耐热性，但会降低塑性和韧性。金属间化合物是各类合金钢、硬质合金和许多有色金属的重要组成相。

金属间化合物的种类很多，常见的有以下三种类型。

(1) 正常价化合物

正常价化合物通常由金属元素与周期表中第Ⅳ族元素、第Ⅴ族元素、第Ⅵ族元素组成。正常价化合物的元素是严格按原子价规律结合的，因而其成分固定不变，并可用化学式表示。通常金属性强的元素与非金属或类金属能形成这种类型化合物，如 Mg_2Si、Mg_2Sn、Mg_2Pb 等。

正常价化合物具有高的硬度和脆性。在合金中，当它在固溶体基体上细小而均匀地分布时，将使合金得到强化，因而起着强化相的作用。

(2) 电子化合物

电子化合物大多是以第Ⅰ族或过渡族金属元素与第Ⅱ族至第Ⅴ族金属元素形成的金属间化合物。电子化合物不遵循原子价规律，而是按照一定的电子浓度比组成一定晶格结构的化合物。电子浓度是指化合物中价电子数与原子数的比值，电子浓度不同，所形成的化合物的晶格类型不同。

电子化合物的熔点和硬度都很高，但塑性很差，因此与正常化合物一样，一般只能作为强化相存在于合金中。

(3) 间隙化合物

间隙化合物一般是由原子直径较大的过渡族金属元素（Fe、Cr、Mo、W、V等）和原子直径较小的非金属元素（H、C、N、B等）所组成。间隙化合物的晶格特点是直径较大的过渡族元素的原子占据了新晶格的正常位置，而直径小的非金属元素的原子则有规律地嵌入晶格的空隙中，因而称为间隙化合物。

间隙化合物又可分为两类，一类是具有简单晶格结构的间隙化合物，也称为间隙相，如 VC、WC、TiC 等。另一类是具有复杂晶格结构的间隙化合物，如 Fe_3C、$Cr_{23}C_6$、Cr_7C_3、Fe_4W_2C 等。

3.1.4 二元合金相图简介

3.1.4.1 二元匀晶相图

凡是二元合金系中两组元在液态和固态下以任何比例均可相互溶解，即在固态下能形成无限固溶体时，其相图属匀晶相图。

如图 1-3-11 所示为典型的二元匀晶相图 Cu-Ni 合金相图。

图中 t_A＝1083℃为纯铜的熔点；t_B＝1455℃为纯镍的熔点。

t_ALt_B为液相线，表示各种成分的 Cu-Ni 合金在冷却过程中开始结晶，或在加热过程中熔化终了的温度；

$t_A \alpha t_B$为固相线，表示各种成分的 Cu-Ni 合金在冷却过程中结晶终了或在加热过程中开始熔化的温度。

液相线与固相线把整个相图分为三个不同相区。在液相线以上是单相的液相区，合金处于液体状态，用“L”表示；固相线以下是单相的固溶体区，合金处于固体状态，为 Cu 与 Ni 组成的无限固溶体，用“α”表示；在液相线与固相线之间是液相＋固相的两相共存区，即结晶区，用“$L+\alpha$”表示。

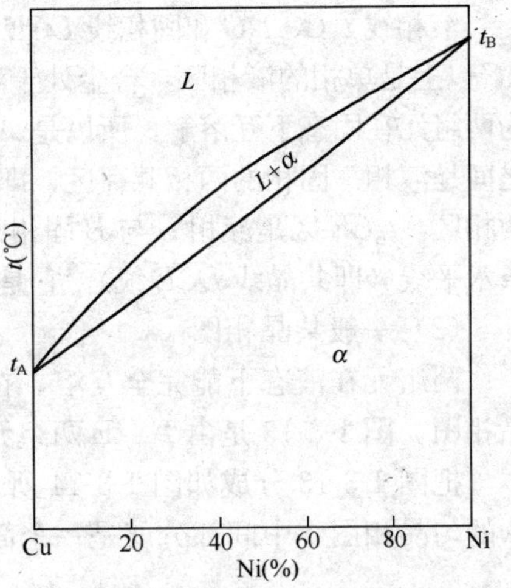

图 1-3-11　Cu-Ni 合金相

3.1.4.2　二元共晶相图

凡二元合金系中两组元在液态下能完全互溶，在固态下有限互溶或完全不互溶，且冷却过程中发生共晶转变的相图称为共晶相图。

根据两组元在固态下相互作用的不同，共晶相图可分为简单共晶相图和一般共晶相图。

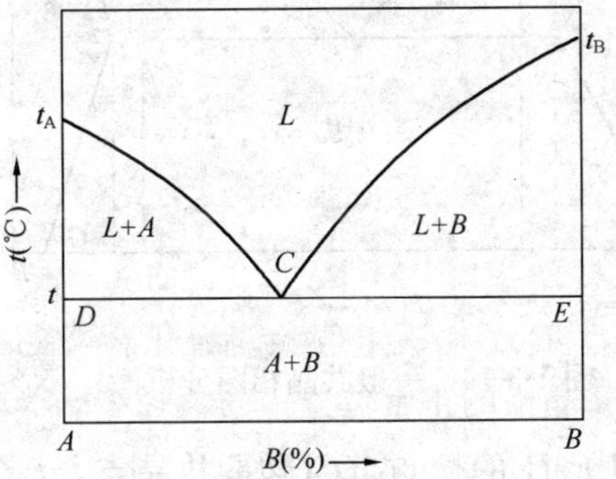

图 1-3-12　简单共晶相图

(1) 简单共晶相图

两组元在液态下能完全互溶，在固态下彼此互不溶解的共晶相图，称为简单共晶相同。图 1-3-12 是 A、B 两组元组成的简单共晶相图。

相图中 t_A为组元 A 的熔点，t_B为组元 B 的熔点。

t_AC 线为液相线，合金线与它的交点表示该合金在冷却过程中开始结晶出 A 组元的温度。t_BC 线也是液相线，合金线与它的交点表示该合金在冷却过程中开始结晶出 B 组元的温度。

由结晶终了温度连成的水平线 DCE 线是固相线。液相冷却到 DCE 线都要发生共晶转变，所以又称为共晶线。

C 点是液相线 t_AC、t_BC 与固相线 DCE 的交点，表示成分为 C 的合金冷却到温度 t 时，液相将在恒温下同时结晶出固相为（$A+B$）的机械混合物，即发生了共晶转变，其反应式为：

$$L_C \xrightleftharpoons{t℃} (A+B)$$

由共晶转变所获得的两相机械混合物组织称为共晶组织或共晶体，C 点称为共晶点。

液相线 t_AC、t_BC 和固相线 DCE 把整个相图分为四个不同相区。在液相线 t_AC 与 t_BC 以上是单相的液相区，合金处于液体状态，以"L"表示；固相线 DCE 以下，因为两组元在固态下互溶解，所以是 $A+B$ 两种固相共存的两相区；在液相线与固相线之间是液相＋固相的两相共存区，即结晶区，其中 t_ACD 区是液相 L 与固相 A 共存的两相区，t_BCE 区是液相 L 与 B 固相共存的两相区。在二元共晶相图中，三相区是一条水平线（即共晶线 DCE 线），它是由液相 L＋固相 A＋固相 B 组成的。

（2）一般共晶相图

两组元在液态下能完全互溶，在固态下互相有限溶解的共晶相图，称为一般共晶相图。图 1-3-13 是由 A、B 两组元组成的一般共晶相图。

把图 1-3-13 分成如图 1-3-14 所示的三部分，很明显，图中左右两部分就是部分的匀晶相图，中间部分就是一个简单共晶相图。

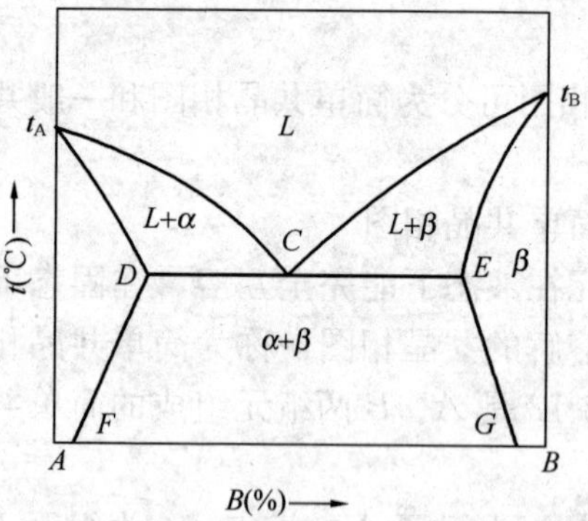

图 1-3-13　一般共晶相图

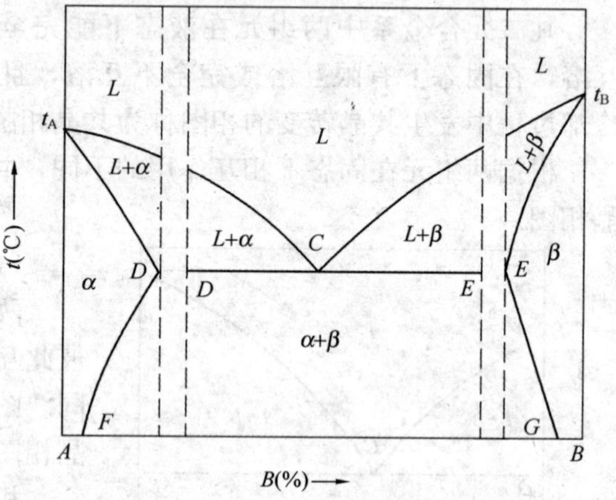

图 1-3-14　一般共晶相图分析

图 1-3-14 中，t_A、t_B 点分别是组元 A 与组元 B 的熔点，C 点是共晶点，t_AC、t_BC 线是液相线。液相在 t_AC 线上开始结晶出 α 固溶体，液相在 t_BC 线上开始结晶出 β 固溶体。t_AD、t_BE、DCE 线为固相线；t_AD 线是液相结晶成 α 固溶体的终了线；t_BE 线是液相结晶成 β 固溶体的终了线；DCE 线是共晶线，液相在该线上将发生共晶转变，结晶出（$\alpha+\beta$）共晶体。DF、EG 线分别为 α 固溶体与 β 固溶体的固溶线。

上述相界线把整个一般共晶相图分成六个不同相区：三个单相区为液相 L、α 固溶体和 β 固溶体相区；三个两相区为 $L+\alpha$、$L+\beta$ 和 $\alpha+\beta$ 相区；DCE 共晶线是 $L+\alpha+\beta$ 三相平衡的共存线。

必须指出，在固态下两组元完全不溶解的情况是不存在的，一般相互间总是或多或少地存在一定的溶解度。因此，共晶相图的主要形式是一般共晶相图。

3.1.4.3　杠杆定律

在合金相图中两相共存区，若已给定某一温度，可借助于杠杆定律来确定该温度下各相的相对量。

例如，图 1-3-15（a）中含 x%Ni 的 Cu-Ni 合金，在温度 t 时，可分别得到液相成分为 x_1%Ni，固相成分为 x_2%Ni。在此温度下，已结晶出的固相 α 和剩余液相 L 的相对质量可按下述方法计算：

设合金总重量为 Q，温度 t 时液相 L 质量为 Q_L，固相 α 质量为 Q_α。

则有液、固两相的质量和应等于合金的总质量 Q：

$$Q_L + Q_\alpha = Q \tag{1}$$

液、固两相中 Ni 的质量之和应等于合金中 Ni 的质量：

$$Q_L x_1 + Q_\alpha x_2 = Qx \tag{2}$$

由图 1-3-16（a），$x_2 - x = bc$，$x - x_1 = ac$　(3)

从公式（1）、公式（2）、公式（3）推导得出：

液相 L 的相对质量 $Q_L / Q = bc/ab \times 100\%$；

固相 α 的相对质量 $Q_\alpha / Q = ac/ab \times 100\%$。

由图 1-3-15（b）可以看出，以上所得的两相质量之间的相对关系同力学中的杠杆定律相似，因此也称为杠杆定律。

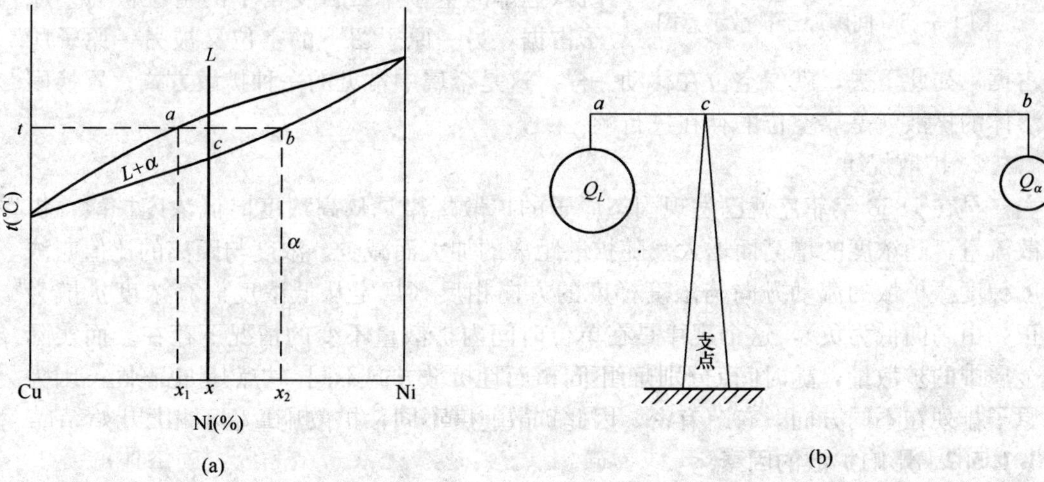

图 1-3-15　杠杆定律证明及力学比喻

必须指出，杠杆定律不仅适用于匀晶相图两相中两平衡相的相对重量计算，对其他类型的二元合金相图两相区中两平衡相的相对重量计算也同样适用。但是在单相区由于没有两个相，就不能应用杠杆定律了。

3.1.5　扩散现象及影响扩散的因素

3.1.5.1　金属的扩散现象

在金属及合金中，原子依靠热振动进行规则运动，从一个位置到另一个位置的迁移过程称为金属及合金中的扩散。扩散在金属学中是一个重要现象，像合金的均匀化、扩散型的相变、冷变形金属的再结晶、钢的化学热处理，都受到扩散过程的影响。

1. 金属的扩散原理

在金属晶体中，原子总是在它的平衡位置上不停地作热振动。当金属中存在成分的不均匀而有浓度梯度或化学位梯度时，原子则获得了跳离开位置的动能，使原子从高浓度或高化学位方向作选择性迁移。原子的这种迁移过程就是扩散。金属中的扩散机理，在金属学研究中有下列看法：

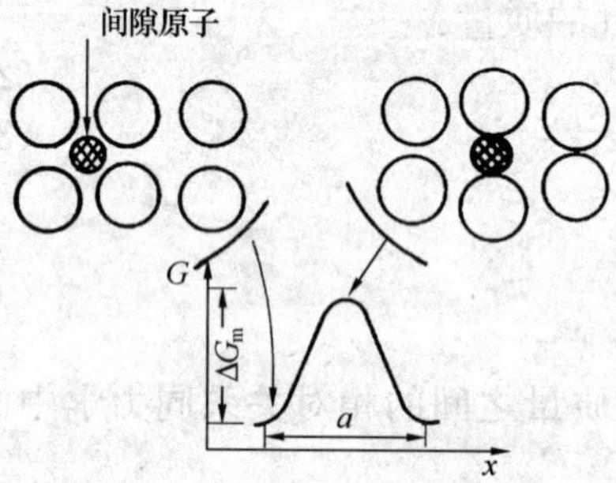

图 1-3-16 间隙原子扩散示意图

(1) 间隙迁移

原子从一个间隙位置迁移至另一个间隙位置，这是间隙固溶体原子迁移的方式，如钢中碳的扩散就是这样进行的。间隙原子的迁移如图 1-3-16 所示。

(2) 空位迁移

有空位存在时，原子是这样迁移的：原子跳入近邻的空位中，自身留下的空位被另一原子占据，另一原子留下的空位又被另一原子所占据，如此下去，就像空位在移动一样。这是金属中常见的一种扩散方式。置换固溶体的扩散就是靠空位的存在进行的。

2. 扩散规律

早在 1858 年菲克就已发现固态原子的扩散规律是从高浓度向低浓度扩散，扩散流量，随浓度的增高而增大，随扩散距离的加大而减少。浓度与距离的比值叫浓度梯度。扩散的流动方向与浓度梯度的方向相反（规定从低浓度向高浓度扩散为正，由高向低为负），这个规律是在单位时间内扩散量不变的情况下存在。而实际金属中的扩散量，随时间的不同而不同，而且扩散方向不同，扩散量也不同。因为原子排列在不同方向，有疏有密，因此扩散速度不同，扩散流量也不相同。

3.1.5.2 影响扩散的因素

(1) 晶体结构

晶体结构反映了原子在空间的排列情况，若排列密度大，则原子迁移时需克服的阻力也大，扩散系数就越小，表示原子扩散越困难。如果金属中存在空位或点缺陷，将使原子扩散时需克服的阻力减小，因而随空位的增加，原子迁移加快，即扩散速度增大。

(2) 原子尺寸

固溶体中溶质与溶剂原子尺寸差越大，则晶格畸变越大，而畸变能的增大，使原子处于不稳定状态，降低了激活能，使扩散时阻力减小而加快扩散速度。

(3) 扩散系数与温度

当其他因素不变时，扩散系数随温度的升高而增大，即温度升高，扩散加快。

（4）扩散系数与浓度

扩散系数随组元浓度的变化而变化，不同的元素的变化规律是不同的。对能降低熔点的组元来说，扩散系数随低熔点组元的增加而增大，这主要是因为低熔点组元降低了激活能，使原子扩散阻力减小，从而增大了扩散速度。

（5）合金元素

合金元素的加入，影响扩散系数。

（6）晶粒的影响

晶粒越细，晶界面越多，晶界处的畸变能越大，而使原子在晶界扩散速度加快。

3.2　铸锭组织

铸锭组织包括结晶组织（如晶粒大小、形状和取向、合金元素和杂质的分布等）和铸锭组织缺陷（如疏松、气孔、氧化膜、夹渣、光亮晶粒和粗大化合物等破坏铸锭组织连续性和均匀性的缺陷）。铸锭组织对半成品的最终性能和成品率（加工过程工艺性能）影响很大。因此，控制铸锭组织，提高铸锭质量是生产优质产品的关键。

3.2.1　典型的铸锭结晶组织

铸锭结晶规律符合液态金属的结晶原理。但是，由于铸锭凝固条件不同，则表现出一些特点，例如，铸锭在凝固时，散热有方向性，内外温度不均匀，结果使铸锭组织内外不均匀，铸锭横向结晶组织中，从表至里，结晶组织明显地分成三个区带——典型的铸锭结晶组织：表面细等轴晶粒带、柱状晶带、中心区域等轴粗晶粒带，如图 1-3-17 所示。

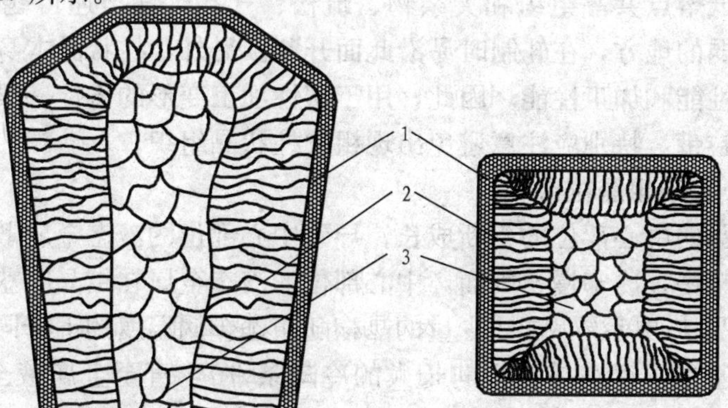

图 1-3-17　铸锭结晶组织示意图

1—表面细等轴晶粒带；2—柱状晶带；3—中心等轴粗晶带

3.2.1.1 表面细等轴晶粒带

当液态金属注入模子时，由于锭模的强烈吸热和散热，在接触模壁处的薄层液体金属温度急剧下降而获得大的过冷度，因而在该薄层液态金属内存在大量结晶核心，并同时向各个方向成长，由于晶核多，相互抑制生长，晶粒不容易长大，很快就使相邻晶核彼此接触而形成无方向性的、很薄一层细小等轴晶粒层。这层组织晶粒最细、结构致密、室温下的机械性能最好。

表面细等轴晶粒区域的大小与合金成分、浇注温度、结晶器材料等因素有关。铝合金铸锭表面从表到里依次为距铸锭表面约1mm的激冷区、距铸锭表面约1～20mm的过渡区，过渡区内化合物相粗大，枝晶网粗糙。纯铜表面细等轴晶粒区域通常很小；复杂铜合金，特别是结晶间隔很宽且含有高熔点组元的合金，表面细等轴晶粒区域比较大，如复杂黄铜HA159-3-2，细等轴晶粒遍布整个铸锭断面（纵向和横向），这由于合金中含有高熔点的镍元素，自然结晶核心丰富的结果。

3.2.1.2 柱状晶粒带

铸锭的表层细晶粒带形成后，导致模壁温度上升，液态金属的散热减缓，冷却速度降低，过冷度就小，因此，结晶前沿的液态金属中很难产生结晶核心。这时，液态金属的结晶只能依靠表层细晶粒层中某些取向有利（垂直于模壁方向）的晶粒继续成长。在成长过程中，那些不与模壁垂直的斜生枝晶，很快就被垂直成长的晶体所“兼并”而形成粗大的，具有方向性的柱状晶带。

柱状晶粒带的特点是：分枝较少，在枝晶间形成显微缩孔的机会就少，因而组织比较致密。但是，相邻柱状晶粒的晶界比较平直，晶粒间的彼此结合不如等轴晶牢固，更为重要的是，方向不同的柱状晶交界处出现“弱面”。弱面是最后凝固区域，通常存在低熔点共晶组织和夹杂物、疏松、气孔，甚至还可能出现晶间裂纹等，是铸锭脆弱的地方，在轧制时易沿此面开裂。另外，柱状晶本身的方向性也降低铸锭的力学性能和加工性能。因此，用于塑性加工变形的铸锭一般不希望出现大面积的柱状晶粒带，特别应注意避免出现粗大柱状晶组织。

3.2.1.3 中心等轴粗晶粒带

随着柱状晶向中心部位的不断成长，导致中心部位的液态金属散热的方向性不明显，且散热较慢，冷却慢，因而，中心部位的液态金属在结晶时获得的过冷度就小，形成的结晶核心就少，这些少量的晶核随液态金属温度的下降同时向各个方向成长（此时已基本不存在晶粒择向长大的冷却条件），直至金属液全部凝固为止，从而形成了中心部位的粗大等轴晶粒。

中心等轴粗晶粒带与柱状晶带比较，它的特点是没有明显的弱面，不同方向的树枝状晶体交界处犬牙交错，枝叉之间搭扣得很牢固，因而在压力加工时不易开裂。但是，树枝状晶分枝发达，树枝之间的液体最后凝固时，金属液补缩不足，易形成显微缩孔——疏松，从而降低金属材料的机械性能，同时在以后热处理时易出现表面气泡。等轴粗晶粒带枝晶比较发达，分枝较多，因而显微缩孔也较多，组织不够致密。但显微缩孔一般均未氧化，因此经热处理及压力加工后，一般都可焊合，对性能影响不大。由此可见，一般的铸锭，都要求得到发达的等轴晶组织。

金属的铸态组织与合金成分、浇铸条件等因素有关。一般提高浇铸温度、提高铸模冷却能力和促进定向性散热都有利于柱状晶区的增长。浇铸温度低、冷却速度慢、散热均匀、变质、振动和搅拌等都有利于等轴晶区的发展。尤其是加入有效的形核剂和附加振动等，还能使铸锭获得细小的等轴组织。

3.2.2　铸锭偏析

铸锭各部分化学成分不均匀的现象叫做偏析。铸锭的偏析会影响其加工的工艺性能和最终制品质量。根据偏析的范围大小及位置特点，一般可以分为晶内偏析、区域偏析、比重偏析三种。晶内偏析又叫微观偏析，区域偏析、比重偏析又叫宏观偏析。

3.2.2.1　晶内偏析

晶内偏析是不平衡结晶造成的。生产中，由于冷却速度较快，使得液相、固相以及液、固相中各组元的原子来不及充分扩散，无法使液相、固相中的成分趋向于平衡，特别是固相中的原子扩散很困难，致使在结晶过程中所得到的固溶体各部位具有不同成分。如图1-3-18所示，开始结晶出来的树枝状晶体是成分 α_1 的固溶体；随着温度下降，在 α_1 的外面又形成一层 α_2 的固溶体，之后依次形成 α'_2、α_3 等固溶体。由于它们之间原子来不及扩散，成分不均匀将一直持续到室温。树枝状晶体中的成分不均匀现象，称为枝晶偏析（如果只在一个晶粒内出现成分不均匀，又称为晶内偏析）。在连续铸造的实际生产中，晶内偏析是不可避免的。

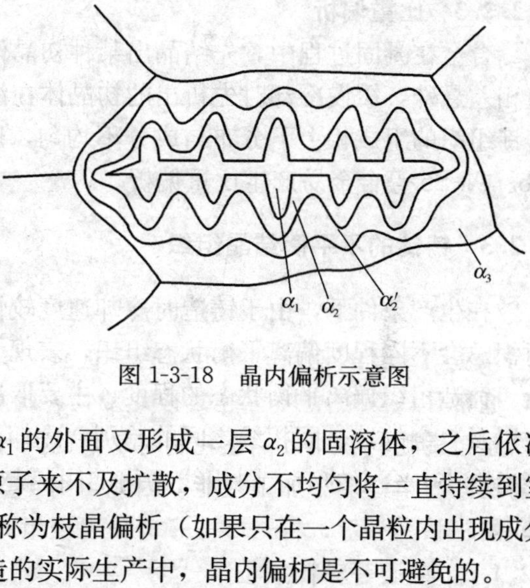

图1-3-18　晶内偏析示意图

晶内偏析的程度决定于结晶时的冷却速度以及相图上的液相线与固相线之间的距离。当其他条件相同，冷却速度越大，晶内偏析越显著，元素的扩散能力越小，晶内偏析程度越大。相图上的液相线与固相线之间的水平距离越大，液、固相成分差越大，先后结晶的固相成分差越大，晶内偏析越严重。液、固相间的垂直距离越大，则合金结晶需要在一个很宽的温度区间内进行，较容易产生先后结晶的固相成分不均匀现象，致使晶内偏析越显著，例如，锡青铜的晶内偏析比黄铜严重。

晶内偏析使铸锭组织不均匀，对后续热处理和制品最终性能有不同程度的影响，例如对3A21合金铸锭，如果不进行均匀化处理直接轧制成板材，则板材退火后晶粒粗大。在生产中为了消除、减小晶内偏析，使固溶体成分均匀、合金性能改善，将铸锭加热到稍低于固相线的高温并长时间保温，使原子充分进行扩散来消除这种偏析，以获得完全均匀的固溶体组织，这种方法在热处理中称为均匀化退火(均热)。

3.2.2.2　区域偏析

区域偏析是指在铸锭结晶过程中，由于外层柱状晶成长把低熔点组元、气体及某些偏析元素推向未凝固的中央液相区，在固、液相之间形成与锭型形状相似的偏析区。区域偏析又分正向偏析和逆向偏析（也叫反偏析）两类。

正向偏析是指铸造合金中，熔点较低的组元集中分布在铸件的中心或上部区域，其含量从铸件的先凝固区到其后凝固区逐渐递增。而逆向偏析则正好相反，熔点较低的组元集聚在铸锭边缘。如硅黄铜铸锭易出现正向偏析，即铸锭中心含硅量较高；锡青铜铸锭则易产生逆向偏析，即铸锭表层中锡含量较多。铝合金铸锭中常见的逆向偏析是高合金化铸锭表面存在的偏析瘤。

区域偏析由于存在于较大的铸锭区域范围内，不能用均匀化退火来消除。

3.2.2.3　比重偏析

合金在凝固过程中，先结晶出某种初晶体，如果初晶体的比重与合金溶液的比重相差悬殊，缓慢冷却时先析出的初晶体在液体中会发生轻浮、重沉的现象，导致铸锭组织的组成相上下分布与成分不均匀，所引起的宏观偏析称为比重偏析。Cu-Pb、Al-Sb 等合金易产生比重偏析。

3.2.3　铸锭的不平衡结晶组织

在生产条件下，由于铸造时冷却速度较快，铸锭不可能得到完全平衡组织，其组织总会不同程度偏离平衡状态组织，表现为基体固溶体成分不均匀，产生晶内偏析。铸造组织偏离平衡状态的程度，主要取决于铸造时的冷却速度、原子的扩散能力以及合金的液、固相线之间的差别，冷却速度越快，偏析元素在固溶体中的扩散能力越小，合金的液、固相线之间的间隔越大，则铸造组织偏离平衡状态的程度越大。

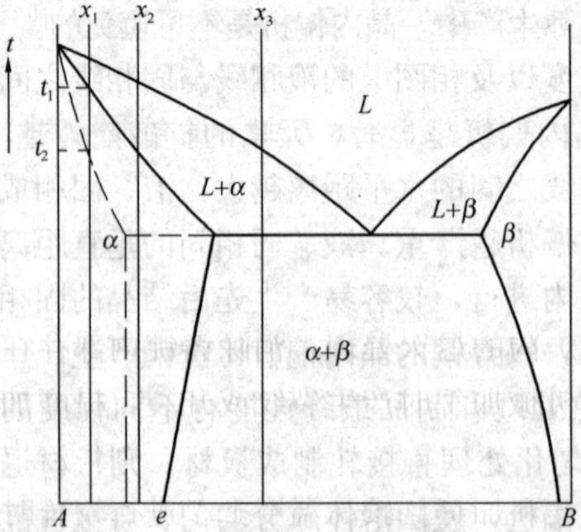

图 1-3-19　共晶系图及非平衡固相线

以二元共晶系合金为例，如图 1-3-19 所示，在工业生产非平衡结晶条件下，X_1合金的组织由枝晶状的 α 固溶体及非平衡共晶组成。合金元素 B 的浓度在枝晶网胞心部（最早结晶的枝晶干）最低，并逐渐向枝晶网胞界面的方向增加，在非平衡共晶中达到最大值。通常，非平衡共晶中的 α 相依附在 α 初晶上，β 相则以网状分布在枝晶网胞周围。

变形铝合金一般都具有两个以上的溶质组元，结晶时的情况更复杂，但非平衡结晶规律与二元合金系一致。基体 α 固溶体呈树枝状，在枝晶网胞间及晶界上除不溶的少量金属间化合物外，通常还出现很多非平衡共晶体。

由于枝晶网胞间及晶界上的非平衡共晶（非平衡过剩相）网络较脆，塑性较低，加工性能差，对热、冷压力加工过程不利。产生非平衡结晶状态是结晶时扩散过程受阻，这种状态在热力学上是亚稳定的，有自动向平衡状态转化的趋势。若将其加热到一定温度，提高原子扩散能力，可较快完成由非平衡向平衡状态的转化过程。

3.2.4　铸锭组织缺陷

铸锭组织缺陷包括两大类：

（1）破坏铸锭连续性，使铸锭致密度降低的缺陷。如疏松、气孔、显微疏松、夹渣、膜和裂纹等，这类缺陷的共同点是，通常由合金组成之外的熔体中气体、非金属夹杂物、氧化夹杂物等引起或形成。

（2）造成铸锭组织不均一的缺陷。如柱状晶、羽毛状晶、粗大的金属化合物一次晶、光亮晶粒、粗大悬浮晶等，这类缺陷的共同点是，通常是在铸造条件不佳的情况下，由合金组成本身形成的。

3.3　铸锭加热的基本原理

轧制前铸锭加热可以保证轧制时所需的高温塑性，降低变形抗力、消除铸造应力、改善合金的组织状态和性能。

3.3.1　铸造组织的不平衡特征

有色金属及合金铸锭，一般采用半连续和连续铸造法生产，结晶时的冷却速度较快或结晶温度范围宽，其化学成分和组织很不均匀，特别是成分复杂的合金铸锭，不仅有强烈的晶内、晶间和区域偏析现象，组织呈树枝状，在晶粒界和枝晶网络间还分布着不溶解的夹杂相和强化相（易呈连续状），在晶粒周围形成脆的硬壳，严重地破坏了合金的均匀性和塑性，并在铸锭内部形成很大的内应力。所以，不均匀化退火，铸锭的塑性和强度都很低，进行轧、锻、挤等压力加工是有困难的，不仅如此，还将影响到成品组织和性能。

3.3.2　加热的目的

（1）机加工前的铸锭加热是通过在加热炉内的退火处理，消除铸锭内部存在的残余应力，避免铸锭在锯切、车皮、镗孔等机械加工时产生裂纹或开裂，提高加工性能。

（2）铸锭均热是将具有铸态组织特征的坯料加热到较高温度下，进行较长时间的保温，消除或减轻不平衡结晶组织、晶内偏析，消除铸锭内部应力，提高铸锭的塑性，改善其加工性能。

(3) 热轧前的铸锭加热通常是在辐射式电阻加热炉、带有强制空气循环的电阻加热炉或火焰加热炉等内进行，加热温度必须满足轧制温度的要求，保证合金的塑性高、变形抗力低。

3.3.3 铸锭均热基本理论

铸锭均热过程中发生的组织和性能的变化，主要是通过原子的扩散过程引起的，因此，扩散理论是均热的理论基础。

图 1-3-20 为 B 组元原子溶解在 A 组元中的固溶体的一个晶粒。在晶粒中，设原子面Ⅰ和原子面Ⅱ间的距离为 d_x，B 原子在原子面Ⅰ和原子面Ⅱ之间的浓度差为 d_c，浓度梯度为 d_c/d_x，通过原子面Ⅰ的 B 原子数为 n_1，通过原子面Ⅱ的 B 原子为 n_2，如果当 B 原子向各方向的扩散机会都相等，那么 B 原子浓度高的地方向外扩散的原子数就一定比浓度低的地方多，即 $n_1 > n_2$，也就是说，有一个 B 原子流从原子面Ⅰ流向原子面Ⅱ。此时由原子面Ⅰ流向原子面Ⅱ的 B 原子数 d_m，可用下面公式表示：

$$d_m = -D \cdot \frac{d_c}{d_x} \cdot d_s \cdot d_\tau$$

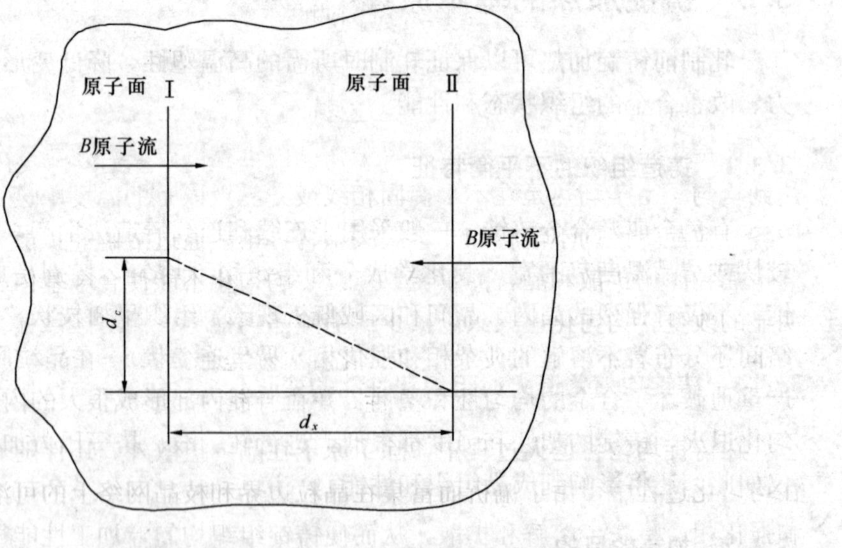

图 1-3-20 B 原子在以 A 组元为基的固溶体晶体中的扩散

上式中 D 表示扩散系数，它代表浓度梯度为 d_c/d_x 时，在单位时间通过单位面积的 B 原子量，D 前面的负号表示 B 原子由高浓度向低浓度方向扩散。扩散系数 D 大说明原子扩散时容易，扩散速度快，D 小扩散速度慢。扩散系数 D 可由下式确定：

$$D = D_0 e^{-Q/RT}$$

式中　D_0——扩散常数；

Q——扩散激活能；

T——温度；

R——气体常数。

由此可见，D 与 T 成正比，如图 1-3-21 所示。

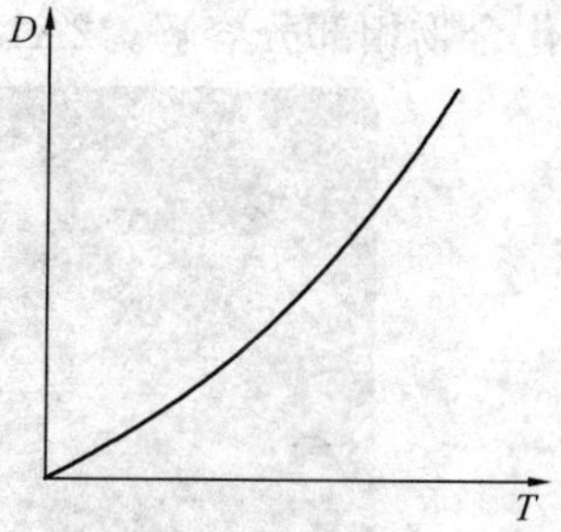

图 1-3-21　扩散系数 D 与温度的关系曲线

从以上分析得出，铸锭均热过程进行的快慢主要与温度（T）、时间（τ）有关。凡是提高铸锭的加热温度、增长保温时间都能加速铸锭均匀化退火过程。

原子在金属或合金中的扩散方式主要有三种，如图 1-3-22 所示。

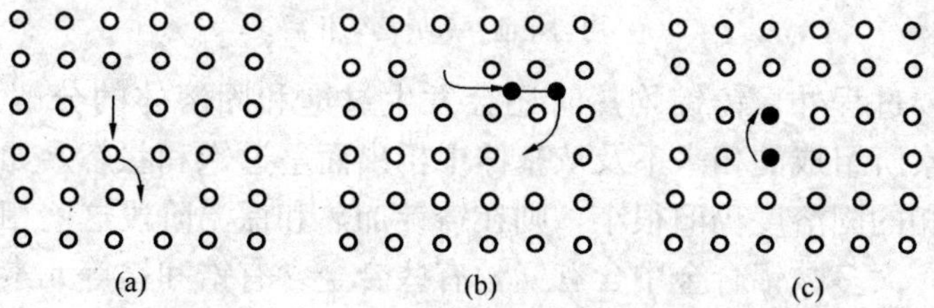

图 1-3-22　原子在金属中的扩散方式

(a) 空位移动；(b) 间隙原子移动；(c) 双原子换位

三种扩散方式中，原子通过空位迁移所需要的能力最小，所以，原子在金属及合金中的主要扩散方式是通过空位迁移而进行的。

铸锭均热时，原子的扩散主要是在晶内进行的，使其化学成分通过扩散而逐步达到均匀。由于均热是在不平衡固相线或共晶点以下的温度中进行的，分布在铸锭中各晶粒晶界上的不溶相和非金属夹杂物，不能通过溶解和扩散过程来消除，它阻碍了晶粒间的扩散和晶粒的聚集，所以，均匀化不能使合金基体的晶粒和形状发生明显的改变。均匀化退火只能减少或消除晶内偏析，而对区域偏析影响很小。

3.3.4　铸锭均匀化退火时组织和性能的变化

在铸锭均匀化退火过程中，除了原子在晶内扩散外，还伴随着组织的变化，即在均匀化过程中，由于偏析而富集在晶粒边界和枝晶网络上的可溶解的金属化合物和强化相，将发生溶解和扩散，从而使铸锭组织均匀，加工性能得到提高。

3.3.4.1　组织变化

在铸锭均匀化退火时，主要的组织变化是枝晶偏析消除、非平衡相溶解、过饱和的过渡元素沉淀和溶质的浓度逐渐均匀化。

对于非平衡状态下仍为单相的合金，铸锭均匀化退火所发生的主要过程为固溶体晶粒内成分均匀化。当合金中有非平衡亚稳定相时，则上述两个主要过程均会发生。例如，经均匀化退火后，2A12 合金晶内偏析基本消除，枝晶网胞及晶界上网状化合物相部分溶解。2A12 合金均匀化退火前后的显微组织如图 1-3-23 所示。

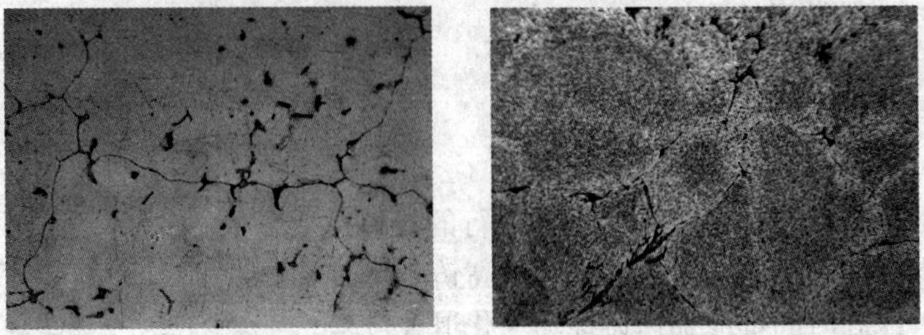

(a) (b)

图 1-3-23 2A12 合金均匀化前后的显微组织
(a) 均匀化前；(b) 均匀化后

除上述主要过程外，铸锭均热时还会发生过饱和固溶体的分解。在快冷条件下，由某些元素所组成的相来不及从基体中析出而呈过饱和状态。如果在均匀化退火温度下这些相的固溶度仍旧很小，则在铸锭加热和保温阶段这些相就会从固溶体中析出，例如，大多数铝合金中含有锰，有些合金含有锆和铬等元素，在半连续铸造条件下，会形成溶解这些元素的过饱和固溶体。铸锭均匀化退火时，由这些元素所组成的化合物就会从固溶体中析出。应该指出，过饱和固溶体的分解不但在加热和保温阶段发生，而且在均匀化退火后的冷却过程中也可能出现。因为在多数情况下，固溶体的平衡浓度随温度的降低而减小，因此在均匀化退火后随炉冷却或空冷时，将伴随二次相的析出。冷却速度不同，析出相的尺寸和分布情况也将有所区别，如果冷却速度过快，则仍将得到有一定过饱和度的固溶体，即产生部分淬火效应。

对于多相合金，铸锭均匀化退火时还可能发生过剩相的聚集和球化。聚集长大的特点是：小尺寸的过剩相颗粒溶液，而大尺寸的颗粒长大，以降低总的界面能。球化是聚集的一种特殊形式，即非等轴的过剩相质点（如片状、针状及其他无规则形状）转变为接近于等轴的形状。

3.3.4.2 性能变化

由于铸锭均热过程中铸态合金发生一系列的组织变化，这必将直接影响铸锭的性能。表 1-3-1 表明，7A04 合金铸锭均匀化后，铸锭变形抗力（σ_b）降低，而塑性（δ）大大提高。这就可以降低铸锭热轧开裂的危险，改善热轧板材的边部质量，提高挤压制品的挤压速度。同时，由于降低了变形抗力，还减少了变形功消耗，提高设备生产效率。

对于变形合金，铸锭的非平衡组织状态不仅直接关系到铸锭的变形性能，而且对后续加工工序以及制品的最终性能都会产生遗传影响。铸锭均热消除了铸锭组织的非平衡状态，当然会改善合金的冷加工工艺性能和制品的最终性能。例如，铸锭均热提高合金在各冷变形工序中的塑性，因而提高总的冷加工率，减少中间退火次数或缩短退火时间。也可改善冷轧板、带材的边部状态及其深冲性能。

表 1-3-1　7A04 合金铸锭均匀化前后的机械性能

铸锭直径（mm）	取样方向	取样部位	机械性能					
			未均匀化		445℃均匀化		480℃均匀化	
			σ_b（MN/m²）	δ（%）	σ_b（MN/m²）	δ（%）	σ_b（MN/m²）	δ（%）
200	纵向	表层	245	0.6	195	4.1	200	6.7
		中心	280	1.8	202	4.9	224	7.1
	横向	中心	271	0.6	221	4.4	223	7.9
315	纵向	表层	224	0.7	206	4.2	205	6.0
		中心	202	1.0	196	3.8	200	5.6
	横向	中心	223	0.4	209	4.2	227	6.4

3.4　铸锭加热制度

任何热处理过程都包括加热、保温和冷却三个阶段。热处理与轧制、挤压、锻造等压力加工方法不同，它是在不改变制品外形和尺寸的情况下，仅通过加热和冷却操作，即能改变和控制材料的组织和性能。热处理的方式有：铸锭加热（均热）、退火、淬火和时效等。本节重点介绍铸锭加热（均热）参数及制度的确立。

铸锭加热（均热）处理主要包括四个参数：加热速度、加热温度、加热温度下保温时间以及冷却速度。其中最主要的参数是加热温度和保温时间。加热（均热）参数的设定主要根据铸锭的规格、加热介质、合金元素、合金熔点温度以及装炉的方式等。对铸锭进行加热（均热）时应正确合理的选择这些参数，以便使铸锭组织及性能达到最佳值并获得较好的经济效果。

3.4.1　铸锭加热参数

3.4.1.1　加热温度

铸锭均热过程基于原子扩散，温度升高时，扩散系数 D 增大，扩散过程大大加速。

原则上铸锭均热温度的选定可以用合金状态图上的固相线为参考依据。但迄今为止对四元以上的合金状态图的研究还很有限，而工业上应用的合金大多是三元或四元，并且合金在非平衡结晶情况下，往往会出现一些非平衡相或易熔组成物，这些易熔组成物促使合金在未加热到固相线温度之前就开始局部熔化。

确定均热温度时应考虑合金品种（合金在不同温度条件下的相组成和特点，特别是考虑低熔点相的影响）、高温塑性和变形抗力、铸锭规格及设备条件等，均热温度确定过高，容易出现晶粒粗大或晶间低熔点相的熔化，导致均热时铸锭过热或过烧，轧制时开裂。但是为了加速铸锭均匀化过程，又需尽可能提高铸锭均热温

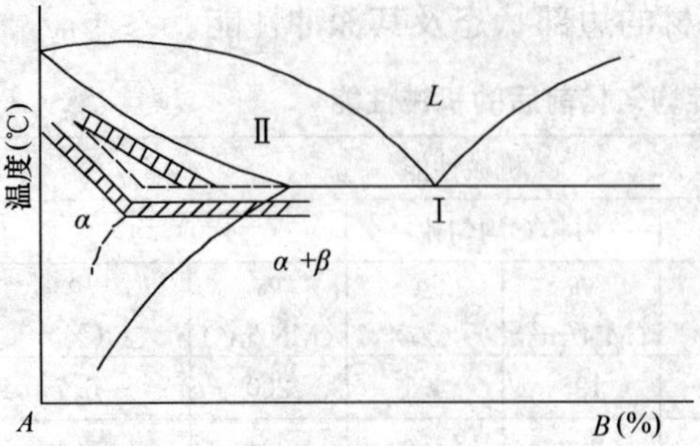

图 1-3-24 铸锭均匀化退火的温度范围、阴影区

度，因此加热温度通常为（0.90～0.95）$T_{熔}$，$T_{熔}$是铸锭的实际熔化温度。铸锭均热温度一般需要通过实验确定，一般是比合金非平衡固相线温度低5～40℃。如图1-3-24中的Ⅰ区域。

有时在非平衡固相线以下温度进行均匀化退火难以达到铸造组织均匀的目的，或者费时极长，可在非平衡固相线温度以上但在平衡固相线温度以下进行均匀化退火（图1-3-24中的Ⅱ域），即所谓高温均匀化退火。

一般来说，在不发生过烧的前提下，应采用尽可能高的均热温度，温度越高，原子扩散越快，均热过程进行亦较彻底，同时可以大大缩短时间，提高生产效率。实践证明，铝合金铸锭进行高温均匀化退火是可行的，特别是对于大截面铸锭作用尤为明显。因为高温均匀化退火可彻底地消除大型铸件的显微不均一性，显著降低其各项异性。铝合金之所以能进行高温均匀化退火，是因为大多数铝合金表面有坚固而致密的氧化膜。合金铸锭在非平衡固相线以上温度加热时，虽然晶间及枝晶网胞间的低熔点组成物会熔化，但在致密氧化膜的保护下，不会产生晶间氧化。未被氧化和未曾吸气的非平衡溶物在高温下长期保温时，会逐渐溶入铝基固溶体中，从而使组织均匀化过程进行得比较完全。

但是，也有很多合金不能采用上述高温均匀化退火。为了使铸造组织均匀化过程进行得更迅速、更彻底，且避免过烧，生产中也采用分级加热均匀化退火工艺。即先在低于非平衡固相线的温度下加热，待非平衡相部分溶解及固溶体成分不均匀性部分降低，非平衡固相线温度升高后，再加热至更高温度保温，在此温度下完成均匀化退火过程。分级均热工艺在镁合金、铝合金中都得到了应用。

热轧前铝及铝合金铸锭的加热，通常是在辐射式电阻加热炉、带有强制空气循环的电阻加热炉或天然气加热炉内进行。加热温度必须满足热轧温度的要求，保证合金的塑性高，变形抗力低。热轧温度的选择是根据合金的平衡相图、塑性图、变形抗力图和第二类再结晶图确定的，其计算方法按下式计算：

$$T=(0.65\sim0.95)T_{熔}$$

式中 T——热轧温度(℃)；

$T_{熔}$——铸锭的实际熔化温度(℃)。

热轧前确定铜及铜合金铸锭加热温度时通常考虑合金的化学成分、高温塑性、铸锭尺寸和设备条件等因素，一般是先参考合金状态图、塑性图等定出大致的温度范围，再根据实际情况进行调整。多数铜合金加热时的上限温度大约比熔点低100～200℃，相当于合金熔点的0.8～0.9倍左右。除了考虑合金熔点外，还要考虑合金组织中低熔点相的数量、分布状态等情况。如果加热温度过高，会造成晶粒过大、晶间低熔点相熔化，导致过热、过烧，严重时甚至无法进行热加工。

实际生产过程中，为补偿出炉到热轧开坯前的温降损失，保证热轧温度，金属在炉内的温度应适当高于热轧温度。

对于以消除铸造应力为主要目的的铸锭加热，可选取比均热温度更低的加热温度，如热轧开轧温度的下限。

3.4.1.2　保温时间

保温时间是指金属材料在加热温度下停留时间。保温时间主要决定于加热温度，提高加热温度，可缩短保温时间。保温时间也与合金本体、铸锭组织特征（偏析程度）、第二相的形状、大小和分布等因素有关。铸态组织中各组成物越弥散、枝晶网胞越细、第二相越小，则均匀化过程越迅速。铸锭的致密程度也影响保温时间长短。如铸锭中存在疏松或孔洞，原子无法通过该区域进行扩散，从而降低均匀化效果。如果在均匀化退火前进行一定量的热塑性变形，使铸造组织细化并使组织致密，可以大大缩短均匀化退火的保温时间。

在工业生产中，保温时间还与设备特性，铸锭尺寸、装料量和装料方式有关。若采用带强制热风循环系统的加热炉，或铸锭尺寸小或装料量小并保证炉料放置炉内有较大的空隙时，有利于铸锭的均热，其保温时间可以相应的缩短。

总的来说，均热保温时间的长短，必须保证在一定的均热温度下，使非平衡的低熔点相和晶内偏析获得较为充分的扩散为标准。最佳保温时间，应根据铸锭均热后的加工性能和半成品机械性能变化的实验确定。值得注意的是，由于均热化有自动减缓的倾向，均匀化过程只是在退火前一阶段进行得最剧烈，随后就不断变慢。因此过分延长均匀化的保温时间效果并不大，同时还会增加金属的氧化损失，降低设备生产能力，增加热能消耗。

为消除铸造应力的铸锭加热，其保温时间应根据加热温度的高低配置，如加热温度高，保温时间可适当缩短，加热温度低时，应延长保温时间。但一般说来，为消除铸造应力的保温时间可远小于其均热保温时间。

热轧前铝及铝合金铸锭加热过程中保温时间的确定应充分考虑合金的导热特性、铸锭规格、加热设备的传热方式，以及装料方式等因素，在确保铸锭达到加热温度，且温度均匀的前提下，应尽量缩短加热时间，以此减少铸锭表面氧化，降低能耗，防止铸锭过热、过烧，提高生产效率。铸锭厚度越大所需的加热时间越长，铸锭的加热时间可按下面的经验式计算：

$$T=20\sqrt{H}$$

式中　T——铸锭加热时间（min）；

H——铸锭厚度（mm）。

热轧前铜及铜合金铸锭加热时间可以根据理论公式进行计算，但由于受合金比热、导热率随温度变化以及炉况、传热方式、铸锭内外层温差等不确定因素的影响，计算过程复杂，结果并不适用，因此，生产中常采用经验公式估算，再根据实际情况进行修正。铜、镍及其合金的加热时间可按下式计算：

$$T=(12\sim20)\sqrt{H}$$

式中 T——铸锭加热时间（min）；

H——锭坯厚度（mm）。

通常，紫铜和黄铜的加热时间取下限，青铜、白铜取中限，镍及镍合金取上限。

3.4.1.3 加热速度和冷却速度

铸锭的升温加热过程一般是将铸锭在较高的炉温下装炉，然后控制炉温使铸锭以较快的速度升温。当铸锭的实际温度达到均热温度时，或转入正式的均热保温的过程中，已开始了部分的均匀化，因此有的均匀化退火不仅规定了保温时间，还规定了包括加热升温时间在内的总均热时间。根据合金成分的不同，应根据加热温度、铸锭规格、炉子结构和实际炉况等因素综合考虑。在保证铸锭温度均匀、热透的前提下，尽量缩短保温时间。

均热后铸锭冷却速度不能过快或过慢，过快会产生淬火效应，过慢则从固溶体中析出的强化相质点会长得粗大，加工时易形成带状组织，且淬火加热时粗大的二次相难以溶解，因而降低淬火时效的强化效应。

轧制前铸锭加热速度由铸锭轧制温度和加热时间确定。

3.4.2 铸锭加热制度概述

加热制度指铸锭在加热炉内加热到热加工所需温度的过程中，对四个主要参数（加热速度、加热温度、保温时间及冷却速度）的具体规定。按炉内温度变化形式，加热制度有一段式和多段式。

铸锭的均匀化退火加热，是为了获得良好的压力加工工艺性能，从而改善制品的某些性能是需要的，但也不一定是必须的，因为铸锭均匀化退火毕竟是一道代价昂贵的热处理工序，对于合金铸锭是否需要均匀化退火的加热方式，必须从合金的塑性、设备能力、制品性能要求及生产成本等因素进行综合考虑来决定。

对于纯铝铸锭，用于一般制品时不需要进行均热，而对3A21合金铸锭，若是为了避免轧制和随后退火时出现粗大晶粒，就需要均热，一般情况下可不均热。对于2A12、7A04、5A03、5A06等合金铸锭，由于他们塑性较差，压力加工难以进行，因此必须进行均匀化处理。

对于某些制作大断面的挤压型、棒材的铝合金铸锭，如果这些铸锭含有锰、铬等元素，则不宜进行高温均匀化，因为高温均匀化会使合金中的锰、铬析出而降低其浓度，进而可能使制品的挤压效应消失，降低制品强度，如果这样的铸锭截面较大，建议将铸锭只做消除残余应力的加热，加热温度低于该合金的均热温度，加热时间可控制在4～6h。

铸锭均匀化退火在整个加工生产中的安排，可以根据实际情况而定，对于断面尺寸较大的圆铸锭，则可先锯切后均热，这样可以提高均热的生产效率并方便操作。

对于扁铸锭，如果断面尺寸较大，且合金的裂纹倾向较大，则应先均热后锯切加工。如果其断面尺寸较小或者不易裂纹的很紧，尤其是单个铸锭毛料，则把均热与轧制前的加热合并进行（即均热后将铸锭冷却并保温到轧制前的加热温度）是较合理的，这样可以节约大量热能。同时应该注意，对一些裂纹倾向性大的铸锭，缩短在均热前的放置时间是有利的。

装炉时炉温高于150℃可直接装炉，否则按规定进行预热，为了有效地利用均热炉，对不同合金或铸锭均热制度相同的，允许同炉均热，但必须按合金规格分类装炉，铸锭放置应留有一定间隙，以保证热风通畅。

出炉时，对硬铝、超硬铝合金铸锭，不宜冷却过快，应随炉冷却一段时间后才吊出，对于较大规格的铸锭出炉后可堆放在一起让其自然冷却，其余的合金铸锭则可直接吊出放在空气中冷却。

第2篇

轧制原料加热工技能

第 1 章　加热工初级技能

1.1　生产准备

1.1.1　交接班

在任何企业的生产管理中，都会制定并执行交接班制度。交接班是指前一生产班次的人员以口头或书面记录的形式，将本班的生产状况、工艺执行、设备运转及现场卫生等方面的具体情况向后一生产班次交代清楚；后一生产班次则根据交接班了解前一班的生产进度、设备运行及产品质量状况，明确本班所生产产品的质量控制要点及其他的特殊技术要求，并根据这些情况制定出最优化的生产方案。

连续作业班组交接班实行当面口头交接和交接班记录相结合的形式；不连续作业班组应严格执行交接班记录制度。

加热工一般实行 24h 不间断作业，因此，班组之间的工作交接就显得非常重要。要做好工作交接，岗位必须清楚本岗位工作任务、工作职责和当班记录填写内容。

1.1.1.1　加热工工作内容

（1）严格执行工艺操作规程和生产作业卡片要求，确保加热工作质量。

（2）按熔次或批次进行出装炉作业，并整齐堆放坯料，确保生产安全。

（3）准确设定并控制加热工艺参数。

（4）认真记录加热生产过程的各种数据，做好生产原始记录的记载和保管工作。

（5）严格按照设备操作规程、安全技术操作规程的要求操作、维护设备。

（6）做好清洁生产和定置管理工作。

1.1.1.2　加热工工作交接

（1）工艺、生产交接。当班人员应对管理范围内的工艺、生产情况向接班人员交代清楚。工艺情况包括明显变化的工艺参数或工艺异常。生产情况则包括当班所生产的品种、数量、待处理产品量、废品量及废料处置等。

（2）设备交接。当班人员应严格按设备操作规程要求认真操作设备，对管辖范围内的设备状况负责，交班时应向接班人员交代本班生产中的设备运行情况。设备运行分为正常和异常两种状态，对于异常状态还应交代原因，如异常响声、异常气味、跑冒滴漏、外壳发烫、操作不灵敏及不动作等，并要交代是否进一步观察确认。

（3）现场卫生交接。生产现场的卫生状况体现着生产企业的综合管理水平和职工的精神面貌，同时也对安全生产、产品质量有着重要的影响。现场卫生不好，会污染产品表面，影响外观；还会带来安全隐患。因此当班人员应做好设备、地面、操作室的清洁卫生，对现场的物料进行定置管理，并在交班时交接清楚。

（4）工具交接。交接班时，工具、辅料应摆放整齐，无油污、无损坏、无遗失。

1.1.2　生产作业卡片和记录

1.1.2.1　生产作业卡片或任务单

生产作业卡片或任务单是由生产计划人员或技术人员，按产品的特性和用户的要求，规定产品的生产工艺流程路线及参数的书面文件，它上面详细注明了物料的牌号、批号、产品的规格、状态、工序、技术要求及产品缺陷等，生产人员在生产准备前必须仔细认真读懂。

1. 生产作业卡片或任务单的种类

一般而言，生产作业卡片或任务单均是以表格的形式存在。根据其记载的内容和与前后工序的关联度可分为单工序式和随加工坯料流转的生产随行式两大类，铸锭均匀化卡片、铸锭均匀化委托单都是单工序式作业卡片，而熔铸生产卡片、检查卡片为随行式卡片。对于记录有生产、加工信息的卡片一般记录内容较多，要求严格，并且为了便于质量追溯，规定了较长的保存期限，因此卡片的填写和识读通常需要进行专门的培训和指导。

2. 生产作业卡片或任务单的内容

加热生产作业卡片或任务单不可缺少的内容有：加热炉号－炉次号、装炉日期、合金及制品、熔次号、规格、温度、时间、作业过程、作业班次及人员等内容。表2-1-1为某工厂铸锭均匀化作业卡片。

表 2-1-1　某工厂铸锭均匀化作业卡片

铸锭均匀化作业卡片

计划者：______均热炉号____炉次号：______装炉日期：______年______月______日

<table>
<tr><td rowspan="2">合　金
及制品</td><td rowspan="2">炉　号
熔次号
铸锭号</td><td rowspan="2">规格</td><td colspan="2">加　热</td><td colspan="2">保　温</td><td rowspan="2">总均热
时间
（h）</td><td rowspan="2">金属温度
（h）</td></tr>
<tr><td>定温
（℃）</td><td>时间
（h）</td><td>定温
（℃）</td><td>时间
（h）</td></tr>
<tr><td></td><td></td><td></td><td></td><td></td><td></td><td></td><td></td><td></td></tr>
<tr><td colspan="4">装　炉　时　间</td><td colspan="5">出　炉　时　间</td></tr>
<tr><td colspan="4">日　时　分—　时　分</td><td colspan="5">日　时　分—　时　分</td></tr>
<tr><td colspan="2">班组：</td><td colspan="2">操作者：</td><td colspan="3">班组：</td><td colspan="2">操作者：</td></tr>
<tr><td colspan="3">升温开始时间</td><td colspan="3">保温开始时间</td><td colspan="3">保温结束时间</td></tr>
<tr><td colspan="3">日　时　分</td><td colspan="3">日　时　分</td><td colspan="3">日　时　分</td></tr>
<tr><td colspan="3">班组：</td><td colspan="3">班组：</td><td colspan="3">班组：</td></tr>
<tr><td colspan="3">操作者：</td><td colspan="3">操作者：</td><td colspan="3">操作者：</td></tr>
<tr><td colspan="9">备注：</td></tr>
</table>

3. 生产作业卡片或任务单的作用

(1) 明确本工序的作业内容、作业要求、作业程序等信息，便于操作工人根据生产作业卡片或任务单的要求，进行本工序生产作业所需的工具、设备和物料的准备，并按照作业内容和要求进行生产作业。

(2) 详细记录加热作业工作炉膛、操作人员、操作班组、作业时间、作业温度和作业结果等，为质量跟踪和质量管理提供准确、原始、可靠的数据。

1.1.2.2 原始记录填写要求

1. 记录的目的和作用

原始记录是生产过程中重要的工艺环节，其目的是为质量管理、分析、控制等提供准确、可靠的原始素材，当产品质量出现问题时能得到充分、准确的跟踪和追查，为工艺改进和质量的分析控制提供可靠的数据依据。

2. 填写的基本要求

(1) 原始记录的填写要求准确、完整、及时、字迹清楚。

(2) 卡片填写应做到有空必填，如果没有填写内容，应画“/”线。

(3) 填写出现错误不得涂抹、刮掉，应在更改的数据上画一道横线，然后将更改后的数据写在更改数据的附近。

(4) 原始记录上的任何记录、更改必须签上姓名和日期。

3. 填写分工

生产作业卡片由生产计划员下达、跟踪管理及保管，也可由生产计划员委托生产岗位根据生产委托单填写，谁填写谁签字。

生产岗位负责本工序生产作业卡片的填写、保管及交接。在卡片上用钢笔或签字笔如实填写工艺的执行及监控情况，并签字或盖章，不得遗漏。

生产作业卡片与坯料一起随生产工序流转，没有生产作业卡片或卡片填写不全，不允许转入下道工序。生产作业卡片一旦丢失，应立即通知相关部门，查明原因后，重补卡片，保证生产顺利进行。生产作业卡片一经下达，必须严格执行，不得擅自修改。

1.1.3 坯料识别

1.1.3.1 合金类别

1. 铝合金类别

目前，生产中使用的变形铝合金牌号主要有3种命名方法。一是采用汉语拼音字母加阿拉伯数字命名方法，即代号字头＋顺序号，把变形铝合金分为7类：纯铝(L)、防锈铝（LF)、锻铝（LD)、硬铝（LY)、超硬铝（LC)、特殊铝（LT)、钎焊铝（LQ）等；二是GB/T 16474—1996 变形铝及铝合金牌号表示方法，有四位字符体系牌号命名方法，牌号的第一位、第三位、第四位为阿拉伯数字，第二位为英文大写字母（C、I、L、N、O、P、Q、Z字母除外)，牌号的第一位数字表示铝及铝合金组别，按照加入的主要合金元素不同分为9大牌号系列，各合金组别分类标准如表2-1-2所示。牌号的第二位字母表示原始纯铝或铝合金的改型情况，最后两位数字标志同一组中不同的铝合金或表示铝的纯度；三是直接引用国际四位数字体系牌号命名方法，牌号四位均为阿拉伯数字，第一位表示组别，其含义与四位字符体系牌号命名方法相同；第二位表示改型情况，如果是0表示原始合金，如果是1～9表示改型合金，最后两位没有特殊意义，仅用来识别同一组中的不同合金。GB/T 3190—2008中合金牌号采用了四位字符体系或四位数字体系命名方法。

表2-1-2 变形铝合金牌号分类

合金系	组 别
1×××	纯铝（铝含量不小于99.00%）
2×××	以Cu为主要合金元素的铝合金
3×××	以Mn为主要合金元素的铝合金
4×××	以Si为主要合金元素的铝合金
5×××	以Mg为主要合金元素的铝合金
6×××	以Mg和Si为主要合金元素并以Mg_2Si相为强化相的铝合金
7×××	以Zn为主要合金元素的铝合金
8×××	以其他合金元素为主要合金元素的铝合金
9×××	备用合金组

2. 铜及铜合金类别

(1) 中国铜及铜合金类别

我国铜及铜合金通常分为紫铜、黄铜、青铜、白铜四大类。国家标准规定，加工铜及铜合金的牌号命名以“铜的种类代号、化学符号后的元素含量或顺序号”表示，其中，铜的种类代号取第一个汉字汉语拼音的第一个大写字母，“T”代表纯铜，“H”代表黄铜，“Q”代表青铜，“B”代表白铜。

1）紫铜根据氧含量和生产方法的不同分为：纯铜、无氧铜、脱氧铜。纯铜的牌号用汉语拼音“T”加顺序号表示，如T1、T2等，数字增大表示纯度降低；无氧铜以“TU”加顺序号表示，如TU0、TU1、TU2；“TUP”表示磷脱氧铜。

2）以锌为主要组元的铜合金称为黄铜。如果合金中只有铜和锌，则称普通黄铜或简单黄铜，合金牌号用汉语拼音“H”加数字表示，数字代表铜含量。如果合金中还有第三、第四组元则为特殊黄铜或复杂黄铜，用“H”加第三组元符号加数字表示，第一个数字表示铜含量，后面的数字分别表示第三、第四组元含量，数字间以“-”隔开。如HA159-3-2表示含59%Cu、3%Al和2%Ni的铝黄铜。如果是铸造黄铜，则在牌号前冠以“Z”。

3）青铜是将黄铜和白铜以外的铜合金都称为青铜。青铜牌号以“Q”加主要合金元素符号加主要合金元素成分加第三、第四……元素成分表示。如QSn6.5-

0.1表示含6.5%Sn和0.1%P，其余为铜的青铜。铸造合金则在牌号前冠以“Z”。

4）白铜是以镍为主要合金元素的铜合金。白铜牌号以“B”加镍含量表示，如果加入了其他元素，则用“B”加第三组元符号加镍含量加第三组元含量加第四组元含量表示。如BMn3-12表示含3%Ni和12%Mn的锰白铜。

部分铜及铜合金牌号分类如表2-1-3所示。

表2-1-3 部分铜及铜合金牌号分类

合金种类	组别	名称	牌号	名义成分
紫铜	纯铜	一号铜	T1	Cu99.95
		二号铜	T2	Cu99.90
		一号无氧铜	TU1	Cu99.97O：0.002
		二号无氧铜	TU2	Cu99.95O：0.003
	磷脱氧铜	一号脱氧铜	TP1	Cu99.90P0.01
		二号脱氧铜	TP2	Cu99.9P0.03
黄铜	普通黄铜	96黄铜	H96	Cu96Zn
		90黄铜	H90	Cu90Zn
	镍黄铜	56-3镍黄铜	HNi56-3	Cu56ZnNi2.5Al0.4Fe0.3
	铁黄铜	59-1-1铁黄铜	HFe59-1-1	Cu59ZnFeMn0.7Sn0.5Al0.3
	铅黄铜	63-3铅黄铜	HPb63-3	Cu63ZnPb2.7
	铝黄铜	59-3-2铝黄铜	Hal59-3-2	Cu59Al3Ni2
	锰黄铜	58-2锰黄铜	HMn58-2	Cu58ZnMn1.5
	锡黄铜	62-1锡黄铜	HSn62-1	Cu62ZnSn1
	砷黄铜	68黄铜	H68A	Cu68ZnAs0.05
	硅黄铜	80-3硅黄铜	HSi80-3	Cu80ZnSi3
青铜	锡青铜	4-3锡青铜	QSn4-3	CuSn4Zn3
	铝青铜	19-2铝青铜	QAl9-2	CuAl9Mn2
	铍青铜	2铍青铜	QBe2	Cu Be2
白铜	普通白铜	19白铜	B19	CuNi19
	铁白铜	3-12锰白铜	BMn3-12	CuNi3Mn12

（2）美国ASTM标准牌号表示方法

美国UNS编号制度（ASTM E527）规定，铜及铜合金均采用5位数字作为代号，表示为“C+×××××（五位数字）”，其中，加工铜为“C10000～C15999”，加工铜合金为“C16000～C79999”。这种代号系统是在过去3位数字代号的基础上，经美国材料与试验协会和美国机动工程师协会共同研究和发展而成的，并成为美国金属与合金统一数字代号制度（UNS）的构成部分。

美国加工铜及铜合金编号情况如表2-1-4所示。

表 2-1-4　美国加工铜及铜合金编号情况

分　类	UNS编号	分　类	UNS编号
铜	C10100～C15815	铜-磷和铜-银-磷合金（铜焊合金）	C55180～C55284
高铜合金	C16200～C19900	铜-铝合金（铝青铜）	C60800～C64210
铜-锌合金（黄铜）	C21000～C28000	铜-硅合金（硅青铜）	C64700～C66100
铜-锌-铅合金（铅黄铜）	C31200～C38500	其他铜-锌合金	C66300～C69710
铜-锌-锡合金（锡黄铜）	C40400～C48600	铜-镍合金	C70100～C72950
铜-锡-磷合金（磷青铜）	C50100～C52480	铜-镍-锌合金（镍银）	C73500～C79830
铜-锡-铅-磷合金（含铅磷青铜）	C53400～C54400	铸造铜合金	C80000～C90000

（3）日本JIS标准牌号的表示方法

日本铜及铜合金的牌号表示方法是参照美国铜业发展协会的牌号表示法制定的。根据日本工业标准JIS的规定，铜及铜合金加工产品代号用铜的英文（copper）的大写首个字母加4位数字表达，表示为“C+××××（四位数字）”，其表示方法与美国铜业发展协会的表示法大体一致。第一位数字为1～9，各数字的含义为：

1——纯铜及高铜含量合金；

2——Cu-Zn系合金；

3——Cu-Zn-Pb系合金；

4——Cu-Zn-Sn系合金；

5——Cu-Sn及Cu-Sn-Pb系合金；

6——Cu-Al、Cu-Si系合金及特殊Cu-Zn系合金；

7——Cu-Ni、Cu-Ni-Zn系合金；

8、9——待用合金。

1.1.3.2　坯料规格

坯料的统一规定：为了便于区别坯料在各生产阶段的状态，本书把轧制原料分为：

（1）铸锭，指铸造后尚未经过机加工的坯料，铸锭包括方铸锭（或扁铸锭、扁锭）和圆铸锭，圆铸锭又分为实心铸锭和空心铸锭；

（2）锭坯，指经过机加工的铸锭，包括方锭坯和圆锭坯，圆锭坯又分为实心圆锭坯和空心圆锭坯。生产中把轧制前的坯料统称为铸锭或铸块。

铸锭规格的选择应充分考虑工厂固有的设备能力、工艺条件、合金品种和生产组织等因素，遵循高质量、高效率、低成本的原则。一般而言，铸锭越厚、直径越大，则总变形量越大，越有利于提高最终产品的性能。

铸锭通常采用半连续铸造方法生产，也有少数企业采用连续铸造或锭模生产方式。

生产板带材的铸锭为长方形扁锭，断面呈圆弧形、梯形或直方形，如图 2-1-1 所示。规格是指坯料的几何尺寸，包括铸锭的厚度、宽度、长度，表示方法是厚度×宽度×长度，度量单位均为 mm。如图 2-1-2 所示，常见铝合金方铸锭规格如 340×1260×2500、400×1320×5250、480×1380×6000 等。中小厂铜合金方铸锭规格多选择(20～80)×(110～300)×(300～800)，大型厂铜合金方铸锭规格多选择(80～230)×(500～1060)×(900～8000)。坯料横截面尺寸（宽度和厚度）通常用加工后锭坯的名义尺寸表示。

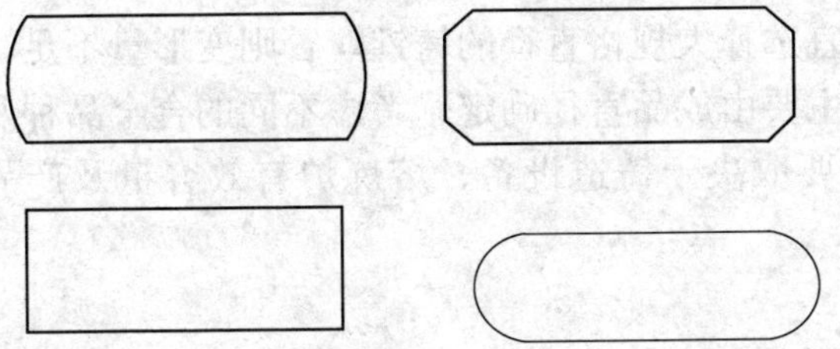

图 2-1-1 常见的 4 种形状方铸锭截面图

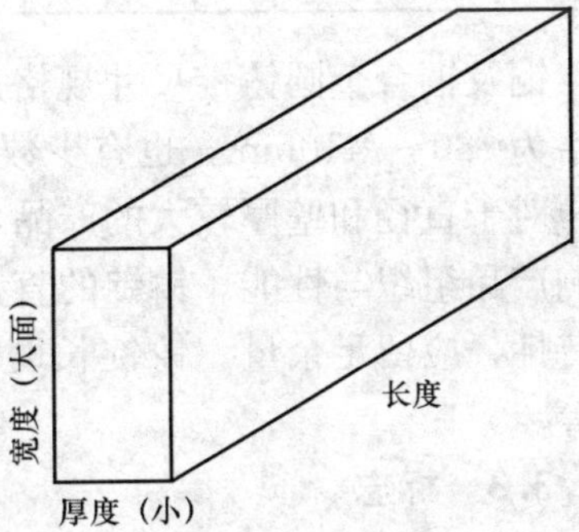

图 2-1-2 方铸锭立体图

厚度较大的产品，宜选择厚度较大的铸锭，否则变形量不足，将影响产品组织与性能。铸锭的宽度主要由成品宽度确定，考虑不同的合金品种及加工特性，应留足切边量。铸锭长度主要取决于轧制速度、辊道长度及铸造设备等。

圆铸锭的规格包括直径、长度、内孔直径等，实心铸锭的表示方法为直径×长度，空心铸锭的表示方法外径/内径×长度，图 2-1-3、图 2-1-4，表 2-1-5 所示为典型的圆铸锭规格。

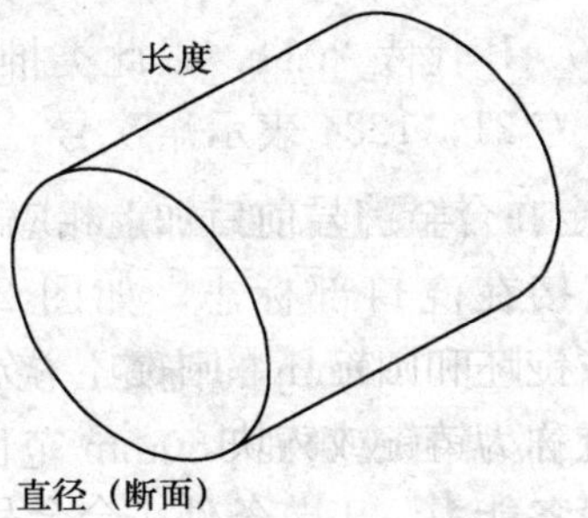

图 2-1-3 圆铸锭示意图

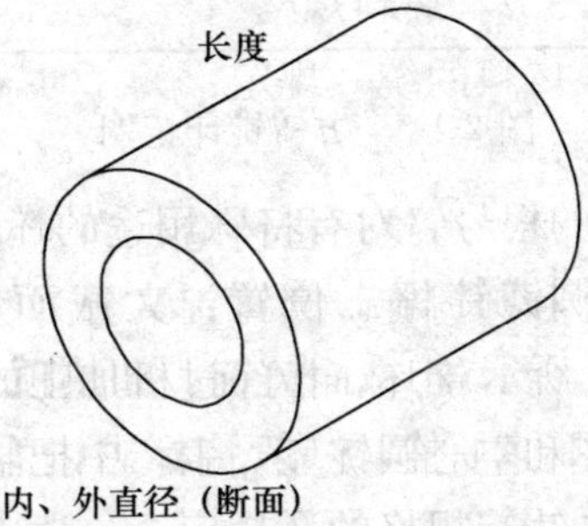

图 2-1-4 空心圆铸锭示意图

表 2-1-5　某铝加工厂典型的圆铸锭规格

合金	直径（外径）(mm)	内径（mm）	加工长度（mm）
2A12	ϕ162、ϕ192、ϕ250、ϕ360		450、550、600、650、700
	ϕ405、ϕ482、ϕ550、ϕ630		600、1000、1200、1400、1600
	ϕ224	ϕ103	450、550、600、650、700
	ϕ262	ϕ103、ϕ138	
	ϕ360	ϕ138、ϕ170	
	ϕ482	ϕ260、ϕ310	1100、1200、1400
	ϕ630	ϕ260、ϕ310	

铜及铜合金圆铸锭尺寸规格是由相匹配的管棒挤压设备能力决定的，常用铸锭规格为 ϕ80～ϕ410mm，也有少数企业生产规格小于或大于此范围。

对于直径和壁厚较大的产品，宜选择大规格直径的铸锭，否则变形量不足，将影响产品组织与性能。铸锭的直径主要由成品直径确定，考虑不同的合金品种及加工特性，应留足余量。铸锭长度主要取决于铸造设备、熔炼炉有效容量及产品要求等。

1.1.3.3　标志

1. 铸锭标志

方铸锭标志位置可以在浇口部或底部平面处。需要在立式炉均（加）热的铸锭，标志应在铸锭底部，立式炉装炉是以吊钳夹住底部、浇口部朝下方式装炉，为了方便看清铸锭标志，应将标志打在铸锭底部。其他情况一般在铸锭浇口部标志。

标志的内容通常包括合金牌号、年度代号、炉子编号、熔次号以及根号等，例如：

1100

921 1234 1

图 2-1-5　方铸锭印记图

图 2-1-5 中各数字和字母分别代表：1100 代表合金牌号，921 1234 1 中按顺序 9 表示 2009 年生产（2010 年起年代用英文字母表示，A 代表 2010、B 代表 2011，以此类推），21 表示生产机组为 21，1234 表示熔次号，1 表示铸造时的根号。对有特殊用途的坯料可按相关规定在合金牌号前后加上相应代号。

圆铸锭标志位置：大截面铸锭，一般直接在浇口部标志，如图 2-1-6、图 2-1-7 所示。小截面铸锭，如热顶铸造生产的直径小于 360mm 的铸锭，浇口部端面小也不够平整，一般将标志内容打在铸锭的底部端面或侧面 150mm 范围的圆周上，如图 2-1-8 所示。

2. 锭坯的标志

标志位置：一般在锭坯锯切端面的中间标志，或同时在锭坯侧面再次标志。

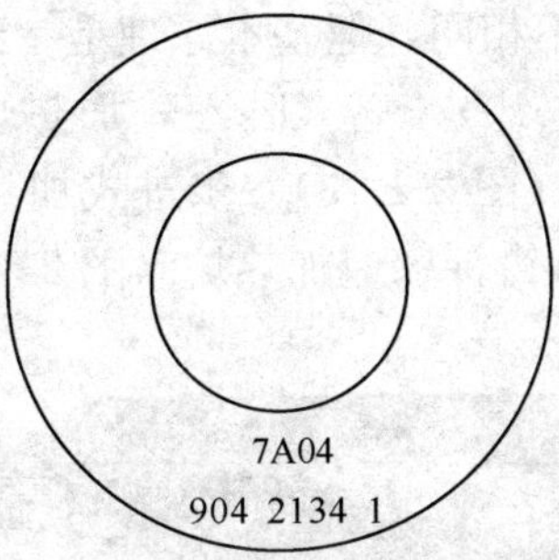

图 2-1-6　空心圆铸锭印记图

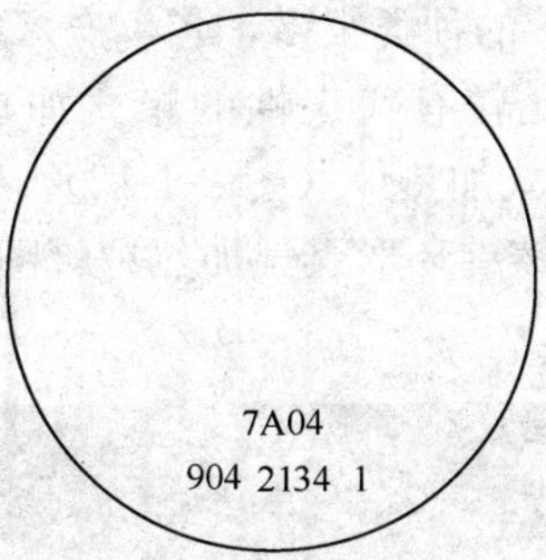

图 2-1-7　圆铸锭印记图

标志内容包括：合金牌号、年度代号、炉子编号、熔次号、根号以及坯料号。其中，合金牌号、年度代号、炉子编号、熔次号、根号应和铸锭标志一样。例如：

图 2-1-9 中各数字和字母依次分别代表：1100 代表合金牌号，2009 年年度号 9，炉号（机组号）21，熔次号 1234，根号（铸模编号）1，坯料号 1。对有特殊用途的锭坯可按相关规定在合金牌号前后加上相应代号。

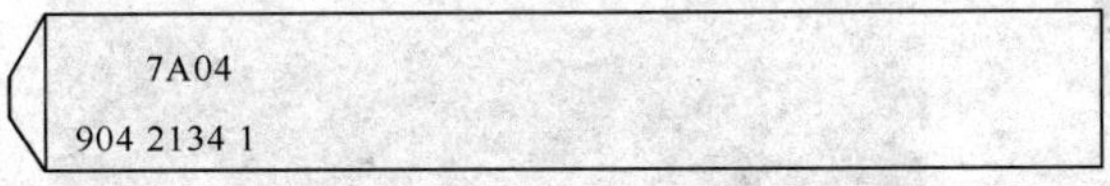

图 2-1-8　小圆锭标志

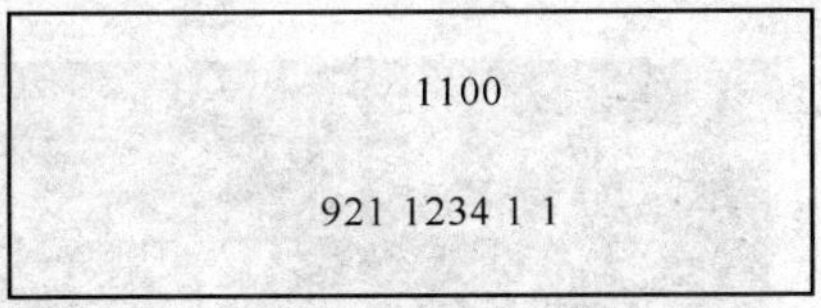

图 2-1-9　锭坯印记图

标志方式一般采用钢印打印、打印机打印、喷码标志以及记号笔标志等方法。

有些铜加工企业也通过端面涂色或其他方式来快速分辨合金牌号。

1.1.4　设备和工具

加热工生产中使用的设备主要是各种类型加热炉，使用的工具主要有各种吊具、加热辅助器具和坯料的转运工具等。

1.1.4.1　常用的加热设备

加热工序有四个：①铸锭机加工前加热或均热；②坯料轧制、挤压前加热；③半成品退火；④成品退火。轧制原料工的加热工序为前两个。

铸锭加热是铸锭机加工前为消除铸锭内应力而采用的一种热处理方法。铸锭均热的作用包括消除铸锭内部存在的残余应力和消除铸锭的化学成分、组织的不均匀性。坯料轧制、挤压前加热是为了使坯料具有足够的温度，提高了铸锭的塑性，改善其加工工艺性能，减小轧制变形抗力。

坯料加热设备包括铸锭机加工前加热使用的加热炉和锭坯轧制、挤压前的加热炉。

加热炉的种类很多，各生产厂家的配置也不相同，但基本原理是一致的。本书主要介绍比较有代表性的箱式加热炉（图 2-1-10）、立（卧）式加热炉（图 2-1-11）、推进式加热炉（图 2-1-12）、链式双膛炉（图 2-1-13）、步进式加热炉（图 2-1-14）、圆铸锭环形煤气加热炉（图 2-1-15）、圆铸锭感应加热炉（图 2-1-16）等。

图 2-1-10 箱式加热炉

图 2-1-11 立式加热炉

图 2-1-12 推进式加热炉

图 2-1-13 链式双膛加热炉

图 2-1-14 步进式加热炉

图 2-1-15 圆铸锭环形煤气加热炉

1.1.4.2 常用的吊具

图 2-1-16　圆铸锭工频感应加热炉

吊具是用来吊运坯料的工具，加热工常用吊具包括吊钳、钢丝绳、钢丝绳吊链、钢环吊链、圆铸锭专用料盘、圆铸锭专用夹钳等。

1. 吊钳

吊钳由具有专门生产资质的企业生产，符合国家《起重机械吊具与索具安全规程》（LD48）的要求。吊钳按照工作原理不同可分为液压式和机械式两大类。液压式吊钳其钳口开度可调节，因而适应性较高，一种规格吊钳可适用于多种规格铸锭，但造价高、体积大。机械式吊钳通常一台吊钳只能吊一定规格的铸锭，适应性较小，但价格便宜，使用较普遍。

机械式吊钳应按铸锭的规格选用，不能一钳多用，严禁将立式吊钳用于水平吊运，严禁用小规格的吊钳吊运大规格的铸锭，以防发生事故。部分机械式吊钳的使用范围见表 2-1-6。

表 2-1-6　部分吊钳吊运铸锭范围

序号	吊钳名称及规格	吊钳吊运范围（mm）
1	480×1260 立吊	（480—400）×1060—1260
2	480×1260 平吊	（480—400）×1150—1260
3	450×2060 立吊	450×1760—2060
4	450×2060 平吊	450×1760—2060
5	400×1320 立吊	400×1320
6	340×1260 立吊	340×1060—1260

加热工作业过程中常用的机械式吊钳分为方铸锭吊钳和圆铸锭吊钳。

方铸锭吊钳根据吊运物料对象可分为立式吊钳、水平吊钳、侧吊钳等，如图 2-1-17 所示。

(a)　(b)　(c)

图 2-1-17　方铸锭吊钳

(a) 立式吊钳；(b) 水平吊钳；(c) 侧吊钳

方铸锭吊钳规格：通常按照所吊运的铸锭的名义横截面尺寸来表示，如

400mm×1320mm 吊钳指的是专用于吊运 400mm×1320mm 规格铸锭。

吊钳标志：标明制造商、生产日期、有效期、规格及载荷量等。

圆铸锭吊钳根据吊运物料对象可分为立式吊钳、顶针式锭坯水平吊钳，两者间最大的区别在于立式吊钳为钳口式，锭坯水平吊钳为顶针式，如图 2-1-18 所示。

(a)　　(b)

图 2-1-18　圆铸锭吊钳

(a) 立式吊钳；(b) 顶针式水平吊钳

圆铸锭立式吊钳的规格：通常按照所吊运铸锭的直径尺寸来表示，如 ϕ482mm 吊钳指的是专用于吊运 ϕ482mm 规格铸锭或锭坯。而锭坯吊钳一般只根据铸锭长度区分，如 1400mm 吊钳指的是吊运长度为 1400mm 以内的锭坯。

吊钳标志：标明制造商、生产日期、有效期、规格及载荷量等。

2. 钢丝绳

钢丝绳是采用优质碳素钢经过冷拔加工和热处理等工艺制成钢丝，先将钢丝捻成绳股，然后将若干绳股绕着绳芯制成不同直径的钢丝绳，钢丝绳由一定数量的钢丝和绳芯经过捻制而成。钢丝是钢丝绳的最基本的强度单元，绳芯是被绳股所缠绕的挠性芯棒，起到支撑和固定绳股的作用，并可以储存润滑油，增加钢丝绳的挠性。钢丝绳的规格主要由直径和长度组成，如 ϕ13mm×7200mm。钢丝绳具有强度高、自重轻、工作平稳、不易骤然整根折断，工作可靠的优点，在物料吊运作业中，供提升、牵引、拉紧和承载之用。钢丝绳的制作必须符合国家安全标准。

3. 吊链

吊链有全由钢环连接的吊链和钢丝绳加钢环连接的吊链。钢丝绳加钢环的吊链由中间部分的铁链和两端的钢丝绳两部分组成。吊链吊运通常应用在高温情况下。

4. 圆锭料盘

料盘是由生产单位自制、强度符合安全标准的吊运工具，料盘是由托盘、钢丝绳、吊环组成，托盘、吊环均为 A3 钢，托盘是由 A3 钢钢板焊接而成，料盘适用于多根圆铸锭的吊运，每次吊运圆铸锭的根数是由铸锭规格决定。料盘是向挤压机加热炉装料台上料的主要工具。

5. 圆铸锭夹钳

圆铸锭夹钳是由生产单位自制、强度符合安全标准的吊运工具，材质为 45 钢锻件，主要用于吊运不适合其他吊具使用的铸锭，如热铸锭。圆铸锭夹钳每次仅限夹持一根铸锭，夹钳的规格即开口度大小，取决于铸锭直径的大小，与铸锭直径相匹配，但开口度略大于铸锭直径，便于平稳夹持铸锭，夹钳吊运的常见铸锭规格有ϕ195、ϕ245、ϕ295、ϕ360、ϕ410等。

1.1.4.3 常用的转运工具

工厂内常见的转运工具有桥式起重机、叉车、地平车、辊道和复合装卸料车等。

1. 桥式起重机

桥式起重机是桥架在高架轨道上运行的一种桥架型起重机，又称天车或行车(以下按习惯称天车)。天车的桥架沿铺设在厂房两侧高架上的轨道纵向运行，起重小车沿铺设在桥架上的轨道横向运行，构成一矩形的工作范围，可以充分利用桥架下面的空间吊运物料，不受地面设备的阻碍。

不同型号的天车，其参数范围是不同的。通用天车主要性能参数有：额定起重量、工作级别、起升高度、各机构的工作速度。额定起重量是天车允许起升物料的最大质量，连同天车取物装置质量的总和。天车取物装置的重量除吊钩以外，一般应包括抓斗、吊钳、吊具等。天车的工作级别，反映起重量、工作时间以及工作循环次数的工作特性。工作级别是天车设计的主要依据，也是安全检查、事故分析计算和零、部件报废判定的依据。根据天车的利用等级和载荷状况分为8个工作级别，是表明天车在工作时间内的繁忙程度和吊运重物时的满载程度的参数，用A1～A8表示，其中A1～A4为轻型，A5～A6为中型，A7为重型，A8为特重型。

普通天车一般由起重小车、桥架运行机构、桥架金属结构组成。起重小车又由起升机构、小车运行机构和小车架三部分组成。

2. 叉车

叉车是机械化装卸、堆垛和短距离运输的高效设备，具有高效率、低成本、使用灵活的特点，如图2-1-19所示。从事特殊作业的叉车，如搬运铝卷、铝液、夹取铝件等，需要安装专用属具来完成特殊功能。叉车的主要参数有承载能力、提升高度、行驶速度等。叉车操作必须经过专门培训，由获得驾驶资格的人员操作。通常叉车可以分为三大类：内燃叉车、电动叉车和仓储叉车。

3. 地平车

地平车用于固定区域的物料运输，通常用于厂房内不同跨度之间或衔接不同跨度桥式起重机间的运输，具有运输量大、安全性好、操作简单等特点。

图2-1-20是常用的KP系列电缆卷筒式电动地平车，电源电压380V，按供电方式可分为拖缆式、地沟滑线式、电缆卷筒式3种。拖缆式适用于靠墙或短距离行驶，地沟滑线式适用于环境温度较高地方行驶，电缆卷筒式适用于较长距离行驶，适用范围最广。

图 2-1-19　叉车

图 2-1-20　地平车

图 2-1-21　辊道

4. 转运辊道

图 2-1-21 是锯床上的一排转运辊道。它是由一排平行安装在一起的用电动机驱动转动的圆筒式辊子组成，用于坯料在加工或加热前后进出机列的转运。

辊道的传动形式有集体传动、单独传动、空转辊道 3 种。集体传动辊道是由一台电动机同时带动多根辊子转动，通常 4～10 根辊子。单独传动辊道是每个辊子或每 2 个辊子由一个单独的电动机带动。空转辊道的辊道平面多做成与水平面之间有一定斜度或辊道机架可倾翻一定角度，利用坯料重力作用而使辊道转动，达到输送的目的。

辊子由辊筒及主轴两部分组成，根据其用途及负荷大小不同，有以下 3 种类型：

（1）锻钢实心辊，这种辊制造容易，但造价高，一般不用；

（2）钢管或铸钢制的空心辊，它由空心铸钢辊筒或厚壁钢管及锻钢辊颈所组成。强度高，旋转力矩小，是一般辊道常用的辊子；

（3）铸铁空心辊，构造基本和铸钢辊一样，辊子柔性好，不容易损伤坯料表面。

5. 复合装卸料车

为箱式均热炉专门设计的复合装卸料车，用于均热前后物料进出均热炉的运输和装卸，在固定轨道上运行，通常和均热托架一起使用，可同时服务于一系列均热炉，如图 2-1-22 所示。

图 2-1-22　复合装卸料车

6. 叉式天车

为链式双膛炉专门设计的出料专用遥控式天车，用于将加热后的铸锭运输至热轧辊道，操作简单，运输距离短，可为多台链式双膛炉服务。

7. 推进式加热炉传送链条

为推进式加热炉进炉端设计、安装的独立的液压推缸系统，通过推动工字钢轨上的V型垫块，实现铸锭的装炉和出炉，它只能为一台推进炉服务。

1.1.4.4　辅助器具

铸锭加热用的垫具主要有箱式炉用托架、立式炉用的底座和隔料架以及推进式加热炉用的垫块等，这些垫具结构较为简单，也较耐用，要求是结构完整，没有严重变形即可。加热工常用的小型工具、器具的名称、用途、图示分别见表2-1-7、图2 1 23。

表2-1-7　常用的小型工具、器具及其用途

名　称	用　途
卷尺	测量长度
榔头	打印记、打飞边、取试样
錾子	与榔头合用清除毛刺、取试样
字头	打印标记
记号笔	对制品进行标志
扳手	安装、拆卸工具
钢丝钳	剪切金属丝
撬棍	撬动重物
垫块	保持铸锭稳定
电钻	测温时在铸锭上钻空
温度计	测量铸锭表面温度
炉钩	出装炉工具
锯弓	锯割金属

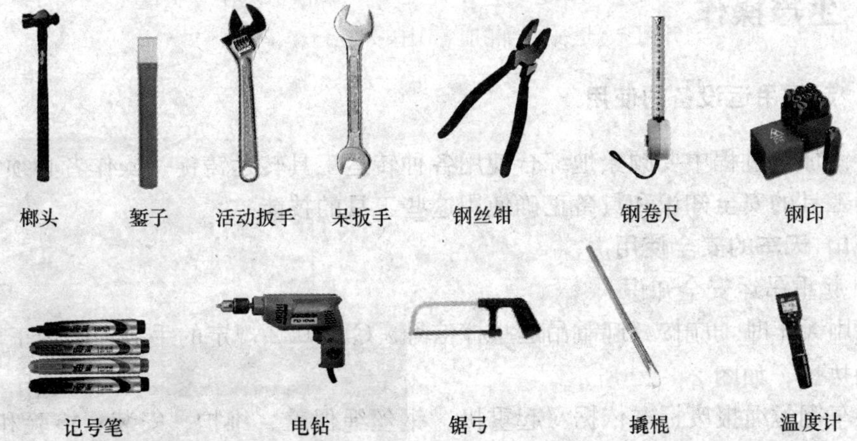

图2-1-23　常用的小型工具、器具

1.1.4.5　设备维护工具

1. 油杯

油杯有螺旋式油杯和针阀式油杯，如图2-1-24所示。螺旋式油杯装在机件上，内盛润滑脂，旋进螺盖，即可把润滑脂压入运动机件，使机件得到润滑。针阀式油杯通过向运动机件滴注润滑油进行润滑，通过透视管可观察、调节油杯的针阀位置，控制滴油速度。

2. 油枪

干油枪是用于向机件加入润滑脂的工具。它一般由油嘴、加油管、油筒、油盖及压入装置组成，如图2-1-25所示。

(a)　　(b)

图2-1-24　油杯
(a) 螺旋式油杯；(b) 针阀式油杯

图2-1-25　油枪

图2-1-26　油壶

3. 油壶

油壶用于加注机油。它有低压油壶和高压油壶两种，低压油壶用于一般的注入润滑，高压油壶可用于压力要求较高的轨道、轴承等润滑，如图2-1-26所示。

1.2　生产操作

1.2.1　起重吊运设备的使用

铸锭加热过程中要频繁地综合使用各种转运工具转运铸锭，操作者必须掌握有关转运工具的安全知识和具备正确使用这些工具的技能。

1.2.1.1　天车的安全使用

1. 起重吊运安全知识

使用天车时，应按《起重吊运指挥信号》GB 5082规定的手势和哨音正确指挥吊运。

天车钢丝绳报废标准依据《起重机　钢丝绳保养、维护、安装、检验和报废》GB5972规定。

多人共同吊运重物时，必须专人负责指挥，并佩戴明显的标记（袖标），以便天车操作人员识别；重物起吊前，挂吊人员必须通知附近人员离开吊物1.5m以外，然后起吊；严禁作业人员和重物一起吊运。

挂吊钢丝绳和各类吊具在使用前应严格检查，已达到报废标准的，严禁使用。所有吊具必须按其使用的起重负荷使用，严禁超负荷使用。

2. 挂吊钢丝绳的安全使用

使用的钢丝绳两根一组或四根一组，应该等长使用。吊运时钢丝绳不得有扭绞、打结现象。吊物时，同一根钢丝绳两头的绳间夹角不宜大于90°，起吊后，若重物不平衡，应落地重新捆扎（夹套），平衡后再吊运。吊运带有棱角的物品，必须在棱角处加衬垫木板或专用垫铁等，以防钢丝绳断裂，重物坠落。料箱、料架吊运前，必须检查料箱、料架的结构和挂吊钩的完好情况，有四个挂吊钩的必须用四根钢丝绳吊运，不准对角挂吊。钢丝绳允许负荷根据使用状态（如钢丝绳角度）有所差别，不能一概而论，企业应根据钢丝绳技术标准，结合生产实际情况制定出使用规定供操作者使用钢丝绳时参考。挂吊钢丝绳必须严格按照《起重机　钢丝绳保养、维护、安装、检验和报废》（GB 5972）进行检查后决定能否继续使用。

3. 吊钳的安全使用

吊钳应按坯料的规格选用，严禁将垂直吊钳用作水平吊运。吊钳在使用前应严格检查，检查内容包括：

（1）检查紧固螺栓和螺母是否松动、折断脱落。

（2）检查所有焊缝、吊环有无开裂。

（3）检查钳口和固定螺栓是否完好。

（4）检查销轴有无磨坏。

经检查确认吊钳正常后方可使用。凡有下列情况的吊钳，应予报废：

（1）力臂有断裂或严重变形，并无法修复与加固的。

（2）各焊缝（包括吊环）有较大裂纹，又无法修复与更换的。

（3）使用时间达十五年以上。

转运铸锭、锭坯用的吊钳、钢丝绳等，以不损伤物品外形和质量为原则，否则禁止使用。

4. 圆铸锭料盘的安全使用

圆铸锭料盘在使用前，应检查钢丝绳是否符合安全标准，焊接处是否脱焊，料盘及挂钩处是否变形，吊环是否磨损等。在使用时，料盘前端钢丝绳应略短于后端5～10mm，可保证铸锭在吊运过程中平稳而不会从料盘中脱落，在将装满铸锭的料盘落在料台上放料时，吊料人员应站在料盘侧面扶住料盘并指挥天车起落。

5. 铸锭挂吊安全知识

吊运物料必须按指定区域堆放整齐，不得将重物堆放在各类气瓶上、地沟盖板上或占用人行通道。

在直立吊运的铸锭下10m之内不准有人行走。在落放铸锭时，禁止用手触摸铸锭；加热前的硬合金方铸锭蕴藏着炸裂的危险，吊运、堆放时，必须小心，禁止在铸锭的两侧和上面行走、站立，若站在浇口部前，必须距离 2m 以外。

天车须缓慢落下，不准撞击。铸锭必须按一致的方向堆放在划定的区域内，其高度一般不得超过 3.5m。从铸锭堆放区吊出铸锭时，人不能站在铸锭之间或铸锭上面。

料筐、料架上的挂钩和挂环禁止补焊，挂钩表面出现裂纹、断口、永久变形以及磨损超过原尺寸 10%的情况应立即更换。

1.2.1.2　叉车的安全使用

(1) 操作者必须遵守叉车安全检查技术规程，熟悉叉车的性能和结构，掌握装卸货物的基本知识。

(2) 驾驶前，应检查各种零件有无损害（如刹车、喇叭、方向盘是否正常）检查油、水、排气管及其附件有无渗漏现象。不准操作者用湿手、油手开车。

(3) 叉车上严禁烟火，不准在门外或货叉上站人，不得载人行驶。

(4) 在良好路面上行驶，承载量不得超过叉车的额定承载能力，在较差路段上作业，承载量应适当降低，且慢速行驶。

(5) 转弯不得过急，防止“自由转弯”的倾向；上下坡应缓慢而均速运行，不得在坡道上转弯。行驶中遇到前面有人应在 5m 以外发出信号，厂区内行驶速度不得超过 10km/h，厂房内行驶不得超过 3km/h。

(6) 在装卸货物时，起重架下绝对禁止站人。两货叉应平均承载的重量，行车时坯料低点离地面应在 300～400mm，不得踩急刹车。

(7) 严禁停车后让发动机空转而无人看管，不允许驾驶员离开驾驶位置而将货物吊于高空中。

(8) 工作时发现有故障应立即停车检查，不得继续作业。搬运大体积货物时，应倒车低速行驶。

1.2.1.3　地平车的安全使用

地平车由操作工人自行操作。

使用地平车前应观察轨道上及周围有无妨碍运行的障碍物，动力电缆不能破损裸露，并确保电缆不受车轮碾轧。动力滑线和滑块接触必须良好，行程开关可靠，电缆槽或电源沟（滑线沟）内不得有积水和金属杂物，电源沟上盖板应盖好并保持平整，轨端限位挡铁必须齐全、牢固、醒目。

装、卸物料时，不准任何人站在地平车轨道之内，防止吊物时带动地平车前后移动造成压伤。无论地平车上是否装有物料，都不准人员乘车过跨。地平车应在醒目位置标注限重吨位，不允许超载运行。地平车行至终端时应提前停车，如车不到位，再点动一下即可，但不宜频繁点动，更不允许用打倒车的办法来急停车。行车中，注意电缆线的收放情况，如收线过紧，应立即停车，断电后处理。运行中如出现异常情况，或有不正常声响，应立即停车处理。工作结束后，将车停在不妨碍其他工作的地方。

1.2.1.4　辊道的安全使用

辊道一般由操作工人在操作台前操作。

操作辊道前，应确保辊道减速箱有足够润滑油，轴承、齿轮润滑良好，辊道电机及防护装置应完好，辊道上无障碍物和作业人员。

辊道控制应根据安全作业要求设置必要的装置，防止作业人员误操作造成设备或人身事故。

辊道开动时，不准任何人站在辊道的两端、上面以及跨越、穿越辊道，防止挤伤、绞伤、摔伤等事故发生，辊道将铸锭运送到终端时应提前停车，防止撞击。运行中如出现异常情况应立即停车处理。

操作者在吊运铸锭、锭坯上、下辊道时，防止撞击损坏辊道。

1.2.1.5　复合装卸料车的安全使用

使用复合装卸料车前，应观察轨道运行方向上无妨碍运行的障碍物，主电缆卷筒和控制电缆卷筒卷缆正常，定位碰块接近开关完整好用，大车行程开关和挡铁装置可靠，电缆槽或电源沟（滑线沟）内无积水和金属杂物，电源沟上盖板应盖好并保持整齐；轨端限位挡铁必须齐全、牢固；随时注意小车对轨是否准确，没有对准，不得进行下个动作。运行中应切实注意人身、设备安全，运行方向不得有人，操作者不得离开操作台。灼热物件严禁在料车上冷却，应及时转运到储料台上。运行电机或减速机等有不正常响声，应停车检查处理。工作结束后，料车应停到规定的零位。

1.2.1.6　叉式天车的安全使用

作业前，应详细检查叉式天车控制按钮，确认完好、安全。开车前进行空负荷试车，确认天车上、下、前进、后退工作正常。

作业中，链式双膛炉出料必须等运输链条运输的铸锭停止后，方可启动叉式吊车对铸锭进行吊运。当热轧辊道上的料在运行时，叉子严禁接触或靠近辊道，吊的铸块未放到辊道上之前，操作人员不能离开叉式吊车。叉式吊车将铸块放在辊道上，等辊道运走铸块后，才允许把叉子升到超过辊道位置，开动大小车，把叉子停放在炉前。叉式吊车工作时，周围1m内不准站立无关人员。

1.2.1.7　辊道的安全使用

辊道一般由操作工人在操作台前操作。

操作辊道前，应确保辊道减速箱有足够润滑油，轴承、齿轮润滑良好，辊道电机及防护装置应完好，辊道上无障碍物和作业人员。

辊道控制应根据安全作业要求设置必要的装置，防止作业人员误操作造成设备或人身事故。

辊道开动时，不准任何人站在辊道的两端、上面以及跨越、穿越辊道，防止挤伤、绞伤、摔伤等事故发生，辊道将铸锭运送到终端时应提前停车，防止撞击。运行中如出现异常情况应立即停车处理。

操作者在吊运铸锭、锭坯上、下辊道时，防止撞击损坏辊道。

1.2.2 铸锭堆放和转运

1.2.2.1 铸锭堆放

加热后的铸锭应分开堆放，堆放时应留出一定的间距，地面应铺设轨道，便于铸锭冷却，并且方便转运和检查。堆放处不得有易燃易爆物品，同时还应设置警示标志，防止人员烫伤。铸锭冷却后，不需机加工的铸锭应重新吊运，按熔次并以一致的方向整齐堆放在规定的区域内，堆放高度须符合有关安全要求，方铸锭原则上高度不超过3.5m。大规格圆铸锭堆放时应避免滚动，小规格圆锭坯料应装筐整齐摆放。堆放区地面不能有油污、积水、碎屑、硬杂物等。

对不合格铸锭应整齐堆放在不合格品区，不合格品必须与成品隔离存放并有明显标记。

1.2.2.2 铸锭转运

加热后的铸锭应在料场自然冷却或风冷至100℃以下才进行转运，转运时操作人员应观察周围环境，保持安全距离，使用钢丝绳吊运，尽量使用铁钩操作，避免烫伤、挤伤。

铸锭转运的运输车辆、地平车必须干净，无油污、尘土、碎屑、硬杂物。使用的吊钳、钢丝绳、料筐等必须符合安全操作规程，使用前对吊具须认真检查，不允许超负荷使用。吊运铸锭用的吊钳、钢丝绳等，应以不损伤物品外形和质量为原则，水平吊运过程中倾斜度不得大于15°，轻吊轻放，防止磕碰伤表面。多根圆铸锭一起转运前，铸锭应摆放整齐、长短基本相同，当吊运、运输多根较长的小圆锭时，应将铸锭装入料架中防止滚动，但吊运时钢丝绳不得直接挂在料架挂钩上，而应将小圆锭与料架同时兜入，防止铸锭滑落和挂钩断裂造成事故。使用叉车转运时，铸锭必须摆放整齐，每垛最高不超过1.2m，垛间距不小于1m，并以叉车托盘的宽度决定铸锭的堆放方式和转运量。

铸锭转运过程中的所有原始记录必须认真填写，并按要求妥善保管。

1.2.3 加热设备的操作

铝及铝合金铸锭加热，通常是在带有强制空气循环的电阻加热炉或天然气加热炉内进行。天然气加热炉加热速度快、温度均匀，有利于现代化连续性大生产。

铜及铜合金锭坯热轧前和热挤压前的加热设备应根据金属工艺性质、生产能力、加热温度和金属锭坯尺寸的大小等来选择加热设备和加热炉的类型。扁锭坯按加热方式可分为：燃气炉、电阻炉。绝大多数铜合金锭坯可采用燃气炉加热，如步进式加热炉，加热速度快、温度均匀，适合连续批量化生产，但个别对燃气成分有特殊要求的合金则需采用电阻炉加热。圆锭坯按加热方式可以分为：重油炉、煤气炉、感应加热炉等，重油加热炉与煤气炉的区别在于它们使用的燃料不同，加热炉的主体结构并没有太大差别，目前使用比较广泛的是煤气炉和感应加热炉，感应加热炉一般是工频和中频两种形式。

1.2.3.1 箱式加热炉的操作

1. 开炉前的检查和准备工作

（1）检查带电部位的绝缘电阻，加热器如有受潮，安装前必须进行干燥。

（2）检查炉门开启、升降是否灵活，安全销能否正常工作，炉门关闭是否严密。

（3）电热元件的出线是否连接正确，接触线夹是否夹紧。

（4）连接线及导电杆是否触及炉体各部件。

（5）炉子热态下再次检查接触线夹的夹紧情况。

（6）加热元件进出线与炉体绝缘电阻不小于0.5MΩ。

（7）炉子检查完毕后合上低压配电屏，再开启水源及气源阀门。

（8）检查各电位差计、热电偶及控温仪表是否完好，检查报警及监视系统是否正常。

（9）送电后应检查电机声音是否正常，电流指示及电器工作情况，如有问题应及时停电处理后再使用。

2. 开炉程序

（1）打开炉门冷却循环水和风机轴承冷却循环水进出水手动阀门。

（2）打开压缩空气各手动阀门。

（3）合上模块系统控制电源开关，指示灯亮。

（4）合上各动作信号控制回路电源开关。

（5）控制方式（自动和手动）转换开关打在自动工作制上，指示灯亮。

（6）合上炉门升降电机自动开关。

（7）在数字显示仪上设定炉膛温度和报警温度，在计算机上输入炉子控制温度，逐个启动每区的风机，待所有风机稳定运行后，再依次启动每区加热器，按规定加热温度进行升温。

3. 停炉程序

（1）各操作手柄置于零位。

（2）关好炉门使炉子慢慢降温。

（3）通知电工关闭电磁站有关电气开关。

（4）关上各相应风路、水路手动阀门。

1.2.3.2 立式加热炉的操作

1. 开炉前的检查和准备工作

（1）检查所有电器及电缆等绝缘情况。

（2）检查各种保护继电装置是否完好，动作是否灵活，可靠。

(3) 检查各电位差计、热电偶及控温电脑、仪表是否完好，检查报警及监视系统是否正常。

(4) 检查风机是否正常转动，通风管路是否畅通。

2. 开炉程序

(1) 盖好炉盖。

(2) 在控制电脑上设定升温温度参数和保温温度参数。

(3) 在无纸记录仪上设定报警温度参数

(4) 在控制电脑上点击“启动”程序，加热炉按程序先启动风机，后启动加热器，各区加热器指示灯亮。

(5) 送电后应全面检查电机运行情况，声音是否正常，电流指示及电器工作情况，如有问题应及时停电处理后再使用。

3. 停炉操作

(1) 在控制电脑上点击“停炉”程序。

(2) 将炉内炉料全部吊出。

(3) 如果没有检修计划，应盖好炉盖，使炉子慢慢降温。

(3) 停电磁站各有关电气开关，根据负荷情况停有关变压器。

1.2.3.3 推进式加热炉的操作

1. 开炉前的检查和准备工作

(1) 确认设备现场及炉膛内、炉顶上无人作业。

(2) 确认炉膛、烧嘴、导流板、炉门、链条及翻锭机等完好。

(3) 送压缩空气（压缩空气压力应保持在0.40～0.60MPa）；向风机、炉门、液压站送冷却水（冷却水压力不低于0.15MPa且水流通畅），检查各回水管口水量是否正常。

(4) 接通推进炉电源。

(5) 接通推进炉仪表电源。

(6) 将超温仪表回零位，再设定炉子最高温度的保护值。

(7) 按主控制继电器复位按钮，使主控制继电器复位。

2. 开炉程序

(1) 按燃烧风机启动按钮、排烟风机启动按钮、循环风机启动按钮启动各风机，注意把握好间隔时间。

(2) 转动程序开关到手动。

(3) 打开两端外炉门。此时，吹洗继电器通电，各区燃烧空气阀电机全通电，打开全部空气蝶阀，此时空气大量吹入炉膛内将炉内废气排尽。

(4) 当全部燃烧空气阀打开到最大位置，洗炉开始，一般洗炉5min左右。洗炉完成后，全部燃烧空气阀转入低燃烧位置。

(5) 手动打开炉前总安全截止阀，按加热按钮，各区烧嘴点火开始，点火15s

后如仍有烧嘴未燃，则重新点火。

（6）手动关闭两端外炉门。

（7）转动程序开关到自动位置。

（8）炉子将加热到设定的温度，如果尚未装料，可即刻开始向炉内装料。

（9）当炉内最后一个区的铸锭已经加热到工艺要求的温度时，可以在轧机要求下进行出炉。出炉时要先将相应的液压泵启动好，检查液压系统和压力正常后，按“出炉”按钮，设备将根据事先安排好的程序进行出炉及装炉动作。

3. 停炉操作

（1）确认炉内铸锭已经出完。

（2）按加热停止按钮，关闭安全截止阀，炉子停止燃烧和加热。

（3）确认各部分是否处于检修位置。如果不是，要手动操作相应装置使之停于检修位置。

（4）当炉温降到 300℃以下后停循环风机。当温度小于 200℃时，可以打开炉门，还可以用轴流风机辅助降温，以加快炉膛内冷却。炉膛温度大于 200℃时，不宜打开炉门，防止高温烤坏炉门前的电气线路、检测元件以及损坏循环风机轴承或风叶。

（5）关闭全部炉门。停液压泵、循环风机、燃烧风机、排烟风机及其他各部分电源。

1.2.3.4　双膛加热炉的操作

1. 开炉前的检查和准备工作

（1）确认炉膛内、传动机构、电气接线部位、电气控制柜处无人作业。

（2）检查链轮传动减速机、前后炉口减速机润滑油的油位。

（3）干油杯内干油量应充足。

（4）检查炉底链条托辊等机构是否正常。

（5）检查炉门传动减速机开式大齿轮与小齿轮啮合是否正常。

（6）检查各传动装置中有联轴节部位的安全罩是否齐全可靠。

（7）检查各紧固件的紧固状态。

（8）检查电机周围不允许有杂物放置，保护罩完好，传动马达前不得有人工作。

（9）检查炉内各区炉丝位置是否正常、是否下垂过多，各区炉丝接线柱是否牢固，各区炉丝是否有接地现象。

2. 开炉程序

（1）根据需要让变电工送上供电变压器。

（2）合上变压器二次隔离刀闸，再合上该炉子各区主回路电源空气开关。

（3）在炉子对应的调功柜内，合上调功柜冷却风机电源开关。

（4）合上炉子链条电机开关、炉门电机开关、直流稳压电源开关、仪表电源开关，最后合上操作回路电源开关。

（5）合上 PLC 控制柜内各个空气开关。

（6）合上上位机主机电源开关、显示器电源开关。

（7）上位机自动进入双膛炉动态工作画面。

（8）向炉内按生产计划卡片装满铸锭，然后关闭炉门。

（9）在双膛炉动态工作画面上，按生产卡片要求设定炉子各区加热温度，再点击画面上“开始生产”按钮，炉子开始进行定温加热。

（10）双膛炉送电过程中出现故障或事故，立即采取措施切断电源，根据现象认真分析，查明原因排除障碍或事故后方可再次送电，不允许采取临时措施。

3. 停炉操作

（1）在上位机上进行停电操作，将计算机显示界面上的模拟停送电“手柄”拉下来，炉子停止加热。

（2）打开前后两个炉门。

（3）通知维护人员停操作回路和主回路电源。如果不是检修停电，可以不停主回路电源，但是，当发现炉丝有接地现象时，即使是临时停电也要找维修人员停主回路电源，否则会使铸锭过烧。

（4）采用轴流风机向炉门内吹风，以加快冷却，方便检修。

1.2.3.5 步进式加热炉的操作

1. 开炉前的检查和准备工作

（1）清除装卸料轨道、小车、对中及周围的障碍物，并认真检查设备能否正常运转。

（2）打开装、卸料辊的冷却水，并使水量能满足要求。

（3）检查冷却水及压缩空气是否正常。

（4）检查炉底密封水、液压泵站水冷情况是否正常。

（5）将炉子上煤气、空气的各种阀门放置正确位置。

（6）观察煤气、空气的压力是否符合要求。

（7）装炉前的铸锭，按铸锭检查标准进行检查，并将铸锭表面的油污、灰尘、金属屑等除去。

（8）启动液压站各运动机构。

2. 开炉程序

（1）点火前应打开所有炉门及观察孔。

（2）助燃空气风机出口管上的蝶阀及各区助燃空气和液化气管上入口阀门应处于常闭状态。

（3）开煤气总阀，关闭净化器及流量计的旁通阀，调好煤气净化器水量，调配好煤气流量。如因故不用净化器、流量计，则关闭相应的出、入口阀门，并打开旁通阀。

（4）调整放散阀开度。

（5）打开点火区入口的煤气阀门及分区放散阀。

（6）检查混合器的空气调节环，并打开下部阀门后，即可按点火步骤进行电点火操作。

（7）全部烧嘴点着后，点火烧嘴即可熄灭。

（8）关闭混合器下部的阀门及通路上的阀门（煤气、水），打开放散阀。

（9）点火时应保持炉子周围空气流通，防止煤气聚集。

（10）点火成功后关闭炉门和周围观察孔。

3. 停炉操作

（1）关闭烧嘴手动煤气阀、空气阀及主管煤气阀。

（2）关闭排烟阀。

（3）停风机、停泵站。

（4）炉内辊道停止运转，停冷却水。

（5）切断电源。

（6）检查设备各部位，应停在规定位置或处于正常状态。

1.2.3.6　圆锭环形煤气加热炉的操作

1. 开炉前的检查和准备工作

（1）对设备外观进行检查，各部位应完整正常，运动部位没有障碍物。

（2）对装料台、翻转机、推锭机、装出料小车和炉门炉底回转机构进行检查和润滑，装出料机构和炉底回转机构等制动器应灵敏好用。

（3）检查和紧固各连接部件，各管道系统畅通连接应紧固，密封良好、无松动和泄漏现象。

（4）检查所有安全和控制装置是否完好可靠。

（5）打开压缩空气闸阀和装出料杆冷却水闸阀，调好流量，并检查是否畅通。

（6）经检查确认一切正常后，可开动设备进行空试3～5次，并注意观察各机构的运转情况是否正常。

2. 开炉程序

（1）合上压力控制柜电源，检查压缩空气压力是否满足要求，检查炉压显示值是否在“零位”。

（2）启动风机，待风管压力大于2500Pa时将风压操作器开到自动档。

（3）先开煤气管手动闸阀，再开煤气紧急关闭阀，待煤气管内煤气检验合格后（约12～20分钟）开炉点火。开炉点火操作有两种方式：

① 温度控制点火

将温度控制柜上的每个“小火”万能转换开关打到“手动”档，即可分别对每个烧嘴进行点火操作。

② 计算机点火

将温度控制柜上的每个“小火”万能转换开关打到“自动”档，用鼠标对计算机显示屏的烧嘴点火按钮进行点火。烧嘴点火应逐个进行，每点一个烧嘴需间隔5秒以上。如果某个烧嘴出现熄火报警，则应重新点火。若某个烧嘴反复点火三次仍失败，则应到现场检查并处理。

3. 停炉操作

(1) 停炉时关闭烧嘴，关闭烧嘴有两种方式：

① 温度控制关闭烧嘴

将“大火”万能转换开关打到“停止”档，即可关闭烧嘴大火；将“小火”万能转换开关打到“停止”档，即可关闭烧嘴小火。

② 计算机关闭烧嘴

用鼠标在计算机显示屏上关闭各烧嘴，然后退至主菜单并关闭计算机。

(2) 停炉前应把各机构停于原始位置（装出料小车停于离开炉子位置，料杆升起，夹钳张开）。

(3) 停炉8h以上应关闭压缩空气和冷却水总阀门，切断电源，炉内温度没有降至常温时不得中断有关冷却水。

1.2.3.7 圆锭工频感应加热炉的操作

1. 开炉前的检查和准备工作

(1) 检查加热系统是否与铸锭相符。

(2) 检查线圈是否清洁。

(3) 检测高温计检测是否正常。

(4) 检查处理螺栓有无松动。

(5) 检查变压器是否有足够的油，是否有漏油现象，并保持绝缘和冷却。

(6) 检查各润滑点是否润滑。

(7) 开启冷却水阀，并检查冷却水是否畅通、水压是否正常。

(8) 合理调整补偿电容、平衡电容和变压器档次，使加热功率为1000～1100kW功率因数±0.95，并确认各仪表指针在正常范围内，方可进行铸锭加热。

2. 开炉程序

(1) 启动冷却水阀。

(2) 启动操作电源。

(3) 打开显示屏故障栏消除故障。

(4) 启动低压泵，启动高压电。

(5) 启动加热炉进行加热。

(6) 铸锭在加热炉开始加热时，应用加热过的相同规格、牌号的废铸锭装炉加热，当形成温度阶梯后，把这些废铸锭推出炉外的料箱内。

(7) 加热炉温度达到所要求的温度时，把选择开关打到“装炉”的位置，按下“自动”按钮，此时加热炉自动向炉内装炉，炉子装满后，选择开关打到“正常”

位置上等待出炉。

3. 停炉操作

（1）断开高压电源，并推出炉内铸锭。

（2）断开液压泵站电源。

（3）断开冷却水塔风机电源。

（4）若充有氮气，要关闭氮气阀门。

（5）当炉子完全冷却后，断开冷却水泵电源。

1.2.4　加热炉常用仪器、仪表

1.2.4.1　温度检测仪表

温度不能直接测量，只能借助于冷热不同的物体之间的热交换以及物体的某种物理性质随着冷热程度不同而变化的特性来加以间接测量。根据传感器的测温方式，温度基本测量方法通常可分为接触式和非接触式两大类。热电偶是铸锭加热过程中使用最普遍、最广泛的接触式温度测量元件。

1. 热电偶

热电偶具有结构简单、制作方便、测量范围宽、准确度高和热惯性小等各种优点。它既可以用于流体温度测量 也可以用于固体温度测量，既可以检测静态温度也可以检测动态温度，且直接输出电流电压信号，便于测量、信号传输、自动记录和控制等。图 2-1-27、图 2-1-28 是常见的热电偶系列。

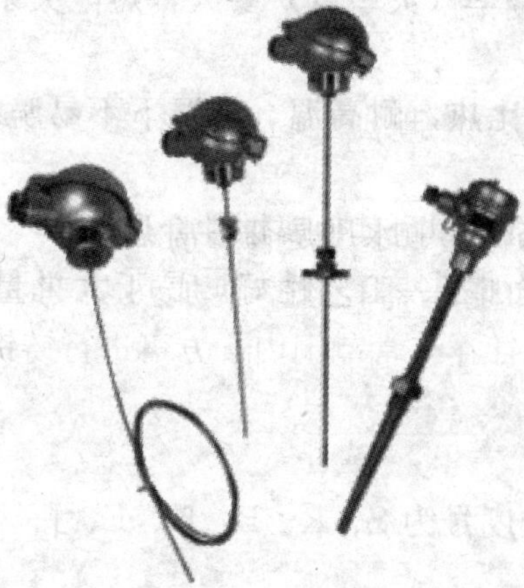

图 2-1-27　WR 铠装热电偶系列

图 2-1-28　WR 装配热电偶系列

（1）热电偶结构

普通工业用热电偶由感温元件、绝缘管、保护管、接线盒和连接导线（补偿导线）等五部分组成的，如图 2-1-29 所示。热电极的直径一般为 0.35～3.2mm，其长度主要取决于热端插入测温部位的深度。绝缘管由高铝陶瓷制成，截面形状有圆

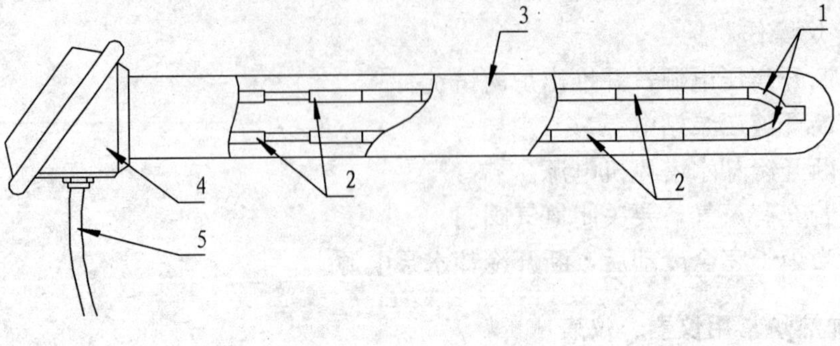

图 2-1-29　热电偶结构图

1—热电极；2—绝缘套管；3—保护套管；4—接线盒；5—连接导线（补偿导线）

形、椭圆形以及单孔、双孔和四孔之分。它的作用是防止两根热电极短路。保护管起保护热电偶免遭腐蚀并提高热电偶强度的作用。

(2) 热电偶的材料及分类

热电势的大小不仅与温差有关，而且还与组成热电偶的材料有关，不同材料制成的热电偶产生的热电势的大小也不同，因此不同热电偶都有各自的电势与温度对应表。热电势的大小不受热电极的长短与粗细的影响，所以当热电偶的材料确定、自由端的温度确定，热电势的大小与工作端温度成正比。

热电极材料需具有以下性能：

1）优良的热电特性，即热电势及热电势率（灵敏度）要大，热电关系接近单值线性或近似线性，热电性能稳定；

2）良好的物理性能，即高电导率，小比热，耐高温、低温下不易脆断，高、低温下不发生再结晶等；

3）优良的化学性能，如抗氧化、抗还原性和耐其他腐蚀性介质等；

4）优良的机械性能，易于提纯和机械加工、工艺性好，易于大批量生产和复制；

5）足够的机械强度和长的使用寿命；

6）制造成本低，价值比较便宜。

热电偶根据材料不同共分为七种，其分度号为S、R、B、K、E、J、T。我国采用了除R类外的另外六种。

(3) 加热炉常用热电偶——铠装热电偶

铠装热电偶又名套管热电偶。它是由热电偶丝、绝缘材料和金属（不锈钢或铜）外套管三者组合逐步拉制而成，具有可自由弯曲、使用范围广、反应速度快（可以毫秒计）、耐压、耐冲击等特点，适用于贯通式炉、转底式炉内移动工件的温度测量及可控气氛炉、真空热处理炉和狭小管道的温度测量等。同时这种热电偶测量端热容量小，所以对热容量小的被测物体也能较精确地测量温度。铠装热电偶测量端的结构有露端型、接壳型和绝缘型三种。

不同套管材料的铠装热电偶及其使用温度见表2-1-8。

表2-1-8 不同套管材料的铠装热电偶及其使用温度

金属套管材料	金属套管外径（mm）							
	1.0	1.5	2.0	3.0	4.0	5.0	6.0	8.0
	使用温度（℃）							
不锈钢（H62）	200	250	300	300	350	350	400	400
不锈钢（1Cr18Ni9Ti）	500	500	550	600	600	700	700	800
不锈钢（1Cr18Ni9Nb）	600	650	700	700	800	800	900	900
高温合金（Cr25Ni20）	650	700	750	800	900	950	1000	1000
镍基高温合金（GH3030）	700	800	850	900	1000	1100	1100	1150
镍基高温合金（GH3039）	850	900	1000	1100	1100	1150	1200	1200

为了保证热电偶正常工作，对其结构提出如下要求：

1）测量端的焊接要牢固。

2）热电极间必须有良好的绝缘。

3）参比端与导线的连接要方便、可靠。

4）用于对热电极有害介质测量时，须采用保护管，将有害介质隔开。

铠装热电偶的主要优点是：

1）测量范围宽，铠装热电偶规格多，品种齐全，适合于各种测量场合，在－200～1600℃温度范围内均能使用。

2）响应速度快，与装配式热电偶相比，因为外径细、热容量小，故微小的温度变化也能迅速反应，尤其是微细铠装热电偶更为明显。

3）挠性好、安装使用方便，铠装热电偶可挠成圈存放、运输和安装，并可在多处位置弯曲。

4）使用寿命长，普通热电偶易引起热电偶劣化、断线等事故，而铠装热电偶用氧化镁绝缘，气密性好，致密度高，寿命长。

5）机械强度、耐压性能好，在有强烈震动、低温、高温、腐蚀性强等恶劣条件下均能安全使用，铠装热电偶最高可承受36kN/cm^{2}的压力。

6）铠装热电偶外径尺寸范围宽，铠装热电偶材料的外径范围0.25～8mm，特殊要求时可提供直径达12mm的产品。

7）铠装热电偶的长度可以做得很长，铠装热电偶材料的最大长度可达500m。

2. 毫伏计

毫伏计是常用的温度显示调节仪表。

XCT系列毫伏计外形见图2-1-30，型号为XCT-102、XCT-112、XCT-122型

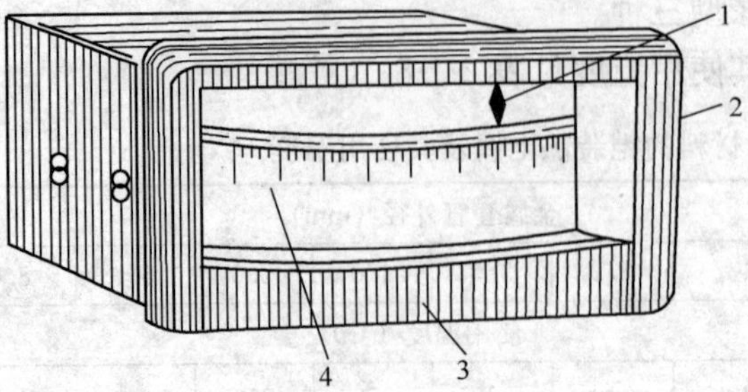

图 2-1-30　毫伏计

1—温度指针；2—仪表外壳；3—零位调节旋钮；4—刻度盘

的毫伏计用于 500℃以下的温度控制；型号为 XCT-101、XCT-111、XCT-121 型的毫伏计用于 2000℃以下的温度控制。这些毫伏计带有位式调节器，与开关型执行器配用，实现炉温的位式控制。

另一类毫伏计如（XCT-191 型）带有 PID 调节器，与晶闸管等配用，可实现炉温的连续控制。

毫伏计的主要缺点是控温精度不高，不能记录炉温且容易出现故障，使用范围受到一定限制。

3. 电子电位差计

电子电位差计测量热电偶产生的热电势，可以较精确地显示和记录被测温度场的温度，是一种精确可靠的自动控温仪表，能显示、记录和控制炉温，如图2-1-31 所示。

电子电位差计型号规格较多，生产中大都采用带有圆图记录仪的 XWB 型仪表应用和带长图记录仪的 XWC、ER 型仪表。其中，XWB 型仪表带有位式调节器或可实现高精度连续控制的电动调节器，装在仪表面板托纸盘上的圆形记录纸，每 24h 转一圈。记录纸上的同心圆表示温度分度，同一圆周上的温度为定值。记录纸上与同心圆相交的辐射状弧线表示时间分度，一大格相当于 1h。根据记录笔画出的墨线与各同心圆的相对位置及墨线所占格子数，便可知道炉温的高低和加热时间的长短。仪表门上有刻度尺表，由黑色指针指示读数。同毫伏计一样，电子电位差计的表尺上也已将热电势直接换算成温度值进行刻度。所以每只电子电位差计也只能与注明在它的刻度表尺上的对应分度号的热电偶相配套使用。

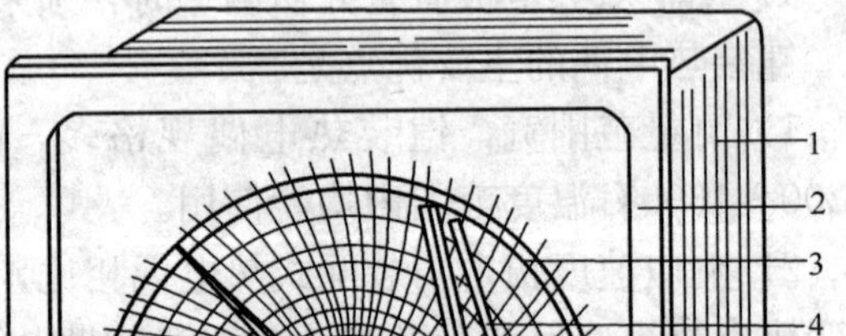

图 2-1-31　电子电位差计

1—仪表外壳；2—仪表门；3—刻度盘；4—给定指针；5—记录指针；6—记录纸；7—指示指针

1.2.4.2　氧化锆氧探头

氧化锆氧探头是利用氧化锆陶瓷敏感元件来测量各类应用环境下的氧含量的，通过它以求实现工业加热炉燃烧过程自动控制。

工业用氧探头可分为通用性强的氧分析器和根据用途不同而设计的专用氧探头两种，当前大量生产的氧探头以后者居多。

加热炉中常用直插式氧探头，直插式氧探头的技术关键是陶瓷材料的高温密封和电极问题。以下列举两种直插式氧探头的结构形式。

（1）整体氧化锆管

该形式是从采样检测方式中采用的氧化锆管的形式上发展起来的，即将原来的氧化锆管加长，使氧化锆可以直接伸到高温被测气体中。这种结构无需考虑高温密封问题。

（2）直插式氧化锆氧探头

如图 2-1-32 所示，该形式需要将氧化锆直接插入检测气体中，因此不仅对氧探头的长度有较高要求，其有效长度在 500～1000mm 左右，特殊的环境长度可达 1500mm 而且检测精度、工作稳定性和使用寿命都有很高的要求，因此直插式氧探头很难采用传统氧化锆氧探头的整体氧化锆管状结构，而多采取技术要求较高的氧化锆和氧化铝管连接的结构。密封性能是这种氧化锆氧探头的最关键技术之一。目前国际上最先进的连接方式，是将氧化锆与氧化铝管永久的焊接在一起，其密封性能极佳。

图 2-1-32　直插式氧化锆氧探头

氧化锆氧量分析仪一般由氧量检测器、信号转换器及有关附件组成。氧量检测器由防尘装置、氧化锆管、加热电炉、测温热电偶、接线盒以及壳体等主要部件组成。整个装置采用全封闭型结构，以增加整个装置的密封性能，提高使用寿命。氧化锆管是氧量检测器的核心，由它产生氧浓差电势信号，使用时应注意避免剧烈震动，以免损坏。氧量检测器内加热电炉的作用是提供氧化锆元件正常工作所需的温度。

1.2.4.3　计算机的使用

1. 计算机使用基本常识

计算机是高精密设备，操作方法不当，就可能引发故障，导致设备不能正常运行，甚至会损坏硬件，造成严重的损失。因此，应掌握计算机操作的基本常识。

（1）正确开机、关机

开机是指给计算机接通电源，打开计算机。一般计算机由两部分组成：显示器和主机。打开顺序一般先开显示器，再开主机。

显示器的电源开关一般在屏幕右下角，旁边有一个指示灯，轻轻地按到底，再轻轻的松开，这时指示灯变亮，表示显示器电源已经接通，开始几秒钟为绿色，当没有接收到主机送出的信号时，就会变成为橘黄色。如果主机打开后，正常传输信号，显示器指示灯会呈现绿色，如果长时间为橘黄色，屏幕中间出现红色英文提示框，说明主机或显示器有故障。如果在显示器电源插座接好的情况下，打开显示器电源开关，指示灯不亮，说明显示器有故障。

主机的开关一般在机箱正面，为最大的按钮，也有的设在箱顶，旁边也有指示灯，轻轻地按到底，再轻轻的松开，指示灯变亮，长时间亮的为电源指示灯（一般为蓝色或绿色），一闪一闪的为计算机硬盘运转指示灯（一般为红色），同时，可以听到机箱里发出声音，这时显示器的指示灯会由黄色变为绿色，说明主机电源已经接通，并已向显示器传送信号。如果主机、显示器都正常，一两秒钟后，您会看到显示器上出现一连串的英文，说明计算机已经正常启动。

很多计算机都配有稳压电源或者 UPS 不间断电源，在打开主机和显示器之前，要先打开 UPS 电源开关，待指示灯变亮稳定后，再开启计算机的主机和显示器的电源。特别注意的是，当主机启动以后，千万不要移动或震动主机，否则会严重影响计算机的使用寿命。

①开机操作。先合上总开关，然后打开 UPS 电源开关，插上计算机主机插头、显示器插头和打印机插头，再打开显示器开关，最后打开主机开关，打印机可以在需要使用时再打开。

②关机操作。关机是指计算机的系统关闭和切断电源，这一环节也非常重要，如果不按程序关机，计算机在下一次启动时就会出现故障，更重要的是，经常不按要求关机，会严重损坏计算机硬件，导致设备瘫痪。

计算机在使用后，如果要关闭，就必须先关闭所有打开的窗口，当屏幕下面的任务栏中间为空白时，就可以单击“开始”，选择“关闭计算机”，再选择“是”、“确定”或者“关机”就可以关闭系统。等系统关闭后，屏幕已经变黑，再切断接线板的电源开关或拔下与计算机相连的几个插头就可以了。

(2) 计算机基本操作

1) 认识桌面。Windows 操作系统启动成功会显示一个界面，称作“桌面”，桌面是认识计算机的第一步。

工作区：桌面上的大片空白称为工作区，上面可以放置各种图标、文件、应用程序和文件夹。

图标：是一个小图片其下有文字，一个图标代表一个文件或者是一个应用程序。

文件：在计算机中所有的数据资料都称作文件，种类有文字类、图片类、音乐类、动画类等，文件一般放在文件夹里。

文件夹：计算机里的文件夹是装文件，并且包里还可以再装包，不同类别的文件放在不同的包里，“我的文档”图标就代表一个文件夹。

任务栏：桌面最下面的一个长条叫任务栏，目前运行的程序都会在任务栏上显示一个小格子，上面有图标和名称，表示现在正在运行，最左边是“开始”按钮，最右边是“系统托盘”。

开始按钮：按钮是一个凸起来的立体图标，出现在菜单里和其他窗口中，开始按钮代表一个菜单，用鼠标左键单击一下就会出来，按钮一般单击一下就可以，图标要双击两下才行。

命令：是计算机所能执行的指令，比如选择是鼠标单击，运行、打开是双击，这里的单击和双击就是两个命令。

2）认识窗口。Windows 被称作视窗操作系统，它的界面都是由一个一个的窗口组成的。双击桌面上“我的电脑”图标，打开“我的电脑”这个窗口，我们来学习一下窗口的知识。

窗口的组成：

边框和工作区，每个窗口都有一个大小范围，四个边，将鼠标移过去，指针会变成双箭头，这时拖动就可以改变窗口的大小，中间的空白就是工作区了。

标题栏，每个窗口最上面都有一个蓝色的长条，这是窗口的标题，称作标题栏，在标题栏的左边是窗口的名称，最右边是三个按钮图标。

从图像上可以看出，第一个是最小化，中间是最大化，第三个是关闭，将鼠标移到标题栏上，然后拖动标题栏可以移动这个窗口，在标题栏上双击可以最大化窗口。

菜单栏，在标题栏的下方是菜单栏，菜单栏是一排菜单组成的，每个菜单都有一个文字名称，鼠标移过去会凸起来，这些都是按钮，单击一下会出来一排菜单，第一个是“文件”菜单，第二个是“编辑”菜单，里面都有相关的命令，记住文件菜单里有“保存”和“另存为”命令，编辑里有“复制”和“粘贴”命令。

工具栏，在菜单栏的下方有一排按钮，它们是最常用的一些菜单里的命令，都是用按钮图标来表示，图标比文字更形象一些，操作也更简便。

此外，还有地址栏、工作区、滚动条等知识。

2. 工业控制计算机

在工业领域中，许多传统的控制结构和方法已被计算机控制系统所取代，计算机已广泛应用于工业生产的各个方面，但是由于工业现场环境恶劣，存在各种干扰，普通的计算机不能胜任控制工作，因此在个人计算机的基础上研制出了基于 PC 总线的工业控制计算机 IPC。

(1) 工业控制计算机（IPC）的特点

与个人计算机（PC）相比，工业控制计算机（IPC）具有以下特点：

①适应工业环境，抗干扰能力强，可靠性高。工业环境条件恶劣，情况复杂，存在高温、高湿、震动、粉尘等情况，电磁干扰源多且复杂，这些都会给控制系统

造成极大的危害。工业生产要求所使用的系统可靠性高，否则，会造成巨大的损失。因此，IPC必须具有良好的抗干扰能力和很高的可靠性。

②模块化板卡结构。IPC充分利用了PC的硬件和操作环境，采用了模块化的硬件板卡结构。把各种工业控制功能都做成各种硬件板卡，如开关量I/O卡、模拟量I/O卡、计数器/定时器卡、通信板卡、数据采集卡及信号调理卡等基本模板，利用这些板卡就可以很方便地组成各种规模的控制系统。目前，工业控制计算机的厂商已开发出上千种的专业化板卡。这些板卡结构紧凑，现场功能丰富，使用方便，用户可以利用厂商提供的板卡，方便地组成自己需要的控制系统硬件，还可以利用厂商提供的驱动程序，开发符合自己需要的控制程序。

③工业控制计算机机箱具有多样性。为了适应工业现场的安装要求，IPC机箱有各种尺寸的立式、卧式、壁挂式机箱可供选择。IPC机箱采用全钢密封结构，采取了很多措施以适应工业环境，具有防电磁干扰能力。还采用内部正压送风，具有良好的散热和防尘效果。机箱内还配备了抗干扰、具有自动保护功能的工业电源。

④丰富的工业应用软件。为了实现工业控制，IPC在继承了PC丰富的软件资源外，许多专业软件公司开发了很多工业控制软件，这些软件是由专业人员开发并经过实际运行考验，可靠性高，用户可以直接根据自己的需要进行选用。为了使控制效果更直观生动，这些控制软件都采用了组态技术和多媒体技术。用户也可以利用厂商提供的驱动程序，开发满足自己需要的控制程序。

(2) 工业控制计算机的优点

工业控制计算机操作界面根据生产需要各不相同，但总体来说都比较直观，操作简单易学，它采用固定模式，通过数字设定对设备进行控制。在生产过程中计算机能进行实时监控和报警帮助，对参数实时自动记录，具有设备故障率低，维护方便的优点，能降低人员劳动强度、减少人为操作失误，并能对整个生产过程进行控制、记录、查询、统计、分析，为质量跟踪和生产管理提供依据。

1.2.5　控制仪表报警系统

报警系统一般由测量仪表、控制仪表或PLC、警报器等构成。

当被测量实际值超过控制仪表或PLC设定报警值时，控制仪表或PLC输出报警信号使警报器发出声、光等报警信息，提醒操作人员注意，及时处理存在的异常情况，保证控制系统运行正常。

常见的温度控制系统异常情况：

1) 超温或超压、超量程引起控制系统报警。

2) 计算机画面死机。

3) 控制仪表或计算机上数字乱跳。

4) 记录仪不能正常记录数据等。

以某厂加热炉温度控制系统报警为例。

该加热炉采用热电偶测量炉膛温度，使用某型智能数字控制仪表作为炉膛温度显示控制器件——显示炉膛温度设定值及实测值，输出控制信号控制加热器工作，输出报警信号控制报警器工作。采用电铃作为报警器。假设其控制温度设为450℃，报警温度设为453℃，引起电铃报警的情况大致有以下几种原因：

1）当热电偶检测到炉温实际温度＞453℃时，控制仪表输出报警信号使电铃工作，发出报警铃声。

2）当热电偶或补偿导线开路时，控制仪表显示屏上将显示测量值超量程的异常信息，如“＊＊＊＊＊＊”、“HHHH”等，则输出报警信号引起电铃工作，发出报警铃声。

3）当控制仪表损坏时，错误输出报警信号使电铃工作，发出报警铃声。

4）当热电偶、补偿导线、控制仪表之间连接线路接触不良时，引起控制仪表数字不规则跳动，一旦显示值超过报警温度值，控制仪表输出报警信号使电铃工作，发出报警铃声。

1.3　质量控制

1.3.1　仪器安装要求

测温仪表和炉内气氛检测仪表的安装位置和安装方法既影响仪表的使用寿命又影响测量数据的准确性，对铸锭加热质量将会产生严重影响，因此必须对控制仪表提出较高的安装要求。

1.3.1.1　热电偶的安装

热电偶的安装方式分为竖直式和水平式，前者适用于盐浴炉和箱式电阻炉测温，后者适用于立（卧）式电阻炉测温。其测量端伸入炉膛的长度不宜过短或过长。伸入部分过短，会影响测温的准确性；伸入部分过长，又容易被碰损或产生变形。一般情况下，伸入炉膛长度应大于保护管外径的 8～10 倍，但又不要超过500mm，露出部分应使用架子托牢，并在使用一段时间后，可将其旋转 180°继续使用。

热电偶保护管与炉壁之间的空隙，须用耐火泥或耐火纤维进行堵塞，以免因气体对流而影响测量的准确性。按水平方式进行安装时，补偿导线与接线盒出线孔之间的空隙也应用耐火纤维塞紧，并使其朝向下方，以免污物落入。

安装在箱式电阻炉和立（卧）式电阻炉上的热电偶，一般不需要经常挪动。另外，为了避免热电偶因急热急冷受损，热电偶的测量端应先在加热炉的炉口上方充分烤热后，才能放人炉内；同样，从炉中取出的热电偶也应先放在炉口旁进行缓慢冷却。

需要注意的是，如果热电偶的安装不当，就会增加测量误差并降低其使用寿命。因此，根据测温范围和工作环境，正确安装热电偶是很重要的，除了上述的安装要求外还应注意以下几个问题：

(1) 热电偶应选择合适的安装地点。通常，将热电偶安装在温度较均匀且能代表铸锭温度的地方，不能安装在炉门旁、烟道死角或距离加热源过近的地方。

(2) 热电偶尽可能保持垂直放置，以防止保护管在高温下变形。如必须水平放置时，其露出部分要用架子托牢。

(3) 热电偶和补偿导线的安装位置应尽可能避开强磁场或电场，以避免对测温仪表引入附加干扰信号。

(4) 热电偶工作端应尽可能靠近被加热铸锭，但又须保证装卸铸锭时不致损伤热电偶。

(5) 热电偶的接线盒不应靠到炉壁上，以免冷端温度过高，一般应使接线盒距离炉壁约200mm左右。

(6) 用热电偶测量反射炉或油炉的温度时，应避开火焰的直接喷射。因为火焰喷射处的温度比炉内实际温度高并且温度也不稳定。

(7) 在低温测量中，为了减少热电偶的热惯性，有时采用保护管开口或无保护管的热电偶。

(8) 应避免或尽量减少热量沿着热电极及保护管等元件的传导损失。

(9) 补偿导线应装入接地的铁管内，以免机械损伤和电磁干扰

1.3.1.2　氧化锆氧探头的安装

合理的安装和使用是保证氧探头可靠运行的关键，安装时一定要按照下列要求：

(1) 测量点的位置要合适，要求能正确反映炉内的气氛和温度，不要靠近炉内回风死角，以保证氧探头输出信号的真实性；不要过于靠近搅拌风扇，以免风扇的震动和气流的冲刷影响氧探头的使用寿命；测量点不可太靠近燃烧点或喷头等部位，这些部位的气体处于剧烈反应中，会造成氧传感器检测值剧烈波动失真；还应避免放在工件进出炉时可能碰撞的位置，保证氧探头的安全性。

(2) 氧探头可以水平装在炉侧或炉后，也可垂直装在炉顶或井式炉的炉盖上，其中垂直安装较理想。不管采用何种方式，具体安装方式应考虑到便于日常维护工作和防止氧探头的意外损坏，而且探头采样管引导板的方向应尽量正对被测气流的方向（在初始安装时，先通过了解工艺，确定基本方向。然后在系统通电加热探头以后，旋转采样管方向，使用数字万用表观察输出氧电势的波动情况来最终确定比较好的引导方向）。

(3) 氧探头的专用接头上，需按要求装密封石棉绳，以确保密封，否则会影响测量精度或造成信号波动。

(4) 氧探头穿过炉壁或炉盖的孔应有足够的余量，氧探头的接头安装时应与此孔保持同心。氧探头安装完成后，在锁紧以前，氧探头应能很轻松地在通道内来回运动，确保没有侧向力压迫氧探头的外电极管，以保证氧探头在长期高温状态工作

时外电极管不会变形。

（5）氧探头最好在设备维修时的室温状态安装，确有必要热装时，在可能的情况下应尽量缓慢地入炉，以保证氧探头的使用寿命。遇特殊情况需将氧探头从炉内拔出时，也应尽量缓慢地出炉，出炉后还应放在石棉中缓慢冷却。

（6）氧探头的信号引出线要用屏蔽线，以消除干扰。热电偶引线要用相应的补偿导线。

1.3.2　铸锭加热质量检查

铸锭在加热过程，特别是加热参数要求比较严格的均热过程中，可能出现组织均匀化不充分或过烧现象，导致严重的质量隐患。因此，在监控好各加热参数的同时，还应根据加热情况对铸锭加热质量进行检查，一方面验证加热工艺的合理性，为加热工艺的调整提供依据，另一方面对正常加热过程进行质量监控，确保获得可靠的铸锭加热质量。

均匀化后的铸锭，应在其热端切取高倍试样，检查是否过烧。先锯切、后均热的圆锭，在热电偶测温点各取一个高倍试样。先均热、后锯切的圆锭，每均热一炉，必须在该炉中任选一根，锯切后从浇口部及底部毛料上各取一个高倍试样。不同合金同炉均热时，高倍试样应在装炉的不同合金铸锭上截取，并在委托单上注明试样所在铸锭的合金、炉号及熔次号等。

方铸锭一般不取高倍试样作组织检验。但若发生过烧嫌疑、如仪表、电器控制失灵、温度参数设定错误，应在铸锭锯切后的浇口部及底部各取一个或几个高倍试样进行高倍组织检验。

高倍试样为一个长方形小块，尺寸为：30mm×20mm×20mm，试样要求尽量规则，每个试样应单独装袋标记，避免混乱，高倍分析委托单上必须注明本炉所装合金、炉号、熔次号及试样号。

高倍试样经制作加工后进行金相高倍组织检验，检验结果为未过烧时则该炉料可进行下一步生产，如过烧则报废，如有过烧嫌疑，可根据情况酌情处理。

1.4　设备保养与维护

1.4.1　设备使用要求

（1）配备合格的操作人员

配备合格的操作人员是合理使用设备的先决条件。为此要求：

1）设备的操作人员必须通过培训，经考试合格后持证上岗。

2）实行“三定”：即定人、定机、定职责。单人操作的设备由操作者负责，多人使用的设备或机组由当班主要岗位或班组长负责，公用设备由指定的专人负责。

3）操作人员应具有正确使用设备的意识和精心操作、精心维护设备的自觉性。

（2）建立健全规章制度

正确制定并严格贯彻执行设备使用规章制度，是合理使用设备的重要保证。

1）设备使用维护规程。是正确指导操作人员使用和维护设备的法规，包括设备的结构，设备主要技术性能和允许的极限参数，开车前的准备工作，开、停车的操作顺序，安全注意事项，紧急情况处理方法，常见故障及其处理方法等。

2）操作人员岗位责任制。规定设备操作岗位的工作内容、职责和任务，以及考核指标和标准等。

3）交接班制度。规定操作人员在上下班时应交接的事项和交接方法。

4）点巡检制度。规定操作人员要定时、定点对设备的重点部位进行检查、处理，保证设备正常运行。

（3）合理安排生产任务

应恰当安排设备的工作负荷和生产任务，既要避免设备工作能力不能有效发挥，造成设备效能和能源的浪费，又要防止设备超负荷运转而造成设备和人身事故，降低设备使用寿命。

1.4.2　设备维护保养要求

设备的维护保养是对设备进行清扫、检查、清洗、润滑、紧固、调整及防腐等一系列工作的总称。其目的是为了减轻和延缓设备的磨损，及时发现和处理设备在运行中出现的异常现象，保证设备正常运行，延长设备使用寿命。

设备维护保养工作应贯彻“预防为主”的原则，把设备故障消灭在萌芽状态。操作人员主要任务是：负责日常维护保养，即每班或每天对设备进行清扫、检查、润滑、紧固和调整；定期对设备集中润滑系统、液压系统的油箱进行清洗、换油；定期对设备的冷却系统进行清洗等。

设备的润滑是设备保养的重要方面，加热炉的润滑主要是炉子风机的润滑和辅助设备运动机构的润滑，如炉门提升机构减速机、滑轨、钢丝绳、链条等润滑。通常炉子风机轴承、链条、钢丝绳、电机等采用润滑脂润滑，辅助机构的减速机、曲轴箱、铰链点等采用稀油润滑。

润滑油的选择

（1）采用稀油润滑的情况：

1）润滑除减少摩擦和磨损之目的外，还需排除摩擦表面大量热量。

2）摩擦表面有可能实现液体摩擦。

3）能实现密封的齿轮传动和轴承。

4）摩擦表面除要求润滑外，还需冲洗保持清洁。

选择稀油牌号时主要考虑机械运转的速度和负荷，高速轻载者，用黏度小的润滑油。低速重载者，用黏度大的润滑油。

（2）采用润滑脂润滑的情况：

1）低速、可逆转或重复短期工作制的重负荷滑动轴承。

2）工作环境恶劣，潮湿，灰尘多，要求不落入杂质，同时又难于密封的轴承或导轨。

3）长期停止使用无法形成润滑油脂的滚动轴承。

4）长期工作不需要更换润滑脂的、密封好的滚动轴承。

选择润滑脂时，主要考虑工作条件，钙基脂用于耐水，钠基脂主要用于耐高温，钙钠基脂介于二者之间，钡基脂也用于耐高温。

1.4.3　加热炉的维护和润滑

1.4.3.1　箱式加热炉的维护和润滑

1. 箱式加热炉及辅助设备的维护

（1）箱式加热炉维护要求

1）每班应对电控操作系统进行检查，发现异常现象，立即停炉处理。

2）随时观察和检查微机显示屏幕上的各种参数和状态情况，检查记录仪上各区各点炉温和料温的记录情况，观察模拟板上各运行部件的指示状态情况，观察数字显示仪上的指示等情况，发现不正常，应认真对待，仔细检查处理。

3）随时观察加热器每相电流表的指示情况，判明加热器支路有否开路、短路或接地等，以便及时处理。

4）每班应检查供水、供气管路及开门机构等，做到无漏水、漏气，炉门压紧正常，风机轴温正常，风机无异响。

5）炉膛温度不得超过630℃。

6）托架和底盘必须正确放在装卸料车上，不得偏斜，更不能在偏斜的状态下进入炉内。

（2）复合装卸料车维护要求

1）使用中应经常注意主电缆卷筒和控制电缆卷筒的卷缆情况，发现电缆卷过紧或太松应及时停车处理。

2）应随时注意小车车轮与轨道是否对正，如果没有对正，就不允许进行下一个动作。

3）运行中应注意报警信号，检查液压管路有无漏油，管路油压是否正常。

4）运行电机或减速机声音不正常应停止使用，找电工或钳工检查。

5）PC机要求环境温度在0～50℃之间，如超出这个范围应采取降温措施。

6）注意检查各地脚螺栓紧固情况。

7）大车快到炉前时，如不能快速转慢速时，应停车检查处理。

8）炽热物件严禁放在复合料车上冷却，应立即转运到储料台上。

（3）铸锭翻转机维护要求

1）每班应检查翻转台有无变形，各转动铰链有无卡阻现象。

2）每班应检查各地脚螺栓紧固情况。

3）炽热物件严禁较长时间放在翻转台上冷却，应立即转运到储料区堆放。

4）每班应检查液压管路、阀门有无漏油，管路油压是否正常，油泵运行是否正常。

5）发现铸锭放置台上位置不正确，应立即整改后，才能翻料。

6）发现异常情况，应立即停车处理。

2. 箱式加热炉及辅助设备的清扫和润滑

清扫：(1) 每天应对计算机控制室内进行清扫，对各仪表进行吹扫，做到无灰尘。

(2) 每班应对设备及其周围的卫生进行清扫，做到无灰尘，无油渍，无杂物。

(3) 每班应对设备操作台面进行擦拭，确保清洁。

润滑：见表2-1-9。

表2-1-9　箱式加热炉及辅助设备的润滑要求

序号	润滑部位	润滑点数	润滑方式	润滑油	周期
1	料车液压油箱	1	注入	N68	1次/月
2	料车传动行星摆线针轮减速机	2	注入	N68	1次/月
3	大车走轮传动齿轮	6	涂抹	钙基脂	1次/月
4	大车行星摆线针轮减速机	6	注入	N68	1次/月
6	复合料车大车走轮	6	干油枪	钙基脂	1次/月
7	复合料车小车走轮	12	干油枪	二硫化钼	1次/月
8	电缆行星摆线针轮减速机	4	注入	N68	1次/月
9	电缆传动齿轮	2	涂抹	钙基脂	1次/月
10	翻转机油箱	1	注入	N68	1次/月
11	翻转旋转轴	2	干油枪	钙基脂	1次/月
12	翻转机油缸铰链	4	干油枪	钙基脂	1次/月
13	风机轴承	32	注入	二硫化钼	1次/季
14	链条	6	涂抹	钙基脂	1次/季
15	钢丝绳	1	涂抹	二硫化钼	1次/季
16	料车液压油缸铰链	4	干油枪	钙基脂	1次/季
17	电机	3	涂抹	二硫化钼	1次/年
18	炉门机构减速机	3	注入	N68机油	1次/年

1.4.3.2　立式加热炉的维护和润滑

1. 立式加热炉的维护要求

(1) 每天应对电控操作系统进行检查，发现异常现象，立即停炉处理。

(2) 每班应检查控温系统报警和记录是否正常。

(3) 每周应检查通风系统轴承有无异响，皮带松紧适中。

(4) 每天检查开盖机钢丝绳固定牢固，制动闸皮无严重磨损，运转无杂音平稳，螺栓无松动。

（5）每天检查排水泵无杂音，抽水正常。

（6）铸锭出装炉时检查炉盖、炉体无变形，保温材料无异常。

（7）加热炉在使用过程中，应定期测温，并校对仪表指示误差。

（8）每炉检查隔料架等辅助工具是否完好。

（9）出装炉时，炉料不得碰撞炉壁、风机、栏杆。

2. 立式加热炉的清扫和润滑

清扫：

（1）每天应对计算机控制室内进行清扫，对各仪表进行吹扫，做到无灰尘。

（2）每班应对设备及其周围的卫生进行清扫，做到无灰尘，无油渍，无杂物。

（3）每班应对设备操作台面进行擦拭，确保清洁。

（4）每周应对地下室卫生进行清扫，并抽干地下水。

润滑：见表 2-1-10。

表 2-1-10　立式加热炉的润滑要求

序号	润滑部位	润滑点数	润滑方式	润滑油	润滑周期
1	314 仪表转换开关	—	油标线	变压器油	1 次/天
2	钢丝绳	1	涂抹	二硫化钼	1 次/季
3	隔离开关操作机构	4	涂油	锂基脂	1 次/半年
4	电机	3	涂抹	锂基脂	1 次/年
5	风机轴承	40	清洗加油	二硫化钼	1 次/年
6	开盖机机构减速机	3	清洗加油	N46 机油	1 次/年
7	水泵	1	涂抹	锂基脂	检修时更换

1.4.3.3　推进式加热炉的维护和润滑

1. 推进式加热炉的维护要求

（1）开车前对机械设备的所有部位进行检查，如油位在低液位报警和高液位报警之间，各液压阀站的阀门全部开启，管道连接处无松动或脱开情况，运动部件无卡阻等。

（2）每班应检查行走轮有无缺损、裂纹等缺陷，检查轨道有无变形、刮伤、挤压等缺陷。

（3）工作时应清理轨道及走轮上的杂物，检查传动链条的松紧程度、润滑情况、有无机械损伤等，检查连接螺栓有无松动、松脱现象。

（4）对系统压力随时检测调整。每工作一段时间要检查并更换滤芯（三个月或视情况而定）。检查液压系统清洁度是否达到符合标准。

（5）液压系统工作温度为 40～50℃，最高不超过 60℃，最低不低于 30℃，冷却水温度最高不超过 33℃，若系统温度失去控制，应马上进行检查处理。

（6）检查油箱油量是否充足。

（7）设备检修时拆下的油管要用塑料布将其头部包好，以防杂物进入。

2. 推进式加热炉的清扫和润滑

清扫：

(1) 每班清理一次炉子周围杂物及物料堆放，保持工作面的清洁有序。

(2) 每班检查炉子地下污水坑内污水情况并及时抽水。

(3) 每周检查一次炉子顶部卫生并及时清理，对炉顶上的易燃物要特别注意清理干净，以防失火。

润滑：

(1) 保持炉门提升机构、减速机油量充足。

(2) 对铸锭传动链条定期加干油润滑。

(3) 循环风机、燃烧风机、排烟风机轴承定期加干油润滑。

(4) 运输链条要定期加干油润滑。

(5) 检查铸锭运输轨道润滑油箱的油位、出油及出油量是否正常。

(6) V形垫块纵向传输机构传动链条要定期加干油润滑。

1.4.3.4 双膛炉的维护和润滑

1. 双膛加热炉的维护要求

(1) 检查链轮传动减速机、前后炉口减速机润滑油的油位。

(2) 手动加干油杯内干油量应充足。

(3) 检查炉底链条托辊等机构是否正常。

(4) 观察链条及其传动系统动作是否正常。

(5) 各部位滑动轴承的温度应不超过60℃，滚动轴承不超过70℃。

(6) 链条工作时，出料端与进料端的岗位人员应密切注视输送链的运行状态，以防链条打堆损坏设备。

(7) 每班检查一次底链条托辊的运行状态。

(8) 链条在承受最大负荷运转时（最大速度）要求运行平稳、无跳动现象。

2. 双膛加热炉的润滑

(1) 各灌注式减速箱6个月换油一次。

(2) 炉门提升机构，减速机油量充足，提升减速机每年拆卸清洗、更换部分零件，每月对提升链条打干油一次。

(3) 运输链条传动装置减速机油位检查。

(4) 各种减速机解体清洗检查、换油、调整。

(5) 检查链轮传动减速机、前后炉口减速机润滑油的油位。

(6) 手动加干油杯内干油量应充足。

1.4.3.5 步进式加热炉的维护和润滑

1. 步进式加热炉的维护保养

(1) 步进梁升降机构及水平移动机构维护要求

1) 每班应检查提升及水平移动装置运行是否平稳，行程准确。

2）工作时应确保步进梁行走轮和轴承运行平稳无冲击，润滑正常，轴承温度正常，辊子与轨道接触良好，行走轮转动灵活。

3）工作时水封槽调节水量不外溢，密封不冒火，无碎砖卡阻现象。

4）工作时炉门提升机构升降平稳、无冲击卡阻现象。

（2）辅助设备维护要求

1）工作时应确保对中机构运行平稳、无冲击卡阻现象。

2）工作时装料辊道链轮和链条之间咬合平稳，轴承温度正常，炉内装料辊道运行正常，冷却水温度不超过 40℃。

3）工作时堆料台、称重台上升下降灵活，升降平稳。

4）装料车车轮与轨道接触良好，运行灵活不卡轨，液压马达工作正常，齿轮啮合平稳无噪声，轴承温度正常。

（3）燃气、空气管道系统维护要求

1）每班应检查各管道无漏气现象。

2）随时观察燃烧风机叶轮动平衡性能，定期做动平衡试验。

3）每班检查各阀门状况，确保开、关灵活，密闭可靠。

（4）润滑系统维护要求

1）每班检查各润滑油泵油脂是否充足、工作正常上压。

2）每班检查各润滑管路是否完整，不漏油脂。

3）每班检查各给油器工作是否正常，各润滑点是否供油正常。

2. 步进炉式加热炉及辅助设备的清扫

（1）每班清扫设备周围，做到无杂物，保持清洁。

（2）每周擦拭设备本体及基础，做到无油、无灰尘，保持本色。

（3）每班清扫炉底及液压地下室，保持地面清洁无灰尘。

3. 步进炉式加热炉及辅助设备的润滑

步进炉式加热炉及辅助设备的润滑如表 2-1-11 所示。

表 2-1-11　步进炉式加热炉及辅助设备的润滑要求

序号	润滑部位	润滑油脂	润滑周期
1	出料辊道齿轮箱	稀油	1 次/天
2	燃烧风机	稀油	2 次/周
3	出料辊道轴承箱	干油	1 次/周
4	出料小车传动轴承座	干油	1 次/周
5	上料小车联轴器	干油	1 次/周
6	步进炉传动滚轮	干油	1 次/周
7	装料辊道轴承座	干油	1 次/周
8	煤气控制翻板曲轴箱	稀油	1 次/2 月
9	出料减速机	稀油	1 次/季

1.4.3.6　圆锭环形煤气加热炉的维护和润滑

1. 圆锭环形煤气加热炉的维护

(1) 加热炉本体及炉底回转机构维护要求

1) 每班检查炉底回转机构，应确保传动平稳，停位准确，无冲击、无松动现象。

2) 每班检查减速机和炉底圆锥齿轮的传动情况，应啮合平稳，轴承温度正常。

3) 工作时炉底支承辊与中心辊转动灵活与轨道接触良好，轴承温度正常。

4) 每班检查和调整水封槽，水量适当，清除水封槽内的脏物。

5) 每班检查炉门提升机构，升降平稳，润滑良好，无磨损现象。

(2) 出、装炉机构维护要求

1) 每班检查小车移动机构，应运行平稳，无冲卡阻现象。

2) 工作时小车立式减速及行车车轮运行正常，无噪声，不卡轨。

3) 每班检查和调整制动器和限位开关，调整合适，灵活可靠。

4) 每班检查料杆提升机构和夹钳机构，料杆升降高度和夹钳开度适当，工作平稳，冷却水畅通。

(3) 定量给料装置维护要求

1) 每班检查传动装置减速器，应运转平稳，润滑良好。

2) 每班检查传动和气动机构，链条张紧适当，运动无卡阻。

(4) 风动、冷却及润滑系统维护要求

1) 各部管路连接处不松动，密封良好。

2) 检查所有管道阀门、电磁阀动作灵活可靠、不泄漏。

2. 圆锭环形煤气加热炉的清扫

(1) 每班清扫各机械电器设备外露表面，擦拭干净，无灰尘、油腻等物。

(2) 每班煤气炉周围地面物料摆放整齐，地面干净、无破布等杂物。

(3) 每班清除环形炉地坑杂物，做到无积水、积油现象。

(4) 每班清除环形炉水封槽内杂物，保证刀板转动无阻碍

3. 圆锭环形煤气加热炉的润滑

圆锭环形煤气加热炉的润滑要求见表2-1-12。

表2-1-12　圆锭环形煤气加热炉的润滑要求

序号	润滑部位	润滑点数		润滑方式	润滑油	加油周期
		ϕ11.7m	ϕ10.1m			
1	炉门提升机构轴承	8	8	油枪压入	3# 钙钠基脂	1次/班
2	料杆升降汽缸轴承	4	4	油枪压入	3# 钙钠基脂	1次/班
3	夹钳回转轴承	2	2	油枪压入	3# 钙钠基脂	1次/班
4	定量给料机轴承和连杆锁	2	2	干油杯	3# 钙钠基脂	1次/班

续表

序号	润滑部位	润滑点数		润滑方式	润滑油	加油周期
		φ11.7m	φ10.1m			
5	推料机滑块、风缸	2	2	涂抹喷油器	30# 机油	1次/班
6	风动系统	2	2	喷雾给油	齿轮油	1次/班
7	炉底齿圈	1	1	涂抹	3# 钙钠基脂	1次/周
8	炉底支承辊	40	30	油枪压入	3# 钙钠基脂	1次/季
9	回转机构主动齿轮轴承	2	2	油枪压入	3# 钙钠基脂	1次/季
10	炉底中心轴承	5	5	油枪压入	3# 钙钠基脂	1次/季
11	装出料机车轮轴承	6	6	油枪压入	3# 钙钠基脂	1次/季
12	装出料机齿形联轴节	2	2	填入	3# 钙钠基脂	1次/季
13	装卸料机软管辊轮轴承	12	8	填入	3# 钙钠基脂	1次/季
14	装出料机立式减速机	2	2	注入	3# 钙钠基脂	换1次/半年
15	定量给料器减速机	2	2	注入	3# 钙钠基脂	换1次/半年
16	炉底回转机构减速机	1	1	注入	50# 机油	换1次/半年
17	炉门提升蜗轮减速机	2	2	注入	齿轮机油	换1次/半年

1.4.3.7　圆锭工频感应加热的维护和润滑

1. 工频感应加热的维护要求

（1）检查泵站电机有无异常，底座的连接螺栓有无松动。

（2）检查炉子液压缸固定螺栓有无松动。

（3）检查炉子辊道减速机的润滑是否良好。

（4）每月对加热炉前“V”形板表面用弹性磨盘抛光。

（5）每月对供锭机小车“V”形板表面用弹性磨盘抛光。

（6）每月对所有终端开关及按钮指示灯进行检查、紧固。

（7）每月对PLC系统的风扇过滤网换洗。

2. 工频感应加热炉的润滑

工频感应加热炉的润滑要求见表2-1-13。

表2-1-13　工频感应加热炉的润滑要求

序号	润滑部位		润滑点数	润滑油型号	润滑量(L/每点)	润滑周期
1	所有小车行走滑道		15	锂基脂	0.3	1次/周
2	辊式运输机	链条		40# 机油		1次/周
		减速机	1	40# 机油	适量	1次/季
		辊子组	39	锂基脂	0.1	1次/季
		拨料器翻转轴套	2	锂基脂	0.1	1次/季

续表

序号		润滑部位	润滑点数	润滑油型号	润滑量（L/每点）	润滑周期
3	储锭台	液压缸活关节	4	锂基脂	0.1	1次/月
		中轴筒衬	4	锂基脂	0.1	1次/月
4	1#、2#加热炉	给锭平台缓冲器中轴轴套	各4	锂基脂	0.1	1次/季
		给锭平台液压缸活关节	各1	锂基脂	0.1	1次/季
		受料平台铸锭拨料器翻转液压缸活关节	各2	锂基脂	0.1	1次/季
		受料平台拨料器翻转轴套	各2	锂基脂	0.1	1次/季
		挡料小车推进液压缸活关节	各1	锂基脂	0.1	1次/季
5	均热炉	给锭小车推进液压缸活关节	4	锂基脂	0.1	1次/季
		给锭平台液压缸活关节	2	锂基脂	0.1	1次/季
		给锭小车推进液压缸活关节	1	锂基脂	0.1	1次/季
		进料炉门塞液压缸活关节	2	锂基脂	0.1	1次/季
6	出料夹钳	炉门塞液压缸活关节		锂基脂	0.1	1次/季
		夹钳液压缸活关节		锂基脂	0.1	1次/季
		液压缸活关节		锂基脂	0.1	1次/季

1.4.4 加热炉常见故障

1.4.4.1 箱式、立（卧）式加热炉常见故障

箱式与立（卧）式加热炉常见故障基本相同，主要有以下故障现象：

（1）风机不启动或者运行中停转，不能产生循环风对铸锭进行有效加热。

（2）加热器送不上电，不能实现对铸锭加热要求。

（3）风机振动大、噪声大，风机容易损坏。

（4）升温速度慢，导致加热时间长、效率低。

（5）仪表指示超温，可能造成铸锭过烧质量问题。

（6）炉内保温时温差过大，不能保证铸锭加热质量。

对于箱式炉，还常出现炉门压不紧、炉门提升锁不住故障现象。

1.4.4.2 推进式加热炉常见故障

（1）不能正常点火，无法对铸锭进行加热。

（2）两推锭缸在推进过程中不同步。

（3）炉门提升机构中钢丝绳损坏。

（4）风机振动过大，有异常声音。

（5）铸锭出炉抓锭机构不能将铸锭抓出或抓出后两抓锭油缸不同步。

(6)"V"形垫块不能自动从出料端顺利到达装料位置。

(7) 自动出炉不动作或动作顺序不对。

(8) 推进器不推或不退。

(9) 取锭机不进或不退。

(10) 炉门不升或不降，或炉门升起来又落下。

(11) 翻料机不上翻或不下翻。

(12) 出口翻料机下翻 45℃后不暂停。

(13) 受料台不上升或不下降。

(14) 对中机不前进或不后退。

(15) 垫块纵向运输机不动。

(16) 入口或出口垫块横向运输机不动或前进、后退不到位。

1.4.4.3　双膛加热炉的常见故障

(1) 在上位机执行停电操作后，或某区炉膛温度已经达到设定值后，炉膛某处发热元件依然在加热（发红）。出现这种故障要立即通知电气维护人员处理，否则时间一长，这种不受控制的加热会导致超温烧料事故的发生。

(2) 炉门不动或上升后又关下来。出现这种故障会影响装料和出料工作的正常进行。

(3) 按炉门"点动"按钮松手后炉门停不下来。出现这种故障后要避开危险位置，防止炉门链条到极限后拉断，同时立即通知电气人员处理。

(4) 运输链条不动。出现故障将无法正常出炉和装炉。

(5) 运输链条停不下来。出现这种故障要立即采取紧急措施，立即通知维护人员紧急处理，并迅速将链条运行方向的炉门提起，疏散开炉门前人员，以免铸锭运出炉外掉地砸伤人。

(6) 报警电铃响，同时上位机加热标志由方形变为圆形。出现这种故障要通知维护人员检查处理，以免导致跑温烧料事故的发生。

1.4.4.4　步进式加热炉的常见故障

(1) 步进梁不能升起，锭坯无法正常步进移动。

(2) 燃烧风机故障，燃烧不充分，燃烧火焰不正常，无法实现循环加热。

(3) 煤气翻板打不开，烧嘴无法正常燃烧。

(4) 无法正常点炉。

(5) 出料辊道出料不正常，锭坯不能正常装出。

1.4.4.5　环形煤气加热炉常见故障

(1) 装料台翻料台器不翻转。

(2) 推料机不向前推料或后退。

(3) 炉门不升降。

(4) 加料杆不升降或不前后移动。

（5）夹钳不夹料或加料后不松开。

（6）冷却水在回水槽处不出水。

（7）炉底不转动。

1.4.4.6　感应加热常见故障

（1）供锭小车不自动运行。

（2）加热炉、均热炉不加热或跳电。

（3）加热炉、均热炉外罩打火或振动过大。

（4）线圈发热报警。

（5）显示屏黑屏。

第 2 章　加热工中级技能

2.1　生产准备

2.1.1　常用吊具、辅助器具准备

2.1.1.1　吊钳基本结构、使用状态检查及维护

机械式吊钳的结构较为简单，日常维护主要是运动部分的润滑，以及磨损严重的钳口挂齿的及时更换。液压式吊钳必须严格检查和控制液压部分不能泄漏，以及报警系统的正常工作。

1. 机械式吊钳

机械吊钳是通过吊钳的臂力和铸锭自重夹紧铸锭，“三力汇交原理”是钳臂受力分析的基础。立式吊钳的安全系数最大可取计算值的 6 倍，水平式吊钳的安全系数最大可取计算值的 4 倍。

方铸锭机械式吊钳的结构如图 2-2-1 所示，主要由吊环、板吊环、上臂、下臂、轴销组、挂钩、导挂装置、限位块、钳口螺栓、钳口等组成。限位块的作用是限制钳口的开口度；轴销组在保证承载能力的前提下可绕其转动，以实现钳口夹紧；上、下臂保证足够的夹紧力要求；挂钩和导挂装置配合使用，实现自动吊夹铸

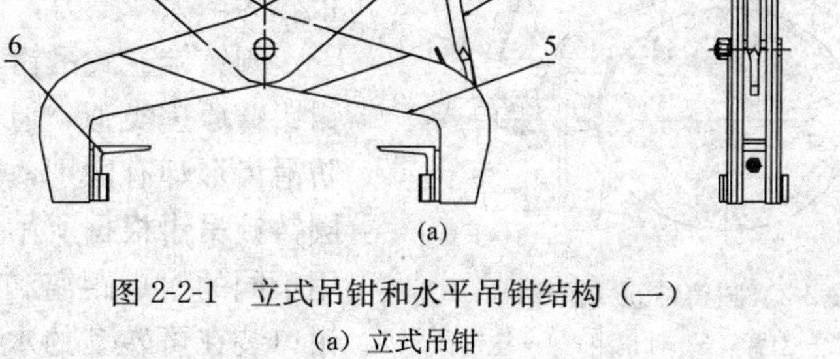

图 2-2-1　立式吊钳和水平吊钳结构（一）

(a) 立式吊钳

1—吊环；2—上臂；3—轴销组；4—挂钩；5—限位块；6—钳口；7—下臂

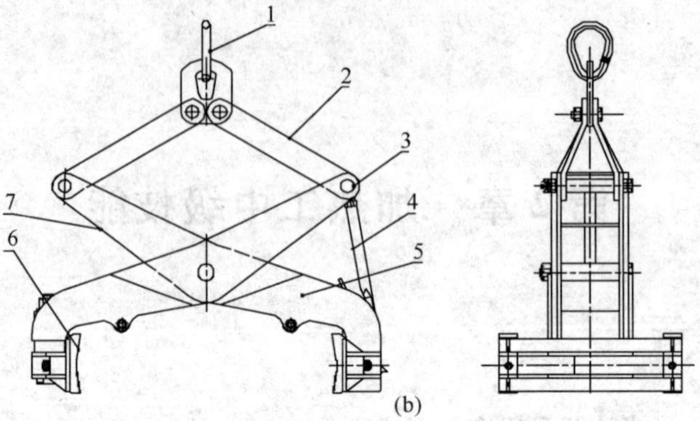

图 2-2-1　立式吊钳和水平吊钳结构（二）
(b) 水平吊钳
1—吊环；2—上臂；3—轴销组；4—挂钩；5—限位块；6—钳口；7—下臂

锭或取出吊钳。

同一规格吊钳可分为立式吊钳（简称立吊）和水平吊钳（简称平吊）两种形式，两种吊钳的结构基本一致，主要差别是平吊的钳口尺寸较大，两个钳口，一个为固定钳口，钳口不能转动；一个为活动钳口，可水平方向转动；钳口面有齿，且有一定弧度，以增加钳口的摩擦力。立吊钳口尺寸较小，两个钳口均为活动的，可垂直方向转动，在铸锭放倒的时候，钳口可转动（此时其夹紧力仍保持）；钳口有齿，以增大钳口的摩擦力。平吊主要用来吊运平放的铸锭，立吊主要用来吊运竖井内的铸锭。另外，一些厂家还使用侧式吊钳，用来吊运侧放（小面朝下）的铸锭，如箱式加热炉上下料车上铸锭的吊放，侧吊的结构与平吊基本一致，只是钳口尺寸更小，侧式吊钳钳口为两块带齿的固定板，为增大摩擦力，齿面宽度较大。

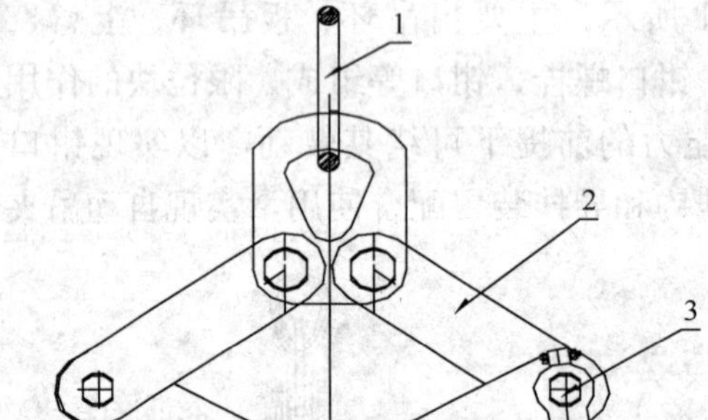

图 2-2-2　圆铸锭立式吊钳
1—吊环；2—上臂；3—轴销组；4—挂钩；5—钳口；6—铸锭；7—限位块；8—下臂

圆铸锭立式吊钳与方铸锭立式吊钳钳臂原理类似，但是钳口形状以及防滑齿形却有区别，如图 2-2-2 所示。圆铸锭吊钳根据所吊铸锭规格不同采用不同的钳口距离和钳口弧度，吊钳钳口装在可转动的水平轴上，能够在360°范围内自由转动，当铸锭在垂直、倾斜和水平位置时，都能够起吊和放回原位。

圆铸锭水平吊钳主要形式是如图 2-2-3 所示的顶针式水平吊钳，它是通过吊钳中间的自锁装置控制钳背张合，实现铸锭吊运。调节螺母和调节丝杆是用来调节钳口的开口度，以保证吊运不同长度规格的铸锭；顶针是为了增加钳口与铸锭的摩擦力；移动夹板保证足够的夹紧力要求；自动锁紧机构用于实现自动吊夹铸锭或取出吊钳。

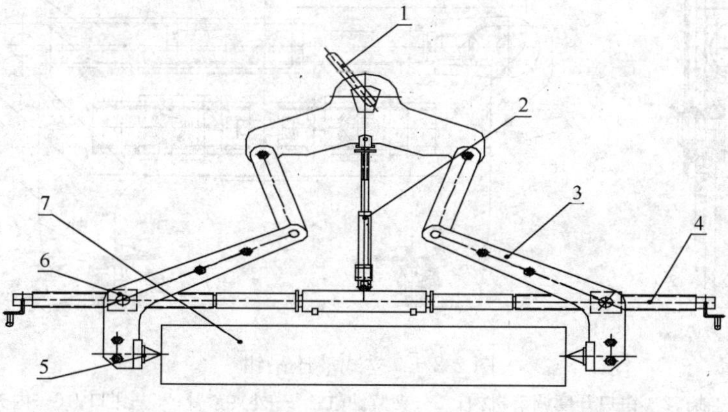

图 2-2-3　顶针式水平吊钳

1—吊环；2—自动锁紧机构；3—移动夹板；4—调节丝杆；5—顶尖；6—调节螺母；7—铸锭

2. 液压式吊钳

液压式吊钳主要由三部分组成：

(1) 机械部分，包括吊钳架、钳臂、可拆卸的顶尖等。

(2) 液压系统，包括液压泵、液压缸、液压阀、电动机、联轴器、高压软管、压力继电器、压力表及溢流阀等。

(3) 电气控制系统，包括控制箱、操作器等。

液压式吊钳钳口幅度可调，吊运规格多，性能优越，在大型加工企业内逐步得到推广。但是液压式吊钳占地宽、钳身高、自重大，对厂房、起重机要求较高。

大型液压式铸锭活动吊钳的起重量可根据需要进行设计，例如起重量为 20t，钳口开度 600～1500mm。活动夹钳的钳口形状设计和材质选择，是夹钳设计的关键环节之一。不管采用何种结构，都需要采用优质钢材制造，并经过合适的热处理调质处理。如图 2-2-4 所示的是目前国内外比较流行的大型液压夹钳，钳口开度可调，可以吊运不同宽度的方铸锭。夹紧力由液压控制，可调节夹紧力大小，在液压系统中配有液压安全自动锁紧装置，能保持油缸压力，避免出现安全事故。

吊钳是专为吊运铸锭或锭坯而设计制造的，作为一种吊运工具，在使用前，必须检查是否完好，以确保安全。对于机械式吊钳，其使用状态通常采用直观目视观

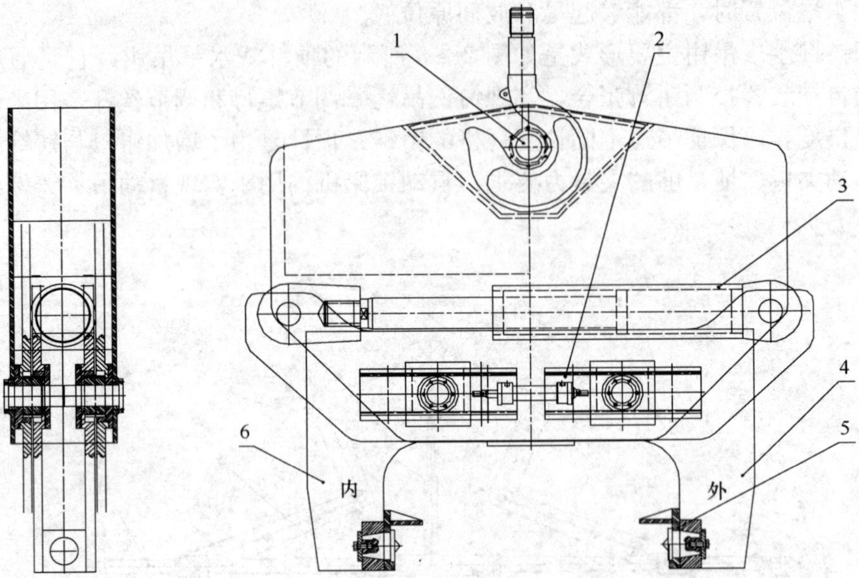

图 2-2-4 立式液压吊钳

1—吊钩轴；2—钳口开度调节机构；3—夹紧油缸；4—外夹紧臂；5—钳口；6—内夹紧臂

察的方式，必要时可采用超声波探伤检查，维护要求主要是螺栓紧固、运动部位润滑。液压式吊钳的使用状态除需要目视检查机械部分外，还需检查液压系统部分，要求是液体不能泄漏、液压压力正常并能够正常调节钳口的开度。

2.1.1.2 钢丝绳使用状态的判断及维护

钢丝绳广泛用于吊运、拉运等需要高强度工作中，其报废标准如下：有较严重的烫伤痕迹；钢丝绳退火和沾酸，腐蚀严重、生锈的；绳严重打结或打死结；有断股现象；在一个捻距内断丝数达 10%；表面钢丝磨损达到或超过钢丝绳直径的 40%；钢丝绳编结处有松动，松动的编结长度小于 200mm。

用于设备上的钢丝绳主要维护方法是周期性的润滑保养。钢丝绳在出厂前一般都做过初级润滑防锈处理，但它只能对储存、运输和使用初期起作用，长期使用过程中，原有的润滑油将慢慢流失和散发掉，因此必须加强润滑保养，定期给钢丝绳涂润滑油，确保钢丝绳内外表面附着有油膜，延长钢丝绳的使用寿命，减少事故的发生。对于工作中单独吊运使用的钢丝绳由于更换快，一般不要求润滑保养，但应注意正确的使用方法，防锈蚀、防高温、防超重、防变形等。

2.1.1.3 辅助器具基本结构、使用状态检查

铸锭加热用的辅助器具主要有箱式加热炉用的托料架、立式加热炉用的底座和隔料架以及推进式加热炉、步进加热炉用的垫块和垫条等，其基本结构如图 2-2-5、图 2-2-6 所示。

加热炉用辅助器具主要用于放置铸锭，简单、耐用，要求是结构完整，不能有

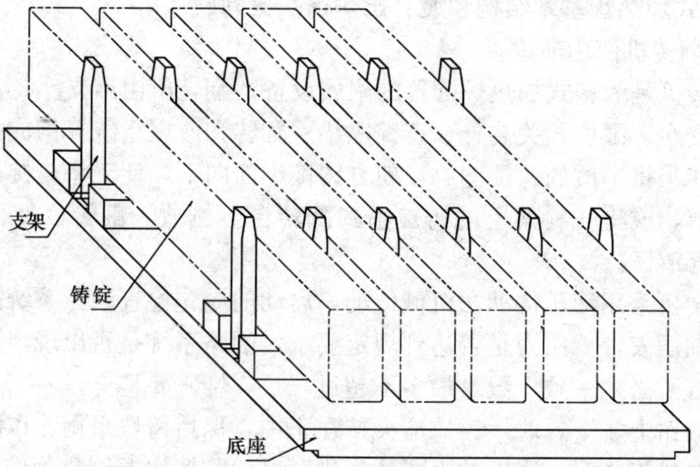

图 2-2-5　箱式加热炉托料架

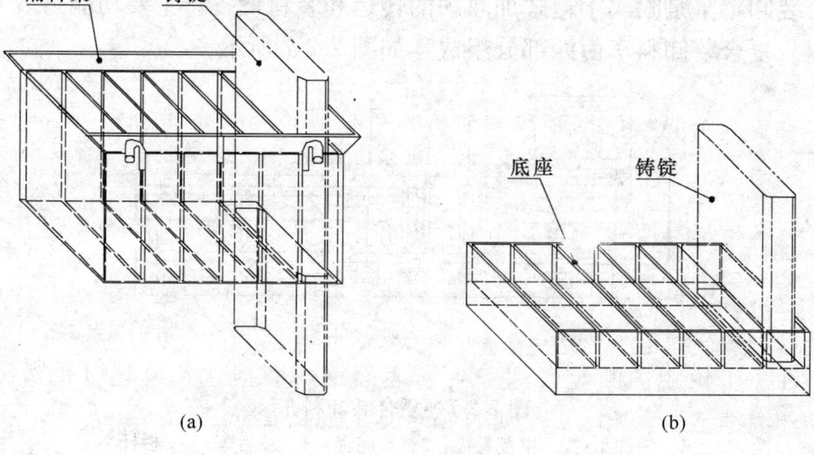

图 2-2-6　立式加热炉隔料架和底座

(a) 隔料架；(b) 底座

断裂、严重的裂纹、变形等。

2. 1. 2　加热炉生产前的准备

电加热炉通常由炉壳、炉衬、炉底、炉顶、炉门、加热元件和空气循环系统等组成，火焰加热炉还包括燃烧系统、烟道等。各种加热炉的工作目的都是用来对坯料进行加热处理，要求尽可能保持炉内坯料温度的均匀性。不同种类的炉子，其加热元件、结构及其工作原理均有一些不同，要正确使用好加热炉，必须掌握炉子的基本结构及其功能。

2.1.2.1　箱式加热炉基本结构和装、出炉前炉况判断

1. 铸块翻转机使用前检查

铸块翻转机是为箱式加热炉配置的附属设备，翻转机由前支座、油缸装置、转轴部分、后支座、限位开关装置、铸锭座垫、翻转和液压系统等构成。

主要功能是将平放的铸锭侧放，使方铸锭小面向下，便于将铸锭吊放到加热炉用的托料架上，或将托料架上的铸锭吊到翻转台上侧放，翻转台复位后，铸锭平放，并吊到存放区。

铸块翻转机采用液压传动和机械传动，启动前应先检查油压系统是否完好。启动后应检查油压表，看压力是否达到规定要求，油路系统是否出现泄漏。上台的铸块规格（厚度）必须一致，数量最多不超过三块，堆码要整齐。

使用侧吊钳上、下料时，钳口应夹持在正中，保持铸块平衡，以防铸块因倾斜而滑落；翻转机工作时，附近的人要注意避开，以防铸块振倒坠落伤人，翻转到位应减慢速度、防止振动，以免振倒铸块。

2. 复合装卸料车使用前检查

复合装卸料车是附属于箱式加热炉的转运和装料设备，主要功能是装入和卸载加热炉料。复合装卸料车由四部分组成，如图2-2-7所示。

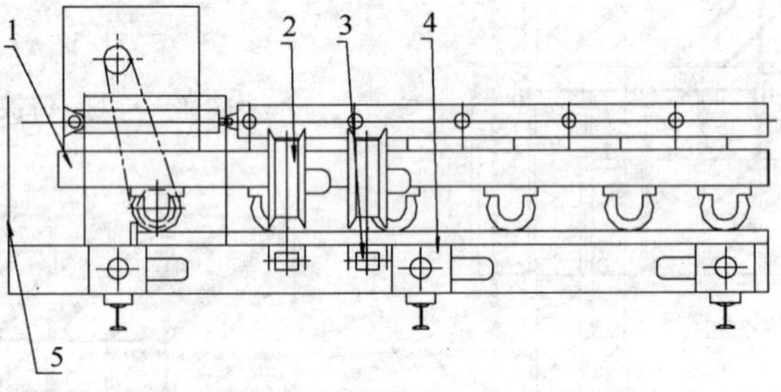

图2-2-7　复合装卸料车

1—装卸车；2—电缆卷筒；3—导向辊；4—转运车；5—栏杆

（1）转运车：由驱动装置（双电机驱动齿轮、走轮组）、转运车架、操作台等构成，实现复合装卸料车的横向运动。横向运动采用双电机驱动方式，转运车在PC机的控制下实现与炉子或料台自动对接。

（2）装卸料车：装卸料车由车架、平台、料车行走机构、平台升降机构及液压系统等构成，实现复合装卸料车的纵向运动。纵向运动采用链轮传动方式。利用两只油缸推动车上部的升降台沿斜面导轨升起和降落，完成装卸料动作。

（3）两个电缆卷筒：卷筒用于收、放电缆，是复合装卸料车电力及信号输送系统。电缆卷筒由卷筒组、电机、减速机、导向轮等组成。电缆卷筒放卷长度45m。

（4）操作台（又称控制台）：用于控制复合装卸料车各动作。

启动复合装卸料车前应检查机、电设备是否良好，安全防护罩、报警系统、灭

火器材等是否完好，检查轨道上及料车运行区域有无妨碍运行的人及杂物；装、出料前应空车运行两次，检查大车、小车、托料架等运行是否正常，电缆卷筒收放线是否整齐，线缠绕松紧是否适当，若有问题，及时处理，不允许装卸料车带病作业。

3．箱式加热炉基本结构及其功能

箱式加热炉为空气循环式电阻加热炉。炉子由炉门及启门机构、炉体、空气循环系统、电加热系统、冷却水系统、气动系统、换气装置、托料架、立柱、轨道及电气控制系统等组成，如图2-2-8所示。箱式加热炉主要是对铸锭进行去铸造应力加热或铸造组织均匀化退火处理。

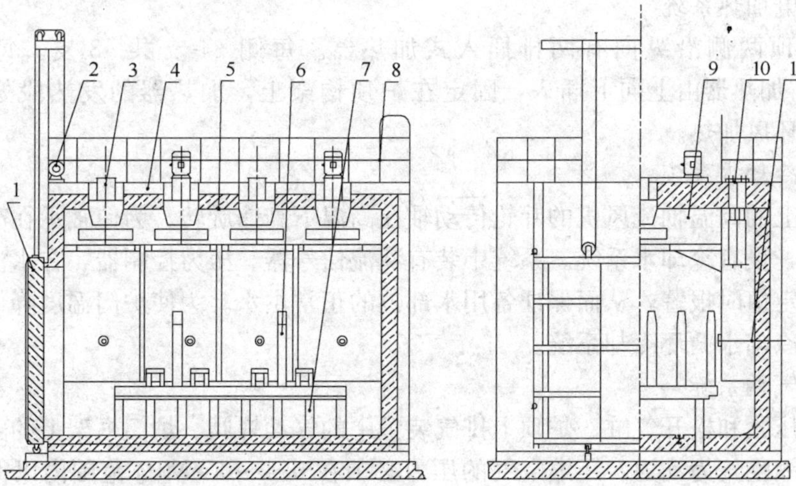

图2-2-8　箱式加热炉结构示意图

1—炉门；2—炉门提升机构；3—风机；4—炉体钢结构；5—炉衬；6—托架；7—立柱；8—栏杆；9—导风器；10—加热器；11—热电偶

（1）炉门及启门机构

炉子的正面是一个保温性能良好的炉门和固定在四个气缸上的两条滑轨道。炉门升降由一台电机经减速器带动卷筒，通过钢丝绳、滑轮组与炉门相连，使炉门沿滑道上升或下降，通过固定滑道的四个气缸的动作使炉门与门框压紧或松开。炉子工作时，炉门是压紧的，炉门松开后才能升起。当炉门升至上顶点后，安装于炉门框架上部两侧的两个安全销在气缸的带动下将炉门销住，以防钢丝绳或电机制动器故障时，炉门意外落下，发生事故。

（2）炉体

炉体为炉子的主体，它起着支承各种构件和保温作用。它的外面是由型钢组成的构架，顶有300mm厚，侧壁和底部有250mm厚的保温层。保温层靠炉子内侧为40mm厚的硅酸铝纤维毡，其余为岩棉板。保温层外侧为4mm厚的普通钢板与构架焊接成密封整体，内侧为 2mm 厚 1Cr13 钢板，通过拉杆将保温层与钢板固定。

（3）空气循环系统

炉顶沿炉体纵向中心线排有四台高温轴流式风机，通过三角皮带与炉顶的四台双速电机相连。风机叶轮 ϕ1500mm。电机功率 55/40kW。高温风机可在 650℃以下正常工作。

炉膛内纵向的两侧有宽 700mm 的风道，插入式电加热器由上向下悬挂在风道内，风由两侧风道进入炉膛，由下而上，经过铸锭进入吸风口，形成热风循环。风机和风道的导流板均由吊杆固定在炉顶构架上。

（4）电加热系统

在炉顶两侧沿纵向有两排插入式加热器。每侧 24 支共 48 支。每支均为 31.5kW。加热器由上向下插入，固定在炉顶构架上，加热器的发热段处在风道内，对循环风加热。

（5）冷却水系统

炉顶上的高温轴流风机的叶轮传动轴在高温下高速旋转，为使轴承在高温下能正常工作，设有冷却水系统。系统中装有液流信号器、压力控制器，在水流量和压力低于规定值时报警，从而保证各用水部位的正常供水。为使炉门温度降低，炉门也设计了冷却水循环冷却系统。

（6）气动系统

炉门压紧和松开气缸、炉顶上排气装置中的气动蝶阀、炉门框架上的安全销气缸均以压缩空气为动力。压缩空气的压力必须在 0.4～0.6MPa 范围内以保证系统可靠工作。

（7）换气系统

换气系统吸进冷空气，排出热空气使炉子降温，它还可起到炉内烟气排除的作用。

（8）托料架

托料架放在炉底两侧的两排立柱上，方铸锭放在托料架上，通过装卸料车送进或取出。

（9）电气控制系统

电气控制采用先进的分区独立控制方法，各机械传动部分均设有手动操作与自动控制及连锁控制。其组成由电器元件、电机、控制柜、操作台、报警装置等组成。

（10）热电偶装置

热电偶装置由热电偶、热电偶保护管、补偿导线、控制装置等组成，在炉顶两侧按区间均匀分布，每侧各 2 个共 4 个测温点，每个测温点两支热电偶，一支报警，一支控制记录。热电偶装置用于检测炉膛炉气温度，以此控制炉子升温、保温。

4. 箱式加热炉装、出炉前炉况判断

装炉前对炉况的检查、判断：

(1) 打开冷却水阀，查看水流量是否足够。

(2) 开动炉门升降、压紧机构检查确认机构是否正常，炉门升降运行平稳，停止后炉门不下滑，炉门压紧松开到位、灵活。

(3) 关闭炉门，空负荷试运行检查确认加热器、风机、测温电偶及仪表是否正常。

(4) 开动复合料车，停在便于观察位置检查托料架有无偏斜或前后位置超出。

出炉前的检查、判断：

(1) 检查铸锭加热时间、温度等是否符合工艺要求。

(2) 检查风机、加热器控制开关是否断开，停止运行。

(3) 根据测温电偶确认铸锭温度是否在炉内冷却到规定的温度。

(4) 检查加热炉周围有无安全隐患，消除后再出炉。

2.1.2.2　立式加热炉基本结构和装、出炉前炉况判断

1. 立式加热炉基本结构及其功能

立式加热炉主要由炉盖开盖机、炉盖、循环风机、炉体钢结构、炉衬、加热器、炉盖锁紧装置、导风器、电偶装置、隔料架、底座、电控系统和排水装置等构成，如图2-2-9所示。立式加热炉主要是对铸锭进行去铸造应力加热或铸造组织均匀化退火处理。

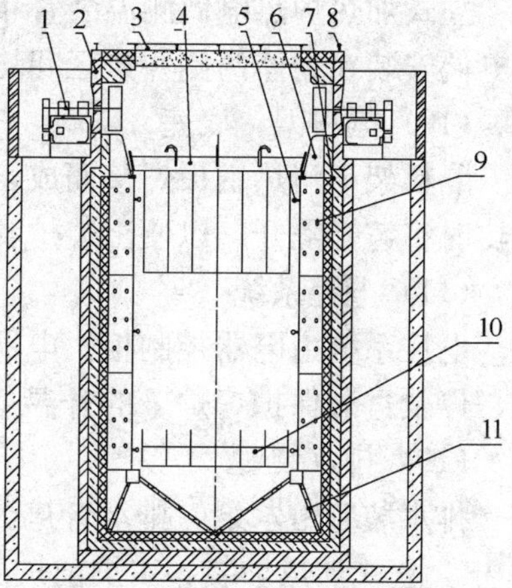

图2-2-9　立式加热炉结构简图

1—风机；2—炉体钢结构；3—炉盖；4—隔料架；5—电偶；6—导风器；7—炉衬；8—开盖机轨道；9—加热器；10—底座；11—导风器出口

(1) 炉盖开盖机

炉盖开盖机由龙门起吊机架、提升电机、行走电机、行走轮、钢丝绳、制动器、卷筒和减速机等组成，主要用于炉盖的打开、关闭，实现铸锭的装、出料。

(2) 炉盖

炉盖由型钢和钢板焊接成钢结构，内砌筑耐火材料和保温层。炉盖是立式加热炉的活动部分，具有良好的保温效果和密封性能。

(3) 循环风机

循环风机由风机机座部分和风机装配部分组成。其机座部分由铸铁铸造后经加工而成，并安装于基础上。风机装配部分由风叶、轴、轴承座、轴承、电机和带轮等组成，用来为炉子提供循环风，以确保炉内温度的均匀性。

(4) 炉体钢结构

炉体钢结构是用型钢和钢板焊接而成的整体构架，是炉子的支承部分，主要起

支撑作用。

(5) 炉衬

炉衬由石棉板、耐火砖、矿渣棉、石棉绒砌筑而成，是炉体的保温部分，主要起炉子保温作用，保证炉子生产工艺要求。

(6) 加热器

加热器是炉子的加热元件，由耐热电阻丝、绝缘耐热材料、固定箱、座等构成，为炉子的升温和保温提供能源。

(7) 炉盖锁紧装置

炉盖锁紧装置由连杆机构、电动机、压杆等部分构成，用于炉盖的压紧，保证炉盖密封良好。

(8) 导风器

导风器由钢板和炉内型钢焊接或螺栓固定形成的风道，循环风通过风道进入加热区加热，然后输送到炉内加热铸锭。

(9) 热电偶装置

立式加热炉热电偶测温装置布置和箱式加热炉一致，不同之处在于立式加热炉热电偶安装在炉体两侧并按区间均匀分布。

(10) 隔料架、底座

隔料架由耐热钢板焊接而成，底座一般用耐热铸铁铸造而成，两者都用于铸锭加热时将铸锭隔开，以便出装炉和保证炉料受热均匀。

(11) 电控系统

电控系统由电器控制柜、电器控制箱、电器控制元件等构成，主要执行风机的开、停及过载保护，炉子的升温、保温控制。

(12) 排水装置

排水装置由水泵、排水管道、逆止阀等构成，用于加热炉底排水。

2. 立式加热炉装、出炉前炉况判断

装炉前对炉况的检查、判断：

(1) 检查所有电器及电缆绝缘性、电机运转、电流指示及电器工作情况，无短路、单相、接触不良等情况，并且通过电流表指示情况，检查加热器工作状态。

(2) 检查风机轴承是否有严重摆动，电机皮带是否断裂。一旦发现风机轴承外壳发烫，或者有异常响声，应及时加注润滑脂。

(3) 新炉可通过测温检查炉温均匀性。

(4) 检查炉子的密封性和保温性。炉盖无变形，密闭良好，炉壁、炉盖、炉门、炉台无严重跑温情况。

(5) 各电位差计、热电偶及控温仪表是否完好，检查报警及监视系统是否灵敏可靠。

(6) 检查炉墙是否损坏，专用料架、隔料架、底座是否有严重变形、裂纹或破损。

出炉前的检查、判断：

（1）检查铸锭加热时间、温度等是否符合工艺要求。

（2）检查风机、加热器控制开关是否断开，停止运行。

（3）检查加热炉周围有无安全隐患，消除后再出炉。

2.1.2.3 推进式加热炉基本结构和装、出炉前炉况判断

1. 推进式加热炉的基本结构及其功能

推进式加热炉的主要结构与普通加热炉相近，主要区别是在炉内外增加了坯料的推进传送装置，加热元件的数量更多，炉体更长。推进式加热炉是将铣面后的坯料或酸洗过的坯料在轧制前按工艺要求进行加热，加热到工艺要求的温度和时间后，再将坯料送入轧机进行轧制，并支持轧机的连续生产，如图 2-2-10 所示。

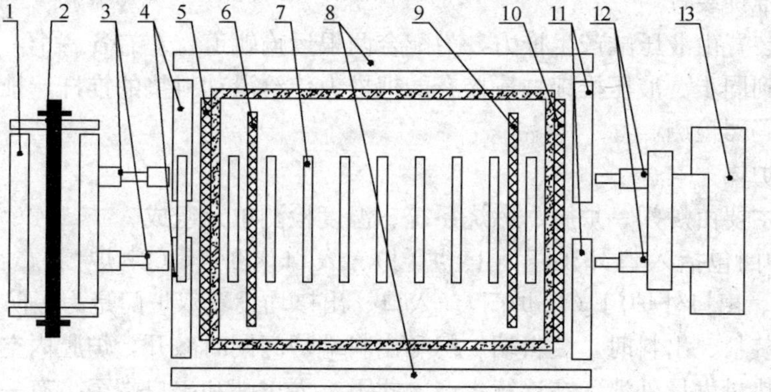

图 2-2-10 推进加热炉结构示意图

1—受料台；2—入口对中小车；3—推进机构；4—垫块入口横向传输装置；5—1# 炉门；6—2# 炉门；7—坯料；8—垫块纵向传输机构；9—3# 炉门；10—4# 炉门；11—垫块出口横向传输机构；12—抓取机构；13—轧机输入辊道

推进式加热炉由受料台、链条输送机构及入口坯料对中机构、入口上料机构、入口侧料垫运送机构、推锭装置、入口轨道桥、炉体、取锭装置、出口轨道桥、出口翻锭机、自动料垫返回系统和液压系统组成。

（1）受料台

用天车将坯料吊放在受料台上，随后输送链条升起，驮着料将坯料由受料台送往入口坯料对中机。

（2）链条输送机构及入口坯料对中机

自动程序先将受料台上的坯料通过链条传动输送到入口坯料对中机处的小车处，然后小车升起用辊子驮着料。于是对中机的两个推盘从左右两个方向同时向坯料推来使坯料完成对中。接下来，对中小车下落将料重新放到链条上，链条驮着料继续前进，来到入口翻锭机处，并将坯料放在翻锭机上。

(3) 入口上料机

上料机构是一台翻锭机，入口上料机将对中后的坯料翻转90°，使坯料正好立放在调整好位置待料的炉子入口处"V"形料垫上，以便推锭机能将铸锭推入炉内。该机由液压缸控制，能在水平位置和垂直位置往返运动，在运动过程中可将铸锭由水平位置竖放到炉子入口处。

(4) 入口侧料垫运送机构

入口侧料垫运送机构可将料垫放到坯料运送轨道上。垫块即料垫的作用是驮着坯料在轨道上完成装料、进炉加热、出炉等过程。

料垫可在机械作用下围绕炉体作循环传送。把垫块从出口传送到入口处的装置叫"纵向传送装置"，把垫块从纵向传送装置上转送到入口轨道上，或从入口轨道上转送到纵向传送装置上的装置叫"横向传送装置"。

(5) 推锭装置

推锭装置由液压缸产生推力，为配合两根运输轨道，左右各一个，通过机电配合使其达到同步。液压推锭缸连接有能把推力传给滑动料垫的推杆，推锭缸的位置用位置编码器检测。

(6) 炉体

炉体主要由炉门、炉膛、燃烧系统、温度检测单元组成。

1) 炉门包括入口外炉门(1#炉门)、入口内炉门(2#炉门)、出口内炉门(3#炉门)、出口外炉门(4#炉门)。入口、出口均设置双炉门是为了防止在连续生产方式下装料、出料时，装料端炉门和出料端炉门同时敞开，炉膛内空气对流而导致炉膛内热量大量外泄。在连续生产方式下，入口端和出口端至少有一个炉门是关闭的。

2) 炉膛是推进炉的热交换区。炉膛下方是运送坯料的轨道。炉膛内按工艺需要分为若干个区，每个区安装有数支燃烧器，天然气和空气按一定比例混合后通过燃烧器实现点火燃烧。为了控制热量的流向，炉膛内还设置有循环风机扇叶和导流板。

3) 燃烧系统在炉体上分布许多执行元件，主要有各区导流板高度调节机构、天然气自动开关阀门、燃烧空气自动开关阀门、燃气-空气比例调节机构等。

炉体上分布着许多管道，分别是天然气传输管道、燃烧空气传输管道、排烟风机传输管道等。另外还有若干台循环风机(一般是每个区一台)。

4) 温度检测单元相互独立地分布在推进炉炉体上，沿着炉子的分区走向在炉膛的两侧和炉膛上方各分布着一套温度检测单元，因此一个加热区存在三套温度检测单元。每套温度检测单元装设一支检测温度用的热电偶。炉膛上方的温度检测单元用于超温保护仪表作超温保护之用，炉膛两侧的用作上、下游温度控制之用。

(7) 取锭装置

坯料由取锭装置从炉内拉到出口翻锭机上，取锭装置采用液压操作，由双作用缸组成，共带有2个取锭抓手，分布在两个臂上。取锭前，取锭抓手伸入炉内，触及料垫后，带有平衡块的特殊抓手锁住料垫凸轮，限位开关指示取锭臂成功连接，接着取出最后面一块铸锭（离出口最近的铸锭）。自动程序检测到铸锭被拉到出口翻锭机的等待臂上后，操纵出口翻锭机先做45°翻转，然后出口轧线对中小车动作使其与轧线对中，接着翻锭机继续下翻45°将铸锭放到轧线输送辊道上等待轧制。

（8）出口侧卸料机（翻锭机）

出口侧翻锭机从出口侧取锭器接受并使其翻回90°成水平位置。与入口上料机一样，出口卸料机也是一台翻锭机，不同的是入口上料机的作用是将坯料由水平位置翻转90°，使坯料能够立放在入口“V”形料垫上，而出口翻锭机的作用是将坯料从立放着的90°位置翻转为水平位置，以便平放于轧线输送辊道上，平稳地送入轧机进行轧制。同样，该机也是由液压缸控制，能在水平位置和垂直位置往返运动，在运动过程中可将铸锭由垂直位置翻转成水平位置放到轧线输送辊道上。

（9）自动料垫返回系统

空料垫将自动从出口返回到入口并在入口侧滑轨上定位。坯料被翻锭机从料垫上运走后，出口侧左右两套料垫横移运输装置分别将各自的料垫放在沿外部炉体安装的料垫返回装置上。料垫横移运输装置由叉式小车和提升装置组成，整个装置安装在出口轨道两侧。小车的移动是通过电机驱动的。提升装置待料垫装上小车后将小车升起，然后小车驮着料垫向左右两边分开，到达料垫纵向运送装置处将料垫放到纵向装置轨道上并被送回入口处的入口横移运输装置上（结构和运动方式与出口的横移运输装置相同），并被入口横移运输装置送到入口轨道上待料，以备下个推锭周期使用。

（10）液压系统

推进炉的液压系统由油箱、压力表、油路、液压泵及比例调节阀等构成。它的作用是向坯料推进机构、坯料抓取机构、出口（轧线）对中小车、入口及出口翻锭机等提供动力使其动作。

一台推进炉共用两套液压装置，一套用于入口侧坯料翻转、坯料推进，一套用于出口侧坯料翻转、坯料抓取和坯料对中。压力由轴向活塞泵产生，不同用途的不同压力由溢流阀实现，每个阀站都有其自己的控制阀以驱动相关的液压缸。

2. 推进式加热炉装、出炉前炉况判断

（1）确认炉子内、外、上、下无人工作，炉子上及周围无杂物堆放。

（2）在电工、钳工配合下通过模拟装、出料试车检查炉子各部分动作是否正常可靠。

（3）检查天然气压力、风机或炉门循环冷却水压力是否正常。

（4）观察确认设备各处是否完好正常，不能有拆卸、不全的情况存在。

（5）在可视范围内设备上不能有漏油、漏雨、电源线拆掉、“严禁开动设备”警示牌等情况存在。

（6）操作台操作手柄、按钮等完好，必要的指示灯完好。

（7）电机启动过程中注意倾听是否有警报信号和事故信号发出，出现故障或事故，立即采取措施切断电源，查明原因排除故障或事故后方可重新启动，不允许采取临时措施。如果连续两次都未启动成功，必须找电工确认后，再进行启动。

（8）发现下列情况之一立即停车：剧烈的振动对电机有严重威胁时；所带动的机械被严重损坏时；轴承发生不允许的高热时；转速急剧减少，电机发热迅速时。

2.1.2.4　双膛加热炉基本结构和装、出炉前炉况判断

1. 叉式天车基本结构及其功能

叉式天车是双膛加热炉生产配套的设备。叉式天车的结构和功能与通常使用的天车相近，均由纵向行走机构（大车）、横向行走机构（小车）、重物提升机构（卷扬）等几部分组成。不同之处在于叉式天车更简单、工作范围更小，操作叉式天车是在地面进行控制，卷扬由链条和状若叉子的臂（简称“吊叉”）组合而成。叉式天车的作用是在双膛加热炉出炉时，将加热好的坯料从出炉端转运到轧机辊道上供轧机轧制。

2. 双膛加热炉基本结构及其功能

“双膛炉”顾名思义就是两个单独控制的炉子在结构上合为一体，两个炉子共用一个炉壁，这样设计可以减少热量的散失。双膛炉的作用和推进炉一样，只不过双膛炉不能支持轧机的连续生产，只能断续生产。因为双膛炉只能将一炉铸锭都加热到合适的温度后才能向轧机供料，并且装炉时不能出炉，出炉时不能装炉，装出炉只能分开进行。

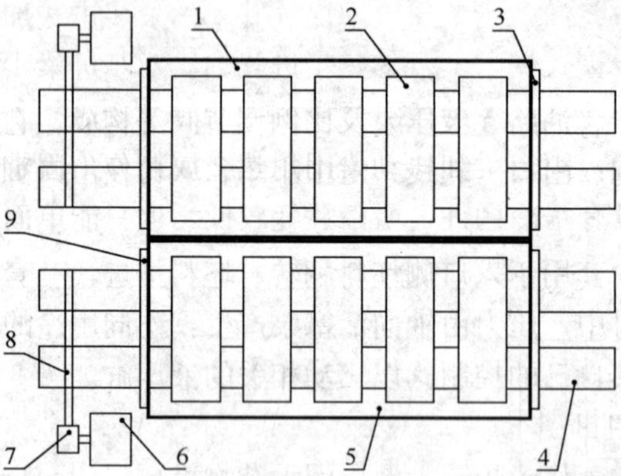

图 2-2-11　双膛链式加热炉示意图

1—2# 炉膛；2—炉膛内铸锭；3—入口炉门；4—铸锭运输链条；5—1# 炉膛；6—链条电机；7—链条减速箱；8—链条传动机构；9—出口炉门

双膛炉结构比较简单，主要由入口炉门、出口炉门、炉体、铸锭运输链条等部分组成。炉门和链条均由电机控制其动作，如图 2-2-11 所示。

炉体外壁按控制区域分布着一定数量的接线端子，它是连接电源线与炉膛内发热元件的电路连接点。由于电加热炉的工作电流一般较大，因此这些接线端子如果接触不好就会严重发热而损坏线路。因此生产和维护人员要经常检查其接线端子发热情况，发现问题及时处理。

炉体顶上按区间分布着检测炉膛炉气温度的热电偶，炉子加热系统根据炉膛温度测量值进行加热控制。每个炉子有 5 个温度控制区（或加热区），每区炉气温度检测由位于炉顶上的一支热电偶

进行。

炉膛内分为上、下炉膛。按区间在其上、下炉膛上均匀排列着发热元件（电阻带，俗称电阻丝、炉丝）。通电时，电阻带发热加热炉膛。

坯料是通过运输链条进入炉膛的。运输链条是同很多块状的、且耐高温的金属块用销钉串联而成的（如图 2-2-11 所示）。它放在一个耐高温的金属槽里，由驱动电机拉动运转，从而将链条上的坯料运送到炉膛内（装炉）或炉膛外（出炉）。

3. 双膛加热炉装、出炉前炉况判断

在按照双膛加热炉开炉前的检查和准备工作对炉子相关状况进行检查确认的同时，还应着重做好下列炉况的检查、判断。

（1）确认炉门升降是否正常。

（2）确认炉内各区炉丝位置是否正常、是否下垂过多，各区炉丝接线柱是否牢固，各区炉丝是否有接地现象（通过空炉送电试一下，有问题处理好后再装炉）。

（3）检查装料端与出料端的链条及其传动装置是否有卡阻等异常。

（4）空车试运转链条，确认链条工作时，出料端与进料端输送链条是否存在打堆损坏设备的现象。

（5）检查并清除炉内其他杂物，检查链条与铸锭之间隔放的铝垫板，防止在运行中铝垫板掉入炉膛而引起短路、放炮。

2.1.2.5 步进式加热炉的基本结构和装、出炉前炉况判断

1. 步进式加热炉的基本结构及其功能

步进式加热炉按照进料方式可分为端进、端出步进梁式加热炉和侧进、侧出步进梁式加热炉。按照使用燃料可以分为重油、焦炉煤气、煤气和天然气步进式加热炉等。按照炉子的结构可分为上加热步进式炉、上下加热步进式炉、双步进梁步进式炉（图 2-2-12）等。

上加热步进式炉仅上部有加热装置，固定梁和移动梁用耐热金属制作，固定炉底用耐火材料砌筑。这种炉子基本上没有水冷构件，所以热耗较低，但只能单面加热，一般适用于较薄板坯的加热。

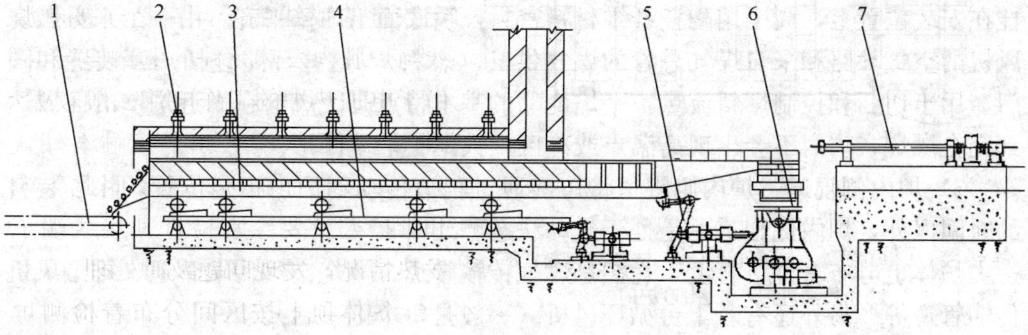

图 2-2-12 双步进梁式加热炉结构简图

1—出料辊道；2—平焰烧嘴；3—步进梁；4—提升机构；5—步进传动机构；6—上料机构；7—推锭机

步进式炉也逐步发展了下加热的方式，炉底是架空的，可以实现双面加热（步进式炉锭坯与锭坯不是紧靠在一起，中间有空隙，可认为是四面受热）。下加热一般只能用侧烧嘴，因为立柱挡住了端烧嘴火焰的方向，如果要采用端烧嘴，需要改变立柱的结构型式。上加热可以用轴向端烧嘴，也可以用侧烧嘴或炉顶烧嘴供热。考虑到轴向烧嘴火焰沿长度方向的温度分布和各段温度的控制，某些大型步进式炉在上加热各段之间的边界上有明显的炉顶压下，而下加热各段间设有段墙，以免各段之间温度的干扰。因此，这样的步进式炉沿炉子长度温度调节有更大的灵活性，如果炉子宽度较大，火焰长度又较短时，可以在炉顶上安装平焰烧嘴。

为了减少热损失，铸锭多采用侧装方式，铸锭顺向进炉，炉门较小，有利于减少热量散失，较铸锭端装方式热损失减少 0.4%～0.8%，而且不需要推料装置。

步进式加热炉的作用是将坯料在轧制前按工艺要求进行加热，加热到工艺要求的温度和保温时间后，再将坯料送入下游的轧机进行轧制。

步进式加热炉主要由装料机、装料辊道、炉体、步进传动机构、出料装置等部分组成。

（1）装料机

用天车将锭坯吊放在装料机上，装料机组成一个铸锭堆放站，将锭坯准备送入炉内。

（2）装料辊道

装料辊道将装料机上的铸锭通过辊道传动输送到炉内。

（3）炉体

主要由炉门、炉膛、炉内侧辊道组成。

1）装料炉门、出料炉门。装料周期开始之前，炉门经升降装置打开，当装料结束，炉门关闭，防止炉膛内空气对流而导致炉膛内热量大量外泄。

2）炉膛。炉膛是步进炉的热交换区，炉膛下方是步进梁和固定梁。炉膛内按工艺需要分为若干个区，每个区安装有数支燃烧器（烧嘴）。

平焰烧嘴由烧嘴砖、助烧空气室外壳及一个或几个燃气入口组成，用钢座板吊挂在安装位置上，周围用陶瓷纤维材料密封，嘴底面与内壁平齐。由一个来自燃烧风机的空气环路和来自煤气总管的煤气供气（燃料），这些环路包括一套装置和阀门，用于切断和控制燃料流量。平焰烧嘴的基本特点是使燃料在靠近炉壁的区域达到完全燃烧，炉内不会出现高温点或冷区，火焰扩散呈圆形。

3）炉内侧辊道。炉内侧辊道将铸锭通过辊道传动到炉内指定位置。除了装料的时间以外，炉内侧辊道总是处于运动状态。

炉体上分布着许多管道，它们是燃气传输管道、燃烧空气传输管道、排烟风机传输管道等。另外还有若干台循环风机（一般是每个区一台）。

（4）步进传动机构

步进式加热炉的关键设备是移动梁的传动机构。传动方式分机械传动和油压传动两种，目前广泛采用液压传动方式。其任务是将笨重的炉底负荷能平稳的提升至规定高度。为了减少提升所需要的作用力，需要采用一些省力机构。现代大型加热炉的移动梁及上面的铸锭重达数十吨，使用油压传动机构运行稳定，结构简单，运行速度的控制比较准确，占地面积小，设备重量轻。油压传动机构又分为曲臂杠杆型、倾斜滑块型、偏心轮型三种。

为了避免升降过程中的振动和冲击，在上升和下降及接受铸锭时，步进梁应该中间减速。水平进退时，开始与停止也应该考虑缓冲减速，以保证梁的运动平稳，避免铸锭在梁上擦动。办法是用变速油泵改变供油量来调整步进梁的运行速度。

（5）出料装置

出料装置接受炉内辊道传输的铸锭，将加热后的铸锭，顺利送入下游热轧机。

2. 步进式加热炉装、出炉前炉况判断

（1）确认冷却水及压缩空气压力、温度是否正常。

（2）确认炉底密封水、液压泵站水冷压力、温度是否正常。

（3）确认炉子上煤气、空气的各种阀门是否放置正确位置。

（4）确认煤气、空气的压力是否符合要求。

（5）检查装料机、装料辊道、装料炉门、出料炉门、炉内侧辊道和步进传动机构能否正常动作。

2.1.2.6　圆锭环形煤气加热炉的基本结构及其功能

环形煤气加热炉一般由装料台、装出料机构、炉体构成。

（1）装料台

用天车将圆铸锭吊放在装料台上，计量给料器将铸锭翻转至受料台，推料机向前推料，使铸锭处于装出料机构便于夹送位置。

（2）装出料机构

环形炉的装出料机构是借助于机械来实现的。装料、出料机构分别安装在小车上，小车在电动机的驱动下，可以在轨道上前后移动，靠电磁抱闸来保证小车的准确停位。夹钳的夹紧、松开，料杆的上升、下降都是借助于风缸来实现。工作中，应按铸锭规格调整和选择装出料杆夹钳开度及提升高度，并避免夹钳撞击铸锭和炉底，不允许夹钳沿炉底拖拉铸锭及夹钳与炉门相撞。要求料杆溢出水温不高于35～40℃，不允许装出料杆在炉内停留半分钟以上，如遇故障应人工及时盘车拖出料杆。已加热铸锭在夹钳内不允许超过出料杆由炉内出来移向供锭小车的时间，即6～8s。

（3）炉体

炉体主要由炉门、炉膛、旋转炉底、烧嘴和烟道等组成，如图2-2-13所示。

装料、出料炉门是由电机带动链条传动控制其升降，检修炉门则由人工拖拉链条控制升降，检修炉门主要用于在生产中观察炉膛内铸锭加热情况，及在停炉后检修时便于检修人员出入、并确保炉膛检修时通风作用良好。炉门一般采用耐热铸铁

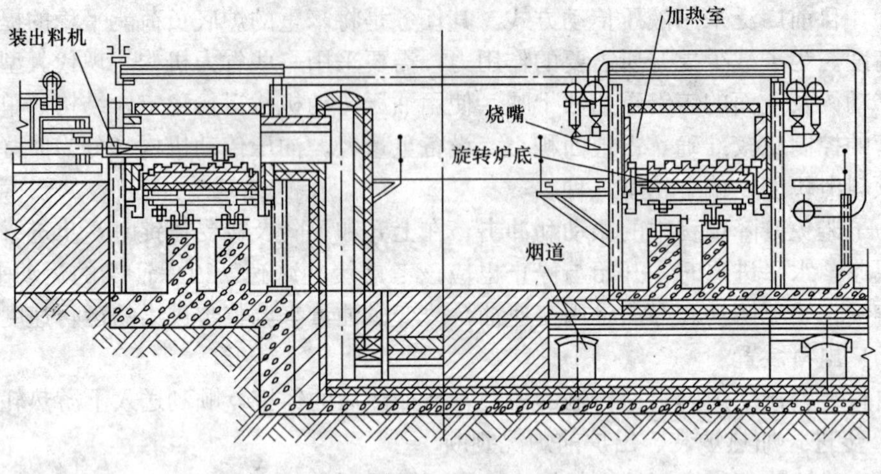

图 2-2-13　环形煤气加热炉

铸造成炉门框，在框内砌耐火砖而构成。因此装料、出料炉门在开启时应平稳，提升高度适中，以免装出料机构碰撞炉门，导致炉门损坏、耐火砖脱落影响加热生产。

环形加热炉的骨架是由工字钢焊成一个整体，炉体、炉顶、炉底都是由耐火砖砌成，炉顶砌成拱形，在炉顶铺有一层轻质耐火土。一般环形加热炉的燃烧器设置在外炉墙，大型环形炉的内炉墙也设置相应数量的燃烧器。相对于各个加热区域，在炉墙上安装有热电偶装置，用于测量炉膛温度和金属温度，以控制炉子升温、保温。

环形加热炉的圆环形炉底在传动机构的带动下，按一定角度转动。在炉底转动中，铸锭和炉底之间不产生相对移动。环形炉炉底借助于齿条、齿轮在电机的驱动下，由主令电气控制按一定角度进行转动，炉底砌有V形槽的角度砖，炉底按10°、15°、30°的规律转动。在炉底的每一个角度上，可以布1～4个铸锭，炉内布锭的数量取决于挤压机的生产效率和铸锭加热时间。环形加热炉的内、外炉墙固定在设备基础上，转动炉底与炉墙之间的间隙用循环水加以密封，防止空气进入炉内。

2.1.2.7　圆锭工频感应加热炉的基本结构及其功能

感应加热炉主要由贮锭台、液压站、冷却水箱、输送辊道、受料平台、炉体及供锭小车等组成。

(1) 贮锭台

用天车将圆铸锭吊放在贮锭台上，液压缸带动翻料器将铸锭翻转至运输辊道，由辊道将铸锭运送至加热炉拨料器处等待装炉。

(2) 液压泵站

液压泵站的作用是经电动机带动液压泵将液压油通过各液压阀、输油管传送至各液压缸、液压马达，使加热炉顶杆、炉门塞、供锭小车等产生运动。

(3) 冷却水系统

冷却水系统主要由循环冷却水箱、水泵、电动机、水阀、输水管道、水压仪表、水温仪表以及设置在厂房外的冷却水塔组成，是向感应炉加热线圈内输送冷却水、防止加热线圈及电子元件因温度过高而损坏的设备。

感应加热前，应首先启动冷却水系统，加热过程中，严禁中断冷却水，并随时观察冷却水温（水温不超过52℃）。当水温过高报警时，应采取降温措施——启动冷却水塔电机，用风机吹炉体。在加热过程中突然停电或停水时，应立即打开紧急冷却水阀并严密观察水温变化情况，当恢复供电或供水后，应先打开水泵，再关闭紧急冷却水阀。

(4) 输送辊道

由电动机带动链条使辊道转动，将铸锭输送至加热炉入口处。

(5) 受料平台

加热炉入口和出口处安装有拨料器，拨料器经液压缸带动，使辊道处、加热炉出口处铸锭分别拨入加热炉受料平台，顶杆在液压缸带动下将受料平台处的铸锭顶入或顶出炉体。

(6) 炉体

炉体主要由机架、加热器、铸锭夹钳及测温仪等组成。

1) 机架，由槽钢焊接而成，加热器安装在机架上，加热器与机架之间采用绝缘材料隔绝。

2) 加热器，由炉衬、滑板、加热线圈构成，炉衬、滑板均为耐高温不锈钢材料（可耐1050℃高温），加热线圈为紫铜偏心管缠绕而成，紫铜偏心管外部缠有耐高温绝缘玻璃丝带，可避免线圈之间因接触而短路，内部通入冷却水，以防线圈温度过高引起电子元件失灵。加热线圈安装在炉衬外部，在通电后形成磁场使铸锭或炉衬产生感应电流而发热。滑板安装在炉衬内，使被加热铸锭与炉衬不直接接触，避免炉衬因磨损严重而影响使用寿命。在加热前，应及时清理加热炉滑板内氧化皮，避免氧化皮堆积使铸锭出炉不顺利，并可能引起内衬打火甚至被击穿，导致线圈绝缘损坏。

感应加热炉包括铸锭加热、铸锭均热两种不同的热处理方式，在加热原理上虽均为感应加热，但在炉子结构上、加热对象上都有所不同。

铸锭加热炉主要对铸锭直接加热，炉衬壁厚比铸锭均热炉炉衬要薄，炉衬外部仅缠有耐高温绝缘材料（玻璃丝带）与加热线圈隔绝，并且在炉衬外部沿长度方向左右对称装有硒钢片，以加强磁通、提高加热效率、减少漏磁现象，达到快速加热的目的。炉内装满铸锭开始加热，在形成温度阶梯后，前端铸锭温度较后端温度高，前端铸锭达到设定温度后快速装入均热炉。在加热过程中，两端顶杆将铸锭顶紧，使铸锭接触面之间贴紧，防止出现断磁现象而影响加热效果，禁止向加热炉内装入热铸锭，以免铸锭温度过高，出现过烧或化料现象。

铸锭均热炉是对已加热到温度的铸锭进行保温、均热，主要对炉衬直接进行加热，炉衬外部裹有保温石棉层，并缠有耐高温绝缘材料（玻璃丝带）与加热线圈隔绝，均热炉两端安装有炉门塞、顶部 1/3 处安装有氮气管可通入氮气减少空气进入炉膛，使被加热铸锭处在密闭炉膛内，具有良好的保温、均热及减少表面氧化的效果。在加热紫铜、白铜等易氧化金属时，均热炉内必须通入氮气，以减少铸锭表面氧化。

3）铸锭夹钳，铸锭夹钳的前后移动、夹紧松开均由液压缸控制，可将铸锭输送至供锭小车。

4）测温仪，感应炉采用非接触式测温仪和热电偶检测铸锭的端面、侧面及加热炉炉膛温度。加热时，随时观察仪表测温显示情况，及时调整设定温度。

（7）供锭小车

供锭小车由液压马达带动链条传动，将铸锭运送至挤压机供锭机构。

2.2 生产操作

2.2.1 准备炉料

准备炉料必须根据生产计划进行，操作人员对料场的待加热铸锭合金种类、规格、堆放位置、数量和基本的质量状况等应做到心中有数。还应查阅加热工艺规程，确定加热铸锭的加热工艺参数。

箱式加热炉、立式加热炉和卧式加热炉主要用于铸锭去应力加热或均热，加热后的铸锭通常需要进行机加工，这就要求在炉料准备时，既要按熔次装炉，便于加工作业；又要根据不同加热炉的特点，结合炉料规格、长度以及存在的缺陷采取不同的准备方法。

同一加热工艺制度的炉料，在备料时首先通过炉料的规格、长度选择加热炉。

（1）箱式加热炉的特点及备料要求

1）特点：方铸锭采用箱式加热炉生产比较经济合理，它操作方便，出装炉时间短，炉温散失少，可以提前备料，出装炉时受天车制约程度小，并且作业人员劳动强度相对较低。

2）备料要求：箱式加热炉铸锭长度应控制在 3000～6000mm，每炉装 6 块，铸锭的底部朝炉外，侧立的铸锭上面不允许横放铸锭。

（2）立式加热炉的特点及备料要求

1）特点：立式加热炉装炉组合比较自由，可以不同规格的方锭、圆锭同炉加热，能最大限度地利用炉内空间，提高装炉量。但是立式加热炉装炉时间长，炉温散失大，需长时间占用天车，受天车制约程度大，作业人员劳动强度高。

2）备料要求：立式加热炉的铸锭长度控制在 3800～6700mm，不同的炉子可以采取增减底座层数，来调节炉膛高度，适应不同长度的铸锭加热需求，但是炉料长度不得小于隔料架高度，否则会造成吊运困难。立式加热炉由于底座空格，不适合装 ϕ270mm 以下的圆铸锭。

为了减少立式炉装炉时间，在备料时要做好装炉计划，通常情况方铸锭 340mm 和 400mm 厚度装 8 块，480mm 厚度装 6 块；圆铸锭 ϕ360mm 装 36 根，ϕ482mm 装 24 根，ϕ550 装 16 根，ϕ630mm 装 12 根，ϕ775mm 以上装 4 根。为了提高装炉量，还可以进一步组合，例如装 400mm×1120mm 或 400mm×1320mm8 块方铸锭后还可以在其两侧插入 4～8 根 ϕ482mm～630mm 的圆铸锭。

（3）卧式加热炉的特点及备料要求

1）特点：卧式加热炉用于批量小，规格小，需装筐加热的圆铸锭炉料，也可以加热方铸锭。卧式加热炉的炉料通常采取提前装筐备料，出装炉时间比立式炉短，受天车制约程度小。

2）备料要求：卧式加热炉的炉料必须短于炉口长度（1# 炉 5200mm、3# 炉 4400mm）。加工后的筐装料可以装 6～8 筐；加工前的圆铸锭 ϕ224mm 装 60 根，ϕ262mm 装 36 根，ϕ360mm 装 21 根，ϕ482～550mm 装 9 根，ϕ630mm 装 6 根，ϕ775mm 装 4 根。方铸锭 400mm×1120～1320mm 装 5 块，480mm 厚度的装 4 块，炉料之间需用纯铝锭隔开；400mm×1620mm 只能备入料筐中，每炉装 3 块。

对于弯曲严重、端面不平、已产生裂纹的加热料，应备入料筐中，安排在卧式加热炉生产。

（4）推进式加热炉、步进式加热炉备料要求

推进式加热炉、步进式加热炉等为轧制或挤压工序加热铸锭的炉子备料时，应根据任务单或生产卡片逐块查对准备装炉的铸块。确认标志内容（合金、熔次、规格）与生产卡片和生产任务单是否一致。按生产任务单顺序排料，用粉笔在铸块上写上装炉顺序号。对未找到的铸锭，应详细记录在交接班记录上并向生产计划部门反映。

为加热炉准备坯料时还应注意：

考虑坯料的合金种类、规格的加热要求，同类型的编在一起。

同一料架或同一垛料有不同熔次的铸锭时，避免重复翻垛选料，特别是已机加工后的坯料。

加热前，坯料应保持干燥。

有质量异议的坯料，如存在裂纹料、弯曲料不得装炉，必须经过修复，通过铸锭验收后方可生产，未接到已处理完毕的通知前，不得备料。

2.2.2　装、出炉作业

装炉前，必须按作业卡片核对合金、炉号、熔次、规格和数量等。消除出现待加热铸锭错装、漏装、混装等可能产生严重质量事故的隐患。

2.2.2.1 箱式加热炉装、出炉作业

箱式炉加热炉装、出炉作业包括翻转机翻转铸锭作业，复合装卸料车装、出炉作业，炉子的开动、停止作业等。

1. 翻转机翻转铸锭作业

根据铸锭规格，选用合适的水平吊钳，将铸锭一块一块吊放在翻转机平台上（每次不超过3块）。启动翻转机油泵，翻转台油缸活塞杆伸出，翻动到极限位置停车、停油泵。选用合适的侧吊钳将铸锭吊运到托料架内放置。启动翻转机油泵，翻转机复位，停车、停油泵。

2. 复合装卸料车装炉作业

启动料车油泵→装卸车前进→平台升起→装卸车后退→平台下降→转运车快速运行→到加热炉前转慢速→停转运车→停加热器→停风机→炉门压紧松→炉门升起→炉门插入定位销→平台升起→装卸车进→平台下降→关闭泵→装卸车后退→收回炉门定位销→炉门下降→炉门压紧→转运车快速运行→到定位转慢速→停车。

3. 炉子开动和停炉作业

开动炉子：装炉完成后→打开冷却水阀→设定加热工艺参数→开风机→开加热器。

停炉：加热完成后→停加热器→停风机→铸锭出炉后关闭冷却水（连续生产不关闭冷却水）。

4. 复合装卸料车出炉作业

转运车快速运行→到炉前转慢速→炉门压紧松开→炉门升起→炉门插入定位销→开油泵→装卸车前进→平台上升→装卸车退→平台下降→收回定位销→炉门下降→炉门压紧→炉子待料→转运车快速运行→到料台转慢速→停车→开料车油泵→装卸车前进→平台升起→装卸车后退→平台下降→托料架放在料台上冷却到100℃以下。

5. 翻转机出铸锭作业

启动翻转机油泵，翻转台油缸活塞杆伸出，翻转到极限位置停车、停油泵。选用合适的侧吊钳将托料架内铸锭吊运到翻转机平台上（每次不超过3块）。再启动油泵，翻转机复位，停车、停油泵。选用合适的水平吊钳将铸锭吊运到均热铸锭存放区存放。

6. 箱式加热炉作业要求

（1）出、装炉时必须停电、停风。

（2）出、装炉以后的铸锭要堆放整齐，周围严禁有易燃物品。

（3）使用复合料车装、出炉时，炉门打开后，必须锁好定位销，作业完毕，关好炉门方可送电。

（4）铸锭长度不能大于炉子允许的最大长度。

（5）托料架必须正确放在装卸车上，不得偏斜，更不能在偏斜的状态下送铸锭

进入炉内。

（6）使用吊钳将铸锭侧立于托架时，相邻两块铸锭必须错位摆放。

（7）铸锭侧立间距不小于150mm，铸锭侧面与炉壁及端部与炉壁的间距均不少于150mm。

（8）加强炉温监控，按工艺规程要求设定和控制加热温度和加热时间。

（9）待加热的硬铝合金方锭必须放在防爆架内，以防现场炸裂。

（10）对于容易被吊钳夹伤的铸锭，出炉后应冷却至100℃以下才能吊运。

（11）堆放料场必须干净，防止加热后铸锭异物压入；铸锭堆放整齐，周围严禁易燃、易爆物品。

2.2.2.2　立（卧）式加热炉装、出炉作业

1. 装炉作业

加热炉停风、停加热器，启动起盖小车提升炉盖，小车水平移动，放置在另一炉膛的炉盖上。竖立起安全栏杆，将隔料架放入炉内规定位置。根据待装炉铸锭规格，选用合适的立式吊钳将铸锭放入炉内，装炉完毕，把吊钳归位。放下安全栏杆，起盖小车提升炉盖，小车水平移动，将炉盖盖上压紧，完成装料过程。

2. 炉子开动和停炉作业

开动炉子：装炉完成后→设定加热工艺参数→逐个开启风机→开启加热器。

停炉：停加热器→停风机→切断总电源（连续生产不必切断电磁站总电源）。

3. 出炉作业

启动起盖小车提升炉盖，小车水平移动，放置在另一炉膛的炉盖上。竖立起安全栏杆，选用合适的立式吊钳吊出铸锭，放到加热铸锭存放区。出炉完毕，需连续加热时，应接着进行装炉作业。

4. 立（卧）式加热炉作业要求

（1）出、装炉时必须停电、停风，炉温降至450℃以下。

（2）启盖作业时，轨道上无人员或杂物。

（3）出、装炉前必须装好安全栏杆，严禁任何人站在栏杆里面操作。

（4）吊运铸锭时不得碰撞炉壁和炉内设施，并且应避免碰伤、挂伤铸锭表面。

（5）方锭装炉，吊钳应夹住铸锭底部垂直装炉。

（6）卧式炉装炉时应先将铸锭装入料架内，炉内各料架整齐排列，必须间隔200mm以上，料架与炉壁间隔300mm以上，保证通风良好。

（7）卧式炉必须在铸锭上捆绑热电偶进行测温。测温点共3个，第1点在热端的上部，第2点在热端的下部，第3点在冷端的中部。

（8）不同规格的铸锭同炉加热时，大直径铸锭装在热端，小直径铸锭装在冷端，铸锭的浇口部一般装在热端。方圆锭同炉加热，先装方锭，再装圆锭。

（9）加强炉温监控，按工艺规程要求设定和控制加热温度和加热时间。

（10）堆放料场必须干净，防止加热后铸锭异物压入；铸锭堆放整齐，周围严

禁易燃、易爆物品。

(11) 待加热的硬铝合金方锭必须放在防爆架内，以防现场炸裂。

(12) 对于容易被吊钳夹伤的铸锭，出炉后应冷却至100℃以下才能吊运。

(13) 均热铸锭出炉后，除工艺特别注明需快速风冷外，均采用自然冷却。

2.2.2.3　推进式加热炉的装炉、出炉作业

1. 装炉、出炉作业过程

推进炉装炉、出炉动作过程有三种方式，分别是连续生产方式、空炉装料方式和推空垫块方式。

(1) 连续生产方式

在连续生产方式下，各执行机构是按顺序动作的，只有上一个步序与下一个步序之间的条件满足后，才能执行下一个步序，因此各部分设备的动作一环紧扣一环。当轧机向推进炉发出要料信号时，推进炉操作人员先确认坯料的表面温度已经达到了工艺卡片要求时，然后按下“出炉”按钮，此时各部分自动进行出炉作业：

1) 出料侧取锭机构上的抓手（简称取锭机）伸出进入炉膛，同时1#、3#炉门抬起。

2) 当取锭机伸到位后，取锭机抓到了垫块，且此时3#炉门已经抬起到位，取锭机开始往炉膛外拉（简称后退），一直退到3#与4#炉门之间即暂时停止。

3) 3#炉门开始落下，到位后，4#炉门开始上升并升到位。取锭机继续往外拉（退），一直拉（退）到出料端翻锭机位置即停止。

4) 4#炉门开始下落并落到位。

5) 出料端翻锭机驮着坯料开始向轧机输入辊道上翻（这个过程叫下翻卸料）。当翻到45°角时暂停。

6) 轧机对中小车载着出料端翻锭机开始向轧机辊道中间推进，这个过程叫坯料对中。

7) 对中完成后，翻锭机接着继续往下翻直到将坯料平放到轧机输入辊道上为止。此时，轧机输入辊道可将坯料送入轧机进行轧制生产。

8) 翻锭机完成了卸料动作开始往炉子方向翻（这个过程叫上翻）并直至到位。

装料端装料过程：

装料过程与出料过程同时进行。

1) 出料过程完成1)、2) 步骤后，1#炉门已经打开，取锭机抓住坯料已经拉（退）到了3#炉门与4#炉门之间。入口推锭机开始向炉膛内推动放置在运送轨道上的坯料，当推锭机把坯料推到1#炉门与2#炉门之间时暂停。

2) 1#炉门开始下降直至下降到位，2#炉门开始上升直至升到位。

3) 推锭机继续往炉膛内推料直至将料推到位为止。

4) 推锭机开始往炉膛外退，直至退回到位。

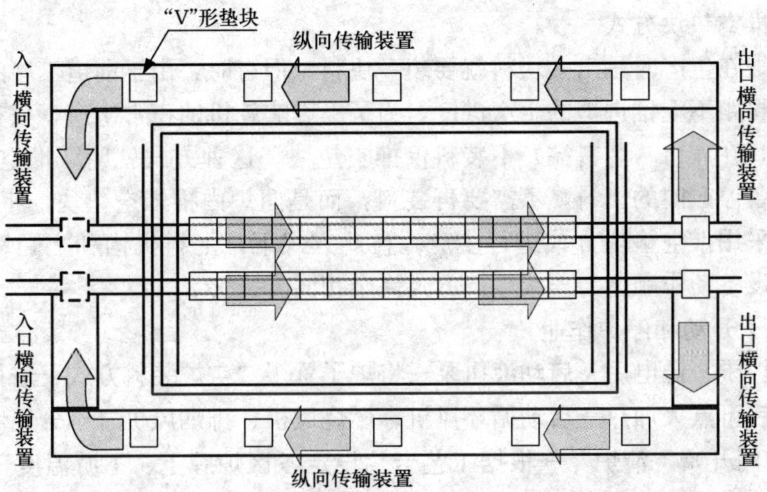

图 2-2-14　推进炉"V"形垫块传输示意图

垫块传送过程及备料过程：

1）垫块传送过程

垫块驮着坯料沿着送料轨道被推锭机从入口推到出口，并被取锭机拉到炉膛外。当坯料被送入轧线后，在出料端两条轨道上就剩下两只空垫块，此时需要把这两只空垫块从出口送回到入口并放回到入口轨道上。垫块从出口传送到入口是通过叉式小车横向传送和传输辊道纵向传送来实现的，如图 2-2-14 所示。

2）备料过程

备料是指坯料被推入炉膛内后，重新在入口装料端放置坯料的过程。当推锭机把坯料推到 1# 炉门与 2# 炉门之间时，入口翻锭机翻到上料的链条上等着接料。

天车先将坯料吊运到受料台，受料台接到"坯料准备好"信号后开始下降，将坯料放置到坯料输送带上，由输送带将坯料传送至对中装置处暂停。当对中装置完成坯料对中后，由输送带将坯料传送至准备接料的入口翻锭机上。此时，如果轨道上已经放置好了垫块并被推锭机推到了合适的位置，入口翻锭机就会载着坯料往轨道上放置的垫块上翻，直至将坯料放置到垫块上。

通过装料过程、出料过程、垫块传送过程及备料过程，推进炉整个自动连续生产过程结束。下次再出炉时就按照上述几个过程再完成一次循环。

（2）空炉装料方式

当推进炉检修或待料停产后，炉内只剩空垫块，若再次启动装料，为节约能源，可预先将炉料装满，再点火加热。在没有料的情况下向炉内装料就叫"空炉装料"。在这种方式下，1#～4# 炉门全部自动抬起，坯料推进机构在 1#、2# 炉门之间、坯料抓取机构在 3#、4# 炉门之间不再停止，下翻锭机，轧机对中小车不再动作。这样既缩短了装料时间，又减少设备不必要的动作。

(3) 推空垫块方式

推进炉在生产时是出一块料就要装一块料，但有时，由于前道工序的生产出现瓶颈，来料跟不上推进炉的生产进度，为了不影响轧机的正常生产，只有采取在出料的同时，在入口（装料端）不装料仅推空垫块，这种方式就叫“推空垫块”。另外，在设备停产前的出料，不需要再装料，而是向炉内推入空垫块，将炉料出完，这时，也采用推空垫块方式进行生产。在此方式下，上料机构和上翻锭机不再动作，其他设备动作顺序与连续生产方式完全相同。

2. 炉子开动和停炉作业

开动炉子：送电后→启动液压泵→将炉子置于“空炉装料方式”进行装料，装到半炉料后可点火加热→启动循环风机、燃烧风机、排烟风机（不分先后）→提升1#、4#炉门开始“清炉”→根据工艺卡片设定各区炉膛上、下游温度→打开天然气总阀门→按“点火”按钮，炉子开始进行燃烧加热。

停炉：炉内料干完→将炉子置于“推空垫块”方式→将料出尽→停液压泵→按“停火”按钮炉子停止加热→炉膛内温度降至规定值以下，停循环风机、燃烧风机、排烟风机→停 PLC 电源→停总电源。

3. 推进式加热炉作业要求

装炉前要检查设备各部件是否运转正常，吊具是否安全可靠；装炉或出炉时，必须停电、停风、停气；装炉时，吊具必须夹紧后方能起吊，装炉或出炉时，铸锭放置必须合理、稳妥。

检查生产卡片与待装炉料的合金、熔次、规格等是否一致。

装炉前检查装炉坯料表面是否有裂纹、疏松、夹渣、拉伤等缺陷存在，若有则不允许装炉。确认装炉坯料表面无粘铝、磕碰伤以及边部毛刺，若有则用锉刀、刮刀打磨圆滑后方可装炉，并用洗油、毛巾将铸锭坯料表面灰尘、油污清擦干净。

铸锭必须按装炉顺序号依次吊至加料机构上进行装炉。待铸块翻锭完成，落入“V”形垫后，对铸块的另一面进行表面质量检查和处理。处理完毕后，按“复位”按钮，并通知出炉侧操作台。

进炉前，坯料必须对中，即坯料的中心线和推进炉的中心线在同一垂直面上。

出炉侧操作台在收到热粗轧给出的出炉信号后，按“测温”按钮，对铸锭进行测温并进行记录。

当铸锭加热符合工艺要求时，按“出炉”按钮，正常装炉、出炉生产。

设备发生故障时，立即将操作系统改为手动，通知相关人员处理。处理完毕后，按“复位”按钮，转入自动生产程序。

2.2.2.4 双膛电加热炉装炉、出炉操作过程

双膛链式加热炉中，从装料到出料的整个过程中，坯料的运送均由贯穿炉膛首尾的链条通过转动来实现。

1. 装炉作业

(1) 打开装料端（入口）的炉门，在入口机架链条处放置条形铝垫块，该垫块可以避免坯料在链条传送过程中被活动的链条擦伤。

(2) 将天车吊运来的坯料按横放或竖放的方式放置在垫块上。坯料横放还是竖放，主要根据坯料的尺寸决定，原则是，为了多装料，能横放的就横放，如果不能横放就改为竖放。横向装炉时，打印端朝向轧机方向，竖向装炉时，打印端朝出炉方向。在放料的时候，要注意避免坯料进入炉膛后撞坏两边或炉膛上方的发热元件。

(3) 放好料后，让天车吊钳升起离开坯料，操作炉门旁边的控制手柄，打开炉门，使链条运转起来将坯料送入炉膛，即完成一块坯料的装炉。

(4) 按以上步骤依次装第二块、第三块，直至装满整个炉子为止。链条工作时，出料端与进料端的岗位人员应密切注视输送链的运行状态，以防链条打堆损坏设备。

(5) 炉子装完坯料后，将入口炉门和出口炉门（装料前应关好）均关好，然后在控制室上位机上按生产卡片的要求设置加热和报警温度，送电生产，并做好交接班和各项记录。

(6) 装炉时保证第一块铸锭能到达炉子出炉端的规定位置，最后一块铸锭离装炉端炉门半个区以上。

2. 出炉作业

铸锭到温后，做好出炉准备。

(1) 开动叉式天车到将要出料的炉子出口炉门前，将叉子对准出口炉门前输送链条的空隙处，然后将叉子落到低于链条的位置。

(2) 开启出炉端炉门，在出口侧操作链条运转手柄，使链条载着坯料运转到炉门外叉子处停止，逐块测量出炉铸锭温度并如实记录。

(3) 开动叉式天车，用叉子将坯料提升到一定高度，使坯料脱离链条和高于轧机辊道。

(4) 用长臂夹钳取下粘在坯料下方的垫块（由于加热和压力的缘故，垫块通常会粘在坯料的底部），放入一个专用的垫块筐内。

(5) 继续开动叉式天车，在轧机输入辊道上方下降叉子将坯料放置到轧机的输入辊道上，对于包铝铸锭需预先剪断钢带。等轧机开动输入辊道将坯料送入轧机轧制后，再开动叉式天车将叉子放在（1）描述的位置，准备进行下一块坯料的出炉操作。

3. 炉子开动和停炉作业

开动炉子：送电后→打开炉门查看炉内情况是否正常→按照生产卡片向炉内装满坯料→关闭炉门→在上位机上按照装炉生产卡片输入炉气设定温度等参数→在上位机上设定报警温度→在上位机上点击“送电”。

停炉：料出尽后→在上位机点击“关断”后炉子停止加热生产过程。

4. 双膛电加热炉作业要求

装炉前要检查设备各部件是否运转正常，吊具是否安全可靠；检查生产卡片与待装炉料的合金、熔次、规格等是否一致；装炉时要求坯料居中放置，以免损伤发热元件或炉壁。

装炉或出炉时，必须随时注意炉内坯料运输情况，防止挂坏发热元件；吊具必须夹紧后方能起吊，坯料放置必须合理、稳妥。

2.2.2.5 步进式加热炉装炉、出炉作业

1. 装炉作业

装料过程包括：检查吊具→审阅生产卡片及生产计划→检查铸锭→将铸锭吊运至装料小车→填写生产卡片和生产记录。

铸锭装炉动作流程：用吊车将铸锭吊至装料小车上→启动对中装置对中→移动装料小车→打开炉门→转动装料辊道将铸锭送进炉内→炉内辊道停下→炉门关闭→停下炉外辊道→步进梁升起→步进梁向前移动→步进梁落下将铸锭装入炉子→步进梁后退。

2. 出炉作业

出料过程包括：审阅生产卡片→提前通知下道工序出炉→铸锭出炉→关闭炉门→将铸锭送入下游辊道→填写生产卡片和生产记录。

铸锭出炉动作流程：步进梁升起→步进梁向前移动→步进梁落下将铸锭运送至卸料辊道→出料门打开→停下炉内辊道→步进梁后退→炉内辊道向前转动→运料辊向前转→运料辊停→出炉门关闭→运料车向前移动→转动运料车/轧机辊道（将铸锭送入下游辊道）→运料车向后移动。

3. 炉子开动和停炉作业

开动炉子：启动燃烧空气风机及排烟风机→设定工艺参数→点火→逐个打开烧嘴煤气阀，后打开空气阀。

停炉：停烧嘴→关闭烧嘴煤气阀空气阀级总管煤气阀→关闭排烟阀→停风机、停泵站。

2.2.2.6 圆锭环形煤气加热炉装炉、出炉作业

1. 装料作业

装料过程包括：审阅生产卡片及生产计划→检查铸锭→往料盘上装铸锭（逐根检查铸锭表面质量、清理铸锭表面异物）→吊铸锭上料台→填写生产卡片和生产记录。

（1）铸锭装炉动作流程

翻料机把料翻下，推料机向前推料→加料杆下降，夹钳夹住铸锭→加料杆升起，炉门打开，装料小车前进→加料杆伸入炉内→加料杆下降，夹钳松开，放下铸锭→加料杆升起，装料小车后退，加料杆从炉内退出→关闭炉门。

（2）铸锭装炉作业要求

1）在炉内装入不同的铸锭时，要隔开一个角度，防止混料。

2）要根据铸锭加热时间的要求、铸锭挤压的难易程度及生产节奏，决定在同一个角度上摆放铸锭的数量。

2. 出料作业

出料过程包括：审阅生产卡片→设定各区加热温度→加热铸锭→听从油压机发出的要锭信号→铸锭出炉→关闭炉门→炉底旋转一个角度→填写生产卡片和生产记录。

（1）铸锭出炉动作流程

出料杆升起，炉门打开，出料小车前进→出料杆伸入炉内→出料杆下降，夹钳夹紧铸锭→出料杆升起，装料小车后退，出料杆从炉内退出→关闭炉门→使铸锭刷过钢丝刷（清理铸锭粘上的异物）→铸锭放在运锭小车上。

（2）铸锭加热、出料作业要求

1）锭温不足，不准出炉挤压，也不允许过早出炉待挤。

2）铸锭加热温度的设定，必须按《环形煤气加热炉工艺规程》执行。

3）加热无氧铜要用还原性气氛，炉内应保持正压。为了减弱氧化趋势，要尽量缩短炉门的打开时间，必要时应装满一炉铸锭并挤压生产完后，再装铸锭。

4）炉工操作室不能离人。

3. 其他作业要求

（1）铸锭装炉前，应按铸锭验收标准检查验收，并检查铸锭合金牌号、规格是否与作业计划一致，不符合以上规定的铸锭不得装炉。

（2）扒炉的铸锭或因其他原因没有及时生产的出炉铸锭，应当用高温笔写上合金牌号。加热紫铜和白铜时，如停车时间超过 8h 要扒炉并对扒炉铸锭做出标记。

（3）扒炉和加热时间超过 8h 的无氧铜要降级使用。

（4）如果油压机停机时间长（不超过 8h），要降低炉温至 500～600℃（煤气燃烧温度为 640℃）；对易氧化金属适当调整烧嘴引风，以防止铸锭严重氧化。

（5）根据挤压机要锭信号出炉，做到及时供应，铸锭出炉后立即关闭炉门。锭温不足不准出炉，也不允许过早出炉待挤。

2.2.2.7　圆锭工频感应加热炉装炉、出炉作业

1. 装炉作业

加热炉入口顶料杆退回，贮锭平台上的翻料器将铸锭翻转至辊道，铸锭通过辊道输送至拨料器处，拨料器将铸锭拨至加热炉入口处。前一根铸锭由顶料杆顶入炉内，顶料杆退回后，入口处拨料器翻转使第二根铸锭进入加热炉进口平台，由入口顶料杆再次顶入炉内，直至装满为止。装满后加热炉两端顶杆将炉内铸锭顶紧，开始加热，当形成温度阶梯后，把前几根未到加热温度的铸锭顶出炉外料箱内。

当加热炉内铸锭达到所要求温度时，加热炉出口顶料杆退离出料口。入口顶料杆将铸锭顶出加热炉，由拨料器将铸锭拨入均热炉入口平台，同时均热炉入口炉门

打开，顶料杆将铸锭顶入均热炉内，直至均热炉装满。加热炉、均热炉装满铸锭后，采用自动程序等待出炉。

2. 出炉作业

挤压机发出要锭信号，均热炉开始自动出炉。均热炉前后炉门首先打开，出料顶杆将铸锭顶出至炉口平台上，出料夹钳将铸锭运送至供锭小车，出料夹钳返回，供锭小车将铸锭输送至挤压机供锭夹钳后返回，等待下一根铸锭出炉。

3. 其他作业要求

装炉前要检查设备各部件是否运转正常，吊具是否安全可靠；检查生产卡片与待装炉料的合金、规格等是否一致，并将待加热铸锭熔次号填在生产卡片上；加热炉（均热炉）空炉装入铸锭时，可采用手动或自动装炉，装炉数量由铸锭的长度决定；装炉时，加热炉中严禁装入热铸锭。

加热时，先凭经验调整加热炉的加热温度和黑度系数，然后进行加热。加热时，要随时观察制定的温度变化和仪表测温显示情况，随时进行调整设定温度。当温度达到所设定的温度时装均热炉，装满后，铸锭从均热炉出炉到达运锭小车上时，要观察非接触式温控仪所显示的温度，以这一仪表所测定的温度数值为依据，来调整均热炉热电偶的设定温度，再调整加热炉的加热温度，但要保证加热炉的铸锭出炉温度等于或低于均热炉的出炉温度(即均热炉的出炉温度为工艺所要求的温度)。

2.2.3 工艺制度的选定和控制

2.2.3.1 工艺参数的选定

铸锭加热工艺参数包括升温定温、保温定温、加热时间、炉内气氛等，其中保温定温根据不同的加热炉又分为炉膛温度控制和金属温度控制。铸锭加热工艺根据其作用不同，可分为铸锭的均匀化处理、铸锭机械加工前的加热和热轧前的铸锭加热三种。铸锭机械加工前的加热目的是消除或减少铸造应力，加热温度较低、保温时间较短；与铸锭去应力加热相比，热轧前的铸锭加热温度稍高一些，加热时间通常也要长一些；而铸锭均匀化加热温度最高，保温时间最长，有时为了减少能耗，提高效率，一些比较先进的生产厂家把铸锭均匀化和热轧前的加热可合二为一，先进行铸锭均匀化，降温后进行轧制。

通常，各生产厂商都制定了加热工艺，操作人员应根据合牌号、铸锭规格（如厚度）、制品种类等情况来合理选择加热或均热工艺，表 2-2-1、表 2-2-2、表 2-2-3是几种典型的加热制度。

表 2-2-1 铝合金铸锭在立式炉的加热工艺制度

合金牌号	规格（mm）	制品种类	金属加热温度（℃）	保温时间（h）
2A12	ϕ260～630	棒材	360～450	3～6
4004	400（厚）	板材	360～450	4～8

表 2-2-2　铝合金铸锭在箱式炉的均热工艺制度

合金牌号	厚度(mm)	制品种类	金属温度(℃)	保温时间(h)
2A11、2A12、2017、2024、2A14	400～500	板材	485～495	15～36
2219、2A16	400～500	板材	510～520	15～25
3003	400～500	板材	600～615	5～15
5A03、5754	400～500	板材	455～465	15～25
5A05、5083	400～500	板材	460～470	15～25
5A06	400～500	板材	470～480	36～40
7A04、7075、7A09	400～500	板材	450～460	35～50

表 2-2-3　铝合金铸锭在推进式加热炉的加热工艺制度

合金状态	厚度（mm）	制品种类	加热温度（℃）	加热时间（h）	最大停留时间（h）
纯铝	480	板材	470～520	7～15	48
3003	480	板材	480～520	7～15	48
5A02	480	板材	450～480	7～15	48
3104	480	板材	490～530	7～15	48

2.2.3.2　工艺参数的设置和控制

1. 箱式加热炉

(1) 箱式加热炉控制系统构成

整个系统由工控机、UPS 不间断电源、显示器、打印机、温控仪表、热电偶、记录仪、循环风机及加热器等构成，如图 2-2-15 所示。

箱式加热炉加热过程中，控制系统主要控制炉膛温度的变化。为便于加热操作

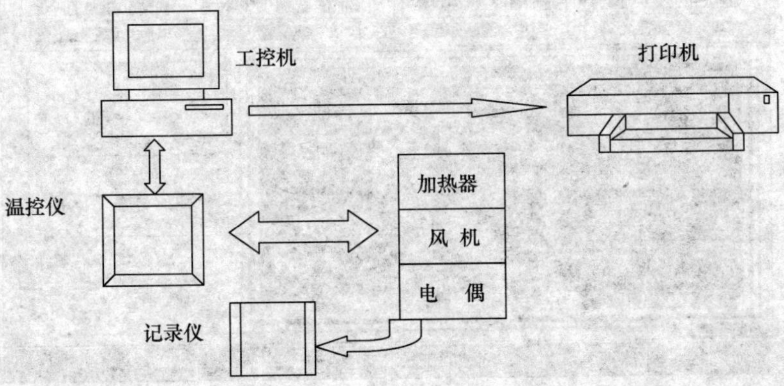

图 2-2-15　加热过程控制图

人员直观、快捷操作炉子，控制系统设立了多个人机对话的操作界面，分别是：

主画面，如图 2-2-16 所示。同时显示所有炉子的设定温度、设定时间、实测温度、剩余时间、炉号-炉次号、刚发生的报警信息和报警消音。

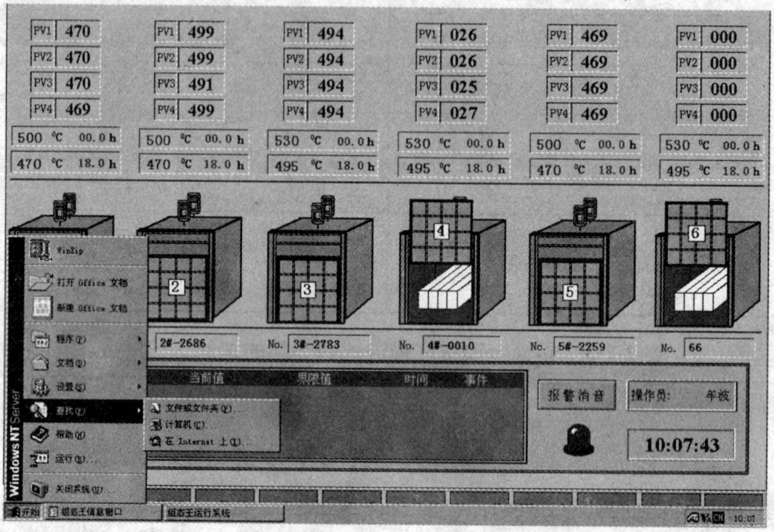

图 2-2-16　加热过程控制主画面图

加热炉显示和操作画面，如图 2-2-17 所示。同时显示和操作炉子的 4 个加热段。包括 818P 调节器，ADAM4000 温度采集模块采集的温度，风机和加热器的启

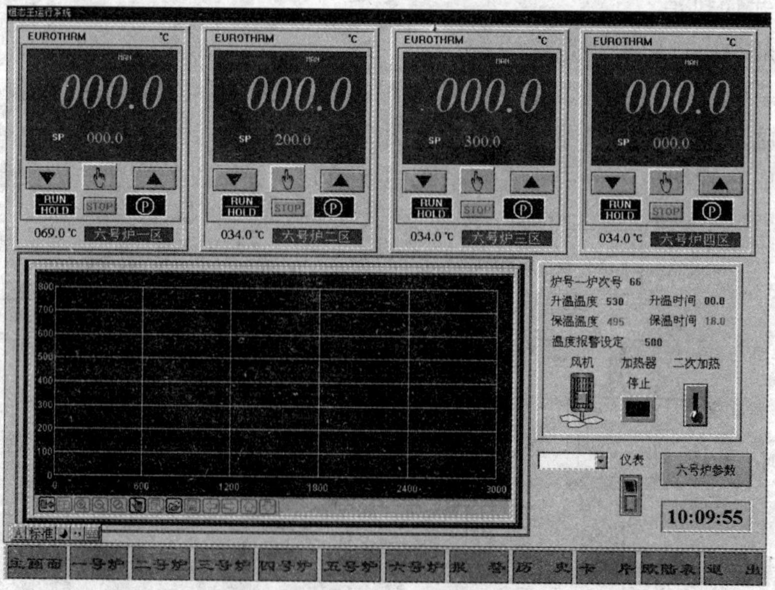

图 2-2-17　均热炉显示和操作画面

停信号，炉号-炉次号，设定温度，设定时间，《铸锭均匀化卡片》的建立及修改，4个加热段的温度曲线和设定曲线等。

报警画面。显示过去发生过的报警，可以分别查看各炉的报警。

均匀化卡片画面。每个炉次号的《铸锭均匀化卡片》的显示、修改、打印。

(2) 箱式加热炉工艺参数设置

1) 在均匀化卡片画面设定炉次号

鼠标左键点击计算机屏幕下方“卡片”按钮，进入“铸锭均匀化卡片”画面，依次填入合金、炉次号、班次、岗位人员姓名等所需信息。

2) 在温控表上设定升温、保温温度值及加热、保温时间。

按住温控表面板上按键“Ⓟ”，当出现助记符“PL1”时，放开按键“Ⓟ”，按“▽”或“△”键设置升温或保温温度。当温度设定完，按住温控表面板上按键“Ⓟ”，当出现助记符“PD1”时，放开按键“Ⓟ”，按“▽”或“△”键设置升温或保温时间。

3) 在显示和操作画面温度模块上设定报警温度值

鼠标左键在显示和操作画面温度模块上点击“温度报警设定”温度显示框，设定报警温度值，点击“确定”键确认。

4) 保温结束后，将加热曲线存入硬盘内保存。

2. 立式加热炉

(1) 立式加热炉控制系统构成

整个系统由PLC、工控机、UPS不间断电源、显示器、打印机、加热模块、自动开关、交流接触器、热电偶、补偿导线和记录仪等构成，如图2-2-18所示。

立式加热炉加热过程中，控制系统主要控制炉膛温度的变化，设立了若干个人机对话的操作界面，分别是：

加热炉主画面，如图2-2-19所示。设定升温及保温温度值，进行启动加热及保温操作，实时显示设定升温及保温温度、实测温度、风机及加热器工作情况等。

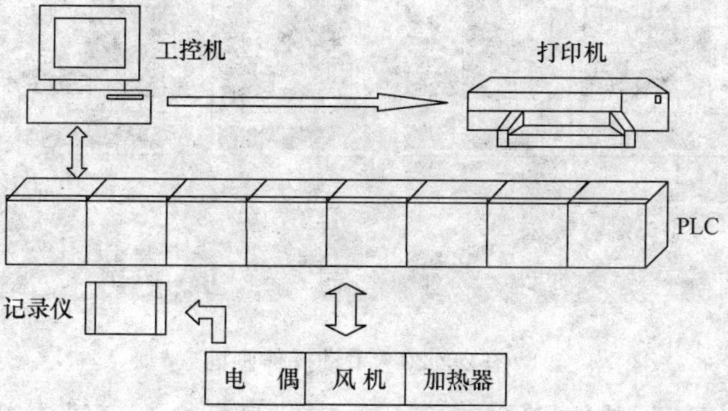

图2-2-18 加热过程控制图

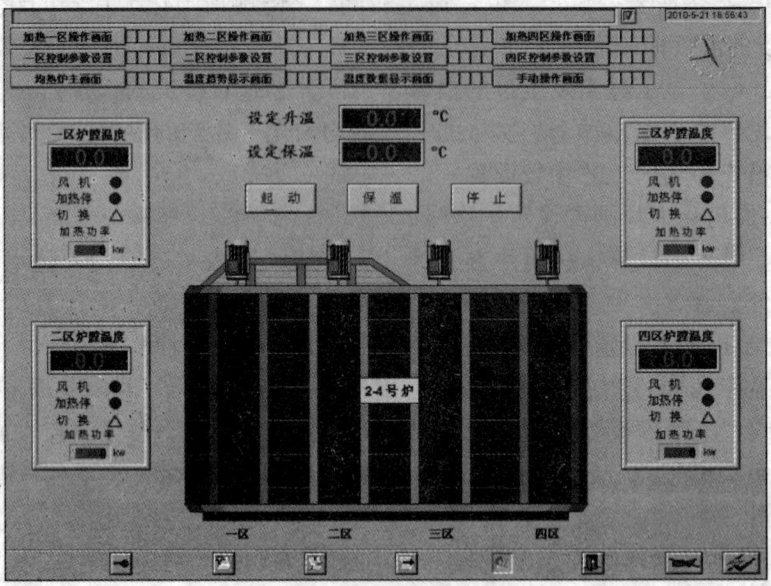

图 2-2-19 均热炉主画面

手动操作画面，如图 2-2-20 所示。实时显示设定升温及保温温度、实测温度及加热器工作情况等，并可实现保温时各加热器的手动控制。

图 2-2-20 手动操作画面

加热区操作画面，如图 2-2-21 所示。实时显示××区设定升温及保温温度、实测温度、风机及加热器工作情况、温度记录曲线等。

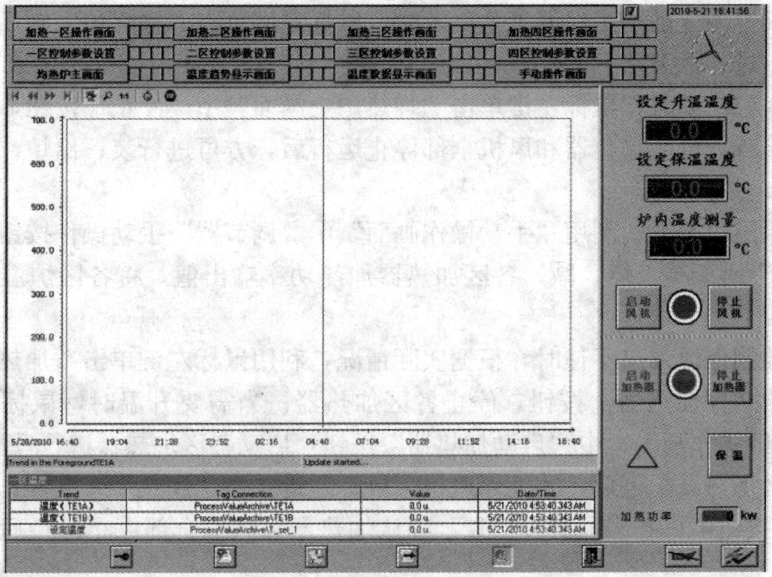

图 2-2-21　加热区操作画面

温度数据显示画面。显示记录每分钟的温度设定及实测情况。

(2) 立式加热炉工艺参数设置

启动计算机进入加热炉主画面进行控温温度设置。

1) 设置升温温度、保温温度及无纸记录仪报警温度

①设置升温、保温温度，鼠标左键单击“均热炉主画面”中“设定升温（保温）温度数字框”，利用键盘输入铸锭加热（均热）工艺规定的升温、保温温度值，按“Enter”键确认，否则无效。

②设置报警温度，打开无纸记录仪下方操作盖，按一下“Menu”键，再按一下屏幕下方“＃1”对应软键，进入报警温度设定画面。移动光标至“开始通道”，选择屏幕下方对应软键设置各区温度通道。移动光标至报警栏“报警值”处，按字符/数值输入键输入报警温度值，按“Disp/Enter”两次确认，依次设定各区报警温度。按“Esc”键回到温度显示画面。

检查无误后，鼠标左键单击“普料”按钮，在下拉菜单中选择料种；在“控制参数画面”，按“调节器”按钮，按“A”按钮，把调节器设在自动方式，确认后方可进入自动控温操作步骤。

2) 自动控温操作

①鼠标左键单击“启动”按钮，进入自动控制（顺序启动风机、加热器，进入升温状态）。在弹出的对话框中，按“是”按钮，建立新的记录数据文件（如果在加热过程中，由于某种原因停止了加热，再次启动时，在弹出的对话框中，按“否”按钮，继续在先前的文件中记录数据）。然后关闭对话框。

②当升温温度已满足保温工艺要求时，鼠标左键单击“均热炉主画面”中“保温”按钮，进入保温状态。

③当保温结束时，鼠标左键单击“均热炉主画面”中“停止”按钮，停加热器和风机。检查、确认加热器和风机全部停止运行后，方可进行装、出炉。

3）手动控温操作

①在保温状态下，利用“手动操作画面”中“调节器”手动操作按钮“M”及“▲”、“▼”键调整（增、减）各区加热器加热功率输出值，将各区炉温控制在设定值附近。

②当控制保温效果不佳时，根据实际情况，利用鼠标左键单击“加热××区操作画面”中“停加热器”按钮，停止各区加热器；当需要升温时，鼠标左键单击“加热××区操作画面”中“启动加热器”按钮，启动各区加热器进行升温。

当各区加热器全停后，才能停风机，鼠标左键单击“加热××区操作画面”中“停风机”按钮停止各区风机，检查、确认加热器和风机全部停止运行后，方可进行装、出炉。

4）停机操作

操作人员通知相关电工、仪表工停电磁站、仪表柜内各有关电气控制开关，并根据负荷情况通知停有关变压器。

5）其他有关操作

利用鼠标左键单击运行画面上方各有关操作画面按钮，可任意转换各显示操作画面。当计算机系统报警时，鼠标左键单击操作画面左下方消音按钮，可解除声音报警；在升温或保温过程中，操作人员随时观察各区炉膛温度及加热器变化情况，发现温度变化异常立即通知相关人员进行处理，确保安全生产。

3. 推进式加热炉

（1）推进式加热炉控制系统构成

推进式加热炉温控系统是一个由上位计算机工作站和下位PLC可编程序控制器通过RS422/485通信端口连接而构成的计算机集散温控系统。上位计算机工作站（以下简称上位机）完成系统的管理功能，下位PLC可编程序控制器（以下简称下位机）完成系统的控制功能，系统组成如图2-2-22所示。

下位机由开关量输入模块、开关量输出模块、热电偶毫伏信号输入模块和通信模块等几部分组成。开关量输入模块用于接收火焰检测元件、超温表超温信号、天然气及空气压力、流量等检测元件输送来的开关量输入信号。开关量输出模块用于控制点火变压器、天然气阀、报警和指示灯等器件动作。热电偶毫伏信号输入模块用于各区热电偶采集各区上游、下游温度值。通信模块用于与上位机通信之用，上位机仅作为操作人员输入数据、发出指令和显示之用，并不参与各项控制。

该系统为图形操作界面，分别有主菜单界面、动态流程界面、模拟仪表及实时温控曲线界面、温控历史曲线界面、天然气比例调节界面及误差校正界面等。下面

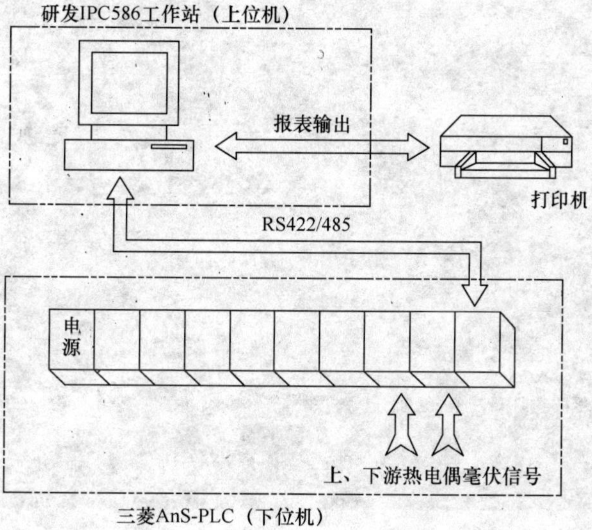

图 2-2-22　推进式加热炉控制系统构成

重点介绍加热工操作时涉及的一些知识。

（2）操作说明

系统送电操作：送变压器电源→送 PLC（下位机）工作电源→将 PLC 工作模式选为运行（RUN）→送上位机主机电源→送上位机显示器电源→自动进入系统画面后，触摸或鼠标左键单击画面左下角的“联机”按钮，系统即可正常运行。

系统停电操作：系统运行时，按 F9 功能键或触摸画面右上角的“退出并关机（F9）”按钮，系统提示“请确认是否关机？Y/N”，触摸“No”按钮，则返回系统，触摸“Yes”按钮，则自动退出本温控系统和 Windows98 操作系统；当屏幕显示“您可以正常关机了！”时，停上位机显示器电源；停上位机主机电源；停 PLC 工作电源。

系统运行操作：推进式加热炉计算机集散温控系统用户软件包是一个运行于中文 Windows98 操作界面的全汉化管理软件。用户不必具有计算机的专业知识，只需通过屏幕的提示，即可轻松自如地操作。其操作方式多种多样，可外接标准 101 键盘操作，可通过鼠标操作，可通过面板轻触式功能键盘操作，还可通过触摸屏操作。

推进式加热炉加热过程中，控制系统设立了若干个人机对话的操作界面，分别是：

1）推进式加热炉主菜单画面

系统加电运行后，自动装载该画面，如图 2-2-23 所示，并作为其他子画面的底图画面。

该窗体中，顶部为菜单条。触摸“炉体动态”菜单或按 F1 键，进入炉体动态

图 2-2-23　推进炉主菜单画面

流程子窗体；触摸“单区温控及曲线”菜单或按 F2 键，进入模拟仪表及实时温控曲线子窗体；触摸“历史温度曲线”菜单或按 F3 键，进入温控历史曲线子窗体；触摸“PLC 状态”菜单或按 F4 键，进入 PLC 数字及模拟量监视子窗体；触摸“其他”菜单或按［Alt+M］组合键，进入下级子菜单，触摸“然气比例调节”菜单或按［Alt+P］组合键，进入天然气比例调节子窗体，触摸“误差校正”菜单或按［Alt+E］组合键，进入误差校正子窗体；触摸“打印”菜单或按 F8 键，系统弹出一个打印对话框，首先输入要打印参数的日期，然后触摸“报表”或“曲线”按钮，选择温度数据的打印输出格式后，打印机开始工作，对话框消失；触摸“退出并关机”菜单或按 F9 键，系统提示“请确认是否关机？Y/N”，触摸“No”按钮，则返回本温控系统，触摸“Yes”按钮，则自动退出本温控系统和 Windows98 操作系统。

画面底部为状态条，当自动进入系统画面后，触摸画面左下角的“联机”按钮，系统即可正常通信，并且该按钮消失。通信状态正常，其右边方块为绿色，通信状态异常，其右边方块为红色；温控状态正常，其右边方块为绿色，温控状态异常，其右边方块为红色。

2）炉体动态流程子画面

本系统启动后，自动在主画面上加载该炉体动态流程画面，如图 2-2-24 所示，在“联机”按钮操作后，自动显示各区检测温度数据和上次停机时 PLC 保存的设定温度。该画面可以修改、设定炉子各区上、下游加热温度，可以显示各区实际加热温度。

（3）某厂推进式加热炉工艺参数设置

在炉体动态流程画面中，一些工作方式用动画形式表现出来，主要有：

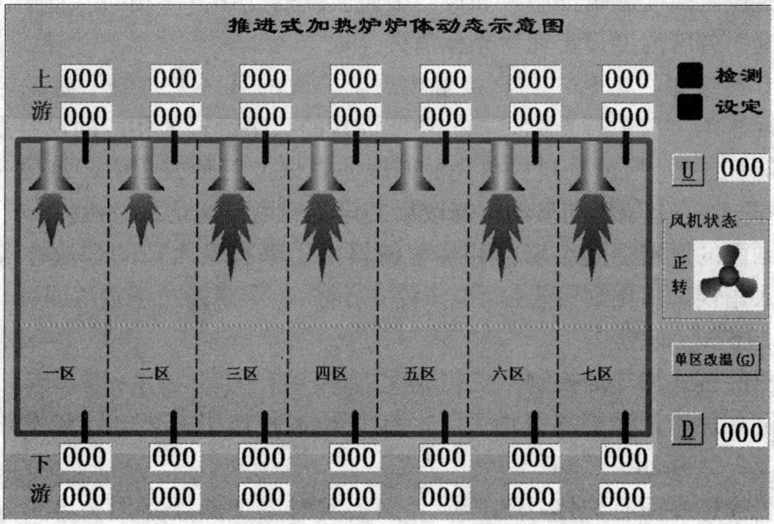

图 2-2-24　炉体动态流程画面

1）同步模拟循环风机正转、反转、停止运转三种状态。

2）同步模拟各区烧嘴火焰状态，大火时火焰大，小火时火焰小，熄火时无火焰，如某区有烧嘴应该点火时未点燃，则该区火焰呈闪烁状态。

3）循环风机每 48min 换一次方向，则画面内的热电偶上、下游检测温度也随之进行上、下游交换。

在装炉点火生产时，要根据生产卡片设置各区上、下游温度参数，操作方法有三种：

1）触摸屏幕上的“U”或“D”按钮批量完成所有加热区上游或下游的温度设定。

触摸这两个按钮后，在“U”或“D”功能键旁的数字输入区中可以输入上游或下游的设定温度。这里“U”表示上游温度，“D”表示下游温度。一般上游设定温度是不变的，只修改下游温度即可。

修改下游设定温度的方法：触摸“D”按钮后，在“D”按钮旁的数字输入区中会有光标闪烁，在此键入数字键就可以输入下游的设定温度。核对后，按功能键盘的“Tab”键即可批量完成所有加热区上游或下游的温度设定。如果个别加热区设定的温度与其他区不一致，可以采用下面的“单区改温”方法个别修改一下即可。

2）“单区改温”方法一：触摸屏幕上的“单区改温”按钮，会出现一个蓝色“选中”光标停留在一区上游设定温度编辑框上，按功能键盘的数字键输入相应的上游设定温度，核对无误后，按功能键盘的“Tab”键，光标自动移到下一个上游设定温度编辑框上，重复操作直到所有加热区上游定温设定完毕，随后光标会出现在一区下游设定温度编辑框中，和设定上游温度的操作方法相同，直至设定完所有的下游温度。各区温度设定完后光标消失。

3）“单区改温”方法二：直接触摸想要修改的某区上游或下游设定温度编辑框，当出现蓝色“选中”光标时，按功能键盘的数字键输入相应的设定温度，确认后，按功能键盘的“Tab”键即可完成修改。在以上三种方式中，每按一次功能键盘的“Tab”键，上位机则自动将修改后的设定温度传递给下位机。

所有画面的设定温度编辑框和量程编辑框，都有输入值的合法性及有效性校验，如输入错误，将出现警告提示，回答提示后，重新输入正确值即可。

4. 双膛链式加热炉

（1）双膛链式加热炉控制系统构成

双膛链式加热炉温控系统由 PLC、工控机、打印机、热电偶和发热元件等构成，如图 2-2-25 所示。

上位机操作界面有炉体状态监控界面、实时温度曲线界面、历史温度曲线界面、生产记录界面、系统误差校正界面、料温记录界面、生产卡片界面等。

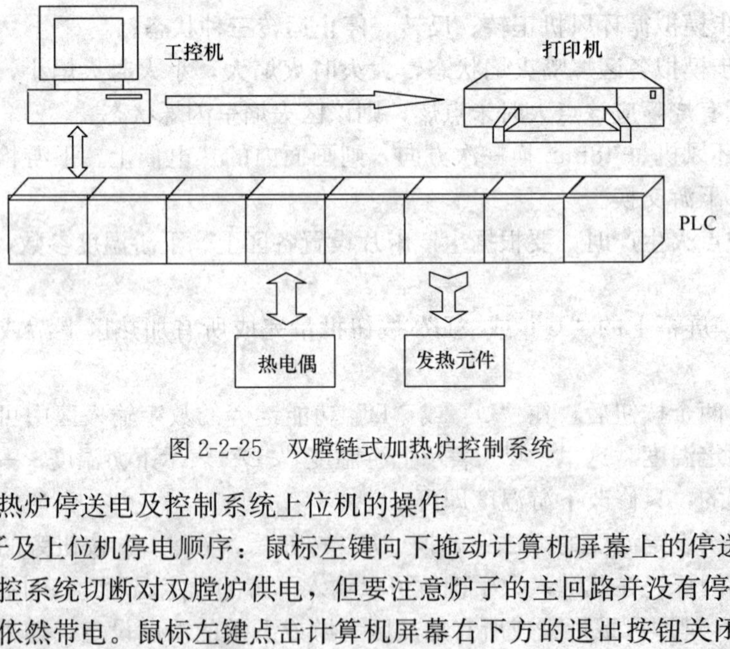

图 2-2-25　双膛链式加热炉控制系统

（2）加热炉停送电及控制系统上位机的操作

1）炉子及上位机停电顺序：鼠标左键向下拖动计算机屏幕上的停送电“手柄”图标，使温控系统切断对双膛炉供电，但要注意炉子的主回路并没有停电，炉子的发热元件上依然带电。鼠标左键点击计算机屏幕右下方的退出按钮关闭运行程序，鼠标左键点击计算机屏幕的开始按钮，选择“关机”选项，点击确定按钮关闭计算机，当计算机屏幕上出现“现在您可以安全关闭计算机了”的画面时，关闭计算机电源开关，关闭显示器电源开关，停插线板电源开关。

2）炉子、上位机送电顺序及温控系统操作：送插线板电源开关，打开计算机电源开关，打开显示器电源开关，计算机正常启动完成后，在上位机桌面上双击“双膛炉应用程序”，此时程序开始启动。在程序第一个画面中，按“Y”或鼠标点

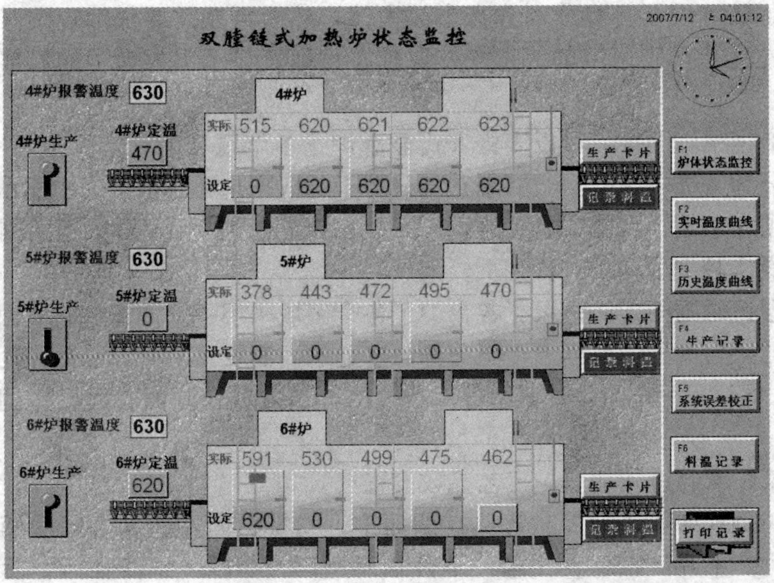

图 2-2-26　双膛链式加热炉温控状态监控

击“进入”按钮，则进入双膛炉温控系统，如图 2-2-26 所示。

按“F1”或鼠标点击“炉体状态监控”按钮进入状态监控画面；

按“F2”或鼠标点击“实时温度曲线”按钮，进入实时温度曲线画面；

按“F3”或鼠标点击“历史温度曲线”按钮，进入历史温度曲线画面；

按“F4”或鼠标点击“生产记录”按钮，进入生产记录画面；

按“F5”或鼠标点击“系统误差校正”按钮，进入系统误差修正画面；

按“F6”或鼠标点击“料温记录”按钮，进入料温记录画面；

鼠标点击“生产卡片”按钮，进入生产卡片填写画面；

按退出按钮，则退出双膛炉温控系统。

在状态监视画面中，通过鼠标点击温度设定框，可以修改某台炉子单个区域或所有区域的设定温度。输入新的设定温度后，按键盘的“Enter”键，即可将修改后的设定值传送给 PLC，温控系统据此控制炉子的加热过程。选择要生产的炉子，然后用鼠标点击画面左侧的仿真开关，当开关上的红球变为绿球时，则该炉子进入生产（送电）状态。当某区加热时，则出现橙色的方块，当某区超温时，则出现红色的圆球，同时控制柜发出声、光报警，其报警温度可以在该画面中设定。

在实时温度曲线画面中，显示了某台炉子所有区域的实时温度曲线。要查看某台炉子的实时温度曲线，用鼠标左键点击相应的按钮即可。

在历史温度曲线画面中，可以看到每个炉子以前的温度设定及温度变化情况。画面采用不同的颜色表示某台炉子各个区历史温度的变化情况。从这里可以直观地看到各区炉温的均匀性。图中可以用“放大镜”工具放大选定区域，使细节显示更加清晰明了。操作时先点击放大镜，然后再在需要仔细观察区域的起点单击鼠标左键拖动到区域的终点松开鼠标左键即可显示出放大了的局部历史曲线画面。

在生产记录画面中，可以表格方式显示炉子各个区域的设定温度和实际炉温。它每隔5分钟采集一次数据。要查看某台炉子的数据未在当前画面中显示而需要翻页时，必须先用鼠标点击工具栏的“STOP”按钮，使其暂停对数据的刷新才可在画面右边操作翻页滚动条进行翻页。

在料温记录画面中，记录了各台炉子各个区域采用手动测试坯料表面温度的情况。要查看某台炉子的数据未在当前画面中显示而需要翻页时，必须先用鼠标点击工具栏的“STOP”按钮，使其暂停对数据的刷新才可在画面右边操作翻页滚动条进行翻页。

（3）某厂双膛链式加热炉工艺参数设置

在双膛链式加热炉温控状态监控画面中，先将画面左边的合闸手柄“推上”，再点击“生产卡片”按钮调出生产卡片填写画面，如图2-2-27所示。然后根据生产卡片的要求填写以下内容：一次定温温度、二次定温温度、保温温度、坯料低点定温温度及坯料高点定温温度。填写完毕，点击“开始生产”，这些数据会被传输到PLC温控系统，系统开始按这些要求对炉子进行温度控制。

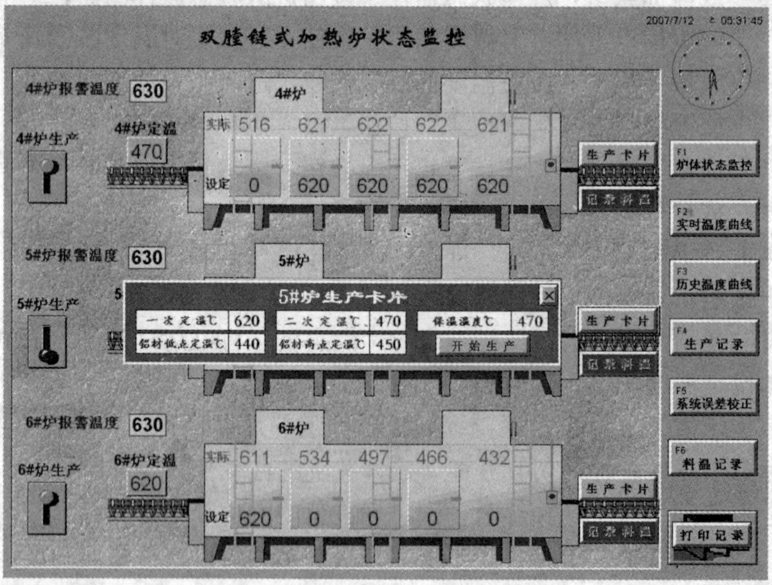

图2-2-27　链式加热炉生产卡片填写

温控系统先按“一次定温”温度（如440℃）进行炉气温度升温，当坯料温度达到440℃时，程序自动转入二次定温（470℃）进行加热。当坯料温度达到470℃时，程序自动转入保温温度设定值（470℃）进行保温。

5. 步进式加热炉

(1) 步进式加热炉控制过程概述

控制系统由上位机、可编程控制器（PLC）、显示器、打印机、自动开关、压力仪表、交流接触器、热电偶、补偿导线和现场执行元件等组成。

电控系统具有参数设定、检测、控制、显示、报警、记录、报表、打印和数据交换等功能，能实现对上料装置、步进机构、燃烧系统、输送辊道和炉门等设备内部连锁控制。

操作工根据要加热的铸锭品种在操作室内的计算机上或仪表上进行选取、修改或设定加热工艺参数（温度、压力、空燃比、气氛等）。并按照规定时间进行装、出炉。燃烧系统根据设定的加热工艺参数和合金气氛控制要求自动进行加热区和均热区的温度及气氛控制，保证铸锭经过加热炉后完成所需要的加热过程。保温完毕存储工艺参数和工艺曲线、历史数据。操作过程中，主要使用两个人机对话操作界面：

加热炉主画面，如图 2-2-28 所示，实时显示设定升温及保温温度、实测温度、烧嘴工作情况，炉压、风压等情况。

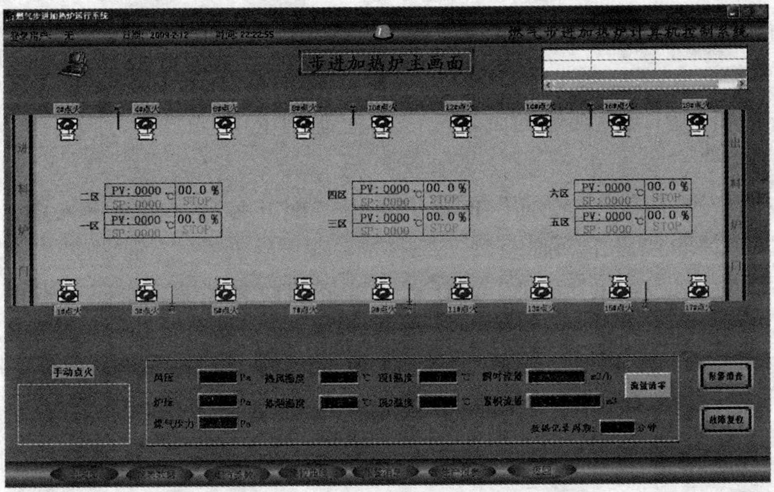

图 2-2-28 步进加热炉主画面

加热炉工艺曲线设定画面，如图 2-2-29 所示，可进行工艺参数的选择、设定、下载、新建等功能。

(2) 步进式加热炉工艺参数设置

1) 控制柜上电。打开控制柜总电源断路器，并确认所有分断路器都已经闭合。打开计算机，点击桌面上的“步进炉运行”按钮，进入登录画面。

点击登录画面上的“主画面”按钮，进入监控系统主画面“步进加热炉主画面”。

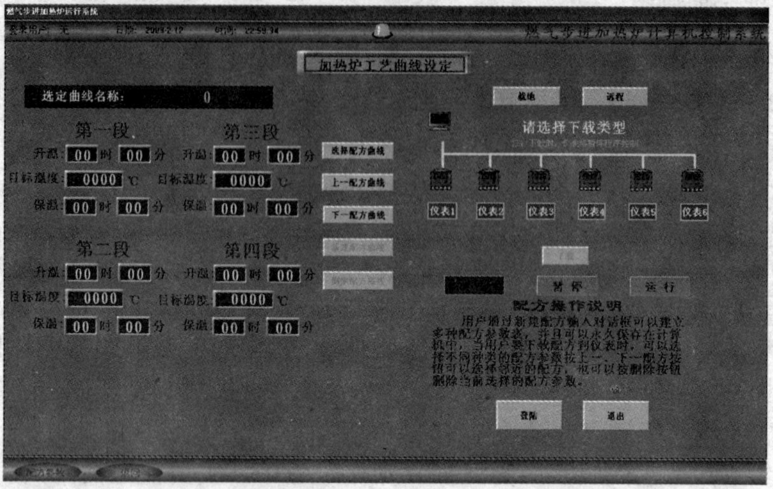

图 2-2-29 加热炉工艺曲线设定画面

2）点击控制柜上的“风机运行”按钮，启动风机，“风机运行指示”的绿色指示灯亮起。

3）点击控制柜上的“引风机开”按钮，启动引风机，“引风机运行指示”的绿色指示灯亮起。

4）待风机和引风机都启动后，按一下控制柜上的“燃气总阀打开”按钮，打开燃气总阀。

5）在“步进加热炉主画面”的下方点击“配方参数”按钮进入图 2-2-29 所示的“加热炉工艺曲线设定”画面。

6）点击登录，弹出“登录”对话框，选择用户名并输入密码，点击确认。

7）设定工艺曲线或选择已有的工艺曲线。

①选择工艺曲线

点击“加热炉工艺曲线设定”画面上的“选择配方曲线”按钮弹出“请输入配方曲线名字”对话框，用鼠标点击选择需要的配方然后点击确认按钮。所选择的工艺曲线会在“加热炉工艺曲线设定”画面上显示出来。

②新建工艺曲线

如果加热铸锭的加热工艺曲线在“选择配方曲线”的列表里没有，就需要新建配方。新建配方时，点击“新建配方曲线”按钮，弹出如图 2-2-30 所示对话框。

用鼠标点击一下“设定曲线名称”后面的字符，会弹出一个输入框。输入要新建的配方的名称，然后按下回车键确认。分别输入各段曲线的数值，工艺曲线设定好后，按下画面上的“确认”键。新建配方完成。

8）下载配方曲线

所要下载的配方曲线在如图 2-2-29 所示的“加热炉工艺曲线设定画面”的左

边显示，确认配方曲线正确后点击画面上的“下载”按钮（点击下载之前，要确认仪表处于“复位”状态），会弹出“下载”对话框，分别用鼠标点击对话框中“程序初始温度”后面的六个数字，输入程序的初始温度。点击“确定”按钮，下载画面将关闭，返回“配方参数画面”。所选的工艺曲线就下载到仪表中了。

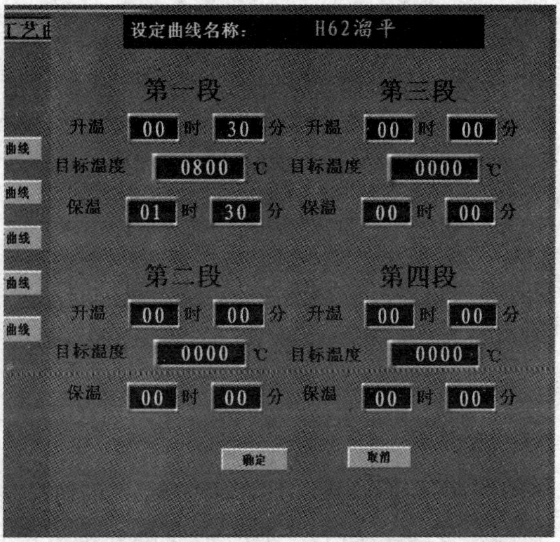

图 2-2-30 加热炉新建工艺曲线设定画面

9）确认仪表中的工艺曲线

点击“配方参数”画面上的“返回”按钮，返回如图 2-2-28 所示主画面。点击主画面下方的“仪表数据”按钮，将显示“燃气步进加热炉仪表数据”画面。

点击画面右上方“选择仪表”右边方框的向下箭头，分别选择“温度仪表 1”，“温度仪表 2”，“温度仪表 3”，“温度仪表 4”，“温度仪表 5”，“温度仪表 6”，点击右边的“确定”按钮，画面上将显示仪表内的工艺曲线。确认工艺曲线是否正确，如不正确需重新下载，如果工艺曲线正确，按下画面下方的“返回”按钮，返回主画面。

（3）程序运行

在计算机监控系统主画面的下方点击“配方参数”按钮进入配方参数画面。点击一下“配方参数”画面上的“运行”按钮。此时“运行”按钮变成蓝色。

按下“配方参数”画面上的“返回”按钮，返回主画面。如果主画面左下方已经显示“自动点火”，烧嘴将根据设定的配方曲线自动点火升温。

如果左下方显示“手动点火”，用鼠标点击一下“手动点火”，将变成“自动点火”，此时烧嘴将根据设定的配方曲线自动点火升温。

当设定的工艺曲线运行结束后，将自动停炉，所有的烧嘴关闭。

如果在程序快结束时，炉内的料还没有出完，可以按“配方参数”画面上的“暂停”按钮来保持温度。

（4）炉子的停炉步序

1）如果在运行过程中需要停炉，在计算机监控系统主画面的下方点击“配方参数”按钮进入配方参数画面。在“配方参数”画面里点击“复位”按钮，此时按钮变成“复位”，表示仪表已被复位，烧嘴熄火。

2）在设定的工艺曲线运行结束后，仪表自动复位，烧嘴熄火。

3）如果不需要继续生产，必须停掉所有电气设备并断电。操作步骤如下：

①按一下控制柜上的“煤气总阀关断”按钮，关断煤气总阀，此时“煤气总阀关断指示”的红色指示灯亮起。

②在监控画面主画面上按一下“返回”按钮，将显示最初的登录画面。

③点击一下登录画面上的“退出”按钮，将弹出一个退出对话框，点击密码框输入密码，按下“确定”按钮，系统退出。

④关闭计算机。

⑤待炉内温度降到400℃以下时，分别按下控制柜上的“风机停止”和“引风机关”按钮，停止风机和引风机。“风机停止指示”和“引风机停止指示”的红色指示灯将分别亮起。

4）确定所有电气设备都已关闭后关断总电源断路器。

6. 圆锭工频感应加热-均热炉

（1）控制系统构成

整个系统由PLC、配电柜、控制柜（由显示屏、温度控制仪表、键盘组成）、操作台、补偿平衡电容及电抗器、主变压器等构成。

工频感应炉的均热炉加热主要是对内衬的加热，加热时间比加热炉对铸锭的加热要长。在开始生产时，先对均热炉进行加热，当均热炉的炉膛温度接近设定温度时，再启动加热炉对铸锭进行加热，这样，可达到节省能源的效果。工频感应加热炉分别设有对加热炉温度和均热炉温度进行控制的仪表。

（2）圆锭工频感应加热-均热炉工艺参数设置

①加热炉工艺参数设置

根据加热工艺，在控制柜的显示屏上调出相关页面设定最长加热时间（60～300秒，根据铸锭的加热温度及长度进行设定），并在温度控制仪表上设定加热温度、极限保护温度（一般比设定加热温度高50～100℃）、黑度系数等。

启动加热炉，并将加热炉各传动机构运动至原始位置，再将“自动/手动”开关转换至“自动”位置，按下“自动开始”按钮，此时，便可进行加热炉的加热，当加热至设定时间时，PLC程序自动将加热炉前几根未到设定温度的铸锭卸到料箱内，炉膛内的铸锭在温度形成阶梯后，出口处铸锭达到设定温度后，将“装料/卸料”开关转换至“均热炉装料”位置，程序将自动把加热好的铸锭装入均热炉直至装满为止，然后将“装料/卸料”开关转换至“正常”位置，至此，加热炉进入自动装炉、加热、出炉程序。如果在设定的加热时间内，铸锭没有达到设定温度，加热炉会自动停止加热进行保护，并将未到温度的铸锭拨入料箱内。

②均热炉工艺参数设置

根据加热工艺，在控制柜的显示屏上调出相关页面设定加热温度、极限保护温度（根据不同合金进行设定，一般比设定的加热温度高20～30℃），并在温度控制仪表上设定加热温度（一般比加热炉设定温度高10～20℃）。

启动均热炉，将均热炉“加热/断开”转换开关转换至“加热”位置，均热炉即可加热升温，每次加热时，当加热温度至 500℃、550℃两个温度段时，PLC 程序将自动各停止加热 10 分钟，使均热炉内衬进行充分均热，之后均热炉继续升温至设定温度。

当均热炉充满铸锭后，挤压机发出要锭信号时，铸锭可自动出炉，同时把出炉铸锭的实际温度传至挤压机控制柜显示屏上，由此挤压工可判断该铸锭温度是否合格。

在生产过程中，当设备出现故障时，显示屏主菜单将显示部分故障名称、位置等，有些故障会导致设备停止运转，甚至跳电现象，在故障处理完毕后，将故障显示通过键盘进行消除，设备可以继续正常生产。

2.3　质量控制

2.3.1　控制仪器的数据管理

2.3.1.1　数据录入方式

通常加热设备每隔一定时间，都会记录下设备的温度等数据，不同的设备，数据记录方式差异较大，传统的设备，采用普通温控表控制加热设备，数据只能显示，不能记录，因此有一些企业采用人工记录方式。但现在多数设备都有温度数据的自动记录，数据记录方式主要有纸质数据记录仪、计算机硬盘记录、无纸记录仪等。

2.3.1.2　数据调出方法

数据调出的方法主要有人工抄写、计算机输出打印、可移动磁盘拷贝、网络传输等方法，前者效率低下且容易出错，通常不采用该方法，而后面三种使用较为频繁，是主要的数据输出方法。

2.3.1.3　数据管理的意义

加热数据对于生产质量控制、质量管理、设备故障判断等有着不可替代的作用，现代企业均高度重视数据的管理工作。通常，工厂会定期或不定期对数据进行分类、分析、整理和保存等工作，遇到异常情况，必然会分析原始数据记录。一般而言，数据保存期限不应少于 2 年。因此数据管理非常重要，是企业管理最基本的工作之一。

2.3.2　仪器、仪表的使用和维护保养

学习目标：能正确使用和维护本岗位所用仪器、仪表，判断仪器、仪表是否正常运行。

2.3.2.1　热电偶的使用和维护保养

新购的热电偶必须进行完全的退火处理，以消除不均匀性电势引起的附加误

差。使用热电偶时，一定配用套管，并在规定的测量范围内使用。使用时，被测物体的气氛要符合使用说明书的要求。

在生产间隙，应经常检查热电偶的状况，如热电极表面有无麻点、泡沫或局部直径变细、电极间绝缘情况等。若热电极有潮湿，应将电极烘干；若电极有变质或工作端有“绿霉”，应将变质部分剪去，重新焊接工作端或更换新的电极。新的电极需要进行重新检定后才可使用。如果热电偶损坏，可以从颜色来鉴别它的损坏程度，其方法见表 2-2-4。

表 2-2-4 热电偶损坏程度的鉴别方法

损坏程度	从颜色观察热电偶	
	铂铑-铂热电偶	镍铬-镍硅（镍铝）和镍铬-考铜热电偶
轻度	呈现灰白色有少量光泽	有白色泡沫
中度	呈现乳白色没有光泽	有黄色泡沫
较严重	呈现黄色、硬化	有绿色泡沫
严重	呈现黄色、脆、有麻面	碳化成糟渣

普通热电偶若有轻度和中度损坏时，可将已损坏的部分剪去或将热端与冷端对调后重新焊接；铂铑-铂热电偶表面有轻度和中度损坏时，可进行清洗和退火处理。另外，还应检查热电偶保护管的壁厚、焊缝及表面腐蚀的状况，如有损坏，应停止使用，进行修理或更换。

热电偶通常单个使用，有时测量被测物体的温度变化或平均温度，可将几只相同的热电偶串接使用，为了测量两点的温差，可将两个相同的热电偶串联反接使用。热电偶在使用一段时间后，测温精度会发生变化，需要进行定期校验，以保证其测温的准确性。

现场使用补偿导线时，补偿导线与热电偶连接处的温度应＜100℃，并使其保持恒定，补偿导线的正负极应与热电偶的正负极相对应连接，不能接反。同时，还应对不为0℃的恒定冷端温度进行校正，消除误差，以保证测量温度的准确性。常用的校正方法有调节仪表零位法、冷端零位恒定法、补偿电桥法。在需高精度测温场合，处理测量结果时应加上补偿导线的修正值，以保证测量精度。

要按规定选用补偿导线，各种补偿导线只能与相应型号的热电偶匹配使用。新的补偿导线在使用前，须进行颜色辨别和对 50℃和 100℃两点的温度进行检定。补偿导线应远离强磁场、强电场以及大功率电源线路。

使用中还要定期清洁接线盒内接线板，防止短路，定期检查热电偶与补偿导线连接处是否连接可靠，连接点是否“霉变”，补偿导线有无腐蚀或老化现象，必要时进行更换等。

2.3.2.2 毫伏计的使用和维护保养

生产现场使用的毫伏计是动圈式仪表，精度 1.0 级，具有指示、调节功能，一般都安装在炉子附近的控制柜上，并用补偿导线与热电偶自由端相连。补偿导线的正负极与热电偶的正负极是对应相接的，毫伏计的接线端子也有正负极性之分，当把补偿导线接到毫伏计上时，极性也要对应，不可接反。

在毫伏计正面有两个调节旋钮：一个为设定温度指针调节旋钮，用来把仪表控制温度调到工艺规定温度上；另一个为“0”位调节旋钮，用来调整机械 0 点，即将温度指示指针调到标尺的“0”位上。接有补偿导线时，为抵消自由端温度的影响，可将温度指示指针预先调到仪表所在环境的温度值上。

在仪表表盘上标有仪表分度号，使用时要检查热电偶分度号与仪表分度号是否保持一致，应避免因错误混用而导致测量结果的不准确。

使用毫伏计时，应经常检查各处接头的接触是否良好，注意温度指示指针有无卡死或黏滞现象，另外还要保持仪表清洁并对仪表进行定期鉴定。

毫伏计在使用过程中，应定期清除面板上的毛屑以及可动部分、极靴间的毛刺和铁屑等杂物，定期检查调零机构以及簧片座的位置。在毫伏计工作过程中，若发现有信号输入而指针不动或不稳定，应检查毫伏计内的串联电阻、张丝或动圈是否有断线、引头是否有脱落或虚焊现象。

2.3.2.3　电子电位差计的使用和维护保养

电子电位差计使用补偿导线与热电偶相连，电子电位差计的接线端子也有正负极性之分，当把补偿导线接到电子电位差计上时，极性也要对应，不可接反。

在加热炉控制中使用的电子电位差计通常随控制柜一道安装在炉子附近，便于操作者调整和观察炉温。但环境条件较差，容易出现故障。为了保持仪表内部清洁干燥，仪表内应放入干燥剂，生产时也不要随意打开仪表箱门，操作人员需经常注意仪表的密封性。定期对电子电位差计进行鉴定，合格才能使用。

以 ER180 指示记录仪表为例：

（1）仪表操作：工作时，首先调整给定旋钮，将给定指针调整到给定刻度，再将仪表电源开关拨到“ON”位置，仪表电源指示灯点亮；将指示、记录电源开关拨到“ON”位置，记录纸按恒定速度开始走纸，指针在标尺上移动至当前测量温度的刻度处，并根据测量温度的变化而变化。

（2）记录数据：带状折叠式记录纸宽度 180mm，长约 20m，按 25mm/h 的记录速度约可使用一个月。需调阅数据记录时，拉开仪表门，取出记录纸查阅。

带圆图记录仪的电子电位差计，其安装的记录纸只能连续使用 24h。更换记录纸后，如发现记录笔记录的温度值与指针指示的温度不一致，可调节记录笔杆上的螺钉，使其与指示温度一致。

电子电位差计的维护和保养：

（1）仪表安装在干燥、无腐蚀性气体、无强烈振动和附近无强磁场的地方。

（2）热电偶的分度号与使用的电子电位差计的分度号应一致；补偿导线的型号应与热电偶配套。

（3）接通电源后，检查仪表是否正常，其方法是将测量桥路的波段开关拨向

“内校”位置，对于起始点为0℃的仪表，此时指针若指向25℃（室内温度）左右，对于起始点为t_0℃的仪表，指向（t_0+25）℃左右，则表示仪表工作正常，然后将波段开关拨回到测量位置。

（4）调阻尼和灵敏度。接通电源后，如指示针不停地摆动，表示灵敏度过高，若指示针反应缓慢，表示灵敏度过低，应先调节阻尼电位器，满足摆动两次的要求。若调节仍达不到要求，可再调节放大器灵敏度。

（5）使用中应经常注意仪表指针等有无卡住现象。如保温阶段正确的记录曲线应成锯齿形，走直线和平线都属不正常现象。如指针偏向一边，应检查热电偶是否断丝，热电偶与补偿导线、仪表连接线路是否开路。

2.3.2.4 智能温度仪表的使用和维护保养

智能温度仪表的工作原理：由热电偶传感器送来的电信号在测量桥路进行冷端自动补偿后，送入放大器，一面把信号进行放大，同时把非线性信号校正为线性信号，经线性放大信号一路A/D转换电路把模拟量转换成数字信号进行数字显示，另一路传输到调节网络，进行规定的比较运算，同时输出一个需要的控制信号和进行工作状态指示，其原理图如图2-2-31所示。

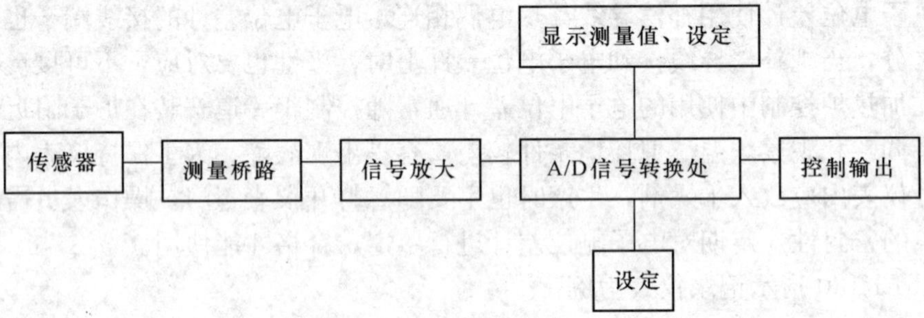

图2-2-31 智能仪表工作原理图

1. SR型温控仪

（1）仪表的显示面板和功能键简介

如图2-2-32所示，以SR90型温控仪为例。

PV：测量值；SV：设定值；OUT1：（绿）亮时有调节输出；OUT2：（绿）亮时有调节输出；EV1：（红）亮时报警输出；EV2：（红）亮时报警输出；AT：（绿）闪烁时自整定；MAN：（绿）闪烁时为手动状态；SB/COM：（绿）亮时为两者之一的状态。▼、▲增减键：增减数字大小和修改字符参数。ENT确认键：数字和参数修改后的确认。@循环键：选择各子窗口和0，1窗口群间的转换。

（2）SR93温控仪表温度设定操作

给定温度设定：按仪表面板上的增减键“▼”、“▲”按钮修改温度设定值，此时，面板SV窗口的小数点闪烁，按面板上的“ENT”按钮确认温度的修改后，小数点灭，设定完成。

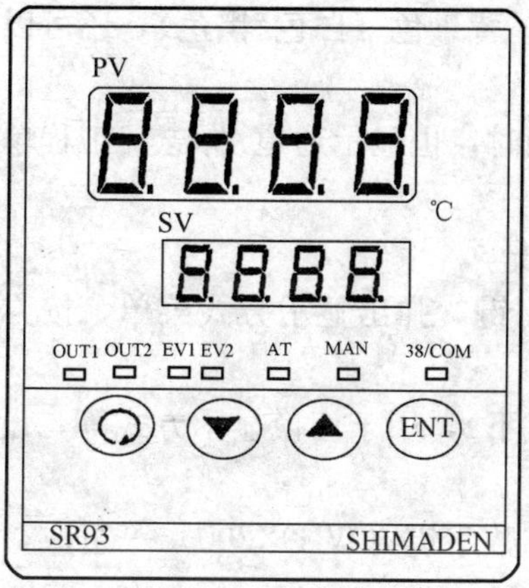

图 2-2-32　SR90 型温控仪

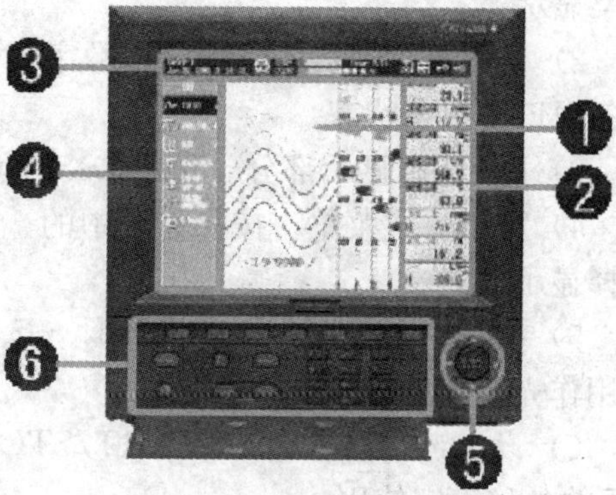

图 2-2-33　DX200 型无纸记录仪

报警温度设定：按@循环键选择“0—4”窗口，按仪表面板上的增减键“▼”、“▲”按钮修改报警温度设定值，此时，面板 SV 窗口的小数点闪烁，按面板上的“ENT”按钮确认温度的修改后，小数点灭，报警设定完成。

(3) 仪表出错信息

HHHH：热电偶断线，PV 超上限量程 10%FS 或 RTDA 端断线。

LLLL：Pv 超下限量程－10%FS 或输入极性错误。

[JHH：热电偶冷端补偿检测高于上限 80℃。

[JLL：热电偶冷端补偿检测低于下限－20℃。

b——：RTD 接线 B 端（或 ABB 端）断线。

HbHH：监测报警电流高于 55A。

HbLL：监测报警电流低于－5A。

(4) 故障处理

仪表显示不正常：将热电偶输入端短路后，仪表显示自动补偿后的温度（近似室温），如不能正确显示，检查热电偶是否断丝，热电偶与补偿导线、仪表连接线路是否开路，更换热电偶或紧固线路。

仪表无调节输出：将仪表设为手动控制，给定时控制灯亮。对于“Y”型输出则有继电器吸合；“P”型有 12V 直流电压；“I”型短路电流为 20mA；“V”型为 10V 直流电压。

2. DX200 无纸记录仪

DX200 采用 10.4″型（VGA）的宽视角 TFT 彩色液晶显示器，可以进行曲线显示、棒图显示、数字显示以及总览显示等，如图 2-2-33 所示。

(1) 显示及操作部分

1) 曲线显示部分。在曲线显示的同时也显示通道的标尺值、工程单位以及任意信息，可切换曲线显示的方向（纵向/横向），背景色（白色/黑色），还可以进行标尺显示。

2）数字显示部分。在测量值数字显示的同时，也显示通道/标志、工程单位以及各通道的报警状态。

3）DX状态显示部分。显示DX的运动状况。

4）显示方式菜单。按操作键中的「DISP」键，弹出显示方式菜单，按方向键选择显示方式。

5）操作键。主要在通常操作时（运行方式下），用于切换显示方式等，设定时也用作光标移动键。

6）设定键。由软键、START/STOP键和数字键（仅DX200）等组成，用于DX的各种设定使用。

7）外部存储媒体驱动器。插入用于保存数据的存储媒体（3.5″软盘，ATA快闪存储卡或Zip磁盘）。

（2）DX200无纸记录仪的操作

打开无纸记录仪下方操作盖，按一下“MENU”键，再按一下屏幕下方“♯1”对应软键，进入报警温度设定画面。移动光标至“开始通道”，选择屏幕下方对应软键设置各区温度通道。移动光标至报警栏中“报警值”处，按字符/数值输入键输入报警温度值，按“Disp/Enter”两次确认，依次设定各区报警温度。按“Esc”键回到温度显示画面。

按操作键中的“Disp”键，弹出显示方式菜单。按方向键选择“历史曲线”显示方式，可调阅历史数据记录。

（3）故障信息及处理

＊＊＊＊＊＊：热电偶断线，无输入信号。

：颜色变红，表示该存储媒体已满需更换。

H：该通道温度超温报警。

仪表显示不正常：检查热电偶是否断丝，热电偶与补偿导线、仪表连接线路是否开路，更换热电偶或紧固线路。

3. 智能温度仪表故障现象及原因

（1）温度仪表系统的指示值突然变到最大或最小，此时的故障原因多是热电偶、补偿导线断线或变送器失灵造成。

（2）温度控制仪表系统指示出现快速振荡现象，多为控制参数PID调整不当造成。

（3）温度控制仪表系统指示出现大幅缓慢的波动，很可能是由于工艺操作变化引起的，如工艺操作没有变化，则很可能是仪表控制系统本身的故障。

2.3.2.5　氧化锆氧探头的使用和维护保养

采样检测式氧探头，只有在氧传感器连接了加热控制以后才能正常工作，冷态下输出的是随机信号，不代表任何意义，氧传感器在接入加热控制以后，在室温条件下即可以开始正常的气体检测。一般的探头调零就是在室温下，加热探头以后，通过对空气的测量，用数字万用表测量此时探头输出毫伏值，此数值就是该探头的零位偏差数值，在显示仪表中需要加入该零位偏差来修正仪表显示的氧浓度。

新装或更换氧传感器时，均应校正氧分析仪的氧浓度显示值。不进行此项工作，更换新的传感器后，氧分析仪检测的氧浓度可能会与实际浓度产生偏差，从而影响测量。

氧传感器直接测量输出的是被测气体的浓度与标准空气差电势数值，即氧电势，该电势数值在零点（即空气测量）时不同的探头起始输出电势就存在偏差，而输出电势经过模型转换输出氧浓度时也可能存在误差，因此在氧分析仪中对探头信号进行标定修正就是很必要的工作，否则显示氧浓度与实际被测气体的氧浓度就会存在较大偏差，满足不了现场生产的需要，甚至误导控制影响生产。

由于氧传感器是长期在线检测测量的仪表，加热炉产生的粉尘会堵塞导气采样管道，造成测量的数值失真甚至无法测量，此时必须定期对采样管中的积尘进行吹扫处理，吹扫时间的长短视积灰程度确定，这种吹扫方法要求氧分析仪具有相应功能或者配套使用氧传感器的维护装置，如果没有这些装置只能安装手动阀门控制压缩空气或气泵定期通入吹扫气口对探头进行除尘工作，但此时必须注意以下情况：

（1）由于在吹扫的过程中，氧传感器的氧电势会下降，最低有可能会降到1mV、2mV，这时检测的氧电势不代表炉内的气氛，此点必须要注意。

（2）吹扫空气的流量要保证能够去除积灰，吹扫过程中可注意氧传感器的氧电势输出值，如果氧电势值始终没有下降，表明空气流量太小，积尘没有清理，应予以调节或者检查吹扫管道，可能吹扫管道已经堵死。

（3）吹扫口的通道是与炉内直接相通的，每次在吹扫完毕后，应关闭阀门，堵死吹扫孔，防止因炉内负压空气进入，影响氧传感器的检测。

在分析氧传感器的好坏时应将其视为一个单独的检测部件。在检测氧传感器的氧电势时应把与氧传感器连接的所有导线断开，用高内阻的数字表在氧传感器的输出端直接检测氧电势。通过检测氧电势，与正常使用时的数值相比较。

氧探头使用中常见的问题及处理方法：

（1）氧量信号偏大：检查标气入口和探头固定法兰密封是否完好，原因是大气混入烟气中。

（2）氧量信号不稳定：有干扰信号混入，应设法根据具体情况采用适当措施排除干扰号。或是电极与敏感单元接触不良，应加大电极与敏感单元的接触压力（有弹簧可调节压力）。

（3）无法标定：检查探头是否堵塞。

（4）无法加热或加热不到需要的温度：检查加热丝内阻。

2.3.2.6 计算机维护保养

当计算机用了一段时间后，程序的运行速度越来越慢，不时还出现蓝屏、死机、运行时的噪声越来越大等现象，这些问题主要与计算机没有很好的维护有关。生产中使用的计算机也需要定期进行维护，才能保证其正常运行。计算机维护分软件维护和硬件维护。

1. 计算机的软件维护

软件维护就是利用 Windows 自带的或第三方工具软件进行维护。软件维护主要有：定期备份用户数据文件，定期备份注册表文件，定期进行磁盘扫描和碎片整理，定期清理垃圾文件，定期进行系统升级、病毒库升级和查杀病毒。

2. 计算机的硬件维护

硬件维护是指对计算机硬件进行检测、校验，对有问题的硬件进行更换或升级的操作（如更换过期电池），以及对计算机硬件的清洁保养。下面重点介绍一下硬件的清洁保养问题。

计算机使用时间过长后，灰尘等污物会在机身内、外部积淀，这些因素都会危害到计算机。所以，平时对计算机进行维护是非常必要的。

(1) 维护工具

计算机维护不需要很复杂的工具，一般的除尘维护只需要准备十字螺丝刀、平口螺丝刀、油漆刷（或者油画笔，普通毛笔容易脱毛不宜使用）就可以了。如果要清洗软驱、光驱内部，还需要准备镜头拭纸、电吹风、无水酒精、脱脂棉球、钟表起子、镊子、皮老虎、回形针、钟表油（或缝纫机油）和黄油等。

(2) 计算机外部设备的维护方法

1) 键盘的清洁

将键盘倒置，拍击键盘，将引起键盘卡键的碎屑拍出键盘；使用中性清洁剂或计算机专用清洁剂清除键盘上难以清除的污渍，用湿布擦洗并晾干键盘，用棉签清洁键盘缝隙内污垢。

2) 鼠标的清洁

鼠标使用的时间长后，也会出现不听指挥的情况。这时就需要对其进行除尘处理。一般来说，机械鼠标只需要清理“身体”里的滚动球和滚动轴即可，即把鼠标底的螺丝拧下来，打开鼠标，利用清洁剂清除鼠标滚动球和滚动轴上的污垢，然后将鼠标装好。

光电鼠标多采用的密封设计，所以灰尘和污垢不会进入内部。平时在使用鼠标时，最好使用鼠标垫，这样会防止灰尘和污垢进入鼠标。

3. 计算机维护注意事项

(1) 严禁在生产过程中擅自使计算机退出运行程序或进行与生产无关的操作。

(2) 操作人员随时保持计算机室内环境清洁，设备清洁和完好，并且控制室内的温度和湿度。

（3）计算机室内严禁吸烟。

（4）控制参数设定画面中各参数已调整好，严禁擅自修改。

（5）加热炉在使用过程中，应每半年进行一次均匀性测温，并校对仪表、计算机指示误差。

（6）在加热炉正常运行中应经常检视电控系统，风机轴承等是否正常，有异常现象应及时报告处理。

（7）如计算机长期处于停用状态时，每周应当定期开机预热，以防止故障。

通常情况下计算机内部设备的维护需专业人员进行，并且内部设备的维护时还要注意：

（1）打开机箱之前先要确认计算机的各个配件的保质期。

（2）注意动手时一定要轻拿轻放，因为计算机各部件都属于精密仪器。

（3）拆卸时注意各插接线的方位，如硬盘线、软驱线、电源线等，以便正确还原。

（4）由于计算机板卡上的集成电路器件多采用MOS技术制造，这种半导体器件对静电高压相当敏感。当带静电的人或物触及这些器件后，就会产生静电释放，而释放的静电高压将损坏这些器件。计算机维护时要特别注意静电防护。

4. 计算机在控制仪器、仪表中常见故障

（1）计算机主画面上温度变化异常，此时的故障原因多是热电偶、热电阻、补偿导线断线或变送器失灵造成。

（2）计算机主画面上温度数字框内数字变暗，并且无变化，此时的故障原因多是由于PLC与计算机间通信出现故障引起。

（3）计算机画面间不能操作、温度及其他工艺参数保持稳定无变化，此时的故障原因多是由于计算机死机引起。

2.3.3　坯料常见缺陷

坯料常见缺陷包括三类：铸锭铸造过程中产生的铸造缺陷、机加工过程中产生的机加工缺陷和加热过程产生的热处理缺陷。

铸锭铸造过程中产生的常见缺陷有：铸锭尺寸、裂纹、成层、拉（裂）痕、疏松、气孔（气泡）、夹渣及偏析瘤等。

机加工过程中产生的常见缺陷有：切斜度、表面不平、厚度不够、铣面表面撕裂及吊具印痕等。

加热过程产生的常见缺陷有：异物压入和压痕、表面气泡、铸锭加热温度不均匀等。

2.3.3.1　尺寸不符

铸锭的实际尺寸不满足所要求的尺寸称尺寸不符，包括长度、宽度、厚度、直径、弯曲度及不平度等。尺寸不符可分为两种情况，一是铸造过程中产生的尺寸不符，二是机加工过程中产生的尺寸不符。

1. 铸锭基本外形尺寸

铸锭基本外形尺寸包括铸锭长度、宽度、厚度、直径等，轧制、挤压工序对铸锭基本外形尺寸均有明确的偏差要求。

2. 偏心

空心铸锭内外不同心的现象称为偏心，也称壁厚不均匀。

3. 弯曲

铸锭弯曲包括大面弯曲、小面弯曲、端面弯曲。

大面弯曲值，图 2-2-34 中直尺 A 和直尺 B 与方铸锭平面之间的最大间隙值。

小面弯曲值，图 2-2-34 中直尺 D 与方铸锭侧面平面之间的最大间隙值。

端面弯曲值，图 2-2-34 中直尺 C 与方铸锭端面平面之间的最大间隙值。

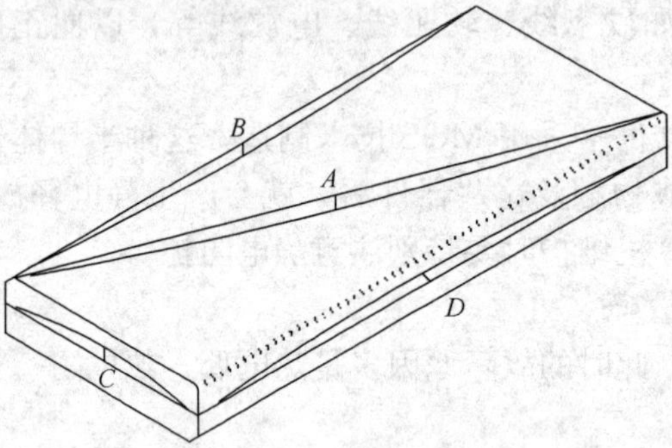

图 2-2-34 铸锭平直度测量

4. 切斜度

铸锭锯切过程中造成的一种加工缺陷，铸锭横截面与铸锭长度方向不垂直，其偏移的最大尺寸称为切斜度。

5. 表面不平

表面不平分铸造过程中产生的表面不平和加工过程中产生的表面不平。铸造过程中产生的表面不平表现为铸锭偏析瘤、成层、拉（裂）痕、毛刺等表面缺陷，加工过程中产生的表面不平表现为铸锭大面和小面不平整，如刀痕深度大，表面粗糙，有台阶面和毛刺。表面不平一般可用目测进行检测。

6. 厚度不够或厚差超标

厚度不够指铸锭铣面后，厚度低于需要的最小厚度，原因是铸锭铣面量过多。厚度不够一旦产生，就无法处理。

厚差超标主要指铸锭铣面后两端或两侧厚度超过工艺标准，在所有合金铸锭铣面过程中都会出现。

2.3.3.2 成层

铸锭外表层上存在的较有规律的金属重叠或靠近表层内部形成的隔层叫成层，也称为冷隔。

成层的宏观组织特征：在铸锭表面上呈近似圆形、半圆形或圆弧形不合层，不合层处金属呈沟状凹下。在低倍试片上组织有明显分层，分层处凹下形成沿铸锭外表面的圆弧状黑色裂纹。

成层的显微组织特征：冷隔处为黑色裂纹，裂纹处有非金属夹杂，裂纹组织两边相近。

成层破坏了金属的连续性，加工铸锭时易导致裂纹的产生。为了保证加工质量和制品质量，生产中必须将成层全部去掉，成层愈深，铸锭的铣面量和车皮量愈大，使铸锭的成品率下降。

2.3.3.3　拉痕和拉裂

在铸锭表面纵向上存在的条痕称拉痕。在铸锭表面横向上存在的小裂口称拉裂。

拉痕组织特征：沿铸锭表面纵向分布的条痕，条痕凹下，深度很浅。显微组织与正常组织没有差别。

拉痕和拉裂破坏了铸锭表层组织的连续性，当深度不超过铸锭表面加工余量时，用铣面、车皮、镗孔的办法将其去掉。当深度很深时，铸锭应报废。

2.3.3.4　裂纹

铸锭裂纹分冷裂纹和热裂纹两种，铸锭冷凝后产生的裂纹叫冷裂纹，铸锭冷凝时产生的裂纹叫热裂纹。

1. 冷裂纹

冷裂纹在铸锭低倍试片上呈平直的裂线，断口比较整齐，颜色新鲜呈亮灰色或浅灰色，断口没有氧化。

冷裂纹的显微组织特征：裂纹不沿枝晶发展，横穿基体和枝晶网络，裂纹平直清晰。

冷裂纹多发生在高成分的大规格铸锭中，开裂时常伴有巨大的响声，有时造成危险事故。当铸锭均匀化退火后，由于内部的应力已经消除，不会再产生裂纹。

2. 热裂纹

热裂纹在铸锭低倍试片上裂纹曲折而不平直，有时裂纹有分叉。断口处裂纹呈黄褐色和氧化色，颜色没有冷裂纹断口新鲜。一般在铸锭中心区出现。

热裂纹的显微组织特征：沿枝晶裂开并沿晶发展，在裂纹处常有低熔点共晶物填充。热裂纹比冷裂纹细，没有冷裂纹好观察，特别是裂纹处有低熔点共晶填充物时，更要与正常低熔点共晶仔细区分，一般前者比后者尺寸小而分布致密。

热裂纹是一种普通又很难完全消除的铸造缺陷，几乎在所有的工业变形铝合金中都能发现。几种常见的裂纹形式：

（1）表面裂纹，表面裂纹通常是热裂纹，产生在铸锭表面。其原因是铸锭从结晶槽拉出来的瞬间，铸锭外层急剧冷却，收缩受到已经凝固的铸锭中心层阻碍，使外层产生拉应力而开裂。表面裂纹特征是裂纹沿铸锭表面纵向发展。在厚度允许范围内，表面裂纹可通过加大铣面量消除。

（2）中心裂纹，中心裂纹可能是热裂纹，也可能是冷裂纹。其产生原因是在铸锭凝固过程中，由于中心熔体结晶收缩受到外层完全凝固金属的阻碍，在铸锭中心产生的拉应力超过当时金属的允许形变值时，便产生中心裂纹。在高成分合金铸锭中，这种裂纹大多数是一种混合型裂纹。

(3) 底部裂纹，裂纹位于铸锭底部，产生原因是与底部接触的铸锭下部冷却速度很快，而上层冷却速度较慢，使下层受拉应力。如果铸锭两端发生翘曲，由热应力引起的铸锭变形大于铸锭所能承受的形变时，将在铸锭的底部引起裂纹。大生产中底部裂纹多因底部铺底工艺处理不当引起。底部裂纹通常可采用增大底部锯切量的方式加以处理，以挽救毛料。

(4) 浇口部裂纹，裂纹位于铸锭浇口中心，沿铸锭纵向向下延伸。产生原因是在铸造末期，顶部金属凝固收缩时，在顶部产生拉应力，将刚结晶塑性很低的中心组织拉裂而产生裂纹。如果浇口区的金属在较高的温度已经形成了细小的热裂纹，在铸锭继续冷却过程中，应力以很大的冲击力使铸锭开裂。这种裂纹开裂有很大的危险性，不但容易使铸造工具破坏，还可能产生人身安全事故。大生产中，浇口有夹渣、掉入底结物、水冷不均和回火处理不当等原因，都可能产生浇口裂纹。

(5) 侧面裂纹，裂纹产生在方铸锭的侧面，产生原因是铸锭侧面冷却速度过大，外表层急剧收缩，已凝固的内层对收缩有阻碍，产生很大拉应力使侧面金属产生裂纹。侧面裂纹如果产生在铸锭的头和尾，一般可将产生缺陷的部位切掉，可部分挽救毛料。

2.3.3.5 疏松

一般将铸锭低倍试片上宏观组织中的黑色针孔称为疏松。

疏松的宏观组织特征：将铸锭试片铣面，再经碱水溶液浸蚀后，用肉眼即可观察到试样表面上所存在的黑色针孔状疏松，如图 2-2-35 所示。疏松的断口宏观特征是断口组织粗糙、不致密，疏松超过二级时，呈白色絮状断口。

生产中按四级标准对铸锭疏松定级，疏松级别愈高，疏松愈严重，黑色针孔不但数量多，尺寸也大，在低倍试片上尺寸在几十至几百微米之间。

疏松的显微组织特征：在显微组织中，疏松呈有棱角形的黑洞，铸锭变形后，有的变成裂纹，有的仍然保持原貌。不管试样浸蚀与否，疏松都能看见，不过浸蚀后更容易观察。

方铸锭最严重的疏松多分布在大面 30mm 以内的表皮层内，圆锭的最大疏松区多发生在铸锭的中心部位。

2.3.3.6 气孔

铸锭低倍试片中存在的圆形孔洞称为气孔。

气孔的组织特征：在铸锭试片上，气孔的宏观和微观特征都为圆孔状，圆孔内表面光滑明亮，光滑的原因是结晶凝固时气泡内的压力很大，明亮的原因是气泡封闭在金属内，气泡内壁没被氧化。与其他缺陷不同，铸锭或制品试片不浸蚀，也能清晰可见气孔。

气孔尺寸一般都很大（约几毫米），个别合金尺寸则较小，在低倍试片检查时很难发现，只在断口检查时才能发现。气孔在铸锭中分布没有规律，常常与疏松伴生，如图 2-2-36 所示。

图 2-2-35 疏松

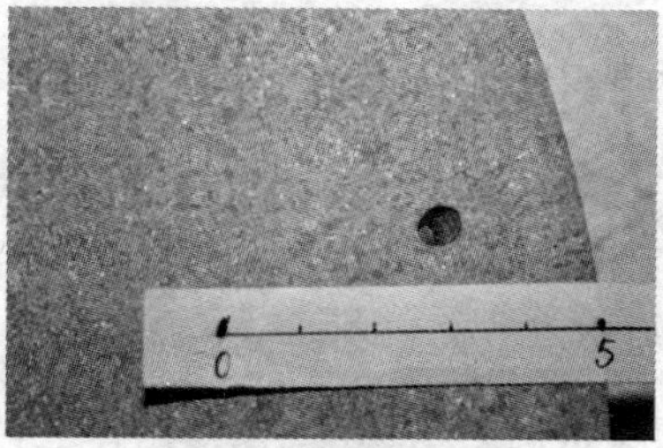

图 2-2-36 气孔

2.3.3.7 缩孔与缩松

金属在凝固时，发生体积收缩、熔体不能及时补充，出现收缩孔洞，称为缩孔或缩松。容积大而集中的缩孔称为集中缩孔，细小而分散的缩孔称为缩松，如图2-2-37 所示 。

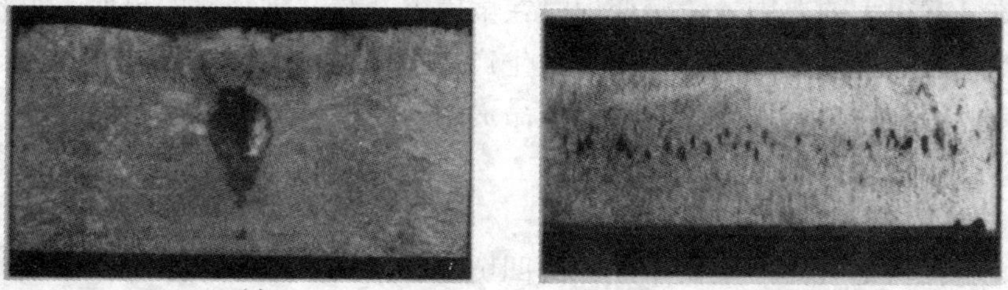

(a)

(b)

图 2-2-37

(a) HPb59-1 集中缩孔；(b) QSn4-4-2.5 分散缩孔

2.3.3.8 表面气泡

铸锭均匀化或加热处理后，有时在表面形成的鼓包称表面气泡。

宏观组织特征：在铸锭表面上为分散的鼓包，彭包内为空腔，放大倍数观察，空腔内壁有闪亮的金属光泽。

显微组织特征：气泡空腔附近有疏松和均火后残存的枝晶组织，气泡内壁对应位置的枝晶组织有对应性。用电子显微镜观察，气泡内壁有梯田花样，表明气泡以疏松为核心形成。

形成机理：铸锭表面气泡不是铸造后就存在，而是由于铸锭中氢含量过高，在铸锭均匀化退火后出现。

2.3.3.9 夹杂

1. 非金属夹杂

在宏观组织中，与基体界限不清的黑色凹坑称非金属夹杂。

非金属夹杂宏观组织特征：没有固定形状的黑色凹坑，与基体没有清晰界限。只有在铸锭低倍试片经碱水深液浸蚀后，才能清晰显现。

断口组织特征：为黑色条状、块状或片状，与基体色彩反差很大，很容易辨认。

显微组织特征：多为絮状的黑色紊乱组织，紊乱组织由黑色线条组成，与基体色差明显。

2. 金属夹杂

在组织中存在的外来金属称金属夹杂，如图2-2-38所示。

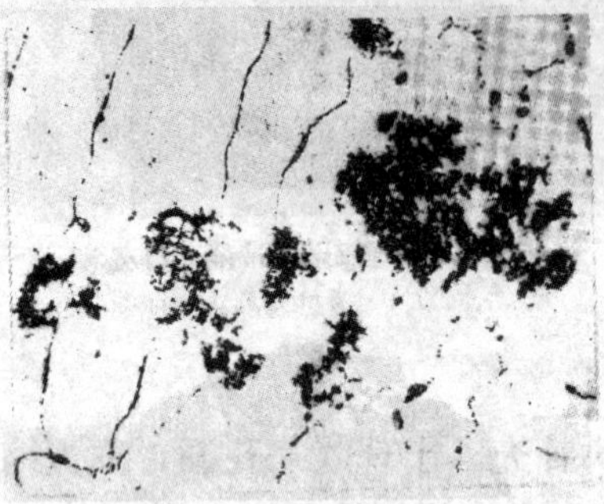

图2-2-38 QCr0.8富铬夹杂

金属夹杂的组织特征：金属夹杂的宏观和微观组织特征，都为有棱角的金属块，颜色与基体金属有明显的差别，并有清楚的分界线，多数为不规则的多边形界线，硬度与基体金属相差很大。

由于外来金属与基体有明显分界面，其塑性与基体又有很大的差别，铸锭变形时在金属夹杂与基体金属的界面上很容易产生裂纹，严重破坏了制品的性能。虽然大生产中这种缺陷很少，但一旦有这种缺陷，常常会造成严重后果，例如可以将价值昂贵的轧辊损坏。

2.3.3.10 铸锭铣面缺陷

1. 表面撕裂

铣面后，铸锭表面产生低于表面的凹坑或凹槽，一般呈长条形。原因是铸锭表面晶粒度过大、铣面时刀头过大或铣面润滑不足。如果铸锭厚度允许，可重铣，但必须调整铣面参数或增加润滑。

2. 针尖气泡

铸锭铣面加工后在表面形成一些点状小泡，通常在高镁合金中出现较多，原因是在铣面加工过程中铣面速度过快，铸锭表面发热严重，造成铸锭表面温度过高而吸气，铸锭基体中氢含量过高也是一个重要原因。产生该缺陷后，可降低铣面刀头线速度，重铣一次加以解决。

3. 铣面粘铝

铝合金的熔点低，且其塑性随着温度的升高而迅速增大。在高温高压作用下，切屑底层与前刀面的摩擦很大，滞留现象严重，易产生积屑瘤，造成表面粘铝。通过调整进给速度，重新铣面即可消除。

2.3.3.11 吊具印痕

铸锭在加热前后，通常会用吊钳等工具来吊运，吊钳的钳口会对方铸锭的小面表面造成一定的损伤，特别是采用液压立吊钳时，其锥形钳口对铸锭小面的损伤更深。

2.3.3.12 异物压入和压痕

铸锭加热中或均热后，表面金属变软，同时与坯料接触的辊道、堆放表面等存在固体异物，就会造成坯料表面的异物压入或压痕，通常可通过目视发现，如图

2-2-39 所示。

图 2-2-39　TP2 表面氧化物压入

2.3.3.13　铸锭加热温度不均匀

（1）铸锭内外温度不均匀。铸锭表面已达到或超过了加热温度，而中心还远没有达到加热温度。

（2）上下表面温度不均匀。通常是下表面温度较低，造成上表面温度高于下表面，轧制时，上表面延伸好，坯料将向下弯曲，可能造成事故。

（3）铸锭长度方向温度不均。铸锭两端温度低、中间温度高或是铸锭一端温度高、一端温度低。

2.3.3.14　脱锌

含锌铜合金退火或酸洗后表面出现灰白或泛红色斑现象称为脱锌。

产生原因：加热温度过高，使表面锌熔化、挥发或氧化；酸洗时，酸液浓度过高、酸洗时间过长引起表面脱锌。

2.3.4　质量统计和分析

在质量管理中，为了控制和保证工作质量和产品质量，经常要了解一批产品的质量状况，掌握一个生产过程、一道工序的质量动态或其他质量问题。这就需要从实际出发，根据产品或生产过程的客观情况，实事求是地作出正确的判断和采取相应的措施，从而对产品质量及其生产过程实行有效的控制。

如何才能实事求是地掌握质量状况以及存在的质量问题呢？应该对产品和生产过程进行调查研究，取得一部分具有代表性的实际的质量数据和有关资料，并对它们进行计算和图示等科学整理、加工，把包含在数据中的规律性揭示出来，从而推断出产品或生产过程的质量状况。

从分析过程中，常常会发现产品质量具有波动性。生产实际中，即使操作者、机器、原材料、加工方法、生产环境及测量方法等条件相同，但生产出来一批产品的质量特性数据却并不完全相同，总是存在差异，这就是产品质量的波动性。根据造成波动的原因，把产品质量波动分为两大类：正常波动和异常波动。

质量管理的一项重要工作就是通过收集数据、整理数据，找出波动的规律，把正常波动控制在最低限度，消除系统性原因造成的异常波动。质量管理中，常用的质量管理方法及图表有：分层法、检查表、排列图、因果图、直方图、控制图和散布图。下面简要介绍分层法、检查表、排列图、因果图和直方图。

2.3.4.1　分层法

分层法就是把收集来的质量数据按照不同的目的加以分类，把性质相同，在同一个生产条件下收集到的质量数据归并在一起，然后再利用其他方法对这类数据进行加工整理成图表的方法，分层法通过与质量管理的其他方法联用，可以得到分层排列图、分层直方图等，如表2-2-5所示。

表2-2-5 3月份某车间铸锭裂纹废品按合金分层

合 金	废 品 数	比 率（%）	累计百分数（%）
2024	22	69.84	69.84
7075	5	15.87	85.71
5052	1.5	4.76	90.47
其 他	3	9.53	100
总 计	31.5	100	

2.3.4.2 检查表

检查表是用简便方法，把收集到的数据排列成便于统计分析用的表格或制成用数据和语言不便表达的图表，如表2-2-6所示。利用这种方法可以进行数据整理和粗略的原因分析。

表2-2-6 不合格原因检查表

批 号	熔次号	投料量	成品量	废 品				操 作 者		
				裂 纹	夹 渣	弯 曲	尺寸不符	甲 班	乙 班	丙 班
总 计										

2.3.4.3 排列图

1. 什么是排列图

排列图是找出影响产品质量主要问题的有效方法，它是根据巴雷特原理“关键的少数，次要的多数”作出来的，所以也叫巴雷特图。它是由两个纵坐标，一个横坐标，几个直方形和一条曲线组成。

（1）左边的纵坐标表示频数（件数、重量、金额等）。

（2）右边的纵坐标表示累计百分率。

（3）横坐标表示影响质量的各个因素或项目，按影响程度的大小从左到右依次排列。

（4）直方形的高度表示某项因素影响质量的程度大小。

（5）曲线表示各项因素影响大小的累计百分数。

2. 排列图的画法

第一步：收集数据，并将这些数据按其数量的大小顺序列成表，如表2-2-7所示。

表 2-2-7　某车间 5 月份 2024 合金废品排列表

项　目	废品数量	比　率（%）	累计百分数（%）
裂　纹	1600	40	40
夹　渣	900	22.5	62.5
疏　松	800	20	82.5
弯　曲	400	10	92.5
冷　隔	100	2.5	95
其　他	200	5	100
合　计	4000	100	

第二步：计算出每一项在总数中所占比率与累计百分数，并依次填入表 2-2-7 中。

$$比率=\frac{某项废品量}{废品总量}\times 100\%$$

$$累计百分数=\frac{累计废品量}{废品总量}\times 100\%$$

如本例中，弯曲在废品中所占比率$=\frac{400}{4000}\times 100\%=10\%$

从裂纹至弯曲为止，累计百分率为：

$$40\%+22.5\%+20\%+10\%=92.5\%$$

第三步：画图

如图 2-2-40 所示。

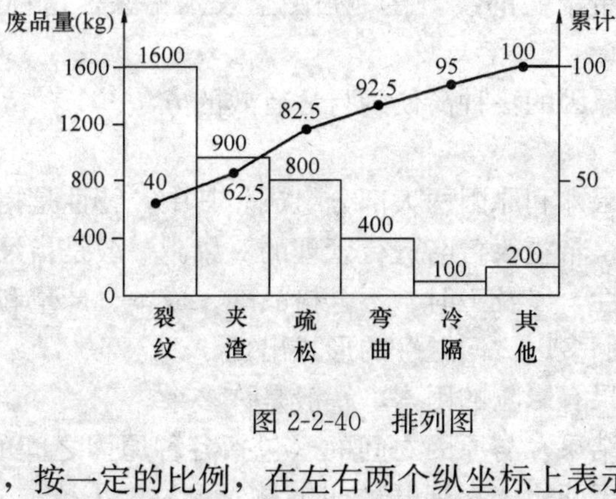

图 2-2-40　排列图

（1）取坐标，按一定的比例，在左右两个纵坐标上表示出表 2-2-7 中的废品量和累计百分数。一般取这两个纵坐标等高。

（2）按各类因素造成的废品数量，依次在横坐标上用直方形表示，并注明报废原因。注意，直方形应等宽，而且当横坐标很长时，可将一般因素归纳为“其他”排在横坐标最右边。

（3）按右边纵坐标的比例，画出每个废品原因的累计百分数点子，并顺次连接起来，成为一条由左到右逐渐上升的曲线，即巴雷特曲线。

（4）分别注明绘制日期，统计总数等可供参考的事项。

3. 排列图的用法

在运用排列图进行主次因素分析时，通常把影响产品质量的因素（或问题）分为三类：

（1）主要因素——累计百分数在0%～80%之间的因素。也叫A类因素，一般不超过3个。

（2）次要因素——累计百分数在80%～90%间的因素。也叫B类因素。

（3）一般因素——累计百分数在90%～100%间的因素，也叫C类因素。

在上例中，若按此分类即可看出，裂纹和夹渣是影响产品质量的主要因素，疏松是次要因素，弯曲和冷隔是一般因素。由此，我们得知，要提高产品质量必须从减少裂纹和夹渣方面下手。

从排列图可知，对产品质量影响大的是前面“柱高”的问题，后面“柱低”的问题往往对产品质量影响不大。将“柱高”的废品项目减少或消除，比消除“柱低”的废品效果要大得多。因此，一般都对“柱高”的废品采取措施，以达到事半功倍的效果。

2.3.4.4　因果图

因果图就是用箭头表示原因和结果关系的图。因其形状很像鱼刺，故也被称为鱼刺图。为了寻找产生某种质量问题的原因，采用召开QC小组会、质量分析会等办法，集思广益，再对大家提出的影响结果的原因加以分层，系统整理，找出它们之间的相互关系，并用带箭头的线，在一张图上表示出来，这种形式的图就是因果图。

因果图是寻找问题原因的一种简便的行之有效的方法。

1. 因果图的构成

因果图由特性（结果）和原因两大部分组成。其中，特性是指生产过程出现的各种结果或工作结果，是希望改善与进行管理的对象。一般是指尺寸、重量、纯度等与产品质量有关的特性，以及工时、不合格品率、成本、产量和事故件数等与工作质量有关的特性。它们多以“问题”的形式出现。

原因：对特性或结果有影响的因素，一般是许多个。

枝干：表示特性（结果）与原因之间的（包括各种原因之间的）关系的箭头，最中间的为主干，从主干两边依次展开的叫大枝、中枝、小枝，分别表示大原因、中原因、小原因。

2. 因果图的画法

如图2-2-41所示。

第一步：确定质量特性（结果），画出主干线。

第二步：查原因，探讨一个质量问题产生的原因，先按原因分类，画出大枝，再依次细分，并相应用大小不同的箭头标出中枝、小枝。

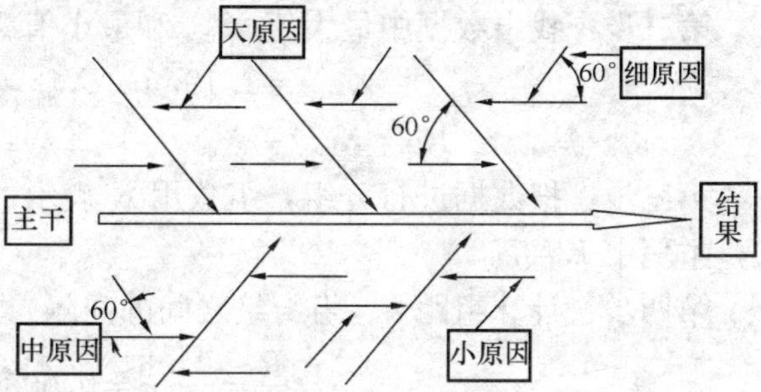

图 2-2-41　因果图

第三步：把大家提出意见写到图上，从粗到细，步步深入，一直分析到能够提出解决问题的措施为止。

第四步：把主要的、关键的原因用显著符号（如方框）标记出来，作为质量改进的重点。

第五步：注明必要的有关事项，如绘制日期、参加人员及其他可供参考查询的事项。

2.3.4.5　直方图

在现实生产中，即使在相同的工艺条件下，产品质量也不会完全相同。不管用怎样精密的设备和多么谨慎的操作，产品质量总会存在着散差。但在工序稳定的情况下，这种散差是围绕着一定的平均值，在一定范围内波动、分布的。直方图法就是通过对质量的波动分布状况进行分析，发现统计规律的一种简单而有效的办法。它可以预测工序质量好坏，估算工序不合格品率的高低。

直方图是把数据存在的范围分成若干区间，计算落入各区间的数据出现的频数并制成图。直方图有一个纵坐标，一个横坐标。横坐标标出质量特性值，纵坐标标出频数，用直方形的高度表示属于各区间的频数。

1. 直方图的制作方法

第一步：收集数据，列成数据表。一般数据取 50～100 个，数据总数用 N 表示。表 2-2-8 是某车间 1.2mm 板材厚度数据，$N=100$。

表 2-2-8　某车间 1.2mm 板材厚度数据

1.15	1.15	1.13	1.13	1.14	1.14	1.16	1.15	1.16	1.16
1.16	1.16	1.17	1.17	1.17	1.17	1.17	1.17	1.17	1.17
1.18	1.16	1.17	1.17	1.17	1.16	1.18	1.17	1.18	1.17
1.17	1.17	1.16	1.17	1.17	1.18	1.18	1.17	1.17	1.17
1.15	1.15	1.15	1.17	1.17	1.16	1.15	1.15	1.17	1.16
1.17	1.17	1.17	1.17	1.16	1.16	1.17	1.16	1.17	1.16
1.16	1.16	1.17	1.17	1.17	1.18	1.18	1.17	1.17	1.17
1.15	1.15	1.16	1.16	1.16	1.17	1.15	1.17	1.16	1.16
1.18	1.17	1.17	1.18	1.17	1.17	1.14	1.14	1.15	1.15
1.16	1.16	1.16	1.19	1.19	1.16	1.17	1.16	1.17	1.15

第二步：找出数据中最大值 X_{max} 和最小值 X_{min}，并求出极差 R。

$$X_{max}=1.19\text{mm},\ X_{min}=1.13\text{mm}$$

$$R=X_{max}-X_{min}=1.19-1.13=0.06\text{mm}$$

第三步：把数据进行分组，组数用 K 表示，一般数据 $N=50\sim100$，K 取 6～10，本例中 $K=7$。

第四步：计算组距 h（组与组之间的间隔）。

$$h=\frac{R}{K}=\frac{0.06}{7}=0.0086\approx0.01$$

计算 h 时，要取测量单位的整数倍，而且最好是奇数，所以本例 h 取 0.01。

第五步：决定组界值，组界值应比数据多取一位小数，其大小为测量单位的 1/2。

第一组上下界限值计算公式为：

$$X_{min}\pm\frac{h}{2}$$

$$X_{min}\pm\frac{h}{2}=\left(1.13-\frac{0.01}{2}\right)\sim\left(1.13+\frac{0.01}{2}\right)=1.125\sim1.135$$

其余各组的上下界限值分别在前一组的上下界限值的基础上加 h，直到包含最大值 X_{max} 那组为止。

第六步：将所有数据分别归到各组中，统计出频数，如表 2-2-9 所示。

表 2-2-9　数　据　分　组

组　号	组界值	频　数	组　号	组界值	频　数
1	1.125～1.135	2	5	1.165～1.175	43
2	1.135～1.145	4	6	1.175～1.185	9
3	1.145～1.155	14	7	1.185～1.195	2
4	1.155～1.165	26			

第七步：制作出简单的直方图，以纵坐标为频数，横坐标为产品特性值，在各组上画出一系列直方柱，每个直方柱的底长为组距，高度为频数，这样得到的图形为直方图。

2. 直方图的观察分析

（1）正常型：从稳定正常的工序得到的数据作出的直方图是左右对称的山峰形，如图 2-2-42 所示。

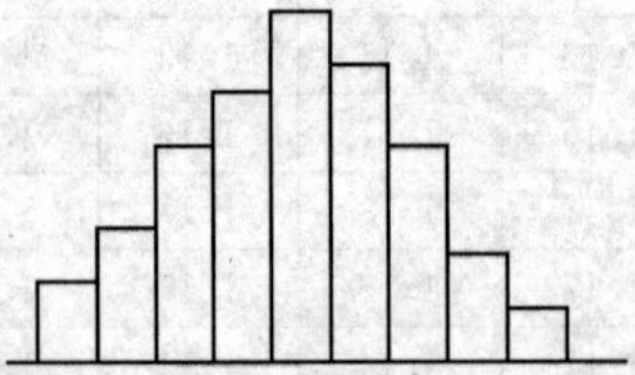

图 2-2-42　正常型

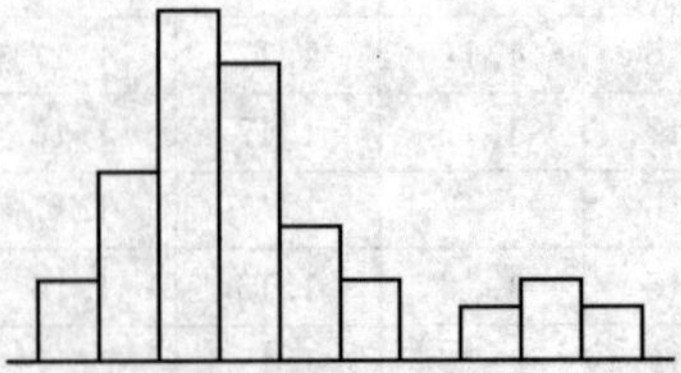

图 2-2-43　孤岛型

(2) 异常型：由于工序生产不稳定而存在某种异常情况，在直方图上体显出有缺陷的图形。其常见的图形和形状有：

1) 孤岛型：在直方图中有孤立的小岛出现，其原因可能是加工条件发生了变化，如更换了原材料，在短期内由不熟练的操作者操作等，如图 2-2-43 所示。

2) 双峰型：直方图中出现两个顶峰，这往往是由于有两种分布混在一起造成的。其原因可能是用两台机器或两个人进行加工的，再者可能是两个单位加工的产品，如图 2-2-44 所示。

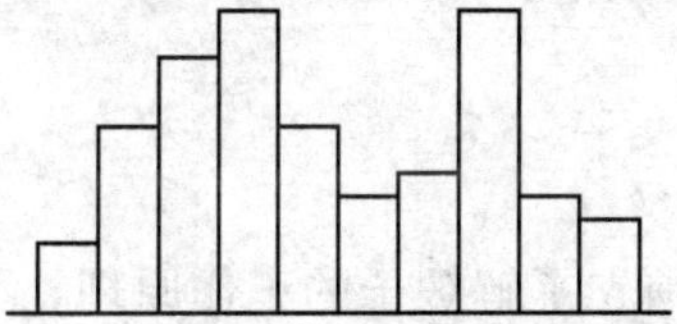

图 2-2-44　双峰型

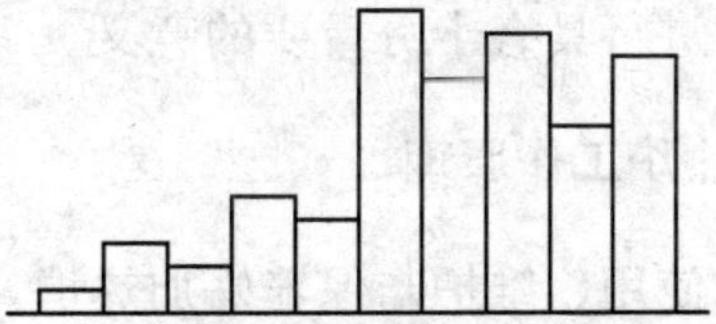

图 2-2-45　折齿型

3) 折齿型：直方图出现凹凸不平的现象，好像是断了齿的梳子。这是由于作图时分组不当，组的宽度未取测量值的整数倍或者是由于测量误差造成，如图 2-2-45 所示。

4) 陡壁型：直方图向一边倾斜，往往是在产品质量很差，用剔除了不合格品后的产品数据作的直方图，如图 2-2-46 所示。

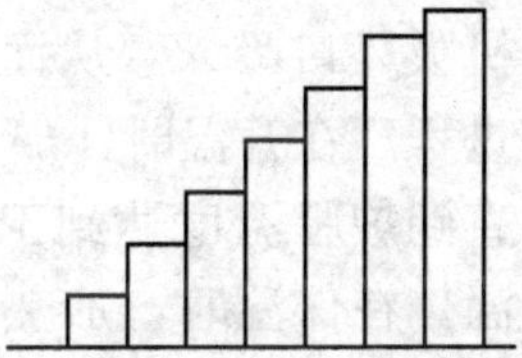

图 2-2-46　陡壁型

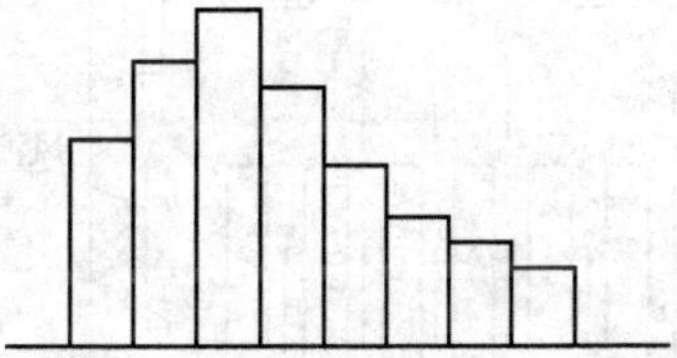

图 2-2-47　偏左型

5) 偏态型：

① 偏左型：由于某种原因使下限受到限制，例如：杂质成分接近零，孔加工往往偏小等，如图 2-2-47 所示。

② 偏右型：由于某种原因使上限受到限制，例如：纯度接近 100%，轴加工偏大等，如图 2-2-48 所示。

6) 平顶型：直方图没有突出的顶峰，如图 2-2-49 所示。原因主要有三种情况：

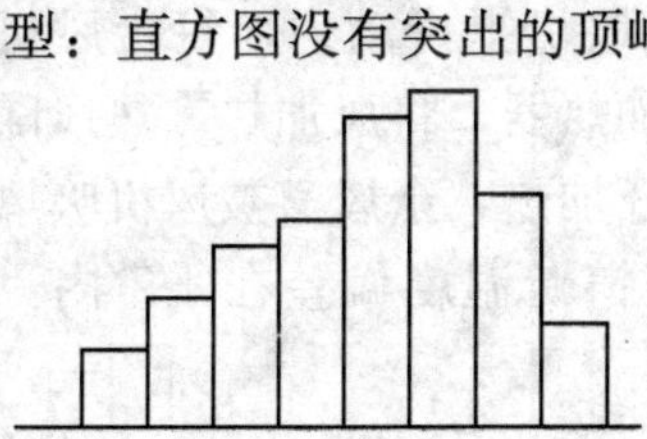

图 2-2-48　偏右型

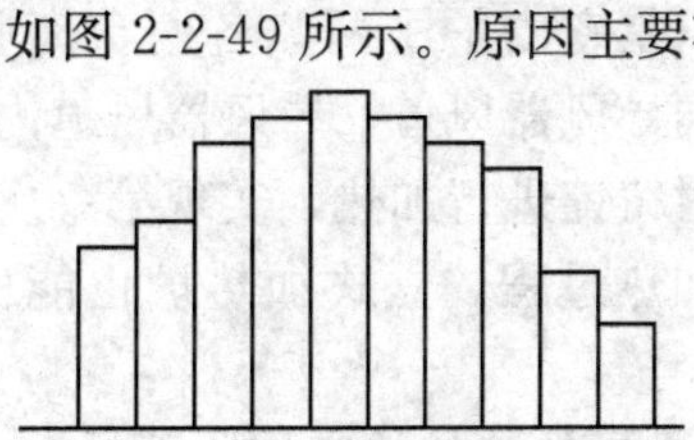

图 2-2-49　平顶型

① 有多个总体、多种分布混在一起。

② 生产中有某种缓慢的因素在起作用，如工具磨损，操作者疲劳等。

③ 质量指标在某区间内均匀变化。

2.4 设备保养与维护

加热炉的使用、维护与保养，是操作人员经常面临的重要任务。正确、安全地使用加热设备，并采用合理的方法进行维护和保养，对于提高设备使用寿命和保证生产的正常进行具有十分重要的意义。

2.4.1 加热炉工作原理

要正确使用、维护与保养好加热炉，必须先了解炉子的工作原理，下面介绍几种常用加热炉的工作原理。

2.4.1.1 箱式加热炉的工作原理

箱式加热炉工作原理是利用循环加热的方法对铸锭进行加热。由炉顶4台离心式风机提供动力，每台风机将风分为2组，把风送向导风器风道，导风器风道内有加热器，将风加热，热风随导风器出口进入炉膛，对铸锭进行加热，实现第一次循环加热，余风又被风机吸风口吸入，从而实现循环加热过程。在升温时，加热器全部开动，直到炉膛温度达到工艺要求进入保温。在保温时，加热器根据控温需要，有时停，有时开。当温度降低，加热器开动，当温度升高，加热器停，以保证炉膛温度恒定，该加热炉能保证铸锭温度偏差在±5°内。如图2-2-50所示。

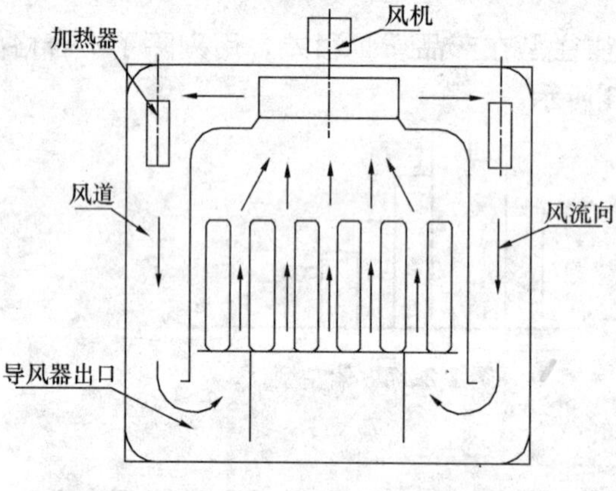

图2-2-50 箱式加热炉工作原理图

2.4.1.2 立式加热炉的工作原理

立式加热炉工作原理同箱式炉基本相同，只是它由炉子两侧各两台离心式风机提供动力，每台风机将风分为1组，把风送向导风器风道，导风器风道内有加热器，将风加热，热风随导风器出口进入炉膛，对铸锭进行加热，实现第一次循环加热，余风又被风机吸风口吸入，从而实现循环加热过程。立式加热炉也能保证铸锭温度偏差在±5°内。如图2-2-51所示。

2.4.1.3 推进式加热炉的工作原理

推进式加热炉是通过将天然气和空气按一定比例混合后点火燃烧来加热铸锭的

热处理炉。其热量传递由炉子一侧的离心式风机提供动力，把风送向导风器（风道），导风器内有天然气燃烧器，将风加热，热风随导风器出口进入炉膛，对铸锭进行加热，实现第一次循环加热，余风又被风机吸风口吸入，从而实现循环加热升温过程。在保温时，燃烧器根据控温需要，时燃时熄，以保证炉膛温度恒定。

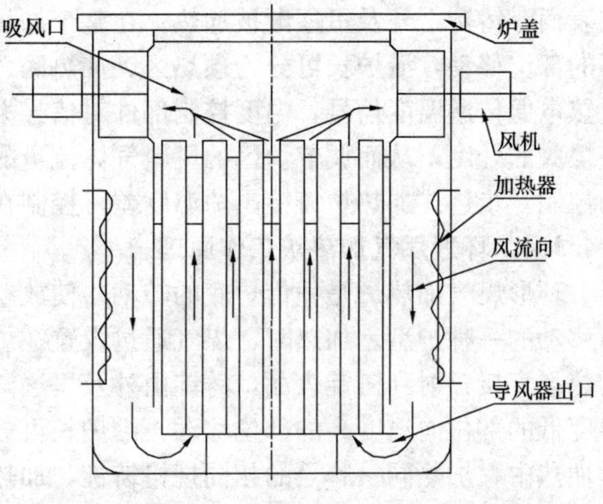

图 2-2-51　立式加热炉工作原理图

2.4.1.4　双膛炉加热炉的工作原理

双膛加热炉采用两个炉子并排安装的方式以减少能量散失。双膛炉炉内为一长方体形状的空间，炉内顶部呈圆弧顶，它靠位于炉顶和炉底安放的电阻加热带通电加热炉气和铸锭。双膛炉没有循环风机，仅靠遍布炉膛上下方电阻带的热辐射加热铸锭。炉膛内划分为五个加热区，每区上方有一支热电偶采集温度值，温控系统据此控制炉子的加热过程。热电偶检测的炉气温度低于某区的炉气设定温度，电阻带就得电加热；热电偶检测的炉气温度等于或高于某区的炉气设定温度，电阻带就失电停止加热。当铸锭温度达到工艺要求的温度值，则进入保温待轧或直接出炉轧制，如图 2-2-52 所示。

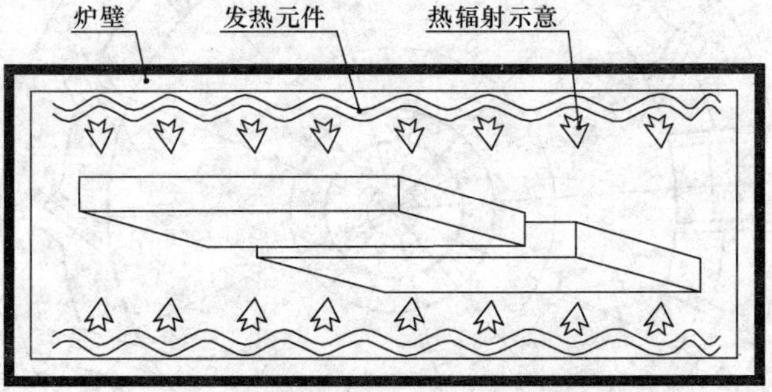

图 2-2-52　双膛加热炉炉内热辐射示意图

2.4.1.5　步进式加热炉的工作原理

步进式加热炉的工作原理是铸锭在炉底的槽隙中装有电动机构或液压装置驱使的可动的步进梁做矩形轨迹的周期性封闭曲线运动。运动时，活动梁先向上升起，突出在槽隙之上，把放在炉底上的坯料抬起，再向炉子出料口方向移动，然后向下落入槽隙中，把坯料放在炉底上，再向后平移，恢复到原来位置。这样完成坯料在炉膛内一步一步向前移动。为了使坯料与炉底不发生摩擦，常采用矩形运动轨迹。加热时，煤气通过设置在炉顶上的燃烧器（烧嘴）燃烧，产生的热量直接辐射到铸锭表面，铸锭由外及里逐渐被加热。在整个加热过程，铸锭从温度低的部位向温度高的部位移动，沿炉长可分为预热区、加热区、均热区。加热过程中，加热温度通过热电偶传递温度信号，温度控制部件对信号大小进行比较，根据比较的差值，调整蝶阀的开度，从而调节炉区的燃料气体流量的方法，实现整个加热过程的温度自动控制。步进式加热炉铸锭出炉温度差可控制在±5℃范围内。

2.4.1.6 环形煤气加热炉工作原理

环形煤气加热炉是凭借炉底的转动，使放置在炉底的铸锭由装料口向出料口渐渐移动的一种炉型。加热时，煤气通过设置在炉墙上的燃烧器（烧嘴）燃烧，产生的热量直接辐射到铸锭表面，铸锭由外及里逐渐被加热。在整个加热过程，铸锭从温度低的部位向温度高的部位移动，沿炉长可分为预热区、加热区、均热区，在连续加热中，加热同一牌号的相同规格铸锭，加热区各区域的温度可保持一定。

一般环形加热炉的燃烧器设置在外炉墙，大型环形炉的内炉墙也设置相应数量的燃烧器。环形炉的外炉墙一般设置 10 个烧嘴，1#～4# 为预热区，5#～8# 为加热区，9#～10# 为均热区。烧嘴配置如图 2-2-53 所示，其中在装料炉门和出料炉门的烧嘴是相对配置，管路较其他烧嘴粗，煤气流量大，炉内燃烧强烈，可以防止冷空气进入炉内。

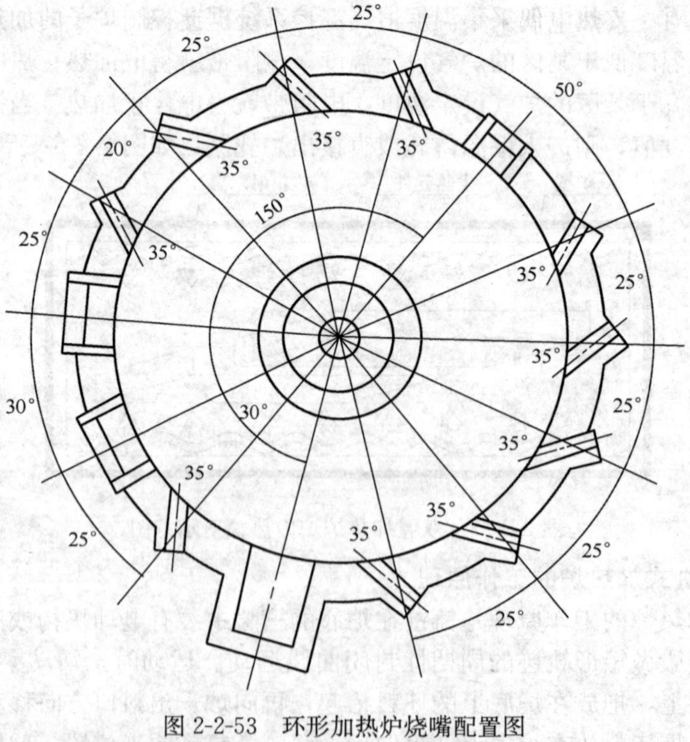

图 2-2-53 环形加热炉烧嘴配置图

2.4.1.7 感应加热工作原理

感应加热炉分为周期式、连续式和步进式，一般挤压机配套用的感应加热炉多为步进式，步进式加热炉就是在加热器中放入多个金属锭坯，从入口端以步进的方式推料，通过温度设定，使出口端出来的锭坯刚好达到所要求的加热温度，以满足挤压机要求。

感应加热炉是利用电磁感应原理，把电能转变为热能的一种装置。感应线圈中通过一定频率的电流，线圈周围产生一个强大的交变磁场，在磁场作用下，感应器中的被加热元件上产生感应电流。在频率高的情况下，电流集中在工件表面，越向工件的心部感应电流越小。所以在感应加热中，铸锭表面首先被很均匀地加热到一定厚度，热量从铸锭外部向中心部扩散。感生电流的穿透深度与电流频率、金属的电阻系数、导磁率有关。

感应炉在圆锭加热中应用广泛，方锭则应用较少，常用于感应加热的电源频率在 50～4000Hz 范围内。

采用 50Hz 频率电源加热的感应加热炉，称为工频炉。采用 50Hz 以上频率电源加热的感应加热炉，称为中频炉。工频炉和中频炉在原理、结构方面无差别，仅随着频率的变化，感应炉的特性和运行参数将发生变化。

2.4.2　加热炉常见故障原因分析

了解加热炉常见故障，可以很好地配合机电维修人员快速、准确地排除炉子故障，恢复正常生产，提高生产效率，下面介绍几种加热炉常见故障及原因。

2.4.2.1　箱式加热炉常见故障原因分析

（1）风机不启动。出现故障的原因主要有三个：风机电机过热动作；电机出现单相；连锁接点没有复位或变形。

（2）运行中风机停转。出现故障的原因主要有：超过负荷，引起电机跳电；电机单相使开关跳闸。

（3）加热器送不上电。出现故障的原因主要有：冷却水压过低或水流继电器失灵；触发模块失灵；818P 智能仪无输出；15ZJ4 没有动作。

（4）风机振动大、噪声大。出现故障的原因主要有：风机或电机地脚螺栓松动；风机叶轮动平衡破坏；风机轴弯曲变形；风机轴承无润滑油或者轴承损坏。

（5）升温速度慢。出现故障的原因主要有：电阻丝断，某区电阻丝断，加热功率降低；加热开关跳闸。

（6）炉门压不紧。出现故障的原因主要有：压缩空气压力不足，气动电磁阀没有动作；汽缸内泄漏。

（7）炉门提升锁不住。出现故障的原因主要是：提升机电机制动器间隙调得过大，或制动器坏，致使炉门受重力下滑。

（8）仪表指示超温。出现故障的原因主要有：继电器接点粘连；控温仪表失灵。

（9）加热器缺相、接地。出现故障的原因主要有：加热器电阻丝断，造成缺相；电阻丝碰到炉壁，出现接地。

（10）炉内保温时温差过大。出现故障的原因主要有：热电偶控制显示测量位置不对或电偶坏；控温仪表故障；导风回路漏风过大；炉子密封差；装入料不符合装炉要求。

2.4.2.2　立式加热炉常见故障原因分析

（1）风机不启动。出现故障的原因主要有：电机三相电源出现缺相；轴承油多，皮带紧；电机过热动作。

（2）运行中风机停转。出现故障的原因主要有：超过负荷，引起电机跳电；电机单相使开关跳闸。

（3）温度低或升温慢。出现故障的原因主要有：加热开关跳闸；某区电阻丝断，加热功率降低。

（4）仪表指示超温。出现故障的原因主要有：继电器接点粘连；控温仪表失灵。

（5）加热器缺相、接地。出现故障的原因主要有：加热器电阻丝断，造成缺相；电阻丝碰到炉壁，出现接地。

（6）风机振动大、噪声大。出现故障的原因主要有：风机或电机地脚螺栓松动；风机叶轮动平衡破坏；风机轴承无润滑油或者轴承损坏；轴承间隙大或轴磨损。

2.4.2.3　推进式加热炉常见故障原因分析

（1）不能正常点火。出现故障的原因主要是：炉前天燃气压力过高或过低。

（2）两推锭缸在推进过程中不同步。出现故障的原因主要是：电控系统和液压系统故障。

（3）炉门提升机构中钢丝绳损坏。出现故障的原因主要是：炉门升降机构有卡阻，致使钢丝绳损坏。

（4）风机振动过大，有异常声音。出现故障的原因主要有：风机轴承润滑油脂少；循环冷却水量不正常；风机皮带松。

（5）铸锭出炉抓锭机构不能将铸锭抓出或抓出后两抓锭油缸不同步。出现故障的原因主要有：抓锭头不灵活；铸锭未推到规定的位置；抓锭油缸行程未前进到位；电控系统和液压系统故障。

（6）“V”形垫块不能自动从出料端顺利到达装料位置。出现故障的原因主要有：各环节行程开关不可靠；行程开关的位置不当；机构传动有卡阻。

（7）液压系统漏油。出现故障的原因主要是：密封坏，管接头松。

（8）报警动作。原因主要有：超出设定温度，出现的报警；风机因跳电，出现的报警。

（9）自动出炉不动作或动作顺序不对。出现故障的原因主要是：打手动后未按“主控复位按钮”或复位时动作机构位置不对。

（10）推进器不推。出现故障的原因主要有：炉门未打开；液压泵未启动；液压系统阀门未打开；左右推进器不同步；比例阀故障；液压系统油箱缺油或液压管破裂。

（11）推进器不退。出现故障的原因主要有：除推进器不推的后五个原因外，还有两个可能的原因就是：后退限位损坏（短接）和左右推进器至少有一个未前进到位。

（12）取锭机不进。出现故障的原因主要有：液压泵未启动；液压系统阀门未打开；左右取锭机不同步；比例阀故障；液压系统油箱缺油或液压管破裂；后退限位损坏（开路）。

（13）取锭机不退。出现故障的原因主要有：除取锭机不进的前五个原因外，还有两个可能的原因就是：后退限位损坏（短接）和左右取锭机至少有一个未前进到位。

（14）1# 或 2# 炉门不升。出现故障的原因主要有：炉门电机电源开关跳电；炉门机械卡；炉门上升限位损坏；左右推进器至少有一个未前进到位；左右取锭机至少有一个未退到 3#、4# 炉门间。

（15）1# 或 2# 炉门不降。出现故障的原因主要有：炉门电机电源开关跳电；炉门机械卡；炉门下降限位损坏；左右推进器至少有一个未前进到位。

（16）3# 或 4# 炉门不升。出现故障的原因主要有：炉门电机电源开关跳电；炉门机械卡；炉门下降限位损坏；左右取锭机至少有一个未前进到位。

（17）3# 或 4# 炉门不降。出现故障的原因主要有：炉门电机电源开关跳电；炉门机械卡；炉门下降限位损坏；左右取锭机至少有一个未退到 3#、4# 炉门间或尽头。

（18）炉门升起来又落下。出现故障的原因是：抱闸损坏。

（19）入口翻料机不上翻。出现故障的原因有：链条未将铸锭运送到入口翻料机位或检测接近开关损坏（开路）；入口叉子未退回到位；推进器未推 A 位（垫块待料位）。

（20）入口翻料机不下翻。出现故障的原因有：推进器未推 B 位（1#、2# 炉门间）；入口翻料机位铸锭检测接近开关损坏（短接）。

（21）出口翻料机不上翻。出现故障的原因有：出口轧机对中小车未进到位；“翻回允许”选择手柄未处于允许位；出口叉子未退到位。

（22）出口翻料机不下翻。出现故障的原因有：左右取锭机至少有一个未后退到位；取锭机后退限位损坏（开路）；出口翻料机 45℃位或下翻到位开关损坏（短接）。

（23）出口翻料机下翻 45℃后不暂停。出现故障的原因是：出口翻料机 45℃位光电开关损坏（开路）或检测位置不良。

（24）受料台不上升。出现故障的原因有：上升风阀损坏；风管无风或风压不够；上升接近开关损坏。

(25) 受料台不下降。出现故障的原因有：下降风阀损坏；下降接近开关损坏；受料台“有料”检测开关损坏（开路）。

(26) 入口对中机不前进。出现故障的原因有：电机保护动作；机械卡或联轴器脱落；铸锭对中位接近开关损坏；对中压力盘接近开关损坏（短接）。

(27) 入口对中机不后退。出现故障的原因有：电机保护动作；机械卡或联轴器脱落；对中压力盘接近开关损坏（短接）；对中机后退接近开关损坏（短接）。

(28) 出口对中机不退（进轧机）。出现故障的原因有：出口翻料机45℃位光电开关损坏（开路）或检测位置不良；对中机后退接近开关损坏（短接）。

(29) 出口对中机不进（出轧机）。出现故障的原因有：出口翻料机下翻到位开关损坏（开路）或检测位置不良；对中机后退接近开关损坏（短接）。

(30) 垫块纵向运输机不动。出现故障的原因有：出口垫块退回限位开关至少有一个损坏（开路）；垫块纵向运输机前进限位损坏。

(31) 入口或出口垫块横向运输机（叉子）不动。出现故障的原因有：电机保护动作；钢丝绳断或电机轴联器脱落；连锁信号未来；前进或后退限位开关损坏。

(32) 入口或出口垫块横向运输机（叉子）前进或后退不到位。出现故障的原因有：钢丝绳变得太松或调得过紧；前进或后退限位开关位置变动。

2.4.2.4 双膛加热炉常见故障原因分析

(1) 在上位机执行停电操作后，下部炉膛某处发热元件依然在加热（发红）。出现故障的原因有：电阻带通过链条托架（槽钢）接地；调功柜可控硅击穿。

(2) 在上位机执行停电操作后，上部炉膛某处发热元件依然在加热（发红）。出现故障的原因有：电阻带通过铠装热电偶外壳接地；调功柜可控硅击穿。

(3) 炉体发热元件接线柱发热严重。出现故障的原因是：接线端子螺丝松动或已经氧化导致接触不良。

(4) 炉门不动。出现故障的原因有：按钮损坏；炉门电机联轴器（接手）脱落；没送电。

(5) 炉门上升后又关下来。出现故障的原因是：制动器（抱闸）不良。

(6) 按炉门“点动”按钮松手后炉门停不下来。出现故障的原因有：按钮损坏；其他电气问题。

(7) 运输链条不动。出现故障的原因有：按钮损坏；链条电机联轴器（接手）脱落；没送电。

(8) 运输链条停不下来。出现故障的原因有：操作手柄损坏；其他电气问题。

(9) 运输链条堆链。出现故障的原因有：链条托架（槽钢）松动翘起；链条掉链。

(10) 开动运输链条时，坯料上方发出电焊样火花。出现故障的原因是：炉膛上方发热元件掉下通过坯料接地打火。

(11) 报警电铃响，同时上位机加热标志由方形变为圆形。出现故障的原因是：某台炉子的某个区出现超温现象。

2.4.2.5　步进式加热炉常见故障原因分析

(1) 步进梁不能升起。出现故障的原因有：液压泵压力低，油位低，漏油；电控系统信号错等。

(2) 燃烧风机故障。出现故障的原因有：传动对轮连接问题，风叶不转；进气风门问题，风箱顶部密封不好；空气，煤气系统蝶阀问题等。

(3) 煤气翻板打不开。出现故障的原因有：压力报警；控制气体阀、泵坏等。

(4) 无法正常点炉。出现故障的原因有：空气压力低；煤气压力低等。

(5) 出料辊道出料不正常。出现故障的原因有：辊道不平；蜗轮传动机构不正常；电机反转；液力耦合器无油等。

2.4.2.6　环形煤气加热炉常见故障原因分析

(1) 装料台翻料台器不翻转。出现故障的原因有：电机不转；减速箱齿轮损坏等。

(2) 推料机不向前推料或后退。出现故障的原因有：风源阀门未开；风阀或管道漏风、堵塞致使风压不够；风阀电磁铁失效等。

(3) 炉门不升降。出现故障的原因有：电机不转；链条或齿轮磨损严重不啮合等。

(4) 加料杆不升降。出现故障的原因有：风源阀门未开；风阀或管道漏风、堵塞致使风压不够；风阀电磁铁失效。

(5) 加料杆不前后移动。出现故障的原因有：电机不转；减速箱齿轮损坏；夹送小车轮子脱落等。

(6) 夹钳不夹料或加料后不松开。出现故障的原因有：风阀或管道漏风、堵塞致使风压不够；风阀电磁铁失效等。

(7) 冷却水在回水槽处不出水。出现故障的原因有：进水管道阀门未开；进水管道阀门堵塞等。

(8) 炉底不转动。出现故障的原因是：齿轮或齿条损坏，不啮合等。

2.4.2.7　感应加热常见故障原因分析

(1) 供锭小车不自动运行。出现故障的原因是：挤压机供锭机构无原位信号或未退回到原位。

(2) 加热炉、均热炉不会加热。出现故障的原因有：地面或地下室的自动开关没有闭合；设定的加热温度太低；热电偶、接触器或温度变送器故障；（均热炉）内衬纵向裂缝太长；（均热炉）铸锭的实际温度大于设定温度；线圈温度过高；绝缘继电器动作；铸锭顶杆到位接近开关无信号。

(3) 加热炉、均热炉外罩打火或振动过大。出现故障的原因有：外罩打火是因为U形外罩与大地构成一个完整的磁通路或炉子的两个端面接触，在接触电阻较小的地方产生涡流；震动大是因为炉子外罩上的侧面没有胶皮垫或螺丝松动。

（4）线圈发热报警。出现故障的原因有：冷却水泵未启动或阀门没有打开使线圈发热报警；水流不稳引起水流继电器误动作报警；热敏电阻接线松动报警。

（5）加热炉、均热炉跳电。出现故障的原因有：加热炉无功补偿装置调节不合适功率因数过低使三相电流过大；加热炉空载或轻载；炉子内衬滑板下的氧化皮或化料残渣长时间没有清理，使该处滑板和内衬不能紧密接触，在加热时，内衬和滑板之间的残渣产生感应电流并在炉子的震动下，导致内衬打火甚至被击穿，被击穿处继续打火使内衬或滑板融化，融化的残渣流出内衬，导致线圈绝缘层破损而短路；电气故障。

（6）显示屏黑屏。出现故障的原因是：电磁站内模板问题或受干扰。

第 3 章　加热工高级技能

3.1　生产操作

3.1.1　炉子的干燥与烘炉

加热炉炉体的绝大部分是由耐火砖或耐火混凝土砌筑而成，通常在常温下砌筑，在高温下工作。因此，新炉、大修后的炉子竣工后其耐火砌体内含有大量的水分和潮气，不能直接进入高温状态下工作。必须仔细地进行干燥和烘炉，以便砌体内的水分和潮气逐渐的逸出，否则，会因为潮气和水分蒸发过快及砌体剧烈膨胀而使炉体遭到破坏。因此，炉子干燥和烘炉是加热炉投产前或使用周期中不可缺少的两个环节。

炉子的干燥一般采用自然通风干燥方式（即风干），可以使炉内水分缓慢释放、蒸发，提高炉体的强度。风干时应将所有炉门及烟道闸门打开，使空气能更好地在炉内流通，加快干燥速度。炉子的干燥时间根据修炉季节、炉子大小、砌筑材料的干燥情况而定。新修后的炉子自然干燥时间通常不得少于 20 天，如果自然干燥时间少于 20 天，必须在 100℃时延长烘炉时间 10h 以上。大修炉子因为炉内温度比较高，砌体内的潮气在修炉过程中很快被蒸发掉，自然干燥可比新修炉子大幅缩短。

烘炉是新建或检修竣工后的炉子，为避免炉体开裂及损坏，使炉温缓慢均匀提升到工作温度，并在一定的温度水平上进行保温，以避免耐火砌体剧烈膨胀及耐火材料晶型转变引起体积变化造成耐火砌体损坏的过程。烘炉的目的是根据炉子耐火材料性质和筑炉方法，按照一定的速率将炉内耐火材料里的明水和结晶水烘干，完成耐火材料的某些组织转变，提高材料的强度等力学性能，使其不剥落和破坏，提高耐火材料的使用寿命等。使用过的冷炉的烘炉目的除了将耐火材料表面吸附的水分烘干外，更重要的目的是提高炉子的温度，为投入生产做准备。一般新建炉烘炉时间大约 5～6 天，中修烘炉约需 3～4 天，小修烘炉需 1～2 天。

烘炉制度根据炉子类型、结构尺寸及筑炉材料等具体情况制定，一般按照温度—时间曲线即烘炉曲线来制定。即使类型相同，尺寸相差不多的炉子，因筑炉材料及筑炉工艺等的不同，采用的烘炉曲线也不尽相同。原则上烘炉应在 150℃保温一段时间以排除泥浆中的水分，在 350～400℃缓慢升温以使结晶水分解，在 600～650℃时应保温一段时间，以确保黏土砖中游离 SiO_2 晶型转变时不使炉子砌体遭到破坏。

烘炉制度由专业人员制定。在烘炉操作过程中应按烘炉曲线的要求控制炉子升温和保温时间，严禁超速。烘炉制度包括烘炉定温温度、温度保持时间、烘炉累计时间、炉门状况等，如表2-3-1所示是一张典型的烘炉制度表。

表2-3-1　典型的烘炉制度

序　号	定温温度（℃）	达到定温后的保持时间（h）	累计时间（h）	炉门状况
1	100	8	8	炉门开
2	150	8	16	炉门开
3	200	6	22	炉门开

3.1.1.1　烘炉作业要求

烘炉曲线中在150℃、350℃、600℃都需要保温，否则在这三个温度可能会因为烘炉操作不当使砌体受到破坏。

采用硅砖砌筑炉体或炉顶，烘炉时应按烘炉曲线的要求控制炉子升温和保温时间，不允许炉温突然升降。特别在200～300℃之间及573℃左右，因硅砖中SiO_2的晶型转变，体积骤然膨胀，产生较大应力，故在600℃以下应缓慢升温。采用硅砖砌筑的炉顶，烘炉时应随时检查炉顶各部位的膨胀情况，并事先在炉顶中心线上放置几块标准砖做标志，发现膨胀不均匀应立即调整火焰。

对耐火混凝土砌筑的炉子，因耐火混凝土中含有大量的游离水和结晶水，在烘烤过程中很容易发生爆裂，特别在常温至350℃阶段，最易引起局部爆裂，因此要特别注意缓慢升温，如在350℃保温后仍有大量的蒸汽冒出，应继续减缓升温速度。在通风不良、水汽不易排出的情况下，还要适当延长保温时间。对新浇捣的耐火混凝土，至少要风干3天以上才可以进行烘烤。

烘炉的温度上升情况应基本符合烘炉曲线，按预先规定的烘炉制度执行。温升不应有显著波动，防止砌体因不均匀膨胀而破坏。

烘炉过程应采用较大空气量，严禁燃料不完全燃烧，并随时观察炉内火焰，以防熄火，以避免可燃成分在换热器与烟道等处积存，造成爆炸事故。不论用哪种燃料和采用哪种烘炉工艺，都应力求使炉内各部分的温度得到均匀的分配，避免砌体因局部升温过快造成膨胀不均匀而使局部损坏。

烘炉开始使用的热工仪表应采用手动操作，达到规定温度后才能转为自动。

连续式加热炉在热修或凉炉2天之内，可直接用烧嘴烘炉，在炉温低于300℃时，每小时温升不得大于100℃，低于700℃时不得大于200℃，700℃以上不受限制。凉炉2天以上至5天，按小修烘炉，长期停炉后按中期或大修烘炉。一般大修炉子需烘炉5～6天甚至更长，中修需烘炉3～4天，小修需烘炉1～2天。

3.1.1.2　箱式和立（卧）式加热炉烘炉作业

1. 新建或大修炉子烘炉作业

用于铝合金铸锭加热的箱式和立（卧）式加热炉新建（大修）烘炉最高定温温度为600℃左右，起始温度一般为100℃，定温温度间距50℃。在炉温达到300℃以前，均应敞开炉门烘炉，关闭炉门后烘炉必要时还要开动风机加快热循环。

2. 短时间停炉烘炉作业

停炉时间在3个月以内、炉温低于150℃时，可参考表2-3-2烘炉制度对炉子进行预热后方可装料生产。

表2-3-2　短时间停炉后预热制度

序　号	定温温度（℃）	达到定温后的保持时间（h）
1	150	1
2	350	1
3	500	1

3. 较长时间停炉烘炉作业

当炉子长期停歇超过3个月但不到一年时间，可参考表2-3-3烘炉制度对炉子进行预热后方可装料生产。

表2-3-3　较长时间停炉后预热制度

序　号	定温温度（℃）	达到定温后的保持时间（h）
1	150	5
2	350	2
3	500	1

停炉时间超过一年的加热炉的烘炉作业，应由专业人员参照大修后的炉子烘炉制度进行制定。

3.1.1.3　推进式加热炉烘炉作业

新建或大修炉子根据炉底浇铸的耐火材料，应首先按其特有技术规定在常温环境下进行养生维护。如果绝热衬大修时使用耐火水泥覆盖，必须自然干燥48h。在确认炉底浇铸的耐火材料干透后，按表2-3-4制度关炉门烘炉。

表2-3-4　推进式加热炉烘炉制度

定　温	保温时间（h）	定　温	保温时间（h）
150℃	6	每小时升温25℃　直到550℃	6
每小时升温25℃　直到325℃	6	每小时升温25℃　直到635℃	24

1. 短时间停炉烘炉作业

推进式加热炉停炉时间在两周以内，可以不经预热、烘炉直接投入生产。当停炉时间超过两周时，可参考表 2-3-5 烘炉制度对炉子进行预热后方可改装炉定温，正常装炉生产。

表 2-3-5　短时间停炉后预热制度

序　号	定温温度（℃）	达到定温后的保持时间（h）
1	150℃	2 小时
2	325℃	2 小时
3	550℃	1 小时

2. 长时间停炉烘炉作业

当炉子停产超过两周时，按表 2-3-6 制度关炉门烘炉。

表 2-3-6　长时间停炉烘炉制度

定　温（℃）	时　间（h）
150	4
325	4
550	2

3.1.1.4　双膛加热炉烘炉作业

1. 新建或大修炉子烘炉作业

双膛加热炉新建或大修后的烘炉起始温度一般为 50℃，300℃前定温温度间距为 25℃。炉温达到 300℃后，定温温度间距调整为 50℃。烘炉温度达到 150℃、200℃、300℃、400℃时应延长达到定温后的保持时间。炉温达到 200℃以前，应敞开炉门烘炉。双膛加热炉最高烘炉温度为 600℃。

2. 双膛加热炉低温时的烘炉预热作业

新建双膛炉或双膛炉在大修中更换了保温材料，这时须对加热炉按照表 2-3-7、表 2-3-8、表 2-3-9 制度烘炉预热后，达到 500℃方可装炉生产。

表 2-3-7　当炉温＜100℃时加热炉的预热制度

加热区域	定温（℃）	保温时间（h）	注　备
各区	100	1	到温后开始计算保温时间
各区	200	1	
各区	300	1	
各区	500	1	
各区	装炉温度	1	装　炉

表 2-3-8　当 100℃≤炉温<200℃时加热炉的预热制度

加热区域	定温（℃）	保温时间（h）	备　注
各区	200	1	到温后开始计算保温时间
各区	300	1	
各区	500	1	
各区	装炉温度	1	装　炉

表 2-3-9　当 200℃≤炉温<300℃时加热炉的预热制度

加热区域	定　温（℃）	保温时间（h）	备　注
各区	300	1	到温后开始计算保温时间
各区	500	1	
各区	装炉温度	1	装炉

当炉温≥300℃时可不经预热，直接定装炉温度，炉温达到后 1h 即可装炉生产。

3.1.1.5　步进式加热炉烘炉

连续加热炉烘炉时应关上炉门，炉温低于 700℃时采用微负压操作，炉温达到 700℃后转入微正压操作。烘炉过程中不允许长时间或经常打开炉门。以煤气为燃料的加热炉，用简易煤气管烘炉到温度不能上升时，应按先后顺序分别点燃上部和下部烧嘴，如图 2-3-1 所示。

烘炉开始应采用手动操作，炉温达 900℃后方能转入自动。

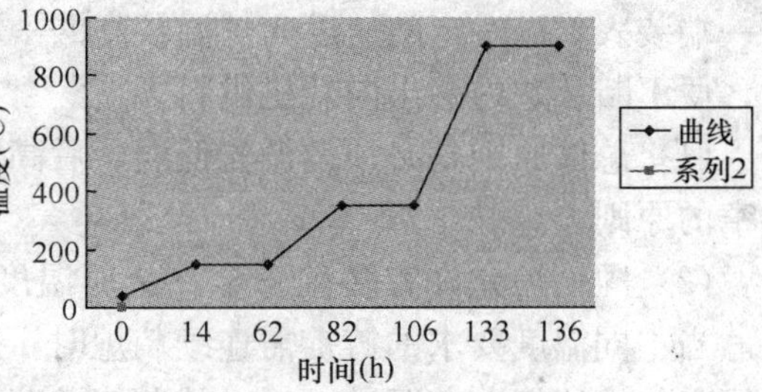

图 2-3-1　步进式加热炉烘炉曲线

烘炉过程中应经常巡回检查炉子各部分情况，发现砌体漏火及时灌灰并及时记录炉体膨胀及金属构件的变形情况。

3.1.2　装炉方案的制定

铸锭加热既是一个代价高昂的高耗能过程，又是一个须对铸锭加热质量严格控制的过程，对待加热铸锭进行合理装炉组批，是确保加热过程节能、高效、质量可靠的前提。

3.1.2.1　箱式和立（卧）式加热炉装炉组批原则

箱式和立（卧）式加热炉属于批量生产炉（或周期式加热炉），以炉次为单位，只能将一炉铸锭都加热到设定的温度后才能出炉，待炉料全部出完，再装下一炉料进行加热，不能连续地出装炉，每炉料采用同样的加热工艺。

(1) 炉料组批原则

同熔次合金应尽量安排同炉加热，当不得不分炉加热时，应在加热记录本上注明该炉加热的铸锭根号或筐数；同一加热温度，不同保温时间的铸锭一起加热时，保温时间按长的计算；不同合金、不同规格的铸锭只要加热温度相同，均允许同炉加热。

(2) 装炉基本原则

既要根据加热炉尺寸确定铸锭铸造长度，又要根据铸锭规格、长度选择加热炉。立式加热炉装炉原则：方、圆锭同炉加热，先装方锭，再装圆锭，既提高装炉量，又能防止圆锭倾倒；长、短料同炉加热时，先装短料，再装长料，应间隔装入。并且短料尽量不要靠近炉壁，以便于出、装炉。卧式加热炉装炉：先装大筐、后装小筐，下面的筐装料不得高于料筐；对于未加工的小圆锭加热，应按熔次分筐装炉，便于加工生产。

从节能方面考虑，装炉应尽量热装，并且保持加热生产的连续性，装炉后可利用炉内余热，进行不送电加热，可短时间调节升温时间，并且要有意识地调节装炉升温时间，利用移峰填谷节约用能成本。

3.1.2.2 推进式加热炉装炉组批原则

推进式加热炉可连续装、出炉，可同时加热不同的合金，生产效率高，工作方式为连续或批量半连续（当不同的规格或合金时）。生产中，铸锭不断由炉温较低的一端装入，以一定的速度向炉温较高的一端移动，当被加热铸锭达到所要求温度时，便不断从炉内移出向轧机供料。

(1) 总体原则是必须遵循先低温、后高温，先小吨位铸锭后大吨位铸锭，先宽后窄的原则。

(2) 同一炉允许有多种合金。金属温度要求相同的可连续装炉，不需隔区装炉。当不同温度要求的铸锭需连续装炉时，此两种铸锭间，需间隔一个区，即间隔区用空垫块连接。若不满一炉，从节能角度来说，一般不能装炉。同时加热不同合金或规格铸锭时，炉温按加热温度低的加热制度来控制，在加热温度低的铸锭出完炉后，再按加热温度高的加热制度来控制。

(3) 同种合金连续装炉，且小规格在前。

当生产任务单确定的装炉顺序与上述原则不符时，必须立即通知相关人员确认，如果装炉顺序需要改变，还应立即通知计划员更改相关工序生产任务单后再重新排料。

3.1.2.3 双膛加热炉装炉组批原则

双膛加热炉同箱式、立（卧）式加热炉一样属于周期式加热炉，只能将一炉铸锭都加热到设定的温度后才能向轧机供料，不能连续地出装炉，不支持连续生产。

(1) 总体原则是先窄后宽、先短后长，先装未刨边铸锭后装包铝铸锭最后装刨边铸锭，二次加热铸锭应装在一次加热铸锭前面。

(2) 同一炉只允许装同一种合金，不允许不同合金混装。装炉时，小规格在前，大规格在后。不受料多少的限制。

(3) 未刨边铸块不允许和刨边铸块混装；特殊情况下需要装炉时，未刨边铸锭必须装在最前面，且必须隔区装炉。

(4) 原则上二次加热铸锭应单独装炉，若与一次加热铸块混装时，二次加热铸锭必须装在前面并与一次加热铸锭隔一区的距离。当特殊需要装在后部时，必须与前面铸锭间隔一区，并重新制定加热工艺。

3.1.2.4 步进加热炉装炉组批原则

步进式加热炉是连续式加热炉，即一炉料装炉后，加热完毕出炉，炉料一边出一边装进行加热。根据炉料品种采用不同的加热工艺。

(1) 炉料组批原则

同一合金应尽量安排同炉加热；同一合金、不同保温时间的铸锭同炉加热时，保温时间短的先装炉，保温时间长的后装炉；不同合金、不同规格的铸锭只要加热温度相同，可同炉加热。

(2) 装炉基本原则

当不同牌号、但加热气氛相同的合金需同装一炉时，应先装加热温度较低的合金，并按先装的加热制度加热，待该合金加热完毕再改变加热制度。

(3) 热装原则

连续生产时，由高温到低温装炉时，高温料与低温料之间必须空出相应步数，避免低温料进入高温区产生过热现象。

(4) 在满足基本原则的条件下，可同炉加热的铸锭应尽可能多装，即规格不同的铸锭可适当混装，短铸锭装前面，长铸锭装后面，宽锭加热温度按上限加热，以利于后续热加工。

3.1.2.5 圆锭环形煤气加热炉装炉组批原则

(1) 安排生产作业计划时，要考虑装料顺序，应遵循加热温度变化趋于一致，其次，应考虑挤压由易到难和尽量减少更换挤压工具次数的原则。

(2) 冷炉点炉后，炉子温度应在达到待加热铸锭的加热温度下保温不少于 2h（此时应勤转炉底），然后才允许铸锭装炉。

(3) 在一炉内装入不同合金时，应根据前后合金出炉温度差隔开一个或若干个角度，必要时隔开一个区，以便调节炉温和防止混料。无氧铜应适当隔开若干个角度或待其他铸锭进入炉膛下一个区后再装炉，以便调节炉温和保护炉膛气氛。

(4) 根据挤压机生产进度和铸锭规格适当安排每个角度装锭个数。既保证生产正常进行，又避免铸锭加热、保温时间过长。

3.1.2.6 感应加热装炉组批原则

(1) 在安排生产作业计划时，要考虑先易加热合金，后难加热合金，装料顺序应遵循加热温度变化趋势一致，其次应考虑挤压由易到难和尽量减少更换挤压工具次数的原则。

（2）在一炉内装入不同合金时，应根据挤压温度高低及难易程度安排加热顺序，不同合金间用废旧紫铜隔开，并作好标志，防止铸锭烧化。若两种合金加热温度相差较大（60℃以上），则应用废旧紫铜铸锭将被加热好的铸锭顶出加热炉进入均热炉内，另一种合金方可进入加热炉进行加热。

（3）铸锭装炉前，应按铸锭验收标准检查验收，并检查铸锭合金牌号、规格是否与作业计划一致，不符合以上规定的铸锭不得装炉。

（4）铸锭装炉后，再启动电源开炉，并应在炉温达到待加热铸锭的加热温度下进行均热保温。

（5）根据挤压机要锭信号出炉，做到及时供应，铸锭出炉后立即关闭炉门。锭温不足不准出炉挤压，也不允许过早出炉待挤。

3.2　质量控制

3.2.1　加热后坯料缺陷产生原因分析

加热后坯料质量检查分为外观质量检查和内部质量检查。外观质量检查主要通过观察铸锭表面是否存在异物压入、表面压痕、吊具印痕、表面擦痕等。内部质量则包括坯料加热后的温度均匀性、氧化状况和是否过热或过烧等。

（1）跑温

指铸锭在加热过程中，金属实际温度高于金属要求温度。产生原因：1）定温过高，不符合加热炉热处理制度。2）电气出现断相或接地。解决措施：立即停电并通知相关人员处理，若铸锭温度远低于铸锭的过烧温度，则打开炉门观察铸锭外观颜色是否正常。正常，则可进行热轧；异常或铸锭温度接近过烧温度，则出炉，待铸锭温度凉至室温时，取小块样作高倍检测。未过烧铸锭，可二次加热后进行轧制。

（2）铸锭间温差大

指同一炉铸锭间，铸锭实际温度差别比较大。当某一铸锭温度远高于其他铸锭时，必须立即作出相应的解决措施。产生原因：1）装炉时，未执行装炉原则。2）刨边、铣边，以及小面未作任何处理的铸锭混装时，升温速度不一致所造成。解决措施：1）首先降低该铸锭所在区的炉膛定温。2）其次，若温差越来越大或不能缩小，处理办法是，一是将其他区停电，二是对整台炉子停电，出炉重装，重新排料加热。

（3）铸锭加热温度不均匀

1）某一区加热器断电或加热器损坏严重。

2）炉膛内衬损坏，保温能力降低。

3）仪表控制故障或定温错误。

4）炉子密闭不严，炉内负压吸入冷风使铸锭端头冷却，温度降低。

5）某一台风机未正常运转。

6）装料不均匀。

（4）表面气泡

铸锭中氢含量过高，坯料加热温度过高、时间过长，加热炉内过于潮湿等都可能导致在铸锭表面形成气泡缺陷。

（5）铸锭氧化

加热温度过高、加热时间过长都会加剧铸锭表面氧化，而炉内气氛特别是火焰炉炉内较强的氧化性气氛对一些铜合金氧化程度影响非常大，必须严格控制炉内气氛。

措施：加热过程中加热温度不得超过规定的最高温度；提高炉温，实施高温短烧作业，缩短铸锭加热时间；根据炉内气氛组成、性质与加热铸锭的合金特性的相互作用来控制炉内的气氛，减轻铸锭氧化程度，并尽量减少燃料中的水分与硫含量；确保炉子处于微正压状态；待轧时要及时调整热负荷和炉压，降炉温、关闭闸门，并使炉内气氛为弱还原性气氛，以免进一步氧化。

（6）过热

指加热温度过高，并且在高温下停留时间过长，使铸锭内部的晶粒增长过大，晶粒之间的结合能力减弱的现象。过热的铸锭在轧制时极易产生裂纹，特别是铸锭的棱角、端头非常显著。

原因：加热温度偏高和待轧保温时间过长引起，因此必须按合金、规格对加热温度、加热时间，特别是高温下的加热时间加以严格控制，当轧机发生故障长时间待轧时，必须将炉温降低。

（7）过烧

指加热温度过高，时间又长，使铸锭内部晶粒之间的边界开始熔化，有氧渗入，并在晶粒间氧化，使晶粒间失去结合力，铸锭失去本身的强度和可塑性，轧制时就会断为数段或裂成小块脱落，或者表面形成粗大的裂纹。

措施：加热温度不能设置过高；注意待轧时间处理炉子的保温和调整热负荷；避免仪表显示失真；加强操作责任心。

3.2.2　加热后坯料缺陷的处理和加热过程监控

3.2.2.1　加热后坯料缺陷的处理

原则上，加热后坯料存在的外观缺陷应按相关坯料质量标准进行修复和验收。

加热后的铸锭有缺陷，经修复后仍不合格，可再次加工，一直到合格。如经多次加工仍不合格，可改尺挽救，但必须在短尺尺寸范围内。铸锭因出炉重新铣面时，应在条件厚度范围铣净为止，尽量减少铣削深度，去掉氧化皮即可。

因超出规定温度、炉内停留时间或其他原因而出炉未轧的铸锭必须打上“二次”标记，出炉重新铣面的铸锭应单独堆垛存放，并注明“重铣”，堆垛时必须用木方垫隔。注意保护好坯料表面，防止碰伤及灰尘落至坯料表面。

吊运铸锭时吊钳与铸块上表面不得接触，对表面有较严重碰、撞伤的铸块，必须返回铣床重新进行铣面后才能装炉。若铸块出现轻微碰伤，需修整至圆滑，表面有异物压入时应清除干净。根据设备情况及时清除辊道、翻锭机、起落架上的脏物碎屑，及时更换垫片以保持垫片清洁。

出炉铸锭经金相检验确定过烧的一律报废，并在报废铸块上用粉笔注明“废”字标记，未过烧的铸锭经处理后可再重新加热。

出炉铸块轧制前，铸块表面不允许有腐蚀、严重氧化色斑，否则需重新铣面后再加热；铸块因加热和炉内停留时间超过规定，铸锭表面无氧化或轻微氧化的，一般可进行轧制。

3.2.2.2　加热过程的监控

铸锭在加热过程中，必须对工艺过程的各种参数进行有效的监视与控制。铸锭的加热质量是在加热过程中形成的，加强对作业过程中作业人员、仪器仪表以及各种控制参数的有效监控、记录，是保证铸锭加热质量的重要措施，严格工艺纪律。

1. 加热炉运行状况控制

(1) 燃烧的控制

从节约燃料来说，在保证燃料完全燃烧的条件下，在炉子操作中尽可能地降低空气消耗系数。以前，用给定空气消耗系数来维持空、燃比例，但往往由于燃料热值的波动破坏正常的空、燃比例，实现低氧燃烧是困难的。近年来发展用氧化锆测氧仪连续测定烟气中的氧含量作为自动控制燃烧的信号，来控制燃料与空气的供给量。而且还可以进行分段控制，以每段各自分别测定烟气中氧含量为信号，来控制各段的空燃比。在操作中对空气消耗系数大小应做到心中有数，避免完全靠经验进行调节而出现不完全燃烧。在操作中只调燃料不调空气或只调空气不调燃料都是错误的。

(2) 炉温的控制和调整

在加热炉操作中，应合理控制加热炉的温度，并且随生产的变化及时地进行调整。

一般加热炉的炉温控制是根据坯料的规格、合金来制定，炉膛内的温度分布根据合金加热特性来制定。加热时间是根据坯料规格、炉膛温度的分布情况来确定。铝合金均热时炉膛温度比金属保温温度一般高30℃左右，热轧前根据金属本身的特性，在进入保温阶段，均将调低炉膛定温，有的低炉膛定温比金属温度低10℃，有的低20℃。

炉温过高，供给炉子的燃料过多，炉体的散热损失增加，同时废气的温度也会增加，出炉烟气的热损失增大、热效率降低、单位热耗增加。炉温过高炉子的寿命受到影响，也使铸顶烧损增加和过热、过烧倾向增大。

炉温控制和燃料燃烧操作非常密切，应密切关注热工仪表显示的炉温。通过及时调整炉温来节约能耗和控制加热速度。要注意根据轧机生产节奏或加热铸锭情况，掌握适当时机改变热负荷。

连续式加热炉同时加热不同合金或规格铸锭时。炉温应按加热温度低的加热制度来控制，在加热温度低的铸锭出完炉后，再按加热温度高的加热制度来控制。

（3）炉内气氛控制

一般采用调节空气和燃料的比例来实现，实际的炉内气氛可以取样分析，也可以根据火焰颜色、料色和铸锭加热后的氧化程度来鉴别炉内气氛的性质。

炉膛压力也对炉内气氛有一定影响，一般采用微正压，即炉门微冒火焰为宜。炉膛压力为负压时，冷空气不断吸入炉内，一方面加剧氧化，另外也降低加热效果；炉膛正压过大时，不利于废气排出，会造成升温太慢，延长加热时间，也会加剧氧化。

（4）炉压控制

炉压大小及分布对炉内火焰形状、温度分布、炉内气氛、加热速度甚至加热质量等均有影响。

为了及时掌握和正确控制炉压，加热炉上一般都安装了测压装置，加热工在仪表室内可以随时观察炉压，并根据需要人工或自动调节烟道闸门的开启度，确保炉子在微正压下工作。

当做较大的热负荷调整时，炉膛压力通常会发生变化，应及时进行炉压调整。增大热负荷时，炉压应升高，适当开启烟道闸门；减少热负荷时，废气量减少，炉压下降，应关闭烟道闸门。

炉子待轧熄火时，烟道闸门应完全关闭，保证炉温不会很快降低。

（5）加热进度和轧机进度的匹配

加热炉加热速度和轧机生产进度是否匹配将严重影响生产效率和坯料加热质量，每个厂家都会根据自身产品结构，尽量合理的配置加热炉。如某厂因为生产合金品种复杂，工艺跨度大，产品加工难度大等因素，采用一台推进式加热炉和六台链式双膛炉和轧机匹配。生产中通过控制六台链式双膛炉的起始送电时间，确保始终有台炉子的铸锭达到温到时，保证热轧的连续生产。若轧机出现故障，根据处理时间的长短来决定加热炉的控制。若所需时间低于 8h，则推进炉保持加热状态，同时可适当降低 1～4 区的炉膛定温；双膛炉到温度和时间后，则停电，未到温的继续加热。若所需时间超过 8h，则所有炉子暂停加热。在轧机恢复前 2h，优先对先前到温的炉子进行加热，以保证轧机按时开机。

2. 工艺参数监控

箱式和立（卧）式加热炉进行均热作业时，均热参数的设定、控制由均热工执行，装完炉后，先在控制电脑上设定升温温度和保温温度，在控制仪表上设定报警温度。启动加热炉后，应随时检查电脑显示数据、曲线图以及仪表显示数据之间变化是否一致，如果某一区温度出现异常波动，应立即检查电器、仪表以及风机等设备的运转情况，找出异常波动的原因并立即处理。在即将到达升温温度时，作业人员应高度重视，一方面要防止电脑死机或控制仪器发生故障，引起的温度数据和曲线图无变化，不能真实反映实际温度；另一方面不能一味依靠报警装置，防止报警装置失灵，或未及时发现报警，发生跑温事故。到达升温温度后，按照工艺要求的规定，及时转入保温温度的控制。保温期间作业人员继续监控数据变化，到达保温时间后及时出炉。

箱式和立（卧）式加热炉保温控制要求：

(1) 箱式加热炉

1) 当炉膛四个加热区的温度均达到升温温度时，方可转入保温温度，并开始计算保温时间。

2) 箱式加热炉在铸锭均热时，对升温时间未作明确规定，但规定了总加热时间，这就要求如果升温时间和保温时间之和小于总加热时间，则必须延长保温时间。

3) 箱式加热炉的仪表显示温度是经铸锭测温调整后的炉膛温度，它能反映实际金属温度，正常的加热过程中不再测定金属温度。

4) 在保温过程中，因故障停止加热所耽误的时间不能计算为保温时间，通电后达到保温温度才能继续计算保温时间。

(2) 立式加热炉

1) 立式加热炉四个加热区，其中三个区炉膛温度均达到升温温度时，方可转入保温温度，并开始计算保温时间。

2) 立式加热炉的仪表显示温度是经铸锭测温调整后的炉膛温度，它能反映实际金属温度，正常的加热过程中不再测定金属温度。

3) 在保温过程中，因故障停止加热所耽误的时间不能计算为保温时间，通电后达到保温温度才能继续计算保温时间。

(3) 卧式加热炉

1) 卧式加热炉每炉装炉时都需要在铸锭上捆绑或钻孔插入电偶，因此，仪表显示温度为金属温度。

2) 当一只电偶的测温值达到保温温度时，应立即转入保温定温控制，当三只电偶的测温值均达到保温温度范围时，开始计算保温时间。

3) 在保温过程中，因故障停止加热所耽误的时间不能计算为保温时间，通电后达到保温温度才能继续计算保温时间。

推进加热炉铸锭装炉后，按工艺要求设定好铸锭所在区的加热参数。生产过程中每隔2～3h必须检查烧嘴工作状态，与控制状态不一致时必须及时处理。检查循环风机冷却水是否畅通，压力不低于0.15MPa，当发现冷却水中断时，立即停止加热，如水不能在30min内恢复，则将炉内部分铸锭出炉并装入新铸块吸热，当炉温降到250℃以下后，循环风机方能停止转动。生产过程中发生超温报警时，停止加热，查明原因并进行处理后才能装炉、点火、加热。

双膛链式加热炉铸锭装炉后，按工艺要求设定好铸锭所在区的加热参数。铸锭装炉送电加热3h后，开始通过同一炉膛所有能测到料温的测温孔每隔一小时测温一次，直至料温到达350℃左右；350℃为铸锭最低要求温度，每隔30min测温一次；保温期间直至出炉生产前每60min测温一次（生产过程中因其他原因停电不生产，可以在停电后不测料温；恢复送电后，重新按上述规定进行测温）；铸锭加热过程中每班必须开炉门检查1～2次各区加热元件工作状态，如果出现接地或缺相时应立即通知相关人员处理。

3.2.3 质量体系审核与纠正措施

3.2.3.1 怎样接受内部质量体系审核

（1）受审核方应明确在工厂质量管理体系控制程序中涉及的相关要素要求。

（2）受审核时，必须确定关键人员，这类人员是信息的提供者、客观证据的当事人、客观证据的证明人、发现事实时的在场者。

（3）能够按审核员的提问，提供工厂现行有效的质量文件（包括技术文件、管理文件、计算机数据清单、磁盘等）。

（4）受审核时，确保本岗位所使用的主要生产设备或计量仪表在其校准状态。

（5）铸锭的堆放严格按照程序的要求按区域堆放，且成品区的铸锭标志清晰，检验状态明显。

（6）能够提供现场正在生产的产品的所有原始质量记录，如：《铸锭加工随行卡片》、《铸锭均匀化卡片》、《月均热炉生产记录》《高、低倍试样委托单》、《废品通知单》等。

（7）不合格品区的铸锭应隔离堆放，且铸锭表面应有缺陷描述，能够提供不合格品的相关记录。

（8）确保车间各工序按车间年度质量计划制定的目标执行，能够提供目标值的完成情况。

3.2.3.2 如何分析不合格原因

（1）首先应确认审核员提出来的不合格情况，能够理解审核员提出的问题。

（2）对审核员判定的不符合项的严重程度能够理解。

（3）针对不合格情况，分析产生不合格的根本原因，多问几个为什么，直到问不出来就是问题的根本原因（一般原因：没有按相关的文件执行、培训不够、管理层意识等)。

(4) 针对不合格情况，还需分析其潜在的原因，预防其类似的情况再次发生。

3.2.3.3　如何制定纠正措施

在内部质量体系审核中，纠正措施具有特别重要的意义。内部质量体系审核的重点在于发现质量体系的问题，查出原因，采取纠正措施加以消除，以免重犯类似不合格的问题，使质量体系管理得到不断提高。

制定纠正/预防措施的要求：

(1) 针对产生不合格的根本原因，制定所采取的立即纠正措施，纠正措施应包括责任人和完成期限。

(2) 制定的纠正措施必须提交有力的见证材料，以便审核方进行跟踪评审。

(3) 本单位不能独立完成的纠正/预防措施，应申请相关部门协调解决。

(4) 如遇整改效果不显著的，须制定补救措施，直至问题得到纠正。

内部质量体系审核中对纠正措施计划的实施期限一般规定为15天，即发现问题应立即在15天内完成。实际上纠正措施可以分为短期和长期两种。短期的纠正措施常常是发现不合格后，针对直接原因立即采取措施，加以改进或纠正。而长期措施则常常针对潜在原因采取预防措施，防止发生可能出现的不合格，这往往需要更多时间。例如对加热班组的内审时，发现立式炉2—1#炉膛中第四区升温时间明显长于其他三个温区，并且温度偏低，有炉温不均的嫌疑。发现问题后，质管部门要求该班组进行纠正，班组人员制定了下列短期纠正措施给予纠正：

(1) 保温过程中加强监控，及时修正误差，使温差符合工艺规程要求。

(2) 根据现象推断，出现此情况应是第四区加热电阻丝部分损坏，影响均热效果。

(3) 将此炉料的均热情况向技术部门如实反映，调出以前的炉温记录进行分析或协助分析，并且对此炉料进行多点取样分析，在上级部门未作出决定之前，此炉料要进行必要的隔离存放。

(4) 此炉料均热结束后，交设备检修部门检查处理。

为了防止类似情况的再发生，还应对产生不合格的原因进行调查，进一步采取长期纠正措施：

(1) 针对此情况可能已存在一段时间，操作人员未及时上报加热炉存在的问题等，应加强班组人员质量意识教育，加强《质量控制程序实施细则》、《铸锭加(均)热工艺规程》等文件的学习。

(2) 在全班进行一次操作技能的培训。

(3) 定期对设备进行检修。

纠正措施计划的实施顺序是先完成短期纠正措施计划，然后完成长期计划。纠正措施如发生问题，不能按期完成须向质管部门说明延期原因，得到批准后修改措施计划。

如表 2-3-10 所示为不符合项报告示例。

表 2-3-10　不符合项报告

不符合项报告　　序号：××××内-6

被审核部门：熔铸厂铸加车间	审核时间：××××年×月×日
审核依据：1. ISO 9001—2000 标准；　2.《质量手册》、《质量控制程序》； 3.《质量控制程序实施细则》；　4. 各部门作业规范、规程。	
文件规定： 公司《质量手册》（QM20.1）中第×条规定：各部门负责人应调查本部门产生不合格的实际或潜在的原因，制定相应纠正/预防措施。 不合格事实描述： 审核中发现，××××年×月×日，铸加车间均热班 2—1$^{\#}$ 均热炉 321 炉次 LY12-6 合金方锭，在均热过程中，第四区温度记录曲线异常，升温时间长于其他三个温区 1h 以上，并且温度偏低，有炉温不均的嫌疑。 以上事实，不符合《熔铸厂产品工艺操作规程》中的×××条以及《质量控制程序实施细则》中的×××条要求。 审核员签名：×××　　受审核方代表签名：×××	
不符合项种类：　□ 严重　■ 轻微	
原因分析： 1. 第四区加热电阻丝部分损坏，影响加热效果； 2. 对加热炉出现的问题没有引起操作人员的重视，未及时交设备部门维修。 分析人：×××　　责任部门负责人：×××　日　期：××××.×.×	
纠正/预防措施： 1. 此炉料在保温过程中加强监控，及时修正误差，使温差符合工艺规程要求；2. 调出以前的炉温记录进行分析，并且对此炉料进行多点取样分析，对炉料隔离存放，等待处理结果。3. 此炉料均热结束后，交设备检修部门检查处理；4. 加强班组操作人员技能培训和质量意识教育；5. 定期进行设备检修。 责任部门负责人：×××　　日　期：××××.×.×	
纠正措施跟踪情况： □纠正措施有效 ■纠正措施可以接受，需在下次审核中验证其有效性 □纠正措施可以接受，需进一步提交见证性材料 审核员签名：×××　　日　期：××××.×.×	

3.3 设备管理

3.3.1 加热炉常见故障的处理及验收

前面已介绍了几种加热炉的常见故障及故障原因，本节根据故障原因介绍几种常见加热炉故障的处理和验收方法，分别见表 2-3-11～表 2-3-17。

表 2-3-11 箱式加热炉常见故障处理方法和验收方法

故障现象	故障原因	处理办法	验收方法
风机不启动	过热动作 单相 连锁接点没有复位或变形	检查过热接点 检查保险并更换相同规格保险 检查与加热器连锁的接点15ZJ5并处理	合上电源，启动风机
运行中风机停转	过负荷，单相使开关跳闸	检查线路、轴承	启动风机
加热器送不上电	冷却水压过低或水流继电器失灵 触发模块失灵 818P智能仪无输出 15ZJ4没有动作	检查水压及水流继电器 更换触发模块 检查相应线路 检查15ZJ4相应线路	重新送电
加热器缺相、接地	可能电阻丝断、电阻丝碰到炉壁	更换焊接电阻丝、处理炉壁	送电观察升温
动作程序出错	15PC1：C60P坏	检查C60P各输入输出点信号	恢复操作
炉门压不紧	风动电磁阀没有动作、风压过低	检查电磁阀线圈、风压	重新操作压紧
仪表指示超温	仪表接点粘连、仪表、微机失灵	检查线路、仪表和微机	恢复操作
风机振动大、噪声大	风机或电机地脚螺栓松动 风机叶轮动平衡破坏 风机轴弯曲变形 风机轴承无润滑油或者轴承损坏	紧固地脚螺栓 重新更换风机 更换风机轴 加润滑油或更换轴承	启动风机，听运行状况
炉门提升锁不住	提升机电机制动器间隙调得过大制动器坏	重新调整制动器间隙 更换制动器	操作升炉门，中途停观察
炉内保温时温差过大	热电偶测量位置不对或电偶坏 控温仪表故障 导风回路漏风过大 炉子密封差 装入料不符合装炉要求	重新布置电偶位置或更换电偶 校验仪表 处理导风回路 处理炉子变形 按规定合理装料	观察各区保温温度

表 2-3-12 立式加热炉常见故障处理方法和验收方法

故障现象	故障原因	处理办法	验收方法
风机启动不了	皮带紧，轴承油多，电源缺相断线	调整皮带，检查油量、电源线路	合上电源，启动风机
运行中风机停转	过负荷，单相，使开关跳闸	检查轴承、线路	启动风机
温度低或升温慢	加热开关跑闸	检查有关接地点	合上加热器
仪表指示超过定温	继电器接点粘连或控温仪表失灵	处理或更换接点，检查处理仪表	恢复操作
加热器缺相、接地	可能电阻丝断、电阻丝碰到炉壁	更换焊接电阻丝、处理炉壁	送电观察升温
风机振动大、噪声大	风机或电机地脚螺栓松动 风机叶轮动平衡破坏 风机轴承无润滑油或者轴承损坏 轴承间隙大或轴磨损	紧固地脚螺栓 更换风机 加润滑油或更换轴承 调整轴承间隙或更换轴	启动风机，听运行状况

表 2-3-13 推进式加热炉常见故障处理方法

故障现象	故障原因	处理办法
不能正常点火	炉前天燃气压力过高或过低	调整天然气减压阀，使其输出压力在正常范围内
两推锭缸在推进过程中不同步	电控系统和液压系统故障	处理电控系统和液压系统故障
炉门提升机构中钢丝绳易损坏	门升降机构有无卡阻	调整炉门升降限位开关，处理炉门升降机构卡阻现象
风机轴承温度过高，风机皮带有异常声音，风机振动过大	风机轴承润滑油脂少，循环冷却水量不正常，风机皮带松	更换风机轴承，轴承加适量润滑油脂；检查冷却水量；调整风机皮带松紧
铸锭出炉抓锭机构不能将铸锭抓出或抓出后两抓锭油缸不同步	铸锭未推到规定的位置，抓锭油缸行程未前进到位；电控系统和液压系统故障	处理铸锭头，使铸锭推到位；处理电控、液压系统故障
“V”形垫块不能自动从出料端顺利到达装料位置	各环节行程开关不可靠，行程开关的位置不当，机构传动有卡阻	处理行程开关；调整开关位置；处理机械卡阻
报警动作	超温报警和循环风机跳电	超温报警，关闭燃烧器；其他报警通知电工处理

续表

故障现象	故障原因	处理办法
自动出炉不动作或动作顺序不对	打手动后未按“主控复位按钮”或复位时动作机构位置不对	手动出炉后再正确复位
推进器不推或不退	左右推进器不同步	找维护人员处理
	比例阀故障	找维护人员处理
	液压泵未启动	启动液压泵
	液压系统油箱缺油或液压管破裂	找维护人员处理
	液压系统阀门未打开	打开液压系统手动阀门
推进器不推	炉门未打开	检查炉门
推进器不退	后退限位损坏（短接）	检查检测开关
	左右推进器至少有一个未前进到位	找维护人员处理
取锭机不进或不退	左右取锭机不同步	找维护人员处理
	比例阀故障	找维护人员处理
	液压泵未启动	启动液压泵
	液压系统油箱缺油或液压管破裂	找维护人员处理
	液压系统阀门未打开	打开液压系统手动阀门
取锭机不进	后退限位损坏（开路）	检查检测开关
取锭机不退	后退限位损坏（短接）	检查检测开关
	左右取锭机至少有一个未前进到位	找维护人员处理
炉门不升或不降	炉门电机电源开关跳电	找维护人员处理
	炉门机械卡	找维护人员处理
1# 或 2# 炉门不升	炉门上升限位损坏	找维护人员处理
	左右推进器至少有一个未前进到位	找维护人员处理
	左右取锭机至少有一个未退到 3#、4# 炉门间	找维护人员处理
1# 或 2# 炉门不降	炉门下降限位损坏	找维护人员处理
	左右推进器至少有一个未前进到位	找维护人员处理
3# 或 4# 炉门不升	炉门下降限位损坏	找维护人员处理
	左右取锭机至少有一个未前进到位	找维护人员处理
3# 或 4# 炉门不降	炉门下降限位损坏	找维护人员处理
	左右取锭机至少有一个未退到 3#、4# 炉门间或尽头	找维护人员处理
炉门升起来又落下	抱闸损坏	找维护人员处理

续表

故障现象	故障原因	处理办法
入口翻料机不上翻	链条未将铸锭运送到入口翻料机位或检测接近开关损坏（开路）	找维护人员处理
	入口叉子未退回到位	找维护人员处理
	推进器未推A位（垫块待料位）	找维护人员处理
入口翻料机不下翻	推进器未推B位（1#、2#炉门间）	找维护人员处理
	入口翻料机位铸锭检测接近开关损坏（短接）	检查检测开关
出口翻料机不上翻	出口轧机对中小车未进到位	找维护人员处理
	“翻回允许”选择手柄未处于允许位	检查选择手柄
	出口叉子未退到位	找维护人员处理
出口翻料机不下翻	左右取锭机至少有一个未后退到位	检查后退接近开关的情况确认
	取锭机后退限位损坏（开路）	检查后退接近开关的情况确认
	出口翻料机45°位或下翻到位开关损坏（短接）	检查检测开关的情况确认
出口翻料机下翻45°后不暂停	出口翻料机45°位光电开关损坏（开路）或检测位置不良	检查检测开关的情况确认
受料台不上升	上升风阀损坏	检查风阀
	风管无风或风压不够	检查供风
	上升接近开关损坏	检查接近开关
受料台不下降	下降风阀损坏	检查风阀
	下降接近开关损坏	检查接近开关
	受料台“有料”检测开关损坏（开路）	检查接近开关
入口对中机不前进	电机保护动作	找维护人员处理
	机械卡或联轴器脱落	找维护人员处理
	铸锭对中位接近开关损坏	检查检测开关
入口对中机不后退	电机保护动作	找维护人员处理
	机械卡或联轴器脱落	找维护人员处理
	对中压力盘接近开关损坏（短接）	检查检测开关
	对中机后退接近开关损坏（短接）	检查检测开关
出口对中机不退（进轧机）	出口翻料机45°位光电开关损坏（开路）或检测位置不良	检查检测开关
	对中机后退接近开关损坏（短接）	检查检测开关

续表

故障现象	故障原因	处理办法
出口对中机不进	出口翻料机下翻到位开关损坏（开路）或检测位置不良	检查检测开关
	对中机后退接近开关损坏（短接）	检查检测开关
垫块纵向运输机不动	出口垫块退回限位开关至少有一个损坏（开路）	检查检测开关
	垫块纵向运输机前进限位损坏	检查检测开关
入口或出口垫块横向运输机不动	电机保护动作	找维护人员处理
	钢丝绳断或电机轴联器脱落	找维护人员处理
	连锁信号未来	找维护人员处理
	前进或后退限位开关损坏	检查检测开关
入口或出口垫块横向运输机前进或后退不到位	钢丝绳变得太松或调得过紧	检查钢丝绳情况
	前进或后退限位开关位置变动	检查检测开关

表 2-3-14　双膛加热炉常见故障处理方法和验收方法

故障现象	故障原因	处理方法
在上位机执行停电操作后，下部炉膛某处发热元件依然在加热	电阻带通过链条托架（槽钢）接地	停接地区的主回路电源，出完料、炉子冷却后钻进炉膛断开接地点
	调功柜可控硅击穿	通知维护人员处理
在上位机执行停电操作后，上部炉膛某处发热元件依然在加热（发红）	电阻带通过铠装热电偶外壳接地	停接地区的主回路电源，出完料、炉子冷却后钻进炉膛断开接地点
	调功柜可控硅击穿	通知维护人员处理
炉体发热元件接线柱发热严重	接线端子螺丝松动或已经氧化导致接触不良	重新更换接线端子并紧固妥当
炉门不动	按钮损坏	更换损坏的按钮
	炉门电机联轴器（接手）脱落	将联轴器连接好
	没送电	正确送电
炉门上升后又关下来	制动器（抱闸）不良	检查制动器
按炉门“点动”按钮松手后炉门停不下来	按钮损坏	按“停止”按钮不放，再找维护人员处理
	其他电气问题	按“停止”按钮不放，再找维护人员处理

续表

故障现象	故障原因	处理方法
运输链条不动	按钮损坏	更换损坏的按钮
	链条电机联轴器（接手）脱落	将联轴器联接好
	没送电	正确送电
运输链条停不下来	操作手柄损坏	将操作手柄扳到 0 位或相反位务必使链条停止运转，同时立即找维护人员处理
	其他电气问题	迅速找维护人员处理
运输链条堆链	链条托架（槽钢）松动翘起	找维护人员处理
	链条掉链	将链条重新上好
开动运输链条时，坯料上方发出电焊样火花	炉膛上方发热元件掉下通过坯料接地打火	停接地区的主回路电源，出完料、炉子冷却后钻进炉膛重新挂好发热元件
报警电铃响，同时上位机加热标志由方形变为圆形	某台炉子的某个区出现超温现象	找维护人员处理

表 2-3-15　步进式加热炉常见故障处理方法和验收方法

故障现象	可能的故障部位及原因	处理方法	验收方法
步进梁不会升起	液压泵压力低	调节泵站溢流阀和泵体调压阀，保证需求压力	液压泵压力正常
	油位低，漏油	更换密封圈，加油	油位正常，不漏油
	电控系统信号错	找维护工处理	电控系统信号正常
燃烧风机故障	风量不够，传动对轮连接问题，风叶不转	找维护工处理风缸及控制电磁问题	风量正常，传动对轮连接无卡阻，风叶转动正常
	进气风门开启不利，风箱顶部密封不好	找维护工处理风缸传动联杆抱死	进气风门开启正常，风箱顶部密封良好
	空气，煤气系统蝶阀开启不利问题	找维护工处理更换老化，损坏蝶阀	空气，煤气系统蝶阀开启正常
煤气翻板打不开	压力报警	找维护工处理	压力正常
	控制气体阀、泵坏	更换液压站滤芯，检修各阀、泵	控制气体阀、泵运转正常
无法正常点炉	空气压力低	调整空气压力	空气压力正常
	煤气压力低	调整煤气压力	煤气压力正常

续表

故障现象	可能的故障部位及原因	处理方法	验收方法
出料辊道出料不正常	辊道不平	调整炉内辊道仰角 10°左右，生产待料时，辊道保持转动，防止受热不均，产生变形	辊道平
	蜗轮传动机构不正常	找维护工处理	蜗轮传动机构正常
	电机反转	找维护工处理	电机正常
	液力耦合器无油	更换密封圈，加油	液力耦合器工作正常

表 2-3-16 圆锭环形煤气加热炉常见故障处理方法和验收方法

故障现象	可能的故障部位或原因	处理方法
装料台翻料台器不翻转	电机不转	通知维护人员处理
	减速箱齿轮损坏	通知维护人员处理
推料机不向前推料或后退	风源阀门未开	打开风源阀门
	风阀或管道漏风、堵塞致使风压不够	通知维护人员处理
	风阀电磁铁失效	通知维护人员处理
炉门不升降	电机不转	通知维护人员处理
	传动链条或齿轮磨损严重不啮合	通知维护人员处理
加料杆不升降	风源阀门未开	打开风源阀门
	风阀或管道漏风、堵塞致使风压不够	通知维护人员处理
	风阀电磁铁失效	通知维护人员处理
加料杆不前后移动	电机不转	打开备用电机
	减速箱齿轮损坏	通知维护人员处理
	夹送小车轮子脱落	通知维护人员处理
夹钳不夹料或加料后不松开	风阀或管道漏风、堵塞致使风压不够	通知维护人员处理
	风阀电磁铁失效	通知维护人员处理
冷却水在回水槽处不出水	进水管道阀门未开	打开阀门
	进水管道阀门堵塞	通知维护人员处理
炉底不转动	齿轮或齿条损坏不啮合	通知维护人员处理

表 2-3-17 圆锭感应加热炉常见故障处理方法和验收方法

故障现象	可能的故障部位或原因	处理方法
供锭小车不自动运行	挤压机供锭机构无原位信号或未退回到原位	通知维护人员进行处理
加热炉、均热炉不会加热	地面或地下室的自动开关没有闭合	闭合自动开关
	设定的加热温度太低	按工艺要求设定加热温度

续表

故障现象	可能的故障部位或原因	处理方法
加热炉、均热炉 外罩打火或振动过大	热电偶、接触器或温度变送器故障	通知维护人员处理
	（均热炉）内衬纵向裂缝太长	更换内衬
	（均热炉）铸锭的实际温度大于设定温度	按工艺要求调整加热温度
	线圈温度过高	检查冷却水的循环情况 用风机直接吹炉体
	绝缘继电器动作	通知维护人员处理
	铸锭顶杆到位接近开关无信号	通知维护人员处理
	外罩打火是因为 U 形外罩与大地构成一个完整的磁通路或炉子的两个端面接触，在接触电阻较小的地方产生涡流	将外罩与炉子接触的一面垫上胶皮垫，阻断磁通路 重新将外罩吊装好
	震动大是因为炉子外罩上的侧面没有胶皮垫或螺丝松动	安装胶皮垫、紧固螺丝
线圈发热报警	冷却水泵未启动或阀门没有打开使线圈发热报警	启动冷却水泵、打开阀门
	水流不稳引起水流继电器误动作报警	通知维护人员处理
	热敏电阻接线松动报警	通知维护人员处理
加热炉、均热炉跳电	加热炉无功补偿装置调节不合适功率因数过低使三相电流过大	调整无功补偿装置，使功率因数不小于 0.8
	加热炉内没有铸锭或铸锭数量过少	加热炉内装满铸锭
	内衬滑板下的氧化皮或化料残渣长时间没有清理，使该处滑板和内衬不能紧密接触，在加热时，内衬和滑板之间的残渣产生感应电流并在炉子的震动下，导致内衬打火甚至被击穿，被击穿处继续打火使内衬或滑板融化，融化的残渣流出内衬，导致线圈绝缘层破损而短路	定期清理炉内残渣
	电气故障	通知维护人员处理
显示屏黑屏	电磁站内模板问题或受干扰	将显示屏的电停一下再送即可

3.3.2　零件图的识读

零件图的识读就是根据零件图想象分析出零件的结构形状，了解零件的尺寸和技术要求等，以便检验加工制造的零件，达到图样上提出的要求。

3.3.2.1　零件图的尺寸

零件图上的尺寸是说明零件的几何形状大小、局部结构的相对位置和加工要求的重要数据。因此在识读零件图前，重点了解零件图的尺寸。

零件图的尺寸一般可分为三类：

(1) 总体尺寸，总体尺寸一般有长、宽、高三个方向。

(2) 定位尺寸，确定零件上组成结构的位置尺寸。

(3) 定形尺寸，确定零件各部分长、宽、高的形状尺寸。

读零件图的尺寸应首先了解总体尺寸，确定零件的大小；然后再识读零件的另两类尺寸，对一些重要尺寸、关键尺寸还要给予足够的重视，如有配合要求和形位公差要求的尺寸，应确定好尺寸基准，严格控制尺寸公差，以达到图样要求。

3.3.2.2　识读零件图的步骤

(1) 看标题栏。首先，通过读标题栏，了解零件的名称、比例、材料等。通过这些了解，可以了解零件加工方法，还可以从比例想象出零件的实际大小。

(2) 分析视图。先找主视图，再找其他视图，然后看零件采用的是什么表达方式，弄清各视图的投影关系。找到剖视、剖面的剖切位置，局部视图和斜视图的投影方向的箭头。然后分析主视图及各视图的表达重点。

(3) 分析形体。用形体分析法分析零件的结构形状，在搞清楚视图关系的基础上，根据图形特点，通常将零件分解成几大部分；然后根据基本形体把各部分的形状想象出来，再对各细小结构进行分析，最后将细小结构和几大部分综合起来想象出零件的整体形状。

(4) 识读零件尺寸。综合分析视图和形体，找出零件长、宽、高三个方向尺寸的主要基准。然后从基准出发，以结构形状分析为线索，再了解各形体的定形尺寸和定位尺寸，弄清各尺寸的作用。

视图和尺寸是从形状和大小两个方面来表达零件的，读图时应把视图、尺寸和形状结构三者结合起来分析。

(5) 了解技术要求。读图时应弄清楚表面粗糙度的要求、尺寸公差、热处理、表面修饰、检验等方面的要求。

按以上步骤来读零件图，然后综合起来就可得到零件形状及其加工、检验等方面的完整概念。

看零件图的步骤可简单概括为：

一看标题栏，二析视图，三想形状，四读尺寸，五识要求，最后综合。

以上步骤只是初学看图时应注意的几个方面，仅供参考。实际上，看图时不必机械照搬，而要前后联系，互相补充，突出重点进行分析。也可结合自己的工作经验，对照上述步骤来进行，效果可能更好。

3.3.2.3　读图举例

机器零件的形状各不相同，一般把零件按形体结构大致分为四类：即轴套类、轮盘类、叉架类、箱体类。下面以轮盘类零件为例识读零件图。

识读内卡盘零件图，如图2-3-2所示。

(1) 看标题栏　从标题栏可知，零件的名称是“内卡盘”，材料是HT25-47，比例为1∶3，说明卡盘实践尺寸是图形的3倍。

（2）分析视图　采用两个视图，即主视图和局部视图，内孔、台阶、卡盘 M28 和 M15 的孔，均采用全剖视表示，内孔还采用局部视图。

（3）分析形体　内卡盘主要由一个圆盘组成，右端是一个大圆面，且车削有一个 ϕ450mm 和 ϕ250mm 的圆环台阶，中间有一个 ϕ165mm 通孔，通孔两边有倒角，大圆盘上均匀分布有六个 M28 的孔和对称的两个 M15 的螺孔。

（4）分析尺寸　径向尺寸以轴线为基准，长度方向的尺寸以右端大面为基准，主要尺寸是 ϕ165mm 的孔。

（5）看技术要求　图上有偏差的尺寸是重要尺寸，图上有四处形位公差的标注，一个垂直度，两个位置度，一个对称度，图中还有表面粗糙度及铸造圆角要求。

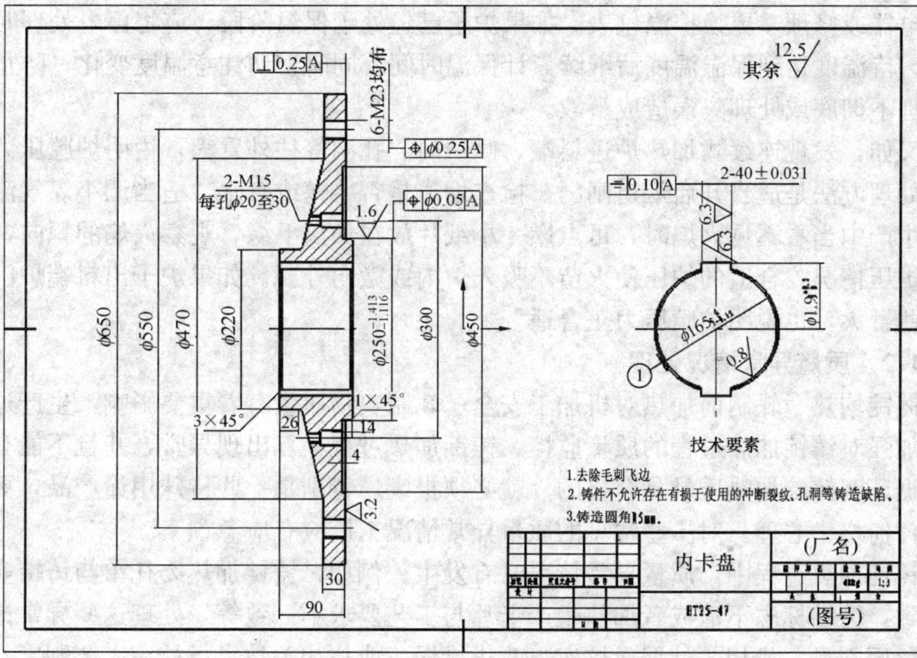

图 2-3-2　零件图

3.4　生产管理

3.4.1　生产过程中异常情况的处理

生产过程中的异常情况可分为设备异常情况、质量异常情况、生产异常情况等。

3.4.1.1　设备异常情况处理

设备异常情况的处理原则是在确保人身安全的前提下，通过对设备反映出的异常情况分析、判断，采取措施，在最短时间内恢复设备工作能力。通常设备异常情况对质量、生产都有不同程度的影响，应该制定常见设备异常情况的应急预案，让设备操作人员和维护人员心中有数，出现设备异常时，能够冷静地按照预案进行处理。

在生产过程中，设备异常情况时有发生，对异常情况正确处置，能促使设备很快恢复生产，减少停机台时，减少损失，从而提高生产效率。

设备异常情况一般处理方法是：了解设备故障发生部位，分析可能造成的主要原因，然后及时报告机电维修人员，并组织人员做好处理前的准备工作，包括现场的工具、吊具准备，设备停水停电、停气准备等。

例如铸锭保温过程中，仪表指示超过定温，但加热器未停止工作，初步判断为继电器接点粘连或控温仪表失灵。处理方法是，立即停电，然后查找故障原因，更换继电器或修理、更换控温仪表。如果炉子已经处于保温阶段，应将停电处理时间扣除，待温度达到保温温度后继续累计保温时间。同时密切注意温度变化，防止故障处理不彻底或处理失误造成事故。

又如，发现连续式加热炉进料端、侧炉门、孔洞等往外冒火，说明炉膛压力过大。处理方法是适当开启烟道闸门，检查烟道是否堵塞或有水，适当调小煤气流量等。生产中当看不见火焰时，可点燃一小纸片放在炉门下缘，观察火焰的飘向，可判断炉压情况，合适的炉压使火苗不吸入炉内或微向外飘。如果炉子出料端炉门下缘有些冒火，也说明炉膛压力正合适。

3.4.1.2　质量异常情况处理

铸锭均热、轧制前加热对机加工安全、轧制实物质量有着重要影响，生产过程必须加强对铸锭加热过程的质量监控。铸锭加热过程一旦出现异常，并且不能有直接证据证明铸锭加热质量是合格的，就必须报废，特别是一些特殊用途产品，更不能有任何侥幸心理。对一些常见的质量异常情况工厂应有应急预案。

铸锭加热过程中，质量异常情况时有发生。例如，铸锭加热委托单与铸锭实物不一致，铸锭标志不清或者加热生产卡片与工艺要求不一致等，处理这些异常情况的一般原则是，找相关计划员核实，改正错误。或找相关技术员核实工艺制度，准确无误后再组织生产。

轧制前加热铸锭装、出炉过程中，如果发现铸锭表面氧化皮未铣尽、铸锭表面严重损伤，处理原则一般是重铣铸锭；如果发现铣边铸锭与非铣边铸锭混装，但顺序不符合工艺规程要求时，应调整装炉顺序，或停止装炉。

加热过程常见质量异常情况的处理：

（1）炉子超温情况的处理。在铸锭加热过程中，如果炉温超过控制范围不多，超温时间不长，可采取挽救措施：立即停止加热过程，打开炉门或炉盖进行快速降温，恢复保温温度后再继续加热或均匀处理。待出炉后对炉子高温区坯料进行高倍组织分析，确认是否过烧，如过烧则整炉料报废，如未过烧，视情况由技术质量部门处理。

（2）加热超时情况的处理。加热时间超出工艺规定的时间范围称为超时。对于铸锭均匀化而言，短暂的超时没有不良影响，因此相同加热温度，但不同加热时间的铸锭可以安排在同一炉料中进行加热。但热轧前的铸锭加热，如果超时，就会对板材的热轧造成不良影响，如产生轧制裂纹、影响制品性能等。因此，所有铸锭在加热炉加热均有最大允许停留时间，如高 Mg 合金最大允许停留 15h，普通 3003 合金最大允许停留 48h。在实际生产中，由于生产组织的需要或设备出现不可预测的故障，时常造成铸锭加热超时，在超时不严重的情况下，铸锭通常可以出炉轧制。

3.4.1.3　生产安全管理和异常情况处理

1. 加热工安全生产要求

（1）作业前

1）作业人员必须穿戴好劳动保护用品，工作服做到“三紧”，系好安全帽固定绳。

2）班组组织班前五分钟安全学习，班长交代当班工作任务，以及在完成工作任务中每个岗位存在的危险危害因素，提出预防措施。

3）查看交接班记录，了解上班设备运行状况，并对设备、设施和工具使用情况进行检查，不得操作“带病”设备。

4）作业前充分准备好所用的工具。

（2）作业中

1）必须熟悉和严格遵守《安全技术操作规程》，不得违章作业，有权抵制、拒绝冒险操作。

2）出、装炉时要断开电源；使用吊具必须安全可靠，规格与吊物配套。

3）立（卧）加热式炉出、装炉，需专人指挥天车或操作启盖小车吊开炉盖，竖起四周防护栏杆，一人负责指挥，两人各拿一根炉钩控制吊钳，平稳吊运铸锭。

4）箱式加热炉出、装炉时，应确保复合装卸车的小车对轨准确，进入炉内时炉料不得碰撞炉墙，料架必须放置到位。

5）炽热物料严禁在复合装卸车上冷却，应及时转运到储料台上。

6）在生产现场行走，应走安全通道，不要在天车吊物下行走或停留，听到天车警示铃响，必须立即避让。

7）深井作业、动火作业应先履行审批手续。

8）严守工作岗位，不得随便离岗；严禁酒后上班，或上班饮酒；工作时精力要集中，不准在工作场所追逐打闹。

（3）作业后

1）吊钳放回规定位置。

2）按现场定置管理要求清理作业现场，做到工完料尽地清，不给下班遗留问题。

3）做好交接班，将本班生产、设备和安全情况向下班交接。

2. 异常情况处理

生产过程的异常情况，通常与安全生产有关，处理原则应首先考虑确保人身安全，然后才考虑生产进度。对于生产安全的管理应建立应急预案，例如：突发停电事故，作业人员应立即关闭所有电器开关，了解停电原因，如果只是加热设备停电应通知机电维修人员检查维修，如果是大面积停电，作业人员应坚守岗位，不得擅自离开，防止来电后发生危险。如果出装炉时，天车吊有重物停在空中，应设立警戒线，防止人员进入发生危险，并通知机电人员进行维修。又如突遇暴雨，厂房排水不畅通，危及井式加热炉时，应立即停炉、停电，组织人员使用沙袋防洪，严禁雨水流入炉内。

[举例一]　铸锭吊运过程中砸伤、挤压伤事故应急预案

预防措施：

（1）正确佩戴好劳动保护用品。

（2）选用的吊具规格与铸锭规格相符，严禁使用报废和有缺陷的吊具。

（3）铸锭挂吊必须重心平稳，严格按规章操作。

（4）地面指挥人员必须专人负责，做到手势正确、规范，严禁多人指挥天车。

（5）天车操作人员注意力集中，听从挂吊人员指挥，大车、小车、卷扬开动前，鸣铃发出警告。

（6）起吊作业时严格按规章操作，严格执行天车“十不吊”。

（7）严禁天车在吊运物料时从地面人员头顶上和设备上通过。

（8）指挥天车起吊或下落时，地面操作人员要与吊运的重物保持一定安全距离。

应急处理方法：

（1）立即停止吊运作业，通知车间领导及安全主管人员到事故现场。

（2）如有人员受伤应立即组织人员救援，并防止事故扩大，造成二次事故。

（3）对受伤人员采取必要的止血或固定措施，并且要轻抬轻放，防止伤势恶化。

（4）安排车辆或通知救护车运送伤员。

（5）保护事故现场，协助上级部门调查取证，经同意后，组织人员清除事故现场，及时恢复生产。

（6）应急电话：包括主管部门和相关部门电话、医院急救电话、火警电话等。

[举例二]　电器火灾事故应急预案

预防措施：

（1）确保安全通道畅通。

（2）定期清扫设备卫生，清除油污。

（3）定期检查消防器材，确保清洁、完整、有效。

（4）高温炉料堆放场地周围不得存放易燃易爆物品

（5）生产现场动火必须开动火证，现场准备好灭火器，有专人监护。

（6）车间职工都应接受消防知识学习，做到三懂四会。

应急处理方法：

（1）电器火灾应立即切断电源。

（2）向消防部门报警。

（3）通知车间领导及安全主管部门。

（4）组织人员对初期火灾进行扑救。

（5）地下室、控制室等封闭场所应防止毒烟危害；火势失控时应立即组织人员疏散。

（6）协助消防部门灭火。

（7）保护事故现场，协助上级部门调查取证，经同意后，组织人员清除事故现场，及时恢复生产。

（8）应急电话：包括主管部门和相关部门电话、医院急救电话、火警电话等。

3.4.2　生产组织

生产组织又称生产过程组织，是对生产过程中的劳动者、劳动工具、劳动对象和生产过程的各个组成部分、各个工序所做的组合、排列和协调安排。生产组织的基本任务是充分发挥劳动者的作用，使劳动者、劳动工具和劳动手段有效结合，使生产过程在空间和时间上衔接平衡，在满足产品质量的前提下，达到生产过程中时间最省、消耗最少、效率最高的目的。

要做好加热生产过程组织，必须了解与加热生产相关的工序生产流程。

3.4.2.1　相关工序生产流程及上下工序生产情况

在坯料机加工前后，生产工序流程有多种方式：

（1）方铸锭生产工序流程

1）熔炼→铸造→锯切→铣面→加热→热轧……

2）熔炼→铸造→加热或均热→锯切→刨边或铣边→铣面→加热→热轧……

（2）圆铸锭生产工序流程

1）熔炼→铸造→锯切→加热→挤压……

2）熔炼→铸造→锯切→车皮→均热或加热→挤压……

3）熔炼→铸造→均热或加热→锯切→车皮→加热→挤压或锻造……

4）熔炼→铸造→均热或加热→锯切→车皮→镗孔→加热→挤压……

1. 熔铸生产工序

熔铸生产的主要目的是配制合金并铸造成需要规格的铸锭，主要包括金属熔化、化学成分分析、化学成分调整、炉内精炼、晶粒细化、在线除气除渣和铸造成型等作业程序。

2. 铸锭机加工工序

机加工工序的主要目的是消除铸锭表面缺陷，符合工艺制度规定的尺寸和表面质量要求的锭坯。方铸锭机加工方式包括锯切、刨边、铣面等，圆铸锭的加工方式包括锯切、车皮、镗孔等。

3. 热轧生产工序

热轧生产的目的是通过热粗轧机对加热坯料进行开坯轧制，根据要求轧成不同宽度和厚度的产品。热轧生产工序流程有三种方式：

第一种：铸锭铣面→加热→热粗轧轧制→精轧轧制→……

第二种：铸锭铣面→蚀洗、加包铝板→加热→热粗轧轧制→精轧轧制→……

第三种：铸锭铣面→加热→热粗轧轧制→剪切→矫直……

第四种：铸锭铣面→蚀洗、加包铝板→加热→热粗轧轧制→剪切→矫直→……

3.4.2.2　生产组织原则

企业生产的合金品种多、规格复杂，生产计划人员很难确定每炉料的装炉量、装炉时间、工艺要求，而是将近期熔铸工序将产出的品种、规格、数量以及特殊工艺要求、生产进度要求以计划单或委托单的方式下达到班组，由班组进行组织生产。因此就需要操作人员根据生产现场的炉料情况，加热炉的容量、加热工艺、进度要求和能耗情况等合理组织调配。加热生产的组织原则包括四个方面：

(1) 连续生产原则。生产过程各阶段、各环节在时间上应避免发生不必要的停顿、等待，始终紧密衔接。提高生产过程的连续性，能缩短产品生产周期，减少在制品数量，加快金属流转，降低能源消耗，有效利用设备能力和生产场地。作为一名当班生产组织者，应对各生产要素进行掌握，才能科学合理安排生产。例如：均热生产安排时，应对加热炉的开动个数，装什么料，装多少，以及是否能连续生产都要进行统筹安排。既不能因炉子开多了，炉料跟不上造成加热炉时开时停，又不能因炉子开动不足造成炉料积压，影响后续生产。

(2) 协作生产原则。首先是工序之间的协作，例如熔铸生产出的铸锭的长短，产出的数量以及待加热料的堆放会直接影响加热生产；铸锭加工生产的进度，加工量的安排，加工产品的堆放、装筐情况也会影响加热生产；而加热生产进度，装炉安排又反过来影响前后工序的生产。其次是岗位协作，包括当班岗位人员搭配，包括体力强弱的搭配、技术强弱的搭配，也包括岗位人员工作环节的把握，工作量的分担等内容。作为一名生产组织者就必须提前计划，合理调配，确保通力协作。

(3) 均衡安排原则。生产过程的各环节、各工序应保持生产均衡，不要时松时紧、前松后紧，合理地利用设备和人员，按一定节奏组织生产。作为一名生产组织者，安排生产时首先应充分考虑生产瓶颈，例如一个片区待加热料多，加热进度受到影响时，就应及时安排其他加热炉进行分担。如果是加热后堆放料场紧张，就要求在安排加热料时，不同炉子安排不同时段的出炉，通过加工工序及时的倒运、锯切来缓解矛盾。

（4）经济节约原则。生产过程中应尽可能减少能源的消耗和劳动占用，在尽可能短的生产周期内，取得尽可能大的生产成果和尽可能小的生产成本。加热生产过程中怎样利用好有限的能源，做到节能降耗是一个生产组织者重要的工作任务。例如，一方面在工艺允许的范围内尽可能多地增加每炉次的装炉量，降低用能单耗；另一方面在生产进度能保证的情况下，利用移峰填谷的用电政策降低用能成本。

3.4.2.3　经济核算与经济活动分析

班组的经济核算是企业经济核算的基础，是一种范围较窄，内容简单，与职工生产活动直接相关的，并且能直接掌握和控制的一种核算方式。通过经济核算，可以明确和落实班组经济责任制，用数字反映工作结果，找出问题所在，提高增产节约的积极性。

班组的经济核算由班长负责组织，核算的内容主要是车间下达的经济技术指标。经济技术指标是鉴定生产工艺是否先进合理的重要标准，是评定工作优劣的主要依据。铸锭加工车间经济技术指标包括：加工成品率、电能消耗、燃料消耗、乳液消耗、机油消耗、水消耗、锯片消耗和劳动生产率等。

经济活动分析是利用经济核算取得的资料，结合调查得来的情况，对生产经营活动中的矛盾进行研究，以便解决问题，达到提高生产效率、改进工作方法、减少消耗的目的。通过对班组经济活动的分析可以起到三个方面的作用：一是对班组工作做出正确的评价；二是对各项经济指标进行解剖，揭示变化的趋势和相互联系，抓住主要矛盾采取改进措施；三是便于在不同班组间进行比较，找出差距，挖掘潜力，调动工作积极性。

经济活动分析的主要内容：一是生产成果的分析，包括产量、质量、消耗等指标完成情况；二是生产条件及其利用效果的分析，包括劳动生产率、设备利用率、安全生产情况、考核分配情况等；三是成本分析，包括能源的消耗、辅材的消耗、设备维修费用等。

下面以能源消耗的单个指标为例进行核算和经济活动分析。

1. 电能消耗

加热炉耗用的电量主要用于加热炉内铸锭、驱动电机运行以及各类辅助设备用电。电能消耗的高低主要取决于生产工艺所规定的加热时间、加热温度以及炉子结构、装炉方式、装炉量、铸锭的规格等。

加热 1t 坯料需要消耗的电能叫做铸锭加热电单耗，其计量单位为 kW·h/t。计算公式为：

$$W_{电}=\frac{W_{电总}}{Q}$$

式中　$W_{电}$——单位产品的电能消耗（kW·h/t）；

$W_{电总}$——加热过程的全部用电量（kW·h）；

Q——总的铸锭加热数量（t）。

【例】 8月 $2^{\#}$ 立式加热炉共耗能 925723kW·h，当月加热铸锭量 2826.638t，据统计已知 8 月 $2^{\#}$ 立式炉加热铸锭明细（见表 2-3-18），要求计算当月实际电单耗，当月电单耗节、超情况并进行原因分析。

表 2-3-18 8月 $2^{\#}$ 立式炉加热铸锭明细（按生产工艺进行分类）

升温温度（℃）	保温温度（℃）	保温时间（h）	重量（t）
470	440	5	842.855
490	460	40	767.222
495	465	24	140.172
500	470	26	226.89
525	495	12	52.876
525	495	18	57.781
525	495	36	94.466
530	495	18	583.008
550	520	18	61.368
合　计			2826.638

实际电单耗： $W_{电}=\dfrac{W_{电总}}{Q}=\dfrac{925723}{2826.638}=327.5\text{kW}\cdot\text{h/t}$

计算定额电单耗。$2^{\#}$ 立式加热炉电能定额消耗标准表，如表 2-3-19 所示。

表 2-3-19 $2^{\#}$ 立式加热炉电能定额消耗标准

序　号	均热工艺			定　额
	定温（℃）	保温（℃）	保温时间（h）	
1	470	440	5	220
2	490	460	24、26	310
3	490	460	40	380
4	495	465	24	350
5	500	470	18	315
6	500	470	24、26	340
7	500	470	42	390
8	525	495	6	295
9	525	495	10、12	310
10	525	495	18	340
11	525	495	36	425
12	530	495	18	355
13	550	515	12、14	375

定额电单耗应通过加权算术平均法进行计算，计算方法为：

$$W_{定电}=(842.855\times220+767.222\times380+140.172\times350+226.89\times340+52.876\times310+57.781\times340+94.466\times425+583.008\times355+61.368\times395)/2826.638$$

$$=\frac{910568.61}{2826.638}$$

$$=322.14\ \text{kW}\cdot\text{h/t}$$

实际电单耗 $W_{电}$－定额电单耗 $W_{定电}$＝327.5－322.14＝5.36kW·h /t。

计算得知 8 月 2# 立式加热炉电单耗上升 5.36kW·h /t。

原因分析可从以下几个方面进行：

（1）设备原因：设备故障造成的停炉维修；设备的大、中、小检修后的升温烘炉；以及炉子保温效果降低、发热元件损坏等。

（2）生产原因：由于上道工序未能及时产出造成保温待料；生产计划量少造成的装料量不足；限电造成的生产等待或延长等。

（3）质量原因：新工艺的研究、新产品的开发引起的能源消耗。

（4）管理原因：人为拖延生产；工序之间协调配合不当造成的待料；岗位之间协作配合不默契，出装炉时间长等。

2. 移峰用电计算

加热生产中的节能工作除了通过科学组织、热装快出、提高装炉量等方法来降低电单耗外，还应高度重视移峰用电工作，这也是节能降耗的重要措施之一，如果认真做好此项工作，将能有效降低用能成本。

移峰用电时段的划分：

尖峰时段：19：00～21：00

高峰时段：8：00～12：00　　21：00～23：00

平时时段：7：00～8：00　　12：00～19：00

低谷时段：23：00～次日 7：00

（注：尖峰时段只限于 1 月、7 月、8 月、12 月，其余月份尖峰电量纳入高峰电量计算。）

移峰用电是折算比例：平时时段系数为 1，尖峰时段为平时时段的 1.7 倍，高峰时段为平时时段的 1.5 倍，低谷时段为平时时段的 0.5 倍。

计算方法：当月移峰用电量＝尖峰时段用电量×1.7＋高峰时段用电量×1.5＋平时时段用电量＋低谷时段用电量×0.5

当月移峰用电节、超量＝当月用电总量－当月移峰用电量

【例】 8 月 2# 立式加热炉移峰用电情况：尖峰时段用电量 34600kW/h，高峰时段用电量 165264kW/h，平时时段用电量 189360kW/h，低谷时段用电量 405216kW/h，当月该炉子总耗电量 794440kW/h。

当月移峰用电量＝34600×1.7＋165264×1.5＋189360＋405216×0.5
＝698684kW/h

当月移峰用电节、超量＝794440－698684＝95756kW/h

8月2#立式加热炉通过移峰用电方式节约电费电量95756kW/h。

3.5　培训与指导

3.5.1　培训与指导的方式

对较低技术级别的工人培训与指导的方式有多种，可结合生产和工作的实际灵活采用，并在此基础上不断创新，创造出更多行之有效的方法。企业中常采用结对子培养的方法。

结对子称为“师徒关系”。即一位老师傅带一名或几名新工人，师徒关系存续期间，师傅对徒弟的技术学习和操作技能承担一定的培养和指导责任。在新的形势下，仍可以继续发挥“师徒关系”的积极作用，采取新老工人结对子的方式，将老工人的技艺言传身教传授给新工人。

结对子培养，一般应签订书面师徒合同，规定双方的权利和义务，规定培训的进度、目标和考核方法。人力资源部门主管师徒合同的管理，对合同执行情况进行跟踪和验收，依据合同履行情况与效果，对合同双方进行必要的奖惩。

结对子培养一般以时间段和培训目标作为合同标的，即在一段时间的日常工作中完成培训工作，达到培训目标。

3.5.1.1　准备工作

在进行指导前，按培训要求，选择典型的生产环境加以配合，并做适当的布置，如场地、设备、工具、量具和材料等。另外，需要准备实际操作时给予培训对象详细的说明、指示和要求。

3.5.1.2　实际操作指导

实际操作指导是指在培训对象面前展示某种规范的操作动作、解释某种操作程序或技巧，以使培训对象能重复相同的操作动作或程序。在实际操作时应尽量做到：

（1）事先说明实际操作的要求及希望达成的目标。

（2）分段进行实际操作示范，可配合适当的讲解。

（3）应使所有的培训对象都能看清实际操作示范时的动作。

（4）实际操作示范后安排培训对象提问，可根据需要再示范或回答问题。

（5）安排培训对象实际操作，纠正培训对象的错误动作。

（6）最后对培训过程做简要的总结和评估。

3.5.2　举例

3.5.2.1　指导初级工转运铸锭

1. 准备工作

识读铸锭加热委托卡片、对照卡片识别铸锭、正确选用吊具、准备地平车、准备料筐料架等。在进行指导前，要按培训的要求，选择转运对象，指明转运路径和备料要求。并且强调安全注意事项，例如吊具使用前的检查、吊运时的安全距离、天车指挥手势、地平车操作方法等。

2. 实际操作指导

(1) 转运要求

以转运 ϕ360 小圆锭为例，从铸造料场转运至卧式加热炉料场。

(2) 操作示范

1) 根据工作安排找出需转运的炉料的生产计划卡片，正确识读合金、熔次、根号、规格及长度等信息，对照卡片信息找到转运对象。根据备料要求确定转运数量。

2) 根据吊运重量选择钢丝绳的规格，检查钢丝绳状况，符合安全使用规定。

3) 转运管材必须装入料架中防止滚动，吊运时钢丝绳不得直接挂在料架挂钩上，而应将小圆锭与料架同时兜入，防止铸锭滑落和挂钩断裂造成事故。

4) 水平吊运过程中倾斜度不得大于 15°。

5) 指挥天车手势必须正确，目的明确，如有多人在现场，只能专人指挥。起吊前，转运人员必须离开吊物 1.5m 以上，注意天车警示信号，不要站在吊运行径路线上。

6) 指挥天车将铸锭放置在地平车上，转运人员不能站在地平车轨道以内，防止吊物带动地平车移动造成挤伤。地平车行到终端时应提前停车，防止撞击，严禁用打倒车的办法来急停车。

7) 小圆锭转至卧式加热炉料场后，备入专用料架中摆放整齐，长短一致，不超过料架高度。

(3) 提问与回答

操作示范过程结束，应对培训对象提出的疑问做简要回答，必要时可再做示范，从而使培训对象对操作过程形成较深的印象。

(4) 操作指导

培训对象在实际操作中，如动作不规范，应及时指出并予以纠正。

3.5.2.2　指导中级工装炉作业

学习目标：通过学习，掌握立式炉方锭出、装炉基本方法。

1. 准备工作

识读铸锭加热委托卡片、对照卡片识别铸锭、正确选用吊具等。在进行指导前，强调安全注意事项，例如吊具使用前的检查、吊运时的安全距离、天车指挥手势、安全护栏的安装、炉钩操作要领等。

2. 实际操作指导

(1) 装炉前，必须按照作业计划要求按熔次选取铸锭。

(2) 方锭装炉只能使用吊钳，不得使用钢丝绳。

(3) 禁止站在铸锭侧面或上面作业，吊钳应吊方锭底部，钳口方向与铸锭长度一致。

(4) 起吊时，作业人员必须距离吊运铸锭 10m 以上，并且时刻观察吊钳与铸锭抱合情况。

(5) 铸锭浇口部朝下，吊至炉口后，两名作业人员上到炉台两边，手持炉钩，指挥天车缓慢下落，按近隔料架时，使用炉钩调整铸锭方向，防止碰到炉墙、隔料架或风机。

(6) 作业人员使用炉钩钩住吊钳，稳定铸锭下落时，作业人员不能将身体重心前移，过度靠在护栏上，防止造成危险。

(7) 隔料架每格装入两块铸锭，因此放入时位置必须准确，不得倾倒、偏斜。

(8) 使用炉钩将吊钳挂钩挂好，指挥天车上升。重复以上动作，直至装炉完毕。

第 4 章　加热工技师技能

4.1　生产操作

4.1.1　加热炉炉温均匀性检测

4.1.1.1　炉温均匀性检测的目的

加热炉是用来对坯料进行加热处理的，温度是其最重要最核心的工艺参数，温度的波动和均匀性对坯料的加热质量有重大的影响。炉温均匀性检测的目的是判断加热炉在正常工作时，工作区内温度的均匀性是否能够满足加热生产工艺的需要，是判断加热炉是否合格最直接的依据。

4.1.1.2　炉温均匀性检测的要求

（1）检测周期

1）新修或大修后的加热炉，首炉必须进行均匀性检测。

2）炉膛控温电偶位置变动后必须进行均匀性检测。

3）生产一年的加热炉应进行均匀性检测。

（2）检测要求

不同种类的炉子，不同的用途，其炉温均匀性的要求是不同的。一般而言，均热炉炉温均匀性要求为≤5℃，加热炉炉温均匀性要求一般为≤10℃，即控温仪表指示温度（均匀性检测设置温度）与各检测点温度、各检测点间温度差分别≤5℃或 10℃。

4.1.1.3　炉温均匀性检测方案

根据不同的加热炉制定炉温均匀性检测方案，方案应包括空炉测温或装料测温，测温的点数和位置分布，测温炉料的合金、规格、装炉数量和放置位置等内容，以及需要选用的测温仪器、仪表种类等。

4.1.1.4　箱式加热炉、立式加热炉装料测温的程序和方法

1. 测温准备

（1）测温料架

测温料架用于空炉测温，它由角钢和钢筋焊接而成，约小于炉内空间，架内分布的交叉点，用于捆绑电偶测温。

（2）测温铸锭

选取常生产的合金、规格铸锭为测温用料，一般根据炉子平时装料量确定用料

多少。如某厂多年来一直采用2A12合金，400mm×1320mm或400mm×1620mm方锭，6块或8块进行炉温均匀性检测。

（3）测温装置

1）直径1.6mm、15m长K型测温热电偶，精度±2℃以上。箱式炉用8只，立式炉用9只，空炉用14只。

2）测温仪表一块，精度±2℃，灵敏度1℃以上。

3）不附加热电势的切换装置一台。

2. 空炉测温

将电偶用玻璃纤维布条捆绑在测温料架14个点上，对每个点编号，并各点电偶分组整理和固定，使用天车平稳吊入立式加热炉内，电偶另一端与测温仪表连接，如图2-4-1所示。

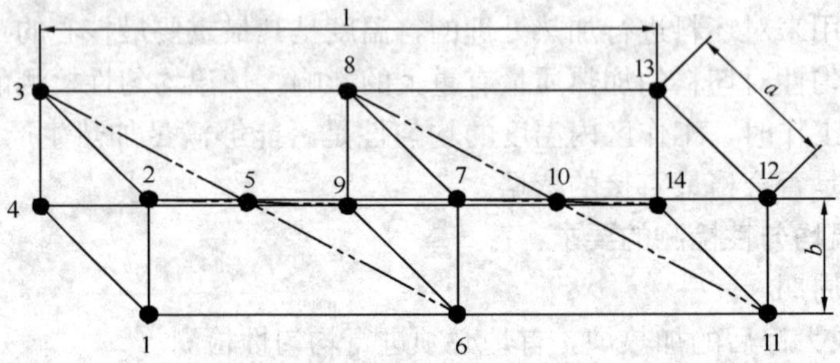

图2-4-1 空炉测温示意图

3. 装料测温

（1）钻孔

手持电钻在测温铸锭大面上，如图2-4-2、图2-4-3所示的位置钻孔，孔径3～5mm，深6～9mm。

（2）安装电偶

将电偶插入孔底，一个孔插一只，用铝屑或铝丝塞紧，然后用铁丝或铝丝捆绑固定，并按图示给电偶编号，将各点电偶分组整理捆绑。

（3）将测温铸锭按规定位置平稳吊入炉内，或吊入料架送入炉内。

（4）关闭炉门，电偶连接测温仪表。

（5）测温

1）设定炉膛控温温度，炉膛控温温度以金属保温温度（即均匀性检测设置温度）为基础，提高30～50℃。

2）铸锭金属温度有一点距保温温度50℃前，每1h测温一次；当铸锭金属温度有一点达到保温温度50℃后，每半小时测温一次；当铸锭金属温度有一点接近保温温度5～10℃时，此点连续测温，即测温取值间隔不大于10min；当有一点铸锭金属温度达到保温温度时，立即将炉膛控温温度设为保温温度进行保温。

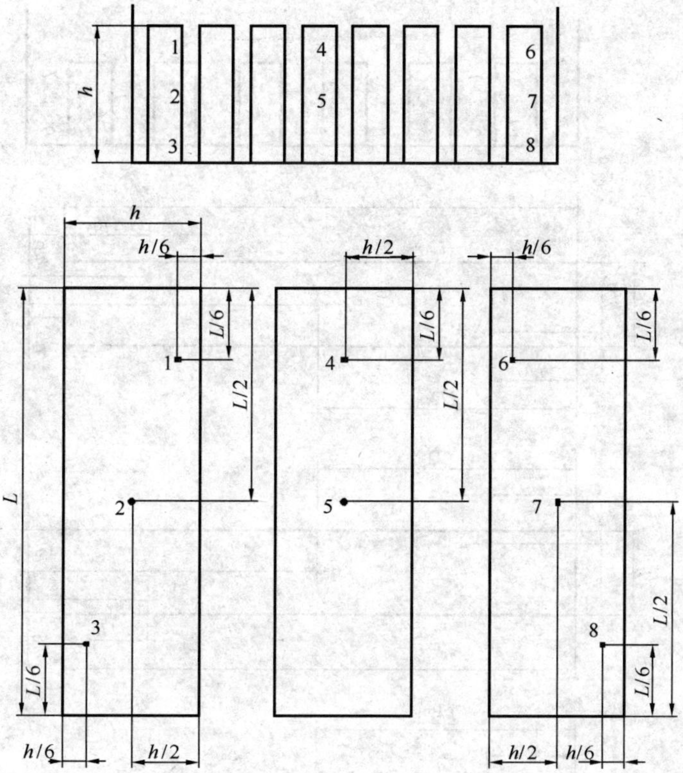

图 2-4-2 立式加热炉测温位置示意图

注：图中 h 为铸锭宽度，L 为铸锭长度，1～8 点为电偶位置。

（6）保温和测温

在保温阶段，炉膛温度控制仪表转入保温温度设置后，每半小时实测各测温点温度一次，直至保温阶段结束。

（7）记录

在整个测温过程中如实做好记录，记录表内数据要求准确清楚。有异常情况应在记录纸上注明。

（8）出炉

打开炉门，出炉后拆出铸锭上的热电偶和铁丝，将铸锭吊至料场自然冷却。拆出热电偶、切换装置以及测温仪表，放入库房存放。

（9）测温异常情况分析

铸锭实际温度超过设定温度，控制电脑不能自动关闭加热器电源，造成某测试点或几点偏离炉温均匀性测试范围。原因是测试中，温度自动控制出现异常。

测试结果偏离炉温控制范围。原因是测试中某测试点或几点测温电偶与测温铸锭接触不良，测试无代表性。

测试中代表某一加热区的数据，在升温阶段长时间滞后其他数据。原因是该加

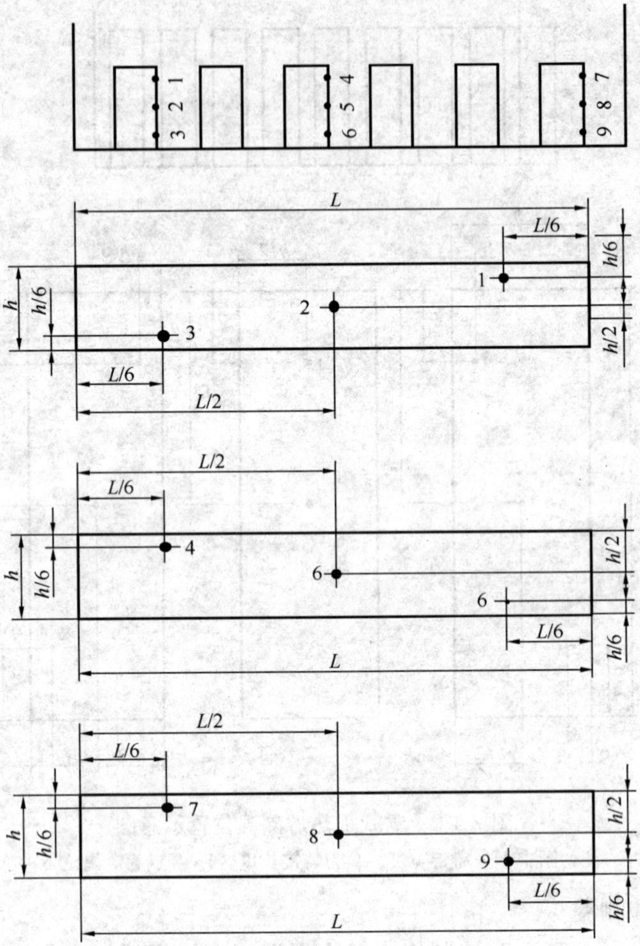

图 2-4-3　箱式均热炉测温位置示意图

注：图中 h 为铸锭宽度，L 为铸锭长度，1～9 点为电偶位置。

热区加热设备损坏严重，产生热量不足，造成炉温均匀性差。

测量温度始终不能进入工作温度下限，造成无法完成炉温均匀性测试。其产生的原因大致有：

1）加热源功率小于额定功率。

2）炉子密闭性差。

3）测温电偶电极有接地现象。

4）测温电偶电极与补偿导线接线错误。

3.5.1.5　推进炉、双膛炉炉温均匀性检测

铸锭加热炉一般每隔半年进行一次炉温均匀性检测，通常是在生产常规产品时进行。

（1）按照测温方案准备好物料

准备铸锭：

铸锭加热炉一般每隔半年进行一次炉温均匀性检测，通常是在生产常规产品时进行，测温铸锭选择与炉子对应的规格，数量为1块，如某厂推进加热炉选择的铸锭是480mm×1350mm×4500mm，双膛加热炉选择的铸锭是400mm×1320mm×2500mm。铸锭选定后，如图2-4-4所示钻孔，孔深约80mm，并在孔的边缘沿横向打上钢带。

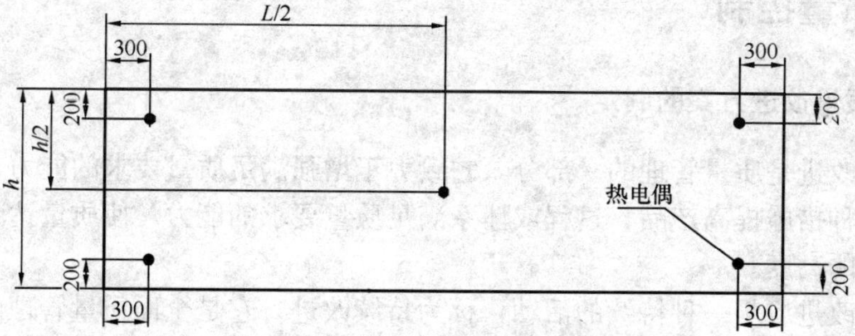

图2-4-4　测温铸锭钻孔示意图

测温装置：

K型直径1.6mm、40mm长测温热电偶5只，精度±2℃以上。

无纸记录仪表5块，精度±2℃，灵敏度1℃以上。

(2) 安装热电偶、装炉，连接测温系统。

(3) 关闭炉门。

(4) 升温和测温

炉膛定温按待轧制的合金而定，并不特意按测温铸锭设定炉膛定温。推进式加热炉若无设备故障，原则上测温期间轧机不允许间隔生产其他加热炉的料。推进式加热炉在行进中测温，测温铸锭位置是在不断变化，如图2-4-5所示。而链式双膛炉测温铸锭，固定在三区，每半小时测温一次，直至该测温铸锭出炉。

(5) 记录

在整个测温过程中如实做好记录，记录表内数据要求准确清楚。有异常情况应在记录纸上注明。

(6) 出炉

打开炉门，出炉后拆出铸锭上的热电偶和铁丝，将铸锭吊至废料区堆放，堆放整齐。拆出热电偶、切换装置以及测温仪表，放入库房存放。

(7) 炉温均匀性异常分析

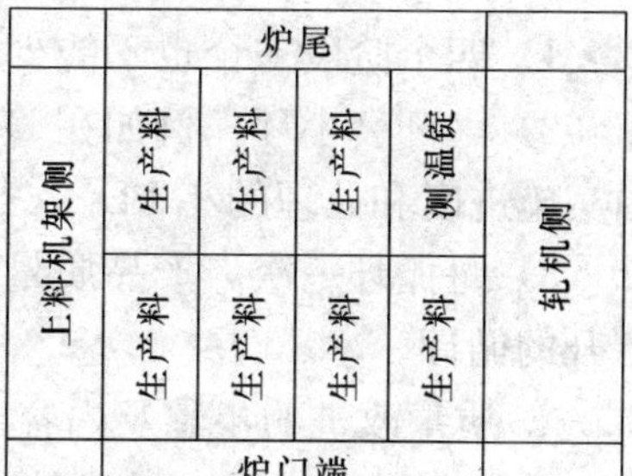

图2-4-5　推进加热炉测温铸锭炉内位置图

推进加热炉升温期间各区温度到定温时间差异大，如一区温度送电4h后到定温、二区温度送电2h后到定温、三区温度送电

1h 后到定温。原因是测温期间炉门密封较差。

推进加热炉在被测试铸锭升温阶段，下面（下面这里指与鞍座接触部分，反之称为上面）升温快于上面，炉尾端升温快于炉门端。若同一时间点，各个点的测温温度差，超过炉子本身允许的温差，则炉温均匀性不符合要求。推进式加热炉常见影响炉温均匀性的因素是风机出现故障；链式双膛炉常见的原因是缺相、短路。

4.2 质量控制

4.2.1 质量改进方案的制定

质量改进是质量管理的一部分，它致力于增强满足质量要求的能力，也就是通过采取各种措施提高产品、过程或体系满足质量要求的能力，使质量达到一个新的水平、新的高度。

质量改进应是一种持续的活动，称为持续改进，它是全面质量管理的基本原则之一。

4.2.1.1 质量改进的步骤和内容

1. 质量改进的基本过程——PDCA 循环

任何一个质量活动都要经过策划（Plan）、实施（Do）、检查（Check）和处置（Action）四个阶段。这四个阶段不断循环下去，故称为 PDCA 循环。

（1）PDCA 的内容

第一阶段 P 是计划：包括制定方针、目标、计划书、管理项目等。

第二阶段 D 是实施：即按计划内容去执行，以实现设计所规定的质量要求。

第三阶段 C 是检查：对策实施后，评价对策的效果。

第四阶段 A 是处置：总结成功的经验，形成标准化，以后就按标准进行。对于没有解决的问题，转入下一轮 PDCA 循环解决，为制定下一轮改进计划提供资料。

（2）PDCA 的特点

1）四个阶段一个也不能少。

2）大环套小环。例如在 D 阶段也会存在制定实施计划、落实计划、检查计划的实施进度和处理的小 PDCA 循环。

3）每循环一次，产品质量、工序质量或工作质量就提高一步，PDCA 是不断上升的循环。

2. 质量改进的步骤及内容

质量改进的过程本身就是一个 PDCA 循环。这四个阶段具体可分作 7 个步骤来实施：

（1）明确问题

1）明确所要解决问题的重要性。

2）明确问题的背景。

3）将确定的问题用具体的语言表述出来，并说明希望改进到什么程度。

4）选定质量改进的题目和目标值。

5）正式选定任务负责人（若是组成小组就确定组长和组员）。

6）对改进活动的费用做出预算。

7）拟定改进活动的时间表。

（2）调查现状

调查所要解决问题的现状，要注意了解其发生的时间、地点、种类和特征；对于质量特性的不合格或波动，要从各种不同角度进行调查，到现场去收集数据，同时还要不放过数据之外的其他信息。

（3）分析问题原因

通过现状调查，收集到大量有关待改进质量问题的数据和信息。接下来就是诊断分析产生质量问题的各种影响因素，并进而确定出主要影响因素。

（4）拟定对策并实施

应针对影响质量的主要因素制定改进措施、计划并予实施。措施可分两种，一种是消除问题现象的应急措施，另一种则是彻底消灭问题、防止问题再发生的根本措施。措施、计划应该具体、明确。一般应明确为什么要制定这一措施（WHY）；预计达到什么目标（WHAT）；在哪里执行这一措施（WHERE）；由哪个单位、谁来执行（WHO）；何时开始，何时完成（WHEN）；如何执行（HOW）等，即通常所说的5W1H的内容。

（5）确认效果

1）使用同一种图表将对策实施前后的效果进行比较。

2）将效果换算成金额，并与目标值比较。

3）如果有其他效果，不管大小都可列举出来。

（6）防止再发生和标准化

1）对于有效的质量改进措施应再次确认其5W1H的内容，并将其标准化。

2）就新制定的标准进行教育培训。

3）建立保证严格遵守标准的质量责任制。

（7）总结

1）找出遗留问题。

2）考虑解决这些问题下一步该怎么做。

3）总结本次改进活动过程中，哪些问题得到顺利解决，哪些尚未解决。

4.2.1.2　质量改进的组织与推进

1. 成立质量改进的组织

建立质量改进的组织分为两个层次：一是成立能为质量改进项目调动资源的上层机构，即质量委员会；二是组建能实施质量改进活动的质量改进团队。这里主要介绍质量改进团队。

质量改进团队有多种名称，例如QC小组、质量改进小组、提案活动小组等，但基本组织结构和方式大致相同，通常包括队长和成员。各类质量改进小组，其基本职责都是按照PDCA循环的四个阶段七个步骤，认真开展好质量改进活动。

2. 选好质量改进课题

质量改进的前提是意识到存在问题和对现状的不满足。质量改进的第一步是善于发现问题。生产现场一般可以从几个方面研究提出问题：

(1) 调查下道工序的需要和建议，研究改进本岗位产品加工中的不足。

(2) 通过与国内外同行业、同工种先进水平对比，发现差距与存在的问题。

(3) 分析现场加工中存在的主要质量问题。

(4) 根据企业的方针目标和发展规划，制定本岗位改进措施。

(5) 针对生产（工作）中的关键或薄弱环节，制定本岗位改进措施。

(6) 质量检验、质量审核和质量成本中反映出来的问题。

(7) 进一步提高本班组质量保证能力，改善工序管理中的问题。

3. 消除质量改进的障碍

(1) 对质量水平的错误认识。有些企业认为自己的产品质量已经不错了，没有什么可改进的地方。即使有，投入产出比也太小，没有进行改进的必要，造成这种错误认识是因为没有和世界上先进的质量管理企业比较，没有认识到质量管理中的差距。这种错误认识成为质量改进的最大障碍。

(2) 对失败缺乏正确的认识。有些人认为改进活动的某些内在因素决定了改进注定会失败，忽视了成功企业所取得的成果。

(3)"高质量意味着高成本"的错误认识。质量的提高如果是基于产品特性的改进，或者是先进设备的投入，更好的原材料的使用，确实会造成成本的增加，但质量提高是基于长期浪费的减少，市场销路的扩大，废品率的降低，有效投入的增加等优点，成本则通常会降低。

(4) 对权力下放的错误理解。一种是管理者试图将自己的质量管理的工作全部交给下属或职工来做；另一种是管理者对下级或职工的能力信任度不够，从而在改进的支持和资源保障方面缺乏力度，使质量改进活动难以正常运行。

(5) 职工的顾虑。质量改进有可能增添新的工种；岗位责任中会增添新的内容；企业会进行新的培训等。这些变化可能会增加工作量，但应该让职工认识到改进是企业生存和发展的需要。

4.2.2 工序质量控制

工序质量控制又称过程质量控制，由工艺技术部门牵头进行策划，由相关职能部门和现场责任人员负责实施。

工序质量控制分为两类：一是普遍的工序质量控制。通过贯彻执行工艺技术文件，严肃工艺纪律，并进行必要的工序质量检验，就可以保证工序质量。二是重点工序质量控制。对特殊过程进行过程确认并针对关键过程设置工序质量控制点。

4.2.2.1　过程确认

对特殊过程进行重点控制的主要方法是实施过程确认。

特殊过程是指过程结果所形成的产品是否合格，不易或不能经济地进行验证的过程。进行过程确认的常用方法有：

(1) 确定对过程进行严格评审和批准的准则，把好质量关；

(2) 对使用的设备认真进行日常维护和定期检修，确认其完好状态，并健全设备管理制度；

(3) 严格控制原材料质量，不合格者不得使用；

(4) 对操作人员的资格进行鉴定，确保他们具有胜任工作的能力；

(5) 制定并执行可以保证工序质量的特殊方法和作业指导文件；

(6) 科学确定过程参数，及时分析并控制其异常情况；

(7) 做好过程运行情况的记录，随时分析并及时消除异常情况；

(8) 定期复查并评审上述措施情况及其效果，并证实其确保工序质量的能力，采取纠正措施，必要时进行再确认活动。

4.2.2.2　工序质量控制点

对关键过程进行重点控制的主要方法是设置工序质量控制点。

(1) 选作工序质量控制点的原则

一是注意关键的和重要的工序质量特性；二是工艺上有特殊要求，对后续工序有重大影响的工序；三是容易出现质量问题的薄弱环节；四是出现不合格后损失价值很大的工序。

(2) 设置工序质量控制点的步骤

1) 工艺技术部门牵头对工序质量特性进行重要度分级，可分为关键、重要、一般三级。在此基础上选定工序质量控制点，编制工序质量控制点明细表。

2) 组织力量针对各个工序质量控制点开展工序能力调查，并采取纠正措施使工序处于受控状态。

3) 编制工序控制点质量表。这个表包括工序名称、被控的质量特性，使用设备，原材料、质量检验要求、影响质量的主要因素、控制文件和职责分工等。

4) 根据工序质量控制表的规定，编制各种配套的控制规范。

5) 开展工序质量信息管理

6) 对各个控制点组织验收，并定期检查其执行情况，进行考核奖惩，解决出现的问题。

4.2.3　质量管理小组活动（QC 小组）组织和编写

4.2.3.1　质量管理小组活动（QC 小组）的含义

QC 小组就是在生产或工作岗位上从事各种劳动的职工，围绕企业的方针目标和现场存在的问题，运用质量管理的理论和方法，以改进质量、降低消耗、提高经济效益和人的素质为目的而组织起来，并开展活动的小组。开展QC小组活动，是一种在密切的工作环境中，各工作人员之间成功地交往联络并创造合作解决共同问题的机会的有效方法。

4.2.3.2　QC小组活动的特点

QC小组活动具有以下五个特点：

（1）明显的自主性：一般以职工自愿参加为基础，实行自主管理，以自我学习、自我控制、自我提高为主，不受行政命令的制约和班组岗位的限制。

（2）明确的目的性：生产现场存在的问题以及具体的质量目标。

（3）严密的科学性：不是单凭良好的主观愿望去搞质量，而是依靠科学、依靠管理技术，以及科学的工作方法和程序去攻克质量难关。

（4）广泛的群众性：QC小组活动是开展群众性质量管理活动的最好形式，通过集体活动，可以充分发挥小组的群体优势，比个人单独活动更能有所发现、创造，可以提高解决问题的效率。

（5）高度的民主性：依靠大家出主意想办法，集思广益，充分发扬民主、平等相处，调动每个成员的积极性、创造性。

4.2.3.3　QC小组活动的组织

1. 选择活动课题

质量管理小组的活动课题就是小组在一个时期内的质量目标。课题的选择关系到小组活动的方向、深度和广度。因此，要注意四个方面的问题。

（1）选题依据

1）根据企业的方针目标和发展规划选题。依据方针目标展开范围和不同级别的内容来选择课题，这样既可把质量管理活动纳入方针目标展开过程中去，又可通过质量管理小组活动促进方针目标和发展规划的实现。

2）根据生产（工作）中的关键或薄弱环节选题。生产中的关键或薄弱环节往往是影响质量等各项经营目标的主要矛盾，只有抓准这些主要矛盾，并通过质量管理小组攻关加以解决，才能推动企业的发展。

3）根据用户的需要选题。根据用户（包括下道工序）对质量或其他方面提出的意见和问题反馈的信息，立足于从本工序入手，查找问题，组织解决。

（2）课题类型

1）现场型课题。为了缩小某一质量特性值的波动幅度，实现均衡生产，降低消耗，保证质量长期稳定在先进标准水平内所进行的一切活动都可采取这类选题。

2）攻关型课题。为了满足用户新的要求，必须进一步改善质量，或者大幅度降低消耗、改变环境。为此而进行的一切活动都可采取这类选题。

3）管理型课题。这类课题是围绕企业的方针目标，结合本部门或班组内的管理状况开展的活动。例如加强定额管理、生产管理等。

（3）主要的选题内容

1）质量，新产品开发、减少废品、提高质量、防止缺陷等。

2）成本，降低经费、缩短工时、改进工艺、节约原材料等。

3）设备，防止故障、提高设备完好率和利用率等。

4）效率，提高产量、提高劳动效率、缩短交货期等。

5）节能，节电、节气、节水、节约燃料等。

6）环保，减少三废排放、环保技术措施等。

7）安全，减少负伤率、控制事故发生等。

8）管理，标准化、工序控制、改善管理方法等。

9）班组建设，思想工作、增强团结、提高小组技能等。

2. 活动程序

QC小组活动要想取得预计的目标值，从选题开始就要注意按活动程序开展，QC小组的基本活动程序是PDCA循环。

P阶段：制定对策

制定对策，就是建立具体的改进方案。这个方案是实现预期目标的具体的工作活动计划。它应当达到：做什么、谁来做、何时做、怎样做，每项都要做到清楚的程度。

D阶段：实施对策、措施

实施对策、措施，就是按预定的计划、目标、措施进行分工安排，小组成员分头实施，实施的过程是对计划的落实和检验。

C阶段：检查效果

根据计划的规定和要求，检查工作措施的执行情况是否按计划进行，是否收到预期效果。检查一般应在实施过程中不断进行。

A阶段：巩固措施及今后打算

本阶段对检查的结果加以总结，把成功的经验和失败的教训都补充到相应的标准、制度或规定中，并巩固已取得的成绩。同时提出这一循环尚未解决的问题，以便将其转到下一个PDCA循环中去。

4.2.3.4　QC小组活动报告的编写

（1）QC小组活动的课题名称。

（2）QC小组概况：成立时间、所在的单位或部门、人员的组成、从事的工作等。

（3）选题理由：通过分析，提出工作中存在的问题。

（4）现状调查：工作中存在的问题具体反映的几个方面。

（5）目标确定：根据存在的问题，确定QC小组活动目标，提出目标值。

（6）原因分析：寻找原因的方法大都采用因果图法，具体做法是先把问题写出来，通过互相启发，找出产生这些问题的大原因、中原因、小原因、末端原因，然后再进行逐条分析，将与问题没有内在联系的、不相关的因素排除，经过去伪存真处理，问题的原因就能分析清楚，在此基础上进行整理后就是一张很有实用价值的因果图。

（7）要因确认：通过因果图分析后，找出问题的原因可能有几条、几十条，不能不分主次，全都制定对策，而必须寻找出主要原因，通过针对性的措施加以解决，达到事半功倍的效果。找出主要原因的方法：一是经验法，二是分析法。

（8）对策措施：制定措施过程中尽量用一些科学的方法，例如绘制“对策表”的方法，一般对策表中应包括的内容：确定要因、问题的现状、列出目标、对策措施、执行人（负责人）、确定完成时间和检查人等。

（9）对策实施：针对要因，确定在一定时期内采取的措施，取得的成果，对策实施过程中应按照科学的方法循环，不断补充措施。

（10）检查效果：以课题目标值为尺度，对计划目标进行对比效果，利用排列图、直方图、控制图等方法检查问题解决的程度。通过检查分析得出本次活动取得的成果。

（11）巩固措施：对检查结果加以总结，分析经验教训，针对本次活动采取的措施制定出进一步的巩固方案，开展下一个 PDCA 循环。

4.3　设备管理

各种加热炉工作的目的都是对待加工坯料进行加热处理，要求尽可能保持炉内坯料温度的均匀性，不同种类的炉子，其性能要求是不一样的，故加热元件、结构及其工作原理均明显不同，下面简要介绍几种典型的炉子主要技术参数及维修标准。

4.3.1　常用加热炉主要技术参数

（1）常见的加热炉主要技术参数

表 2-4-1　53t 箱式加热炉主要技术参数

序号	项　目	参　数
1	炉膛有效尺寸	6000mm×3120mm×2150mm
2	炉子工作温度	610℃；最高温度 630℃
3	空炉时工作区内最高温差	±5℃
4	温度控制方式	手动和自动控制并记录
5	加热器功率	1512kW
6	炉子安装总功率	1740kW
7	电网参数	380V，3 相，50Hz

续表

序号	项　　目	参　　数
8	压缩空气压力	0.4～0.6MPa
9	压缩空气消耗量	0.5m^3/min
10	冷却水压力	0.2MPa
11	冷却水消耗量	6t/h
12	空炉炉膛截面平均风速	5.9m/s
13	空气循环量	4×2800 m^3/min
14	最大装载量	53t
15	进出料方式	多台炉子共用的复合装卸料车

表 2-4-2　51t 立式加热炉主要技术参数

序号	项　　目	参　　数
1	每炉额定装料量	51t
2	工作温度	450～550℃
3	每炉加热功率	1000kW
4	每炉总功率	1300kW
5	满炉生产周期	30h
6	生产率	1.45t/h
7	热效率	42.4%（包括风机）
8	循环风速	11～12m/s
9	炉内铸锭各点温度差	<10℃
10	炉膛工作尺寸（长×宽×高）	2600mm×3850mm×6700mm
11	炉内风速	11～12m/s

表 2-4-3　推进式加热炉主要设备参数

序号	项　　目	参　　数
1	最大装炉量	38 块（厚 340～370mm，50 块；厚 371～480mm，38 块）
2	铸锭规格（厚度×宽度×长度）	（371～515）mm×（950～1700）mm×（2500～5000）mm
3	有效工作空间（长×宽×高）	21800mm×5000mm×1700mm
4	炉气温度范围	300～650℃
5	金属温度及均匀性	350～550℃，温差±5℃
6	生产能力	3900kg/h，连续生产时，约每 9min 可出一块铸锭
7	天然气最大用量	2100m^3/h
8	电机	用电总功率 750kW

续表

序号	项目	参数
9	工作方式	连续或半连续
10	炉子的总热效率	55%
11	加热时间（480mm规格）	加热到500℃±50℃时，约10.7h
12	加热时间（340mm规格）	加热到500℃±50℃时，约7.5h

表2-4-4 双膛加热炉主要技术参数

序号	项目	参数
1	铸锭规格（厚度×宽度×长度）	（290～340）mm×（1260～1560）mm×（1085～4000）mm
2	生产能力	9300～11000kg/h
3	工作温度（指工件温度）	300～550℃
4	出料端加热工件允许温差	±10℃
5	电炉升温到工作温度的时间	11h
6	电炉热效率	51%
7	安装功率（双膛）	2600kW
8	电源	380V、50Hz、3相
9	热区数	每膛5个区
10	单位产量电能消耗	236.4kJ/t
11	热区装置功率	60kW
12	输送链条工作温度	700℃
13	输送链最大载重	34000kg
14	炉膛尺寸	21800mm×3140mm×568mm

表2-4-5 步进式炉（铜扁锭）主要技术参数

序号	项目	参数
1	铜扁锭规格	（170～230）mm×（620～1050）mm×（2400～8000）mm
2	生产能力	max：60t/h，6块/h（按230mm×620mm×8000mm的料计算）
3	铸锭温度	800～1050℃±5℃
4	炉膛温度	780～1100℃±5℃
5	燃料	天然气或煤气
6	空气预热温度	250～450℃
7	热效率	≥50%

续表

序号	项　　目	参　　数
8	热工控制方式	自动/远程手动，实现双交叉限幅控制
9	烧嘴形式	平焰烧嘴
10	额定燃烧能力	Max：1730Nm^3/h
11	炉子装料量	28 块/炉×10t/块=280t/炉
12	炉体总长度	约 31m
13	进出料方式	端进端出
14	装料方式	单排，共分三段，预热段 6.2m，加热段 8.5m，均热段 5.1m
15	步进梁升降高度	升 90mm，降 80mm

表 2-4-6　圆锭坯煤气炉（环形煤气加热炉）技术参数

序号	主要技术性能	加热炉规格和参数	
		15～25MN 挤压机	35～40MN 挤压机
		ϕ10.1 环形炉	ϕ11.7m 环形炉
1	工作制度	连续	连续
2	加热温度（℃）	约 1200	约 1200
3	锭坯规格（直径×长度）（mm）	(145～295)×(150～500)	(195～410)×(200～900)
4	生产能力/（t/h）	8	14.5
5	燃烧发热量（kJ/m^3）	5250	5250
6	热耗量（kJ/m^3）	1050～1260	1050～1260
7	加热炉前煤气压力（kPa）	160	160
8	煤气最大消耗量（m^3/h）	4200	5000
9	燃烧器装置	喷射式燃烧器	喷射式燃烧器
10	燃烧器设备能力（m^3/h）	3200	4250
11	加热炉底有效面积（m^2）	11～14	15～27
12	加热炉底平均直径（mm）	7000	7800
13	加热炉膛高度（mm）	1360	1465
14	加热炉膛宽度（mm）	2200	3000
15	加热炉底回转方式	机械回转	机械回转
16	加热炉底回转速度（m/s）	0.2	0.2
17	炉底每次回转角度（°）	10	15
18	回转 30°所需时间（s）	12	14
19	装出料机起重量（kg）	400	850
20	装出料机移动速度（m/s）	1	1
21	装出料机行程（mm）	5000	5700

表 2-4-7　圆锭坯感应加热炉技术参数

序号	主要参数	2000kW 中频炉	2500kW 工频炉
1	配套加工设备	20MN 挤压机	30MN 挤压机
2	加热铸锭材质	黄铜 HPb59-1	紫铜
3	加热铸锭直径（mm）	195	245
4	加热铸锭长度（mm）	850	650
5	生产率（件/h）	30	20
6	电源频率（Hz）	500	50
7	加热炉台数（台）	2	2
8	加热炉额定功率（kW）	750×2	1100×2
9	均热炉台数（台）	2	1
10	均热炉额定功率（kW）	250×2	300
11	均热炉加热方式	直接加热铸锭	直接加热炉衬
12	计算电效率（%）	57.6	48.3
13	测温方式	红外线测温	红外线测温
14	控温方式	PID 调节	手动调节

（2）常见加热炉维修重点

对于箱式加热炉来说，维修的重点主要有以下几个方面，一是炉门及炉门提升机构，因炉门采用了水冷却，炉门冷却水箱会产生水垢，堵塞冷却水管，因而应定期进行清理；炉门提升机构靠制动器制动，长期使用，可能造成制动闸磨损而打滑，应及时更换；炉门靠汽缸密封，因而必须保证压缩空气压力正常，气缸及阀件无泄漏现象。二是风机应保证运行正常，无异常响声，否则应进行检修和加润滑油。三是炉内导向不锈钢板变形，影响炉内温差大，保温性能差，应提出维修建议。四是对于炉内立轴变形或料架变形，不能正常装出炉料，应提出维修建议。五是对于炉子升温太慢，以及加热器电线接头打火花时，应及时提出维修要求。

对于立式加热炉来说，维修的重点主要有以下几个方面，一是炉盖及炉盖提升机构，因炉盖由钢结构和耐火材料组成，炉盖与炉体采用耐热密封填料，故若密封不好会造成炉盖变形，应提出维修要求；炉盖提升机构长期使用后，可能导致提升钢丝绳及机械磨损，因而使用中注意贯彻，发现异常，及时提出维修要求。二是风机应保证运行正常，无异常响声，否则应进行检修和加润滑油。三是炉口密封槽不锈钢板易变形，影响炉子密封，保温性能差，应提出维修建议。四是对于炉子升温速度慢，能耗高，炉子温差大，应提出检查加热器是否正常，炉内砌体有无松动等维修建议。

对于步进式加热炉来说，维修的重点主要有以下几个方面，一是步进梁升降机构及水平移动机构，因步进梁是加热炉的主要工作部件，步进梁不能正常工作，容易造成铸锭的局部过烧，应提出维修要求。二是进出料辊道，进出料辊道长期在高温下工作，容易出现变形、漏油等问题，因此发现异常，应及时提出维修要求。三是燃烧风机应保证运行正常，无异常响声，否则应进行检修和加油。四是煤气翻板打不开，不能正常工作，应提出维修建议。五是对于炉子，能耗高，炉子温差大，应提出检查炉内砌体松动有无松动等维修建议。六是炉内炉底垫铁易变形，损坏，影响铸锭表面质量，应及时更换。

4.3.2　设备大、中、小修质量标准

按照“预防为主”的原则，为防止设备过早磨损和突然损坏，根据设备的磨损规律，有计划地对设备进行维护、检查和修理，以保证设备经常处于良好技术状态的设备维修制度称为计划预防修理制度。计划预防修理制度主要包括：日常维护、定期检查和计划修理。计划修理是计划预防修理制度的重要内容，它为各种类型设备规定了修理周期、修理内容、修理劳动量、修理停歇时间和修理费用等内容。

停炉后待其冷却以后进行的检修叫冷修。冷修一般是有计划修理，根据检修工作量或时间长短可分为大修、中修、小修。

如果炉子的钢结构有的部位需要修理，炉子热效率降低，炉子结构不合理，能耗上长升，使加热炉不能满足生产要求则需要冷修。

加热炉的大修是炉子绝大部分砌体、部分钢结构和燃烧器或加热器、全部炉底水管及其绝热层和所有炉门或炉盖的检修。加热炉大修时，首先是拆除钢结构和炉子砌砖，同时还要清除炉子结渣，接着是施工阶段，首先是浇炉子基础，然后安装钢结构（加热炉立柱、炉底水管、换热器及附属设备等），再是炉体砌筑。上述各项工作在施工中为了加快检修速度可交叉进行施工，检修全部完成后即可进行烘炉。大修一般应包括中修的全部内容。

加热炉中修工作量介于小修理与大修理之间的一种修理。他要更换或修复一部分主要易损件和磨损件，以及部分炉体。例如：炉子的炉墙、炉底、炉顶，烧嘴、加热器，部分冷却水管及绝热层、炉门和变形损坏的钢结构等。中修一般应包括小修的全部内容。

加热炉小修一般是根据车间的生产进度、能源消耗、部分炉体损坏等情况临时安排的检修。小修是炉子易损坏部位的局部修理。例如：更换底座、炉底立柱、焊接电阻丝、检修烧嘴砖墙、局部砌砖，检修水管，修补炉顶和炉墙等。

4.3.2.1　立式炉、箱式炉的检修与验收

1. 检修周期

表 2-4-8　立式炉、箱式炉检修周期

类别	特性	炉型	大修	中修
电加热	铝及铝合金加工前的热处理使用温度低于600℃的	立式均热炉	10年	4年
		箱式均热炉	10年	4年

检修周期时间以正常运行时间计算，长期闲置不用者，应适当加长检修周期时间。

2. 检修质量验收标准

(1) 炉壳、炉门

1) 基础表面标高允许误差为+0、-15mm。

2) 骨架钢结构尺寸允许误差:

① 作立柱、拱脚梁的型材不平整度≤2mm/m,全长≤5mm。

② 立柱的垂直误差2.52mm/m,总高5mm。

③ 拱脚梁的标高误差±2.5mm。

④ 外形尺寸,长、宽、高各方向上误差±2.5mm,对角线误差±3mm。

3) 对钢材质量的要求:

有强度要求的型材采用甲类3号钢,无强度要求的钢板采用乙类零号钢。材质的物理性能,机械性能和化学成分必须符合国家标准,要有出厂合格证。

4) 炉门、烧嘴安装位置标高误差±2mm,水平距离误差±2mm。

5) 焊条要求:

采用T422焊条。钢板间、型钢间应满焊,钢板与型钢的焊接采用100/200间断焊。焊缝高度不小于焊接件的最小厚度。

6) 炉门、炉门框(即炉口导板)接触面应平整,每边的重叠尺寸为65~130mm。楔铁、凸轮或手柄压紧装置的安装应保证炉门密封,炉门自重密封装置,炉门上升倾斜角为2°30′~3°。

7) 水冷钢结构件应作严密性试验,用3.5kg/cm^{2}压力的水打入不得泄漏。

8) 检修后,炉壳应重新刷一遍银灰漆,更换后的新炉壳应在刷银灰漆前先刷一遍红丹防锈漆。

(2) 炉体筑炉施工

1) 炉膛的断面尺寸误差±5mm。

2) 炉底、炉盖、砖封刀或槽以及炉内标高误差±5mm。

3) 炉墙每米垂直度误差5mm,炉墙全高垂直度误差20mm。

4) 砌体膨胀缝误差一般为-1~2mm。

5) 砌体表面平整误差10mm。

3. 试车

1) 清理现场,消除不安全因素。

2) 先点动一下风机,看方向是否正确,是否有卡阻现象。

3) 风机无异常声响、振动,风机运行正常。

4) 温度显示、控制正常。

5) 炉门升降机构、密封良好。

4.3.2.2 推进加热炉的检修与验收

1. 炉子整体检修周期如表2-4-9所示

表 2-4-9　炉子整体检修周期

类别	特　　性	炉型	大修	中修
气加热	铝及铝合金轧制前的加热，最高温度低于 650℃，天然气加热	推进式加热炉	10 年	4 年
检修周期时间以正常运行时间计算，长期闲置不用者，应适当加长检修周期时间。				

表 2-4-10　推进加热炉各部位的检修周期

炉　子　特　性	系　　统	大　　修	中　　修
天然气加热，炉气工作温度 650℃ 采用可逆式热风循环 液压步进式推料 连续或半连续（批量）生产	炉子本体	8 年	1 年
	燃烧系统	10 年	半年
	液压、风动、水冷系统	10 年	半年
	风机	2 年	10 个月
	推料机构	5 年	1 年

2. 检修质量标准

（1）炉子本体

1）炉底耐火泥基础表面标高允许误差 0～－10mm。

2）炉内钢板均要采用耐热（1200℃以上）不锈钢板。

3）炉墙表面不平度要求±5mm 以内。

4）骨架钢结构尺寸允许误差：

① 作立柱、拱脚梁的型材不平度≤2mm/m，全长≤5mm。

② 立柱的垂直误差 2.5mm/m，总高垂直误差≤5mm。

③ 拱脚梁的标高误差±2mm。

④ 外形尺寸：长、宽、高各方向上误差±3mm，对角线误差±4mm。

5）导向槽安装固定牢固可靠，工作面平整，不平度≤1.5mm/m。

6）炉门与导向槽接触部位无明显开焊，不平整度≤1.5mm/m。

7）耐火、保温隔热材料符合质量要求。

8）炉门、烧嘴安装位置标高误差±2mm，水平距离误差±2mm。

9）钢材质量要求：有强度要求的型材采用甲类 3 号钢，无强度要求的钢板采用乙类零号钢，材质的物理机械性能和化学成分必须符合国家标准，有出厂合格证。

10）更换后的新炉壳在刷银灰漆前先刷一遍红丹防锈漆，检修后应重新刷一遍银灰漆。

（2）燃烧系统

1）按图纸资料要求选用各种材料。

2）系统各阀件、调节装置、压力开关等应有产品合格证，质量性能达到系统设计要求。

3）系统管路畅通，各阀、附件动作灵便可靠。

4）系统各参数调整到图纸要求范围。

5）燃烧完全、稳定，热工仪表控制灵活可靠。

6）鼓风机吸风罩，肉眼观察无明显灰尘、污垢堵塞网眼。

7）排烟风道调压装置动作灵活，炉压调整在5mm水柱高度左右。

(3) 液压、风动、水冷系统

1）液压系统

① 油样清洁达标。

② 各阀动作灵活，阀、管路无卡、堵现象。

③ 各油缸动作灵活到位，电气控制可靠。

④ 试压系统无泄漏。

2）风动系统

① 空气要求干燥、清洁。

② 各阀、缸动作灵活，无卡、堵（阻）现象。

③ 试压系统无泄漏。

3）水冷系统

① 试压0.35MPa，水冷钢结构、管路、阀无泄漏。

② 管路进排水畅通，无堵塞现象。

4）风机

① 循环风机安装必须水平，轴到四周基准边的距离相等，最大、最小距离之差不大于2.3mm。

② 循环风机叶片与外罩之间间隙符合下列要求：

左侧：为20mm左右

右侧：为20mm左右

顶端：≥20mm

下端约10mm

③ 循环风机两个皮带轮调整在同一平面内，其误差在1.6mm之内。

④ 循环风机皮带松紧度张紧力调整在18～27N之间。

⑤ 循环风机轴承在任何方向的振动≤0.05mm。

⑥ 风机轴承温度≤80℃；排烟风机轴承箱无泄漏现象。

⑦ 离心式风机叶轮静平衡重量偏差：1500r/min以下，不大于10g；1500～3000r/min，不大于5g。

⑧ 风机运转平衡，无异常噪声，噪声不得超过85dB（距离2m以内）。

⑨ 新更换的转动轴应做静平衡试验。

⑩ 叶轮、叶片无扭曲、变形、裂纹等现象。

5）条送料机构

① 各机械设备检修后符合有关图纸资料技术要求。

② 各传动机构运转平稳，无卡阻，送料无偏斜现象。

③ 安装轨道到位，保证规定尺寸。

3. 试车与验收

（1）试车前检查确认及试车前的准备工作

1）打开冷却水阀，确认各冷却水管路畅通，冷却水流量、压力正常。

2）检查并清除送料通道上的障碍物，确保通道畅通。

3）转动烟道挡板，确认其转动灵活。

4）检查各烧嘴燃气通孔有无堵塞。

5）检查并清除各油缸运动副内的障碍物。

6）检查炉金属构件无开焊及裂纹，尤其是转动铰链等连接部位。

7）确认燃烧系统天然气供气压力正常。

8）确认具备单动试车条件。

（2）单动试车

1）炉门

① 分别启动各炉门，每个炉门上下运动至少10次。

② 炉门运动平稳，无卡阻、歪斜现象。各限位灵敏准确可靠。

③ 提升机构运转无异常噪声，绳索张紧适度。

2）导流板

① 导流板至少运动8次。

② 导流板上、下运动灵活自如，限位准确可靠。

③ 润滑部位润滑良好，干油点有足够油脂。

④ 导流板上各连接部位坚固，连接链无缺陷。

3）炉膛保温层

① 炉底浇注料施工后进行正常养炉和烘炉，应无碎裂和风化现象，并能达到要求的抗压强度值。

② 炉墙保温层，烘炉后，涂料层无裂纹和脱落，应坚固而致密，防护层（金属和复合结构）无变形和开裂，炉子外壳温度不高于50℃。

③ 各几何尺寸符合原图纸设计要求。

4）风机

① 检查确认风机叶轮与罩子四周间隙正常，皮带松紧适度。

② 手盘风叶转动，确认运转平稳。

③ 检查轴承箱油位正常，干油点油脂充足。

④ 启动风机运转至少2h，检查确认无异常响声、振动，轴承温度、转向均应正确，风压正常，排风机排烟正常。

5）液压、风动、水冷系统

① 启动液压泵，无异常噪声，各操纵装置应灵活可靠，油位正常。

② 液压系统在启动、换向、变速，停止时，运动应平稳，不得有爬行、跳动和冲击现象。

③ 各油缸分别动作 5～8 次，到位准确可靠，推缸、抓缸运动同步。

④ 液压系统负荷试车、油温不得超过 55℃。

⑤ 气动系统的阀门和机构动作应正确、灵活、可靠，各限位装置灵敏。

⑥ 水冷系统、管路畅通，水冷部位无泄漏。

⑦ 轨道干油自动润滑装置动作正确、灵敏、可靠，油路畅通，油脂量适当。

6）燃烧系统

① 打开供气主阀、调压装置，操纵机构灵活可靠，调压装置前、后压力值正常，调压装置工作正常。

② 安全放散阀灵敏可靠，关闭其下游阀门，使其启跳，以确认其工作正常。

③ 系统安全连锁和保护装置试跳，确认灵敏可靠。

④ 通气后，系统各仪表读数正常，点火后应调整系统参数，观察烧嘴火焰及燃烧状况，确认正常。

7）送料机构

① 转动上料台运输机构，运动应平稳，无卡阻、脱链现象。

② 上料台对中机构、丝杆运转至少 5 次，撞尺限位灵敏可靠，丝杆平稳。

③ V 形垫块运输辊道各干油点润滑良好，辊道运转平稳，链条无脱链和断链现象。V 形垫块运动准确到位，横向运输机构运动平稳，到位准确。

④ 炉子送料轨道安装尺寸符合设计要求，V 形垫块在轨道上运动平滑稳定。

（3）联动试车

① 单动试车正常后，经确认可进行联动试车。

② 各运动机构复位，将操作方式转为自动，自动操作至少 3 次，确认各动作准确到位。

③ 点火、燃烧系统投入工作，巡回检查燃烧系统各参数，操作机构确认无误，观察烧嘴火焰是否正常，燃烧是否稳定。

4.3.2.3 步进加热炉的检修与验收

1. 检修周期

炉子的检修分为定期检修（冷修）和临时补修（热修）两种。冷修又可分为小修、中修、大修三种，大修一般 2～4 年进行一次，中修一般 1～2 年进行一次，小修一般 2～3 个月进行一次。临时补修（热修）一般属事故性检修，根据实际情况随时进行。

2. 检修内容

炉子的检修分为定期检修（冷修）和临时补修（热修）两种。

（1）炉子的热修

热修是在不停炉状态下，炉温仍然相当高时对炉子个别部分进行修补，一般属事故性检修。如对加热炉炉墙和炉顶的热修。

(2) 炉子的冷修

停炉并将炉子冷却后进行的检修叫冷修，炉子工作一定时期后，应按计划进行检修，以消除炉子所存在的缺陷或隐患，根据工作量不同，冷修可分为小修、中修、大修。

(3) 炉子大修

连续加热炉大修是全部拆除。包括预热断砌体、部分烟道、换热器、炉底水管及钢结构等，同时对附属设备进行修理和更换，炉底机械作为重点项目检修。大修一般2～4年进行一次，每次检修需10～30天。其进度安排大致如下：拆炉、砌炉底、砌纵墙、砌前后端墙、砌炉顶和装炉门框等。检查验收合格，清理完毕后烘炉。

(4) 炉子中修

加热炉的中修主要指降高温区进行拆修。包括高温段炉顶、炉墙及炉底大部分更换，均热段滑道、部分水管及水管绝热层的更换。中修一般1～2年进行一次，每次检修需3～10天，其进度安排基本同大修。

(5) 炉子小修

加热炉的小修一般指局部修理。如高温段炉顶拱、炉顶、侧墙、均热床、烧嘴砖、或更换及水管补漏等，小修一般2～3个月进行一次，每次检修需1～3天。

炉子检修是比较复杂的多工种配合的工作，各项工作均应密切配合，并严格按照工种进度和检修要求进行，确保检修质量。检修结束后，必须对所有工作进行详细检查、验收，并及时组织力量消除检查时所发现的缺陷，在发现的所有缺陷完全消除后方能进行烘炉。

4.4　生产管理

生产管理的基本任务是在生产活动中，运用计划、组织、控制等职能，将生产所需的人、财、物、信息等生产要素有机地结合起来，经过生产过程转换，以尽可能少的投入生产出尽可能多的符合市场和消费者需要的产品和劳务，并取得最佳的经济效益。

生产过程管理是生产车间对生产活动全过程的管理。主要包括：生产准备、生产组织、生产计划、生产控制等。生产车间的生产活动是按照预定的生产计划，充分利用人力、物力和财力，从产品品种、质量、数量等方面，生产出符合要求的产品的过程。

4.4.1　车间布置要求

车间布置要根据工艺流程、物流路线、生产组织形式，以及机器设备和起重运输设备的种类、数量型号来确定。

铸锭加工车间布置的要求：

（1）合理布置设备。铸锭加工车间的设备布置是按工艺流程进行安排，例如加热炉一般布置在铸造工作区旁边，根据铸造生产能力集中设置，便于铸锭加热时的取用。并且在机加工的后部工序，增设小吨位的加热炉，用作加工后产品加热需求的补充。铸锭机加工设备的设置通常以机列形式，用辊道贯通连接，减少倒运、吊运的工作量。设备的布置应充分考虑物流的方向，做到物料运行的线路最短，搬运工作量最少，避免交叉和倒流。

（2）根据设备布置情况，划分工作区域。每个区域生产能力应保持平衡，前后操作紧密衔接，连贯畅通。铸锭加工车间的工作区域分为加热工区和加工工区。工作区域间可以通过地平车或天车保持相连，并且要设置合适的倒运周转料场。

（3）根据工作区域设定定置管理区。铸锭加工车间生产现场的定置管理区包括铸锭冷却区、待加工区、在制品区、半成品区、成品区、不合格品区、废料区、工具区和辅材区等。定置管理区的设置应考虑前后工作的关联性，每个工序完毕后的物料应就近堆放。每个区的大小设置应适当，区域过大，浪费空间；区域过小，易造成物料堵塞，流转不畅。通常由两方面决定：一是下道工序加工能力和加工进度决定。另一方面还要考虑各工序必要的停留时间，例如加热后铸锭冷却时间，加工产品的各种试验分析时间（高倍、低倍、氧化膜、固态测氢、晶粒度等试验分析），以及处理质量问题，重新复验消耗的时间等。

（4）设置作业通道。作业通道分为主要通道和次要通道。主要通道的走向应尽量与四周墙相平行，人行通道宽度不小于1m，车行通道宽度不小于2m。主要通道用于连接各主要定置区和进出车间的大门。次要通道主要为定置区内的安全通道，宽度不小于0.8m。

（5）卫生责任区域划分。根据各工种作业人员与操作设备和定置管理区的关联情况，划分卫生责任区，责任区内设备及周围应清洁卫生，物料摆放应整齐规范，消防器材、安全设施放置要合理，具有可视性。

4.4.2　车间定置管理要求

定置管理是对物的特定管理，是通过整理，把生产过程中不需要的东西清除掉，不断改善生产现场条件，科学地利用场所，向空间要效益；通过整顿，促进人与物的有效结合，使生产中需要的东西随手可得，向时间要效益，从而实现生产现场管理规范化与科学化。

定置管理中的“定置”不是一般意义上字面理解的“把物品固定地放置”，它的特定含义是：根据生产活动的目的，考虑生产活动的效率，质量等制约条件和物品自身的特殊的要求（如时间、质量、数量、流程等），划分出适当的放置场所，确定物品在场所中的放置状态，作为生产活动主体人与物品联系的信息媒介，从而有利于人、物的结合，有效地进行生产活动。对物品进行有目的、有计划、有方法的科学放置，称为现场物品的“定置”。

定置管理的实施：

（1）清除与生产无关之物。生产现场中凡与生产无关的物，都要清除干净。清除与生产无关的物品应本着节约精神，能转变利用便转变利用，不能转变利用时，可以变卖，化为资金。

（2）进行区域定置划分。生产现场区域定置包括待加工区、在制品区、半成品区、成品区、不合格品区、废料区和工具区等。

（3）按定置图实施定置。生产车间应按照定置图的要求，将生产现场、器具等物品进行分类、搬、转、调整并予定位。定置的物要与图相符，位置要正确，摆放要整齐，储存要有器具。可移动物，如电动地平车等也要定置到适当位置。

（4）放置标准信息铭牌。放置标准信息铭牌要做到牌、物、图相符，设专人管理，不得随意挪动。要以醒目和不妨碍生产操作为原则。总之，定置实施必须做到：有图必有物，有物必有区，有区必挂牌，有牌必分类；按图定置，按类存放，图物一致。

4.4.3 车间生产组织

车间生产组织的基本要求是生产过程的连续性、生产环节的协调性、生产能力的适应性。搞好车间生产组织，使生产的各个环节都能相互衔接、协调配合，保证人力、物力、空间都能得到最充分地利用，以完成生产管理任务。

4.4.3.1 劳动组织

车间劳动组织是在车间生产过程中合理组织劳动者进行劳动，协调劳动者之间以及劳动者与劳动工具、劳动对象之间的关系，使之成为有机整体的组织。劳动组织的合理程度主要取决于它是否符合客观要求来配备相应工种和等级的职工；是否充分利用工作时间和设备；是否能减轻劳动强度，方便工作，节省劳力；是否能保证劳动者劳逸结合和安全健康等。

铸锭加工车间的劳动组织主要采取生产班组形式，这也是车间基本的劳动组织形式，它是根据车间不同的工作性质、工作内容、工作方式划分班组，例如从事铸锭加热生产的叫加热班，从事铸锭坯料加工的叫机加班等。各生产班组的劳动定员是根据工作岗位的多少业确定，班组的人员应根据设备操作、产品质量、安全生产等要求进行必要的技能培训。

铸锭加工车间的工作轮班组织，是根据生产任务量的大小，设备开动的要求以及班组人数的配置进行安排，分为单班作业和多班作业。多班作业将同一类型的班组分为甲班、乙班、丙班、丁班。例如加热班组的轮班组织一般设定为三班作业或四班三运转作业，其目的是确保加热设备长期开动，有利于提高设备利用率，降低能源消耗，同时也保持了生产作业连续性，提高生产效率。而铸锭加工班组采取单班作业或多班作业都可以，主要是根据生产任务和作业人员的多少而定。单班作业设备利用率低，但便于设备的维护、维修；多班作业的组织工作就比较复杂，特别是昼夜连续生产的班制，必须注意倒班的时点，倒班方式，保证工人的休息时间，防止疲劳工作影响安全生产和工作效率。

铸锭加工车间的产品移动方式既有顺序移动又有平行移动，从车间产品的整体移动步骤来看，是顺序移动，从加热炉的铸锭加热到机加工设备的锯切、铣边、铣面，再到坯料的发运，是在一批产品的某道工序全部完工后，才整批送往下道工序。顺序移动方式可以提高设备利用率，但产品加工周期长。而单从加工机列生产方式来看又是一种产品的平行移动，即每件产品在某道工序加工之后，立即移向下道工序，例如铸锭被锯切成单个坯料后，通过辊道立即送往车皮工序，车皮结束后又立即送往镗孔工序。采取平行移动方式可以缩短加工周期，适用于流水线的生产。

4.4.3.2　车间生产调度和生产控制

车间生产调度就是根据铸锭加工计划和具体情况有效地对生产过程进行指挥、监督和控制使生产过程中各环节和各方面达到协调一致，保证生产计划的完成。铸锭加热过程中着重应抓好以下工作：

(1) 掌握在各工序在制品的流转情况，解决生产中出现的问题。

(2) 既要考虑设备加热能力、料场周转能力以及下道工序的加工能力，又要考虑每班工作量，均衡生产。

(3) 在加热生产过程中处理好生产进度与节能降耗的关系。

(4) 组织好各类辅材消耗的供应工作。

生产控制包括在制品管理、生产作业的统计、考核和分析等。

在制品管理指车间内尚未完工的，正在加工、检验、运输和停放的铸锭。在大量生产的条件下，采用ERP管理系统来控制和管理在制品数量及其流量。

生产作业统计是在实现生产作业计划过程中，对铸锭投入、在制品流转和产品的产出所作的统计。生产作业统计、考核和分析包括：期量完成情况的考核和分析、品种完成情况的考核和分析、产品完成情况的考核和分析、生产均衡状态的考核和分析等。

4.4.4　能源管理

节约能源是一项十分复杂的工作，它不仅具有很强的综合性、技术性和长期性，而且涉及制度管理、意识教育和技能培训等方面的工作。要抓好节能工作，一方面要进行节能技术的不断改进，另一方面要加强能源的科学管理。

车间的能源管理，主要是执行企业下达的能源指标，发动职工贯彻执行节能的政策、法令和规章制度，制定和实施严格的能源管理制度，推广先进经验，采用新工艺、新技术、新设备、新材料，降低单位产品的能源消耗，以尽可能少的能源投入，完成生产任务。

4.4.4.1　能源消耗定额

能源消耗定额是一定生产技术组织条件下，生产单位产品或单位产值所规定的能源消耗数量标准，能源消耗定额是控制生产过程能源消耗，促进车间合理有效利用和节约能源的工具。

定额管理主要包括：定额指标的制定、执行和考核三个方面的内容。

（1）定额的制定。降低产品单耗是节能的根本环节，制定先进合理的能耗定额是实现节能的重要手段。在制定能源定额时，应根据耗能设备的设计数据，历史耗能最低水平，同行业的先进水平以及实际使用过程中存在的潜力，尽可量做到先进合理。

（2）定额的执行和考核：

1）要做好能源使用的记录、统计、分析和监督，建立记录交接班制度，按月编制定额完成情况的统计报表，并对能耗变化进行定量分析。

2）能源定额指标的层层分解，落实到班组和机台。同时，应将能源定额指标纳入经济责任制，使节能与班组和职工的经济利益挂钩，调动节能积极性。

3）定额要定期修订，以保持其先进合理，定额的修订一般是一年一次。

4.4.4.2　节能途径

节能应该在损失能量中实现，其途径很多，但归纳起来不外乎“管理途径”和“技术途径”两大类。

（1）管理途径。它是指通过执行合理的管理制度、合理的组织调度、合理的规划布局、合理的分配和利用能源等，间接或直接收到节能效果。着重是以下几个方面内容：

1）杜绝“跑、冒、滴、漏”和加强计量管理工作。要抓好节约，首先要杜绝浪费。“跑、冒、滴、漏”的浪费十分严重，切不可忽视，必须加强管理，落实岗位责任制，做好维修和检查。同时，要加强电表、水流量表、天然气流量表、蒸汽流量表等表类的计量管理，进行能源消耗统计分析，实现定额管理和考核。

2）合理组织生产，提高生产效率和能源利用率。各生产环节不平衡，生产节奏不均衡是造成能源浪费的一个重要因素。例如加热炉作业与上工序（铸造工序）或下工序（机加工序）之间生产安排不平衡，将造成加热炉经常处于空炉待料或没有周转料场无法出炉的情况，会增加能源消耗。这就要求生产组织必须合理，根据加热炉的工作能力，炉料的工艺要求，前、后工序的产出和加工情况，安排加热炉的开动，使生产设备经常处于满负荷状况，降低单位产品的能源消耗。

3）利用能源政策，降低用能成本。以电能为例，每年不同的月份能源价格不同，分为丰水期电价和枯水期电价。而一天的每个时段电价也不相同，分为高、尖峰电价，平时时段电价和低谷时段电价，最高与最低的价格相差3.4倍，因此利用好能源政策，将会降低企业的用能成本，这也是节能的有效途径。

（2）技术途径。它是指通过改革能源利用率低的设备、工艺、操作等方面的技术措施，直接收到节能成效。具体落实为以下几个方面：

1）改造高能设备。车间可以根据实际情况进行小改小革，以小的投入取得节能效果。

2）改革落后工艺技术。要积极进行工艺技术革新，推广应用国内外先进成熟的生产工艺技术。

3）回收利用损失的能量。生产过程中的余热、余能、余压是宝贵的能源财富，应充分回收利用。对车间用水，应尽量做到循环使用；对加热炉的余热要减少散失，尽量快装快出。

4.4.5 车间技术管理

现代工业企业广泛采用现代化的装备，生产具有高度的科学性和技术性，生产过程中有大量复杂的技术工作，这些工作需要组织、指挥、协调，生产技术管理就是对企业生产过程中全部技术工作进行科学地计划、组织、指挥、协调、检查、总结以及信息收集处理活动的总称。

生产技术管理的主要任务：

（1）保证生产顺利进行：技术管理要紧紧围绕企业的生产，建立良好的技术工作次序；保持设备和工具的良好技术状况；为生产提供合理的工艺装备和工艺方法；建立健全各种技术管理制度，严格技术责任制，及时解决生产过程中的技术问题；教育职工严格按照公约规定、工艺规程、操作规程、技术标准进行生产。

（2）推广生产中的新工艺和新技术，不断提高生产技术水平。

（3）针对生产中的薄弱环节和关键问题，经常开展群众性的技术革新活动，充分利用现有设备，搞好挖潜、革新和改造。

铸锭加工车间的技术管理主要内容包括技术文件管理、工艺纪律管理和加工质量控制。

4.4.5.1 技术文件管理

技术文件包括：

（1）产品工艺规程，安全技术规程，设备操作规程，质量检验规程，质量控制文件，质量体系文件，质量考核文件和作业指导书等；

（2）技术革新、新产品开发、新工艺和新技术推广的试验大纲，科技情报，技术档案，工艺装备图纸，工艺研究方案，质量工作计划等；

（3）生产统计报表，原始数据记录，设备检测分析报告，职工教育培训报告，质量体系审核报告，技术质量会议纪要等。

车间技术文件管理的核心是执行文件，特别是产品工艺规程、安全技术规程、设备操作规程，三项规程的贯彻执行。车间技术文件管理的要求：

（1）认真组织职工学习技术文件。新作业人员上岗之前必须进行培训，经考试合格后才能上岗。老作业人员必须掌握三项规程中与本岗位相关的内容，并认真执行，确保产品质量处于受控状态。

（2）为了确保技术文件的严格执行，车间应设定质量管理员，对技术文件和技术要求进行监督检查。班组也应设兼职质量员，协助班组长做好规程的执行、宣传和质量自检工作。对违反质量管理要求的行为进行纠正或及时反映，以便采取措施，保证产品质量。

（3）新设备投入使用前必须制定操作规程。新工艺的实施必须通过试验大纲—操作试验—数据统计分析—试验结果报告等过程

（4）车间持有的技术文件必须有效、受控，文件下发时必须在收发记录本上登记并对号对人，领取人员必须办理签收手续。技术文件应妥善保管，方便检阅。

（5）车间级技术文件应设有文件编号、批准日期和批准人，当车间颁布新版文件时，新文件上需注明旧文件的作废时间。车间级技术文件应在一定范围内发放，便于指导和实施。

（6）为了便于质量追述，对原始记录须严格要求。记录是质量管理体系有效运行的证明，因此生产过程的所有实际参数都应如实记录在生产工艺卡片和原始记录本上，记录的填写要清晰、准确，表述方式力求用语统一、简洁，字迹工整、易于辨识，记录更改规范。

4.4.5.2　工艺纪律管理

工艺纪律是工艺生产中应当遵守的规范，是为了维护正常的生产运行状况，每一个在岗的职工必须执行的准则。工艺纪律的核心是工艺，表现为工艺生产是否稳定，工艺参数是否达到了要求，在调整工艺参数的过程中，是否是按正确的步骤进行操作。工艺纪律管理的重点在生产车间、班组和岗位，在实施工艺纪律管理时，应着重加强对生产现场工艺纪律执行情况的监督、检查和考核。

（1）工艺纪律的内容包括：

1）作业人员要严格按照技术文件、技术标准、生产卡片以及各项规章制度进行生产操作。工作前应根据加工产品的合金、规格、数量，准备工艺文件，查明工艺要求，执行工艺规定，确保产品处于受控状态，减少质量波动现象，及时发现质量异常情况。在工艺要求不明确，工艺文件不健全时，不能投料生产，敦促有关部门提供有效工艺文件。

2）质量检查人员应对照技术文件和技术标准进行产品质量检查，并监督生产作业人员执行工艺规程的情况，并如实记录，对违章违规行为及时纠正和制止。确保不合格的材料不投产，不合格的在制品不流到下道工序，不合格的产品不出厂。

3）车间生产管理人员（包括车间领导、生产技术人员、班组长）应严格按技术文件、管理制度组织生产，安排设备开动，划分工作区域，控制、调配作业流程。但是车间生产管理人员在组织生产时，如需变动工艺，必须符合工艺规程要求和管理权限规定，不得超越权限改变工艺制度，不得违章指挥。

(2) 工艺纪律检查：

1）检查产品的工艺技术文件是否正确、齐全。

2）检查生产人员、检查人员和各级管理人员是否做到按照工艺文件、工艺规程、产品标准进行操作、检查和指挥。新工人上岗前是否进行了技术培训，取得作业资格。

3）检查设备和工具是否处于完好状态。量具、仪器、仪表是否在有效期内。

4）检查工作环境是否清洁，物料摆放是否整齐。

4.4.5.3 铸锭加热质量控制

(1) 作业人员应负责按工艺规程要求确定加热制度。

(2) 在加热过程中，坚持定温双检制，认真监控加热情况，对存在的问题应及时处理，并向下一班交代清楚。

(3) 出、装炉后，作业人员应使用不退色笔，如实填写加热生产卡片和其他原始记录，更改错误应规范。

(4) 出、装炉作业时，要正确指挥吊运、堆放，防止铸锭碰伤和异物压入。

(5) 加热后的铸锭按规定及时取样、送样做高倍检查，防止取样错误、无代表性和试样丢失。

(6) 加热过程中各加热区的温度变化，时间的变化都自动保存在存储器中，存储器数据应按一定的时间周期进行备份保存，对于一些重要产品的加热数据应进行打印，并在打印纸上填写均热日期、送电时间、班次、炉号、熔次号、合金、铸锭号和规格等，并由当班的均热工签字。记录数据的存储器、打印纸要妥善保存三年。

(7) 记录加热数据的生产卡片按月进行装订，按年存放管理，妥善保存十年。

(8) 按照测温要求按时进行炉温均匀性检测。

4.5 技术总结与工艺改进

4.5.1 技术总结

4.5.1.1 技术攻关、技术开发报告

1. 经验总结与交流

经验是指做某项工作或完成某项操作的比较成熟的方法和程序。经验的总结，其目的在于提供给别人参考和学习，以便推广。首先应该说明你所总结的经验是做什么工作或操作的经验；以前别人是怎样做的，现在自己是怎么做的；现在做的关键点是什么，与别人相比在生产效率上是否有提高、原材料消耗是否降低，操作是否方便，以及环境保护方面有无明显进步等，都应该详细的说明。

经验交流可以是对内的（企业内部），也可以是对外的（在国内同行业内）。一般以文件资料的形式出现。内部经验交流资料在写作格式上不一定很严格，对经验

的要求也不一定是成熟、成功的经验，可以是试用中的，也可以是不成功的经验，使他人从中得到启发，促进企业的技术创新。外部交流资料一般有较严格的格式，一般以技术攻关、技术开发报告的形式出现，是对成功经验的完整总结。

2. 技术攻关与技术开发

在生产过程中，应用了某些或某项带有一定技术含量（或技巧）的方法，使得生产效率明显提高、原辅材料消耗减少、产品质量显著提高，这些方法都可以称为新技术。对这些技术进行总结，应抓住技术要点重点加以说明，也就是说新技术的关键点或创新点在什么地方，与原有的技术相比较，用量化的指标说明新技术的先进性。

技术攻关、技术开发报告分为阶段性技术小结和项目技术总结。阶段性技术小结是指一定时间的技术工作总结。这些技术小结主要用来说明在相应的时间阶段内所作的技术工作，由于时间限制，这些工作可能还没有成果，但可以说明所做的某些技术工作的依据、可能的结果等。项目技术总结是在技术攻关和技术开发完成后的技术工作总结。因此，在这种技术总结中，应对整个技术攻关、技术开发项目活动的实施情况予以说明，包括以下几个方面内容：

（1）本项目立项的背景意义、需要解决的问题。

（2）对提出的问题进行全面分析，提出解决问题的实施方案，并说明制订方案的依据。

（3）组织相关人员实施方案，收集实施过程中的试验数据。

（4）比较方案实施后取得的效果，用数据加以说明。

（5）说明方案中的技术关键点和难点。

（6）其他需要说明的事项，并附上相关的技术文件。

4.5.1.2 论文撰写

1. 什么是论文

论文是讨论和研究某种问题的文章，是一个人从事某一专业（工种）的学识、技术和能力的基本反映，也是个人劳动成果、经验和智慧的升华。内容应是在工艺攻关、质量攻关中获得的行之有效的方法或解决途径。

论文由论点、论据、引证、论证、结论等几个部分构成。

（1）论点：是论述中的确定性意见及支持意见的理由。

（2）论据：是证明论题真实性的依据。

（3）论证：用论据证明论题真实性的论述过程。根据个人的了解或理解证明。

（4）结论：从一定的前提推论得到的结果，对事物作出的总结性判断。

2. 怎样撰写技术论文

（1）技术论文的一般格式

论文的内容一般分为题目、作者姓名和工作单位、摘要、前言、实践方法（包括其理论依据）、实践过程、参考文献等，具体要求如下：

××××××××××（论文名称）

×××（姓名）

摘要：

关键词：

前言

1.（论文正文）

1.1

2.

2.1

⋮

×. 结论

参考文献

（2）撰写要求

1）数据可靠

必须是经过反复验证，确定证明正确、准确可用的数据。

2）论点明确

论述中确定性意见及支持意见的理由要充分

3）引证有力

证明论题判断的论据在引证时要充分，有说服力，经得起推敲，经得起验证。

4）论证严密

引用论据或个人了解、理解证明时要严密，使人心服口服。

5）判断正确

做结论时对事物作出的总结性判断要准确，有概括性、科学性、严密性、总结性。

6）实事求是

文字陈述简练，不夸张臆造，不弄虚作假。论文的长短应根据内容需要确定，一般在三四千字以内。

（3）论文命题的选择

写好论文的关键在于如何命题，论文命题的标题应做到贴切、鲜明、简短。就机械行业来讲，由于每个单位情况不同，各专业技术工种数也不同；就同一工种而言，其技术复杂程度，难易、深浅各不相同，因此不能用一种模式、一种定义来表达各不相同的专业技术情况。选择命题不是刻意地寻找，去研究那些尚未开发的领域，而是把生产实践中解决的生产问题、工作问题通过筛选总结整理出来，上升为理论，以达到指导今后生产和工作的目的。命题是论文的精髓所在，命题方向选择失误往往导致论文的失败。因此在写论文之前，一定要反复思考、构思，确定自己想写的命题内容，命题确定后再选择命题的标题。所以，命题不能单纯理解为给论文的标题命名。

（4）命题内容的选择

命题内容的选择是命题的基础，同样是论文成败的关键。选择时应针对自己的工作和专业扬长避短地进行。在工艺改进、质量攻关、技术改进方面，在学习、消化推广和应用国内外先进技术方面，在防止和排除重大隐患方面，在大型和高精尖设备的安装、调试、操作、维修和保养方面以及成绩显著、贡献突出、确有推广价值的技术成果，虽不是创造发明，但为企业及社会创造了直接或间接经济效益的项目都可以写。应选择自己最擅长、最突出的某一方面作为自己命题的内容，然后再从中选择最具代表性的某一项进行整理、浓缩，作为自己论文的基础材料。

1）摘要

摘要是论文内容基本思想的浓缩，简要阐明论文的论点、论据、方法、成果和结论，要求完整、准确和简练，其本身是完整的短文，能独立使用，字数一般二三百字为好，至多不超过500字。

2）前言

前言是论文的开场白，主要说明本课题研究的目的、相关的前人成果和知识空白、理论依据和实践方法、设备基础和预期目标等。切忌自我吹嘘、客套空话、政治口号和商业宣传。

3）正文

正文是论文的主体，内容包括论点、论据、引证、论证、实践方法（包括其理论依据）、实践过程及参考文献、实际成果等。写好这部分文章要有材料、有内容、文字简明精练，通俗易懂，准确地表达必要的理论和实践成果。在写作中，表达数据的图、表要经过精心挑选；论文中凡引用他人的文章、数据、论点、材料等，均应按出现顺序依次列出参考文献，并准确无误。

（5）论文的修改定稿

论文完稿后应反复推敲，反复修改，精益求精。论文的体裁不强求统一，但要突出重点。论文的内容和表达方式不需要面面俱到，但通篇体例应统一，所用的各种符号、代号、图样均应符合国家标准规定，对外文符号应书写清楚，大小写、正斜体易搞混时应加标注。

（6）撰写论文应注意的几个问题

1）明确读者对象

要解决“为谁写”“写什么”“给谁看”的问题。要考虑生产和社会需要，结合当前我国的有关技术政策，产业政策，考虑自己的经验和能力。若是为工人师傅写的，应尽量结合生产实际写得通俗一些，深入浅出，易看、易懂。

2）充分占有资料

巧妇难为无米之炊，要写好技术论文，一定要掌握足够的资料，包括自己的经验总结和国内外相关技术资料。要对资料进行充分分析、比较，分清哪些是有用的，哪些是无用的，并根据选择的命题拟出较详细的撰写提纲，包括内容主次的分类、段落的划分、重点的选择、图表的设计拟定、顺序的排列等。

3）仔细校阅

初稿完稿后，不能算定稿，论文必然存在不少问题，如技术内容、论文格式、表述方式、图的画法、公式的表达、名词术语、字体标点、文字表达及文章结构等方面要进行反复推敲与修改，使文字表达符合我国的语言习惯，文字精练，逻辑关系明确。除自审外，最好请有关专家审阅，按所提的意见再修改一次，以消除差错，进一步提高论文质量。

4.5.1.3 论文答辩

（1）理解和熟悉自己所写论文内容及相关知识

论文答辩之前，答辩者要充分理解论文中提出的构造、原理、定义、原则及公式推导方法等知识，并熟记在心里。

（2）在相关知识方面，如答辩者为坯料机加工技师，考核其相关知识为：

1）加热设备的工作原理、设备参数、操作技能等知识。

2）加热炉的结构、耐火材料的种类等相关知识。

3）吊具使用的基础知识。

4）技术、质量、生产工艺的相关知识等。

（3）搞清所提问题的实质

答辩者在答辩前，首先要搞清所提问题的实质，应结合项目的实用性、经济性和科学性等考虑应答的内容。

（4）回答问题时要有针对性，并且简明扼要

答辩时先由答辩者宣读论文，然后由专家组进行提问，时间约为30min。要求答辩者回答简明扼要，并且要有针对性，根据专家提出的问题逐一解答。切记不可夸夸其谈，离题万里。

4.5.2 加热工艺的制定

4.5.2.1 铸锭均热工艺的制定

合理的均热温度区间往往要通过实验确定，特别对于多组元合金更是如此。一般采用铸锭取样进行差热分析得到DSC曲线，从而确定铸锭加热的最高温度，再根据炉子状况和铸锭尺寸确定实际均匀化温度范围；或是根据状态图和经验大致确定一个温度范围。然后在确定的均热温度范围内选取不同温度保温相同时间，取高倍试样进行金相组织分析，通过观察铸造组织变化及性能变化判断均匀化效果，进一步确定合理的温度区间。

最合适的保温时间也应当通过实验，根据均热后铸锭铸造组织变化及性能变化来确定。生产中常常在均热温度区间确定后，配之以不同的保温时间进行均匀化小

实验，通过金相组织分析、比较，确定最佳保温时间。

随着均匀化过程的进行、晶内浓度梯度不断降低，均匀化过程逐渐缓慢。也就是说均匀化过程只在退火的前一阶段进行最剧烈，随后就不断变慢。因此，过分延长均匀化退火的保温时间是不适宜的。

加热速度一般不受严格限制，以不使铸锭开裂和产生大的变形为原则。冷却速度不能过大或过小，过大会产生淬火效应，过小则析出的二次相粗化，加工时易形成带状组织。

要指出的是，实验条件和大生产有较大的差异，如铸锭规格、合金成分的变化等，在实验中是难以模拟的，生产中还须对按照既定均匀化工艺加热的铸锭取高倍试样进行金相组织分析，进一步调整或确认均匀化工艺，并监控炉子性能的稳定性。

4.5.2.2　热轧或挤压前铸锭加热工艺的制定

1. 铝合金铸锭热轧前加热工艺的制定

合理的加热温度区间必须通过实验确定，特别对于多组元合金更是如此。一般采用铸锭取样进行差热分析得到 DSC 曲线，从而确定铸锭加热的过烧温度。通过应力-应变曲线确定塑性变形区域，再根据炉子状况确定实际加热温度范围；或是根据状态图和类似合金的加热温度区域确定一个温度范围。铸锭加热温度也可根据经验公式计算。

但是，实际生产过程中，为补偿出炉温度到热轧开坯前的温降损失，保证热轧温度，铸锭在炉内的温度应适当高于热轧温度。

铝合金铸锭热轧前应尽量缩短加热时间，铸锭的加热时间可按经验公式计算。但实际生产与理论值存在较大的差异，必须通过实践，才能进一步确定最佳的加热温度和保温时间。一般需切取小块铸锭样，在试验条件下进行模拟轧制，并做高倍检测。高倍检测是检查在此加热温度下铸锭是否过烧，若过烧，则需重新设计加热温度。若无过烧现象，则模拟轧制时，需考察塑性变形，即铸锭在此条件下，塑性变形的难易程度。在试验条件下的模拟轧制，通常会设计多个加热温度，多个保温时间，通过变形抗力和铸锭的塑性变形的情况，特别是铸锭边部裂边情况，选择一个最佳的加热温度和保温时间。

2. 铜合金铸锭热轧前加热工艺的制定

铜及铜合金铸锭热轧前加热制度包括加热温度、加热时间及加热炉内气氛控制。

(1) 加热温度

根据塑性图确定方铸锭热轧温度范围时，加热温度应接近塑性温度范围上限，同时考虑加工过程的温降和终了温度的高低，保证终了时的温度不低于塑性温度范围的下限。如果铸锭加热温度过低，不能充分发挥合金高温塑性，增加变形抗力，导致压力过高甚至容易损坏热轧设备，且终了温度低于塑性温度范围时，会造成坯料过度硬化、轧件开裂等问题。所以确定加热温度，尤其是对热加工塑性温度范围较窄的合金，加热温度要控制准确，操作要迅速，确保在塑性区内完成热加工。一般来说，铸锭的尺寸较大、热加工设备能力较小时，选取较高的加热温度范围，反之，铸锭尺寸小、热加工设备能力大时，可选择较低的加热温度。

对于完全固溶状态的合金，随温度降低不会出现固态相变，终了温度一般相当于合金熔点的0.6～0.7倍，不超出热加工所要求的塑性与变形抗力；对热加工时随温降低出现固态相变的合金，为了避免第二相析出造成的塑性降低、组织不均匀，应根据温降的大小，合理确定加热温度。

在生产对性能有要求的热加工产品时，应控制好温度和变形程度。当终了温度较高、变形程度较小时，晶粒会过分长大，造成表面橘皮、麻点、粗糙；当终了温度较低时，因为再结晶不完全导致晶粒不均及性能不均匀。

但是，在允许的范围内，加热温度并非越高越好，考虑热加工后制品的表面质量，过高的加热温度会加剧表面氧化，部分黄铜甚至会造成脱锌，降低表面质量；温度过高，还会增加金属烧损，加大能耗，造成不必要的损失。

(2) 加热时间

加热时间通常包括升温时间和保温时间，加热时间的确定应考虑合金的导热性、金属比热，还要考虑加热炉的传热方式、装料方法及锭坯尺寸等因素。

加热时间的长短，首先要保证铸锭温度达到要求，并且锭坯各部分温度均匀，温差一般不超过15～20℃，在此前提下，加热时间越短越好。

对于导热性能较好的合金来说，快速加热可以减轻表面氧化程度，减少烧损，降低能耗，提高加热炉的生产效率。快速加热的主要方法是提高炉温，或高温装炉，炉温越高，热传导越快，加热就越快。对煤气炉来说，升温的快慢还与煤气流量、炉膛压力有关。

当锭坯尺寸较大、装料方法及传热方式不利于快速加热时，应适当延长加热时间，反之，可减少加热时间。

加热时间必须与加热温度、合金本性综合考虑，如果控制不当，出现锭坯温度过高、过低及料温不均时，在热加工中易出现板材表面裂纹、裂边、翘曲、侧弯、厚薄不均及挤制品头部开花等缺陷，甚至闷车，无法加工。

3. 铜合金铸锭挤压前加热工艺的制定

挤压过程的基本要素是变形程度、变形时金属的温度和金属流动速度。变形程度主要受设备能力和工具强度限制。高温塑性差的合金不宜采用大的变形程度和较快的速度挤压，原因是变形热会使金属的实际温度超出该合金的塑性区范围。因此，挤压温度对挤压过程的影响十分显著，加热工序必须严格控制铸锭的加热温度和加热时间，为挤压工序提供符合挤压工艺要求的铸锭。

(1) 加热温度

确定铸锭加热温度应考虑以下因素：

1）考虑合金的高温塑性和变形抗力

为获得合金的高温塑性，通过实验测得了各种金属和合金在不同温度下的变形抗力与塑性之间的关系，并把它们绘制成曲线，这个曲线称为塑性曲线。铜、镍及其合金的塑性曲线一般有两种类型：一种是随着温度的升高，变形抗力下降，塑性提高。另一种类型是在某一个或几个温度范围内塑性下降，形成高温脆性区。加热温度就选择在塑性好、变形抗力适中的范围，并且在这个温度范围内，金属的塑性和变形抗力随温度的变化不是十分明显。

2）在选定的温度范围内合金有相同的组织

合金在不同的温度范围内有不同的组织，在选定的加热温度范围内合金不应发生组织改变。因此，在加热过程中，应严格按工艺规程规定的温度范围加热铸锭，否则，在挤压后的制品上，机械性能有很大差异。超出规定温度范围，合金可能出现新组织，这种新组织可能具有热脆性，也可能黏性大。例如 H62 在 454～800℃是由一种组织组成，而超过 800℃时合金就变成另一种组织，这时合金的变形抗力显著下降，黏性增加，造成金属的不均匀流动，给挤压造成困难。

3）选定加热温度时考虑合金的熔点和再结晶温度

加热温度的上限比合金的熔点低 100℃以上。当加热温度接近熔点时，金属容易出现过热、过烧，过热是金属的晶粒过分长大，使挤压后的制品晶粒粗大，金属强度偏低；过烧是金属晶粒间的低熔点物质开始熔化，晶粒之间失去联系。铸锭加热时，应注意金属的过热和过烧。

4）考虑金属及合金的工艺性能

紫铜、白铜在高温下易氧化，铝青铜对工具的黏性随温度的增高而增加，生产这些合金时，尽量采用较低的加热温度。

5）保证制品的室温机械性能

在不同的温度下进行挤压，所获得的产品有不同的机械性能（抗拉强度、屈服极限、伸长率、硬度），选定的加热温度必须保证挤压制品的机械性能符合相应标准的要求。

在确定加热温度时，除考虑以上因素外，制品的形状、变形程度、工具温度、润滑情况等对确定加热温度也有一定影响。

（2）加热时间

目前，工厂里使用的加热设备有：感应加热炉、煤气加热炉、重油加热炉等，使用不同的加热设备，铸锭的加热时间是不同的，这里仅从工艺角度来说明铸锭的加热时间与哪些因素有关。

铜、镍及其合金的加热时间与金属的导热性能及铸锭尺寸有直接关系。紫铜导热性能好、但耐氧化性能较差，应采取快速加热；铝青铜导热性能差，加热时间就要适当长一些；锡磷青铜的铸锭经常有锡偏析，采用长时间加热可以达到均匀化目的；QSi1-3 铸锭经常有铸造应力，加热时要缓慢升温，否则，加热中会形成裂纹。

铸锭尺寸大的，要比尺寸小的铸锭加热时间要长一些。总之，加热时间的长短必须能够保证整个铸锭的温度均匀。

4.5.2.3 加热炉内气氛控制

1. 铜及铜合金方铸锭热轧前加热炉内气氛控制

加热炉内的气氛控制主要根据合金在高温下的氧化特性以及炉内炉气的成分或杂质对合金的有害影响来确定，其根本原则是，最大限度地减轻炉内气氛对加热的不利影响，避免由此造成的缺陷。

紫铜、含少量氧的铜合金、高锌黄铜以及在高温下能形成致密氧化膜的合金，如：镍合金等，一般采用中性或微氧化性气氛加热。因为紫铜在还原性气氛中加热时，氢在高温下扩散与氧化亚铜中的氧作用形成水汽，这些水汽或者造成晶界疏松，使铸锭热轧开裂，或者在铸锭中形成气泡，在后续的轧制中金属表面起皮起泡，致使产品报废，这就是常说的“氢气病”，所以，大多数铜及铜合金都采用微氧化气氛加热，但氧化性气氛的最大害处是氧化烧损，造成金属损失。

无氧铜及高温下极易氧化、易于脆裂的合金如：白铜、锡青铜、低锌黄铜等，加热时采用微还原性或中性气氛。

加热铸锭时，对燃料中的硫含量要严格控制，因为铜中渗硫生成铜的硫化物，削弱了晶界，导致热轧开裂。

2. 铜及铜合金铸锭挤压前加热煤气炉内气氛和压力控制

在生产中，一般不采用还原性气氛，还原性气体氢（H_2）在高温下可以迅速地沿着晶界向金属内部渗入，与金属内部的氧生成水，水变成蒸汽，水蒸气具有极高的蒸气压，能迅速使铸锭内部形成裂纹或者气泡，这就是铜合金氢气病；加热紫铜时尤其注意，不得采用还原性气氛。

含氧铜、高锌黄铜以及在高温下能形成致密氧化膜的合金，无氧铜及高温下极易氧化且氧化膜不完整、易于脆裂的合金，如白铜、锡青铜、低锌黄铜等，一般采用中性或微氧化性气氛加热。所以，大多数铜及铜合金都采用微氧化性气氛加热，但氧化性气氛最大的害处是氧化烧损，造成金属损失。

煤气加热炉的炉膛压力一般为 0.5mm 水柱（mmH_2O，$1mmH_2O=9.807Pa$），加热紫铜时，炉膛压力应控制在 1mm 水柱以上。

4.5.3 过烧组织的判定

4.5.3.1 过烧的组织特征

铝合金过烧是加热工序最严重的缺陷，当加热温度高于低熔点共晶的熔点，使低熔点共晶和晶界复熔的现象叫过烧。过烧严重时铸锭和加工制品表面色泽变暗、变黑，有时产生表面起泡。检查铸锭及加工制品是否过烧，只以显微组织特征为依据，其他方法只能作为旁证。对变形铝合金，根据国家标准，过烧的判定特征有 3 个，即复熔共晶球、晶界局部复熔加宽和 3 个晶粒交叉处形成复熔三角形，如图 2-

4-6 所示。

用电子显微镜对复熔三角形处组织的研究发现，与复熔产物相接触的基体有梯田花样。梯田花样是枝晶露头的结晶台阶，与疏松内壁表面上的枝晶露头一样，表明该处的组织已发生过复熔。

图 2-4-6　过烧显微组织特征

一般将过烧程度分为轻微过烧、过烧和严重过烧。轻微过烧指过烧特征轻微，过烧指过烧特征明显，严重过烧指过烧特征多，晶界严重复熔粗化和平直，低熔点共晶大量熔化和聚集。轻微过烧判断较难，要判断准确必须有丰富的经验。

铜合金的过热和过烧：金属在加热或加工过程中，由于温度高、时间长，导致组织及晶粒粗大的现象称过热；严重过热时，晶间局部低熔点组元熔化或晶界弱化现象称为过烧。

过烧后表面出现麻点，橘皮，晶粒粗大，塑性下降：过烧后表面粗糙，轧制时或挤制后出现晶界裂纹，板材侧裂，棒材头部开花，张口裂或裂成碎块，开裂部位能看到粗大枝晶和熔化的痕迹，显微组织中出现晶界加粗，熔化空洞或共晶球，熔化的液相网等。

4.5.3.2　过烧形成机理

铝合金中，除 α(Al) 基体外一般都有几种共晶，根据合金的不同，含有共晶的种类和多少也不同。如果在一种合金里有几种共晶，每种共晶的熔化温度不尽相同，当把合金从低温升到高温时，熔点最低的共晶必首先熔化，这个共晶熔化的温度称为过烧温度，而这种共晶被称为低熔点共晶，即熔点最低的共晶。

例如 2A12 合金主要有两种共晶：α(Al) $+CuAl_2$ 熔点 548℃；α(Al) $+CuAl_2+Al_2CuMg$（S 相）熔点 507℃。

三元共晶的熔点比二元共晶低得多，当合金铸锭在较高温度加热时，三元共晶必首先熔化，其熔化温度（507℃）即为 2A12 合金的过烧温度。

对铸锭的差热分析得出主要变形铝合金的过烧温度见表 2-4-11。

过烧产生的主要原因：加热温度高、时间长或局部长时间处于高温源处；热加工终了温度过高或在高温区停留时间过长；合金中存在低熔点组元，或低熔点夹杂过多。

4.5.3.3　过烧对性能的影响

合金过烧后，低熔点共晶在晶界上和基体内复熔又凝固，改变了过烧前该处组织紧密相连的状态，对合金的连续性造成了普遍损害，对合金的力学性能、疲劳和腐蚀性能等都产生严重影响。因为合金过烧不能用铸锭加热或加工变形消除，任何铸锭和制品发生过烧都为绝对废品。特别是用于航天工业的合金，更加不能允许。

表 2-4-11 主要变形铝合金的过烧温度

序号	合金牌号	过烧温度（℃）	序号	合金牌号	过烧温度（℃）
1	1060	645	12	3004	630
2	1100	640	13	4A11	536
3	2A02	515	14	4004	560
4	2A11	512	15	4343	575
5	2A12	507	16	5052	605
6	2A14	515	17	5083	580
7	2219	545	18	6A02	565
8	2618	550	19	6061	580
9	2A50	545	20	6063	615
10	2A70	545	21	7A04	490
11	3003	640	22	7075	525

需要指出的是，当合金轻微过烧时，由于第二相固熔更加充分，过烧复熔产物很小，晶界没有遭到普遍损坏，有些合金例如2A12合金，其力学性能不但没有降低反而升高，但应力腐蚀和疲劳性能明显下降。当过烧严重时，各项性能都明显下降。

以6063合金铸锭为例，随着均热温度的升高，铸锭的强度和塑性都逐渐升高，当铸锭过烧后（591℃），性能开始下降，其中塑性下降最严重，见表2-4-12。

表 2-4-12 6063 合金均热铸锭性能（保温 12h）

均火温度（℃）	σ_b（MPa）	$\sigma_{0.2}$（MPa）	δ（%）
510	147.0	105.8	27.3
530	156.8	98.0	31.3
540	152.9	103.9	32.1
550	152.9	100.9	32.4
560	163.7	104.9	33.7
570	166.6	124.5	33.2
580	164.6	117.6	34.3
590	167.6	119.6	34.2
600	157.8	112.7	29.3
620	129.4	90.0	22.9

4.5.3.4 防止措施

（1）严格控制铸锭加热的温度和保温时间。

（2）高温仪表定期检定，不允许使用检定不合格或超期仪表。

（3）铸锭加热炉内温度要均匀，炉料不能有油污，摆放要合理。

（4）操作时要核对合金和卡片。

4.5.4　零件的测绘方法和步骤

在日常工作中，经常会出现设备、工具零件损坏，这就要求能绘制简单的零件图，以及时加工更换。对现有的零件进行测绘和确定技术要求的过程，称为零件测绘。它在机器的仿造和设备维修以及进行技术交流等方面都有着重要作用。测绘工作一般常在现场进行，条件受限，故宜画草图。

4.5.4.1　绘制零件草图的基本方法

1. 目测比例

目测比例是用眼睛观察零件各形体结构的大小，并手执铅笔在视线间截取相应的长短，再估计在铅笔上所截取各段的比例即可。这种方法适合于目测大型的复杂零件，对于适中的简单零件，则可用眼睛直接估计其形体结构的比例。

2. 徒手画图线的基本方法

（1）直线的画法。直线应尽量画直，粗细均匀，并力求一笔画成，其要领是：笔杆垂直纸面，眼看直线终点，笔向画线方向倾斜，执笔的手腕或小手指轻靠纸面，以控制画线方向。画短线多用手腕动作，画长线多用手臂动作。从左至右画水平线，从上到下画垂直线，从左上角至右下角，从左下角到右上角画倾斜线。

（2）圆和曲线的画法。画圆时，应先定圆心并画出两条互相垂直的中心线，在中心线上找出距圆心为半径的四个端点，过端点以一笔或两笔圆整形式连成。也可再过四点作出正方形的对角线上再定出四个半圆顶点，过八点作出方形的内切圆即可。

（3）角度的画法。30°、45°、60°等角度，可以根据两直角边的近似比例关系定出两端点，然后连接起来即可。

4.5.4.2　绘制零件草图的要求和步骤

零件草图是绘制零件工作图的依据。为此，应该做到：内容完整、表达正确、图线分明、尺寸齐全、要求合理、比例均称。零件草图的绘制步骤：

（1）了解零件功用，进行形体结构分析。

（2）确定零件的表达方案，结合实际零件的形体结构，确定视图的表达方案。

（3）徒手画图样具体步骤是：

1）布置视图，画出各视图的轴线、对称线以及主要基准面的轮廓线。

2）画各视图的主要部分投影。

3）取剖视、剖面、画剖面线，画出全部细节。

4）画出全部尺寸界线、尺寸线及箭头。

5）标注量得 的尺寸，并确定技术要求。

6）填写标题栏。

4.5.4.3　零件工作图的绘制

根据零件草图绘制工作图的步骤：

（1）分析、检查和整理零件草图。检查零件草图的表达方案是否正确、完整、清晰；尺寸标注是否正确、齐全、清晰、合理；技术要求规定是否恰当。必要时，应参考有关资料查阅标准，进行认真的计算和分析，使零件草图进一步完善。

（2）确定图样比例及图纸幅面。根据零件大小和复杂程度及所采用的表达方案来确定图样的比例和图幅大小。

（3）绘制底稿。用绘图工具和仪器在图板上轻轻绘制。

（4）检查底稿。标注尺寸，确定技术要求，清理图面，加深图线。

（5）填写标题栏。

4.5.4.4　测绘的注意事项

（1）不要忽略零件上的一些细小结构，如倒角、倒圆、凸台、凹坑和退刀槽、中心孔等。

（2）有配合关系的尺寸，只要测出它的基本尺寸并按标准系列圆整，其配合性质和相应的极限偏差，应在仔细分析后查阅手册确定。

（3）零件上的非配合尺寸，可直接量得标注，但若量得小数时，应圆整为整数标注。

（4）对螺纹、键槽、齿轮的轮齿等标准结构的尺寸，应将测量的结果与有关标准核对，一般采用标准尺寸，以利生产。

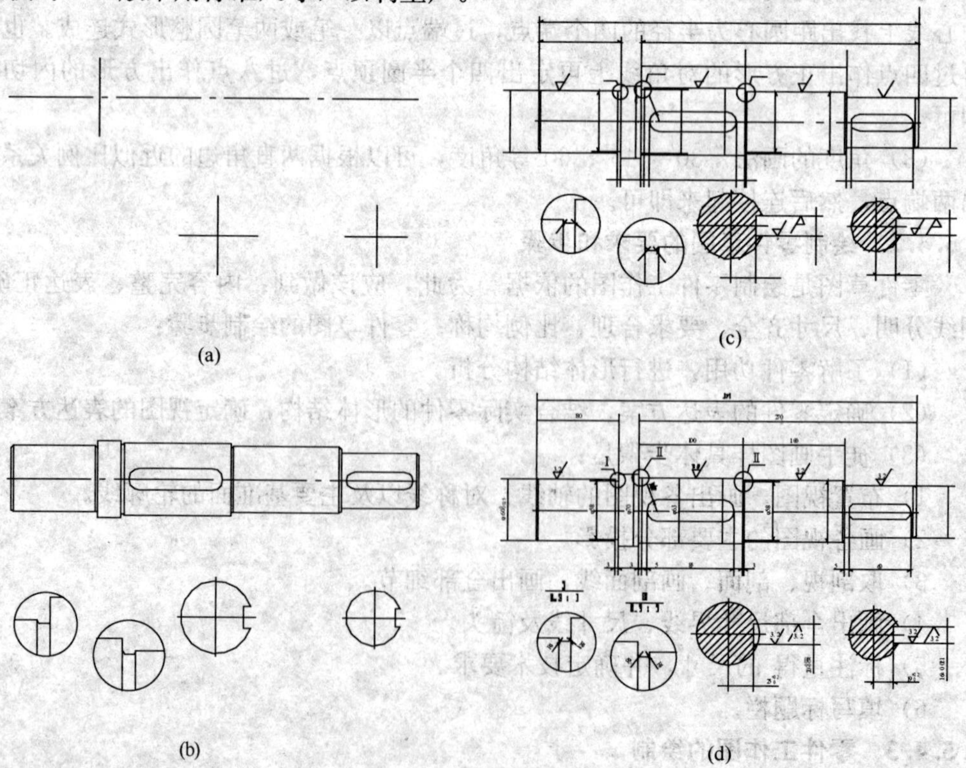

图 2-4-7　零件草图

4.5.4.5　下面以复合料车轴举例说明：

1. 绘制轴零件草图

（1）了解轴功用，进行形体结构分析：轴是用于传递动力和承受力的。

（2）确定轴的表达方案：轴是一个简单的零件，所以可用一个主全剖视图和剖面视图以局部放大视图表示出来。

（3）徒手画图样具体步骤是：

1）布置视图：可先画图筐标题栏，再画出轴主视图的轴线、基准线、剖面视图基准线见图 2-4-7（a）。

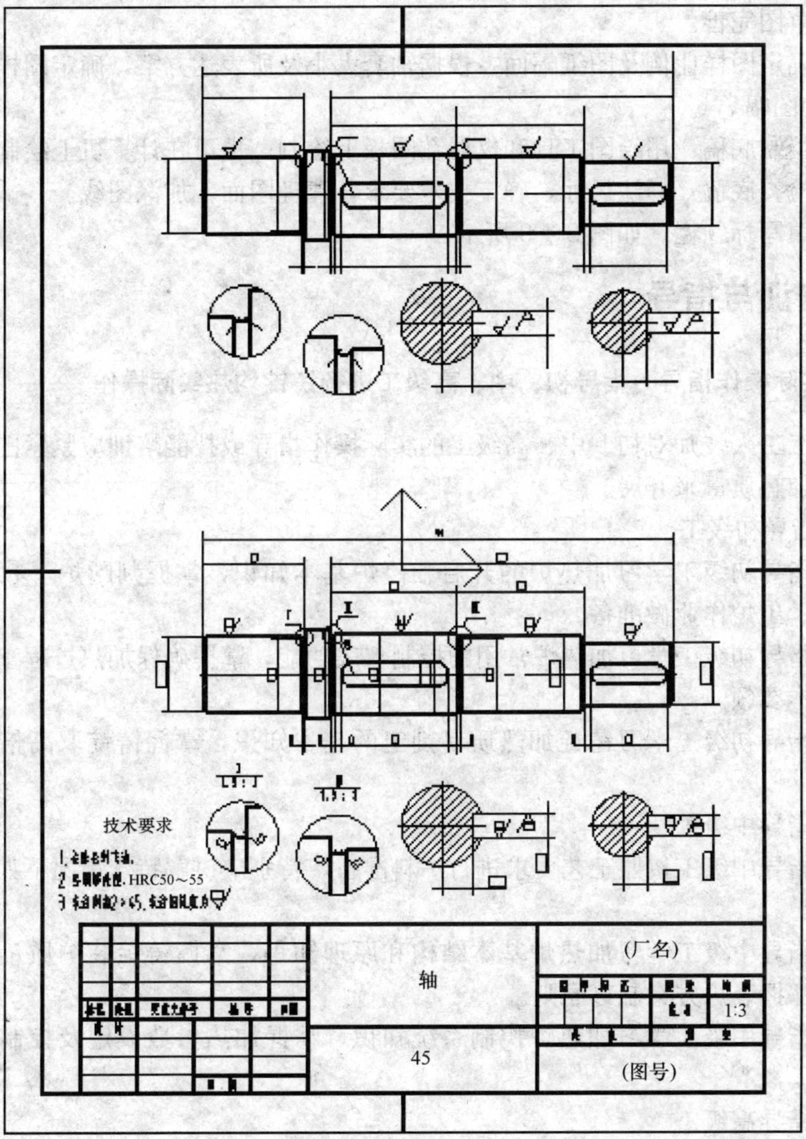

图 2-4-8　零件工作图

2）根据轴特点，画轴轮廓线、剖面轮廓线及局部放大视图，见图2-4-7（b）。

3）根据轴特点，画全剖视、剖面、画剖面线，画出轴套全部尺寸界线、尺寸线及箭头，见图2-4-7（c）。

4）标注量得的尺寸直径、长度、倒角尺寸，并确定技术要求，见图2-4-7（d）。

5）填写标题栏。

2. 轴工作图的绘制

（1）分析、检查和整理轴草图：检查草图的表达方案、尺寸标注、技术要求规定，使轴草图完善。

（2）确定图样比例及图纸幅面：根据轴套大小及所表达方案，确定图样的比例为1∶3和图幅A4。

（3）绘制底稿：用绘图工具和仪器在图板上绘制，也可在计算机上绘制。

（4）检查底稿：标注尺寸，确定技术要求，清理图面，加深图线。

（5）填写标题栏。如图2-4-8所示。

4.6　培训与指导

4.6.1　实际操作指导—指导初、中、高级工进行铸锭均热实际操作

加热工工人技师对初、中、高级工的实际操作指导或技能培训应紧紧围绕如何保证铸锭加热质量来开展。

（1）指导初级工

一是指导初级工学习加热炉的开启和停炉基本知识，掌握判断炉子状况的技能，为装、出炉作业做准备。

二是指导初级工学习加热炉常用的控制仪表功能，掌握确保加热过程参数控制准确的基本要领。

三是指导初级工学习铸锭加热质量判定的基本知识，掌握铸锭取高倍试样的要领。

（2）指导中级工

一是指导中级工按照工艺要求进行炉料准备，特别应讲解特殊情况下如何准备炉料。

二是指导中级工学习加热炉基本结构和原理知识，掌握铸锭装炉质量控制要领，初步掌握装炉方案制订原则。

三是指导中级工学习加热炉控制系统知识，掌握加热参数设定及控制的操作要领。

（3）指导高级工

一是指导高级工系统学习加热炉炉料准备和经济合理装炉的知识，掌握特殊情

况下加热炉炉料组批、装炉的要领。

二是指导高级工学习加热炉炉子管理知识，能判断加热炉状况和采取正确的处置措施。

三是指导高级工学习铸锭常见缺陷，掌握加热过程产生缺陷的原因和控制措施，以及对加热过程可能导致的质量问题能采取正确的补救办法。

讲解中注意传授技能的准确性和目的明确，避免随意性讲解和讲解内容太杂。

4.6.2　理论培训——对初、中、高级工进行专业技术知识培训

技术理论知识一般采用课堂讲授的方式进行。

（1）培训讲义的编写方法

1）培训的内容设计：包括培训名称、培训目的、培训对象、培训大纲、培训讲义、培训课时和培训方法等的设计。

2）培训讲义的编写方法：工人技师长期在生产一线，从事铸锭加热工艺的实践，具有丰富的实践经验和操作技能。因此，应结合具体的设备、具体的工具、具体的物料、具体的专题等编写讲义，以凸显技师的技术专长。

3）编写要求：按培训目标编制培训大纲，并按“章、节、目、细目”等层次编写讲授内容。

（2）培训讲义内容的编写

根据培训名称、培训对象、培训目的、培训名称，就可以开展培训内容的编写。结合培训对象应掌握的技能要求，一般可以从以下几个方面展开内容的编写：

1）培训讲义内容的选择

工人技师直接向较低技术等级人员讲课时，应结合现实的生产需要，也可以是系列讲授内容中的一个专题。以讲授铸锭均热工艺控制为例，应紧密联系实际生产，讲授铸锭均热参数的确定和选择、铸锭规格和炉子选择的关系、炉料的准备、过程控制和异常情况的处理、均热质量的评判等内容，讲授时要多举例，并注意和学员进行问题探讨时的互动，以加强学员对工艺控制要点的理解。

2）列出培训讲义提纲

将准备讲授的内容，分出层次，怎样开头、怎样展开、怎样结尾，每一部分准备写哪些内容，理出一个较清楚的思路，使整个讲义具有条理。

3）收集必要的资料

为使讲课取得良好效果，确定题目后，要较为广泛地收集铸锭均热生产过程中异常情况的产生、处理过程、处理结果及分析报告和理论依据等，使讲授的内容丰富。有时还需要对资料进行必要的斟酌，提出自己独到的见解，对本质进行较深入的探究，对有些资料和数据进行必要的查实核对。

4）起草培训讲义

起草讲义，较细致地将讲授内容成文。初稿形成后，可以向有关技术人员，设

备维修、管理人员等请教，请他们帮助进行必要的修改和完善，使讲授内容观点基本正确，使听讲者获得准确的信息，受到启发和教育。

5）制作必要的图样或数表

讲课前根据讲义的需要，制作必要的图样或数表，在讲授过程中展示，直观地描述事故的关键特征和重要参数，以便于大家理解。图样或数表可以用大纸画（列）出，也可以授课时在黑板上临时画（列）出。有条件的可以采用计算机软件制成幻灯演示，效果更好。特别要指出的是，作为现代工人技师，应学习并掌握必要的电子文档，电脑制图、制表和 Powerpoint 文档制作。

（3）讲授

妥善安排好课堂讲座的环境，便于展示讲授内容，使所有的培训对象都能清晰地听到声音。必要时可事先发给培训对象有关资料，讲授时注意多结合自己的工作经历、工作经验和培训对象的工作内容进行讲解。在讲述过程中和结束时，留出必要时段，与自己的听众进行互动，就一些不甚理解或不同见解的内容进行现场讨论。

第3篇

轧制原料机加工技能

第 1 章　机加工初级技能

1.1　生产准备

见第 2 篇第 1 章 1.1 生产准备。

1.1.1　交接班

1.1.2　生产作业卡片和记录

见第 2 篇第 2 章 1.1 生产准备。

1.2　生产操作

1.2.1　转运工具的使用

见第 2 篇第 1 章 1.2 生产操作。

1.2.2　坯料堆放和转运

1.2.2.1　坯料堆放

锯切后的坯料按熔次以一致的方向整齐堆放在指定区域，一个熔次堆完再堆另一熔次，同熔次规格相差较大，危及安全的可分开堆放。坯料堆放高度须符合有关安全要求，原则上方锭坯料堆放高度不超过 3.5m，大规格圆锭坯料堆放时应避免滚动，小规格圆锭坯料应装筐整齐摆放。

铣面后的方锭坯存放时，分合金、分熔次堆放，不同合金或不同熔次不允许堆成一垛。

所有坯料的堆放都应留出一定的间距，方便转运和检验。坯料必须有清晰的标志，整齐堆放在规定的区域内，地面不能有油污、积水、碎屑、硬杂物等。坯料表面不得有油污、尘土、碎屑、毛刺、手脚印等。

锭坯铣面后存放时间一般不要超过 24h。对于高表面要求产品，如 PS 板所用锭坯，存放过程中，需用木垫方将锭坯隔开；为避免灰尘、油污污染锭坯，可在坯料上覆盖牛皮纸。

机加工后的不合格坯料应整齐堆放在指定的不合格品区，不合格品必须与成品隔离存放并有明显标记。

铜合金铸锭成分检测合格后送锯切工序，锯切后检查铸锭表面、断面等，均合格才能送热加工工序。铸锭及锯切检验后的锭坯分别按牌号、规格存放于铸锭区和半成品区，坯料必须有清晰、明确的标志。圆铸锭每垛最高不超过1.2m，垛间距不小于1m，圆锭坯堆放宽度与运输送料叉车托盘宽度有直接关系。

1.2.2.2　坯料转运

坯料转运包括：加热或均热前后的铸锭转运，加工前后的坯料转运以及加工工序之间的坯料发送。对不需要加热或机加工直接铸造为轧制所需长度的铝合金铸锭，如1×××系、3×××系和部分5×××系等合金铸锭，可以直接发送至下一个加工工序。

坯料发送是转运的一种，应按生产计划的安排，及时转运坯料。成品坯料必须经过检查验收，并且开具坯料质量证明书后才能发送。转运时要详细对照坯料合金牌号、年号、炉号、熔次号、根号以及规格、重量等，并检查坯料是否打有验收检印，未经验收或没检印的料不得发送。发送过程需要有相应的《熔铸质量证明书》、《化学成分分析报告单》和《铸锭发送单》跟随流转。发送时应按熔次装车，不得野蛮装卸损伤坯料表面质量，坯料上不得有油污、尘土、碎屑、手脚印等。

坯料一律裸件转运和发送，运输坯料的车辆、地平车等必须干净，无油污、尘土、碎屑、硬杂物。转运坯料用的吊钳、钢丝绳、料筐等必须符合安全操作规程，使用前对吊具须认真检查，不允许超负荷使用。吊运坯料用的吊钳、钢丝绳等，应以不损伤物品外形和质量为原则，否则禁止使用。吊运坯料过程中须平稳、轻放。

坯料运输过程的安全应高度重视，物料不得超高、超宽，注意防滑、防滚动，严禁人料混装，注意上下车安全，汽车倒车进入厂区时，跟车人员应下车观察指挥。

坯料转运过程中的所有原始记录必须认真填写，并按有关要求妥善保管。

1.2.3　坯料标志

机加工后的成品坯料应及时做好标志。标志可使用打印机、打码机、钢印、记号笔等工具，标志位置通常在铸锭锯切端面的中间，方锭坯也可同时在铸锭侧面再次标志。标志内容包括：合金牌号、年度代号、炉子编号、熔次号、根号以及锭坯号，也可将坯料的规格尺寸进行标志。大圆锭坯的标志通常是按锯切加工的顺序依次标注在端面，部分直径为250mm及以下的小圆锭坯可以不打根号和锭坯号。

方锭坯刨边、铣边、铣面后不另做标志；圆锭坯车皮、镗孔后不另做标志。不合格品、废品需用粉笔或记号笔在端面注明不合格及原因，便于区别存放。

1.2.4　废料管理

1.2.4.1　废料分组的意义

铸锭在机加工过程中，会产生大量切头切尾料以及各种废品，同时铸锭铣面、刨边、锯切、车削时会产生大量碎屑类三级废料，对于这些废料的处理，通常情况下，一级废料可以直接配送回炉，重新熔铸，而碎屑类的三级废料应根据情况采取不同处理方法，一般不含油、水的干铣屑、车屑、刨屑料，本着节约成本的考虑应采取集中收集、直接回炉的方式处理，而对含油、含水的碎屑通常要经过复化铸成复化锭后使用。由于机加工过程中合金种类繁多，各种合金成分差异大，如果在废料收集过程中产生不同合金混在一起的现象，将造成废料使用困难，呆滞金属增加，使用不慎将导致合金成分缺陷，严重时还可能导致全炉成分超标报废。因此，根据合金的不同牌号和成分含量，将各种废料按合金或分组进行集中收集、存放、标志、管理。

1.2.4.2 废料分组

通常按废料产生工艺、使用性质、外形尺寸及表面清洁状况等进行分级和分组，废料一般分为四级。

一、二级废料必须严格按级别、合金牌号收集、保管，但由于铝合金有多种命名方法或合金改型原因，一些相同或相近的合金虽然有不同的名称仍可归在一起存放管理，如1100和1200，2A12和2024，3A21和3003等。

铝合金机加工过程中产生的碎屑通常为三级废料。三级废料中凡是未含油、含水的干铣屑、车屑、刨屑料一律按合金单独管理。分组管理应根据各生产厂家的具体情况，在条件许可的情况下，分组越细越经济。

对于不能区分合金的混合废料定为四级废料，对于大块的混合废料可以通过光谱分析检测出化学成分，并加以区分，减少四级废料的产生量。

铜合金一级废料包括化学废料、几何废料，碎屑属于二级废料，炉渣及各种不明成分的废料均属第三级。一级废料可以直接当原料使用，二级碎屑需制团或除油烘烤后制团才能用作炉料配制合金，炉渣等不明化学成分的废料只能重新冶炼，再生后利用。

当发生混料事故时，不得随意标注合金或降级处理，应立即区分，尽最大可能减少损失，难以分开时，按最低级处理。

1.2.4.3 废料的存放

废料在本工序产生后，必须放入指定区域内的废料筐、斗、架内，废料筐、斗、架上应标明合金牌号或组别，一级废料应在废料上标明合金牌号。因化学成分超标的废料，必须注明超标的元素和含量。存放的一、二级废料不得污染，对有泥土和明显灰尘的废料应进行清除；三级废料应按合金或组别进行装筐存放，含油、含水废料应在产生废料的工序中及时排放，防止在转运过程污染环境。原则上工序中的废料不能长时间存放，应及时将废料送交到指定区域统一管理。

1.2.4.4 废料的转运和交接

废料转运到指定的存放区域后，交接前检查人员须进行抽检，抽检内容包括标志与废料的合金牌号、组别、级别是否一致，废料是否严重污染；然后进行重量检斤，填写检斤单，并开具交接手续，废料交接的原始凭证也需进行统一保管和登记。

1.2.4.5 碎屑的收集

(1) 锯切碎屑收集处理

锯切碎屑的形状一般呈丝状、片状或粉末状，锯切碎屑流向均在辊道下方，因而收集一般有两种方式。一种方式是利用碎屑的自重原理进行碎屑的收集，另一种方式是利用碎屑输送机对碎屑进行收集。

自重方式进行碎屑收集，是在锯片辊道下方挖一个斜坡槽，使碎屑通过斜坡自动掉入碎屑箱内，完成碎屑收集。其优点：结构简单，不增加辅助设备。其缺点：一是碎屑容易撒出碎屑箱外，清理困难。二是要求碎屑坑要有足够的深度，碎屑才能随斜坡正常掉入碎屑坑，同时碎屑坑深，必须制作多级扶梯，故坑要求大。三是不安全，碎屑从坑内吊出，操作者须下坑，因扶梯长期有水或乳液，易滑倒；天车看不到，只能依靠地面人员指挥吊料。四是基础成本高。

碎屑输送机常用的有链板输送机、胶带输送机、蛟龙输送机。

链板输送机优点是：坑道可以较浅，一般在1.2m左右，碎屑坑也比较小，有利于安全生产。缺点是：因碎屑呈丝状和片状，碎屑很容易进入链板滑道使链板卡死或链板小轴断、链板掉，经常出现卡阻状况，造成设备停机，影响生产正常运行。

胶带输送机是目前使用较可靠的碎屑收集方式，它克服了链板输送机的缺点。其优点是维修方便，故障率低，安全性能好，缺点是漏水较差。

蛟龙输送机主要用于场地较狭窄的场所，一般用于圆铸锭锯床的碎屑输送，优点是能将碎屑从狭窄的锯缝将碎屑输送到料箱内，缺点是带网状的碎屑输送困难，容易造成蛟龙万向联轴器损坏而停机。

图3-1-1 带锯碎屑收集

(2) 带锯碎屑收集处理

带锯的碎屑因颗粒度小，所以采用吸屑机进行收集。吸屑机主要由吸屑斗、吸屑管和吸屑器组成，碎屑通过吸屑斗进入吸屑管道，再到吸屑器，最后进入碎屑箱内，如图3-1-1所示。

(3) 刨削碎屑收集处理

刨削碎屑多成颗粒状和条状，刨边时在刨刀旁放一个小箱对碎屑进行收集，并在刨边完成后，对碎屑进行清扫收集。刨面应在刨削完成后进行收集碎屑。对刨削的回收应严格按废料分组要求执行。

(4) 铣面碎屑收集处理

铣刀铣削出的铝屑呈丝（条）状，用抽风机强大的抽吸力将铣削出的条状铝屑，通过风罩、风道送到破碎机，破碎后的铝屑成颗粒状，用料斗存储。除尘器的作用主要是收集、过滤细小的粉尘，避免污染环境。铣面碎屑应按合金或组别分类装箱。

（5）车皮碎屑收集处理

车皮碎屑多成粒状或条状，采用坑井式收集。车削加工后的碎屑通过斜坡滑道进入碎屑专用箱中，再使用天车吊运倒入按合金区分的大箱中存放，车皮碎屑通常是干碎屑。

（6）镗孔碎屑收集处理

镗孔碎屑多成粒状，也有成条状，碎屑一般采用坑井式收集。镗削加工后的碎屑通过斜坡滑道进入废料小箱中，再使用天车吊运倒入按合金区分的大箱中存放。因在加工过程中多采用水、乳液、润滑油等润滑液体，因此通常情况下碎屑应在生产现场收集，存放一天以上才能转运，避免污染工作环境。

1.3　质量控制

现代化大生产多以半连续铸造生产铝合金铸锭，为了保证产品用料，同时提高生产效率，方铸锭采取变化不同的厚度、宽度、长度，使铸锭的重量从几吨到几十吨，满足产品质量和加工工艺性能要求。圆铸锭的生产，在保证产品质量的前提下尽可能提高生产效率，采取的方法为增加每次生产的根数和增加铸锭长度。铸造生产的规模化，为加工生产既带来好处，也可能产生不利影响，例如大规格、超长度的铸锭给加工设备的选取提出了更高要求，同时也使加工难度增大，对铸锭加工规格和形状以及表面质量的控制，提出了更严格的要求。

1.3.1　质量检验

质量检验的作用：

（1）把关。通过对产品的检验、鉴别、分选，剔除不合格品。严格做到不合格的原材料不投产，不合格的半成品不转工序，不合格的产品不出厂。

（2）预防。通过工序能力的测定和控制图的运用，监督工序状态的变化，并及时发现问题，采取措施进行调整，使工序处于稳定状态。

（3）反馈。通过对检验资料数据的整理分析，掌握产品质量情况和变化规律，为测定和分析工序能力，监督工艺过程，为改进设计制造，加强质量管理提供必要的信息和数据。

1.3.1.1　自检

自检是生产作业人员对自己加工过程中的每道工序和完成的产品，按照生产卡片、工艺规程以及技术文件要求进行自我检查，把不合格品主动地挑出来，防止流入下道工序的检查方式，即自我把关。这是一种建立在充分相信和依靠职工的基础上的群众性质量检验方式。

1.3.1.2 互检

互检是生产作业人员之间对加工的产品按照生产卡片、工艺规程以及技术文件要求进行的互相检查。互检的形式是多种多样的，例如班组的工序日查，即班组的质量员每天对本班组生产的产品表面质量、废料的存放、不合格品的挑选隔离等情况的抽查；例如下道工序（车削加工）对上道工序（锯切加工）产品的外形尺寸、表面缺陷、铸锭标志等方面的质量检查；例如锯切工序的辅助人员对操作人员加工的产品进行的检查。互检是一种相互监督，相互促进，严格把关，保证产品质量的一种有效形式。

1.3.1.3 首件检验

首件检验是针对一批产品加工时的第一件产品的检验，这是加工过程中进行的一种预防性检验，是控制产品质量的一种简单易行的方法。例如铸锭加工工艺中规定对锯切的首件产品进行检验，检验主要针对尺寸的精度和切斜度，目的是为了及时发现尺寸超差情况，查找产生的原因，例如切斜度超标的原因可能是铸锭弯曲造成也可能是锯片造成，采取的针对性措施是：铸锭弯曲引起的切斜度超标，通过再次锯切进行修复；锯片造成的切斜度超标，通过更换锯片，修正锯齿角度进行缺陷消除。检验首件产品可以及时发现质量问题，防止成批产品返工或报废。

1.3.1.4 抽检

抽检是按照事先制定的抽样方法，在交检产品中按一定的百分率进行抽样检验，根据抽检的结果来判断整批产品合格或不合格。抽检可以大大减少检验工作量，节约检查费用。抽检一般用在大批量、自动化程度比较高，加工设备、工具、原材料的质量可靠，能够保证加工质量稳定的产品和工序，以及需进行破坏性试验的产品。例如，圆铸锭加工过程中，切取头、尾低倍试片进行低倍组织分析就是一种抽检方式。

1.3.1.5 全检

全检又称普遍检验，是对每件产品的质量情况进行的检验，从而判断每一件产品是否合格，并挑出不合格产品的一种检验方法。全检能比较可靠地保证产品质量，但检验工作量大。例如加工工艺规定，圆锭车皮、镗孔，方锭锯切加工都必须全检，主要是为了防止加工精度不达标，影响轧制、挤压、锻造质量，或达不到加工要求。

1.3.2 锭坯的加工标准

进入机加工工序的铸锭，应按照相关质量标准或铸锭质量证明书进行验收合格后，方可在铸锭料单上签字收料并进入下道工序。

验收作业程序是：审核铸锭质量证明书和化学成分单→核对铸锭上的印记、代号→对铸锭的表面、外观质量、化学成分及尺寸进行检查→根据相关技术标准、协议判断是否接收→标志→记录。

1.3.2.1　铝合金方铸锭坯料加工标准

1. 锯切质量要求

通过熔铸生产出的方、圆铸锭多数情况不能直接进行轧制、挤压、锻造等加工，一方面是由于铸锭头尾组织存在很多硬质点和铸造缺陷，对产品质量和加工安全有一定影响，另一方面受加工设备制约和用户的需求，因此锯切是机械加工的首要环节。锯切的内容有切头、切尾、切坯料、取试样等。

根据热轧产品质量要求的不同，对方铸锭的头尾有三种处理方法：

(1) 对表面质量要求不高的产品，可保留铸锭头尾原始形状，即热轧前不对铸锭头尾做任何处理，以最大限度地提高成材率，降低成本。

(2) 对表面质量要求较高的产品以及横向轧制的坯料应将铸锭底部圆头部分或铺底纯铝切掉，浇口部的锯切长度根据合金特性和产品质量要求而异，但至少要切掉浇口部的收缩部分。

(3) 表面要求极高的产品还应加大切头、切尾长度。

2. 刨、铣边质量要求

镁含量大于 3%的高镁合金方铸锭、高锌合金方铸锭以及经顺压的 2×××系合金方铸锭，铸锭小面表层在铸造冷却时，富集了 Fe、Mg、Si 等合金元素，形成非常坚硬的质点以及氧化物、偏析物等，热轧时随铸锭的减薄或滚边而压入板坯边部，致使切边量加大，严重时极易破碎开裂，影响板材质量，因此，该类铸锭热轧前均需刨边或铣边。

刨、铣边质量要求：

(1) 加工深度：软合金≥3mm，硬合金和高 Mg 合金 5～10mm。

(2) 刀痕深度：≤2mm。

(3) 边部形状：加工后的边部应保持铸锭原始形状，有特殊要求时另行规定。

(4) 表面质量：加工后铸锭表面刀痕应均匀，无毛刺、粘铝，对明显的缺陷必须清除。

铸锭小面弯曲度过大，不利于热轧辊边轧制，严重时易造成轧制带材产生镰刀弯而无法纠正，因此，当铸锭小面弯曲度超过控制范围时，也可采用刨边、铣边的方法进行纠正。

3. 铣面质量要求

铣面从方铸锭坯料厚端进刀，根据合金特性、铣削量要求、设备能力等设定进刀量，单面铣削量应从坯料最薄处计算。铣面后的理想状态是大面平直，坯料表面铣削均匀。

铣削后坯料表面质量要求：

(1) 铣刀痕控制，通过合理调整铣刀角度，使铣削后坯料表面的刀痕形状呈平滑过渡的波浪形，刀痕深度不大于 0.15mm，避免出现锯齿形。

(2) 铣面后的坯料表面不允许有明显深度和锯齿状铣刀痕及粘刀引起的表

面损伤，否则需重新调整和更换刀体，坯料表面允许有断面形状呈圆滑状之刀痕，如刀痕呈陡峭状，则必须用刮刀修磨成圆滑状，并重新检查和调整好刀的角度。

(3) 铣过第一层的坯料上，发现有长度超过 100mm 的纵向裂纹时应继续铣面、再检查，若仍有超过 100mm 长裂纹时，继续铣至条件成品厚度。

(4) 铣面后的坯料，其横向厚差≤2mm，纵向厚差≤3mm。

(5) 铣面后的坯料，及时消除表面乳液、油污、残留金属屑。

(6) 铣面后的坯料，其厚度应符合表 3-1-1 的规定。

表 3-1-1　某厂铝合金铣面坯料厚度规定

合　金	坯料厚度（mm）	铣面后合格品厚度不小于（mm）
所有合金	300	270
	340	310
	400	370
软合金	480	450

1.3.2.2　铝合金圆铸锭坯料加工标准

1. 锯切质量要求

与方铸锭一样，圆铸锭头尾组织存在很多铸造缺陷，因此需要经过锯切将头尾切掉，与方铸锭加工有一定差别的是，一根圆铸锭一般需要加工为多个坯料，并且在试片的切取方面有更多的要求。圆铸锭锯切一般从浇口部开始，顺序向底部进行，按规定切头、切尾及切取试片，其切除量根据规格和制品有所区别，一般切头、切尾长度在 200mm 范围内，低倍试片厚度 25±5mm，氧化膜试片厚度 55±5mm。

2. 车皮质量要求

车皮后的圆锭坯料表面应无气孔、缩孔、裂纹、成层、夹渣、腐蚀等缺陷，以及无锯屑、油污、灰尘等脏物，车皮的刀痕深度不大于 0.5mm。为消除车皮后的残留缺陷，圆锭坯料表面允许有均匀过渡的铲槽，但对其数量和深度工艺上有严格限制。

3. 镗孔质量要求

所有空心锭都必须镗孔，镗孔应注意防止壁厚不均匀、偏心或氧化皮未镗掉。镗孔后的空心锭内孔应无裂纹、成层、拉裂、夹渣、氧化皮等缺陷，以及无铝屑、乳液、油污等脏物，镗孔刀痕深度不大于 0.5mm。镗孔至条件品后，不能消除铸锭裂纹、成层、拉裂、夹渣、氧化皮等缺陷，可以通过切掉缺陷方法处理。

4. 圆铸锭坯料外形尺寸标准

表 3-1-2 给出了某铝加工厂部分圆铸锭坯料外形尺寸标准。

表 3-1-2　某铝加工厂部分圆铸锭坯料外形尺寸标准

坯料名义直径（mm）	直径（外径）公差（mm）	内径公差（mm）	长度公差（mm）	切斜度（mm）	壁厚不均度（mm）
ϕ630	+2～−8		±8	≤10	
ϕ482	+2～−4		±6	≤8	
ϕ≤250	±2		±5	≤5	
ϕ630/310	+2～−8	±2	±8	≤10	≤3
ϕ262/138	±2	±1	±5	≤6	≤2

应根据测量结果，对照锭坯尺寸标准，判断机加工后锭坯尺寸是否合格。

1.3.2.3　铜合金坯料加工标准

1. 扁铸锭坯料锯切要求

（1）应符合相关标准的长度公差、切斜度等要求。

（2）不允许有气孔、夹杂、裂纹等缺陷。

（3）锯口不允许有飞边、毛刺。

2. 圆铸锭坯料锯切要求

（1）应符合相关标准的长度公差、切斜度等要求。

（2）圆铸锭浇口和底部必须切除，锭坯端面必须平整，不允许有飞边、毛刺、气孔、夹杂、缩孔等缺陷。

（3）锭坯端面缺陷不允许修复。

3. 坯料铣面

铜合金的坯料铣面分为铸锭铣面和带卷铣面。

（1）铸锭铣削后坯料表面质量要求

锭坯经表面加工后，表面光滑，不允许有大刀花阶梯、起刺、飞边。如 ϕ503 铣床表面粗糙度要在 12.5 以上。

铣面后的坯料表面出现明显深度和锯齿状铣刀痕及粘刀引起的表面损伤，则需重新调整和更换刀体，如刀痕呈陡峭状，则要重新检查和调整刀的角度。

扁锭坯料横向厚度差不得超过 2mm。

铣面后的坯料及时消除表面乳液、油污、残留金属屑。

铣面后的坯料如有缺陷，经修复后仍不合格，可再次加工，一直到合格。如经多次加工仍不合格，可改尺挽救，但必须在短尺尺寸范围内。

（2）带卷铣削后的质量要求

带卷经铣削后，表面应光滑、清洁，无划伤、毛刺、大刀花、乱刀花、浮尘、油迹、啃伤、粘屑、连屑等。在两边部 15mm 以外不允许有起皮、氧化坑、压坑、氧化色等缺陷。料头上表面不允许有超过 300mm 长的漏铣。

铣削后带卷的纵向厚度偏差≤0.15mm，横向厚度偏差≤0.10mm。

铣削后带卷，边部应光滑、铣屑深度应均匀、不粘连铣屑等。

铣削后带卷不允许出现凹形、凸形，刀棱高相差不超过0.15mm，刀花应均匀一致，宽度不超过25mm。

1.3.3 常用量具及使用

1.3.3.1 机加工常用量具

机加工过程中常用的计量器具主要有：钢卷尺、直尺、角尺、钢板尺、塞尺、游标卡尺、百分表、温度计等。

1.3.3.2 测量方法

坯料加工对尺寸的测量一般要求不高，通常使用钢卷尺、钢板尺测量，按要求对方铸锭锯切、方铸锭铣面、空心铸锭镗孔、圆铸锭车皮后坯料逐一量尺并记录。

测量铸锭或坯料长度尺寸时，钢卷尺应拉直，并与测量面贴合进行观察。测量内容包括单边测量、两边测量、对角测量，其目的主要是检测坯料加工长度是否达到生产卡片和工艺规程的要求。测量时在铸锭小面两端头的最凸出位置测量（未锯切铸锭不包括底部凸出圆弧部分长度）。测量坯料厚度尺寸时，不但要头尾端面进行测量，而且还要对边部与中间的厚度进行测量，检测各处的厚差是否符合标准要求。测量坯料宽度时，在铸块打印端小面圆弧或楔形最凸出点测量。铣面后铸坯厚度的测量，用卷尺钩头紧挂铸锭中间位置下表面，使卷尺与铸锭表面垂直；眼睛平视铸锭上表面对应的值，即为铸锭铣面后厚度。测量铣面后铸坯厚差时，通常是测量浇口部，分别测量距铸锭侧边200mm位置的厚度，看其厚度差值是否符合规定。

测量车皮后圆铸锭两个端面的直径时，用卷尺钩头紧挂圆铸锭端面的一边，然后眼睛平视，将尺子靠着圆铸锭的边缘缓慢移动，观察测量的最大数值。空心铸锭加工除了需要测量长度、直径外还应检测两个端面的内孔直径和壁厚，测量方法与圆铸锭直径测量类似（小孔径空心铸锭通常采用卡尺或游标卡尺测量）。

测量铸坯弯曲度，将铸锭放在一个平面上，根据铸锭与平面的间隙，采用塞尺测量。在实际操作中也可以采取用棉线将两头拉直，用塞尺或其他量具进行测量，测量弯曲的方法包括全长弯曲、每米弯曲、对角弯曲等。需铣面的坯料弯曲度要求：大面弯曲度每米不大于3mm，全长弯曲度不大于5mm；铸锭横断面厚差不大于5mm。

测量坯料切斜度，将铸锭放在一个平面上，用直角尺一边紧贴铸锭，使用塞尺或钢板尺测量，测量时直角尺应从不同方向进行检测。

塞尺是由不同厚度的金属薄片组成，每片薄片上有两个相互平行的测量面，并标有厚度值。使用塞尺时应注意，先用较薄的一片插入被测间隙内，若有空隙则选用较厚的依次插入，直至不松不紧即为被测间隙值。

在调整铣刀位置偏差时会使用到百分表，使用百分表时应注意检查是否被牢固地装在测量架上，测杆与被测坯料表面必须垂直，不然将产生较大的测量误差。测量前不少于三次提拉百分表测杆略高于坯料高度，放手让其恢复原位，观察指针零位变化，待重复性较好后进行测量。测量时测头不能与坯料碰撞、硬推拉以免损坏测头。

在空心铸锭镗孔以及修磨锯片时会使用到游标卡尺。游标卡尺是生产中最常用的量具，它是在普通的钢尺上加设一个辅助的度量装置，这个装置就叫做游标。游标的作用，既保证了所读尺寸的准确性，又增加了该量具的精度。它的主尺和尺框连成一体，游标的各部零件（如游标 6 等）与内外量爪 7 连成一体，内外量爪可以在尺身上滑动。如图 3-1-2 所示。

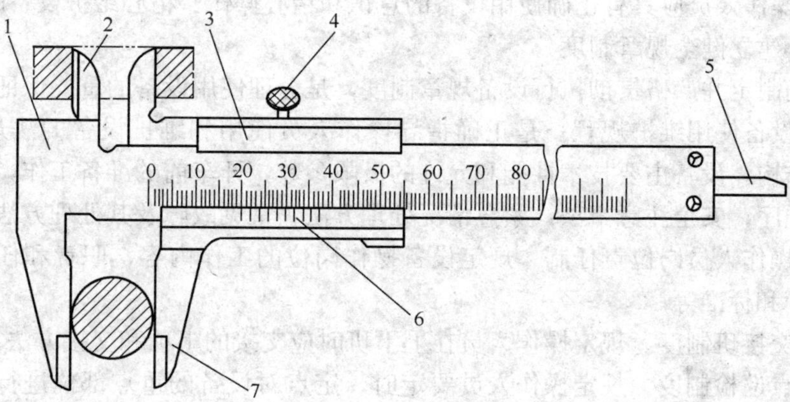

图 3-1-2　游标卡尺

1—尺身；2—尺框；3—游标架；4—固定螺钉；5—深度尺；6—游标；7—内外量爪

以测量较小工件直径为例，说明游标卡尺的使用方法：

(1) 用手握住工件，另一只手将卡尺的尺框与内外量爪分移开去，开口要比所量工件的外径稍大些。

(2) 将尺框和内外量爪放在工件外围需要测量的部位。

(3) 用手拇指推动滑块，使外量爪靠近工件，使其处于与工件似接触而又非接触的状态。

(4) 用固定螺钉将滑块固紧，旋转调节螺母，使内外量爪松紧适度地接触工件。

(5) 读出卡尺上的尺寸。

1.4　设备保养与维护

设备保养、维护工作应贯彻“预防为主”的原则，把设备故障消灭在萌芽状态。操作者严格按照设备使用、维护规程正确操作、维护设备，防止连接件松动和不正常的磨损，通过对设备部件的润滑、紧固、清扫、更换，使设备达到并保持性能要求，延长设备使用寿命和检修周期，保证设备的安全运行，防止事故发生。

1.4.1　设备使用和维护保养要求

1.4.1.1　设备使用要求

（1）配备合格的操作人员

配备合格的操作人员是合理使用设备的先决条件。要求如下：

1）设备的操作人员必须通过培训，经考试合格后持证上岗。

2）实行“三定”：即定人、定机、定职责。单人操作的设备由操作者负责，多人使用的设备或机组由当班主要岗位或班组长负责，公用设备由指定的专人负责。

3）操作人员应具有正确使用设备的意识和精心操作、精心维护设备的自觉性。

（2）建立健全规章制度

正确制定并严格贯彻执行设备规章制度，是合理使用设备的重要保证。

1）设备使用维护规程。是正确指导操作人员使用和维护设备的法规，包括：设备的结构，设备主要技术性能和允许的极限参数，开车前的准备工作，开、停车的操作顺序，安全注意事项，紧急情况处理方法，常见故障及其处理方法等。

2）操作人员岗位责任制。规定设备操作岗位的工作内容、职责和任务，以及考核指标和标准等。

3）交接班制度。规定操作人员在上下班时应交接的事项和交接方法。

4）点巡检制度。规定操作人员要定时、定点对设备的重点部位进行检查、处理，保证设备正常运行。

（3）合理安排生产任务

应恰当安排设备的工作负荷和生产任务，既要避免“大机小用”、“精机粗用”，造成设备效能和能源的浪费，又要防止设备超负荷运转而造成设备和人身事故，降低设备使用寿命。

1.4.1.2　设备维护保养要求

设备的维护保养是对设备进行清扫、检查、清洗、润滑、紧固、调整、防腐等一系列工作的总称。其目的是为了减轻和延缓设备的磨损，及时发现和处理设备在运行中出现的异常现象，保证设备正常运行，延长设备寿命。

设备维护保养工作应贯彻“预防为主”的原则，把设备故障消灭在萌芽状态。操作人员主要任务：负责日常维护保养，即每班或每天对设备进行清扫、检查、润滑、紧固和调整；定期对设备集中润滑系统、液压系统的油箱进行清洗、换油；定期对设备的冷却系统进行清洗等。

设备的润滑是设备保养的重要方面，设备润滑应严格实行“五定”：即定点、定质、定量、定时、定人。定点：规定设备的润滑部位、润滑点，作业人员必须按规定要求给各个润滑点加油，不得遗漏。定质：规定每个润滑点使用的润滑油脂的品种、牌号，作业人员不得任意更改代用。定量：规定每个润滑点（或集中润滑系统油箱）每次加、换油的重量，作业人员必须按规定的重量范围加、换油。定时：规定每个润滑点（或集中润滑系统油箱）加、换油的时间，作业人员必须按规定的周期加、换油。定人：规定设备每个润滑点加、换油的负责人。

润滑油的选择：

（1）采用稀油润滑的情况：

1）润滑除减少摩擦和磨损外，还需排除摩擦表面大量热量。

2）摩擦表面有可能实现液体摩擦。

3）能密封齿轮和轴承。

4）摩擦表面除要求润滑外，还需冲洗保持清洁。

选择稀油牌号时主要考虑机械运转的速度和负荷，高速轻载者，用黏度小的润滑油。低速重载者，用黏度大的润滑油。

（2）采用润滑脂润滑的情况：

1）低速、可逆转或重复短期工作制的重负荷滑动轴承。

2）工作环境恶劣、潮湿、灰尘多，要求不落入杂质，同时又难于密封的轴承或导轨。

3）长期停止使用无法形成润滑油脂的滚动轴承。

4）长期工作不需要更换润滑脂的、密封好的滚动轴承。

选择润滑脂时，主要考虑工作条件，钙基脂用于耐水，钠基脂主要用于耐高温，钙钠基脂介于二者之间，钡基脂也用于耐高温。

1.4.2　设备的基本结构及常见故障

要正确使用、维护和保养设备，使之安全可靠运行，必须了解设备的基本结构和功用。下面介绍几种常见机加工设备的基本结构及功用。

1.4.2.1　龙门锯床

（1）基本结构

ϕ1800mm 龙门锯床的基本结构主要由辊道机构、导料机构、夹紧机构、龙门立柱、滑架机构、锯头机构、进锯机构、定尺机、碎屑收集机构、料头和料尾倾翻器、冷却系统、液压系统、电控系统等组成，如图 3-1-3 所示。

1）辊道机构：辊道机构用来输送锯前待加工铸锭和锯切后加工完毕的铸锭，整个机构由多根辊道组成，一般可分别为锯前第一段不变速辊道，锯前第二段变速辊道，锯后第一段变速辊道，锯后第二段不变速辊道，实现铸锭的输送工作；有的锯床全部采用不变速辊道对铸锭进行输送。

2）导料机构：导料机构用来将铸锭推正，保证锯切的铸锭不偏斜。导料机构由定位板、单导料油缸、导板油缸、导料油缸滑轮、支承座、油缸座等构成。

3）夹紧机构：夹紧机构用于固定铸锭，保证铸锭锯切时不发生移动。夹紧机构由定位板、夹紧油缸、油缸座、支承座等构成。

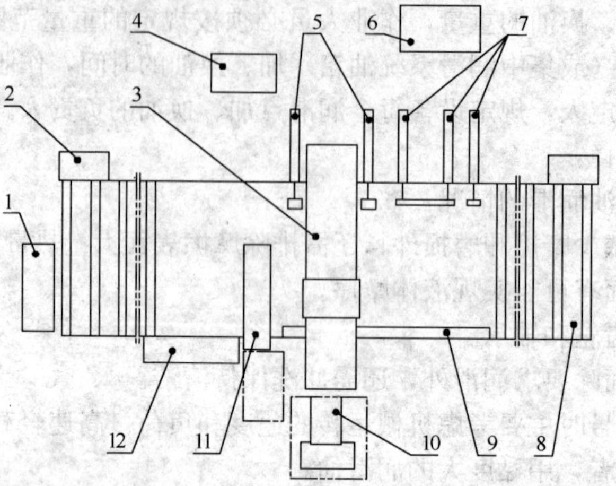

图 3-1-3 龙门锯床布置图

1—挡料台；2—减速机；3—滑架与龙门立柱；4—操作台；5—夹紧缸；6—液压站；7—导料缸；8—辊道；9—定位板；10—碎屑输送机；11—料头倾翻器；12—定尺机

4）龙门立柱、滑架机构：用于承载锯头部分、电机座和支撑电缆架、安装进锯机构。立柱、滑架由铸钢加工制造，滑架与立柱用螺栓紧固连接，立柱与基础用地脚螺栓连接。

5）锯头机构：锯头是锯床的核心部分，是实现锯切的主运动部件。由锯头箱、主轴、电机座、电机、皮带、皮带罩、锯片装置、锯片、干油润滑系统等构成。

6）进锯机构：进锯机构用于锯床进锯切割。由电机、轴承座、传动丝杆、丝杆座、丝杆伸缩保护罩、电缆伸缩装置等构成。进锯机构实现锯床的进、退锯，它是由电动机带动减速机，减速机又带动丝杆转动，丝杆转动带动锯头螺母前后横向移动，实现锯床的进锯切割或退锯运动。

7）定尺机：定尺机主要对工艺要求的锯切铸锭坯料长度定尺寸。该机构主要由：①机架体部分；②移动滑架部分；③指示器部分；④气动系统部分；⑤传动部分等组成。定尺机是由电动机带动传动机构，传动机构一方面带动指示器传动部分显示纵向移动距离，另一方面带动丝杆转动，丝杆带动滑架纵向移动，实现定尺长度；位置确定后，利用气动装置使滑架挡头升降，以实现铸锭定尺。

8）碎屑输送机构：用于锯切碎屑的收集和输送。它由碎屑收集固定箱、输送机、碎屑箱组成；其中收集固定箱、碎屑箱由钢板焊接而成，输送机由胶带、滚筒、机架、减速机、电机等构成。

9）料头和料尾倾翻器：料头和料尾倾翻器用于料头和料尾收集、装筐。由机架、辊子、机座、倾翻油缸等构成。

10）冷却系统：冷却系统用于锯切中锯片和铸锭的冷却、润滑。冷却系统由水泵、阀门、管道等构成。

11）液压系统：液压系统用于铸锭的导向、夹紧，料头和料尾收集。液压系统由两台电机和两台油泵、液压控制阀、压力表、管路附件、执行油缸等构成。

12）电控系统：电控系统是锯床控制部分，用于控制锯床工作。主要由控制柜、操作台、变频器和各电气元件等构成。

（2）常见故障

冷却液压力不足，冷却不良；夹紧压力不足，铸锭夹不紧；锯片锯齿损坏，锯切面粗糙不平，锯切面倾斜；锯前或锯后辊道不转动；输屑机不运行以及电器控制失灵等。

1.4.2.2　龙门刨床

（1）基本结构

B2020A/1 型龙门刨床主要用于方铸锭的刨边和表面弯曲的修复。主要由床身、两个垂直刀架和垂直进刀箱、两个侧刀架和侧进刀箱、横梁及夹紧机构、横梁升降蜗轮箱、滑动导轨、传动机构、立柱、润滑系统、电控系统等组成，如图 3-1-4 所示。

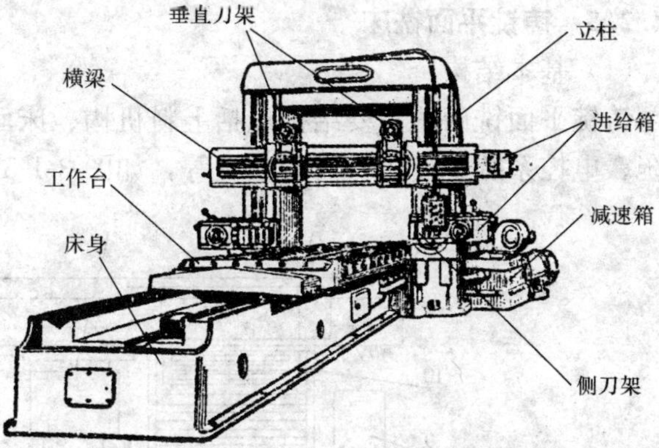

图 3-1-4　B2020A/1 龙门刨床

（2）常见故障

床身导轨严重磨损，工作台反向冲击大，传动蜗杆振动大，蜗杆座松动，进刀不准，刀架不复位等。

1.4.2.3　龙门铣床

（1）基本结构

X2020A 型龙门铣床主要用于方铸锭的刨边和修复弯曲方铸锭表面。主要由床身、两个垂直铣头箱和垂直铣头、两个侧铣头箱和侧铣头、横梁与夹紧机构、横梁升降蜗轮箱、滑动导轨、传动机构、立柱、润滑系统、电控系统等组成。

（2）常见故障

铣头箱传动机构齿轮磨损，轴承损坏，升降机构传动蜗轮磨损，蜗轮座松动，铣头箱振动大，铣头进刀调节困难，铣头箱角度调节困难等。

1.4.2.4　锯片磨床

1. M6620（M6615）型锯片磨床

（1）基本结构

M6620 型锯片磨床用于冷锯片的磨削。主要由传动箱、磨床床身、转动机构、磨头、锯片传动升降机构、吸尘装置、锯片夹紧机构和电控系统等组成。

（2）常见故障

三角传动带磨损，锯片传动机构的凸轮不起作用等。

2. CHM22H 型锯片磨床

(1) 基本结构

CHM22H 型锯片磨床也用于冷锯片的磨削。它主要由磨床箱、磨头、定齿机构、锯片移动夹紧机构、冷却系统、液压系统等组成。

(2) 常见故障

锯片磨削前不能定位或定位不准确，定位头不能自动复位，磨头角度无法调整或调整不准确，磨削时磨头伸缩不灵活或不到位。

1.4.2.5 铸锭平面铣床

(1) 基本结构

铸锭平面铣床的主要结构包括上料机构、床面工作部分、主轴部分、碎屑回收系统、电控系统、液压、润滑系统等，如图 3-1-5 所示。

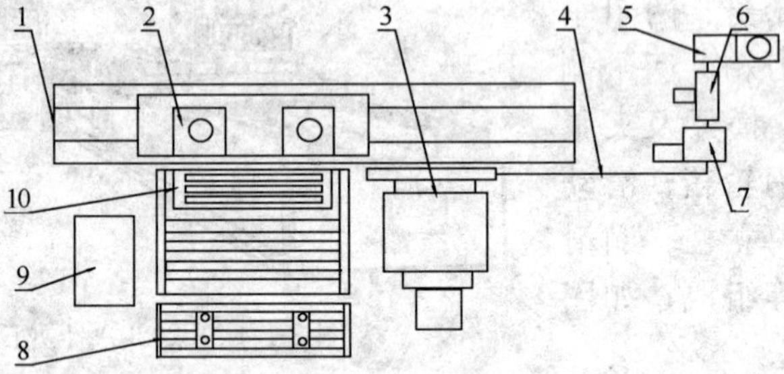

图 3-1-5 铣床平面布置图

1—床面移动机构；2—铸锭夹紧机构；3—刀盘及主轴转动机构；4—风道；5—除尘器；6—抽风机；7—碎屑机；8—翻锭机；9—操作台；10—上料机

1）上料机构：包括上料机、翻料机、辊道及小车移动机构等，用于承受、传输、翻转铸锭。

2）床面工作部分：包括滑轨、铣料台、夹紧机构、床面移动机构、床面护罩等，通过床面工作部分移动来进行铸锭铣面。

3）主轴部分：包括刀盘、刀具、进刀机构、主轴及传动机构等，通过刀盘旋转对铸锭进行铣削，调整进刀机构可以控制铣削量。

4）碎屑回收系统部分：包括风罩、风道、抽风机、碎屑机、除尘装置和碎屑运输机等，用于在铸锭铣削过程中通过系统的运行将碎屑抽走、破碎、收集。

5）电控系统：由控制柜、操作台、变频器和各电气元件等构成，用于控制铣床工作。

6）液压、润滑系统：包括液压泵站、阀站和连接管道等，为铣床各部分提供液压动力和为各滑动、转动部位提供润滑油、润滑脂。

(2) 常见故障

床面不前进，床面不后退；轴套不前进，轴套不前进；小车不前进，小车不后退；翻锭机不翻，皮带运输机不动，振动筛不动；夹具不能夹或夹不紧，夹具不能松开；小车、翻锭机辊道不转，起落架不动；液压油泄漏，液压系统工作不正常；主轴有异常声音；风道、破碎机堵塞等。

1.4.2.6　圆铸锭圆盘锯床

（1）基本结构

圆铸锭圆盘锯床分为手动圆盘锯、自动圆盘锯。手动圆盘锯适合锯切 ϕ80mm 以下的圆铸锭；自动圆盘锯根据锯片的直径大小，目前可锯切 ϕ80mm 以上到 ϕ800mm 以下的圆铸锭。

现以 CS2-001 型 ϕ2000mm 圆铸锭锯床为例介绍专用圆铸锭锯床的基本结构，主要由主传动机构、机架及进给机构、夹紧机构、定尺机机构、辊道机构、碎屑收集机构、料头和料尾倾翻机构、铸锭承料装置、冷却系统、液压系统、电控系统等组成。

1）主传动机构：主传动机构是锯床的主体，用于将电机的动力传递到锯片，使锯片旋转，从而实现铸锭切割。它主要由电动机、电动机底座、床头箱体、皮带轮、轴、轴承、齿轮组、机架等组成。

2）机架及进给机构：机架用来承载床头箱体，并加工有床头箱在其上面滑动的导轨，导轨的中间是进锯油缸的底座。进给机构用于带动锯头移动，进给机构由进锯油缸、液压阀及电气控制装置等组成。

3）夹紧机构：夹紧机构用于固定铸锭，保证铸锭锯切时不发生移动。夹紧机构由夹紧油缸、油缸座、支承座等构成。

4）定尺机：定尺机的主要作用是对锯切铸锭坯料长度按工艺要求进行定尺寸。该机构主要由机座、电机、标尺及固定机构、减速机及传动部分等组成。

5）辊道机构：辊道机构用来输送锯前待加工铸锭和锯切后加工完毕的铸锭。整个机构由多个辊道组组成，辊道形状为凹型，即中间小、两边直径大。

6）碎屑收集机构：碎屑收集机构用于锯切碎屑的收集和输送，它由输送机、碎屑箱组成，其中输送机由绞龙、减速机、电机、绞龙导向槽等构成。

7）料头和料尾倾翻机构：料头和料尾倾翻机构用于料头和料尾收集、装筐，由机架、导向板槽板、倾翻油缸等构成。

8）铸锭承料装置：铸锭承料装置用来承放待加工圆铸锭，并把待加工铸锭一根一根的输送到锯前辊道上，它由钢结构支架、承送料小车、承料小车液压站、承料小车升降缸、小车行走机构等构成。

9）冷却系统：冷却系统用于锯切中锯片和铸锭的冷却、润滑。冷却系统由水泵、阀门、管道等构成。

10）液压系统：液压系统用于铸锭的夹紧、料头和料尾收集、承料车油缸的升降。液压系统由电机和油泵、液压控制阀、压力表、管路附件、执行油缸等构成。

11）电控系统：电控系统是锯床的控制部分，用于控制锯床工作，它由控制柜、操作台、变频器和各电气元件等构成。

（2）常见故障

液压系统油压波动大，达不到规定压力；传动箱声音太大；乳液压力不足；传动箱产生爬行现象；不进锯或不退锯；打锯齿；锯切坯料切斜度过大等。

1.4.2.7 圆铸锭车床

（1）基本结构

圆铸锭车床是专门用于车削圆铸锭外径的专用设备，常用的专用车床车削直径最小为80mm，最大直径为800mm，长度最短为150mm，最长为1800mm。目前投入使用的最大规格专用车床已达到直径为1200mm，长度为2500mm。

以H9-003型圆铸锭车床为例介绍圆铸锭车床的基本结构，主要由床身、主传动机构、尾架机构、主刀架及进给机构、提升机构、进出料装置、润滑系统、电气系统、气动系统、辊道系统等组成。

1）床身：床身是车床的支承部分和承载力矩的部分，床身由铸铁铸造加工而成。

2）主传动机构：主传动机构用来实现车床的主运动，即车床的旋转运动。它由电动机、带轮、皮带、电机座、主轴机构、制动机构等构成。

3）尾架机构：尾架机构相当于普通车床的尾座，可沿主轴轴心线移动，用于车削不同长度铸锭的调节。尾架机构由尾架套筒、尾架锁紧装置、尾架主轴、气动装置等构成。

4）主刀架及进给机构：主刀架及进给机构用来调节车床的径向进刀量和轴向进给量，实现铸锭的车皮工作。主刀架由刀架体、刀盒、刀盒调节装置、车刀锁紧装置、倒角装置、拖板等构成；进给机构由进给箱、丝杆、刀架丝杆座等构成。

5）提升机构：提升机构用来使圆铸锭轴心升到与主轴轴心重合，保证圆铸锭车削时不偏心，从而保证加工质量。提升机构由提升电机、齿轮组、安全离合器、提升立柱和上、下横轴机构、升料座机构、上顶轴、限位装置等构成。

6）进出料装置：进出料装置用来将需车皮的圆铸锭送进车床内或将车完的圆铸锭送出到辊道上。进出料装置由弧形机架、气缸及控制系统等构成。

7）润滑系统：润滑系统用来实现车床各润滑点的润滑，主要采用泵站集中稀油润滑。润滑系统由油泵、电机、分配器、过滤器、管道等构成。

8）电气系统：电气系统是车床的控制部分，用于控制车床工作。它由控制柜、操作板、各电气元件等构成。

9）气动系统：气动系统用来实现圆铸锭的顶紧与松开、主轴的制动、车床门的开关。它由汽缸、气动阀、气动附件等构成。

10）辊道系统：辊道系统同锯床辊道系统，不同点为车床前辊道无电机带动，且为平辊道。

（2）常见故障

夹紧尾缸自动退回；夹紧尾缸伸出后不能退回；托料上升困难；提升机上升到位后下沉；V 形托架螺栓松动；提升机未到位尾缸提前伸出；主轴响声大；车床无法启动等。

1.4.2.8　空心圆铸锭镗床

（1）基本结构

镗床是专门用于镗削空心圆铸锭内径的专用设备，常用的镗床有 H9-004、H9-005、H0-004 等型，H9-004 型镗削直径 ϕ210～ϕ510mm，H9-005 型镗削直径 ϕ150～ϕ300mm，H0-004 型镗削直径 ϕ70～ϕ150mm。

以 H9-004 型镗床为例介绍镗床的基本结构，它主要由床身、主轴箱机构、夹紧装置、进给机构、送料机构、尾座装置、润滑系统、冷却系统、电气系统、气动系统等组成。

1）床身：床身是镗床的导轨部分和夹紧装置的支承部分，它使主轴箱沿其导轨上移动，同时承受镗削产生的力矩。床身由铸铁铸造加工而成。

2）主轴箱机构：主轴箱机构是镗床的主运动机构，用于实现主轴的旋转运动。它由电动机、电动机座、带轮、皮带、主轴机构、镗杆、主轴箱体等构成。

3）夹紧装置：夹紧装置用于夹紧铸锭外径，保证铸锭在镗削内孔时不动。夹紧装置由连杆机构、机架座、汽缸及控制系统等构成。

4）进给机构：进给机构用于实现主轴箱的轴向运动，从而实现铸锭的镗削。进给机构由进给箱、安全离合器、挂轮组、丝杆、丝杆座等构成。

5）送料机构：送料机构又称送料小车，用于将铸锭送入镗床夹紧腔内或将镗削完的铸锭运送出来。它由支架、双作用汽缸、汽缸座、控制系统等构成。

6）尾座：尾座装置用于平衡小镗杆，减少镗杆的振动，确保镗孔质量。尾座装置由尾座架、小镗杆铜套组、汽缸、汽缸座、尾座调节机构等构成。

7）润滑系统：润滑系统主要采用机油注入润滑（主要部位有轨道部位、夹紧连杆铰链部位、丝杆）；主轴轴承采用油池滴油润滑；进给箱齿轮、离合器采用飞溅自动润滑。

8）冷却系统：冷却系统用于镗削铸锭内孔时对镗刀及铸锭的冷却，以保证切削加工质量，减少刀具磨损。它由水泵、阀门、管道等构成。

9）电气系统：电气系统是镗床的控制部分，用于控制镗床工作。它由控制柜、操作台、各电气元件等构成。

10）气动系统：气动系统用来实现铸锭的夹紧与松开，尾座的升降，小镗杆的伸缩（实现刀盒的紧固和松开），送料小车的进出。它由汽缸、气动阀、气动附件等构成。

（2）常见故障

刀座镗杆径向退不灵活；镗杆变形；夹紧钳颚夹不紧，镗床不能开动；快速移动爬行或不动；镗削过程中，主轴箱振动大；镗杆电机启动不了，空气开关跳闸。

1.4.2.9 带锯

（1）基本结构

OPERATION 带锯的基本结构：上、卸料转运车、运输辊道、测量系统、铸锭夹紧系统、锯切机构（锯头）、碎屑收集装置、试片取出机构、液压传动机构、废料推出装置、电气控制系统、光电检测系统、触摸屏计算机操作软件、安全环保设施等构成，如图 3-1-6。

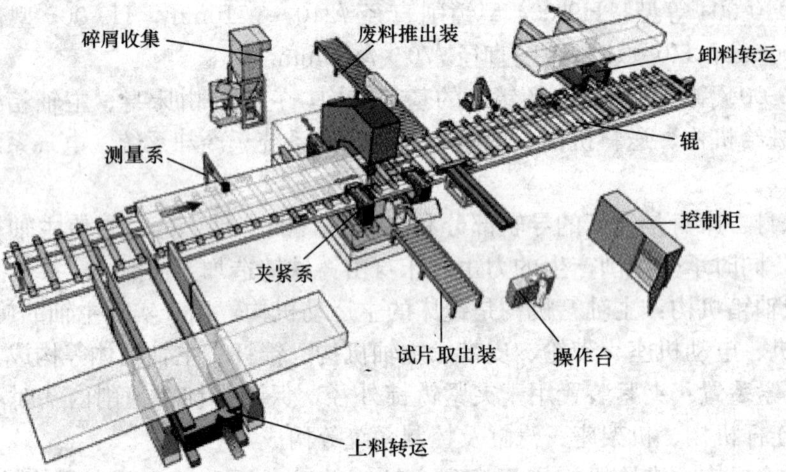

图 3-1-6 带锯平面布置图

1）上、卸料转运车：用于将铸锭从存料台运输到辊道或从辊道运输到存料台。

2）润滑系统：包括锯带的喷射润滑和锯床各个机构的润滑脂加入系统，前者使用压缩空气，后者则由专用泵完成。

3）运输辊道：运输辊道负责铸锭的输送、其锥形设计和纵向凹槽，使铸锭在运动中自动横向对中。

4）测量系统：通过设置在辊道两端的两个激光器进行头尾跟踪，以确定铸锭在辊道上的位置并实现在辊道上的精确定位。

5）铸锭夹紧系统：用于铸锭的中心定位和夹紧，夹紧系统在切割时保持铸锭在中心位置，同时铸锭的定位可实现快而准确。

6）锯切机构（锯头）：用于铸锭锯切。

7）碎屑收集装置：由电机驱动的抽风机构通过软管和钢管将锯缝处产生的碎屑吸收至吸屑器，经挡板切换后落入碎屑箱。

8）试片取出机构：用于试片的取出，是一个带真空吸盘的滑动机构。

9）液压传动机构：用于铸锭校正夹紧和松开、推料头机构前后移动提供足够的油压力。小的液压装置用于锯带的张紧。

10）废料推出装置：为一由液压齿轮电机推动的滑动钢结构，用于将锯切出的废料推至废料输送轨道。

11）电气控制系统、光电检测系统、触摸屏计算机操作软件：均用于自动和手动锯切操作的控制系统，同时也是确保安全的连锁控制装置。

12）安全环保设施：用于保障人身、设备安全。

（2）常见故障

减速机蜗轮内孔与辊道轴端配合太松，出现串动；联轴器损坏，楔形胶带未张紧或断裂，辊道不转；校正夹紧缸、推料头马达管路接头松动、油管损坏，造成油液泄漏；锯片润滑和直线轴承缺油；锯带润滑液喷头被堵，锯带张紧压力过低或过高；锯带导向轮磨损，锯切偏斜；吸屑装置吸屑不畅；试片取出机构抽真空管或吸盘损坏；出料机构蜗轮磨损严重，伞齿传动机构损坏，升料机构不能同步上升等。

1.4.3　设备维护

操作者应加强设备各部位的检查，以确保设备能长期安全可靠运行。定期对设备进行清扫，保持设备清洁卫生；定期对设备进行润滑，减小运动部位的磨损，从而提高设备的使用寿命，减少设备故障发生。以下介绍几种设备的维护保养要求。

1.4.3.1　龙门锯床维护

以 ϕ1800mm 龙门锯床为例介绍方铸锭锯床维护要求，分别如表 3-1-3、表 3-1-4、表 3-1-5 所示。

表 3-1-3　ϕ1800mm 龙门锯床定期检查要求

序号	检查部位	检查内容和方法	标　准	周　期
1	滑架部	固定情况	无裂纹，螺栓无松动、损坏	1 次/班
2	架体部及传动	保护罩	无破损	1 次/班
3	冷却部分	水泵	供水正常，运转灵活，不漏气	1 次/班
		冷却管路	无破损、无堵塞	1 次/班
4	液压部分	工作压力	＞20MPa	1 次/班
		油缸	运行灵敏、可靠	1 次/班
5	定尺机	撞尺架和摆动风缸	动作灵活	1 次/周
		磁性刻度尺定尺系统	定尺测量准确	经常观察测量

表 3-1-4　ϕ1800mm 龙门锯床定期清扫要求

序号	清扫部位	要　求	周　期
1	操作台	无积灰、无油污、无水	1 次/班
2	本体	无碎屑、无水	1 次/班
3	定尺机部分	无积灰、无油污、无碎屑、字迹清晰	1 次/班
4	全部辊道	无碎屑、无积灰	1 次/周
5	油箱油泵水泵	无积灰、无油污	1 次/周

表 3-1-5　ϕ1800mm 龙门锯床定期润滑要求

序号	润滑部位	润滑点数	润滑方式	润滑油	周期
1	横梁与滑道滑动面	8	油杯	锂基脂	1次/周
2	夹紧油缸滑道	2	涂抹	锂基脂	1次/周
3	定尺机传动丝杆	1	涂抹	锂基脂	1次/月
4	液压油箱	1	注入	46# 抗磨压油	1次/半年

1.4.3.2　龙门刨床、铣床的维护

B2020A/1 型龙门刨床、X2020A 型铣床的维护要求，分别如表 3-1-6、表 3-1-7、表 3-1-8 所示。

表 3-1-6　龙门刨床、铣床的定期检查要求

序号	检查部位	检查内容和方法	标　准	周　期
1	运动部	床身导轨、立柱导轨、横梁导轨	清洁、润滑良好	1次/班
2	传动部	传动电机及保护罩	转动灵活，保护罩无破损	1次/班
3	工作台	换向行程撞尺块	紧固	1次/班
		电器行程开关	灵敏	1次/班
4	夹紧装置	刀具	牢固	1次/班
5	液压系统	油泵	油压 0.15～0.2MPa	1次/班

表 3-1-7　龙门刨床、铣床的定期清扫要求

序号	清扫部位	要　求	周　期
1	工作台、床身	无积灰、无碎屑、无杂物	1次/班
2	导轨	无积灰、无碎屑、无杂物	1次/班
3	积油坑	废油及时回收	1次/班
4	床身周围	无积灰、无油污、无碎屑、无杂物	1次/班
5	油箱	无积灰、无碎屑、无油污	1次/班

表 3-1-8 龙门刨床的润滑要求

序号	润滑部位	润滑点数	润滑方式	润滑油	润滑周期
1	垂直刀架	5	油壶	N46 机油	1 次/班
2	侧刀架	6	油壶	N46 机油	1 次/班
3	滑动导轨	4	油壶	N46 机油	1 次/班
4	床身中部储油箱	1	注入	N46 机油	1 次/周
5	垂直刀架进刀箱	1	注入	N46 机油	1 次/半年
6	横梁夹紧机构	1	注入	N46 机油	1 次/半年
7	侧刀进刀箱	2	注入	N46 机油	1 次/半年
8	横梁升降蜗轮箱	2	注入	N46 机油	1 次/半年

1.4.3.3 锯片磨床的维护

1. CHM22H 型锯片磨床

(1) CHM22H 型锯片磨床定期检查要求

CHM22H 型锯片磨床定期检查要求如表 3-1-9 所示。

表 3-1-9 CHM22H 型锯片磨床定期检查要求

序号	检查部位	检查内容和方法	标准	周 期
1	磨头	金刚砂轮的磨损及紧固	磨损未达到报废、砂轮紧牢固	1 次/班
2	冷却系统	冷却泵的供水	供水水充足	经常观察
3	锯片传动带	三角皮带松紧	松紧符合规定	1 次/班
4	锯片	锯片紧固	紧固	1 次/班
5	液压系统	过滤器、管路	过滤器清洁，管路无泄漏	1 次/班

(2) 定期保养维护要求

1) 开初工作到 50h 后，对过滤器进行第一次清洗检查。工作 100h 后进行第二次清洗检查。最后是每 500h 后进行清洗检查。在特殊情况下，过滤器的进油口与出油口的压力差达到 0.15MPa 时，也要进行清洗检查。

2) 每班对各润滑点进行集中润滑，使润滑良好。

3) 如发现异常应及时找主管人员进行处理。

4) 磨床属于精密机床，吊挂锯片时要格外小心，以免碰撞。

5) 应保持磨床的清洁卫生，每班应进行清扫。

2. M6620 型和 M6615 型锯片磨床

(1) M6620 型及 M6615 型锯片磨床的定期检查

M6620 型及 M6615 型锯片磨床的定期检查要求如表 3-1-10 所示。

表 3-1-10　M6620 型及 M6615 型锯片磨床的定期检查

序号	检查维护内容和方法	维护标准	周　期
1	检查砂轮	无裂痕损伤	1 次/班
2	检查各传动部位的润滑情况	油充足干净	1 次/班
3	检查各调整手柄	无松动、调整灵活	1 次/班
4	检查转动机构	准确灵活可靠	1 次/班
5	检查滑板	无沟痕、润滑良好	1 次/班
6	检查锯夹机构	螺栓无松动	1 次/班
7	检查三角带磨损情况	无严重磨损、松紧适当	1 次/月
8	检查吸尘装置	无开裂现象、运行正常	1 次/月

（2）M6620 型锯片磨床的定期保养、润滑要求

1）机床润滑系统分自动润滑和手动润滑两种：

①自动润滑：传动箱内各机构运动副，升降机蜗轮副等的润滑。

②手动润滑：机床上的油杯及滑动面的润滑。

2）自动润滑周期：

①自动润滑处每两季度更换润滑油一次。

②各润滑点每班加油润滑一次。

③各润滑面每班加油润滑一次。

3）润滑油种类：

①滚动轴承均采用锂基润滑脂。

②液体润滑采用 N46 机油。

4）清扫：每班对机床滑动面、床身及周围卫生进行清扫，做到无灰、无磨屑、无油污。

1.4.3.4　平面铣床的维护

（1）平面铣床定期检查要求如表 3-1-11 所示。

表 3-1-11　平面铣床定期检查要求

设备名称	点检内容	点　检　标　准	检查周期
上料小车	起落架	升降平稳；顶锭和升降油缸杆磨损正常，无明显拉伤；无泄漏	1 次/班
	辊道转动减速机	连接螺栓、销子无松动，运转平稳，无异常声响	1 次/班
	辊道	运转平稳，链条无擦挂现象销子未退出；链轮磨损正常，无跳齿打滑	1 次/班
	辊道轴承座	各连接螺栓无松动，轴承运转无卡阻、异响，油量充足，座子无裂纹	1 次/班
	移动油缸、车轮、轨道	进退正常，活塞杆无拉伤，无泄漏；磨损正常，轴承声音正常	1 次/班

续表

设备名称	点检内容	点 检 标 准	检查周期
小车及翻料机液压站	电接点压力表与电磁卸荷阀	系统压力6.2MPa，低压指针5MPa，高压指针6MPa，加载卸荷正常	1次/班
	油温、阀、油管接头	油温<60℃；阀能正确换向，声音正常，冲击小；无泄漏	1次/班
	泵及电机	运转平稳，无异常声响，温度正常	1次/班
床面及液压站	轨道润滑与拖板	两碰珠之间油铺满全段；拖板无变形、卡阻，运转正常	2次/周
	系统压力及油位	系统压力10kg/cm^2；油位高低合适，经常加油	2次/周
	泵及电机	运转平稳，无异常声响，温度正常	1次/天
夹具	液压系统	系统压力35kg/cm^2；油位高低合适，电接点压力表加载卸荷正常	2次/周
	夹具油缸及所有管路	活塞杆动作自如，无拉伤；无泄漏，管路未变形	2次/周
夹具	夹具座子	传力销子未退出，紧定螺钉紧固；上下滑动灵活，无卡阻，有润滑油	1次/月
	卸锭油缸	伸缩自由，无泄漏	1次/月
风道	刀盘罩子	刀盘罩子未变形，压板未松动	2次/班
	两观察孔及各连接部位	螺栓紧固，密封较好，不漏风	2次/班
破碎机	破碎机整机及皮带和轴承	运转平稳，无异常声响；轴承温度正常；皮带松紧合适	1次/班
	连接螺栓及电机地脚螺栓	紧固无松动	1次/班
	甩刀	运转正常，未断尖	1次/班
风机	整机	运转平稳，无异常声响，无异常振动，皮带松紧合适	1次/班
	轴承座、轴承、电机地脚螺栓	运转平稳，无异常声响，轴承温度正常；地脚螺栓紧固，无松动	1次/班
皮带运输机	皮带及大小托辊	运转正常，无卡阻，磨损正常，不掉碎屑	1次/班
	滚筒减速机	运转平稳，温度正常	1次/班
振动筛	筛体、V形槽及弹簧	未变形未开裂未脱焊，运转无异常声响；弹簧伸缩正常	1次/班
	振动电机	运转正常，方向正确	1次/班

（2）平面铣床的定期保养、润滑要求

1）设备开动前启动自动稀油循环润滑系统，向各润滑点供油不得少于20分钟，在此时间应对油压、油量进行检查调整。油压力继电器等安全连锁装置的动作应灵敏可靠。

2）检查灌注式和半灌注式稀油润滑齿轮箱的油量、油位和各自稀油循环润滑点的油量是否充足，各干油点是否注足干油。

3）检查床面润滑、主轴润滑油压，使其润滑充分、均匀。

1.4.3.5　圆铸锭锯床的维护

以CS 2-001型圆铸锭锯床为例介绍圆铸锭锯床维护要求，分别如表3-1-12、表3-1-13、表3-1-14所示。

表3-1-12　CS 2-001型圆铸锭锯床定期检查要求

序号	检查部位	检查内容和方法	标　准	周　期
1	主传动机构	检查三角传动带	无毛边、松弛现象	1次/周
		检查主传动箱	运转平稳、无异响	1次/班
		检查锯片固定情况	固定螺栓无松动	1次/班
2	液压系统	检查油缸、管路及附件密封性	无漏油和串油现象	1次/班
		检查各电磁阀	换向灵敏、准确，无漏油	1次/班
		检查各压力表	正确反映油压	多次/班
3	冷却系统	检查乳液泵工作情况	工作正常，无杂音	1次/班
4	夹紧机构	检查各部螺栓固定情况	牢固可靠	1次/班
		检查托料架动作	动作灵活可靠	1次/班
		检查丝杆固定及转动情况	固定牢固、转动灵活、无卡阻现象	1次/班
5	锯前锯后辊道	检查运行情况	运行平稳、转动灵活	1次/班
6	定尺机	检查风动系统	无堵塞无漏风串风现象，定尺头动作灵活	1次/班
7	铸锭承料台	检查油缸升降情况	无串油、升降自由	1次/班
		检查小车行走机构	走轮平稳、冲击咬道轨现象	1次/班

表3-1-13　CS 2-001型圆铸锭锯床定期清扫要求

序号	清扫部位	要　求	周　期
1	操作台	无积灰、无油污、无水	1次/班
2	锯体上下	无碎屑、无积水	1次/班
3	定尺机部分	无积灰、无油污	1次/班
4	全部辊道	无碎屑堵塞	1次/周
5	油箱油泵	无积灰、无油污、无碎屑	1次/周

表 3-1-14 CS 2-001 型圆铸锭锯床定期润滑要求

序号	润滑部分	润滑点数	润滑方式	润滑油种类	润滑周期
1	床身轨道丝杆	6	油枪	锂基脂	1 次/周
2	夹紧丝杆与立柱头	1	涂抹	锂基脂	1 次/周
3	垂直夹紧油缸活塞杆与立柱	21	油枪	锂基脂	1 次/周
4	导尺轴与轴套	2	涂抹	锂基脂	1 次/月
5	导尺的摆动油缸轴承	4	涂抹	锂基脂	1 次/月
6	前后升料座与活塞杆	2	涂抹	锂基脂	1 次/季
7	夹紧丝杆减速机	1	注入	N46 机油	1 次/季

1.4.3.6 圆铸锭车床的维护

以 H9-003 型圆铸锭车床为例介绍圆铸锭车床维护要求，分别如表 3-1-15、表 3-1-16、表 3-1-17 所示。

表 3-1-15 H9-003 型圆铸锭车床定期检查要求

序号	检查部位	检查内容和方法	标 准	周 期
1	主传动机构	检查顶针盘	顶针伸缩自由，各紧固螺栓固定牢固	1 次/班
		检查主轴制动器	动作灵活可靠、闸皮无严重磨损	1 次/班
		检查三角传动带	无毛边、松弛现象	1 次/周
2	尾座	检查尾座套筒在机架移动情况	左右移动灵活、无卡阻现象	1 次/班
		检查尾座套筒在机架锁紧和松开情况	锁紧牢固、松开灵活	1 次/班
		检查全部气阀	始终保持坯料处于夹紧状态	1 次/班
		检查顶针盘	顶针伸缩自由，各部螺栓牢固	1 次/班
3	主机架与进刀箱	检查刀具固定情况	刀具固定牢固、无裂纹	1 次/班
		检查安全离合器	过载时，离合器能自动脱开	1 次/班
		检查手动进给机构传动情况	传动平稳、灵活，进给量调整准确	1 次/班
4	提升机构	检查安全离合器	动作可靠，超载或到极限位置时能自动脱开	1 次/班
		检查各润滑点油量	油量充足，保证各部润滑	1 次/班
		检查油箱润滑油	油干净，油位保持油位线	1 次/班

续表

序号	检查部位	检查内容和方法	标准	周期
5	气动传动系统	检查管路	风路畅通，各元件工作正常	1次/班
		检查各部电磁风阀	动作灵敏，换向准确	1次/班
		检查各部风缸	动作灵活，无串风、无漏风现象	1次/班

表 3-1-16 H9-003 型圆铸锭车床定期清扫要求

序号	清扫部位	要求	周期
1	操作台	无积灰、无油污	1次/班
2	床体四周	无碎屑	1次/班
3	全部辊道	无碎屑堵塞	1次/周
4	控制柜外壳	无积灰、无油污	1次/周

表 3-1-17 H9-003 型圆铸锭车床定期润滑要求

序号	润滑部位	润滑点数	润滑方式	润滑油种类	润滑周期
1	各活动铰接点		油枪	N46 机油	1次/班
2	注油器（风动系统）	1	注入	N46 机油	1次/周
3	移动尾座套筒齿轮轴的润滑	1	注入	N46 机油	1次/周
4	检查润滑油泵对各点润滑情况	28	注入	N46 机油	1次/周
5	油箱	1	注入	N46 机油	1次/季

1.4.3.7 普通车床的维护

以CA6014、CA6140型车床为例分别介绍普通车床维护要求，分别如表3-1-18、表3-1-19所示。

表 3-1-18 CA6140 型普通车床润滑要求

序号	润滑部位	润滑点数	润滑方式	润滑油	润滑周期
1	挂轮架	1	油杯	干油	1次/班
2	中拖板、丝杠、轴承	3	油壶	30# 机油	1次/班
3	小拖板、丝杠、轴承	3	油壶	30# 机油	1次/班
4	丝杠、光杠	2	油壶	30# 机油	1次/班
5	尾座丝杠	1	油壶	30# 机油	1次/班
6	托架	1	油壶	30# 机油	1次/班
7	溜板箱、齿轮轴承	1	油壶	30# 机油	1次/周
8	尾座手动机构	1	油壶	30# 机油	1次/月
9	尾座移动机构	1	油壶	30# 机油	1次/月
10	床头箱各部齿轮轴承	1	自动浇注式	30# 机油	1次/半年

表 3-1-19 CA6014 型普通车床维护保养要求

序号	润滑部位	润滑点数	润滑方式	润滑油	润滑周期
1	压紧的齿轮与轴	2	手浇	30$^{\#}$机油	1次/班
2	压紧丝杠	1	手浇	30$^{\#}$机油	1次/班
3	夹紧杠杆	1	油枪	2$^{\#}$钙基脂	1次/日
4	立柱导轨面	2	手浇	30$^{\#}$机油	1次/日
5	辊道链条	2	手浇	30$^{\#}$机油	1次/周
6	夹紧活塞杆	1	手浇	30$^{\#}$机油	1次/季
7	锯刀箱油箱	1	注入	30$^{\#}$机油	日常补充，六个月更换
8	辊道减速机	1	注入	30$^{\#}$机油	日常补充，大中修更换
9	辊子轴承座	30	涂沫	2$^{\#}$钙基脂	大中修更换

1.4.3.8 空心圆铸锭镗床的维护

以 H9-004 型空心圆铸锭镗床为例介绍镗床维护要求，分别如表 3-1-20、表 3-1-21、表 3-1-22 所示。

表 3-1-20 H9-004 型空心圆铸锭镗床定期检查要求

序号	检查部位	检查内容	标 准	周 期
1	主轴箱	检查各部螺栓紧固情况	螺栓无松动	1次/班
		检查刀座、刀杆工作情况	刀座伸退自由，刀杆无损伤、动作灵活	1次/班
2	夹紧装置	检查活塞杆活动情况	动作灵活可靠	1次/周
		检查钳口紧固情况	螺栓无松动	1次/周
		检查联轴节	无松动	1次/班
3	进给箱	进给箱齿轮咬合情况	均匀无杂音	1次/班
		检查滚动轴承	转动灵活，轴承温度<60℃	1次/班
		检查润滑泵	转动灵活上油充足	1次/班
4	送料机构	检查送料导轨	无障碍、上下无阻卡	1次/班
		后轴承座	到位	1次/班
5	乳液泵	乳液泵	无杂音、转动灵活、打液充足	1次/班
		输液管道	无破裂、漏液现象	1次/班
6	风动系统	检查主风管路、分水器压力表，电接点信号压力表	各种工作正常，无破损，失灵等现象	1次/班
		检查各电磁阀	动作灵活可靠	1次/班
		检查各风缸	无串、漏风、动作灵活	1次/班

表 3-1-21 H9-004 型空心圆铸锭镗床定期清扫要求

序号	清扫部位	要 求	周 期
1	操作台	无积灰、无油污	1次/班
2	床体四周	无碎屑、无积水、无油污	1次/班
3	导轨	清洁，擦净后应涂油	1次/班
4	床体外壳	无积灰、无油污	1次/周

表 3-1-22 H9-004 型空心圆铸锭镗床定期润滑要求

序号	润滑部位	点数	润滑方式	润滑材料	周 期
1	后轴承座滑道	2	油壶	N46 机油	一次/班
2	导轨	2	油壶	N46 机油	一次/班
3	轴承及床身导轨	3	稀油枪	N46 机油	一次/班
4	传动丝杆	1	稀油枪	N46 机油	一次/班
5	传动丝杆轴承座	2	稀油枪	N46 机油	一次/班
6	夹紧块导轨	—	稀油枪	N46 机油	一次/周

1.4.3.9 带锯的维护

OPERATION 型带锯的维护要求分别见表 3-1-23、表 3-1-24。

表 3-1-23 定期检查、清扫要求

检查维护部位	检查维护内容	检查维护标准	周 期
锯床周围	地面与设备周围卫生	现场卫生	1次/班
进、出料车	传动机构零部件	完整	1次/班
	电气线路	完好	1次/班
电气安全装置	限位、传感器、光栅	正常	2次/班
液压系统	检查阀件、接头	无泄漏	1次/班
气动系统	检查阀件、管道接头	无泄漏	1次/班
锯带	磨损	正常	1次/班
锯头喷油嘴	堵塞状况	无堵塞	1次/班
吸屑装置	检查吸管、过滤网	无堵塞、损坏、泄漏	1次/班
锯头地下室、液压站	清扫铝屑、油污	卫生良好	1次/班
锯片侧导向轮	检查磨损量	磨损不超标准	1次/班
锯片支撑导向轮	检查磨损	磨损不超标准	1次/班

表 3-1-24　定期润滑要求

润 滑 部 位	润滑点数	润滑方式	润滑油种类	润滑周期
锯带	1	自动润滑	UNICUTSAW-EP-MF	2 次/班
锯头大导向轮轴承	8	清洗加油	油脂	1 次/周
进、出料车齿轮、齿条	32	加油	锂基脂	1 次/半年
进、出料车、夹紧装置导轨	12	加油	锂基脂	1 次/半年
夹紧装置齿轮、齿条	15	加油	锂基脂	1 次/半年
锯片导向轮轴承	8	清洗加油	锂基脂	1 次/半年
锯头导轨轴承	6	自动润滑	锂基脂：NLGI 00	1 次/半年
锯片支撑轮轴承	2	清洗加油	油脂	1 次/半年
夹紧装置微调机构减速机、丝杆	12	加油	锂基脂	1 次/半年

第 2 章　机加工中级技能

2.1　生产准备

2.1.1　刀具准备

2.1.1.1　锯片

带齿的圆盘锯片是圆铸锭锯床进行金属切割加工的刀具，如图 3-2-1 所示。锯片尺寸主要包括直径、厚度以及内孔直径等，锯片的圆周速度根据锯切材料合理选取。

图 3-2-1　锯片

1. 锯片的分类

（1）按照锯齿材质不同，主要分为高速钢锯片和硬质合金锯片两类。高速钢锯片应用比较普遍，主要因其重磨合维修都比较方便。硬质合金锯片的使用寿命比较长，耐磨性好，但重磨合维修一般都需要在专业工厂进行。

（2）按锯切铸锭形状可分为圆铸锭锯片和方铸锭锯片。

方铸锭锯片用于锯切方铸锭，其材质一般为硬质合金钢。ϕ1800mm 龙门锯床锯片尺寸（锯片外径 × 厚度）为 ϕ1800mm × 14.5mm；ϕ1500mm 龙门锯床锯片尺寸（锯片外径×厚度）为 ϕ1430mm×14.5mm。

圆铸锭锯片用于锯切圆铸锭，其材质一般为高速钢。表 3-2-1 所列的是国产高速钢镶齿圆锯片的主要规格。

表 3-2-1　国产高速钢镶齿圆锯片的主要规格

锯片直径 (mm)	锯齿宽度 (mm)	轴孔直径 (mm)	齿数（Z）			镶片块数
			粗	中	细	
ϕ275	5	32	56	84	112	14
ϕ350	5	32	56	84	112	14
ϕ410	5	70	72	108	144	18
ϕ510	6	70	72	108	144	18

续表

锯片直径（mm）	锯齿宽度（mm）	轴孔直径（mm）	齿数（Z）			镶片块数
			粗	中	细	
ϕ610	6	80	80	120	160	20
ϕ710	6.5	80	96	140	192	24
ϕ810	7	120	96	140	192	24
ϕ1010	8	120	120	180	240	30
ϕ1430	10.5	160	144	216	288	36
ϕ2000	14.5	240	176	264	352	40

（3）按结构形式可分为整体锯片与镶齿锯片。

整体锯片如图 3-2-2 所示，是在锯片的片体上直接焊上硬质合金刀片，然后刃磨切削角。在焊接刀片前在锯片片体上铣或冲击齿形轮廓和容屑槽。

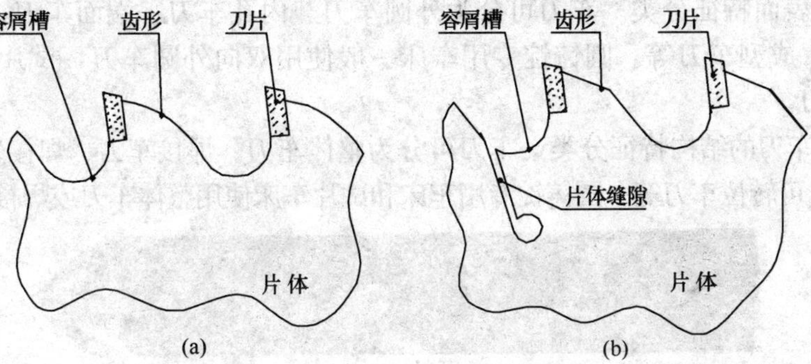

图 3-2-2　整体锯片的两种结构

镶齿锯片的锯齿有两种结构，如图 3-2-3 所示。

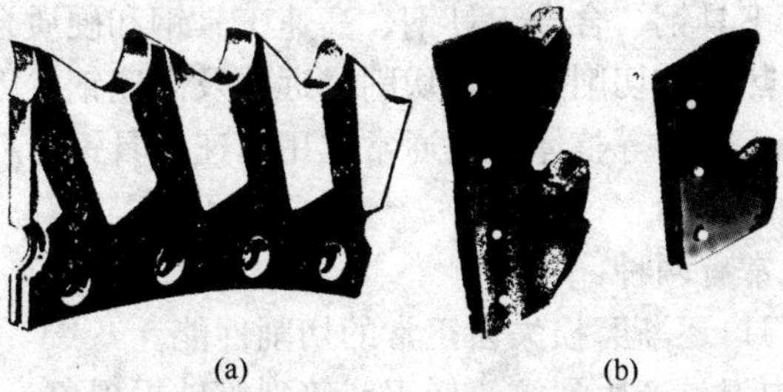

图 3-2-3　镶齿锯片的锯齿

（a）高速钢齿块；（b）硬质合金齿块

图 3-2-3（a）所示的是高速钢整体扇形齿块，根据锯片直径及切削材料，每一扇形块可做 2～4 个齿，然后用铆钉镶在锯片片体上。

图 3-2-3（b）所示的是硬质合金扇形齿块，它采用将硬质合金刀齿焊接在齿块上，然后将齿块镶在锯块片体上。

2. 锯片使用状况判断

锯片使用中有锯齿打齿、钝刃、锯片片体变形、齿块松动和积屑瘤（即常说的粘锯屑）现象。积屑瘤会增加阻力，使锯切质量差，一旦出现应及时清除才能继续锯切；当有锯齿打齿、钝刃、锯片体变形、齿块松动时，应更换锯片，重新修磨或平整锯片体。

圆形锯片通常在锯切过程中需要通过乳液或者油雾进行冷却与润滑。

2.1.1.2 车刀

（1）车刀的结构

车刀主要由刀头、刀杆组成，刀头为切削部分，刀杆为夹持部分，如图 3-2-4 所示。

（2）车刀的分类

1）按表面特征分类 车刀可分为外圆车刀、内孔车刀、端面车刀、切槽车刀、螺纹车刀、成型车刀等。圆铸锭专用车床一般使用双向外圆车刀，试片车床一般使用端面车刀。

2）按车刀的结构特征分类 车刀可分为整体车刀、焊接车刀、焊接装配式车刀、机夹车刀、可转位车刀等。圆铸锭专用车床和试片车床使用整体车刀或焊接车刀。

图 3-2-4 圆铸锭专用车床整体车刀

（3）车刀材料

车刀材料有碳素工具钢、合金工具钢、高速工具钢和硬质合金钢，因碳素工具钢和合金工具钢的耐热性和切削速度、切削量远不及高速钢，因此在有色金属加工中常用的车刀、镗刀、刨刀等整体刀具通常选用高速工具钢材料。

（4）车刀使用状况判断

车刀使用状况通常有两种：

1）刀具使用中刃口逐渐磨损失去正常的切削性能。

2）在切削过程中刀具产生裂纹、崩刃或碎裂等破损现象。

处理方法都是立即更换刀具，重新刃磨。

2.1.1.3 镗刀

（1）镗刀的结构

镗刀主要由刀头、刀体组成。刀头为切削部分，刀体为夹持部分。

（2）镗刀的分类

1）单刃镗刀 它是把镗刀头垂直或按某一角度安装在刀杆上，用于镗削通孔或盲孔。铸锭镗床是把镗刀头垂直安装在刀杆的刀座中，实现通孔的镗削工作。

2）多刃镗刀　它是在刀体上，安装两个以上的镗刀片，多刃镗刀可提高生产率。

3）可调节的浮动镗刀片　这种镗刀不是固定在镗刀杆上，而是插在镗杆的方槽中，可沿径向自由滑动。只适应于精加工。

（3）镗刀材料

镗刀材料通常采用高速钢。

（4）镗刀使用状况判断

镗刀使用状况与车刀类似，通常为磨损和破损，处理方法为重新刃磨。

2.1.1.4　刨刀

刨刀根据用途可分为纵切、横切、切槽、切断和成形刨刀等。刨刀的结构基本与车刀类似，但刨刀工作时为断续切削，受冲击载荷。因此，在同样的切削截面下，刀杆断面尺寸较车刀大 1.25～1.5 倍，并采用较大的负刃倾角（－10°～－20°），以提高切削刃抗冲击载荷的性能。为了避免刨刀刀杆在切削力作用下产生弯曲变形，使刀刃啃入坯料，通常使用弯头刨刀，如图 3-2-5 所示。

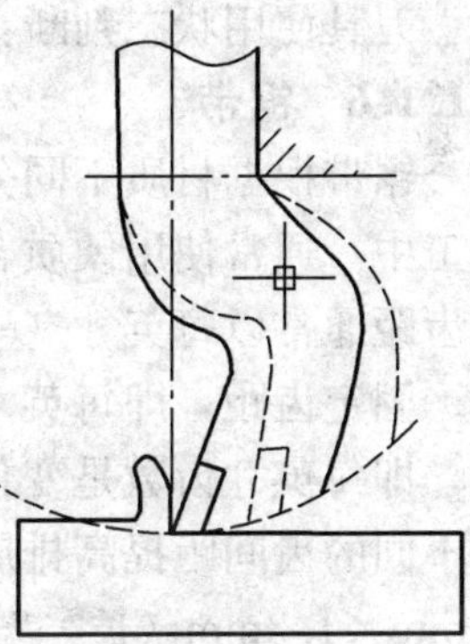

图 3-2-5　弯头刨刀

（1）刨刀的结构

刨刀主要由刀头、刀杆组成，刀头为切削部分，刀杆为夹持部分。

（2）刨刀的分类

1）按形状分类，刨刀一般有弯头和直头两类。龙门刨床刨边和刨平面通常采用弯头平面刨刀。

2）按加工形式和用途分类，常用的有平面刨刀、偏刀、角度刀、切刀、弯切刀以及成型刨刀。平面刨刀用于刨削坯料平面，偏刀主要用于刨削垂直面，角度刀用于刨削角度面，刨燕尾槽，切刀用于切断坯料，弯切刀用于刨削 T 形槽，成型刨刀用于刨削成型面或曲面。

（3）刨刀材料

刨刀一般采用碳素工具钢或高速钢制作而成。

图 3-2-6　刀盘

（4）刨刀使用状况判断

刀具使用中有刃口损坏或钝刃时，应更换刨刀，重新磨刀。

2.1.1.5　铣刀

铣刀的结构：对于大型平面铣床的铣刀结构分为：刀盘、刀座、刀具。而铣刀刀具又分为粗铣刀和精铣刀，分别由粗刀体、精刀体和刀片组成，如图 3-2-6、图 3-2-7、图 3-2-8 所示。

图 3-2-7　刀座

图 3-2-8　精刀体（左）、粗刀体（右）

铣刀材料一般采用 ZK20UF 硬质合金。

刀具使用状态判断：铣刀使用中有刀片损坏或刀片钝刃时，应更换刀片。

2.1.1.6　锯带

锯带根据材质不同分为工具钢、双金属、硬质合金和金刚石，在铝合金的锯切加工中，通常使用硬质合金锯带，此类锯带的齿形为梯形齿，如图 3-2-9 所示。带锯齿距通常以每英寸（一英寸=25.4mm）齿数测量，齿距分为固定齿距和变化齿距。固定齿距，即每英寸齿数是固定的，如 3 齿，表示每英寸内有 3 个齿。变化齿距，即每英寸齿数是变化的，如 2/3 齿，表示每英寸内有 2 个齿或 3 个齿，通过采用不同的齿间距提高排屑能力。目前 OPERATION 带锯使用的规格为 15506mm×41mm×1.3mm（长×宽×厚），采用的是 1.3/2 的变化齿距；而 MSN—1450 圆锭带锯的规格为 13525mm×41mm×1.3mm，采用的是 2/3 的变化齿距。

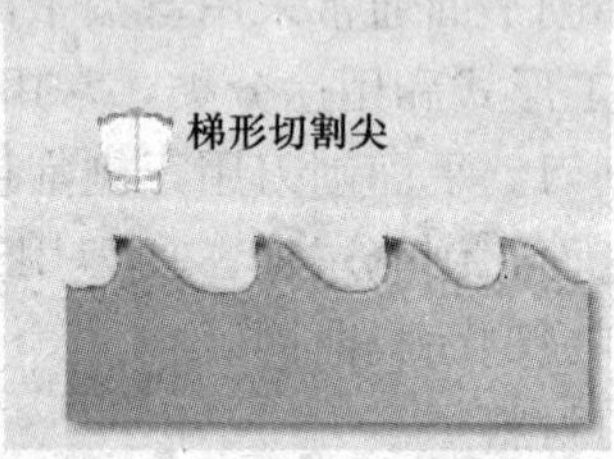

图 3-2-9　锯带

锯带使用状态判断：锯带使用中有大量锯齿损坏，锯切时发生切斜，锯切困难，锯屑变色，或者发生断带情况时，应更换锯带。

2.1.2　吊具的准备

见第 2 篇第 2 章 2.1 生产准备。

2.1.3　设备检查

2.1.3.1　圆锭圆盘锯床锯切前检查

常用的圆锭圆盘锯床锯切设备包括 CS2-001 型圆铸锭锯床、CS2-003 型圆铸锭锯床、G607型圆铸锭锯床、G6014型圆铸锭锯床等。

（1）详细检查设备外表面有无损坏或杂物存在。

（2）检查操作台工作是否灵活可靠，转换开关应处于中间停止位置。

（3）检查各电磁阀、调速阀、压力继电器是否正常，有无损坏。

（4）检查风路、油路，有无跑风和漏油现象。

（5）检查锯片是否紧固，有无变形，损坏锯齿不能超过5个。

（6）检查辊道减速箱、齿轮箱、液压油箱的油位是否达到要求。

（7）检查各紧固螺栓有无松动。

（8）检查滑动面的润滑情况并加油。

（9）检查乳液泵运转是否正常，冷却液储存量以及喷出压力是否满足要求。

2.1.3.2　ϕ1800mm龙门锯床锯切前的检查

（1）检查操作台工作是否灵活可靠，转换开关应处于中间停止位置。

（2）检查各电磁阀、调速阀、压力继电器是否正常，有无损坏。

（3）检查风路、油路，有无跑风和漏油现象，风压、油压是否达到要求。

（4）检查锯片片体是否产生裂纹，锯齿是否锋利，损坏锯齿不能超过5个，如发现问题应更换。

（5）检查油箱储油情况，油面不得低于油位指示线。

（6）检查各紧固螺栓有无松动。

（7）检查乳液泵运转是否正常，冷却液储存量以及喷出压力是否满足要求。

（8）检查锯前、锯后辊道、夹紧机构、定尺机动作是否可靠。

（9）检查控制器、制动器、连锁装置是否灵活可靠。

2.1.3.3　刨（铣）边前检查

常用的龙门刨（铣）边设备有B2020A型龙门刨床和X2020A型龙门铣床。

在开动刨床前，检查床身、工作台、传动电机、床身导轨、立柱导轨、横梁导轨、横梁传动丝杆不应有灰尘金属屑、杂物，保证清洁、润滑良好。

按润滑标志牌注油，检查工作台换向行程撞块，刀具、坯料是否紧固可靠，电气行程开关动作是否灵活可靠。

检查刀具有无损坏及刃口锋利情况，检查润滑油路是否正常，机床限位开关是否灵敏，铸锭、刀具是否夹紧。工作前，启动发动机组，先使工作台“步进”慢速移动通过龙门检查有无故障，反向极限开关是否灵敏可靠，空载运行1～3min。

2.1.3.4　铣面前检查

平面铣床铣面前检查内容包括：

（1）生产要素确认

1）认真了解上班的交班记录，是否有遗留问题需处理。

2）确认辊道、起落架、靠背垫、翻锭机表面清洁，无粘铝、铝屑、油污。

3）确认铣床翻料机辊道螺丝无松动，运行平稳。

4）确认铝屑抽吸、破碎系统运转正常。

5）检查刀盘上的刀体和铣刀数量是否符合要求，或按要求装上粗铣刀和精铣刀，调整好刀尖的平面度，确认光刀高于粗刀，高度差≤0.25mm。

6）确认铣床刀盘运行平稳，粗、光刀调整合理，铣刀是否粘铝、缺口、钝化。

7）确认靠背垫顶端位于一个垂直面上，误差≤2mm。确认靠背垫规格适当。

（2）其他检查内容

1）检查与调整主轴制动器，动作应灵敏可靠。

2）检查各位移传感器、行程开关是否灵敏可靠。

3）检查各种操作手柄是否停在零位。

4）由生产操作人员提前10分钟启动稀油润滑系统。检查各部位油量是否正常。管路应畅通，无泄漏。

5）检查皮带磨损是否正常，皮带松紧适当。

6）主轴、床面上的工作台及其他各机构空运转，检查各部的运转是否正常。

7）检查电机表面及周围，不允许有杂物放置，检查电动机主回路有无短路、断路，主轴电机坑内积水是否在安全范围内。

2.1.3.5　车削前检查

常用的车削设备有H9-001型铸锭车床、H9-002型铸锭车床、H9-003型铸锭车床等。

（1）启动前，必须围绕设备检查一次，发现杂物必须清除。

（2）检查设备各控制部件是否完好，有无损坏，是否动作灵活、可靠。

（3）检查辊道传动箱、稀油池及干油站的油位是否正常，油路是否畅通，自动润滑点是否均匀上油。

（4）检查各管路系统是否有跑、冒、滴、漏现象。

（5）检查刀具有无崩裂，紧固情况和各紧固螺栓有无松动。

（6）开动风阀检查风压，风压不低于0.5MPa。

（7）各手柄置于“零”位后，再合闸送电。

2.1.3.6　镗孔前检查

常用的镗孔设备有H0-004镗床、H9-004镗床、H9-005镗床等。

（1）检查乳液泵运转是否正常，冷却液储存量以及喷出压力是否满足要求。

（2）开动风阀检查风压，风压不低于0.5MPa。

（3）检查转动部位有无障碍物，发现立刻排出。

（4）各润滑点、润滑面润滑是否充分。

（5）按铸锭合金及孔径大小选择主轴转速。

（6）选择合适的镗杆及镗刀，并检查镗刀是否损坏、排屑是否顺利。

（7）检查设备各控制部件是否完好，有无损坏，是否动作灵活、可靠。

2.1.3.7 带锯锯切前检查

(1) 检查润滑油是否足够。油位应保持在油标 2/3 以上。

(2) 检查后导向轮磨损情况，磨损后沟槽深度不得超过 2mm，超过时将导向轮平移 4mm。

(3) 检查侧面导向轮夹紧锯带力度是否适中。

(4) 检查各部位安全门是否关闭到位。

(5) 送电后目测各光电控制装置是否处于正常状态。

(6) 检查风压是否在 0.6MPa 以上，否则不能开机。

(7) 检查锯带润滑是否充分，喷液量过少不能开机。

(8) 检查锯带上有无金属积屑，金属积屑必须清除干净。

2.2 生产操作

2.2.1 机加工操作

铸锭机械加工的目的是消除铸锭表面缺陷，使其成为符合尺寸和表面质量要求的坯料。铸锭机械加工主要包括锯切和表面加工，其中锯切包括铸锭切头、切尾、取试片和加工为定尺锭坯，表面加工包括圆铸锭和空心铸锭的车皮、镗孔，方铸锭的刨边、铣边、铣面等。

2.2.1.1 锯切

锯切工作程序：用桥式起重机将铸锭吊放到锯前辊道上，开动辊道将铸锭送至锯床，使用液压导板或夹紧装置将铸锭推正（使其垂直锯片），然后调整锯切长度，夹紧铸锭，开动主轴带动锯片或锯带，调整转速和进给速度进行锯切。锯切完后，料头、料尾由收集装置送到料头箱，碎屑经碎屑收集装置送到碎屑箱。铸锭经锯后通过辊道传输至打印处，对铸锭打印。方铸锭锯切后使用桥式起重机将铸锭吊放到指定位置，圆铸锭加工一般为机列式，锯切后通过辊道流入车皮工序。

1. 方铸锭锯切

(1) 1800mm 龙门锯锯切

1) 锯切过程要求

①锯切中根据不同的合金把进锯速度和锯片转速调到作业指导书规定的范围内。

②观察主轴电机电流波动、冷却水供给量、油压、各个电器的动作可靠性、电机的温升等情况，发现异常应立即停机并及时处理。

③应时刻观察电流表指针的变化，当电流达到额定数值以上，必须降低进锯速度，电流未达到额定数值前可适当增大进锯速度。

④在锯切操作中不允许作业人员接近旋转中的锯片，尤其是锯片进退方向的垂直面。如有人行通道与作业场所相邻，必须设置隔离挡板。

2）锯切过程的注意事项

①主轴电机启动前锯片不能接触铸锭。

②锯片锯入铸锭中，不允许停主轴电机，会导致锯床启动困难，并可能造成锯齿脱落、锯片变形。

③如锯片闷入铸锭中，禁止锯片倒转，倒转会导致锯齿脱落。

④锯切中不允许接近锯切处，如需在锯切处进行测量、吊运、处理故障，应待电机完全停止后方可操作。

⑤锯切中如遇紧急情况可按紧急停车按钮停止设备。

⑥铸锭表面温度不超过100℃。

⑦锯切中听到异常声音，看到片体异常晃动、切面不平时，应立即停止作业，查找原因。

3）锯切操作中的安全连锁

①水泵、润滑泵停车不能进锯。

②夹紧压力不够不能进锯。

③输屑机未开动不能进锯。

④在夹紧或进锯过程中，锯前和锯后辊道不能开动。

⑤在锯切过程中，料头倾翻器不能动作。

⑥料头倾翻器升起后，锯前和锯后辊道不能开动。

4）停机后的工作

①各控制开关应打至零位关闭，再关闭主电源。

②对设备进行清扫。

③检查各电器外观有无异常变化。

④检查传动机构各部位的紧固情况，如发现松动应立即处理。

⑤检查锯片紧固、锯齿磨损情况。

⑥对检查内容如实记录，向下班人员进行交接。

（2）OPERATION型带锯锯切

1）锯切过程要求

①必须在锯头退回原始位置后，才能进入安全网内作业。

②进入安全门，先按“解锁”按钮，直到绿灯亮后才能开门。出门后按“复位”按钮后设备才能运行。进入进、出料车区域，安全光栅变为闪动红色，料车不能运行。在人离开后必须按复位，安全光栅变为绿色后，料车才能运行。

③在锯切过程中，任何人不能经料车处进入辊道区域，否则主机立即停止运行。

④严禁在锯片润滑油不足和风压小于0.6MPa时进行锯切作业。

⑤加锯片润滑油时，严防油内进入杂质造成油管堵塞。

⑥严禁在锯片后导向轮磨损槽过2mm以上进行锯切作业。

⑦换锯片时必须戴手套进行，防止伤手。

⑧铸锭厚度增加，进锯速度相应减慢，以延长锯片使用寿命。一般增厚 1%，进锯速度减 2%。

⑨在锯切区域内，如因意外原因造成自动运行中断时，在意外排除后，不得直接转到“自动”运行。必须在“手动”状态下将锯切区域内的料头、料尾或铸锭输送出锯切区域后，再将锯带手动退回起始位置。完成这些之后，才可再次开始进行“自动”操作。

⑩发现锯带导向轮打火花时，必须停锯检查轴承。发现锯带、导向轮上有金属积屑时，必须停锯清除。

2）锯片润滑液量调节步骤

①将三个喷液调阀，从上到下关闭。

②将喷液调阀上面两个开 1.8～2 圈，最下面一个开 1.5～1.8 圈。

③检查喷液量。

3）清扫金属屑操作步骤

①将软吸管接在吸屑辅助管道上。

②关闭吸屑主管的同时，将辅助吸屑管与吸屑装置连通。

③将吸屑装置启动旋钮打在手动位置。

④按下按钮直到绿灯亮。

⑤用软吸管口对准设备和地面上的金属屑，将其吸进。

⑥吸完后按吸屑装置手动振动按钮，经振动后装入碎屑箱。

4）停机后工作

①各控制开关应打至零位关闭，再关闭主电源。

②对设备进行清扫。

③检查各电器外观有无异常变化。

④检查锯片导向轮磨损及锯片固定情况。

⑤对检查内容如实记录，向下班人员进行交接。

带锯锯切要求对于方、圆铸锭都相似，后面圆锭锯切时不再重述。

（3）方铸锭锯切注意事项

在直接水冷的半连续铸造的快速冷却条件下，铸锭在成型过程中产生不平衡结晶和冷却不均匀，使得铸锭显微组织中存在组织偏析或应力分布不均匀等缺陷，尤其是硬合金铸锭，直接锯切会破坏内应力的静态平衡，锯切力和铸锭中内应力产生叠加，当叠加后的应力超过铸锭的强度极限时就产生锯切裂纹，并有爆炸的危险，可能伤及人员或损坏设备，如图 3-2-10所示。因此在锯切前应确认待加工铸锭是否必须先均热或加热，通常高镁

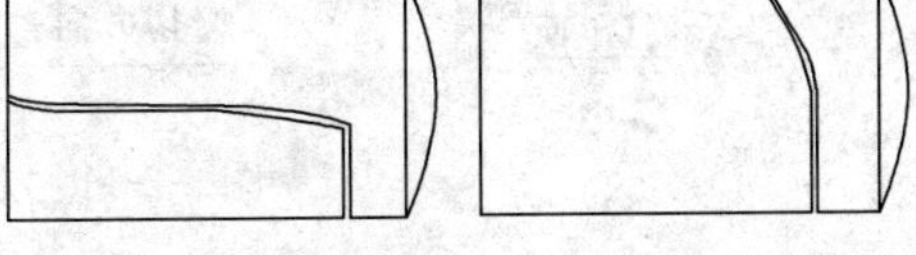

图 3-2-10　铸锭应力造成锯切裂纹示意图

及硬合金铸锭需要先通过均热或加热处理后才能锯切加工。

(4) 锯切基本要求

如今大型熔铸设备都向铸锭的宽度和长度方向发展，以最大限度的提高铸造生产效率和成品率，减少铸锭头、尾锯切损失。因此一根铸锭就有可能组合了两个或两个以上的坯料，在切去头、尾的同时还需要根据轧制设备的工作参数以及用户的需求，对坯料进行锯切。坯料切取过程中应满足三个基本要求：

1）切掉铸锭上不能修复的缺陷，如裂纹、拉裂、成层、夹渣、弯曲等。

2）按长度要求锯切，严格控制在公差范围内。

3）切斜度符合要求。

(5) 方铸锭锯切工艺

1）锯切前的工艺检查

为了防止加工中发生铸锭裂纹或炸裂，部分合金和规格的铸锭必须先加热或均热，消除内应力后才能锯切。铝合金铸锭是否需去应力后才锯切取决于合金系列和规格。一般而言，机加工前，2×××、5×××、7×××系合金方铸锭需要去应力处理。

锯切前，确认待加工铸锭温度应降至设备规定的温度以下，并且认真核对铸锭加工随行卡片、检查随行卡片、待加工铸锭，核对内容包括铸锭标志（合金牌号、年号、炉号、熔次号、根号）、铸锭规格（厚度、宽度、长度）、铸锭表面缺陷（裂纹、拉裂、成层、夹渣、漏铝）等。

2）锯切作业

上料时，辊道应停止转动，辊道上存放的铸锭要适量。锯切时必须将铸锭夹紧、夹正，进锯速度不宜过快。锯切过程中，输屑器不准停止运转。

锯切从浇口部开始，顺序向底部进行，如图 3-2-11 所示，经顺压的软合金铸锭可直接锯切中断（不切头尾），横压铸锭和硬合金铸锭按规定切头、切尾。铸锭切头、切尾长度根据合金特性、制品质量要求等确定。

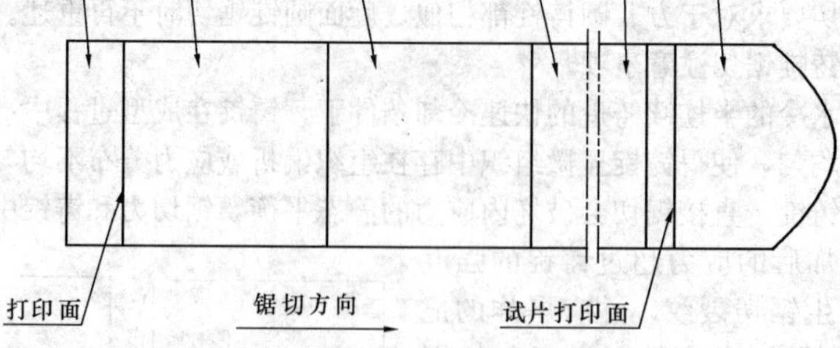

图 3-2-11 方铸锭锯切示意图

一块铸锭锯切不同长度坯料时，浇口部应锯长坯料。

锯切后坯料上的碎屑、冷却水及乳液必须吹洗干净。锯切一种长度的第一个坯料时，应检查坯料尺寸是否符合加工卡片及工艺规程的要求，不符时应及时调整，锯切后的坯料必须逐块量尺，并检查表面缺陷。

锯切加工后的坯料必须及时做好标志，避免因铸锭合金、熔次、根号、坯料号等区分不清，造成管理混乱，严重时可能造成重大质量事故。成品坯料的标志可使用打印机、钢印、记号笔等工具，打（写）标志应根据铸锭标志进行标注，通常情况应标注在铸锭锯切端面的中间，也可同时在铸锭侧面再次标注，标注内容包括合金牌号、年度代号、炉子编号、熔次号、根号（铸模编号）以及坯料号等。

加工后的料头、料尾以及废料也必须严格标志，并按合金分开保管，对于成分超标的废料在标注合金牌号的同时还应标注超标成分含量，并单独装筐，以便于回炉使用。锯切转合金时，必须更换料箱，清理地坑，清扫设备。

加工后的不合格铸锭应整齐堆放在指定的不合格品区，不合格品必须与成品隔离存放并有明显标记。废品应放在废品专区。碎屑按合金分组装箱挂牌。

锯切好的坯料和待锯的铸锭都应定置整齐堆放。

操作过程中应按熔次锯切，坯料按熔次堆放，一个熔次的铸锭中有两种以上坯料规格、长度，影响安全生产时，应按规格分开堆放。

3）试片切取

方铸锭在锯切加工中一般不需要切取试片进行高、低倍分析，但对一些高质量产品，为了加强质量控制或在轧制前及时发现不合格铸锭，减少损失，有时也会在锯切工序进行试片切取，根据产品不同质量要求进行低倍、显微疏松、晶粒度、氧化膜等检查。试片的切取部位一般选择在铸锭的底部端，如图 3-2-15 所示，试片的切取厚度通常按照以下要求进行：

①低倍试片、固态测氢试片厚度为 25±5mm。

②氧化膜试片厚度为 55±5mm。

③检测显微疏松、晶粒度的试片厚度为 15±5mm。

一根铸锭中同时有多个试验要求，如低倍、显微疏松、固态测氢等检测，可在一块试片中取样，不用重复切取。

试片切取后应及时打上印记，印记的编号应与其相连的坯料一致，便于区别，确保试验结果有效。如果试片检验不合格时，可切除一段铸锭后切复查试片，复查试片只能在坯料的取样端切取。复查试片的编号是在上一次试片编号的前面加 0。试片检验合格后，将坯料实际长度填写在卡片上。

锯切是机械加工的首要环节，在按工艺要求进行锯切作业时，还应对坯料的表面质量进行观察、判断，并如实记录，便于对可修复的表面缺陷进行刨边、铣面处理。表面缺陷包括皮下裂纹、拉裂、成层、夹渣、弯曲、偏析瘤等。

锯切操作人员还应按要求认真填写加工卡片和检查卡片，如实记载合格坯料数和不合格坯料数。加工完毕，妥善保管卡片。作业结束后还须认真填写交接班记录。

2. 圆铸锭锯切

(1) CS2-001型锯床锯切作业

1) 开车操作程序

①合上空气开关引入电源。

②按加工材料调整调速阀速度，保证合理的进给量，严禁设备超规格、超负荷使用。

③调整压力继电器及进刀行程、夹紧机构行程、定尺长度。

④垂直夹紧压板距铸锭表面15～20mm。

⑤调整水平夹紧装置开口量，必要时调整升料座。

⑥调整主轴转数，但调整只能在主电机停机后进行。

⑦调整好冷却液喷射角度，流量及防溅挡板。

⑧放出进刀油缸空气。

⑨启动液压油泵，按要求调整其工作压力。

⑩空车运转检查各部运动是否正常，运转正常后方可投入锯切。

2) 过程控制

①主轴电机起动前锯片不能接触铸锭。

②锯片锯入铸锭中，不允许停主轴电机，这样会导致锯床启动困难，并可能造成锯齿脱落、锯片变形。

③如锯片闷入铸锭中，禁止锯片倒转，倒转会导致锯齿脱落。

④锯切中听到异常声音，看到片体异常晃动、切面不平时，应立即停止作业，查找原因。

⑤经常检查压力表，压力应保持在作业指导书范围内。

⑥经常注意观察各电动机和传动机构是否有杂音、发热等现象。

⑦锯片上如有金属积屑必须停车处理。

⑧时刻观察电流表电流指示，如电流超过规定标准应降低进锯速度。

⑨时刻注意锯片紧固情况和液压站的工作情况。

3) 停机后工作

①各控制开关应打至零位关闭，再关闭主电源。

②对设备进行清扫。

③检查各电器外观有无异常变化。

④检查传动机构各部位的紧固情况，如发现松动应立即处理。

⑤检查锯片紧固、锯齿磨损情况。

⑥对检查内容如实记录，向下班人员进行交接。

(2) 圆铸锭锯切工艺

与方铸锭一样，圆铸锭头尾组织存在很多铸造缺陷，因此需要经过锯切将头尾切掉，与方铸锭加工有一定差别的是，一根圆铸锭一般需要加工为多个坯料，并且在试片的切取方面有更多的要求。

1）锯切作业

圆铸锭锯切一般从浇口部开始，顺序向底部进行，并按规定切头，切尾及切取试片，锯切方法如图 3-2-12 所示。

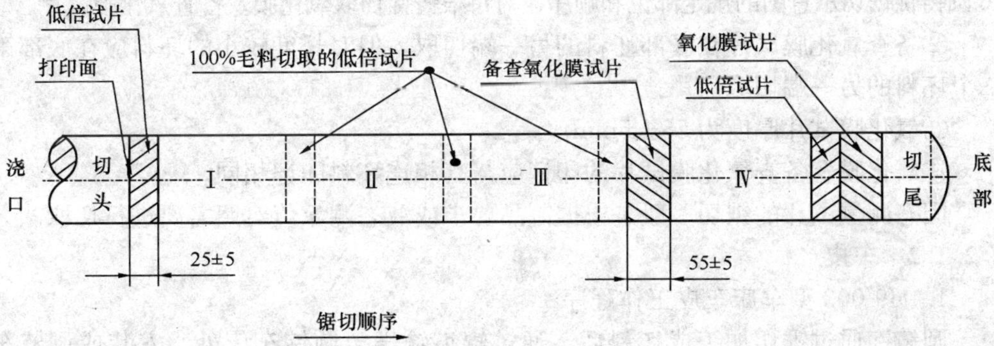

图 3-2-12　圆铸锭锯切示意图（图中Ⅰ、Ⅱ、Ⅲ、Ⅳ为坯料顺序号）

将铸锭吊上锯床辊道时，应严格区分锯切合金，防止废料混料。并且同一合金锯切时一般应按熔次上料，便于打印和堆放。

锯切时应按照铸锭加工随行卡片的加工尺寸要求调节定尺机，然后开动锯床设备和润滑泵，进锯过程中根据电流量调节进锯速度。

锯切一种长度的第一个坯料时，应检查坯料尺寸是否符合加工卡片及工艺规程的要求，不符时应及时调整，之后每隔几个坯料复验一次。锯切后应对坯料表面质量进行检查，坯料上的碎屑、冷却水及乳液必须吹洗干净，端面应无毛刺。

2）试片切取要求

由于圆铸锭在铸造过程中液体流量小，铸造时间长，可能产生更多的冶金缺陷，因此对试片的切取有严格的要求，一般试片包括低倍试片、氧化膜试片、固态测氢试片等。

低倍试片切取要求：

①普通棒、型、排材及低要求锻件每根圆铸锭在浇口部和底部各切取一块低倍试片。

②大规格的、高质量标准要求的铸锭，需 100％切取低倍试片。

③低倍试片厚度为 25±5mm，其印记应与其相连坯料的印记相同，并代表相连坯料的质量，最末一块试片号为最后一块坯料的顺序号加“1”。

④如果试片检验不合格时应进行复查，坯料印记不变，复查试片印记为前一次试片编号前加“0”。

圆铸锭通过低倍试验会检查出一些低倍组织缺陷，如：夹渣、光晶、花边、疏松、气孔等，这些组织缺陷将直接影响产品性能，因此必须按规定切除一定长度后再取低倍复查试样，根据产品的不同要求分为废坯料切低倍复查和保坯料切低倍复查，直至确认产品合格或报废。

氧化膜试片要求：

①锻件用合金铸锭，一些做重要结构件用途的型材、棒材用铸锭，都必须按图3-2-16圆铸锭锯切示意图的规定部位和顺序，对每根铸锭切取氧化膜及备查氧化膜试片。

②备查氧化膜试片在底部坯料的另一端切取，但对长度较小的坯料应在底部第二个坯料的另一端切取。

③氧化膜试片厚度为55±5mm。

④氧化膜及备查氧化膜试片的印记应与其相连坯料印记相同。

固态测氢试片的锯切一般是根据制品要求或液态测氢值对照需要进行切取。

2.2.1.2　车皮

1. H9-003型车床车皮工作程序

圆铸锭通过锯切加工成坯料后，通过辊道输送至圆锭车床处，安装或调节车刀，并根据坯料的直径选取顶针盘，根据坯料长度调节汽缸，使其符合加工要求。将坯料送入车床夹紧，开动设备加工至生产卡片或生产工艺规定的直径要求，收集碎屑。实心圆铸锭坯料车皮后按熔次吊放到指定区域堆放或装筐，空心圆铸锭坯料转入镗孔工序。

2. H9-003型车床车皮作业

(1) 设备调整

1) 调整刀架。当坯料顶紧后，转动在机床左前方上的手轮，使指针在待切削的坯料外径的读数上。

2) 调整尾座。用专用棘轮扳手打开锁紧齿条，使其处于“松开”位置，然后按坯料长度移动套筒，最后将齿条置于“锁紧”位置。

3) 选择合适的顶针盘。

4) 调好倒角靠模刀架。

5) 根据进给量，将进给箱内的交换齿轮按进给箱盖上的铭牌所示配好。

6) 按坯料长度调整好主刀架行程开关的挡块位置。

(2) 过程控制

1) 认真核对铸锭加工随行卡片，检查随行卡片的加工尺寸是否与坯料一致，同时检查设备、工具、刀具等是否正常。

2) 坯料夹紧后，应点动主轴测试，检查铸锭是否水平、顶针是否对中，以防车偏。在确认无误后，调整合适的车皮量，保证直径公差。

3) 如遇突发故障按操纵盘右下角的“总停”按钮。

4) 注意观察各传动部分声音是否正常。

5）刀具不断屑或粘刀时，必须进行更换或加以磨削以免闷车。

6）时刻倾听设备和车屑发出的声音是否正常，发现异常声音立即停车处理。

7）旋转操作盘手轮，必须逐格按顺序进行，前一动作未完成时，不得进行下一动作，不允许在操作时将定位块插入定位销的槽中。

8）经常注意主轴电机的温度和声音是否正常。

9）工作中操作人员不得离开设备，注意观察电流表波动情况，如发现电流突然上升，应立即停车，查明原因。

（3）停机后工作

1）各控制丌关应打至零位关闭，再关闭主电源。

2）清扫机床和地面卫生，对滑动面进行润滑。

3）检查各电器外观有无异常变化。

4）检查传动机构各部位的紧固情况，如发现松动应立即处理。

5）检查车刀紧固和磨损情况。

6）对检查内容如实记录，向下班人员进行交接。

2.2.1.3　镗孔

1. H9-004 型镗床镗孔工作程序

空心圆铸锭坯料经锯切、车皮后，通过辊道传输或天车倒运至镗床处。根据坯料外径安装夹具，根据坯料镗孔内径，更换镗杆，调整或更换镗刀，调节冷却液喷嘴角度；根据不同合金更换调速齿轮，调节送料小车垫块的高度和位置，调节主轴箱的行程。将坯料放入送料小车后，按“小车进”按钮，小车进入夹紧装置内部夹紧坯料，开动镗床将坯料加工至生产卡片和按工艺规定要求的直径。再按“小车出”按钮，坯料送出，开启压缩空气冲去坯料孔内碎屑，收集碎屑，将坯料吊至堆放区或装筐，收集碎屑。

2. H9-004 型镗床镗孔作业

（1）设备操作

1）先按操作台上的“总开”按钮，转换开关在“半自动”位置，下面两个开关处于“喷水”及“联动”位置上。

2）坯料放入送料小车后按“小车进”按钮，小车进入夹紧装置内部。

3）按“夹紧”按钮，坯料即被夹紧，机床将自动依次进行下列动作：

后轴承座下降→镗杆快速向右移动，刀具穿过坯料的孔→刀头伸出，镗杆旋转→镗杆进给，冷却液进行喷冲→镗杆快速退回，刀头退出→镗杆停止旋转→后轴承座上升，坯料松开。

4）按“小车出”按钮坯料送出。

5）开启压缩空气开关冲去镗削碎屑，将坯料吊走或装筐。

（2）过程控制

1）认真核对铸锭加工随行卡片、检查随行卡片的加工尺寸是否与坯料一致，镗孔前应检查空心铸锭内孔是否有较大的偏析瘤，若有应先铲除。

2）生产过程中压缩空气管道上的压力表的风压不低于0.5MPa。

3）注意刀具和坯料的紧固情况，如有松动现象应立即停车处理。

4）刀杆没有停止转动时不准将夹紧松开，也不允许进行测量。

5）卡刀座未完全退回时，刀杆禁止快速前移，以免划伤坯料。

6）刀杆运转过程中禁止变速。

7）坯料偏心过大，但能修复的，应减少吃刀量，增加加工次数。

8）如遇突然故障，可按“总停”按钮，此时要注意，后轴承座气阀将排气，经数秒钟后轴承座自动下降，此过程应注意安全。

9）1K点动开关应尽量少用，更要避免连续点动，以免烧坏接触器甚至引起放炮事故。

（3）停机后工作

1）各控制开关应打至零位关闭，再关闭主电源。

2）禁止用风吹电气系统和机械传动部分。

3）擦净机床表面金属屑，再在滑动面涂上机油。

4）检查各电器外观有无异常变化。

5）检查传动机构各部位的紧固情况，如发现松动应立即处理。

6）检查镗刀紧固和磨损情况。

7）对检查内容如实记录，向下班人员进行交接。

2.2.1.4 刨边

1. B2020A/1型龙门刨床刨边工作程序

用桥式起重机将铸锭吊运到刨床平台上，调整好位置，将铸块固定，启动主电机及润滑泵，调整刀架，调节进刀量，开动平台进行刨削加工，加工完成后，停车，切断电源，松开紧固装置，将铸锭吊运到指定位置存放，清扫刨边碎屑。

2. B2020A/1龙门刨床刨边作业

（1）刨边过程控制

1）观察主传动变速箱、床身多头蜗杆、齿条、各减速传动装置有无杂音，有无异常。

2）经常观察润滑系统是否阻塞，致使工作台与床身导轨产生干摩擦。

3）工作台撞尺块动作有无异常，各电气连锁装置有无失灵现象。

4）经常观察工作台前进、后退的速度及主传动电动机电流表的指示是否正常。

5）调整工作台右侧的行程撞尺块，使铸锭在吃刀前有100mm以上的空刀距离。

6）主传动变速箱运转时，禁止换挡变速。

7）当左右刀架作水平移动时，应将横梁溜板箱上的锁紧螺钉松开，作垂直移动时，应把长溜板的锁紧螺钉松开；当自动进刀时，若是水平进刀，则需拧紧长溜板的锁紧螺钉，若是垂直进刀，则需拧紧横梁溜板箱上的锁紧螺钉。否则，将损坏机构。

8）应经常观察液压安全器，当油路工作正常时，安全器上面的小孔应有油连续向外渗漏。

9）禁止不停车测量。

10）总停按钮只作紧急停车时用，非紧急停车禁用。

（2）停车后工作

1）将工作台停止在床身的中间，垂直刀架退至两立柱前的位置，侧刀架开到最下端位置。

2）各控制开关应打至零位关闭，再关闭主电源。

3）清扫设备卫生，滑动面涂上机油。

4）检查各电器外观有无异常变化。

5）检查刨刀紧固和磨损情况。

6）对检查内容如实记录，向下班人员进行交接。

2.2.1.5　铣边

1. 铣边工作程序

用桥式起重机将铸锭吊运到铣床平台上，调整好位置，将铸块固定，启动主电机及润滑泵，调整铣头箱角度后固定，松开铣头主轴进给机构，锁紧主轴进给机构，开动平台进行铣削加工，一面铣完后，再调整铣头箱角度和调节铣头进刀量，进行第二个面铣削，铣削全部完成后，停车，切断电源，松开紧固装置，将铸锭吊运到指定位置存放，清扫铣削碎屑。

2. X2020A铣床铣边作业

（1）铣边过程控制

1）观察主传动变速箱、床身多头蜗杆、齿条、各减速传动装置有无杂音，有无异常。

2）经常观察润滑系统是否阻塞，工作台与床身导轨是否产生干摩擦。

3）工作台撞尺块动作有无异常，各电气连锁装置有无失灵现象。

4）经常观察工作台前进、后退的速度及主传动电动机电流表的指示是否正常。

5）主传动变速箱运转时，禁止换挡变速。

6）调节好铣头进刀量后，应锁紧主轴进给机构，防止铣头旋转时损坏调节机构，同时造成铣头箱振动而使固定螺栓孔损坏和铣刀损坏。

7）应经常观察液压安全器，当油路工作正常时，安全器上面的小孔应有油连续向外渗漏。

8）禁止不停车测量。

9）总停按钮只作紧急停车时用，非紧急停车禁用。

（2）停车后的工作

1）铣头箱退至两立柱前的位置，左右侧铣头箱开到最下端位置，各拔叉柄、转换开关放在非工作位置上。

2）各控制开关应打至零位关闭，再关闭主电源。

3）清扫设备卫生，滑动面涂上机油。

4）检查各电器外观有无异常变化。

5）检查铣刀紧固和磨损情况。

6）对检查内容如实记录，向下班人员进行交接。

2.2.1.6　铣面

1. 平面铣床铣面工作程序

准备好锉刀、洗油、毛巾、垫片、木方、牛皮纸、废料筐、卷尺、测温仪等，查阅生产任务单，核对铸锭实物的规格、熔次、合金是否一致，按铸锭厚度规格准备靠背垫。

启动床面、主轴等各部分润滑油泵，启动夹具、小车等液压油泵，启动碎屑机、风机以及主轴电机，启动碎屑皮带运输机和振动筛电机。指挥桥式起重机将待铣铸锭吊上小车辊道平置放好，转动小车辊道将铸锭转运到上料机，用起落架将铸锭上翻到床面铣料台上，在小车和上料顶缸的推动下使铸锭紧靠床身，然后夹紧铸锭。根据所需铣削量来调整好刀盘进刀机构，启动床面移动，当床面驮着铸锭进入刀盘区后，铸锭表面被旋转的刀盘适量铣削，铣下的碎屑通过出屑通道和皮带运输机送往废料斗。铣好一面后将床面退回到起始位置，松开铸锭夹紧装置，床身上的卸料顶缸将铸锭推离床身，使铸锭落到起落架上。用起落架将铸锭下翻回辊道上，通过小车辊道将铸锭运到翻锭机，经过翻锭机翻面后回到小车辊道上。重复上述步骤，铣削铸锭的另一面。作业完后，操作人员指挥天车用吊钳将铸锭吊走放入铸锭转运区。

2. 平面铣床铣面作业

(1) 送、停电程序

1）送电程序：总电源配电柜→辅传动柜→变频器柜→PLC柜→破碎机及其风机柜→振动筛及皮带运输控制柜。合闸必须遵守“先合总开关，后合分开关”，“先合主回路，后合控制回路”的顺序进行。

2）停电程序：操作时要按照“先停主回路，后停操作回路”和“先停分电源，后停总电源”的顺序进行操作。各开关停电顺序与送电顺序相反。停主轴电机电源空开的时候要确认一下主轴电机接触器是否处于断开位置，除紧急情况外，一般要先切掉接触器再断开开关。

(2) 铣面过程

1）每班必须按设备润滑制度规定，定时定量向润滑点供给润滑油（脂），油温不得超过规定值。

2）铣面时，通过操作顶料油缸使铸锭大面靠紧四个靠背垫，压下夹持油缸夹紧并且垂直夹正铸锭。硬合金从打印端进刀，软合金从无印端进刀，最大铣削深度不准超过 8mm/次，单次铣面量应根据合金本身的特性做出相应的调整。

3）铣刀损坏要及时更换，刀尖积屑应及时去掉。

4）工作台进给速度平缓，防止铸锭表面出现刀痕，一般软合金进给速度不超过 3m/min，硬合金不超过 2m/min。主轴传动电机电流不得超过规定值。

5）碎屑抽吸、破碎系统发生碎屑阻塞时，应及时处理，避免成捆成团碎屑进破碎机。

6）铣削过程中，检查铣削表面质量是否满足工艺质量要求。若不满足要求，应立即停机处理。

7）铣后铸锭吊下机床后，检查厚差是否符合要求。

（3）停车后工作

1）工作台停在中间位置，主轴退回。

2）各控制开关应打至零位关闭，再关闭主电源。

3）清扫设备卫生，滑动面涂上机油。

4）检查各电器外观有无异常变化。

5）检查铣刀紧固和磨损情况。

6）对检查内容如实记录，向下班人员进行交接。

3. 铣面工艺

除表面质量要求不高的普通用途的纯铝板材，其铸锭可用蚀洗代替铣面外，其他所有的铝及铝合金铸锭均需铣面。铸锭表面铣削量应根据合金特性、熔铸技术水平、产品用途等原则来确定。其中，所采用的铸造技术是决定铣面量最主要的因素，铸锭表面铣削量的确定要同时兼顾生产效率和经济效益。一般来说，普通产品平面铣削厚度为每面 6～15mm。

（1）湿铣工艺

1）铸锭规格：（300～340）mm×（980～2040）mm×（1060～2620）mm。

2）铸锭夹紧在支柱上，其压力不小于 20 个大气压。铣面时向铸锭及铣刀上喷射足量浓度为 2%～20%的铣削液进行润滑冷却。

3）调整工作台进给速度，速度平缓，防止铸锭表面出现刀痕，刀痕深度≤0.15mm。

4）铸锭湿铣后，立即用毛巾擦净铸锭表面的铣削液、油污、残留金属屑。

（2）干铣工艺

1）铸块规格：（340～515）mm×（980～2060）mm×（2500～5000）mm。

2）铸锭铣面时，夹具卡紧铸锭，从铸锭厚端进刀。

3）调整工作台进给速度，速度平缓，防止铸锭表面出现刀痕。

4）铣床工作时，主轴传动电机电流控制在规定范围以内，一次铣削深度控制在 8mm 以内。

（3）铣面工艺要求

1）铸锭表面有缺陷应在条件厚度范围铣净为止，特殊用途铸块单面铣削量可≥15mm。

2）铸锭因出炉重新铣面时，尽量减少铣削深度，去掉氧化皮即可。

3）铣后表面应平滑，不允许有锯齿刀痕、铣屑。允许距铸锭底部100mm范围内有轻微缺陷。

4）根据设备情况及时清除辊道、翻锭机、起落架上的脏物碎屑，及时更换垫片以保持垫片清洁。

5）铣面后的铸锭注意保护好表面，防止碰伤及灰尘落至铸块表面。铸锭铣面后，用刮刀和毛巾及时将铸块边部残留金属屑、油污清除干净。

6）铣屑废料必须按合金分筐存放，悬挂合金标志牌，防止混料。

7）铸锭铣面后，按熔次垛放。出炉重新铣面的铸锭单独堆垛存放，并注明“重铣”。

8）铣后铸块应防止在运输、装卸、吊运过程中受损伤或被污染。铸块在地平车运输和堆垛时必须用木方垫隔，吊钳与铸块上表面不得接触。若铸块出现轻微碰伤，需修整至圆滑，表面有异物压入时应清除干净。

2.2.2　刀具的装卸

2.2.2.1　锯片的装卸

1. ϕ1800mm 龙门锯床锯片装卸

（1）拆卸锯片

1）拆下供水装置的软管、锯片罩定位螺栓以及上方罩。

2）用17mm六角扳手拆下轴端的锁紧螺母。

3）松开螺母压着螺栓的钢球，从而消除压力。

4）在轴端装上70mm单面扳手，在螺母上装上230/250mm扳手，使用一把锤子敲松钩形扳手顶端，然后拆下，如图3-2-13所示。

5）在把转轴的螺纹部分套上保护套之后，再拆下法兰盘（使用拆卸螺栓拆卸

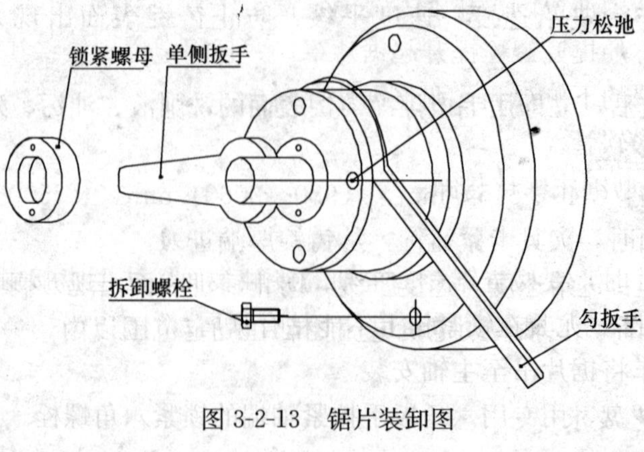

图3-2-13　锯片装卸图

法兰盘）。

6）把提升梁与锯片的拆卸孔相接，然后小心地不让主轴承受力的情况下拉出锯片。

（2）安装锯片

1）安装锯片前，疏通冷却管道，调整冷却水排出角度，有利于锯片冷却，减少锯片磨损，提高使用寿命，如图 3-2-14 所示。

2）安装锯片时，要检查锯片、法兰盘的接触表面、锁紧螺栓是否异常或有缺陷，尤其在锁紧螺栓上不能粘有锯屑，以及在已暴露的密封表面不得有粘物，如果出现以上情况可利用磨床进行重新光滑处理。

3）彻底清洗法兰盘表面的杂物，如：锯屑、尘土、油污等，然后在锯片安装前在轴承螺纹部位套上保护套。

4）拧紧处于完全松开状态的锁紧螺母，拧紧时应拧到油脂不再从油出口排出为止，并且在螺母锁紧的压力完全解除后，注入油 1.5～2.0mm，如图 3-2-15 所示。

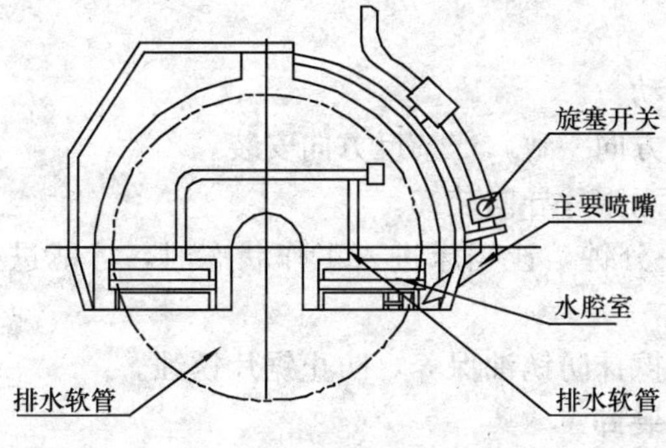

图 3-2-14　冷却水装置

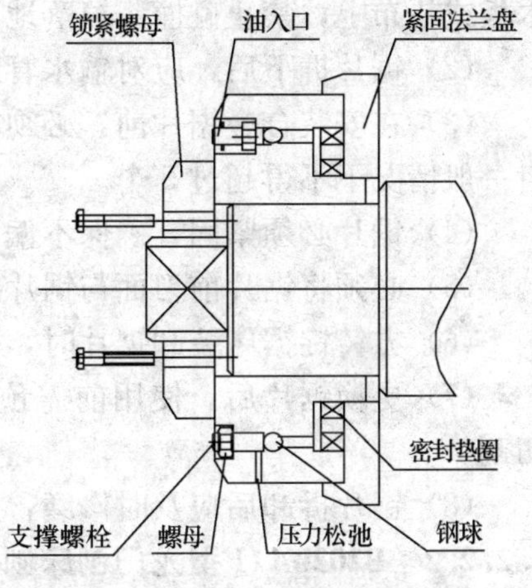

图 3-2-15　锯片液压锁紧装置

5）试车前使用油枪以再注油方式确定锁紧压力。

6）利用上方的提升螺栓提升起锯片罩，并且用定位螺栓将其完全紧固。

7）从锯片罩的下侧观测，调整锯片导向板。

8）连接输水软管。

2. CS2-001 型锯床锯片装卸

（1）安装锯片

1）安装锯片时，要检查锯片、主轴的接触表面、法兰盘接触表面、锁紧螺栓是否异常或有缺陷，尤其在锁紧栓上不能粘有锯屑。

2）指挥天车将锯片吊至主轴安装。

3）夹紧法兰盘，用专用六角扳手拧紧轴端的锁紧六角螺栓。

4）装锁紧螺栓前，必须清除轴上螺孔内的锯屑或杂物，保证锁紧螺栓紧固牢靠。

5）使用扳手拧紧四颗固定螺栓，螺栓加装垫圈。

6）安装锯片保护罩。

7）安装乳液喷淋管，调整角度。

（2）拆卸锯片

1）卸下乳液喷淋管，锯片保护罩。

2）指挥天车吊挂好锯片（吊钩不受力）。

3）使用扳手松开四颗固定螺栓。

4）用专用六角扳手松开轴端的锁紧六角螺栓，取下法兰盘。

5）将锯片轻轻从主轴上摇动拉出锯片，指挥天车将锯片吊出。

3. 装卸锯片注意事项

（1）拆卸、搬运锯片时不得造成锯片有任何操作损伤，并且将其轻轻地放置在木板或垫布上，禁止碰撞、掉落地上，必须轻吊轻放。

（2）锯片拆下后，应对输水管道进行清洗、疏通。

（3）在安装合金锯片前，必须检查片体平整度以及是否有裂纹，锯齿掉齿、坏齿一般情况下不得超过5个。

（4）锯片必须紧固，确保不偏心晃动。

（5）必须将锯片前刀面与锯片旋转方向一致，严禁反方向安装。

（6）方铸锭锯床装卸锯片时，要注意锯片导向装卸。

（7）更换锯片后，使用前需预转一分钟，让锯床进入工作状态时，才能进行切割。

（8）锯片拆卸后应及时修磨，并且擦抹防锈油保养，防止锯片锈蚀。

2.2.2.2 B2020A/1型龙门刨床刨刀的装卸

将磨好的刨刀安装在刨刀架上时，必须装正，刀头伸出刨刀刀架长度应尽量短。刨刀伸出太长，加工中容易发生振动和折断。直头刨刀伸出长度一般不宜超过刀杆厚度的1.5～2倍。弯头刨刀可稍长一些。安装刨刀前，要根据刨削铸锭的要求选择符合刨削平面或侧成型面刨刀，刨刀紧固螺栓必须紧牢，防止刨刀在刨刀架上松动。卸下刨刀时，只要把刨刀紧固螺栓松开即可。注意松开紧固螺栓时，要把刨刀把住，以免损坏刨刀或刨刀掉下伤人。

2.2.2.3 X2020A型龙门铣床铣刀的装卸

1. 安装铣刀

（1）清洁刀轴、主轴锥孔。

（2）选择刀具，刀具可以选择高速钢、合金钢，也可以根据要求配合使用。

（3）将磨制好的刀具安装到刀盘上，测量、调节，确保处于同一平面。

（4）拧紧螺栓，夹紧刀具，确保紧固。

（5）将刀盘的轴装入主轴锥孔内，对准键槽。

（6）从主轴后部装拉杆螺栓，旋转拉杆螺栓旋入刀轴螺栓孔，再将主轴后部外露拉杆螺栓用专用垫圈和螺母紧固定在主轴上，使刀轴固定。

2. 拆卸铣刀

（1）旋松拉杆螺栓，用木锤敲拉杆使刀盘柄从主轴孔松动。

（2）全部放松拉杆，取下专用垫圈，取下刀轴。

（3）使用扳手松开铣刀紧固螺栓，取下铣刀。

2.2.2.4　平面铣床圆盘铣刀的装卸

1. 安装铣刀

（1）清拭主轴锥孔、刀轴、轴承环、间隔环、支持架及铣刀。

（2）床台上放一块垫布或木板，用以放置铣刀或套环，手拿铣刀时要用油布保护手指。

（3）将刀轴套于主轴孔，对好锥柄凸缘槽与主轴带动键。从机后（立式则从上面）装拉杆，旋转拉杆使拉杆螺栓旋入刀轴螺栓孔，再将机后（或上面）拉杆上螺母旋紧固定刀轴，如图3-2-16所示。

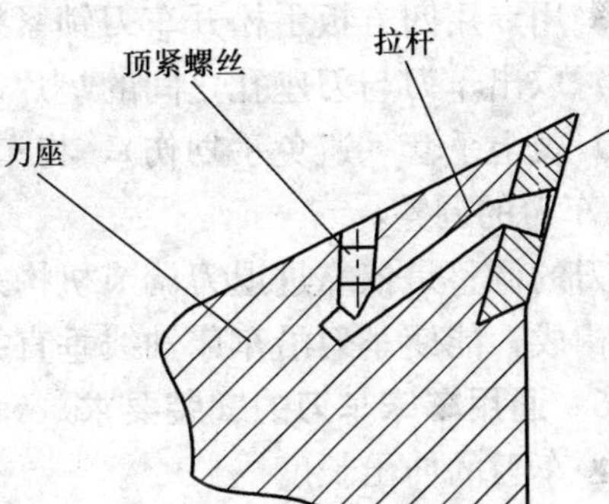

图3-2-16　嵌入式铣刀的安装

（4）刀轴杆上套间格环、铣刀及轴承环。

（5）套上支持架于悬臂架及刀轴上轴承环。此项工作使用手掌或木锤即可，不可用钢锤。旋紧支持架上螺钉使支持架固定在悬臂架上。

（6）旋紧刀轴螺母，此项工作要确定在固定支持架以后做。

（7）开动机器掌握铣刀旋转方向，注意支持架轴承等部位润滑。

2. 拆卸铣刀

（1）旋松铣刀轴杆螺母。注意此工作在支持架固定时做。

（2）旋松支持架上螺钉，取下支持架。

（3）取下套环及铣刀，铣刀要以油布垫上以确保机器及手指的安全。

（4）旋松拉杆上螺母，再反转拉杆的一圈，用木锤敲拉杆使刀轴柄从主轴孔松动，全部放松拉杆，取下刀轴。

（5）属于刀轴孔上的轴承环、间格环、键、螺母应擦拭干净装回去以防遗失。

3. 铣刀的安装及调整

（1）用双头螺栓将粗、精刀体镶嵌在刀盘对应的位置。

（2）用刀片螺栓将粗、光刀片固定在对应的粗、精刀体上。

（3）将千分表（百分表）固定在靠近刀盘边缘上的合理的位置。

（4）用千分表（百分表）测量粗刀和光刀是否分别在同一垂直平面上；光刀略比粗刀高 0.10mm 。

2.2.2.5 H9-003 型车床车刀的装卸

1. 安装车刀

（1）车床门在打开状态，且确保不会下滑，将主刀架停到车床中间位置。

（2）清理刀座孔内碎屑。

（3）松开锁紧螺栓，戴上手套将磨好的车刀装入刀座内，前刀面向下。

（4）调整车刀长短位置，刀尖伸出刀座长度不宜太长，一般为刀杆厚度的 1.5 倍，确保排屑通畅。

（5）用专用四方扳手紧固锁紧螺栓，用内六方扳手拧紧刀盒紧定螺栓。

2. 拆卸车刀

（1）将主刀架开动到车床中间位置，停电挂牌（车床门在打开状态）。

（2）用专用四方扳手松开车刀锁紧螺栓。

（3）取出车刀与刀座孔之间的垫片。

（4）戴上手套（避免手划伤），将车刀从刀座内取出。

3. 车刀的调整

车刀的调整是依靠进退刀调节机构来完成。调节机构是蜗轮、蜗杆机构和齿轮机构等构成，能使车刀沿车床轴线垂直方向运动，从而调节切削进给量。

2.2.2.6 通用车床车刀的安装要求

（1）车刀的伸出长度

在不影响视线的前提下，要尽量使车刀伸出得短些，因为车刀伸得太长后，切削时容易发生振动，使车出的坯料表面粗糙度达不到要求。一般车刀伸出的长度不超过刀杆高度的 1.5 倍。

（2）车刀安装的高低

车刀装得太高，会使前角增大，后角减少；装得太低，会使前角减少，后角增大。这两种情况都会造成切削不顺利。正确的安装应使车刀刀尖的高低对准坯料的中心。

要使车刀对准坯料中心，可用下列方法：

1）用游标卡尺直接测量垫片和刀尖的高度。

2）根据尾座后顶尖的高低把车刀装正。

3）先用目测估计车刀的高低进行安装，然后是切一下断面，再装正车刀。

4）根据车床主轴中心高度，用钢尺测量中心的高度。

（3）车刀刀杆轴线应与进给方向垂直

车刀刀杆轴线应与进给方向垂直，否则会使主偏角和副偏角的数值发生变化。

（4）车刀垫片

车刀下的垫片要平整，垫片应与方刀架对齐，而且垫片的片数要尽量少，一般不要超过三块。刀架上螺栓要拧紧。

2.2.2.7 H9-004型镗床镗刀的装卸

1. 安装镗刀

（1）将镗杆刀盒开到卸下镗刀位置，转动镗杆，使刀盒处于水平位置，刀杆伸出锁紧刀盒。

（2）将磨好的镗刀装入刀盒，根据加工铸锭内孔直径，用钢板尺确定镗刀伸出刀盒长度。

（3）用内六角扳手紧固锁紧螺栓，防止镗刀松动。

2. 拆卸镗刀

（1）将镗杆刀盒开到尾座侧观察孔前，刀杆缩回，停电。

（2）转动镗杆，使刀盒处于水平位置，用内六角扳手松开刀盒锁紧螺栓。

（3）用手取出镗刀。

2.2.2.8 OPERATION型带锯床锯带的装卸

1. 安装锯带

（1）检查锯齿方向，锯齿朝外。

（2）将新锯带分别放在上、下导向轮上，使锯带背离轮凸沿2～3mm，并用风缸压紧锯带。

（3）将新锯带放置在锯头的上导向轮内。

（4）将新锯带分别放在下导向轮内，用手将锯片下侧扶起，贴近轮体。

（5）按下门上的锯带张紧按钮，直到绿灯亮。

（6）用手转动大轮两圈，检查锯片是否张紧。

（7）关上盖件、轮室门。

（8）用扳手紧固锯带侧面夹紧轮。

（9）更换新锯带后，前两次锯切速度参数设定为规定值的60%，第3、4次设定为80%。

2. 拆卸锯带

（1）锯头停在初始位置。

（2）松开锯带张紧装置。

（3）打开盖件、轮室门。

（4）松开锯带侧面导向轮，取出旧锯带。

（5）将旧锯带盘成小圆环状。

（6）清洁上、中、下三个轮箱（圆锭带锯为上、下两个轮箱）。

（7）清洁导向轮、支撑轮。

2.2.3 合金机加工性能

2.2.3.1 合金材料的切削加工性

合金材料的切削加工性是指合金材料被切削加工的难易程度。目前，机械、航空航天等产品对合金材料的使用性能要求很高，而高性能的材料的切削加工难度更大。研究合金材料切削加工性的目的就是要找出改善难加工合金材料切削加工性的途径。

合金材料切削加工性是一个相对的概念。它的标志方法很多，主要有以下方面：

(1) 考虑生产效率和刀具耐用度的标志方法。在保证高效率的条件下，加工某种合金材料时，刀具耐用度越高，则表明该材料的切削加工性能越好。在保证相同刀具耐用度的条件下，加工某种合金材料所允许的最大切削速度越高，则表明该材料的切削加工性越好。在相同的切削条件下，达到刀具磨钝标准时所能切除的金属体积越大，则该材料的切削加工性能越好。

(2) 考虑已加工表面质量的标志方法。在一定的切削条件下，以加工某种合金材料是否容易达到所要求的加工表面质量的各项指标来衡量。在合理选择加工方法的前提下，容易获得较小表面粗糙度的合金材料，其切削加工性能越好。

(3) 考虑安全生产和工作稳定性的标志方法。在相同的切削条件下，单位切削力较小的材料，其切削加工性较好。在自动化生产或深孔加工、大面积切削中，合金材料在切削加工中越容易断屑，其切削加工性能越好。

由此可知，某种合金材料被切削时，刀具的耐用度大，允许的切削速度高，表面质量容易保证，切削力小，容易断屑，则材料的加工性能好；反之，切削加工性差。但同一种合金材料很难在各项加工性指标中同时获得良好评价。因此，在生产中，常常只取某一项指标，来反映合金材料切削加工性的某一方面。

2.2.3.2　影响合金材料切削加工性的因素

合金材料切削加工性的好坏，主要决定于合金材料的物理性能、化学成分、热处状态和表层质量等。

(1) 合金材料的硬度、强度

合金材料在常温和在高温下的硬度和强度越高，则在加工中的切削力越大，切削温度越高，刀具耐用度越低，故切削加工性差。同时，因切削刃与铸锭接触长度较短，切削力和切削热集中在切削刃附近，使刀具不但容易磨损而且还会引起崩刀。

(2) 合金材料的塑性和韧性

合金材料的塑性越大，其切削变形越大，韧性越强，则切削消耗的能量越多，这都使切削温度升高。塑性和韧性高的材料，刀具表面冷焊现象严重，刀具容易磨损，且切屑不容易折断，因此切削加工性差。而合金的塑性及韧性过低，则使切屑与前刀面接触面过小，切削力和切削热集中在刀刃附近，将导致刀具切削刃易磨损，因此，合金材料的塑性和韧性过大或过小，都将使其切削加工性能下降。

(3) 合金材料的导热性

合金材料的导热性越差，则切削热在切削区域内越难传散，刀具表面的温度越高，会使刀具磨损严重，刀具耐用度降低，故切削加工性差。

(4) 合金材料的化学成分

合金材料中所含的各种合金元素会影响材料的性能，造成切削加工性的差异，通常在合金材料中添加铅、铋、锡、磷等元素可改善切削加工性，这类元素会产生一种有润滑作用的金属夹杂物，可以减轻合金材料对刀具的摩擦力，从而改善切削加工性。

2.2.3.3　铝合金切削加工性

1. 切削加工特点

(1) 熔点低

铝合金的熔点低，且其塑性随着温度的升高而迅速增大。在高温高压作用下，切屑底层与前刀面的摩擦较大，滞流现象严重，易生成积屑瘤，降低坯料的尺寸精度与表面光洁度。

大多数铝合金在低速切削时会形成积屑瘤。切削速度高时，例如在 60～90m/min 以上，就不会产生积屑瘤。一旦产生积屑瘤，坯料表面光洁度就显著下降。

(2) 硬度、强度低

一般铝合金的布氏硬度为 60～120，而超硬铝合金如 7A04 也不超过 150。普通铝合金的抗拉强度只有 196～294MPa，而高强铝合金如超硬铝一般也不超过 700 MPa。所以，它们的切削阻力小，允许采用较大的切削量，也可不使用冷却润滑液。不过材料的硬度、强度低，抵抗塑性变形与划痕的能力也差，坯料易碰伤、夹坏，甚至排屑不好，也会划伤已加工的表面。

(3) 热导率大

铝合金的热导率为 117～175W/（m·K），比 45 钢的热导率 50 W/（m·K）大得多。因此，铝合金的导热能力比钢大得多，被切削材料本身及冷却剂可带走大量的热，刀具的磨损较小，刀具的寿命比切削黄铜及钢长。

(4) 弹性模量小，线膨胀系数大

铝合金的弹性模量为 70.56GPa，而 45 号钢的弹性模量为 196GPa。因此，铝合金坯料在切削力与夹具夹紧力作用下，产生的弹性变形也较大，既使坯料不易获得较高的加工精度，又会在刀具后刀面和坯料已加工的表面之间引起剧烈的摩擦。切削时应增大润滑冷却剂量。

铝合金的线膨胀系数为普通钢的 2 倍左右，切削时的热胀冷缩量比钢材的大得多，对加工精度不利。

2. 切削加工性能

铝合金有良好的切削性能，切削力比切削黄铜与钢时低得多，在切削量相同时，刀具所受的力及能耗也比切削黄铜与钢相应地减少。铝合金的良好导热性有助于迅速散发切削热。由于铝的密度低，所以铝坯料旋转时的惯性力比其他常用金属材料低得多。因此，切削铝合金材料时，速度高，效率也高。不过要使铝合金的上述优点得到充分发挥，必须合理地使用切削机床与选用切削工具。

常用变形铝合金的切削加工性可分为五级，切削加工性等级是按切削难易程度区分：A级最好，B级良好，C级尚可，D级不好，E级最差。铝合金的切削加工性除了本身加工特性有重要关系外，还受多种因素的影响，如设备能力、刀具材料、刀具磨制、是否加热退火等。软合金材料通常加热前的切削性好于加热后，大多数硬合金大规格铸锭需加热后再切削，表3-2-2为部分变形铝合金在坯料机加工阶段的切削加工性等级。

表3-2-2　部分变形铝合金的切削加工性等级

合金牌号	切削性等级	合金牌号	切削性等级
1A93	E	AHS	E
1100	D	5052	C
2A12	A	5A06	D
2A14	D	6A02	加热前C、加热后E
3A21	E	6061	加热前C、加热后D
3104	B	7075	C
4032	E	7A04	C

工业纯铝、3A21等合金在轧制、挤压、拉伸等加工方面性能好、易加工，但是切削加工性却很差，切削阻力小，切屑呈连续状，不易断屑，且易粘结在刀具刃尖。通过冷加工，可使强度与硬度升高，韧性下降，切削加工性有所改善。如6A02合金铜含量少（0.2%～0.6%），其性能与纯铝相近，软而韧，经过退火后其加工性能更差，会出现粘刀现象，产生积屑瘤，使加工表面起毛，光洁度下降，冷加工则可提高其切削性能。

含铜量较多的铝合金，在固溶体晶粒周围有脆性化合物$CuAl_2$，所以韧性低，且较硬较脆，在时效硬化状态有良好的切削加工性。

铝合金的硬度越大，切削速度越高，倾角越大，结瘤倾向越小，不过冷却应充分。因此，切削速度不应低于某一特定值，还应保持一定的切削角。

3. 铸锭对切削加工的影响

铸锭总是会在铸造过程中产生或大或小的铸造应力。影响铸造应力的因素很多，除了铸造工艺影响外，铸锭合金属性和规格对铸锭中存在的铸造应力有着决定性影响。通常铸锭规格越大，如直径越大、厚度越厚、宽厚比越大等，铸造应力就越大；大多数2×××、7×××系合金因Cu、Mg、Zn等元素合金化程度高，铸造应力很大。1×××系合金因几乎没有合金化，故铸造应力很小；3×××系、部分4×××和6×××系合金因合金化组元单一或合金化程度不高，铸造应力比较小；5×××系合金铸造应力通常比较大，但总体上不如2×××、7×××系合金。铸锭合金属性和大小不等的各类规格组合，就会形成五花八门的铸锭应力状态。

铸锭切削加工时，铸锭中铸造应力有一个释放过程，或使铸锭翘曲，造成夹刀具、切斜、端面不平整等问题；或在快速旋转的刀具作用下，使铸锭开裂，造成铸锭报废或损坏加工设备甚至产生安全事故等问题。

因此，应根据铸锭中存在的铸造应力大小，有选择性地对铸锭进行去应力退火，确保切削加工质量和安全。通常，1×××、3×××系合金所有规格铸锭可不去应力退火而直接进行切削加工，2×××、7×××系合金方铸锭和大于 ϕ300mm 的圆锭须去应力退火后才能切削加工。实际生产中，机加工要注意检查铸锭铸造应力状态，防止各类事故的发生。

2.2.3.4　铜及铜合金切削加工性

（1）铜的切削加工性

铜的塑性大，韧性大，加工时不易断屑，切屑容易粘附在切削刃上，产生积屑瘤，加剧刀具磨损，影响精加工的表面质量。

铜的线胀系数大，切削时工件受切削热的影响而变形，造成测量困难。

铜的强度、硬度均低，装夹或切削力过大时容易变形。

因此，铜的切削加工性较差，如 45# 钢的切削加工性为 100%，纯铜的相对切削加工性则为 65%。

铜及铜合金按照它们的切削加工特性，一般可分为如下三种类型：

A 类：单相材料，包括铜、α 黄铜、α 铝青铜、低锡磷青铜、白铜。

B 类：不含铅的双相或更复杂的合金，例如 $\alpha+\beta$ 黄铜。

C 类：所谓的易切削类型，主要是含铅合金，但是也包括硫铜、碲铜。

各种类型之间的差异是显著的，这取决于材料是铸造状态还是变形状态。

A 类是单相材料，有好的冷加工性能，硬状态时的切削加工比软状态容易。但是这类材料的切削加工仍然比较困难，因为它们的组织导致切削加工时易产生过长的金属屑，并且由于金属在剪切加工前发生大量的塑性变形，使加工面一般都比较粗糙。金属屑还具有堆积在刀具刃口和表面的强烈趋势，使切削量一定时，所需要的切削功率更大，发热量也显著增加。

B 类材料的切削加工性能比较好，原因在于塑性变形量小于 A 类材料，合金中存在的第二种组成物导致切屑受横向剪切，虽然切屑仍是连续的，但是比较脆，常常断成小的碎片。进刀量比较小时，连续的卷曲屑很容易用断屑器破断成碎片。

C 类材料因添加铅、硫或者碲而获得更好的切削加工性能，因为刀具剪切作用使得裂成小碎片的切屑几乎不产生塑性变形。金属堆积在刀具表面的趋势非常小，刀具切削刃的发热量也很小。切削加工时，此类材料切削阻力、发热量和刀具损耗都会大大减小，并且可以获得容易排出的小碎屑。

表 3-2-3 为部分铜及铜合金的相对切削加工性等级。

表 3-2-3 铜及铜合金的相对切削加工性等级

切削性等级	C类（好）		B类（中）		A类（差）	
状态	变形	铸造	变形	铸造	变形	铸造
合金品种	易切削黄铜（2%铅）	铅铜	黄铜	黄铜	黄铜	低锌黄铜
	硒铜	铅青铜	高强度黄铜	磷青铜	硅青铜	高导电铜
	碲铜	铅黄铜	铝青铜	高强度黄铜	磷青铜	白铜
	铅黄铜	—	—	铝青铜	铍铜	—
	铅铜	—	—	—	冷加工铜	—
	铅磷青铜	—	—	—	软铜	—
	铅硅青铜	—	—	—	白铜	—

2.3 质量控制

2.3.1 坯料质量检验和加工过程质量控制

2.3.1.1 质量检验

1. 方铸锭质量常规检查内容和检查方法

(1) 化学成分。

(2) 尺寸偏差，包括铸锭的厚度、宽度、长度，锯切后的坯料还要检查锯口的切斜度。

(3) 表面质量，表面质量用目视检验，当缺陷深度难以确定时，可以借助于10倍以下的放大镜或打磨后测量。主要包括以下几项内容：

1) 锯切后坯料端面的锯齿痕深度应符合标准规定，无锯屑和毛刺。

2) 刨边后的坯料无拉裂、成层以及残留氧化皮、偏析物等缺陷。

3) 铣面前铸锭表面夹渣、冷隔、拉裂、裂纹、成层、偏析瘤以及弯曲等缺陷不得超过工艺标准的规定。根据验收标准规定用拉线法或卷尺检查铸块弯曲、翘曲等缺陷，铸锭大小面弯曲所规定的数值为每米及全长范围不应超过的最大值，翘曲按照大面弯曲处理。用目测法检测偏析瘤、表面开裂、冷隔等缺陷，对有深度的缺陷可采用针头插入裂缝间接测量，对未锯切铸锭距底部80～100mm范围内的轻微缺陷，在不影响铣面的情况下可接收铸锭。

4) 铣面后的坯料表面不允许有金属屑、起皮、气孔、夹渣、腐蚀、疏松、裂纹、碎屑等缺陷，清除表面的油污及脏物，刀痕深度和机械碰伤要符合标准，坯料两侧的毛刺必须刮净。

(4) 高倍检查。方铸锭均匀化退火一般不用高倍检查，如有特别要求或发现均匀化退火时炉温异常，应在其热端切取高倍试样，检查是否过烧。

(5) 对于重要用途的铸锭，须切取试片进行低倍、晶粒度、氧化膜、断口甚至显微疏松等检查。

(6) 铸锭端面必须打上合金牌号、年号、炉号、熔次号、根号、坯料号，验收后的坯料必须打上检印。对于由于质量问题需改做他用的铸锭，还应做好相应的标志。

(7) 对于试制产品必须进行铸锭质量全面分析，包括组织、性能及定量金相检查等。

2. 圆铸锭质量常规检查内容和检查方法

(1) 化学成分。

(2) 尺寸偏差，包括直径、长度、切斜度，空心铸锭还要检查内孔直径、壁厚不均和偏析瘤。

(3) 表面质量，表面质量用目视检验，当缺陷深度难以确定时，可以借助于10倍以下的放大镜或打磨后测量。主要包括以下几项内容：

1) 不车皮坯料表面应清洁，无裂纹、油污、灰尘、腐蚀，成层、拉痕、缩孔、偏析瘤等缺陷不得超过工艺标准的规定。

2) 车皮后的坯料表面不得有气孔、缩孔、疏松、裂纹、成层、夹渣、腐蚀等缺陷，以及锯屑、油污、灰尘等脏物。

3) 车皮、镗孔后的坯料表面刀痕深度要符合有关标准的规定。

(4) 通过均匀化退火后的铸锭，应在其热端切不少于两块高倍试样，检查是否过烧。

(5) 低倍与断口组织缺陷，如裂纹、夹渣、气孔、白斑、疏松、羽毛状晶、粗大化合物、大晶粒、光亮晶粒等，不应超过有关标准的规定；氧化膜试样要经锻造后再进行检查，且应符合订货合同要求。低倍断口组织及氧化膜首次检查不合格时，可切取复查试片进行复查。

(6) 铸锭端面必须打上合金牌号、炉号、熔次号、根号、坯料号，验收后的铸锭必须打上检印。

3. 无损检测

超声波检验铸锭的原理就是声束在介质中传播，遇到声阻抗不同的介质时，便会有声能被介质反射或使透过的声能量减少，通过换能器的接收和转换，将检测的波形在超声波仪器的荧光屏上进行显示。因此，可以根据波形特点，分布状况、传播时间、波高来对缺陷进行定性、定位和定量的分析，以此来评价铸锭的质量。

在铸锭的检测过程中，根据铸锭的形状、各缺陷的分布及性质，检测的方法一般采用脉冲反射式纵波直接接触法和液浸法，为了不影响检测的效果，使声能有效传入，铸锭的表面应清洁，必要时进行加工。

由于铸锭的内部组织较粗大，所以检测时其频率一般选择在1.25～5.0MHz，减少对声能的散射和衰减，有利于提高检测的灵敏度。换能器有效尺寸一般在

12～25mm 之间。耦合剂主要采用钙基润滑脂或水。对比试块的材料应与检测的铸锭材质相近或相同。扫查方向应有利于缺陷的检出，扫查方式以不漏检为主。检测的灵敏度以信噪比不低于 6dB 为佳。

检查结束后，在排除一切外来因素后，如果在始波和底波之间有异常信号，便可确认为缺陷波。根据缺陷的波高、分布状况、特点、传播时间进行定量、定性和定位，根据规程或标准评判铸锭质量，并将结果填在质量记录表中，存档备案。同时在铸锭上做出标志，以便验收，判定是否合格。

超声波探伤可以检测铸锭中的各种宏观缺陷如夹渣、气孔、裂纹和组织粗大。夹渣和气孔分布没有规律，一般夹渣的波形较平缓，而且多点，不同方向检测的波形有差异。气孔反射明显，不同方向检测的波形基本相同。裂纹一般在铸锭中心或表面，波形反射明显，而且方向性强。组织粗大波形杂乱，一般为林状回波或草状回波。为了更加准确判定，有时应与低倍分析相结合，达到准确定性。

2.3.1.2 加工过程质量控制

1. 铸锭锯、车、镗、刨质量控制

(1) 岗位人员操作前应进行任务确认，核对铸锭加工随行卡片和检查随行卡片与铸锭是否一致，明确加工工艺要求。

(2) 铸锭的锯切、车皮、镗孔、刨边等加工，应严格遵守企业的《工艺操作规程》。

(3) 严格执行质量“三检制”。自检：操作人员应对本工序的产品质量负责，尤其应该对首件加工产品进行仔细检查，是否满足工艺技术标准要求，如不合格，立即查找原因，采取措施后才能加工第二件产品，并再次检查，直至产品合格才能正常生产。自检过程中，圆铸锭每锯切 3～5 个坯料抽检一次，方铸锭锯切、圆铸锭车皮、镗孔须实行全检。互检：下道工序在接料时，应严格按质量标准进行检查，出现问题及时反馈，促使上道工序纠正或修复上道工序缺陷。专检：所有产品都应在专业质检人员系统检查验收合格后，才能出厂。

(4) 加工后的坯料应按熔次整齐堆放在定置区，对不合格品应单独堆放在不合格品区。

(5) 废料应按合金或组别进行装筐存放，不得混料。

2. 铸锭铣面质量控制

(1) 上料时用顶缸将铸块顶到位，使上下两侧均与靠背垫靠拢，避免铸块两侧出现厚差。

控制每次铣面量和进刀速度，防止拉伤。

(2) 在铣面过程中注意检查表面刀痕深度，若刀痕深度超标，则停机检查。若是光刀过高，则调整光刀高度；若是刀体松动，则对刀体进行紧固。若是铣刀破损，则更换铣刀。

(3) 铣后铸块表面粘有金属屑，通常是由于刀具有金属瘤造成，一是停机将粗刀或光刀上粘结的金属瘤清除干净；二是直接更换粗刀或光刀。

（4）若经第一次铣面后，仍有氧化皮未铣净，则继续铣至条件品厚度。

2.3.2　机加工过程常见的坯料缺陷

不同的企业对铸锭的质量标准各有不同，但一般而言，都应包含铸锭尺寸、晶粒度、偏析瘤和粗晶层、成层、拉（裂）痕、裂纹、疏松、气孔（气泡）、夹渣、氧化膜等造成的缺陷。

2.3.2.1　尺寸不符

铸锭尺寸不符是机加工过程中最常见、可直观判断的缺陷。铸锭的实际尺寸不能满足工艺标准或生产卡片要求的尺寸称尺寸不符。包括长度、宽度、厚度、直径、弯曲度、不平度等。尺寸不符可分为两种情况，一是铸造过程中产生的尺寸不符，二是机加工过程中产生的尺寸不符。

（1）基本外形尺寸不符

铸锭基本外形尺寸包括铸锭长度、宽度、厚度、直径等，轧制、挤压工序对铸锭基本外形尺寸均有明确的偏差要求。基本外形尺寸不符的形成机理：

1）铸造收尾时流口堵尺不当；结晶器设计不符合要求，结晶器变形及长期使用磨损过大；铸造行程指示器不准，损坏或失灵，不能正确指示铸造长度；对各种流盘、流槽容量和各种规格铸锭的流量控制不当；电器、机械设备发生故障，无法继续铸造；铸造温度太低，铸造中喇叭嘴、流眼凝死，不能继续铸造。

2）机加工过程中，加工计划卡片错误；锯切定尺错误；铸锭底部或浇口部缺陷严重，造成底部增加锯切量；铸锭锯切后，临时增加锯切试片；铸锭表面缺陷需大量刨边、铣边、车皮、镗孔、铣面等。

（2）偏心

空心铸锭内外不同心的现象称为偏心，也称壁厚不均匀。偏心的形成机理：

1）铸造过程中，芯子安装不正，铸造机下降时不平稳；铸造工具不符合要求。

2）机加工过中，镗床镗杆、镗刀、夹具安装未对中。

偏心使空心铸锭壁厚不均，对工艺性能有严重影响，如果偏心不大，可用镗孔来校正，如果偏心过大只能改变内孔规格或铸锭报废。

（3）弯曲

铸锭弯曲包括大面弯曲、小面弯曲、端面弯曲。

大面弯曲值，图 3-2-17 中直尺 A 和直尺 B 与方铸锭平面之间的最大间隙值。

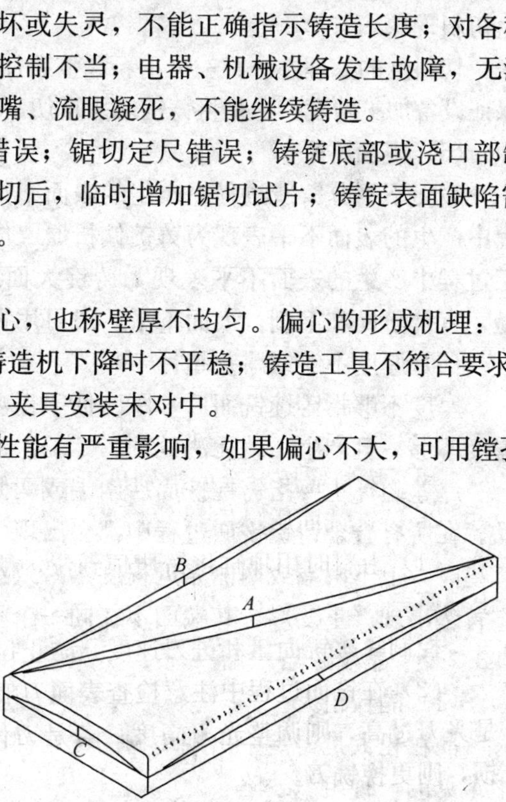

图 3-2-17　铸锭弯曲值测量方法

小面弯曲值，图 3-2-17 中直尺 D

与方铸锭侧面平面之间的最大间隙值。

端面弯曲值，图3-2-17中直尺C与方铸锭端面平面之间的最大间隙值。

弯曲的形成机理：

1）铸造过程中，结晶器安装不正或固定不牢，铸造时错动；铸造机导轨不正或固定不牢，铸造时底座移动，盖板不平使结晶器歪斜；结晶器变形，锥度不适或光洁度差；开始铸造时，由于底部跑溜子，使底部局部悬挂。端面弯曲主要是铸锭浇口部锯切量不够或锯切时铸锭没有被夹持机构夹紧。

2）带锯加工时，进锯速度过快，进锯速度与锯带转速不匹配或锯带张紧力不够。

弯曲的处理办法：当弯曲不大时，可用铣面、刨面、矫直或改尺的办法消除。当弯曲过大，无法进行加工变形时，铸锭报废。

（4）切斜度

切斜度是一种锯切加工缺陷，铸锭横截面与铸锭长度方向不垂直，其偏移的最大尺寸称为切斜度。形成原因是锯床锯片（锯带）与辊道运动方向不垂直、导向夹紧机构与辊道运动方向不垂直；或者在铸锭的锯切过程中，铸锭没有被夹持机构夹紧，使得铸锭小面与锯床辊道运动方向不平行；或者铸锭严重弯曲，锯切后就会产生切斜现象。

切斜度的处理办法：一是重新调整锯片滑道间隙，使辊道运行方向与锯片垂直，保证设备加工精度；二是将铸锭端头重切，消除因铸锭本身原因出现的切斜现象。

（5）表面不平

表面不平分铸造过程中产生的表面不平和加工过程中产生的表面不平。铸造过程中产生的表面不平表现为铸锭偏析瘤、成层、拉（裂）痕、毛刺等表面缺陷，加工过程中产生的表面不平表现为铸锭大面或小面不平整，如刀痕深度大，表面粗糙，有台阶面和毛刺。表面不平一般可用目测进行检测。

（6）厚度不够或厚差超标

厚度不够指铸锭铣面后，厚度低于需要的最小厚度，原因是铸锭铣面量过多。厚度不够一旦产生，就无法处理。

厚差超标主要指铸锭铣面后两端或两侧厚度超过工艺标准，厚差超标属不合格品。在所有合金铸锭铣面过程中都会出现，主要原因是由于在用顶缸将铸锭靠拢靠背垫时，上下两端或两侧靠近程度不一致造成，也可能是靠背垫本身长度不一致或靠背垫出现严重变形，其端面不在同一个垂直平面上引起。

2.3.2.2　晶粒缺陷

（1）晶粒粗大

晶粒粗大是铸锭中出现均匀的或局部的晶粒度超过允许范围的现象。它是铸锭中常见的一种组织缺陷。

晶粒粗大宏观组织特征：在铸锭宏观试片上，可见晶粒形态比较粗大的、超过了标准尺寸允许的范围组织。粗大晶粒表现出两种形式，一种是整个试片出现均匀的大晶粒，如图 3-2-18 所示；另一种是试片局部出现大晶粒。粗大晶粒的断口组织比较粗糙。

（2）羽毛状晶

在铸锭低倍试片中，经常会发现一种类似羽毛状的金属组织，即羽毛状晶，它因择优取向而成为柱状晶的变种，羽毛状晶有时也被称为花边状组织。

羽毛状晶宏观组织特征：尺寸较大，在铸锭低倍试片上表现为许多平行的细条组织物，分布有时分散，有时连成一片，呈扇形或相互交叉的形式分布，断口通常呈大片状或羽毛片状，如图 3-2-19 所示。

图 3-2-18　晶粒粗大

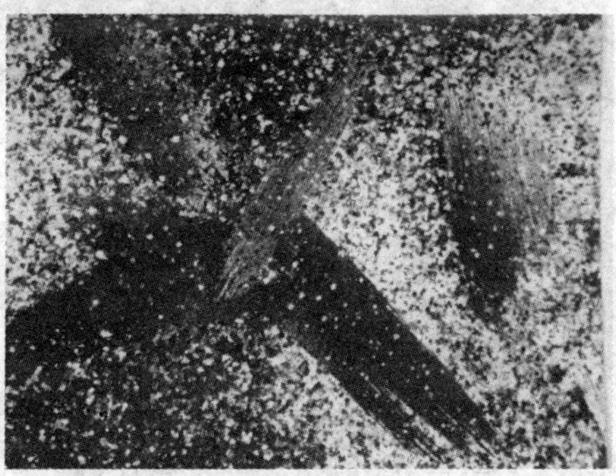

图 3-2-19　羽毛状晶

（3）光亮晶粒

在铸锭宏观组织中存在的色泽光亮、对光线无选择、不定形而且比周围晶粒大若干倍的树枝状组织，称为光亮晶粒，如图 3-2-20 所示。

光亮晶粒宏观分布：在铸锭横向低倍试片上呈分散的点状或环状，分布于铸锭的 1/2 半径处或中心区域，在铸锭纵向分布没有任何规律性。

2.3.2.3　偏析瘤和粗晶层

（1）偏析瘤

偏析瘤是从铸锭内部渗流出来凝结在铸锭表面呈小球状、条带形或不定型的易熔析出物，又称发汗带或偏析浮出物。偏析瘤是铸锭表面的一种组织缺陷，在硬铝合金的大规格铸锭中表现最为严重，往往连成一片。偏析瘤多由低熔点共晶组成，通常富集有大量的易熔组成物。

偏析瘤宏观组织特征：从铸锭表面观察，偏析瘤呈近似球形的颗粒状、斑点状或疤结状，凸出于铸锭表面，造成表面凹凸不平。偏析瘤深度一般约 0.5～15mm。偏析瘤在加工过程中产生开裂，因此应通过机加工去掉。

（2）粗晶层

铸锭表层一般由 2 个区组成，从表到里依次为距铸锭表面约 1mm 的激冷区、距铸锭表面约 1～20mm 的过渡区，如图 3-2-21 所示。生产中通常把激冷区和过渡区统称为粗晶层，粗晶层枝晶网络连续、厚实，枝晶间化合物粗大，对最终制品性能可能产生严重影响，因此，轧制前需要通过铣面去除粗晶层。合金特性、铸造条件等对铸锭粗晶层厚度起着决定性影响。

图 3-2-20　光亮晶粒

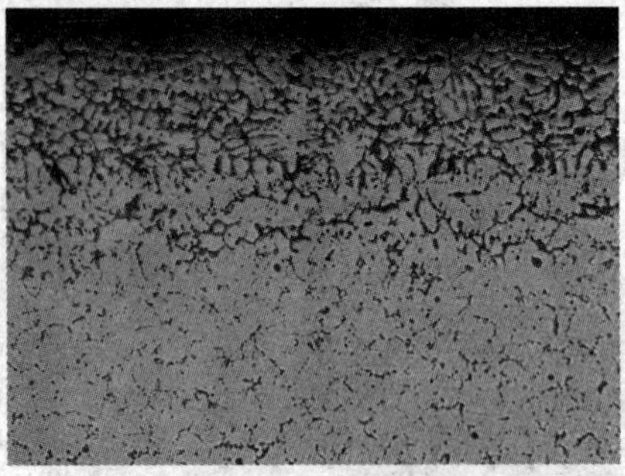

图 3-2-21　铸锭表层（×50）

2.3.2.4　成层

铸锭外表层上存在的较有规律的金属重叠或靠近表层内部形成的隔层叫成层，也称为冷隔。

成层的宏观组织特征：在铸锭表面上呈近似圆形、半圆形或圆弧形不合层，不合层处金属呈沟状凹下。在低倍试片上组织有明显分层，分层处凹下形成沿铸锭外表面的圆弧状黑色裂纹。

成层的显微组织特征：冷隔处为黑色裂纹，裂纹处有非金属夹杂，裂纹组织两边相近。

成层的形成机理：由于铸造工艺不当，在熔体与结晶器接触的弯月面上，由于液穴内的金属不能均匀到达铸锭边部，在金属流量小的地方，熔体不能充分补充，该处的熔体温度很快下降结晶成硬壳，硬壳与结晶器间产生空隙。当结晶槽中金属液面提高到足以克服表面张力并冲破表面氧化膜时，熔体流向已产生的空隙中，后来的熔体结晶后与先结晶的已形成表面氧化膜的硬壳不能焊合。方铸锭因小面冷却强度大，距离供流点远，成层首先在小面形成。

成层破坏了金属的连续性，加工铸锭时易导致裂纹的产生。为了保证加工质量和制品质量，生产中必须将成层全部去掉，成层愈深铸锭的铣面量和车皮量愈大，使铸锭的成品率下降。

另外，铸造温度低、金属水平波动大、铸造速度慢等原因也可能使铸锭大面熔体周期性渗出形成周期性波纹缺陷，周期性波纹多产生在纯铝或3A21软合金铸锭表面。

2.3.2.5　拉痕和拉裂

在铸锭表面纵向上存在的条痕称拉痕。在铸锭表面横向上存在的小裂口称为拉裂。

拉痕组织特征：沿铸锭表面纵向分布的条痕，条痕凹下，深度很浅。显微组织与正常组织没有差别。

拉痕与拉裂形成的机理相同，差别只是二者的程度不同。当熔体结晶后将铸锭从结晶槽向铸造井下拉时，由于在结晶槽内熔体刚结晶形成的金属凝壳强度较低，不足以抵抗铸锭和结晶槽工作面之间的摩擦力，铸锭表面则被拉出条痕，严重时将铸锭表面横向拉出裂口，再严重则可能将局部硬壳拉破，在裂口处产生流挂。

拉痕和拉裂破坏了铸锭表层组织的连续性，当深度不超过铸锭表面加工余量时，用铣面、车皮、镗孔的办法将其去掉。当深度很深时，铸锭应报废。

2.3.2.6 裂纹

铸锭裂纹分冷裂纹和热裂纹两种，铸锭冷凝后产生的裂纹叫冷裂纹，铸锭冷凝时产生的裂纹叫热裂纹。

1. 冷裂纹

冷裂纹在铸锭低倍试片上呈平直的裂线，断口比较整齐，颜色新鲜呈亮灰色或浅灰色，断口没有氧化。

冷裂纹的显微组织特征：裂纹不沿枝晶发展，横穿基体和枝晶网络，裂纹平直清晰。

冷裂纹多发生在高成分的大规格铸锭中，开裂时常伴有巨大的响声，有时造成危险事故。当铸锭均匀化退火后，由于内部的应力已经消除，不会再产生裂纹。

2. 热裂纹

热裂纹在铸锭低倍试片上裂纹曲折而不平直，有时裂纹有分叉。断口处裂纹呈黄褐色和氧化色，颜色没有冷裂纹断口新鲜。一般在铸锭中心区出现。

热裂纹的显微组织特征：沿枝晶裂开并沿晶发展，在裂纹处常有低熔点共晶物填充。热裂纹比冷裂纹细，没有冷裂纹好观察，特别是裂纹处有低熔点共晶填充物时，更要与正常低熔点共晶仔细区分，一般前者比后者尺寸小而分布致密。

热裂纹是一种普通又很难完全消除的铸造缺陷，几乎在所有的工业变形铝合金中都能发现。几种常见的裂纹形式：

（1）表面裂纹，表面裂纹通常是热裂纹，产生在铸锭表面。其原因是铸锭从结晶槽拉出来的瞬间，铸锭外层急剧冷却，收缩受到已经凝固的铸锭中心层阻碍，使外层产生拉应力而开裂。表面裂纹特征是裂纹沿铸锭表面纵向发展。在厚度允许范围内，表面裂纹可通过加大铣面量消除。

（2）中心裂纹，中心裂纹可能是热裂纹，也可能是冷裂纹。其产生原因是在铸锭凝固过程中，由于中心熔体结晶收缩受到外层完全凝固金属的阻碍，在铸锭中心产生的拉应力超过当时金属的允许形变值时，便产生中心裂纹。在高成分合金铸锭中，这种裂纹大多数是一种混合型裂纹。

（3）底部裂纹，裂纹位于铸锭底部，产生原因是与底部接触的铸锭下部冷却速度很快，而上层冷却速度较慢，使下层受拉应力。如果铸锭两端发生翘曲，由热应力引起的铸锭变形大于铸锭所能承受的形变时，将在铸锭的底部引起裂纹。大生产中底部裂纹多因底部铺底工艺处理不当引起。底部裂纹通常可采用增大底部锯切量的方式加以处理，以挽救坯料。

（4）浇口部裂纹，裂纹位于铸锭浇口中心，沿铸锭纵向向下延伸。产生原因是在铸造末期，顶部金属凝固收缩时，在顶部产生拉应力，将刚结晶塑性很低的中心组织拉裂而产生裂纹。如果浇口区的金属在较高的温度下已经形成了细小的热裂纹，在铸锭继续冷却过程中，应力以很大的冲击力使铸锭开裂。这种裂纹开裂有很大的危险性，不但容易使铸造工具破坏，还可能产生人身安全事故。大生产中，浇口有夹渣、掉入底结物、水冷不均和回火处理不当等原因，都可能产生浇口裂纹。

（5）侧面裂纹，裂纹产生在方铸锭的侧面，产生原因是铸锭侧面冷却速度过大，外表层急剧收缩，已凝固的内层对收缩有阻碍，产生很大拉应力使侧面金属产生裂纹。侧面裂纹如果产生在铸锭的头和尾，一般可将产生缺陷的部位切掉，可部分挽救坯料。

2.3.2.7　疏松、缩孔与缩松

一般将铸锭低倍试片上宏观组织中的黑色针孔称为疏松。

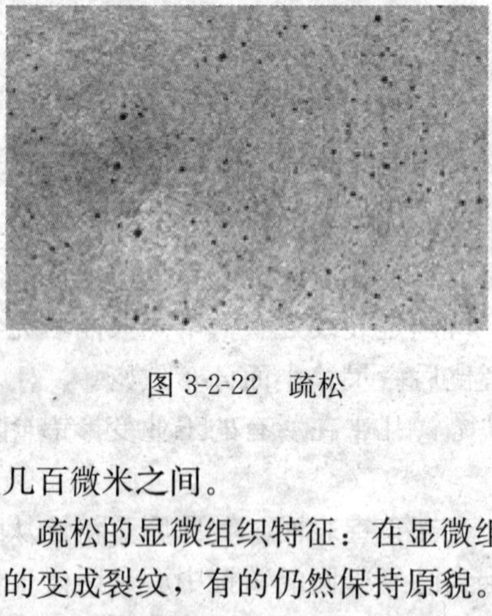

图 3-2-22　疏松

疏松的宏观组织特征：将铸锭试片铣面，再经碱水溶液浸蚀后，用肉眼即可观察到试样表面上所存在的黑色针孔状疏松，如图 3-2-22 所示。疏松的断口宏观特征是断口组织粗糙、不致密，疏松超过二级时，呈白色絮状断口。

生产中按四级标准对铸锭疏松定级，疏松级别愈高，疏松愈严重，黑色针孔不但数量多，尺寸也大，在低倍试片上尺寸在几十至几百微米之间。

疏松的显微组织特征：在显微组织中，疏松呈有棱角形的黑洞，铸锭变形后，有的变成裂纹，有的仍然保持原貌。不管试样浸蚀与否，疏松都能看见，不过浸蚀后更容易被观察。

方铸锭最大疏松区多分布在大面表皮层 30mm 以内的部位，圆锭的最大疏松区多发生在铸锭的中心部位。

金属在凝固时，发生体积收缩、熔体不能及时补充，出现收缩孔洞，称为缩孔或缩松。容积大而集中的缩孔称为集中缩孔，细小而分散的缩孔称为缩松，如图 3-2-23、图 3-2-24 所示。

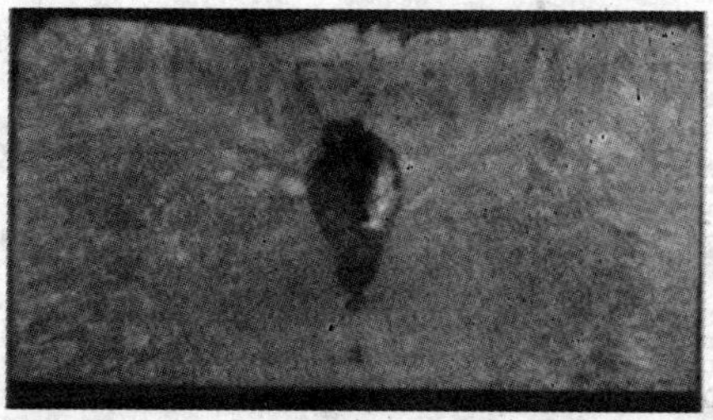

图 3-2-23　HPb59-1 集中缩孔

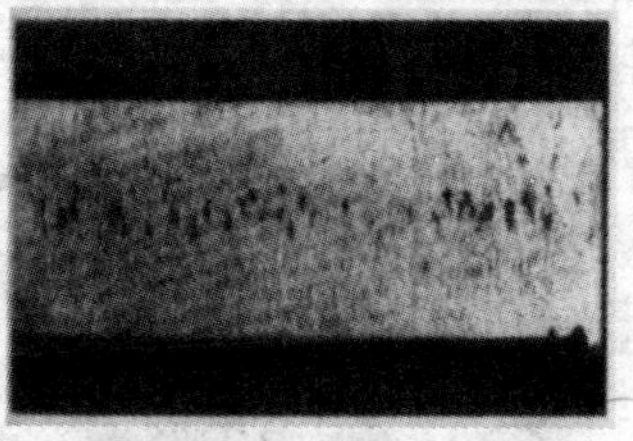

图 3-2-24　QSn4-4-2.5 分散缩孔

2.3.2.8　气孔

铸锭低倍试片中存在的圆形孔洞称为气孔。

气孔的组织特征：在铸锭试片上，气孔的宏观和微观特征都为圆孔状，圆孔内表面光滑明亮，光滑的原因是结晶凝固时气泡内的压力很大，明亮的原因是气泡封闭在金属内，气泡内壁没被氧化。与其他缺陷不同，铸锭或制品试片不浸蚀，也可清晰可见气孔。

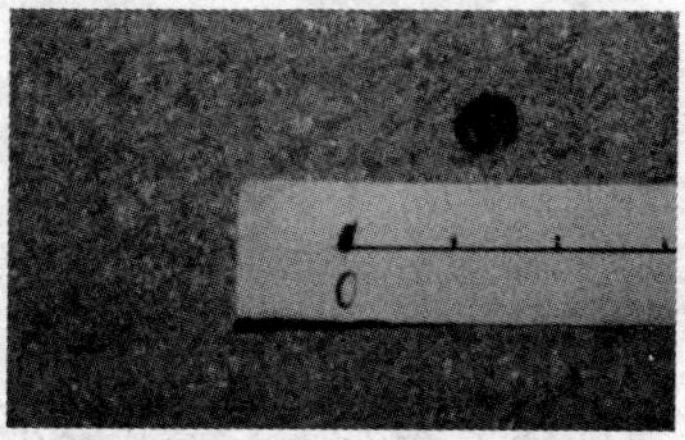

图 3-2-25　气孔

气孔尺寸一般都很大（约几毫米），个别合金尺寸则较小，在低倍试片检查时很难发现，只在断口检查时才能发现。气孔在铸锭中分布没有规律，常常与疏松伴生，如图 3-2-25 所示。

2.3.2.9　表面气泡

铸锭均匀化或加热处理后，有时在表面形成的鼓包称为表面气泡。

宏观组织特征：在铸锭表面上为分散的鼓包，彭包内为空腔，放大倍数观察，空腔内壁有闪亮的金属光泽。

显微组织特征：气泡空腔附近有疏松和均火后残存的枝晶组织，气泡内壁对应位置的枝晶组织有对应性。用电子显微镜观察，气泡内壁有梯田花样，表明气泡以疏松为核心形成。

形成机理：铸锭表面气泡不是铸造后就存在，而是由于铸锭中氢含量过高，在铸锭均匀化退火后出现。

2.3.2.10　夹杂

（1）非金属夹杂

在宏观组织中，与基体界限不清的黑色凹坑称非金属夹杂。

非金属夹杂宏观组织特征：没有固定形状的黑色凹坑，与基体没有清晰界限。只有在铸锭低倍试片经碱水深液浸蚀后，才能清晰显现。非金属夹杂在铸锭中分布没有规律，但在铸锭头尾出现几率较大。

断口组织特征：为黑色条状、块状或片状，与基体色彩反差很大，很容易辨认。

显微组织特征：多为絮状的黑色紊乱组织，紊乱组织由黑色线条组成，与基体色差明显。

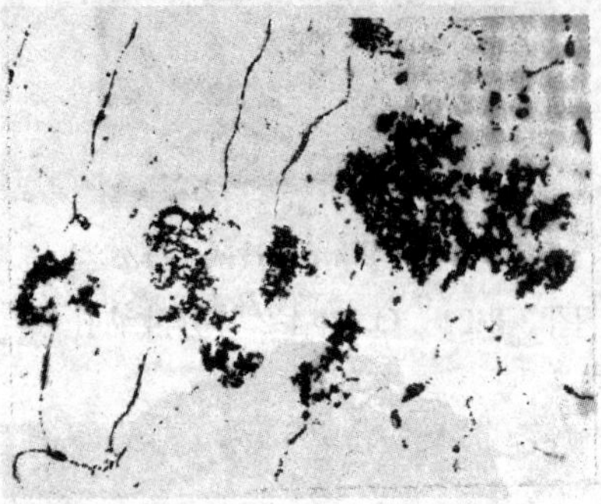

图 3-2-26 QCr0.8 富铬夹杂

(2) 金属夹杂

在组织中存在的外来金属称金属夹杂。

金属夹杂的组织特征：金属夹杂的宏观和微观组织特征，都为有棱角的金属块，颜色与基体金属有明显的差别，并有清楚的分界线，多数为不规则的多边形界线，硬度与基体金属相差很大。金属夹杂在铸锭中分布没有规律，如图 3-2-26 所示。

由于外来金属与基体有明显分界面，其塑性与基体又有很大的差别，铸锭变形时在金属夹杂与基体金属的界面上很容易产生裂纹，严重破坏了制品的性能。虽然大生产中这种缺陷很少，但一旦有这种缺陷，常常会造成严重后果，例如可以将价值昂贵的轧辊损坏。

2.3.2.11 氧化膜

铸锭中存在的主要由氧化铝形成的非金属夹杂称氧化膜。

氧化膜的宏观组织特征：氧化膜很薄，与基体金属结合非常紧密，在未变形的铸锭宏观组织中不能被发现，只有按特制的方法，将铸锭变形并淬火后做断口检查时才能被发现，其特征为褐色、灰色或浅灰色的片状平台，断口两侧平台对称。各种颜色氧化膜平台光滑度不同，褐色氧化膜放大倍数观察有起层现象，如图 3-2-27 所示。

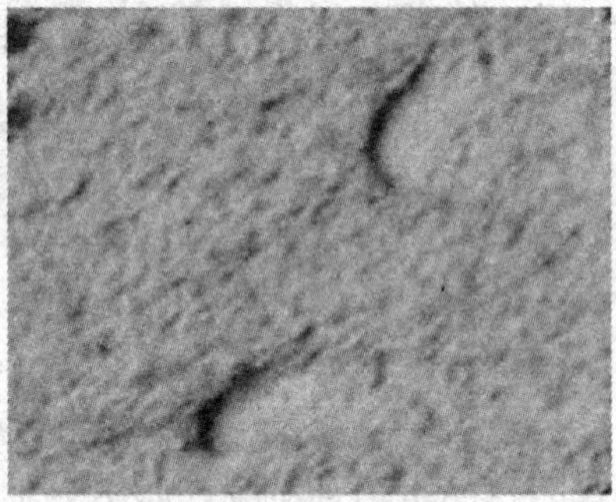

图 3-2-27 氧化膜

氧化膜的显微组织特征：用显微镜观察，氧化膜特征为黑色线状包留物，黑色为氧化膜，白色为基体，包留物往往为窝纹状。

2.3.2.12 区域（宏观）偏析

区域偏析是指铸锭在范围较大的某些区域出现成分偏高或偏低现象。区域偏析有正偏析和反偏析之分，在铸锭中部或头部富有某些较平均成分要高的成分为正偏析，在铸锭外层富有较平均成分要高的成分为反偏析，半连续铸造条件下，铝合金偏析瘤就是典型的反偏析。

另外，铸锭中经常出现的一种粗大化合物（金属间化合物）因大量聚集而在铸锭中形成局部偏析，因此又被称为化合物偏析。其宏观特征为边界轮廓清晰、凸出于基体，对光线有选择性，改变观察角度会呈不同的色泽，在断口上呈闪亮的点状或针状，区别于正常组织，如图 3-2-28、图 3-2-29 所示。

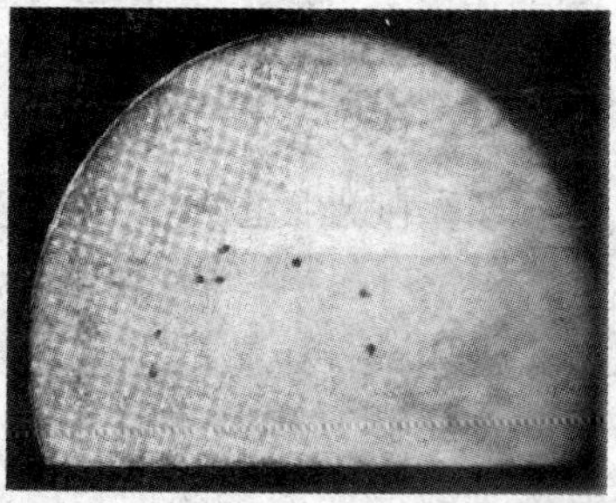

图 3-2-28　QSn10-1 锡偏析点

图 3-2-29　化合物偏析

2.3.2.13　铸锭铣面缺陷

（1）表面撕裂

铣面后，铸锭表面产生低于表面的凹坑或凹槽，一般呈长条形。原因是铸锭表面晶粒度过大、铣面时刀头过大或铣面润滑不足。如果铸锭厚度允许，可重铣，但必须调整铣面参数或增加润滑。

（2）针尖气泡

铸锭铣面加工后在表面形成一些点状小泡，通常在高镁合金中出现较多，原因是在铣面加工过程中铣面速度过快，铸锭表面发热严重，造成铸锭表面温度过高而吸气，铸锭基体中氢含量过高也是一个重要原因。产生该缺陷后，可降低铣面刀头线速度，重铣一次加以解决。

（3）铣面粘铝

铝合金的熔点低，且其塑性随着温度的升高而迅速增大。在高温高压作用下，切屑底层与前刀面的摩擦很大，滞留现象严重，易产生积屑瘤，造成表面粘铝。通过调整进给速度，重新铣面即可消除。

2.3.3　质量统计和分析

详见第 2 篇第 2 章 2.3 质量控制。

2.4　设备保养与维护

2.4.1　设备工作原理

机床的切削加工是由刀具与坯料之间的相对运动来实现的，其运动可分为表面形成运动和辅助运动两类。

表面形成运动是使坯料获得所要求的表面形状和尺寸的运动，它包括主运动、进给运动和切入运动。主运动是从坯料上剥离多余材料时起主要作用的运动，它可以是坯料的旋转运动（如车削）、直线运动（如在龙门刨床上刨削），也可以是刀具的旋转运动（如铣削、镗削、锯切）或直线运动（如插削和拉削）。进给运动是刀具和坯料待加工部分相向移动，使切削得以继续进行的运动，如车削外圆时刀架溜板沿机床导轨的移动等。切入运动是使刀具切入坯料表面一定深度的运动，其作用是在每一切削行程中从坯料表面切去一定厚度的材料，如车削外圆时小刀架的横向切入运动。

辅助运动主要包括刀具或坯料的快速趋近和退出、机床部件位置的调整、坯料分度、刀架转位、送夹料、启动、变速、换向、停止和自动换刀等运动。

要对设备进行正确的保养与维护，使设备充分发挥其效能，减少磨损，提高设备使用寿命，应了解设备的工作原理，才能做好设备的保养与维护工作。下面介绍几种常见机加工设备的工作原理。

2.4.1.1 Φ1800mm 龙门锯床工作原理

锯头主轴由主电机经皮带传动作旋转运动——主运动。锯头由进锯电机经丝杆带动在横梁滑道上作进给运动——实现铸锭锯切。主轴旋转速度和锯切进给速度均由变频器进行调节，可根据锯切合金不同进行合理调节。有的龙门锯床主轴旋转速度和锯切进给速度只有一种速度或用电阻器调节。

铸锭输送是依靠辊道输送，辊道由数台电机带动，锯前第二段和锯后第一段一般可调速。铸锭进入锯前辊道后，液压导板机构由液压导板缸带动，将铸锭推正；辊道再将铸锭送到所需的锯切位置；夹紧机构由液压夹紧缸带动实现铸锭夹紧，以保证锯床锯切。碎屑输送装置由单独电机带动，将碎屑送到碎屑箱内。料头、料尾倾翻器由液压倾翻缸带动实现倾翻器倾翻动作，将料头、料尾送入料头箱内。定尺机由电机带动齿轮、丝杆、移动滑架沿铸锭运行方向移动，滑架挡头升降由气压控制。

2.4.1.2 B2020A/1 型龙门刨床工作原理

刨床的工作台沿床身水平轨道作往复运动——主运动。它由一个直流电机带动，可进行无级调速，运动平稳。为防止切入时撞击刨刀和切出时损坏铸块边缘，工作台的往复运动是按程序自动进行的。工作台向前，使其慢速接近刨刀；刨刀切入铸块后，工作台逐渐增加到规定的切削速度；在铸块离开刨刀前，工作台又降低速度；切出铸块后，工作台快速返回。

两个垂直刀架由一台电动机带动，它既可在横梁上作横向进给，也可以沿垂直刀架本身导轨作垂直进给，并能旋转一定角度作斜向进给。侧刀架由单独电动机带动，能沿立柱导轨作垂直进给，也可沿侧刀架本身导轨作水平进给。横梁可沿立柱垂直升降，以适应加工不同铸块厚度。所有刀架在水平或垂直方向都可手动，如图3-2-30所示。

刨削铸块大面采用垂直刀架水平进给刨削加工。刨削铸块侧面使用侧刀架一面沿立柱导轨垂直进给，一面沿刀架本身导轨水平手动进给。

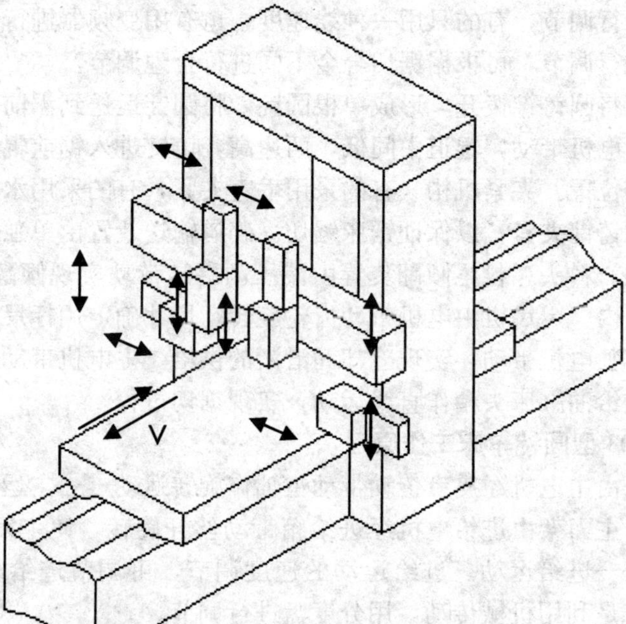

图 3-2-30　龙门刨床运动图

2.4.1.3　X2020A 型龙门铣床工作原理

龙门铣床工作原理与龙门刨床有相似之处，龙门铣床由立柱和顶梁构成门式框架，横梁可沿两立柱导轨作升降运动，横梁上有 1～2 个带垂直主轴的铣头，可沿横梁导轨作横向运动。两立柱上分别安装 1 个或数个带有水平主轴的铣头，它可沿立柱导轨作升降运动。这些铣头可同时加工几个表面。每个铣头都具有单独的电动机、变速机构、操纵机构和主轴部件等。加工时，坯料安装在工作台上并随之作纵向进给运动。

2.4.1.4　平面铣床工作原理

平面铸锭铣床适用于对平面铸锭表面进行加工。床身（工作台）用来固定和支撑铣床工作台各部件及铸锭，工作台在水平面（X 轴）上运动，主轴在垂直方向（Z）运动，均由电机做动力源，丝杠轴承使电机的旋转运动转化为床面的直线运动。垂直于床面的位置装有主轴电动机、主轴变速机构、主轴、润滑油泵等部件。主轴是用来安装刀盘并带动铣刀旋转进行铣面作业。

铸锭铣面常见方法有单面铣和双面铣两种，单面铣就是铸锭先铣削一面，将铸锭翻转后再铣另一面，双面铣就是采用两面同时铣的方法。按铣床结构可分为立铣和卧铣两种，卧铣普遍使用。

2.4.1.5　CS2-001 型圆锭锯床工作原理

CS2-001 圆锭锯床床头箱主轴由主电机经皮带传动作旋转运动——主运动。

床头箱由进锯油缸带动沿机架导轨作进给运动——实现铸锭锯切。主轴旋转速度有的由齿轮拔叉进行调节，有的只用一种线速度，也有用变频器进行调速，锯切进给速度由调速阀进行调节，可根据锯切合金不同进行合理调节。

承料台小车将圆铸锭拨开，形成单根圆锭，将圆锭运送到锯前辊道上。依靠辊道输送，辊道由电机带动，辊道中间低，两边高，铸锭进入锯前辊道后，再将铸锭送到所需的锯切位置。夹紧机构（有的采用垂直夹紧，有的采用水平夹紧）由液压夹紧缸带动实现铸锭夹紧，以保证锯床锯切。碎屑输送装置由单独电机带动，将碎屑送到碎屑箱内。料头、料尾倾翻装置由液压倾翻缸带动实现倾翻动作，将料头、料尾送入料头箱内。定尺机由电机带动齿轮旋转，尺寸确定用标尺杆进行确定。冷却润滑装置由单独电机带动，实现冷却润滑液的供给。主电机带动主轴旋转，实现主运动，然后进给油缸床头箱作直线运动，实现锯切过程。

2.4.1.6　H9-003型圆锭车床工作原理

圆铸锭车床由主电机经皮带传动带动主轴作旋转运动——主运动，主运动只有一种旋转速度。主刀架由进给电机经进给箱带动丝杆旋转，使主刀架作直线运动，实现车削进给——进给运动。进给运动的速度调节，可调节进给箱上的挂轮来实现。车削量调节是利用机械传动，用分度盘进行调节。

锯床锯切的铸锭坯料经辊道输送到车床前，打开车床门，车床门由气缸经钢丝绳带动，利用进出料装置或用手推，将坯料送入车床。启动提升机电机带动提升机，使坯料在车床形成两顶针盘夹紧状态，提升机再由电机带动复位。利用机械传动原理，用分度盘调节车刀车削用量。关闭车床门，主电机带动主轴旋转，实现主运动，然后进给电机带动主刀架作直线运动，实现车削过程。车削烟尘由电机带动除尘、烟装置实现。

2.4.1.7　H9-004型圆铸锭镗床工作原理

圆铸锭镗床由主电机经皮带传动带动主轴作旋转运动——主运动，主运动有三种旋转速度，利用电气控制原理进行变换旋转速度。主轴箱由进给电机经进给箱带动丝杆旋转，使主轴箱作直线运动，实现镗削进给运动。进给运动的速度调节，可调节进给箱上的挂轮来实现。镗削量调节是利用内六角螺栓在刀盒中调节镗刀的长度来实现。

车床车削后的坯料经辊道输送到镗床前或用天车吊到镗床进出料小车上，在镗杆退离后轴承座后，升起后轴承座，后轴承座升降由气缸带动。小车将坯料送入夹紧装置，小车进出由气缸带动，夹紧装置将坯料夹紧，夹紧、松开由气缸带动。后轴承座下降复位，气缸带动刀杆活塞后退松开刀盒，快速电机带动主轴箱向坯料方向前进到位，刀杆活塞压紧刀盒。冷却润滑装置由单独电机带动，实现冷却润滑液的供给。主电机带动主轴旋转，实现主运动，然后进给电机带动主轴箱作直线运动，实现镗削过程。

2.4.1.8　OPERATION 带锯工作原理

OPERATION 带锯由主电机带动铝轮，铝轮带动锯带高速旋转运动——主运动，锯头由进给电机经进给箱带动丝杆旋转，使锯头作直线运动——进给运动。

带锯工作过程：上料到存料台，上料转运车取料送入锯切辊道，辊道上的铸锭在运动中自动横向对中，在进入锯切机前再通过两对平行夹紧装置从铸锭的两个侧面完成锯切时的最终定中心，并根据设置在锯切辊道两端的激光长度测量系统控制铸锭被夹紧后的最终锯切定位。辊道分为 3 段，每段有独立的变频驱动单元，可根据铸锭的长度变换输送速度和方向，使铸锭能够快速到达锯切位置。通过三个直径达 1.2m 的铝合金轮将长达 16m 的钢质合金锯带张紧，在锯切处用上下各四个钢质导向轮将锯带方向旋转 90°，然后，在电机驱动下高速旋转，最后，通过 X 轴数控电机驱动进锯，完成切割动作。推出料头，铸锭前进，通过出料转运车转运铸锭到出料存料台，然后吊运到堆放区。

2.4.2　设备保养与维护

2.4.2.1　机加工的设备保养与维护职责

单机、独立通用设备（如桥式起重机、机床等）实行操作工人当班检查和维护、保养负责制。连续生产线上集体操作的设备，实行分区域或分时段设定班组检查和维护、保养负责制。对无固定人员操作的公用设备，应实行专人维护保养负责制。每台设备都要制订和悬挂维护、保养责任牌。

机加工的设备保养与维护职责：

（1）坚持使用和维护相结合，机加工在设备日常使用、维护工作中做到“三好”：管好、用好、维护好，“四会”：会使用、会保养、会检查、会排除故障。

（2）严格按设备使用规程的规定，正确使用好自己操作的设备，不超负荷使用。开车前要仔细检查设备的连接螺栓、轴承、刀具等关键部位，达到使用要求后空负荷试车，并检查各控制开关、仪器仪表是否灵敏，发现问题和异常现象，要停车检查，自己能处理的马上处理，不能处理的，及时通知机电维护人员进行处理。

（3）严格按照设备操作规程对设备进行正确的润滑，定期检查油位线，添加润滑油或润滑脂，定期换油，保持油路畅通。

（4）机加工在本班下班前 15 分钟停机，将设备和工作场地擦拭和清扫干净，保持设备内外清洁，无油垢、无脏物。

2.4.2.2　设备保养与维护的重要意义

（1）加强设备的保养与维护能有效地保证设备的顺利运行，预防和发现设备故障、隐患，改善和提高设备工作能力，延长设备使用寿命，从而达到提高效益的目的。

（2）加强设备的保养与维护能提高劳动生产率，关键是要提高设备的生产效率。企业内部多数人是围绕设备工作的，要提高人的工作效率，前提是要减少设备故障、减少停机台时，提高设备利用率。

(3) 加强设备的保养与维护可减少消耗，降低生产成本。产品的产出必须通过设备的加工来实现，设备的状况直接影响产品的质量、材料的消耗、能源消耗。因此加强设备的保养和维护，是稳定产品质量，降低材料消耗，节约能源的重要途径。

2.4.2.3 Φ1800mm 龙门锯床保养和维护要求

(1) 辊道部分

1) 锯前、锯后辊道的运行可靠，联轴器无异响。

2) 减速机的润滑油量适当，齿轮声音正常。

3) 螺栓无松动，轴承润滑油量充足。

(2) 锯头部分

1) 主轴轴承的工作温度在 60℃以下，油量充足，油压稳定。

2) 传动机构的三角皮带磨损正常，皮带松紧适当。

3) 锯齿无磨损或无裂纹等现象，锯片紧固可靠。

4) 干油润滑系统良好。

(3) 横梁、进给部分

1) 锯头在导轨上的移动均匀，导轨部分无划伤。

2) 传动机构的运行正常，无杂音。

3) 直线轴承无损坏，润滑良好。

4) 紧固螺栓无松动，轴承油量充足。

(4) 液压系统

1) 油箱内油面不低于油位指示线。

2) 系统工作压力达到 4MPa。

3) 加紧油缸、导板油缸、倾翻油缸运行平稳。

4) 各压力阀、限位开关等灵敏可靠。

(5) 倾翻器

1) 螺栓无松动，辊道转动灵敏。

2) 倾翻油缸的液压管路无泄漏。

3) 各紧固部分无松动，挡块、限位机构无松动、变形。

(6) 碎屑输送机、收集装置

1) 碎屑输送机运行正常，胶带松紧适当。

2) 碎屑收集装置无开裂和严重变形。

3) 紧固连接部分应无松动。

(7) 定尺机

1) 挡头升降平稳，不产生强烈冲击。

2) 气动系统部分各阀件运行正常。

3）蜗杆、蜗轮，伞齿轮直齿轮、减速箱等干油润滑点、稀油润滑点润滑良好。

（8）冷却系统

1）水泵运行正常，地脚螺栓连接无松动。

2）管路无泄漏，压力充足。

3）每年清洗水池一次，保持水池清洁。

2.4.2.4 B2020A/1龙门刨床保养和维护要求

（1）主传动部分

1）电机组、放大机组、主传动电机、主传动轴运行平稳，无卡阻现象。

2）主传动变速箱、床身多头蜗杆无异常杂音。

（2）床身、工作台部分

1）床面的运动均匀，床面导轨部分无划伤。

2）导轨润滑油量充足，液压安全器可靠。

3）工作台换向行程撞块紧固，电气行程开关动作灵活可靠。

4）横梁升降稳定，无倾斜、卡阻现象。

5）油泵无泄漏，供油充足。

（3）进给箱

1）左右垂直刀架手动移动时，锁紧螺钉松开正确。

2）左右垂直刀架自动进刀时，锁紧螺钉拧紧正确。

3）进给箱内机件运行平稳，无异响，润滑良好，箱体无泄漏。

（4）刀架

1）装卡的刀具牢固可靠，螺栓无松动。

2）刀架运行平稳。

2.4.2.5 X2020A龙门铣床保养和维护要求

（1）主传动部分

1）主传动电机、主传动轴运行平稳，无卡阻现象。

2）主传动变速箱、床身多头蜗杆无异常杂音。

（2）床身、工作台部分

1）床面的运动均匀，床面导轨部分无划伤。

2）导轨润滑油量充足，液压安全器可靠。

3）工作台换向行程撞块紧固，电气行程开关动作灵活可靠。

4）横梁升降稳定，无倾斜、卡阻现象。

5）油泵无泄漏，供油充足。

（3）铣头箱

1）左右垂直铣头箱移动时，运行平稳，无异响，传动机构润滑良好。

2）侧铣头上下移动运行平稳，无异响。

3）铣头主轴机构进退调节灵活。铣削过程中，不得进退铣头；铣削前，调好进刀量后，必须紧固铣头主轴。

4）注意清扫铣头箱周围的铣碎屑，防止进入转盘和铣头箱升降机构箱内。

2.4.2.6　M6615或M6620型锯片磨床保养和维护要求

（1）磨头传动机构

1）磨头砂轮安装牢固，保护装置完好。

2）传动带松紧适当，磨头砂轮转动无异常响声。

3）磨头在滑板内运行平稳、无异常振动。

（2）传动箱

1）传动箱齿轮、轴承润滑良好，无漏油现象。

2）传动箱传动动作可靠，行程调节准确。

3）锯片转动与磨头上下移动同步，动作准确。

（3）夹紧机构

1）锯片夹紧牢固、可靠。

2）夹紧机构调节灵敏、转动轮无卡阻现象。

（4）锯片升降机构

1）升降机构齿轮、齿条啮合规范，升降灵活、可靠。

2）升降滑道间隙适当，润滑良好。

2.4.2.7　平面铣床保养和维护要求

（1）主轴部分

1）主轴轴承的工作温度在60℃以下，油量充足，油压稳定。

2）回转机构的三角皮带磨损正常，皮带松紧适当。

3）抱闸灵敏，动作可靠。

4）主轴与自动量规的动作协调准确，自动量规的精度为0.2mm。

（2）床面部分

1）床面的移动均匀，导轨部分无划伤。

2）传动机构的减速机声音正常，油量充足，安全联轴节浸在油里。

3）卡紧机构固定油缸的螺栓无松动，油缸无泄漏。

4）油泵、管路无泄漏，压力为2MPa。

（3）上料机

1）小车移动机构和起落机构的液压管路、油缸无泄漏。

2）减速机的润滑油量适当，齿轮声音正常。

3）各紧固部分检查不得有松动。

4）辊道螺栓无松动，轴承润滑油量充足。

5）铸锭上料油缸无泄漏。

6）减速机的润滑油量适当，齿轮声音正常。

7）翻转传动机构、挡块、限位机构是否有松动、变形。

（4）碎屑抽吸、破碎、回收系统

1）碎屑抽吸、破碎机的传动三角皮带磨损正常，皮带松紧适当。

2）碎屑传送带运转正常，跑偏情况下及时调正。

3）碎屑抽吸罩、风道不得开裂和严重变形。风道接口平滑，不许有缝隙。各观察孔注意严密性，不得松动。

4）紧固连接部分无松动。

5）各滑动部位保持有充足的润滑剂。

（5）液压、润滑系统

1）保持油箱内有足够的油量，损耗后应及时补充。正常情况下每年清洗油箱一次。更换或补充新油时必须经严格过滤。

2）注意检查各压力阀、限位开关等是否灵敏可靠。

3）各压力指示器保持正常工作状态，应定期检验。

4）各泵传动平稳，声音正常，地脚螺栓连接无松动。

（6）金属液压打包机维护

油箱内的油液必须经过严格的过滤，并且经常保持足够的油量。正常情况下每半年清洗油箱一次。补充或更换新油时必须经严格过滤。

2.4.2.8　CS2-001型圆锯床保养和维护要求

（1）主传动箱

1）齿轮传动机构无异响，主轴箱进退平稳。

2）主传动箱内齿轮、轴承润滑良好。

3）主电机无异常响声，三角皮带磨损正常，皮带松紧适当。

4）主传动箱导轨润滑良好。

（2）液压系统

1）保持油箱内有足够的油量，保证工作压力2.5MPa。

2）注意检查各压力阀、限位开关等是否灵敏可靠。

3）夹紧油缸、拨料油缸、进退锯油缸动作可靠、运行平稳。

4）各泵传动平稳，声音正常，地脚螺栓连接无松动。

（3）定尺机构

1）定尺机构升降灵活、可靠。

2）定尺锁紧装置操作方便、调节灵活。

（4）辊道系统

1）辊道传动平稳、无卡住现象。

2）辊道传动电动机、减速机无异常响声。

2.4.2.9　H9-003型圆锭车床保养和维护要求

（1）主传动机构

1）电动机、主轴轴承转动灵活、炭刷、滑环、接触好、无严重磨损。

2）顶针盘各部螺栓固定牢固。

3）制动器动作灵活可靠、闸皮无严重磨损。

（2）尾座

1）尾座套筒在机架移动灵活、无卡阻现象，锁紧时牢固、松开时灵活。

2）安全气阀在气压下降情况下，能保持坯料始终处于夹紧状态。

3）顶针盘伸缩自由、各部螺栓固定牢固。

（3）主机架与进给箱

1）刀具在刀座上固定螺栓无松动、刀具固定牢固、刀具无裂纹。

2）安全离合器过载时离合器自动脱开。

3）各处滚动轴承润滑良好、转动灵活。

4）手动进给机构齿轮联轴节、蜗杆蜗轮传动平稳、灵活、进给量调整准确。

（4）提升机构

1）安全离合器动作可靠、超载或到极限位置自动脱开。

2）提升机构齿轮蜗杆、蜗轮、齿条传动平稳、灵活无卡阻现象。

3）V形托架固定螺栓无松动。

（5）润滑系统

1）齿轮泵电机转动灵活、无杂音。

2）各润滑点油量充足、保证各部润滑。

3）油箱润滑油干净，油位保持油线处。

（6）电气系统

1）操作台清洁，保持开关、按钮完好。

2）关好控制柜门。

（7）气动系统

1）管路中旋塞分水器、减压阀、压力表、压力继电器、注油器工作正常，风路畅通。

2）各部风缸、电磁阀、节流阀动作灵活、换向准确。

3）各部风缸、电磁阀无串风及漏风现象，螺栓无松动。

（8）辊道系统

1）辊道传动平稳、无卡住现象。

2）辊道传动电动机、减速机无异常响声。

2.4.2.10 H9-004型圆铸锭镗床保养和维护要求

（1）主轴箱

1）主传动电机转动灵活，主轴轴承润滑良好。

2）刀杆移动灵活，刀座伸退自由，刀杆无损伤，退屑容易。

3）各部位螺栓无松动，轴销紧固无松动。

（2）夹紧装置

1）活塞杆和杠杆动作灵活、可靠。

2）手轮调整机构灵活。

3）钳口固定板固定螺栓无松动。

（3）床身部分

1）丝杆转动灵活，导轨有润滑油保护。

2）联轴节螺栓无松动现象。

（4）进给箱

1）进给电动机、轴承转动灵活。

2）润滑泵转动灵活，打油充足，分油器供油适量。

（5）送料机构

1）送料小车进出运行平稳。

2）小车轮子和轴承无损坏。

3）车上支承座调动自由，无损坏现象。

（6）冷却润滑系统

1）乳液泵电机无杂音。

2）乳液泵转动灵活，打液充足，输液管路无破裂。

（7）气动系统

1）主管道、分水器、压力调节器、电接点信号压力表工作正常，无损坏、失灵等现象。

2）各机构换向阀、节流阀、汽缸动作灵活、可靠，换向准确，无串风漏风现象。

（8）电控系统

1）操作台清洁，保持开关、按钮完好。

2）关好控制柜门。

2.4.2.11　OPERATION 带锯保养和维护要求

（1）锯头

1）锯带使用中如有锯屑粘附应及时处理，并且时常观察锯带是否变形。

2）锯片润滑油油位应保持在油标 2/3 以上。

3）锯片后导向轮磨损后沟槽深度不得超过 2mm，超过时将导向轮平移 4mm。

4）锯片侧面导向轮夹紧用 8″扳手紧固。

5）压缩空气压力达到 0.6MPa，且稳定。

6）调整喷嘴喷液量，确保锯片润滑充分。

7）锯带张紧力不得低于 0.49MPa，如果高于 0.6MPa 必须卸压重新张紧。

8）每天检查控制锯头进给的直线轴承轨道润滑状况，确保润滑油符合要求。

（2）液压系统

1）油泵转动灵活、打压足、无杂音，油温正常。

2）油缸、管路及附件无漏油和串油现象。

3）电磁阀换向灵敏、准确，无漏油。

4）油压在规定范围内。

（3）进、出料机

1）行走正常，升降无异常。

2）能实现自动和手动操作。

3）定期对直线轴承轨道进行润滑。

（4）夹紧机构

1）夹具机构运行平稳，同步。

2）夹紧油缸动作灵活可靠。

（5）辊道

1）辊道减速机固定牢固，无窜动现象。

2）传动带松紧适当，无异常响声。

3）辊道联轴器无损坏。

（6）传动机构

1）主、从动轮运转正常，无异常响声，锯带飞轮盘螺栓固定紧固。

2）张紧机构动作灵敏可靠。

3）锯带槽及飞轮盘内保持清洁，锯屑不得堆积。

第 3 章　机加工高级技能

3.1　生产操作

铝合金强度和硬度相对较低，塑性较小，对刀具磨损小。铝合金热导率较高，使切削温度较低。因此，铝合金的切削加工性较好，属于易加工材料，适于较高切削速度切削。但铝合金熔点较低，温度升高后塑性增大，在高温、高压作用下，切屑界面摩擦力很大，容易粘刀，特别是退火状态的铝合金，会对刀具的使用产生较大影响。

3.1.1　刀具的磨削和使用

3.1.1.1　切削刀具的选取

根据铝合金熔点低、硬度低、热导率大、弹性模量小，线膨胀系数大等特点，切削铝合金用的大部分刀具与切削钢材用的刀具不同，常用的主要是高速工具钢、硬质合金钢。加工铝合金的精度要求不高时，刀具材料可选用 W18Cr4V 高速钢和 YG6、YG8、YG8N 等硬质合金。TG6 宜用于余量均匀条件下的连续粗加工和半精加工，YG8、YG8N 用于铸件或重载荷的粗加工。加工精度较高时，刀具材料可选用细晶粒硬质合金、金刚石等。

高速钢刀具适合于切削低硅铝合金，可以采用大的前角，同时，高速钢的价格比硬质合金钢低得多，但是高速钢刀具不宜于切削高硅铝合金。切削铝合金用的高速钢应含 2%～4%钒，以保证高抗磨性。

硬质合金刀具比高速钢刀具切削速度高 4～7 倍，刀具寿命高 5～80 倍，多用于高速切削及切削高硅铝合金。但是，应注意硬质合金中的碳化物含量，因碳化物含量越高，耐磨性和硬度也越高，刀具韧性降低；反之，耐磨性和硬度就越低，而刀具韧性越高。大多数铝合金韧性好、硬度一般，可采用高速钢刀具，对于硬度高、耐磨性好、韧性较差的铝合金，多采用硬质合金刀具。硬质合金刀具切削高硅铝合金很难获得高质量的表面，因为高硅铝合金含有一次硅晶体，硬度高，容易从铝基体中崩出来，因此切削的端面较为粗糙。在刀具的选择上必须根据铝合金的机械性能和可切削性来进行。

3.1.1.2　机加工过程中刀具磨损状况判断

(1) 工件已加工表面质量发生变化。例如在相同的镗削条件下，铸锭表面刀痕深度变大、粗糙度值增大，已经不能满足加工铸锭质量要求，说明刀具到了磨钝标准。

(2) 切屑形态发生变化。例如在相同的锯切条件下，锯切屑从原来片状的切屑变为碎粒锯屑，锯切效率明显下降，说明刀具磨损到磨钝标准。

(3) 切屑颜色发生变化。例如在相同的车削条件下，车削铸锭的车屑颜色发生了明显的改变，从原来的银白色变为黄色、紫黑色，颜色越深则刀具越钝。切屑的颜色发生变化是由于温度影响的，切削时产生的高温使切屑表层产生一层有色氧化膜。在干切削的条件下更易观察到切屑颜色的变化。

(4) 从切削中发出的声音去判断。正常的切削加工，切削时发出的声音不会觉得刺耳，不会有尖叫、啸叫的声音（噪声）。而刀具磨损后，特别是后刀面磨损严重时，后刀面与工件加工表面发生严重的摩擦，就会发出噪声。

(5) 机床和切削系统的振动。例如使用 X2020A 型铣床铣侧面时，在正常铣削条件下，铣头箱产生振动大，操作者通常容易感受到，说明刀具磨损过大。

3.1.1.3 刀具刃磨

刀具磨损到磨损限度后，就必须及时刃磨，以恢复刀具的正常切削性能。刀具刃磨后应达到的基本要求有：

1）使刀具刃削部分具有正确的几何形状及锋利的切削刃。

2）对多刃刀具，切削刃的径向及轴向振摆应不超过规定的允差；对用于自动线或自动机床的单刃刀具，也需控制刀尖的位置。

3）刀具的前、后刀面应具有所需的表面光洁度。

4）刀具表面不允许产生烧伤和裂纹。

刀具刃磨设备主要有砂轮机、万能工具磨床、专用刃磨机床等，其特点和适用范围如表 3-3-1 所示。所有机加工刀具都分别用表中的对应设备进行刃磨，部分刀具不进行刃磨，如带锯的锯条，平面铣床的铣刀片。

表 3-3-1 常用刀具刃磨设备的分类、特点和适用范围

设备名称	特点和适用范围
砂轮机	构造简单、使用方便，但刃磨范围不大，不适宜大批和形状复杂的刀具的刃磨工作。用于手工刃磨车刀、刨刀、钻头等刀具。若再装上方刀架、纵横拖板等夹具，也可以刃磨锯片铣刀、三面刃铣刀、齿轮铣刀等
万能工具磨床	操作灵活、轻便，刃磨刀具的范围较广。用于刃磨各种铰刀、铣刀、滚刀（有专门导向机构）、插齿刀、短拉刀、丝锥等
专用刃磨机床	适用刃磨批大和规格统一的特形刀具。如锯片专用磨床

刀具的刃磨可装夹在机床上或用手工方法刃磨前刀面和后刀面，其几何参数根据被加工坯料材料、精度以及所选定的切削用量决定，下面分别讲解常用的刀具刃磨要求和方法。

1. 锯片的刃磨

铝加工中常使用的锯片有 1800mm 硬质合金锯片、1430mm 硬质合金锯片、2000mm 高速钢锯片、1430mm 高速钢锯片等。这些锯片都是通过专用刃磨机床刃磨，根据锯齿的材质不同，所使用的磨床也不相同，硬质合金锯片使用 CHM22H 锯片磨床进行刃磨，选用的砂轮为金刚石砂轮，并且磨制时需要使用冷却水；高速钢锯片使用 M6615 型或 M6620 型锯片磨床进行刃磨，选用的砂轮为白刚玉砂轮，磨制时不需要冷却水。以 CHM22H 锯片磨床为例讲解锯片刃磨方法。

(1) 锯片刃磨步骤

1) 锯片安装

使用桥式起重机将待磨锯片吊运到锯片磨床处，锯片中心孔固定到轴心位置，将锯片安装在移动箱上，用螺栓、螺母将其紧固。

2) 砂轮安装

根据磨削锯片角度选择所需砂轮安装，每次更换磨削角度需重新安装砂轮。安装时，检查砂轮无损坏，裂纹，用磨床所配专用工具和安装说明书进行安装，要求安装牢固可靠。

3) 锯片刃磨

合上电源开关，启动油泵，将锯片移送到磨头前，开动锯片旋转和锯齿定位装置，观察其是否符合锯片磨削要求。操作磨头旋转，观察旋转角度，粗调磨头角度，并锁紧磨头。利用刻度盘手柄，精调磨头角度，使锯片符合磨削角度要求。开动水泵，打开冷却阀，利用行程调节刻度盘手柄调节磨齿行程，再利用带刻度盘进刀量调节手柄，调节磨削进刀量，进行磨削。进刀量不应过大，每次必须在锯片转动整周后，且磨削（无水时）无火花时才能进刀。磨削完一种角度后，再磨削另一种角度。磨削顺序一般按磨削前角、磨削后角、磨低齿后角、磨左右偏角的先后顺序依次进行。磨削完成后，移开磨头，将锯片移动箱移回安装锯片位置，松开固定螺栓，按安装锯片吊运方法卸下锯片，并吊运到存放锯片位置。

(2) 锯片刃磨角度要求

1) 高、低齿磨削角度

ϕ1800mm 锯片锯切宽度较大，为了有利于断屑、容屑及减少每齿的切削负荷，采用两齿一组分屑的方法进行轮切，减少切削力的变化，以达到每齿的切削负荷即切削面积相等，磨损均匀、寿命一致。

ϕ1800mm 锯片采用的高、低齿如图 3-3-1 所示。

高齿先切出底宽为 L 的 V 形槽，然后由低齿切出槽宽 b，高齿的偏角 K_r 为 60°，L=5.5mm。低齿刀片尖倒角（0.5～1）×45°，高、低齿高度差 0.816mm 左右。

2) 前、后角角度要求

ϕ1800mm 锯片磨削前角，切铝型材取 r_c=10°～15°；切铸造铝 r_c=15°～25°，

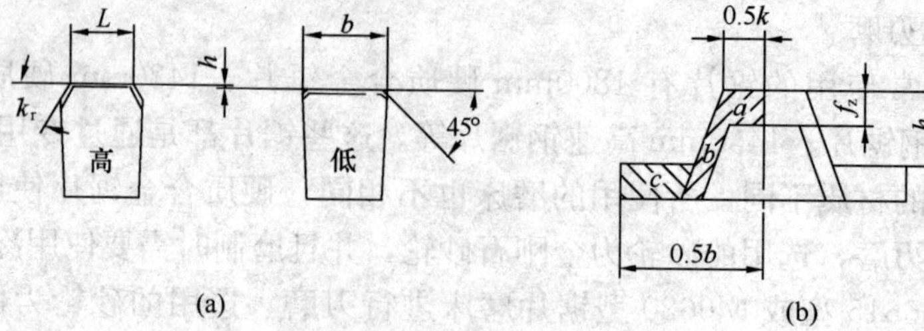

图 3-3-1　高、低齿图形
(a) 高低齿；(b) 重合

切纯铝的前角、后角一般都比切硬铝大些。

ϕ1800mm 锯片磨削后角，切铝型材取 $\alpha=8°\sim10°$；切铸造铝取 $\alpha=10°\sim15°$，以减少后刀面与已加工表面的摩擦。

3）左右偏角角度要求

对于高齿，磨削角度为 45°，而对于低齿应取 60°。

2. 车刀的刃磨

一般高速钢和碳素工具钢车刀刃磨选择氧化铝砂轮，也就是常用的白刚玉砂轮，代号为 WA。硬质合金车刀的刃磨选择绿色碳化硅砂轮，代号为 GC。

铝合金圆铸锭专用车床是双向车削，且属于粗加工，一般采用 75°车刀车削铸锭外圆，其磨制方法与步骤：

1）首先，戴好防护镜，站在砂轮机侧面，用手握紧车刀，磨车刀的侧面（即主偏角、副偏角和后角、副后角。一般主、副偏角为 70°～75°，后角、副后角为 3°～6°。

2）然后再磨出车刀的前面（前角和刃倾角），一般前角为 15°～30°，刃倾角为 −2°～5°。

3）开出卷屑槽。

4）用油石研磨

无论磨车刀哪个面，一定要注意留切削角度（如前角、后角等）；为了使车刀每个面都看起来是一个面，必须在磨削时缓缓移动车刀刀面；为了方便观察，在磨削时注意车刀刀刃始终保持在最上方。在开卷屑槽前，要检查砂轮圆柱面与侧面的形状，砂轮轮廓的 R 角不能太大（必要时修整砂轮或更换）；开槽时刀尖朝上，一定要使手上下移动在一条直线上，初开槽时要选择车刀刀头的后部往刀头的移动次序，并不断检查刀刃的情况。

3. 刨刀的刃磨

刨刀的刃磨要求和车刀刃磨要求基本相同，一般采用手工方法刃磨前刀面、后刀面和刀尖，其几何参数根据铸锭合金、精度、所选切削用量、刨削要求决定。刀面一般由前刀面、后刀面、副后刀面组成，刀刃由主切削刃、副切削刃、刀尖组成，刀尖一般磨成圆弧形过渡刃，以提高刀尖强度。刨削铝合金铸锭是一种粗加工工序，其刨刀切削用量比较大，刨刀切削力要求大。前角一般选较小值（选 25°左右），后角和副后角选相同的较小值（2°～3°），主、副偏角根据刨削铸锭的条件确定，刨削铸锭大面，主、副偏角分别选 45°～60°、6°～10°，当刨削铸锭小面，主偏角一般选 45°～60°，副偏角略比主偏角小。

4. 镗刀刃磨

镗刀的刃磨要求和车刀刃磨要求基本相同，刃磨要求及磨刀砂轮选择一样，因镗刀是单面进刀，因此镗刀磨主后刀面和副后刀面角度不一样，且刀尖不为圆弧。

5. 铣刀刃磨

铣刀通常使用硬质合金刀片，对表面质量要求不高的铣面、铣边使用的铣刀可以刃磨，但大型的专用圆盘铣床的刀片一般不进行刃磨，通常损坏后就进行更换。在生产过程中，若出现铣刀粘铣屑，可通过打磨的方式进行处理；但一旦铣刀出现缺口，则只能更换铣刀，否则将在铣面后的铸锭表面造成规则的铣痕。

3.1.1.4　刀具镶齿

刀具镶齿一般指锯片镶齿。

锯片镶齿是对锯片修复操作。镶齿锯片有两种结构，如图 3-3-2 所示。

一种是图 3-3-2（a）所示的高速钢整体扇形齿块，根据锯片直径及切削材料，每一扇形块可做 2～4 个齿，然后镶在锯片体上。这种锯片主要针对锯切黑色金属而设计的，齿数多、容屑空间小。锯切铝合金时易导致切削厚度薄、不易断屑，切屑排出不流畅、易堵塞等现象。另外，侧隙小易产生“夹锯”。

扇形齿块与锯片体的连接，采用厚 4mm 的槽定位，配合精度为 $4\ \frac{H9}{g8}$ 不允许有配合间隙，采用 $\phi 7\ \frac{H9}{k8}$ 的铆钉连接，因此要求齿块与刀体的铆接孔装配后同心度好。如图 3-3-3 所示。

(a)　(b)

图 3-3-2　镶齿锯片的两种结构

（a）高速钢整体扇形齿块；（b）合金扇形齿块

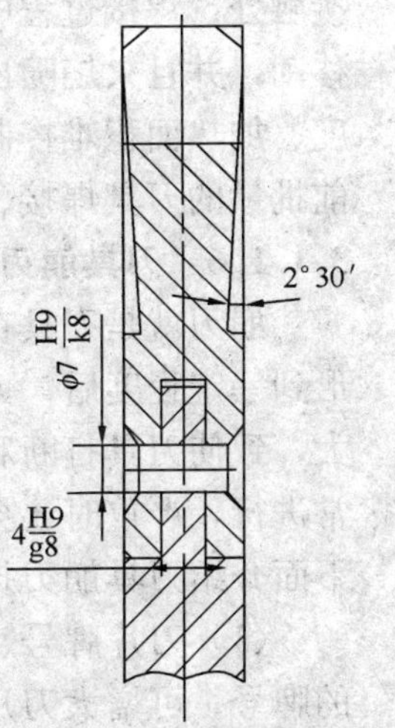

图 3-3-3　镶齿的安装

另一种是图3-3-2（b）所示的合金扇形齿块，是单齿形与双齿形硬质合金齿扇形齿块，其齿形及参数是根据日本、德国进口锯片设计的。扇形齿块胚尺寸、几何精度要求高，采用一般的方法加工、工艺过程复杂，加工劳动量大、材料消耗大、成本高。该扇形齿块胚，采用先进的工艺制造，可采用高频、中频焊接，也可采用氧气乙炔焊接，将硬质合金刀片焊在齿块胚上；为了提高合金刀片的强度，还增大了合金刀片的尺寸，并采用了抗冲击性强的YG9材料，使刀片的切削性能得到提高。对锯切铝合金而言，合金扇形齿块与高速钢整体齿块比较，具有以下突出优点：

（1）合金齿能满足高速切削的要求，以提高锯切生产率。目前铝合金的切削速度已达到20～50m/s，这是一般高速钢刀具所不能承受的。

（2）合金齿块保证了切屑流畅，不堵塞、易排屑；

（3）提高了锯片的寿命，降低了成本。

使用齿块的镶齿锯片在使用中“打坏”了齿，可以更换后重新修复再用，一块锯片体可以重复使用。整体锯片“打坏”齿，不能更换齿很难修复，由于锯片价格昂贵，这将造成很大的经济损失。

3.1.1.5 刀具的焊接

使用硬质合金刀片的铣刀、车刀、锯片等都需要进行刀具焊接，焊接方法有火焰焊接、电阻焊接、感应焊接等。

火焰焊接车刀时，在将刀片焊接至刀杆上以前，须对刀片、刀杆进行必要的检查，应首先检查刀片焊接面不能有严重弯曲，硬质合金焊接面不得有严重渗碳层，同时还应将硬质合金刀片表面及刀杆镶槽中的污垢进行清除，以保证焊接牢靠。硬质合金刀片焊接的焊料选用铜丝或银丝。将刀片安放在刀体上，使用火焰进行预热，并且两者温度基本一致，涂抹工业硼砂熔剂，将铜丝或银丝熔化在刀片与刀体接触处，焊接过程中，焊枪不要始终停在一点，要不停地在整个焊接区域作8字形移动，并且火焰喷出压力不要过大，避免将焊料和熔剂吹走。火焰焊接由于加热温度、加热面积难控制，可能对基体造成损伤、变形，只适合于少量的刀具修复，目前批量的刀具焊接、大型锯片的锯齿焊接都使用自动化的高频感应焊接。

3.1.1.6 刀具崩刃打刀的原因及控制措施

崩刃就是刀具在切削中产生边界磨损、片状剥落、前刀面月牙洼磨损、塑性变形到一定程度后，刀刃崩裂的现象。打刀就是刀具在切削中因吃刀量过大，负荷太大，致使刀具打断和裂纹的现象。不管出现崩刃还是打刀，都会终止切削加工的正常进行，严重时还会发生设备损坏或人身伤害，为此，应尽可能避免打刀和崩刃。下面介绍刀具崩刃打刀的原因和控制措施：

（1）刀片牌号、规格选择不当，如刀片的厚度太薄或粗加工时选用了太硬太脆的牌号。可增大刀片厚度或将刀片立装，选用抗弯强度及韧性较高的牌号。

（2）刀具几何参数选择不当，如前、后角过大等。可从以下几方面着手重新设计刀具参数：一是适当减小前、后角；二是采用较大的负刃倾角；三是减小主偏角；四是采用较大的负倒棱或刃口圆弧；五是修磨过渡切削刃，增强刀尖。

(3) 刀片的焊接工艺不正确，造成焊接应力过大或焊接裂缝。控制措施：一是避免采用三面封闭的刀片槽结构；二是正确选用焊料（一般刀片可用105#焊料，YT30或YG3刀片可用107#焊料）；三是避免采用氧炔焰加热焊接，并且在焊接后应保温，以消除内应力；四是尽可能改用机械夹固的结构。

(4) 刃磨方法不当，造成磨削应力及磨削裂纹，如硬质合金锯片刃磨后刀齿的振摆过大，使个别刀齿负荷过重，会造成打刀。控制措施：一是采用间断磨削或金刚石砂轮磨削；二是选用较软的砂轮，并经常修整保持砂轮锋利；三是注意刃磨质量，严格控制锯片刀齿的振摆量。

(5) 切削用量选择不合理。用量过大，使机床闷车；断续切削时，切削速度过高，进给量过大；坯料余量不均匀时，切削深度过小。如铸锭的锯切加工，进锯速度过快，会使锯穿闷车，或锯齿损坏。控制措施是重新选择适当的切削用量。

(6) 机械夹固式刀具的刀槽底面不平整或刀片伸出过长等结构上的原因。控制措施：一是修整刀槽底面；二是减小刀片的伸出长度；三是淬硬刀杆或在刀片下面增加硬质合金垫片。

(7) 刀具磨损过度。控制措施是及时换刀或更换切削刃。

(8) 切削液流量不足或加注方法不正确，造成刀片骤冷骤热而裂损。控制措施：一是加大切削液的流量；二是合理布置切削液喷嘴的位置；三是采用有效的冷却方法如喷雾冷却等，提高冷却效果；四是采用干切削减小对刀片的热冲击。

(9) 刀具安装不正确，如切断车刀安装过高或过低，端面铣刀采用了不对称顺铣等。控制措施是重新安装刀具。

(10) 工艺系统刚性太差，造成切削振动过大。控制措施：一是增加坯料的辅助支承，提高坯料装夹刚性；二是减小刀具的臂伸长度；三是适当减小刀具的后角；四是采用其他的消振措施。

(11) 操作不慎，如刀具由铸锭中间切入时，动作过猛；尚未退刀，即行停车等。控制措施是注意操作方法，做到精心操作。

3.1.1.7 提高刀具寿命的基本方法

影响刀具寿命的因素很多，主要有坯料材料、刀具材料、刀具几何参数、切削用量等几个方面。在切削条件（即坯料材料、刀具材料）已确定的情况下，选择合理的刀具几何参数和切削用量是提高刀具寿命的基本方法。

(1) 正确选择刀具几何参数

1) 合理选择前角 刀具前角增大，能使切削力和切削变形减小，切削温度降低，刀具寿命提高。但前角太大，刀刃强度下降，切削时容易破损，刀具寿命反而下降。因此，在选择刀具前角时，既要考虑减小切削力和切削变形，又要保证刀尖强度和散热条件。例如车削高镁铝合金圆锭时，因切削力要求较小，前角应在

10°～20°之间选取，并选大较大值。

2）合理选择后角 在满足刀具与坯料之间摩擦力减小的前提下，应尽量选择较小的刀具后角，以提高刀具寿命。同样以车削高镁铝合金圆锭为例，因切削力要求较小，后角选择应尽可能减少摩擦力，故后角应在8°～10°内，并选较大值。

3）合理选择主偏角 在不产生振动和坯料形状许可的条件下，应选择较小的主偏角，增加刀具强度并改善刀具的散热条件，提高刀具寿命。

4）合理选择刃倾角 在能控制切屑流向的情况下，应尽量选择较小的刃倾角，以保证刀刃有较高的强度，提高刀具寿命。而断续切削或粗加工时，应取较大的负值刃倾角。

（2）正确选择切削用量

切削用量对刀具寿命的影响主要是通过切削温度的高低来反映。在切削用量中，对刀具寿命影响最大的是切削速度，其次是进给量，影响较小的是切削深度。

1）切削速度 切削速度对切削温度的影响比较复杂。以带锯锯带为例，在切削5A06合金时，切削速度达到一定数值（约1200mm/min）时，锯带寿命最长；随着切削速度继续提高，摩擦表面的滑动速度加大，切削温度升高较快，锯带磨损也加快，刀具寿命明显下降。

2）进给量　进给量增大，刀具寿命下降。例如，当带锯进给量增大20％时，锯带寿命约下降20％；当进给量增大一倍时，锯带寿命约下降55％。

3）切削深度　切削深度增大，刀具寿命下降。例如，带锯锯切500mm厚的铸锭比锯切400mm厚的铸锭，锯条寿命约下降10％；而对于车削圆铸锭，若车刀切削深度增加1倍，车刀寿命将下降30％以上。

（3）正确加注切削液

加注符合坯料和刀具要求的切削液可降低加工过程中的切削热，保持刀具足够的机械性能，减少刀具的磨损，从而提高刀具的使用寿命。例如，在镗削加工铝合金内孔时，常使用乳液进行冷却和润滑刀具，带走镗削过程中产生的切削热，从而减少了刀具磨损，提高了刀具寿命。随着科技的发展和环保要求的提升，目前带锯切削液多采用高性能切削液（如SAW-EP-HT，一种带矿物基础油、能承受高温、不溶于水、无氯、环保的切削液），常用泵和压力喷淋系统对锯条进行润滑和冷却，切削液用量少，可实现干式切割。

（4）重视刀具初次使用时的磨合

刀具在初次使用时，应严格控制切削用量和切削速度，刀具应在低负荷的状态下进行自然磨损，除去齿刃毛刺，逐渐进入正常切削状态，避免过早地引起刀具的崩刃和卷刃。以带锯为例，新锯条在正式使用前一定要进行磨合，一条没有磨合或没有磨合好的锯条的使用寿命，是一条磨合好的锯条的1/3或更少。因此初次使用时应将锯切参数、进锯参数都调整至正常参数的50％，锯削面积在600～1000cm^2（即两刀以上），然后将参数提高到80％，锯切两刀，在锯带无异常状况后，进入正常的锯削状态，经过磨合的刀具使用时间会大大提高。

3.1.2 质量检验

坯料的质量检验标准必须通过工厂建立标准做出严格的规定。为了保证坯料符合应有的质量标准，对生产出的铸锭需按照相关技术标准规定的内容进行严格的检验。

机加工后的坯料需要进行外观质量检查或内部质量检查。铝合金方锭一般只做外观质量检查，但对于重要用途的方锭或试验研究时则需要做低倍或高倍检查等内部质量检查。铝合金圆锭通常要进行内部质量检查，对于重要用途的铸锭，还须切取试片进行断口、氧化膜甚至显微疏松等检查。

3.1.2.1 铸锭低倍、断口检验

1. 铸锭低倍、断口检验方法

(1) 低倍检验

低倍检验又叫浸蚀低倍检验，是用肉眼或借助于10倍以下的放大镜观察铸锭的浸蚀试片，以检验其宏观组织和缺陷的一种方法。观察前要把铸锭试片放到一定浓度的浸蚀剂里，由于浸蚀剂对试片表面各种组织的浸蚀速度不同，浸蚀后在试片表面就呈现出高低不平和深浅不同的暗灰颜色，这样就可以根据这些特征来分辨缺陷的性质。

通常，浸蚀低倍检验所显示的组织和缺陷有：裂纹、夹渣、气孔、疏松、晶粒度、羽毛晶、光晶等。

浸蚀低倍检验一般选取铸锭横向试片，并且在铸锭最易产生缺陷的头部和尾部选取。一般所有合金铸锭都按图3-2-16所示部位切取试片，而对于重要制品需要每个毛料切取低倍试片。试片厚度为20～30mm，试片受检面应靠近成品端，并经表面机械铣削加工，其粗糙度应不低于*R*a3.2，受检面应洁净无油污和机械损伤。

低倍试样浸蚀包括：碱蚀—水洗—酸洗—水洗。

碱蚀，试样均匀、分散地装在框内，完全浸没于NaOH水溶液中浸蚀，浸蚀后的试样以组织清晰为度，NaOH水溶液浓度和浸蚀时间是关键。

水洗，经碱蚀后的低倍试样，立即放入流动的清水中充分洗净碱液。

酸洗—水洗，试样经碱蚀、水洗后，接着放入硝酸水溶液中除去碱蚀产物，使试样表面组织清晰显露，酸洗后的试样立即在流动的清水中把酸液洗干净。

(2) 断口检验

断口检验是采用锤击或压力机使试样折断，然后用肉眼或10倍以下的放大镜对断口进行观察，以检验其断口组织或断口缺陷的方法。从断口形状可以清楚地看到铸锭断面组织是否均匀，很容易暴露出铸锭内部某些特有的缺陷，如化合物偏析、氧化膜、夹渣等，还可利用一些缺陷断口的特殊表现，使断口检验作为低倍检验的辅助检验，对低倍结果进行确认，如晶粒粗大、疏松等。

断口检验的试样有两种：一种是用低倍检验后的低倍试片直接做断口试样，对断口进行“一”或“十”字形打断后检验；另一种是按图 3-2-16 所示部位切取氧化膜试样，再按专门的方法加工成氧化膜工艺试样，最后进行打断口检验，判断氧化膜级别。氧化膜试片厚度为 50～60mm。

2. 低倍、断口检验标准和常见缺陷一般处理原则

铸锭低倍、断口检验中发现缺陷超标，通常应按工艺要求另外切取复查样进行重新检验，如仍不合格，可对试样所代表的铸锭做报废处理。

(1) 裂纹，铸锭中一般不允许出现裂纹，但允许铸锭表面存在可通过正常车皮或铣面去除掉有一定深度的表面裂纹，检验报告应填写清楚裂纹深度。

(2) 成层，铸锭中的成层一般可以通过机加工去除，因此，检验报告中应注明成层的深度和部位。

(3) 疏松，一般可分为 4 级，疏松等级越高，表示疏松越严重。对一般用途的铸锭，允许存在一定级别的疏松，如 2 级甚至 3 级疏松对一般制品是可接受的，4 级疏松铸锭一般应报废。疏松在压力加工过程中可被一定程度的压合，但因其分布范围宽、危害大，应严格按技术标准判定并加以控制。

(4) 气孔，常与疏松伴在，压力加工后，可变形但不能压合。检验报告中应对试样上气孔个数、单个面积做出结论。一般制品用锭允许一定数量、单个面积较小的气孔存在。

(5) 夹杂，一般制品用锭允许有多点、单个面积小的夹杂存在，检验报告中应对试样上夹杂个数、单个面积做出结论。

(6) 化合物偏析，按照化合物偏析在试样上存在的点数、每点大小一般可将其分为 4 级，等级越高，表示化合物偏析越严重。通常，存在 3、4 级化合物偏析的铸锭应报废。

(7) 光亮晶粒，按照光亮晶粒在试样上存在的点数、每点长度和总长度一般可将其分为 4 级，等级越高，表示光亮晶粒越严重。通常，存在 3、4 级光亮晶粒的铸锭应报废。

(8) 晶粒度，一般按照规定的晶粒度照片或实物对比评定，也可按国标 GB/T 3246.1—2000 晶粒度评级标准图进行评定，生产中通常实行 5 级标准制，1 级最好，2 级次之，5 级最差。受检试片上的光晶、柱状晶按相应标准处理，不按晶粒度标准处理；受检试片上发现个别大晶粒进行晶粒度定级时可不予考虑。一般用途的铸锭，晶粒度允许 2 级或 3 级，5 级晶粒度铸锭应报废。

(9) 氧化膜，按照标准试样上氧化膜点数、每点面积和总面积情况，一般将铸锭氧化膜试验结果分为 3 级，等级越高，表示氧化膜越严重。有氧化膜要求的最终制品通常会对铸锭氧化膜级别提出明确要求，因此应根据最终产品的质量标准判断氧化膜是否合格。如果不合格数超过一定标准，应全炉报废或改为低要求制品使用。

3.1.2.2 铸锭高倍显微检验

高倍显微检验是指在金相显微镜下观察、分析铸锭的组织状态和缺陷的一种金相检验方法。检验前，先要制备试样，即把从铸锭上切取下来的试样经过粗磨、细磨、抛光、浸蚀等，由于不同组织被浸蚀的程度不同，就会在试样表面呈现高低不平，它们对光的反射和吸收就不一样，因此在光学显微镜下很容易从某些特征上分辨出来。然后按规定的放大倍数在金相显微镜下对组织或缺陷进行测定或对照标准图片评级。

高倍显微检验主要是鉴别铸锭的冶金质量、铸造工艺、均匀化工艺是否符合加工和制品的质量要求。通常检验铸锭晶内结构、晶粒状况、相组成和分布、铸锭均匀化效果、显微疏松等。

试样的选取按生产和研究的目的确定，多在铸锭边部、中部和厚度的1/2处选取，最终试样的大小以高度为10～15mm、检验面边长15～20mm为宜。

3.2 质量控制

3.2.1 坯料外观缺陷控制

机加工坯料外观缺陷主要包括加工表面粗糙度和加工精度两个方面。下面举例介绍几种常用加工设备的加工缺陷及处理方法。

3.2.1.1 锯切加工缺陷的控制

1. 锯切表面粗糙度控制

锯切表面粗糙度受锯床精度、锯片片体质量、锯片磨削质量、锯片安装、夹紧状态、铸锭加工性能及切削液质量等因素的影响。

控制锯切表面粗糙度的措施：

一是锯床精度要符合要求，锯床应进给平稳，锯头箱无摆动。主轴轴向、径向精度高，锯片旋转时无轴向摆动和径向起伏。二是根据加工铸锭情况，选择合适的锯片，如锯切高Si铝合金铸锭，应选硬质合金锯片或齿距大的锯片，而锯切普通的铝合金，可选高速钢锯片，安装锯片必须符合精度质量要求。三是调整、检查好夹紧装置，确保夹紧符合锯切要求。四是选择适合锯切要求的切削液，调节好切削液的浓度和流量，对于韧性好、易粘刀的合金铸锭，以及耐磨性好的高硅合金铸锭，均应加大切削液浓度和流量。五是合理控制锯切速度，控制切削粗糙度，锯切速度选择根据锯床的负荷进行调整，速度选择一般选接近锯床额定负荷，选得过大，加剧锯片磨损，容易损坏锯床，选得过小则影响生产效率。

2. 锯切精度控制

锯切精度主要包括锯切尺寸精度和切斜度两个方面。

(1) 锯切尺寸精度的控制

锯切尺寸出现偏差，通常有两种情况：人为操作失误或设备故障。

人为操作失误与操作者的工作技能、工作经验、工作态度等有关。例如，锯切操作时，尺寸参数设定错误，造成尺寸偏差；又如，在控制尺寸精度时，应考虑定尺机的弹簧伸缩程度，一根 6m 长的大规格圆铸锭，经过辊道输送到定尺机定位时，由于撞击力大，定尺机弹簧收缩，可能造成前面锯切的坯料尺寸偏长，随着撞击力度的减小，后面的坯料可能会发生尺寸逐步偏短的情况，对这种情况的处理与操作人员的工作经验有直接关系。

设备故障的因素是多方面的。例如，带锯锯切出现尺寸偏差，与激光检测点安装位置不准确，或者程序编写错误有关。而圆盘锯出现尺寸偏差，首先应想到定尺机构出现了故障，应调整刻度尺的初始位置或请机电维修人员进行处理；另一种情况是锯床主轴发生串动，使锯切尺寸发生变化。造成主轴串动的原因，一是主轴背帽损坏、松动，二是轴承磨损。锯床主轴发生串动非常危险，如果未及时发现会造成事故。因此发生尺寸偏差后，一定要引起重视，不仅关系到产品质量，也能通过这种现象反映设备的异常情况，及时消除隐患。

加工生产中，锯切第一块（根）铸锭前，应检查定尺机定尺状况，然后辊道传输铸锭到定尺机处定尺，定尺时应考虑定尺机弹簧伸缩因素。尺寸参数输入应仔细，只有复核准确后才能正常锯切，锯切后的首块坯料均应进行尺寸检查，发现定尺不准，应立即调整定尺机。轧制、挤压工序对锭坯锯切尺寸精度要求不高，方锭坯的长度偏差一般控制在±10mm 内，圆锭坯长度偏差，直径≥360mm，一般控制在±10mm 内，直径＜360mm，一般控制在±5mm 内，因此锯切尺寸精度比较容易控制。

（2）锯切切斜度控制

1）由于铸锭本身弯曲造成锯切后的坯料端面切斜度超标，可以对坯料弯曲进行修复（车皮、刨边、铣面）后，再重新锯切超标端面来消除。

2）控制夹紧装置精度。随着使用中的不断磨损，夹紧装置精度降低，造成铸锭轴心与锯片平面不垂直。例如水平夹紧的液压缸磨损，间隙增大，夹紧时铸锭向上或向下偏斜，造成切斜；上下夹紧方式可能会出现向上运行的夹具未到位或超过限位，造成铸锭未在水平面上，可能使锯切后端面斜度超标。此类情况属于设备异常，可以通过对夹紧装置维修来解决问题。

3）锯片的正确选择。根据铸锭的规格、切削性能选择不同的锯片。方铸锭或耐磨性能高的大规格圆铸锭选用硬质合金锯片，可以提高切削效果，降低锯片的磨损变形，控制切削精度。切削性能好的小规格圆铸锭选用高速钢锯片，可降低刀具成本。

4）锯片的修磨。锯片在锯切过程中会遇到打齿、闷锯、切到异物等情况，会造成锯齿损坏，如果不及时修磨，会引起切斜而进一步造成锯片片体变形。而锯齿在磨制过程中由于磨头角度不正确，造成锯齿磨斜也会引起锯切向一边偏斜。控制措施是，一方面要对使用后的锯片片体进行平直度的检测或校正，锯片的校正需要委托专业厂家；另一方面在磨制过程中使用小型角尺对锯齿角度进行随时测量，并且对锯片使用效果，切斜方向进行掌握，做好标记及时修复。

5）锯切参数的正确选择。锯片（带）转速和进锯速度参数应根据锯床的负荷，结合不同铝合金的规格和切削性能进行选择和调整，锯片（带）转速的大小，对进锯速度的选择影响很大。如果不匹配，可能发生锯切面切斜或成波浪形。因此只有选择相匹配的参数，才能发挥锯床的最大效率，提高锯片的寿命。例如不同铝合金在带锯加工时，锯带转速和进锯速度对应参数如表 3-3-2 所示。

表 3-3-2　锯带转速和进锯速度参数对应表

铝合金系	锯带转速（mm/min）	进锯速度（mm/min）	铸锭参考厚度（mm）
1×××	2200	≤1300	440
2×××	1500	≤900	500
3×××	1300	≤1200	440
4×××	2200	≤1500	440
5×××	1300	≤800	660
7×××	1500	≤900	440
8×××	2600	≤1200	500

6）正确调整锯片导向装置。为了防止切斜，部分锯切设备安装有锯片导向装置，例如 1800mm 龙门锯在锯切操作前，应对锯片导向装置进行调整。其方法为：

①略微拧紧锯片导向的夹紧螺栓，然后调整两侧的调整螺栓，在调整锯片导向时确保锯片能灵活转动，在调整之后拧紧夹紧螺栓，如图 3-3-4 所示。

②锯片导向是木制的（橡木、栗木、或松木），木料是在 60～80℃机油中浸泡了 8h 以上，有磨损及时更换，不允许使用金属的锯片导向，以免损伤锯片。

③对于腔室，不允许使用固定的金属材料，以免在锯切时锯片摆动接触腔室，损伤锯片。

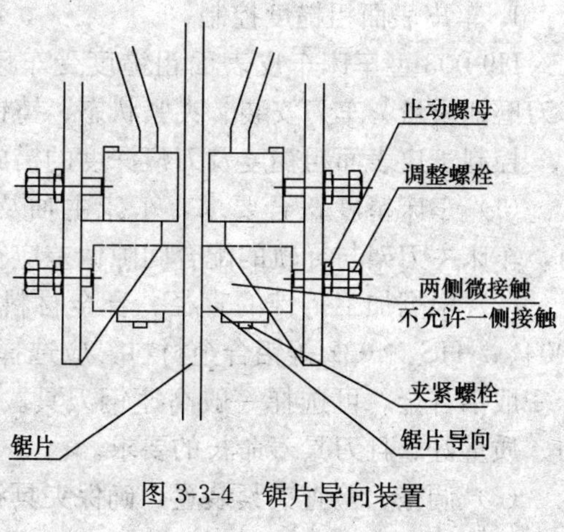

图 3-3-4　锯片导向装置

3. 2. 1. 2　刨削、铣削加工缺陷的控制

1. 刨削加工缺陷控制

龙门刨床刨边缺陷主要表现为吃刀量不均匀、表面粗糙、尾部崩裂、卷边等，主要是受刀具、吃刀量、铸锭装夹位置、工作台移动平稳性以及

铸锭本身质量等因素的影响。

控制刨削加工缺陷的措施：

(1) 根据刨削要求，选择适当刨刀，磨削符合要求的刀具角度，保证刀具强度和刀刃锋利。

(2) 检查铸锭本身有无弯曲，尽可能保证铸锭与刀平行，做好铸锭装夹。

(3) 调整好工作平台运行速度，保持平台运行平稳。

(4) 选择好合适的吃刀量，选择合适侧刀架垂直进给量，保证垂直给量均匀。

(5) 对于弯曲铸锭，尽可能减少吃刀量，采取多刀刨削办法。

2. 铣削加工缺陷控制

X2020A 铣床铣边缺陷主要表现为表面粗糙度不一致、表面不平、部分位置未铣到、尺寸超差大等。主要是受铸锭安装位置、铣刀磨削质量及安装、铣刀进刀量、铣头主轴进给机构、铣头箱是否安装牢固、铣头调整角度等因素影响。

控制铣边加工缺陷的措施：

(1) 检查加工前铸锭尺寸及铸锭小面弯曲度，确定需加工尺寸要求及铣削侧边（小面）工艺措施，确保铣削尺寸和各部位铣到。

(2) 铸锭安放在铣床平台上时，尽可能保证铣刀面与铸锭小面平行，以确保铣削吃刀量均匀，减少铣头振动，避免粗糙度增大或不一致、表面不平等。

(3) 根据铸锭情况，选择合适的吃刀量。对于弯曲较大的铸锭，可进行多刀铣削。吃刀量调定后，必须锁紧铣头主轴进给机构，以防止退刀，造成铣削面不平，同时防止铣头震动导致加工表面质量差的问题。此外，铣头主轴进给机构未锁紧还会造成铣头箱固定螺栓孔损坏，铣头主轴进给机构齿轮损坏等问题。因而，切勿在铸锭铣削过程中，松开铣头主轴进给机构调节吃刀量。

(4) 正确磨削铣刀，保证切削角度和强度，同时合理调节好铣刀安装位置，保证多刀铣削铸锭要求，使铣刀处于正常磨损状态。

3.2.1.3 车皮缺陷的控制

1. 车皮表面粗糙度控制

H9-003 型车床车皮表面粗糙度受车床精度、进刀量、主轴转速、车刀质量、车刀磨削质量、车刀安装、夹紧状态、铸锭加工性能等因素的影响。

控制车皮表面粗糙度及刀痕深度的措施：

(1) 车床精度符合要求，车床主轴及尾座轴同心度偏差应保证在 0.1mm 以内，车床主刀架与导轨的配合间隙偏差应符合规定精度，且导轨润滑良好。

(2) 根据加工铸锭的直径、合金材料情况，选择合适的车刀，例如对于加工 4004、AHS、4032 等铝合金材料，应选择高性能高速钢刀具或硬质合金刀具，对于一般铝合金，可选择一般高速钢刀具。磨好车刀角度、刃口，使刀具达到效率高、质量好、且刀具寿命长的要求。

(3) 调整、检查夹紧装置，确保夹具符合车皮作业要求。

（4）进给量、吃刀量、主轴转速不应过大，应根据铸锭材料机械性能进行合理调节，例如对于强度高、耐磨性好的铝合金（如4A11合金），应使进给量、吃刀量、主轴转速减小，以提高切削力；反之对于塑性较好的铝合金（如5A02合金），应使进给量、吃刀量、主轴转速增大，提高断屑能力，便于加工。

2. 车皮尺寸精度控制

车皮尺寸精度主要包括直径尺寸精度和圆度两个方面。

影响尺寸精度的主要因素：

（1）主轴中心线与尾座轴中心线不在同一直线上，造成坯料车皮后偏心。

（2）提升机构座偏心，造成车皮坯料偏心。

（3）提升机构座偏斜或上下不一致，使轴线偏离，造成圆度误差大。

（4）操作者责任心不强，加工前未进行测量，加工后未认真复核。

（5）车刀角度磨制不符合要求，刃口不锋利；车刀安装不牢固；主刀架导轨与主轴轴线不平行，均会产生圆度误差和大小头误差（即圆铸锭车削后，一头直径大，一头直径小）。

控制尺寸误差与圆度误差缺陷的方法：

调节主轴与尾座轴确保中心线在同一轴线；调节好提升机构，保证机座不偏心、上下一致；加强操作者责任心，控制好刀具磨制及安装，确保磨刀角度和刃口达到要求，同时安装车刀牢固；调节好主刀架与主轴轴线误差。

3.2.1.4 坯料镗孔缺陷的控制

1. 镗孔表面粗糙度控制

H9-004型镗床镗孔表面粗糙度受镗床精度、进刀量、主轴转速、镗刀质量、镗刀安装、夹紧状态、后轴承座稳定性、铸锭加工性能及冷却润滑液等因素的影响。

控制镗孔表面粗糙度及刀痕深度的措施：

（1）镗床精度符合要求，镗床应进给平稳，主轴箱无摆动；镗杆与前轴承套、后轴承套轴心一致，镗杆圆跳动度不大于0.1mm的要求。

（2）根据加工铸锭情况，选择合适的镗刀、镗杆，例如：镗削5A06铝合金圆锭，内孔为ϕ138mm的铸锭时，应选择ϕ105mm的镗杆，且选择同镗杆配合的刀座和镗刀。安装镗刀必须调节好镗刀的伸出长度，从而确保内孔加工精度。

（3）调整、检查夹紧装置，确保加工时铸锭不摆动。

（4）选择适合镗削要求的切削液，例如，镗削铝合金内孔，通常选择乳液，根据铝合金机械加工性能，调节切削液的浓度和流量，一般对于塑性高、易粘刀的铝合金和高硅铝合金，应增加乳液浓度和流量，其他铝合金可适当降低乳液浓度和流量。

（5）选择合适的镗刀进给速度、切削量、主轴转速从而控制切削粗糙度。对于镗削强度高、塑性好的空心铸锭，应选择较小进给速度、切削量和中速主轴转数，应尽可能采用多刀镗削；对于塑性好的空心铸锭或一般强度空心铸锭，可采用合适进给速度、较大切削量和较高的主轴旋转速度，在不偏心状况下，可实现一刀镗削加工（吃刀量最大可达到15mm）。

2. 镗孔尺寸精度控制

镗孔尺寸精度主要包括直径尺寸精度和壁厚差。

影响尺寸精度的主要因素：

（1）主轴中心线、镗杆轴心线与前轴承套、后轴承套轴心不在同一直线上，铸锭夹紧后铸锭中心线与镗杆中心线不一致，后轴承座位置偏移，造成坯料镗孔后偏心、出现大小头尺寸偏差大和壁厚差大。

（2）操作者责任心不强，加工前未进行测量，加工后未认真复核，会出现尺寸误差达不到要求。

（3）镗刀严重磨损，断屑差，镗削阻力大，引起镗杆跳动，造成内孔表面质量差。

（4）刀具安装不牢或刀盒伸出未到位，加工内孔直径尺寸不够，或者内孔直径一头大、一头小。

控制镗孔尺寸精度的措施：

控制主轴中心线、镗杆轴心线与前轴承套、后轴承套轴心，使其为同一轴线；铸锭夹紧后铸锭中心线与镗杆中心保持一致；加强操作者责任心；控制好刀具磨削及安装，保证磨刀角度和刃口要求，同时镗刀安装要牢固。

3.2.1.5　坯料铣面缺陷的控制

（1）刀痕深度

刀痕深度超过0.2mm，应停机检查，若是由于粗刀和光刀的高度差不合理造成的，可以通过重新调整光刀的高度，使之与粗刀的高度差≤0.2mm。若是由于光刀刀片破损，有裂口造成的，则将光刀更换。若是由于刀片或刀体松动造成的，则只需进行加固即可。

（2）表面粗糙

在铣面过程中，如果刀具的磨削角度不合理，铣面线速度过快（一般通过限制设备电流来限制速度）、润滑不足等原因，可造成坯料表面粗糙度过大，该缺陷可通过调整刀具角度、铣面工艺参数、增加润滑等措施加以改善。已产生该缺陷的铸锭，只能重铣。

（3）表面不平

铸锭大面和小面不平整，称为不平。形成原因是在铣面过程中，共铣一个面的几个刀头没有调在同一平面上，造成铣面时后铣刀交界处表面不平。挽救办法是调整铣刀的位置，保证不同的铣刀在同一平面上，然后将已产生不平缺陷的铸锭重铣。其主要原因：一是刀具不锋利，切削不畅；二是进给速度过快，旋转速度调节不匹配；三是加工设备间隙大，致使切削振动大，运行不平衡。

3.2.2 质量体系审核和纠正措施

质量审核是评价组织是否需要采取改进或纠正措施。审核不能与过程控制或产品验收的“质量监督”或“检验”相混淆。它包括质量体系审核、产品质量审核、过程质量审核和服务质量审核等内容。而我们在现场质量管理中，通常接触较多的是质量体系审核。

质量体系审核分为内部审核或外部审核，内部审核（又称第一方审核）的特点是依据某一质量管理体系标准来验证自身的质量管理体系是否持续满足规定的要求并正在有效运行。内审可以起到对质量体系进行自我诊断（发现问题）和自我改进（采取纠正措施）的作用，有助于体系的不断完善，并促进产品质量稳定提高。外部审核（包括第二方审核和第三方审核）的特点由需方或第三方认证机构对申请的企业（或组织）所进行的质量体系合格的认可。

内审的目的重在发现问题，采取纠正/预防措施，以期改进质量体系，提高产品质量。外部审核的目的重在评定受审方质量管理体系，但较内审有更高的独立性。

3.2.2.1 怎样接受内部质量体系审核

（1）受审核方应明确在工厂质量管理体系控制程序中涉及的相关要素要求。

（2）受审核时，必须确定关键人员，这类人员是信息的提供者、客观证据的当事人、客观证据的证明人、发现事实时的在场者。

（3）能够按审核员的提问，提供工厂现行有效的质量文件（包括技术文件、管理文件、计算机数据清单、磁盘等）。

（4）受审核时，确保本岗位所使用的主要生产设备或计量仪表在其校准状态。

（5）铸锭的堆放严格按照程序的要求按区域堆放，且成品区的铸锭标志清晰，检验状态明显。

（6）能够提供现场正在生产的产品的所有原始质量记录，如《铸锭加工随行卡片》、《高、低倍试样委托单》、《废品通知单》等。

（7）不合格品区的铸锭应隔离堆放，且铸锭表面应有缺陷描述，能够提供不合格品的相关记录。

（8）确保车间各工序按车间年度质量计划制定的目标执行，能够提供目标值的完成情况。

3.2.2.2 如何分析不合格原因

（1）首先应确认审核员提出的不合格情况，能够理解审核员提出的问题。

（2）对审核员判定的不符合项的严重程度能够理解。

（3）针对不合格情况，分析产生不合格的根本原因。

（4）针对不合格情况，还需分析其潜在的原因，预防其类似的情况再次发生。

3.2.2.3　制定纠正措施

在内部质量体系审核中，纠正措施具有特别重要的意义。内部质量体系审核的重点在于发现质量体系的问题，查出原因，采取纠正措施加以消除，以免重犯类似不合格的问题，使质量体系管理得到不断提高。

制定纠正/预防措施的要求：

(1) 针对产生不合格的根本原因，制定纠正措施，纠正措施应包括责任人和完成期限。

(2) 制定的纠正措施必须提交有力的见证材料，以便审核方进行跟踪评审。

(3) 本单位不能独立完成的纠正/预防措施，应申请相关部门协调解决。

(4) 如遇整改效果不显著的，须制定补救措施，直至问题得以纠正。

内部质量体系审核中对纠正措施计划的实施期限一般规定为15天，即发现问题应立即在15天内完成。实际上纠正措施可以分为短期和长期两种。短期的纠正措施常常是发现不合格后，针对直接原因立即采取措施，加以改进或纠正；而长期措施则常常针对潜在原因采取预防措施，防止出现不合格铸锭，这往往需要更多时间。例如对铸加车间机加班的内审时，发现某块铸锭加工后有未锯掉的小尾巴、飞边，并且碎屑和乳液未清扫干净。发现问题后，质管部门要求该车间机加班进行纠正，班组人员制定了下列短期纠正措施给予纠正：

(1) 立即清扫铸锭上的碎屑和乳液。

(2) 使用榔头、錾子或刮刀、锉刀对未锯掉的小尾巴和飞边进行清理。

(3) 对较大的小尾巴进行重新锯切。

(4) 全面检查加工后的铸锭是否还有类似情况，如有也应立即采取措施进行处理。

为了防止类似情况的再发生，还应对产生不合格的原因进行调查，进一步采取纠正措施：

(1) 加强现场质量检查。

(2) 加强《质量控制程序实施细则》、《铸锭加工工艺规程》等文件的学习。

(3) 针对产生小尾巴和飞边的现象，通过临时更换操作人员并对发生操作问题的人员进行专项操作技能的培训。

(4) 针对碎屑和乳液未清扫干净的问题，通过改进风管吹扫效果给予解决。

纠正措施计划的实施顺序是先完成短期纠正措施计划，然后完成长期计划。纠正措施如发生问题，不能按期完成须向质管部门说明延期原因，得到批准后修改措施计划。

表3-3-3是不合格报告示例。

表 3-3-3　不 符 合 项 报 告

序号：2009 内-6

被审核部门：××厂××车间	审核时间：2009 年 6 月 4 日
审核依据：1. ISO 9001——2000 标准　2.《质量手册》、《质量控制程序》 3.《质量控制程序实施细则》 4. 各部门作业规范、规程	
文件规定： 公司《质量手册》（QM××）中第×条规定：各部门负责人应调查本部门产生不合格的实际或潜在的原因，制定相应纠正/预防措施。 不合格事实描述： 审核中发现，2009 年 6 月 5 日，××车间机加班加工的 LY12-6 合金，902 1234 1 1，400mm×1320mm×2500mm 铸锭，加工后有未锯掉的小尾巴、飞边，并且表面碎屑和乳液未清扫干净，不符合标准要求。 以上事实，不符合《××厂产品工艺操作规程》中的×××条以及《质量控制程序实施细则》中的×××条要求。 审核员签名：×××　受审核方代表签名：×××	
不符合项种类：　□ 严重　■ 轻微	
原因分析： 1. 操作工人为转岗人员，虽然经过三个月培训，但操作水平不高； 2. 吹扫碎屑、乳液的风管角度不正，未能将碎屑和乳液吹干净。 分析人：×××　责任部门负责人：×××　日期：×年×月×日	
纠正/预防措施： 1. 立即清扫铸锭上的碎屑和乳液；2. 即日起使用榔头、錾子清理未锯掉的小尾巴和飞边；3. 对较大的小尾巴安排重新锯切；4. 全面检查加工后的铸锭是否还有类似情况，如有也应立即采取措施进行处理；5. 2009 年 6 月 15 日前对加工工区职工进行《质量管理实施细则》、《铸锭加工工艺》等知识技能培训；6. 针对碎屑和乳液未清扫干净的问题，重新设计改进风管吹扫方式。 责任部门负责人：×××　日期：×年×月×日	
纠正措施跟踪情况： □纠正措施有效 ■纠正措施可以接受，需在下次审核中验证其有效性 □纠正措施可以接受，需进一步提交见证性材料 审核员签名：张××　日期：×年×月×日	

3.3　设备管理

3.3.1　设备常见故障处理和验收

3.3.1.1　Φ1800mm 龙门锯床常见故障处理和验收

Φ1800mm 扁锭龙门锯床常见故障产生原因、处理和验收方法如表 3-3-4 所示。

表 3-3-4　Φ1800 扁锭锯床常见故障产生原因、处理和验收方法

故障现象	原因	处理方法	验收方法
冷却液压力不足	泵漏气，水泵盘根密封不好	处理水泵盘根	启动冷却水泵，检查水压是否正常，检查管路、泵有无泄漏
	引水阀关不严，底阀堵塞或有渣、杂物塞住底阀	更换引水阀，清除底阀杂物	
	管路泄漏	更换底阀密封	
	叶轮坏或紧固螺母松	更换叶轮、紧固螺母	
夹紧压力不足	油泵压力不够：油箱少油，油泵吸油管密封不严，油泵坏，吸油过滤器堵塞，压力调节阀损害或有渣子	加油，处理油泵吸油管，更换油泵，清洗吸油过滤器，清洗或更换调节阀	启动油泵，使油缸处于夹紧状态，看压力表是否达到要求压力
	夹紧油缸活塞密封坏	更换油缸密封	
锯片锯齿损坏	水压不足，铝屑脱槽困难	处理水泵，清除锯屑	启动主轴，检查锯片运行状况；开启锯和水泵检查是否正常
	进锯速度过快，主轴旋转速度调整不正确	重新调整进锯速度和锯片旋转速度	
	锯片松动	紧固锯片	
行程开关、制动器，超声传感器失灵	行程开关、制动器意外撞击，易损件磨损，电器受潮损坏	修理更换	空车运行，检查动作是否正常
定尺器电动气阀不好用	压缩空气水、杂质多，阀芯磨损	清洗阀芯、更换气动阀	开定尺器，检查动作是否正常
	线圈受潮烧坏	更换线圈	
进锯电机、主轴电机速度不稳定或调速失控	调速电位器接触不良，变频器故障	更换调速电位器，修理变频器	启动电机，进行调速，观察是否正常
锯切面波纹大、粗糙不平	锯头滑道间隙太大	调节滑道间隙	空车运行后，带负荷试锯切，观察锯切面
	锯片与滑道不平行，锯片松动，锯片不均圆	调节锯片与滑道的平行度，紧固锯片，更换锯片	
	进刀丝杆松弛，进锯速度不稳定	修理进锯电机或变频器	
	主轴轴承磨损，直线轴承润滑不良	更换轴承，加油润滑轴承	
锯切面倾斜	锯片滑道与辊道不垂直，锯片与滑道不平行	调整滑道与辊道垂直度，锯片与滑道平行度	空车运行后，带负荷试锯切，观察锯切面
	锯片片体不平	修复锯片不平度	

续表

故障现象	原因	处理方法	验收方法
锯切烧焦	冷却水不够，致使锯切温度上升快	检查处理水泵	检查锯片紧固情况，检查水泵是否正常
	锯片松动，进锯速度或旋转速度太快	紧固锯片，降低进锯速度或旋转速度	
导料缸、料头倾翻缸动作慢	液压系统压力不足，节流阀开得太小，电磁换向阀未到位	检查系统压力、节流阀、电磁换向阀，并进行调节和处理	启动油泵，重新操作，观察动作，同时检查管路有无泄漏
	导料油缸、料头缸活塞密封损坏，造成内部泄漏	更换油缸密封	

3.3.1.2 B2020A/1 龙门刨床常见故障处理和验收

B2020A/1 龙门刨床常见故障产生原因、处理和验收方法如表 3-3-5 所示。

表 3-3-5 B2020A/1 龙门刨床常见故障产生原因、处理和验收方法

故障现象	原 因	处理办法	验收方法
床身导轨磨损	润滑系统阻塞，产生干摩擦	重新调整润滑系统	观察导轨有无润滑油
	有切屑或是灰尘落入导轨	清理切削或灰尘	
工作台反向冲击过猛	电气控制，反向加速度过大，使反向冲击电流过大	调整 1～4RT 的阻值	开动工作台，观察运行状况
	多头蜗杆和齿条间隙过大（>0.6m）	调整间隙在 0.2～0.4mm	
	主传动联轴器磨损或安装不对中	更换联轴器，重新找正	
进刀不准（刀痕不均匀）	刹紧块过松	调紧摩擦块	带负荷试车，开动观察
	星体工作面磨损，缺润滑油	按规定润滑	
	刀架溜板滑动导轨间隙小或不均匀	调整导轨间隙	
传动蜗杆座松动、定位销断	工作负荷过大，冲击力太大	减少进刀量	空负荷、带负荷开动观察
	轴紧固螺母松动，止退垫圈坏	更换止退垫圈，紧固螺母	
	蜗杆座紧固螺栓松或断	更换螺栓，紧固螺栓	
刀架不复位	连杆机构卡阻	清洗连杆机构，加油润滑	开动刀架检查
	复位弹簧力不够	更换复位弹簧	

3.3.1.3 CHM22H 锯片磨床常见故障处理和验收

CHM22H 锯片磨床常见故障产生原因、处理和验收方法如表 3-3-6 所示。

表 3-3-6　CHM22H 锯片磨床常见故障产生原因、处理和验收方法

故障现象	原　因	处理办法	验收方法
定位机构定位不稳定	定位机构接近开关位置不准确、程序乱动作	调节定位机构接近开关位置	开动定尺机构观察
磨头动作不灵活、不准确	磨头润滑不好，运动面磨损	加强润滑，研磨磨损件	开动磨头观察
砂轮运行不平稳，跳动	砂轮轴轴承坏或皮带磨损	更换皮带、轴承	检查紧固情况，开动砂轮运转
	砂轮安装不好	砂轮重新安装调整	
锯片移动架运行不稳、磨头移动不稳定、定位乱动作	液压油不清洁，液压系统执行机构油量、压力不足	更换液压油、调节压力	开动磨床观察
	压力调节阀脏，过滤器阻塞	清洗调节阀、过滤器	
锯片定位位置不准、磨头磨削时多、时少	磨头液压轴塞磨损，磨头转动轴及轴套磨损	更换磨损件	开动观察运行情况

3.3.1.4　M6620 型锯片磨床常见故障处理和验收

M6620 型锯片磨床常见故障产生原因、处理和验收方法如表 3-3-7 所示。

表 3-3-7　M6620 型锯片磨床常见故障产生原因、处理和验收方法

故障现象	原　因	处理办法	验收方法
磨头转动不稳定	电机传动带磨损或传动件磨损	更换带或磨损件	开磨头观察
磨头滑板行程不够	行程调节机构窜动，连杆机件磨损，凸台磨损	处理调节机构，更换磨损件	开磨床空载观察
砂轮运行不平稳，跳动	砂轮轴轴承坏或皮带磨损，张紧装置未安装好	更换皮带、轴承、重新安装张紧装置	空负荷、带负荷观察
磨头跳动大	滑板磨损，斜铁调节间隙大，球头磨损	研磨滑板，调节间隙，更换球头	空负荷、带负荷试车检查
锯片传动机构的凸轮不起作用	固定螺栓松动，凸轮内铜瓦磨损	紧固螺栓，更换铜瓦	空负荷开机检查
磨削中，磨头位置移动	传动箱轴套、齿轮磨损，间隙过大	更换磨损件	空负荷、带负荷试车检查
	传动箱润滑油太少	加润滑油保证润滑良好	

3.3.1.5 铸锭平面铣床常见故障处理和验收

铸锭平面铣床常见故障产生原因、处理和验收方法如表3-3-8所示。

表3-3-8 铸锭平面铣床常见故障产生原因、处理和验收方法

故障现象	可能的故障部位	处理方法	验收方法
床面不前进	轴套未前进（未进刀）	设定合适的进刀量使轴套前进到位设定值	目测及空负荷试车
	破碎机、风机及主轴电机未启动或跳电	检查破碎机、风机及主轴电机的运转情况，未启动的将其启动	目测及空负荷试车
	床面润滑压力低	找维护人员调高压力，油箱内无油时要加油	目测
	夹具夹紧压力未达到设定值	找维护人员调高压力，油箱内无油时要加油	目测及带料试车
	小车未后退到位或后退限位损坏	将小车重新后退到位或更换后退限位开关	目测及空负荷试车
	防护罩限位损坏或进刀过多	更换损坏的限位开关或减小进刀量	目测及空负荷试车
床面不后退	轴套未后退到位（未退刀）	检查抱闸是否打开，电机及机械是否正常转动	目测及空负荷试车
	床面润滑压力低	将床面润滑压力调高	目测及空负荷试车
	夹具夹紧压力未达到设定值	找维护人员处理	目测及空负荷试车
	小车未后退到位或后退限位损坏	将小车后退到位或更换损坏的限位开关	目测及空负荷试车
小车不前进	液压系统油泵未启动或压力低	启动液压站油泵电机或调整液压系统压力	目测及空负荷试车
	前进电磁阀损坏	更换损坏的电磁阀	目测及空负荷试车
	前进限位开关损坏	更换损坏的限位开关	目测及空负荷试车
	床面未退回到位	将床面退回到位或采用调整方式操作	目测及空负荷试车
	液压系统油管漏油或油路阀门未打开	更换损坏的油管或打开油路阀门	目测及空负荷试车
小车不后退	液压系统油泵未启动或压力低	启动液压站油泵电机或调速液压系统压力	目测及空负荷试车
	后退电磁阀损坏	更换损坏的电磁阀	目测及空负荷试车
	后退限位开关损坏	更换损坏的限位开关	目测及空负荷试车
	液压系统油管漏油或油路阀门未打开	更换损坏的油管或打开油路阀门	目测及空负荷试车

续表

故障现象	可能的故障部位	处理方法	验收方法
翻锭机不翻	液压系统油泵未启动或压力低	启动液压站油泵电机或调速液压系统压力	目测及空负荷试车
	液压系统油管漏油或油路阀门未打开	更换损坏的油管或打开油路阀门	目测及空负荷试车
	翻转到位限位开关损坏	更换损坏的限位开关	目测及空负荷试车
	翻锭机顶缸压力不够或压力继电器损坏	调速压力或更换损坏的压力继电器	目测及带料试车
皮带运输机不动	按钮损坏	更换损坏的按钮	目测及空负荷试车
	机械卡或电机故障引起保护动作	找维护人员处理	目测及空负荷试车
振动筛不动	按钮损坏	更换损坏的按钮	目测及空负荷试车
	机械卡阻或电机故障引起保护动作	找维护人员处理	目测及空负荷试车
夹具不能夹或夹不紧	液压系统油泵未启动或压力低	启动液压站油泵电机或调速液压系统压力	目测及空负荷试车
	液压系统油管漏油或油路阀门未打开	更换损坏的油管或打开油路阀门	目测及空负荷试车
	机械卡阻	找维护人员处理	目测及空负荷试车
	压力传感器损坏	更换损坏的压力传感器	目测及空负荷试车
夹具不能松开	液压系统油泵未启动或压力低	启动液压站油泵电机或调速液压系统压力	目测及空负荷试车
	液压系统油管漏油或油路阀门未打开	更换损坏的油管或打开油路阀门	目测及空负荷试车
	机械卡阻	找维护人员处理	目测及空负荷试车
	床面未退回到位或退回到位限位开关损坏	将床面退回到位或更换损坏的限位开关	目测及空负荷试车
小车辊道不转	起落架未落到水平位置或水平位置限位开关损坏	将起落架落到水平位置或更换损坏的限位开关	目测及空负荷试车
	翻锭机未翻到水平位置或水平位置限位开关损坏	将翻锭机翻到水平位置或更换损坏的限位开关	目测及空负荷试车
	小车未后退到位或后退限位损坏	将小车后退到位或更换损坏的限位开关	目测及空负荷试车

续表

故障现象	可能的故障部位	处理方法	验收方法
翻锭机辊道不转	翻锭机未翻到水平位置或水平位置限位开关损坏	将翻锭机翻到水平位置或更换损坏的限位开关	目测及空负荷试车
	小车未后退到位或后退限位损坏	将小车后退到位或更换损坏的限位开关	目测及空负荷试车
起落架不动	小车未前进到位或前进到位限位开关损坏	将小车前进到位或更换损坏的限位开关	目测及空负荷试车
	起落架水平位置或垂直位置限位开关损坏	更换损坏的限位开关	目测及空负荷试车
	床面未退回到位或退回到位限位开关损坏	将床面退回到位或更换损坏的限位开关	目测及空负荷试车
	液压系统油泵未启动或压力低	启动液压站油泵电机或调速液压系统压力	目测及空负荷试车
	液压系统油管漏油或油路阀门未打开	更换损坏的油管或打开油路阀门	目测及空负荷试车
主轴有异常声音	主轴轴承损坏或轴承间隙不对，轴承缺油，皮带松	更换损坏主轴轴承，调整轴承间隙；调整皮带松紧装置，加润滑油	目测及空负荷试车
主轴进刀开过头	进刀行程限位开关失灵	将主轴进退控制方式转换到手动位置，用手动摇柄将主轴复位；检查、调整主轴进刀机构的行程开关	目测及空负荷试车
床面铸锭夹紧装置损坏	滑动机构连接螺栓松紧不适，选择垫块不适当	检查、调整滑动机构连接螺栓，使其松紧适度；根据铸锭宽度、厚度选择适当的垫块	目测及空负荷试车
床面开过头	床面行程限位开关失灵	检查、调整床面移动行程限位开关	目测及空负荷试车
床面润滑油油箱液位急剧减少	床面润滑油量过大，润滑油回流不畅	检查、调整床面润滑油量，使其油量大小适度；检查润滑油回流是否畅通	目测及空负荷试车
风道堵塞	风道漏风，风道内壁和各段接头处有挂铝屑的部位，铝屑过长过软	清理堵塞的风道；检查风道是否漏风，检查处理风道内壁和各段接头处挂铝屑的部位	目测及空负荷试车
破碎机堵塞	铝屑过长、过软，破碎机损坏	清理破碎机的堵塞铝屑，检查破碎机是否损坏；根据铸锭合金牌号，适当调整进刀量	目测及空负荷试车

3.3.1.6 CS2-001型圆铸锭圆盘锯床常见故障处理和验收

CS2-001型圆铸锭圆盘锯床常见故障产生原因、处理和验收方法如表3-3-9所示。

表3-3-9 CS2-001型圆铸锭圆盘锯床常见故障产生原因、处理和验收方法

故障现象	原　因	处理办法	验收方法
油压波动大，达不到规定压力	油量不足，油脏、过滤器堵塞，吸油管密封不严、油液泄漏	加油，换新油、清洗过滤器，处理密封、泄漏点	开油泵，开夹紧进行检查
	溢流阀或油泵坏	修理更换油泵、溢流阀	
齿轮箱传动声音太大	轴承间隙太大、齿轮磨损	重新调整轴承间隙，更换轴承	开主电机运转检查
乳液泵排出乳液压力不足	底阀堵塞，泵的密封处泄漏，管接头漏气	清洗底阀，处理密封、漏气部位	开乳液泵观察
进锯爬行和压力表指针抖动	压力阀和阀弹簧变形，密封环变形和过紧，管道和油泵内有空气	更换弹簧和密封，排除空气	空负荷开车检查
打锯齿	进锯速度过快	加工前，调节好速度	开车检查夹紧及进锯速度
	铸锭未夹紧	调夹紧装置与钳口开度	
锯切坯料切斜度过大	锯片不直，铸锭轴线与锯片不垂直	校正锯片，处理夹紧钳口	用直角尺检查垂直度

3.3.1.7 H9-001型圆铸锭车床常见故障处理和验收

H9-001型圆铸锭车床常见故障产生原因、处理和验收方法如表3-3-10所示。

表3-3-10 H9-001型圆铸锭车床常见故障产生原因、处理和验收方法

故障现象	原　因	处理办法	验收方法
夹紧尾缸自动退回	电磁阀弹簧损坏	更换弹簧	开动检查
夹紧尾缸伸出后不能退回	尾缸活塞密封坏，尾缸轴端盖螺栓掉，活塞锁紧螺母掉	更换密封，更换螺栓，活塞锁紧螺母	开动换向检查尾缸动作
托料上升困难	过载离合器过松	调整过载离合器	带料开托料上升
提升机构立轴轴向串动	立轴下端锁紧螺母松动	重新拧紧锁紧螺母	开动提升机检查轴有无窜动
提升机上升到位后下沉	立轴锁紧螺母松，上、下横轴蜗轮轴套损坏，过载离合器调得不正确	拧紧锁紧螺母，更换蜗轮或轴套，重新调整离合器	带料开动观察
V形托架螺栓松动	碰撞结果	重新更换螺栓	手推动检查
提升机未到位尾缸就伸出	限位出错，离合器调得过松	检查限位，调整离合器	带料开车检查
主轴响声大	缺润滑油，或轴承损坏	加油，更换轴承	检查响声
车床无法启动	压缩空气压力不足	保证压缩空气压力	检查空气压力

3.3.1.8 H9-004 型圆铸锭镗床常见故障处理和验收

H9-004 型圆铸锭镗床常见故障产生原因、处理和验收方法如表 3-3-11 所示。

表 3-3-11 H9-004 型圆铸锭镗床常见故障产生原因、处理和验收方法

故障原因	原因	处理办法	验收方法
刀座镗杆径向退不灵活	长杆活塞被堵塞	清洗活塞和刀座	开车检查
	活塞杆密封坏	更换密封	
镗杆变形	碰撞或者单力臂受力变形	研磨或校直	安装后，转动检查
夹紧钳颚夹不紧，镗床不能开动	风压不够	调整风压	检查压缩空气压力
	润滑不良、机械卡阻	加油润滑	
快速电机发热电机不转	机械卡阻	清除障碍物	重新开机观察
	电机单相	处理电气故障	
快速移动爬行或不动	蜗轮磨损，电机摩擦离合器坏	更换蜗轮或摩擦离合器	开动快速移动电机观察运行情况
镗杆电机启动不了，空气开关跳闸	接触器触头烧损	处理或更换接触器	手动转动主轴，然后开动电机
	轴承损坏	更换轴承	
镗削过程中，主轴箱振动大	斜铁、铜套间隙过大，吃刀量过大	调整间隙，减少吃刀量	调整后，开车观察

3.3.1.9 OPERATION 带锯常见故障处理和验收

OPERATION 带锯常见故障产生原因、处理和验收方法如表 3-3-12 所示。

表 3-3-12 OPERATION 带锯常见故障产生原因、处理和验收方法

故障现象	原因	处理办法	验收方法
锯带卡死、变形或断裂	压缩空气压力突然降低，张紧力不够	立即设置为手动模式停机，检查压缩空气压力	调整设置，开车观察
	锯带槽或锯带飞轮盘内锯屑过多	立即设置为手动模式停机，清除锯屑	
	润滑液喷油量不足或润滑液差	立即设置为手动模式停机，检查喷嘴，加润滑液	
锯切端面不平直，呈波浪状	锯切参数错误	调整锯带速度与进锯速度	带负荷锯切后检查端面
	锯带润滑液用量不足，导向轮与锯带间隙不正确	调整润滑装置喷液量以及导向轮间隙	
自动模式锯切中锯床立即终止锯切	出现一些异常的程序问题或设备故障	手动操作锯床恢复到初始位置，再将手动模式转到自动模式操作	观察运行情况
锯切铸锭偏斜	支撑导向轮磨损过大 变向导向轮轴承损坏或磨损大	调整位置或更换支承轮 更换变向导向轮	带负荷锯切观察
	锯带不垂直	调整锯带垂直度误差	
不能开动锯床	安全连锁保护报警没有解除	解除报警	开动试车
进出小车升降异常	升降机构损坏或液压系统压力不够	处理传动机构或调整压力	带料试车观察
进料小车不动作	变频器或激光故障	更换变频器或查检测位置	空车试车观察

3.3.2　零件图的识读

零件图的识读是根据零件图想象分析出零件的结构形状，了解零件的尺寸和技术要求等。

3.3.2.1　零件图的尺寸

零件图上的尺寸是说明零件的几何形状大小、局部结构的相对位置和加工要求的重要数据。因此在识读零件图前，重点了解零件图的尺寸。

零件图的尺寸一般可分为三类：

(1) 总体尺寸，总体尺寸一般有长、宽、高三个方向。

(2) 定位尺寸，确定零件上组成结构的位置尺寸。

(3) 定形尺寸，确定零件各部分长、宽、高的形状尺寸。

读零件图的尺寸应首先了解总体尺寸，确定零件的大小；然后在识读零件的另两类尺寸，对一些重要尺寸、关键尺寸还要给予足够的重视，如有配合和形位公差要求的尺寸，应确定好尺寸基准，严格控制尺寸公差，以达到图样要求。

3.3.2.2　识读零件图的步骤

(1) 看标题栏。首先，通过读标题栏，了解零件的名称、比例、材料等。通过标题栏了解零件加工方法，还可以按比例想象出零件的实际大小。

(2) 分析视图。先分析主视图，再分析其他视图，明确各视图的投影关系。找到剖视、剖面的剖切位置，局部视图和斜视图的投影方向的箭头。然后分析主视图及各视图的表达重点。

(3) 分析形体。用形体分析法分析零件的结构形状，在搞清楚视图关系的基础上，根据图形特点，通常将零件分解成几大部分；然后根据基本形体把各部分的形状想象出来，再对各细小结构进行分析，最后将细小结构和几大部分综合起来想象出零件的整体形状。

(4) 识读零件尺寸。综合分析视图和形体，找出零件长、宽、高三个方向尺寸的主要基准。然后从基准出发，以结构形状分析为线索，再了解各形体的定形尺寸和定位尺寸，弄清各尺寸的作用。

视图和尺寸是从形状和大小两个方面来表达零件的，读图时应把视图、尺寸和形状结构三者结合起来分析。

(5) 了解技术要求。读图时应弄清楚表面粗糙度的要求、尺寸公差、热处理、表面修饰、检验等方面的要求。

按以上步骤来读零件图，然后综合起来就可得到零件形状及其加工、检验等方面的完整概念。

看零件图的步骤可简单概括为：

一看标题栏，二析视图，三想形状，四读尺寸，五识要求，最后综合。

以上步骤只是初学看图时应注意的几个方面，仅供参考。实际上，看图时不必机械地照搬，而要前后联系，互相补充，突出重点进行分析。也可结合自己的工作经验，对照上述步骤来进行，效果可能更好。

3.3.2.3　读图举例

机器零件的形状各不相同，一般把零件按形体结构大致分为四类：即轴套类、轮盘类、叉架类、箱体类。下面以轮盘类零件为例识读零件图。

识读锯片外卡盘零件图，图 3-3-5 所示。

（1）看标题栏。从标题栏可知，零件的名称是“锯片外卡盘”，材料是 HT25-47，比例为 1∶3，说明卡盘实践尺寸比图形大 3 倍。

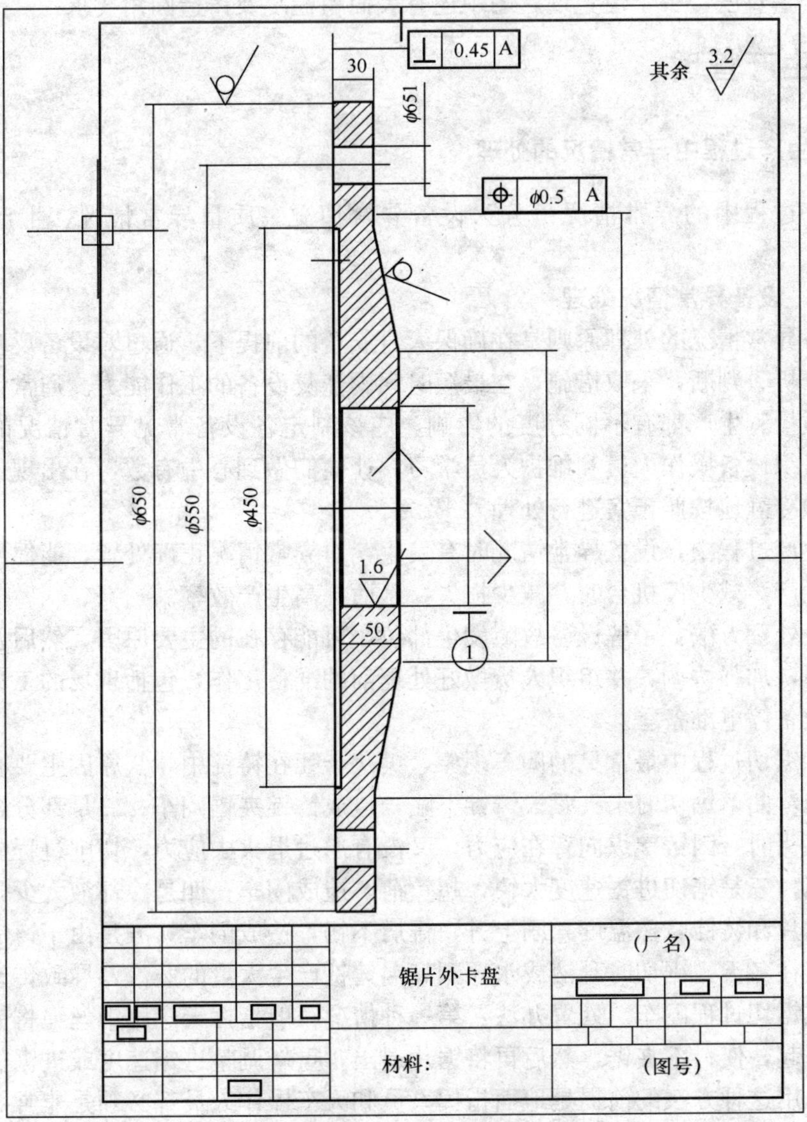

图 3-3-5　锯片外卡盘零件图

(2) 分析视图。采用一个视图，即主视图，内孔及台阶和卡盘 ϕ30mm 的孔，均采用全剖视表示。

(3) 分析形体。外卡盘主要由一个圆盘组成，左端是一个大圆面，且车削有一个 ϕ450mm 的台阶，中间有一个 ϕ160mm 通孔，通孔两边有倒角，大圆盘上均匀分布有六个 ϕ30mm 的孔。

(4) 分析尺寸。径向尺寸以轴线为基准，长度方向的尺寸以左端面为基准，主要尺寸是 ϕ160mm 孔。

(5) 看技术要求。图上有偏差的尺寸是重要尺寸，图上有两处形位公差的标注，一个垂直度，一个位置度，图中还有表面粗糙度及铸造圆角要求。

3.4 生产管理

3.4.1 生产过程中异常情况的处理

生产过程中的异常情况可分为设备异常情况、质量异常情况、生产异常情况等。

3.4.1.1 设备异常情况处理

设备异常情况的处理原则是在确保人身安全的前提下，通过对设备反映出的异常情况分析、判断，采取措施，在最短时间内恢复设备的工作能力。通常设备异常情况对质量、生产都有不同程度的影响，应该制定各设备常见异常情况的应急预案，并组织设备操作人员和维护人员学习，让他们做到心中有数，在出现设备异常时，能够冷静地按照预案进行处理。

在生产过程中，设备异常情况时有发生，对异常情况正确处置，能促使设备很快恢复生产，减少停机台时，减少损失，从而提高生产效率。

一般处理方法：了解设备故障发生部位，可能存在的主要原因，然后及时报告相关部门，加强协调，并组织人员做好处理前的准备工作，包括现场的工具、吊具准备，设备停电准备等。

例如锯切过程中最常见的闷车现象，锯片卡死在铸锭中，其原因主要有：一是铸锭自身弯曲，锯切时未夹紧段铸锭下陷，造成铸锭夹锯闷车；二是部分合金铸锭在锯切料头时，因铸锭纵向存在应力，又没有通过退火去应力，切削过程中易造成夹锯闷车；三是锯切进锯速度太快，超负荷，造成闷车；四是冷却液太少，压力不足，使锯片和铸锭摩擦温度急剧上升，排屑不畅，造成闷车；五是由于铸锭温度过高，尤其在冬天，锯切时乳液或水遇到高温铸锭产生大量的蒸汽，导致传动皮带打滑，造成锯切过程闷车。处置办法：第一种情况一般指挥天车用钢丝绳将铸锭的一头微微吊起，使料不夹锯，然后再将锯片退出，重新调整进锯速度或进锯位置进行锯切。采用这种方法的前提是地面指挥人员和天车操作人员都必须是非常熟练、技能高超的工人。遇到第二、三、四种情况可以在电钳工的指导下解决，主要方法是：来回松开、夹紧铸锭几次，同时开大冷却液，使主轴慢速反向运转（点动操作），同时退锯，该方法连续数次，即可退出锯片。采取直接倒车退锯的方法风险很大，可能导致锯齿掉落，锯片退出后，仔细检查锯片锯齿情况，无齿损坏才能重新进行锯切加工；如有掉齿或损坏，必须将锯缝中的齿块清理干净才能进锯，否则需调整进锯部位。第五种情况的发生一般会违反操作规程，铸锭温度超过工艺要求，采取方法是降低温度后再进行锯切。

3.4.1.2　质量异常情况处理

质量异常情况的处理原则是在确保人身安全的前提下，以追求产品质量最优为目标，在处理质量异常时，如果没有直接证据证明产品质量是合格的，就必须报废，特别是一些特殊用途产品，更不能有任何侥幸心理，对一些常见的质量异常情况应有应急预案。

生产过程中，质量异常情况时有发生，处理好异常质量问题，可以有效减少加工废品的产生，提高铸锭的综合成品率，杜绝质量事故。

1. 对空心锭偏析瘤的处理

高镁铝合金空心锭在铸造过程中内孔容易产生偏析瘤，对于较小的偏析瘤可以在锯切成毛坯后，在镗床上每次少量镗削，逐步清出，然后再加工成规定尺寸；而对于较大偏析瘤就不能采取这种措施，一方面镗刀不能通过内孔，另一方面即使能通过内孔也会因为吃刀太深打坏镗刀。遇到此类空心锭，只能使用錾子将偏析瘤铲除后才能加工。

2. 对低倍检验不合格品的处理

(1) 报废毛料切取低倍复查试片

低倍试片检查不合格时，与检查面相连的毛料一般应报废，此时可从报废毛料的另一端切取第一次复查试片；若该复查试片仍不合格时，还可以从该报废试片相连的另一个坯料的另一端切取第二次复查试片；当铸锭头、尾经二次复查后，有一端不合格时，则可在距二次复查不合格的试片 1～2 个毛料的另一端再切取第三次复查试片，若第三次复查仍不合格，整根铸锭报废，复查试片切取部位及试片号，如图 3-3-6 所示。图中：Ⅰ、Ⅱ、…、Ⅷ为毛料顺序号；1 和 9 为正常头尾试片；2 和 8 为第一次复查试片；3 和 7 为第二次复查试片；若试片 3 合格，而试片 7 不合

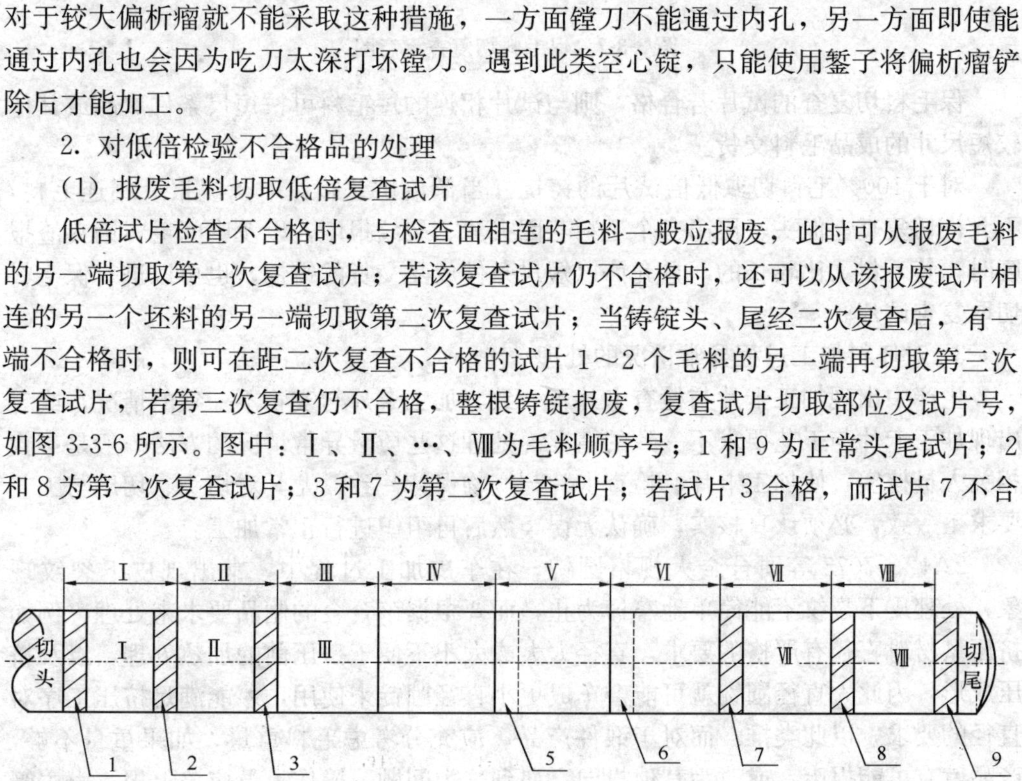

图 3-3-6　废毛料切复查试片示意图

格则切取5或6为第三次复查试片。

（2）保毛料切取低倍复查试片

对于长毛料，低倍试片如果有夹渣、裂纹等缺陷造成不合格时，可以进行保毛料切取低倍复查试片。保毛料切取低倍复查试片，可在离报废试片一段距离处切取，试片号为原试片号前加“0”，第二次切取的试片号为废试片前加“00”，第二次保毛料复查试片仍不合格，再进行废毛料切取低倍复查试片，如图3-3-7所示。图中：Ⅰ、Ⅱ、Ⅲ为毛料顺序号；1和4为正常头尾试片；01和04为头尾第一次保毛料切复查试片；001和004为头尾第二次保毛料切复查试片；2和3为第一次废毛料切复查试片。

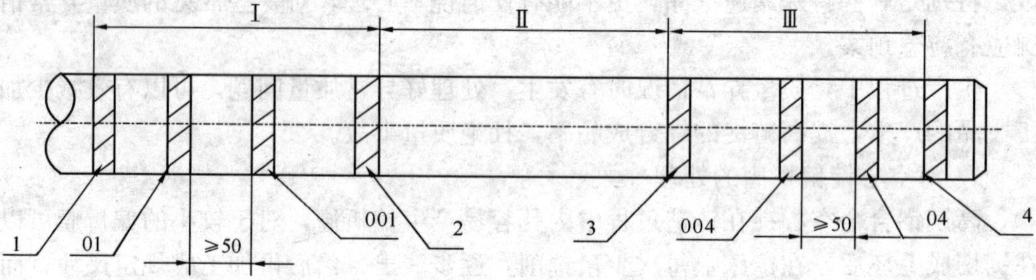

图3-3-7 保毛料切复查示意图

保毛料切复查的试片若合格，则与试片相连的短毛料可按短尺条件成品或其他较短尺寸的成品毛料交货。

对于100%毛料切取低倍试片的铸锭，当低倍试片报废时，应报废相连毛料，不允许切复查；但头、尾第一个毛料若因夹渣、裂纹报废，以及中间毛料因夹渣报废时，其毛料又比较长的，且允许以短尺条件成品交货的铸锭，也可以进行保毛料切取复查试片。

3. 对坯料加工过程异常情况的处理

生产中出现加工卡片与检查卡片不一致，加工卡片与实物不一致的情况，或者出现加工卡片与工艺要求不一致的情况。处理这些质量异常情况的方法一般是：找相关人员核实，使加工卡片、检查卡片与实物保持一致，尤其对切头、切尾与工艺要求不一致，必须认真核实，确认无误，然后再组织进行正常加工。

2A12、7075等硬合金大规格圆锭，在车皮加工过程中，常出现皮下裂纹现象，处理皮下裂纹不能简单地车掉为止，而要根据该合金的制品要求来处理，例如挤压型材对直径有严格的要求，直径太大或太小不便于挤压前的加热处理，以及挤压成形，因此大直径圆锭就可能会车成更小直径圆锭来使用，才能满足挤压工序对直径的要求，以此类推。而对于锻件产品，应充分考虑毛料重量，如果重量不够，产品就有可能报废，或改为其他投向，遇到这类问题，操作人员应该上报，由主管部门决定处理方案。

3.4.1.3　生产安全管理和异常情况处理

1. 机加工安全生产要求

(1) 作业前

1) 作业人员必须穿戴好劳动保护用品，工作服做到“三紧”，系好安全帽固定绳；操作有飞屑的旋转机械设备，应戴好防护眼镜；操作可能发生绞辗的旋转设备，严禁戴手套，女工发辫不允许外露。

2) 班组组织班前五分钟安全学习，班长交待当班工作任务，以及在完成工作任务中每个岗位存在的危险危害因素，提出预防措施。

3) 查看交接班记录，了解上班设备运行状况，并对设备、设施和工具使用情况进行检查，不得操作“带病”设备。

4) 作业前充分准备好所用的工具。

(2) 作业中

1) 必须熟悉和严格遵守《安全技术操作规程》，不得违章作业，有权抵制、拒绝冒险操作。

2) 检查设备运转状况，发现隐患或故障应及时消除。设备运转时不得用手触摸旋转部位，清除碎屑必须停车，使用专用工具。

3) 不得在设备运行中添加润滑油；设备检修时必须停车，切断电源，挂上检修牌，防止误操作。

4) 在生产现场行走，应走安全通道、安全桥，严禁跨越设备。

5) 不要在天车吊物下行走或停留，听到天车警示铃响，必须立即避让。

6) 严守工作岗位，不得随便离岗。

(3) 作业后

1) 作业结束后，应停止设备运转，关闭总电源。

2) 按现场定置管理要求清理作业现场，做到工完料尽地清，不给下班遗留问题。

3) 做好交接班，将本班生产、设备和安全情况向下班交接。

2. 异常情况处理

生产过程的异常情况，通常与安全生产有关，处理原则应首先考虑确保人身安全，然后才考虑生产进度。对于生产安全的管理应建立应急预案。

[举例一]　车床绞伤事故预案

预防措施：

(1) 正确佩戴好劳动保护用品，工作服必须做到“三紧”。

(2) 严禁戴手套操作车床。

(3) 装卸坯料、测量尺寸、质量检查时，车床必须停机进行。

(4) 车床运行时严禁用手清理废屑。

(5) 修理、清扫车床时必须停机、断电。

应急处理方法：

（1）立即停止旋转设备的运行，通知车间领导及安全主管人员到事故现场。

（2）盘动旋转件退出绞伤部位，对受伤人员采取必要的止血或固定措施，并且要轻抬轻放，防止伤势恶化。

（3）安排车辆或通知救护车运送伤员。

（4）保护事故现场，协助上级部门调查取证，经同意后，组织人员清除事故现场，及时恢复生产。

（5）应急电话：包括主管部门和相关部门电话、医院急救电话、火警电话等。

［举例二］ 起重吊运事故预案

预防措施：

（1）正确佩戴好劳动保护用品。

（2）选用的吊具规格与铸锭规格相符，严禁使用报废和有缺陷的吊具。

（3）铸锭挂吊必须重心平稳，严格按规章操作。

（4）地面指挥人员必须由专人负责，做到手势正确、规范，严禁多人指挥天车。

（5）天车操作人员注意力集中，听从挂吊人员指挥，大车、小车、卷扬开动前，鸣铃发出警告。

（6）起吊作业时严格按规章操作，严格执行天车“十不吊”。

（7）严禁天车在吊运物料时从地面人员头顶上和设备上通过。

（8）指挥天车起吊或下落时，地面操作人员要与吊运的重物保持一定安全距离。

应急处理方法：

（1）立即停止吊运作业，通知车间领导及安全主管人员到事故现场。

（2）如有人员受伤应立即组织人员救援，并防止事故扩大，造成二次事故。

（3）对受伤人员采取必要的止血或固定措施，并且要轻抬轻放，防止伤势恶化。

（4）安排车辆或通知救护车运送伤员。

（5）保护事故现场，协助上级部门调查取证，经同意后，组织人员清除事故现场，及时恢复生产。

（6）应急电话：包括主管部门和相关部门电话、医院急救电话、火警电话等。

3.4.2 生产组织

3.4.2.1 相关工序生产流程及上下工序生产情况

在坯料机加工前后，生产工序流程有多种方式。

方铸锭生产工序流程：

① 熔炼→铸造→锯切→铣面→加热→热轧……；

② 熔炼→铸造→加热或均热→锯切→刨边或铣边→铣面→加热→热轧……

圆铸锭生产工序流程：

① 熔炼→铸造→锯切→加热→挤压……

② 熔炼→铸造→锯切→车皮→均热或加热→挤压……

③ 熔炼→铸造→均热或加热→锯切→车皮→加热→挤压或锻造……

④ 熔炼→铸造→均热或加热→锯切→车皮→镗孔→加热→挤压……

(1) 熔铸生产工序

熔铸生产的主要目的是配制合金并铸造成需要规格的铸锭，主要包括金属熔化、化学成分分析、化学成分调整、炉内精炼、晶粒细化、在线除气除渣、铸造成型等作业程序。

(2) 铸锭加（均）热工序

铸锭加（均）热处理的主要目的是消除铸锭内部组织偏析和铸造应力，获得铸锭最佳的热加工塑性，改善铸锭下一步加工状态和最终产品的性能。包括锯切前加热、锯切前均热、锯切后均热、轧制、挤压、锻造前加热等。

(3) 热轧生产工序

热轧生产的目的是通过热粗轧机对加热坯料进行开坯轧制，根据要求轧成不同宽度和厚度的产品。热轧生产工序流程有三种方式：

第一种：铸锭铣面→加热→热粗轧轧制→精轧轧制→……

第二种：铸锭铣面→蚀洗、加包铝板→加热→热粗轧轧制→精轧轧制→……

第三种：铸锭铣面→加热→热粗轧轧制→剪切→矫直……

第四种：铸锭铣面→蚀洗、加包铝板→加热→热粗轧轧制→剪切→矫直→……

3.4.2.2　生产组织原则

一般而言，操作人员根据生产计划进行作业。但在实际生产中，许多铸锭加工工序多，具体生产的安排和组织应该由加工班组具体操作，这就要求安排和组织生产的人员必须掌握生产各要素的情况，如熔铸工序生产的合金品种及生产效率，加热炉的容量，合金的加（均）热时间，加工设备情况，物料情况，操作人员情况，加工进度要求，辅材消耗等。在保证加工进度的基础上，根据熔次和同类合金进行安排，便于加工后的坯料整齐堆放、整熔次发运，也便于废料的收集存放。另外，还应做好生产的准备工作，不要在工作开始后还因为不停地寻找加工、检查卡片，寻找工具、准备辅材、长时间等待待加工铸锭等影响生产效率。

(1) 连续生产原则。生产过程各阶段、各环节在时间上应避免发生不必要的停顿、等待，始终紧密衔接。提高生产过程的连续性，可缩短产品生产周期，减少在制品数量，加快金属流转，降低能源消耗，有效利用设备能力和生产场地。作为一名当班生产组织者，应对各生产要素进行掌握，才能科学合理安排生产。例如：机加生产安排时，应有效解决工序中的等待时间，核算各工序工作时间、减少工具更换频次等。

(2) 协作生产原则。首先是工序之间的协作，例如每班刚开始工作时，前面工序由于需要进行工具的准备、刀具的更换、设备的维护、物料倒运等，工作比较忙；而后面工序由于加工料还未到，人员却闲置无事，作为一名生产组织者就必须充分调配，确保通力协作。其次是岗位协作，包括岗位人员搭配，包括体力强弱的搭配、技术强弱的搭配，以及工作环节的把握，工作量的分担等内容。作为一名生产组织者就必须提前计划，合理调配，确保通力协作。

(3) 均衡安排原则。生产过程的各环节、各工序应保持生产均衡，不要时松时紧、前松后紧，合理地利用设备和人员，按一定节奏组织生产。作为一名生产组织者，安排生产时首先应充分考虑生产瓶颈，例如小圆锭的加工生产必须装筐，而料筐的多少、装筐方式就成为生产安排的基础。其次在保证生产连续性的同时，还应考虑产出需要。例如在完成铸锭加工的同时，还应抽出时间锯取低倍复查试片、处理低倍、氧化膜检测报废铸锭等工作，确保后部工序的生产正常进行。

(4) 经济节约原则。生产过程中应尽可能减少材料消耗和劳动占用，在尽可能短的生产周期内，取得尽可能大的生产成果和尽可能小的生产成本。因此在安排生产时，应根据加工铸锭的切削性能进行合理调配，以达到经济节约的目的。例如加工5A06大圆锭时，应利用带锯不易闷锯、锯碎断碎好的优点进行安排。又如：根据乳液池浓度情况安排锯切加工，乳液浓度高切软合金有利，乳液浓度低切2A12等锯切性能好的铸锭能达到节约的目的。再如安排4032合金加工时，如果使用高速钢刀具，将会造成刀具损耗快，消耗增加，加工效率低；使用硬质合金刀具既能获得较高的工作效率，刀具损耗也小。

3.4.2.3　经济技术指标与经济活动分析

经济技术指标是反映企业的生产技术水平和生产管理制度的执行情况，是鉴定铸锭加工工序生产工艺是否先进合理的重要标准，是评定车间各项工作优劣的主要依据。通过对同一类型不同车间的经济技术指标的对比，可以分析产生差距的原因，找出改进生产方式、提高工作效率的途径，对促进加工车间生产、质量管理有重要意义。

铸锭加工车间经济技术指标包括：加工成品率、电能消耗、燃料消耗、乳液消耗、机油消耗、水消耗、锯片消耗、劳动生产率等。由于生产条件不同，或者由于技术操作水平和生产管理水平不同，不同车间的消耗指标会有很大差异；即使是同一车间，在不同时期，各种指标也可能因某种原因而发生变化。因此，经常分析和掌握各种指标的变化，对把握生产情况、改进生产方法有很大的帮助。

1. 加工成品率

加工成品率是指1t铸锭加工成为合格的、具备轧制条件的坯料的重量百分数，反映加工生产过程中金属的实收情况，其计算公式为

$$B=\frac{Q}{G}\times 100\%$$

式中 B——加工成品率（%）；

G——铸锭重量（%）；

Q——坯料重量（%）。

【例】 某合金圆铸锭，规格为ϕ360×4800mm，4根，锯切为650mm的坯料，试计算本工序的加工成品率？

【解】 根据工艺规程要求（浇口部锯切量≥200mm，底部锯切量≥250mm；氧化膜试片2×55mm，低倍试片2×25mm）得知ϕ360×650mm可锯切24块坯料，则：

$$B=\frac{Q}{G}\times100\%=(650\times24)/(4800\times4)\times100\%=81.25\%$$

铸造成型的铸锭大多数都要经过加工后才能进一步使用，铸锭加工生产中影响成品率的因素包括切头、切尾、刨边、铣边、铣面等产生的几何废料以及锯缝、试片、切废、铣废、刨废废品等。

影响切头、切尾量的因素有：铸锭长短不一，需要加工成计划尺寸；铸锭头、尾有缺陷需锯切掉；横向轧制的宽板料需锯切头、尾；硬合金和高质量要求的铸锭需锯切头、尾，锯切头、尾的主要原因是铸锭冶金缺陷如夹渣、气孔、疏松、氧化膜等多数存在于铸锭的头端和尾端。方铸锭的头、尾的锯切损耗通常占整块铸锭的5%～10%左右，圆铸锭的锯切损耗通常占整根铸锭的10%～20%。

影响刨边、铣边、铣面量的因素：除横向轧制的宽板铸锭外，硬合金铸锭通常情况下需对小面进行刨边或铣边，将表面缺陷去掉，才能进行轧制，而表面缺陷如拉痕、拉裂、弯曲、成层、不平等超过了质量标准允许范围的应通过刨、铣的方法进行处理；铸锭大面除了少数表面质量较好的纯铝铸锭不需铣面外，其他铸锭都应对大面进行铣面，如果表面有皮下裂纹、夹渣、疏松、气孔、弯曲等缺陷，能进行修复的应加大铣面量。刨边、铣边、铣面损耗通常占整块铸锭5%～8%。

大规格的圆锭坯料锯切后还需车皮或镗孔，其金属损耗通常占整根铸锭的3%～6%。

2. 电能消耗

电单耗的计算及分析。机加工1t坯料需要消耗的电能叫做电单耗，其计量单位为kW·h/t。计算公式为：

$$W_{电}=\frac{W_{电总}}{Q}$$

式中 $W_{电}$——单位产品的电能消耗（kW·h/t）；

$W_{电总}$——机加工生产过程的全部用电量（kW·h）；

Q——机加工生产总的数量（t）。

3. 乳液消耗

机加工生产1t合格坯料所消耗的乳液量叫单位乳液消耗，计算单位kg/t。计算公式为：

$$W_{乳} = \frac{W_{乳总}}{Q}$$

式中 $W_{乳}$——单位产品的乳液消耗量（kg/t）；

$W_{乳总}$——机加工生产过程中乳液消耗总量（kg）；

Q——机加工生产总的数量（t）。

机加工生产过程中部分设备如龙门锯、圆盘锯、镗床等是通过乳液来对刀具进行降温和润滑，而乳液消耗多少与被加工产品的合金、规格、加工方式以及加工量、工作的连续性、刀具的状况等密切相关，因此在实际生产中对乳液消耗的分析应考虑这些因素。

4. 机油的消耗

机加工生产 1t 合格坯料所消耗的机油，即机油单耗，计算单位 kg/t。计算公式为：

$$W_{油} = \frac{W_{油总}}{Q}$$

式中 $W_{油}$——单位产品的机油消耗量（kg/t）；

$W_{油总}$——加工生产过程中机油消耗总量（kg）；

Q——加工生产总的数量（t）。

几乎所有的机加工设备都要用到机油，机油消耗包括加工设备润滑用油、油压系统用油以及加工工艺用油，而消耗多少与加工量、工作的连续性、加工工艺和设备状况等相关。

5. 水的消耗

机加工中生产用水主要用作锯切时的冷却水，把生产 1t 合格坯料消耗的水叫做单位水消耗。单位 m^3/t，其计算公式为：

$$W_{水} = \frac{W_{水总}}{Q}$$

式中 $W_{水}$——单位产品的水消耗量（m^3/t）；

$W_{水总}$——水消耗总量（m^3）；

Q——合格产品总的数量（t）。

加工生产用水都是循环使用，用量一般不多。

6. 刀具的消耗

机加工车间使用的刀具有锯片、锯带、刨刀、铣刀等，是加工生产中主要的工艺备件，刀具的消耗是指生产（加工）1t 合格坯料耗用的刀具数量叫做刀具的消耗量，以片（把）/t 为计算单位，计算公式为：

$$W_{刀}=\frac{W_{刀总}}{Q}$$

式中　$W_{刀}$——单位产品的刀具消耗量（片（把）/t）；

$W_{刀总}$——刀具总的消耗量（片（把））；

Q——加工合格产品总的数量（t）。

以龙门锯锯片为例，耗用锯片的计算方法有两种：

（1）按月、季、年报废的锯片计算。

（2）将锯片按加工产品数量分摊计算。

影响锯片消耗的因素很多，例如锯切产品的合金、规格、温度以及锯片、锯齿的材质、维护和使用情况等。

3.5　培训与指导

3.5.1　培训与指导的方式

见第2篇第3章3.5培训与指导的方式。

3.5.2　培训实例

3.5.2.1　指导初级工转运铸锭

1. 准备工作

铸锭转运作业基本工序有：识读生产计划卡片、对照卡片识别铸锭、正确选用吊具、准备地平车等。在进行指导前，要按培训的要求，选择转运对象，指明转运路径，并且强调安全注意事项，例如吊具使用前的检查、吊运时的安全距离、天车指挥手势、地平车操作方法等。

2. 实际操作指导

（1）转运要求

以转运方铸锭为例，从铸造料场（或加热料场）转运至龙门锯床旁。

（2）操作示范

1）根据工作安排找出需用龙门锯加工的生产计划卡片，正确识读合金、熔次、根号、规格、长度等信息，对照卡片信息找到转运对象。

2）根据铸锭规格正确选取方铸锭水平吊钳，使用前认真检查吊钳力臂、吊环是否有裂纹，轴销、螺栓是否锁紧，钳口是否严重磨损，旋转部位是否润滑等。

3）指挥天车吊运铸锭，指挥手势必须正确，目的明确，如有多人在现场，只能专人指挥。铸锭起吊前，转吊人员必须离开吊物1.5m以上，注意天车警示信号，不要站在吊运行径路线上。

4）指挥天车将铸锭放置在地平车上，转运人员不能站在地平车轨道以内，防止吊物带动地平车移动造成挤伤。地平车有限重要求，高温铸锭不得长时间在地平车上停留，地平车行到终端时应提前停车，防止撞击，严禁用打倒车的办法来急停车。

5）铸锭堆放前应清扫场地，防止铸锭被油、水污染或异物压入。堆放时应严格控制堆放高度，为便于上料，堆放四块以内比较合适。铸锭上到锯床前应在头、尾处标注合金，便于锯切后头、尾废料收集装筐。

6）吊具使用完毕，放回规定位置。

（3）提问与回答

操作示范过程结束，应对培训对象提出的疑问做简要回答，必要时可再做示范，从而使培训对象对操作过程形成较深的印象。

（4）操作指导

培训对象在实际操作中，如动作不规范，应及时指出并予以纠正。

3.5.2.2 指导中级工使用较精密机加工设备

培训目标是让学员掌握圆锭带锯床操作及维护方法。

1. MSN-1450圆锭带锯床结构及操作方法

MSN-1450圆锭带锯床，是一套先进圆锯切割设备。在对中级工进行培训时要对设备的构造和操作进行认真的讲解和操作演示。

（1）设备结构

MSN-1450圆锭带锯床由锯头、辊道、夹紧装置、电控系统、润滑系统、液压系统、风压系统、吸屑装置等组成。

1）锯头包括：上下导向轮、支伸轮、铝轮、锯带、传动电机、Y轴等组成。

2）辊道：带锯床的辊道共分九组，每一组由一台电机带动，辊道中间带凹槽。带锯床辊道一端与承料台辊道相接，另一端与车床辊道相接。

3）夹紧装置：分为锯前水平夹紧和锯后压杆。锯前水平夹紧主要起固定铸锭、输送定尺作用。压杆主要起固定锯后料头、试片和毛料的作用。

4）润滑系统：包括润滑油喷嘴、润滑油罐以及管道等。

5）液压系统：包括锯带张紧装置和铸锭夹紧液压站。

6）吸屑装置：包括吸屑口、管道、吸屑收集塔等。

7）风压系统：包括除水罐、增压器和冷冻式压缩空气干燥机。

8）电控系统：包括电器控制柜和操作台。

9）安全系统：包括安全门、安全网、安全光栅等。

（2）设备操作

MSN-1450圆锭带锯床的操作都是通过人机对话显示屏进行，分为自动操作和手动操作。下面以自动操作要领作为培训内容进行讲解。

1）通过主操作界面，进入初始上电，如图3-3-8所示。

2）启动液压站、启动张紧电机、启动润滑泵，如图3-3-9所示，然后返回主操作界面。

3）设定参数

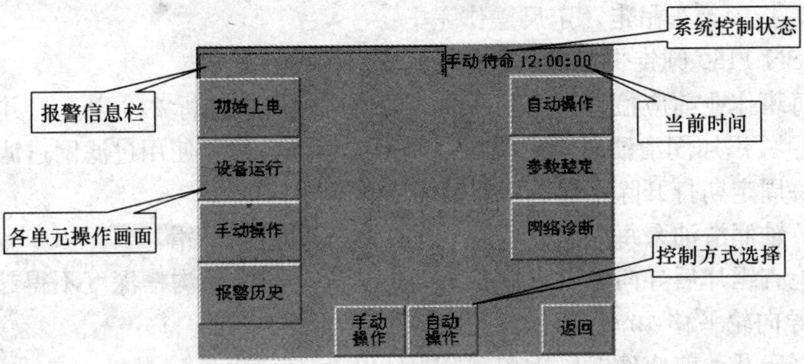

图 3-3-8 主操作界面

包括料高、料长、去头长度、试样厚度、坯料长度、锯带速度、工进速度（进锯速度），如图 3-3-10 所示。

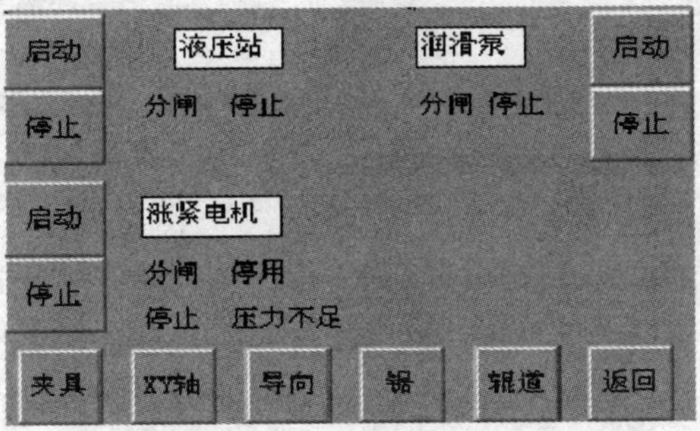

图 3-3-9 启动及维护界面

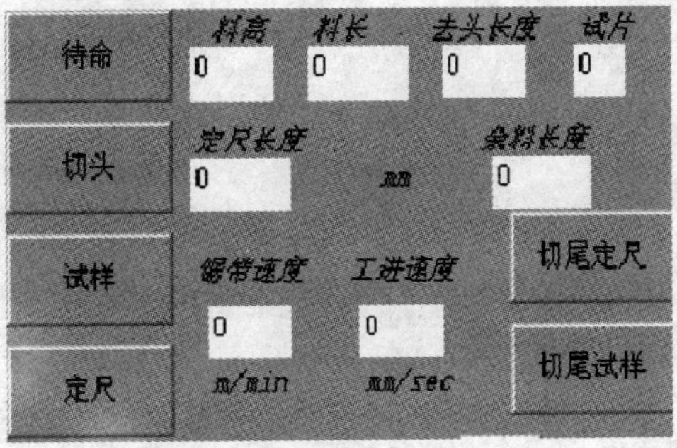

图 3-3-10 参数设置界面

4）切头操作

铸锭通过辊道自动输送到 P1 光电开关处减速，到 P2 光电开关处停止。然后夹紧装置夹紧铸锭自动定位，锯带运转，锯头进锯开始锯切。料头切割后卸至料坑，小车归位，切头动作完毕，返回上一级，如图 3-3-11 所示。

5）切试样操作

按试样→开始按钮，试片自动锯切，当切后试片输送至 P5 光电开关后，辊道停止输送，小车带试片移出，人工卸试片，完毕后，在操作画面上按取料完毕按钮，小车自动归位，切试片完毕。返回上一级。

6）切定尺坯料操作

按定尺→开始按钮，定尺锯切自动运行，坯料切后输送至 P7 光电开关处，

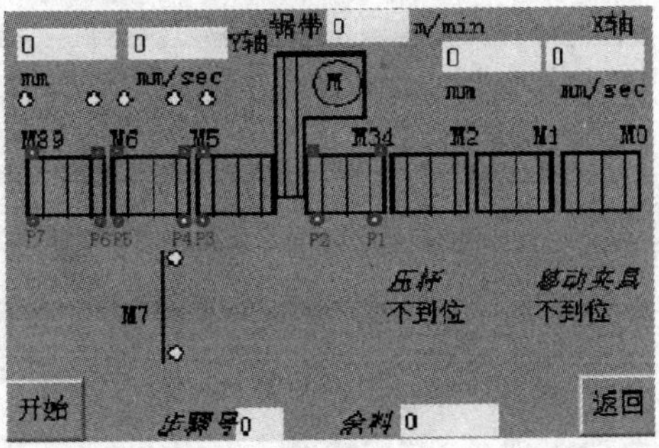

图 3-3-11 光标指示界面

辊道停止，指挥天车吊走，定尺操作完毕。

2. MSN-1450 圆锭带锯床的维护

(1) 每班作业前应检查锯切润滑油，油位应保持在油标 2/3 以上，并且测试润滑油喷射量。添加润滑油时，应确保油质不受污染，并且使用过滤网过滤。

(2) 每周定期打开除水罐阀门，放出罐内余水。

(3) Y 轴润滑油泵每周至少开启一次，对 Y 轴进行润滑。

(4) 检查锯片后导向轮（支撑轮）磨损情况，磨损后沟槽深度不得超过 2mm，超过时将导向轮平移 4mm。

(5) 锯床开动前应确保风压在 0.6MPa 以上。

(6) 锯带张紧压力保持在 0.58～0.65MPa 范围内。

(7) 每班作业结束，使用风管和吸屑管吹扫和吸取铝屑。

第4章 机加工技师技能

4.1 生产操作

4.1.1 铝及铝合金切削加工难点及控制

切削铝合金的最大问题是切屑的控制。因为铝是面心立方晶格金属，切屑在断裂前容易发生拉伸塑性变形，所以切屑往往是连续的，而且比较厚，强度也较高，不易断裂，还可能缠绕在刀具上，或者发生堵塞排槽、塞积于刀齿之间，导致切削加工无法进行，必须对切屑进行清理。

4.1.1.1 铝及铝合金切削加工性能和刀具参数

通常，塑性大、硬度较高的合金机加工性能都较差，一些软合金或处于退火状态的合金由于断屑不好，也会给切削加工带来一定难度。另外，一些大直径、大厚度的合金铸锭，在未经去应力处理时，内部存在纵向应力，使用锯片切削存在夹锯现象。下面介绍一些合金的切削加工性能。

(1) 纯铝。纯铝的切削加工性能不好，切削阻力小，切屑呈连续状，断屑不好，锯切加工时要提高乳液浓度和用量。要得到满意的切削效果，切削刀具应保持光洁、锋利，经过研磨。如果使用高速钢车刀，刃部轮廓可采用如下参数：前倾角45°～52°，横向前角12°～18°，横向后角8°～10°，切削角30°～35°。如果采用硬质合金刀具，切削效果更佳，刃部形状大致可以采用上述参数。纯铝可以干切削，但车削时边部易产生飞边。

(2) 5A02合金。切削阻力小，切屑呈连续状，断屑不好，有黏性。铸锭加热或均热后切削性降低。采用较大的前倾角和横向前角、刃口锋利光洁的刀具，可以获得良好的切削效果。车削时，用高速钢刀具，前倾角45°～52°，横向前角12°～18°，横向后角8°～10°，切削角30°～35°。采用硬质合金刀具时，可取大致相同的前倾角，最好取下限，切削角则应取上限。在大多数情况下，车床可达到最大速度切削。对于大件、精度要求高的坯料或进刀量大时，需减慢车速。切削量小可以干切削，切削量大时应润滑。

(3) 5A03合金。5A03与5A02合金加工性能接近，切屑呈连续状，有黏性。5A03合金采用高速钢刀具时其刃部轮廓参数：前倾角30°～50°，横向前角10°～20°，横向后角6°～10°，切削角30°～55°。如用硬质合金刀具可采用相近的参数。

(4) 5A06合金。5A06合金由于含镁量高，加工硬化率大，强度较高，切削加工性能差，切屑呈连续状，有黏性，易堆聚在刃口。ϕ482mm 以下的铝合金圆铸锭可以不用加热直接锯切，但圆盘锯锯切时会发生夹锯、闷锯现象，是由铸锭纵向内应力造成。加热后的铸锭，内应力消除，解决了闷锯现象，但切削性更差，不断屑，黏性高，会造成锯片排屑困难，并且会在输送切屑的绞龙上缠绕。5A06 合金最好使用带锯锯切，并且放慢进锯速度。车皮作业一般采用高速钢车刀，硬质合金刀具更好。刀具轮廓参数：前倾角 20°～50°，横向前角 10°～20°，副后角和副倾角 8°～10°。

(5) 3A21 合金。3A21 合金的切削性能稍优于工业纯铝，相似处是切削阻力小，切屑呈连续状，可采用高速钢或硬质合金刀具，刀具轮廓参数：前倾角 45°～52°，横向前角 12°～18°，横向后角 8°～10°，切削角 30°～35°。硬质合金刀具横向前角取下限，切削角取上限。

(6) 2A11、2A12 合金。这两种硬合金退火状态下切削加工性能稍差。车削时，车刀前倾角 10°～20°，横向前角 10°～30°，横向后角 8°～10°，截断时车刀前倾角 15°～20°，横向前角 4°～5°。龙门刨加工时，刨刀前倾角 12°～15°，横向前角 32°～38°，副后角和副倾角 8°～10°。精刨加工时前倾角 45°～50°，横向前角 50°～60°，副后角 8°～10°，副倾角最小或者没有。乳化油（液）、煤油、煤油与猪油混物均可作切削液。

(7) 6A02 合金。6A02 合金在未退火时切削加工性能一般，但经过退火后，切削性能明显降低，易粘刀。一般采用高速钢或硬质合金钢刀具，前倾角 20°～50°（退火状态应取上限），横向前角 10°～20°，副后角和副倾角 8°～10°，在高速切削时应保持刀口锋利光洁，最好经过研磨。通常使用乳化油（液）或煤油与猪油混物均可作切削液。

推荐 6A02 合金的切削深度、最大进刀量和车速的关系如表 3-4-1。

表 3-4-1 6A02 合金切削工艺参数

切削深度(mm)	进刀量(mm/r)	切削速度(m/min)	切削深度(mm)	进刀量(mm/r)	切削速度(m/min)
0.24～0.8	0.25	90～152	1.6～3.2	0.8	46～90
0.8～1.6	0.50	76～107	3.2～6.4	0.8	24～46

(8) 2A50 合金。2A50 合金都是在 Al-Mg-Si 系基础上加铜，提高了强度，切削性能较好，但退火状态切削性降低，切屑易堆聚刀尖。

(9) 2A14 合金。2A14 合金是锻铝中典型的高强度硬合金，强度高，塑性好，切削性能在退火状态稍差，使用高速钢刀具锯切时，对刀具的磨损快，可改用硬质合金刀具切削。

(10) 4032 合金。4032 合金含化学成分复杂，硅含量高，具有较高的耐磨性，切屑呈片状或粉磨状，使用高速钢刀具切削磨损快，应采用硬质合金刀具。

(11) 7A09 合金。刀具轮廓参数，车刀：前倾角 40°～50°，横向前角 10°～20°，横向后角 8°～10°；镗刀：前倾角 30°～45°，横向前角 10°～15°；粗刨刀：前倾角 12°～15°，横向前角 32°～38°，副后角和副倾角 8°～10°；精刨加工时前倾角 45°～50°，横向前角 50°～60°，副后角 8°～10°，副倾角最小或者没有。

7A09 合金推荐车削工艺参数如表 3-4-2。

表 3-4-2　7A09 合金切削加工推荐工艺参数

刀具材料	工　序	材料状态	最大切削深度 (mm)	切削速度 (m/min)
高速钢	粗加工	0	6.4	210～600
		HX8	5.1	150～450
	精加工	0	0.5	～1500
		HX8	0.5	～1500
硬质合金	粗加工	0	7.6	900～4500
		HX8	6.4	900～4500
	精加工	0	0.5	900～4500
		HX8	0.5	900～4500

4.1.1.2　铝及铝合金高精度加工方法

(1) 改善铝合金材料切削性能。一是改进刀具设计，改变其前角或主偏角，或使用断屑器与卷屑器；二是改变合金成分，即向变形铝合金添加低熔点元素，如铋(Bi)、镉（Cd)、铟（In)、铅（Pb)、锡（Sn)，这些低熔点元素不固溶于铝中，而是以细小的游离质点或化合物弥散地分布于铝基体内，切削过程中切削热使低熔点组织与化合物熔化，变成液态，产生脆化作用与切口作用，同时，溶解时体积膨胀，提高了铝基体中的内应力，使切屑易断裂，而且对切削工具摩擦起润滑作用，工具寿命得以延长。

(2) 根据合金的特性选择合适的刀具。锯切高强、高韧合金，可选择大齿距的硬质合金刀具，有利于排屑，减小温升；软合金车削应加大刀具角度，硬合金应减小刀具角度。对于一些塑性特别好的合金，尤其在加热或均热状态下加工时，刀具的研磨非常重要，要保证锋利。

(3) 根据合金的特性调整进刀速度和进刀量。对于一些高强、高韧或高塑性的合金应降低进刀速度，减小进刀量，以提高切削力，降低切削热。而对于一些表面质量要求高的合金也可以通过降低进刀速度，减小进刀量来提高加工表面光洁度，使加工表面平整、光滑。

(4) 提高主运动速度，降低切削深度。如铣削加工，提高铣头的旋转速度，可使单位切削量减少，加工表面更细密，表面更为光滑，以实现铸锭高精度加工。

(5) 切削油（液）的选择。在锯、车、镗、刨加工时，可以选用乳化油（液)、机油、猪油、煤油、煤油与猪油混合物作为切削润滑剂。通常在铸锭锯切加工时一般使用乳化液作为润滑液，对于黏性大，断屑差的合金应加大切削液流量，确保足够的浓度，保证冷却、润滑、清洗作用的发挥，防止因粘刀产生积屑瘤造成切削面光洁度下降的情况发生。

4.1.1.3　锯切加工的难点及控制

1. 锯切难点分析

锯切可视为多齿大截面的切断，由于以刀具旋转进行切削，产生了两个突出的问题：一是每个刀齿的切削是周期性的间断切削；二是切削面积是变化的。锯切塑性较大，硬度较高的铝合金，其难点有以下几方面：

(1) 锯切为间断、变切面切削，切削速度高冲击大，导致锯切系统产生振动和噪声。因此，要求刀齿、片体具有足够的刚度和抗振性。特别是锯齿在冲击负荷下易“打刀”这对硬质合金刀片的内在质量、焊接质量和强度提出了更高要求。如果一个齿损坏，造成掉齿或打齿，并嵌在切削槽内，后续齿以较大的冲击力，连续打在嵌在切削槽的坏齿上，会造成严重地连续“打齿”。

(2) 在锯切过程中，锯切方铸锭时已锯切面对锯片的包容面积大，锯片与锯截面重合即锯片夹持面积增大，如图3-4-1所示，对锯切系统提出了更高的要求：

1) 主轴的轴向间隙精度要求严格，否则锯片将在锯缝中左、右串动，使锯片产生大面积的撞击，增加切削负荷，扩大锯缝宽度。

2) 主轴的纵向跳动也要严格控制，否则锯片运转会产生起伏，锯切线不在一个同心圆上，造成锯齿受力不均匀，影响锯切效果。

3) 对锯片的制造、修磨精度要求高，特别是对锯片片体的平直度、锯齿的侧向振摆误差要求要小，否则会造成锯片锯削宽度增加，阻力增大，并且可能对已切削表面产生重复切削，使切削端面粗糙，产生很明显的切痕。

4) 切屑排出困难造成封闭切削，切屑很容易堵塞在锯片与切削面之间，产生很大的阻力，恶化了切削条件，铸锭端面会有摩擦变黑的印迹，严重时会发生“闷车”现象。

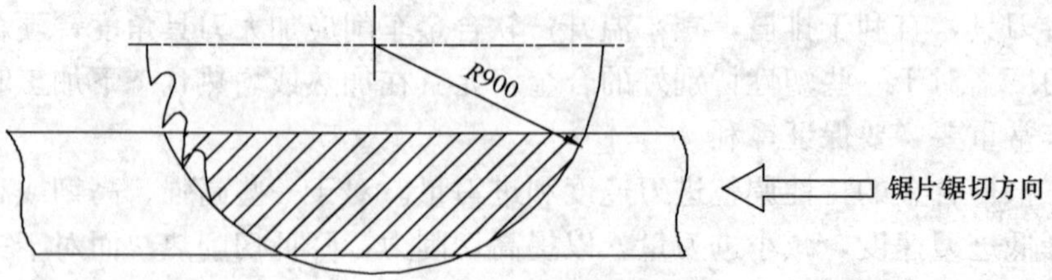

图3-4-1　龙门锯锯切图示

(3) 铝合金延展性好（特别是钝铝），切削过程中塑性变形大，易产生粘刀积屑瘤，它使刀刃钝化，增加切削负荷，易产生“打刀”。同时产生连续螺旋状切屑，不易断屑，使排屑困难。

(4) 锯切过程中冷却润滑液很难达到切削区起作用，不利于切削过程、使刀具磨损加剧。

2. 切削角及切屑的控制

锯切塑性较大、硬度较高的铝合金，要求锯齿有锋利的切削刃，且有足够的强度。刀刃钝圆半径过大或较钝的刃口，在切削厚度较小的情况下，由于切削表面的弹性、塑性变形，刀刃将在切削表面挤压而过，不能切下切屑，产生挤压使表面强化，这样将使单位切削力增大，切屑塑性变形增加，造成切屑困难。

锯片刀刃锋利，就要求前角、后角增大；而增大前角、后角将削弱刀刃的强度。这和间断切削冲击负荷要求增强刀刃强度相矛盾，在选择前角、后角时两者都要考虑。由于切铝合金的单位切削力较小，故可适当增大前角、后角。

锯片后角的选择：铝合金的弹性系数小，弹性变形大，在高速锯切下，已切表面产生较大弹性恢复，将与后刀面产生剧烈的摩擦导致阻力增大，温度升高。因此，刀齿后角应比锯切黑色金属要大，一般切铝合金材取后角为 8°～10°，以减少后刀面与已加工表面的摩擦。

锯片前角的选择：前角的大小不仅关系到刃口的锋利程度，还与粘刀、积屑瘤的产生、切屑的变形、卷曲有密切的关系。增大前角，可以减小切屑底层对前刀面的挤压变形、减少粘刀及积屑瘤的产生，使锯屑排出流畅。由于不同的铝合金材料强度、韧性相差大，前角选择在较宽范围内，一般取前角 10°～50°，切纯铝的前角、后角一般都比切硬合金铝材大些。

大截面的锯切属于封闭切削，在高速切削下，排屑是个突出的问题。对这个问题的解决，应从切屑的控制、容屑两方面着手。

切屑控制，即控制流屑角——切屑流动方向控制切屑的卷曲及断屑。

在大截面的锯切过程中，容屑空间只能是前齿所切出来的锯缝空间。因此，不希望切屑产生侧卷曲，即流屑角不等于 0°，使切屑与已切侧面产生碰撞来断屑。采用这种方法断屑，会造成切屑楔入锯片与已切侧面的缝隙中，严重时将产生“夹锯”、刮伤已切削侧面。

当所选刃倾角等于 0°时，切屑将产生自然向上卷曲。切屑产生自然向上卷曲的机理是：切削过程中，在切屑与前刀面之间出现了中间区域所致，它表现为积屑瘤或滞流层的产生，而积屑瘤和滞流层的产生在任何切削过程中都是不可避免的。

积屑瘤出现时，积屑瘤与前刀面之间构成一定的角度，导致已锯切面弯曲而产生卷曲切屑。

滞流层是切屑底层与前刀面之间的摩擦造成的，滞流层在刃口附近的厚度比较厚，然后随速度的增加逐渐减薄。它的存在与积屑瘤具有同样的使切屑产生向上卷曲的效果。

若能控制切屑自然上卷、无疑是有利的。遗憾的是切屑自然上卷的半径很难预测，它受到切削条件等各种错综复杂因素的影响。若能采用引导装置——各种形式的断屑、卷屑槽，切屑向上卷曲半径不仅可以控制，而且可以通过计算求出近似值。

锯切的卷屑槽离刀刃太远，它的作用更多的是容屑，因此切屑的向上卷曲仍属自然卷曲，其断屑的途径是：切屑末端碰上待加工表面后，由于摩擦力及刀齿的高速旋转，迫使连续产生的切屑以末端为圆心，随着后续切屑的不断流出，形成螺卷套叠现象。后流出的切屑一圈一圈地卷在外层，使外层的曲率半径逐渐增大，切屑半径增大到一定的数值时，就会折断。如图 3-4-2 所示。

图 3-4-2　卷屑槽

为使切屑易于折断排出，可采取以下措施：

(1) 增大切屑厚度，有利于断屑。锯切各类铝合金时，要合理选取切屑厚度，选取每齿进刀量以达到断屑要求。

(2) 减小切屑卷曲半径，锯齿卷屑槽半径的大小，可明显地改变切屑卷曲半径的大小。但锯齿卷屑槽半径的大小与容屑空间密切相关。

3. 容屑槽控制

大截面的锯切属于封闭切削，容屑槽必须有足够的空间容纳全部切屑，并在刀齿离开铸锭后易于排出切屑，才能保证切屑过程顺利进行。

锯齿的容屑槽是由前刀面与卷屑槽构成的。理想的容屑槽其形状、尺寸应保证切屑流畅地流出并卷成较紧的螺圈、易于折断；同时要求锯齿有足够的强度和重磨次数。

锯齿容屑槽一般有两种结构：

(1) 直线——双圆弧形，如图 3-4-3 (a) 所示。

(2) 直线——圆弧——折线形，如图 3-4-3 (b) 所示。

其主要参数为：

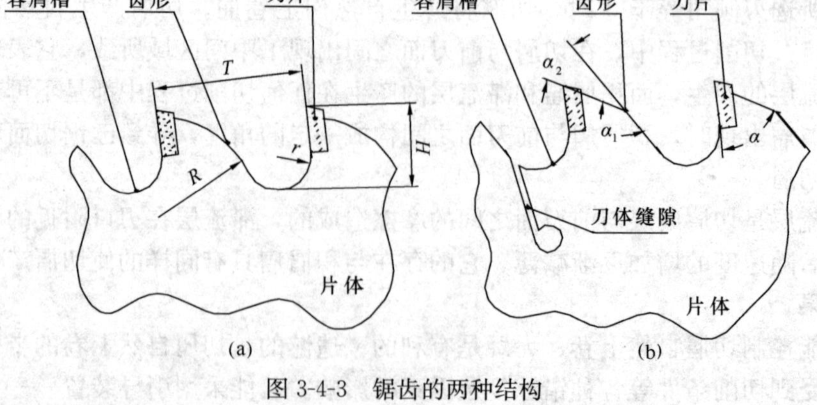

图 3-4-3　锯齿的两种结构

T——齿距（mm）；

H——槽深（mm）；

R——齿背面曲率半径（mm）；

r——卷曲槽半径（mm）；

α_1，α_2——折线齿背角（$\alpha_2>\alpha_1>\alpha$）。

容屑槽的容积 $V_{槽}$ 应远大于每齿所切下切屑的体积 $V_{屑}$，二者之比 K：

$$K=\frac{V_{槽}}{V_{屑}}$$

K 为容屑系数。

锯切黑色金属的锯片，齿数多，齿距小，容屑空间小，K 值取 $K=4\sim6$；锯切有色金属，K 值取 $K>10$。

齿距 T 是确定容屑槽的基本参数，其他参数可根据下列公式选定。

$H=(0.31\sim0.57)T$；

$R=(1.1\sim1.3)T$；

$r=(0.14\sim0.21)T$。

表 3-4-3 列举了锯切铝合金容屑槽的参数供参考。

表 3-4-3　锯切铝合金容屑槽的参数

D	Z	T	H	R	r
Φ800	44	57.12	22	74	8
Φ910	68	≈42	24	55	9
Φ1430	48	≈94	30	105	15
Φ1800	60	94.24	32	110	16

4.1.1.4　刨边加工的难点及控制

以铝合金方铸锭刨边为例，铸锭刨边的难点主要有两方面：一是铸锭的装夹，二是曲面刨边。

（1）铸锭装夹控制

一般刨边铸锭的长度均大于 2m，铸锭重量在 2t 以上，铸锭长度越长装夹调整越困难，刀具吃刀量越不一致，刨削受力越不均衡，铸锭越重，刨床平台运行负荷越大，吃刀量将减小，影响加工效率。铸锭的刨边是使用侧刀架进行刨削，铸锭装夹位置不好，刨边无法正常进行。装夹铸锭时，固定座位置一头紧固，将铸锭吊到刨床平台上预调好位置，缓慢开动平台，观察铸锭刨边面与刀之间的距离是否基本相同（一般不应大于 2mm），若不相同应进行调整，然后用夹具和螺栓、螺母将铸锭装夹紧固。

（2）铸锭曲面刨边控制

需要实现同时垂直进刀和水平进、退刀。目前龙门刨床侧面刨削还不能实现双向自动进、退刀自动控制，只能实现垂直自动进刀运动，水平方向要靠操作者操作手柄来控制。铸锭曲面刨边控制，受操作者水平高低、精力集中程度的影响，操作者直接影响刨边进刀量和刨边质量，同时还会影响设备的运行。因此，要求操作者精力集中，善于观察，保持正常的垂直和水平进、退刀量，控制好曲面刨边。

4.1.1.5 铣面加工的难点及控制

铝及铝合金铸锭铣面加工的关键在于铣刀的调整和铣后铸锭厚差的控制。

(1) 铣刀刀片的调整

一般每班接班在了解上班的生产情况后，立即检查铣刀刀片的情况。更换钝刀、缺刀，对出现松动的刀片进行紧固。并用百分表检查刀片高度差是否达到要求。同种刀片间高度差≤0.05mm，粗刀与精刀间的高度差≤0.20mm。

(2) 铣后铸锭厚差的控制

所有铸锭铣面后，在横向和纵向上均存在厚度差。控制铸锭厚差是铣面过程的关键点。控制厚差超标方法：一是加强铸锭靠紧靠背垫松紧程度的检查，若某一个靠背垫与铸锭的贴实程度有明显差异，用压紧缸再次调整贴实程度；二是更换不合格的靠背垫。

4.1.1.6 车皮的难点及控制

以铝合金圆铸锭车皮为例，车皮加工是粗加工其外表面，为提高生产效率，一般每次径向进刀量较大，通常达到4～7mm，使车削负荷大。负荷越大，对刀具要求就越高，尤其对一些切削加工性能较差的合金，如4032、4A11等高Si合金，车皮比较困难。

解决铸锭车皮难点，应采取的主要措施是：

一是选择适当的刀具。对4032、4A11等高Si合金，因其硬度大，塑性较好，车削时需要较大的负荷，同时又容易出现粘刀现象，导致车削困难，所以应选择适合该类合金的车刀，可选择硬质合金刀或者高性能高速钢（锋钢）车刀，如用一般高速钢车刀，车刀磨损很快。

二是选择合适的进给速度，即轴向进刀量。一般应选择较小的进给速度，使单位时间内轴向切削量减少，提高车削力。

三是减少径向进刀量。采取两刀或三刀车削办法对圆铸锭进行车削，但该办法将严重影响生产效率。

4.1.1.7 镗孔的难点及控制

镗削加工只是镗削空心圆铸锭内表面，同车皮加工一样，也属于粗加工方式。为提高生产效率，镗削加工一般每次径向进刀量可达4～7mm，镗削负荷大，对刀具要求比较高，尤其切削加工性能较差的材料，如4032、AHS等合金材料，镗孔难度更大。又如高Mg合金空心圆铸锭，由于它的韧性和塑性好，镗削加工时容易粘刀，造成切削阻力大，切削困难，且镗削表面质量差。

解决空心圆铸锭镗孔难点的主要措施同圆铸锭车皮作业，除此之外，还可以通过采用浓度较高的乳液，提高冷却和润滑作用，也有利于镗孔加工。

4.1.2　铜及铜合金切削加工难点及控制

4.1.2.1　各类铜合金切削加工特点

(1) 紫铜

高导电用普通纯铜是铜的质量分数不低于 99.7%、杂质量极少的含氧铜，工业最常用的牌号是 T1、T2、T3。纯铜的切削加工性为易切削黄铜 C36000（HPb63-3）的 20%。

磷脱氧铜是以元素磷精炼并残留微量磷的铜。磷脱氧铜的切削加工性为易切削黄铜 HPb63-3 的 20%。1#、2#无氧铜 TU1、TU2 是含氧量极少的铜，具有高纯度、导电、导热性高的特点，无“氢病”或极少“氢病”。无氧铜的切削加工性为易切削黄铜 HPb63-3 的 20%。

材料的状态和成分对紫铜的切削加工性有显著的影响。退火状态和冷变形状态下，力学性能不同，其切削加工性也不一样。紫铜在切削加工中往往出现不易断屑、切屑易粘附在刀刃上等现象，并在切削温度影响下，使加工件易产生变形，加工表面出现“水纹”状波纹，影响切削的顺利进行和刀具的使用寿命。因此，紫铜切削加工时，刀具应锋利，具有良好的排屑性能。

(2) 黄铜

黄铜由铜和锌元素组成，工业中一般所采用的黄铜中锌的质量分数不超过 45%。黄铜具有良好的切削性能，普通黄铜的切削性能随 Zn 含量的增加而提高。添加铅的黄铜，切削加工性有很大提高，切削速度 v 可达到 400m/min 左右。

铅黄铜，铅几乎不固溶于 Cu-Zn 合金中，而存在于固溶体的晶界处。经过压力加工，铅以游离的质点分布在固溶体内，由于游离的铅质点具有润滑和减磨的特性，故铅黄铜都具有极高的切削性能，切屑易碎，坯料表面光洁。但铅含量超过 3%以后，不能进一步改善合金的切削性能，反而由于铅质点性软、熔点低，会大大降低合金的综合性能。铅黄铜在切削加工中，铅蒸气和粉尘对环境和人身的危害越来越引起人们的重视。无铅易切削黄铜已经投入商业应用。通常以 HPb62-3 或 HPb63-3 切削加工性为 100%，作为其他铜合金切削加工性的参照物。

锡黄铜，HSn62-1 切削性优良。

铁黄铜，铁在黄铜中的固溶度极低，超过其溶解度的铁以富铁相（γ-Fe）粒子存在。黄铜中铁和硅会形成高硬度（HV950）的硅化铁粒子，恶化切削性能。黄铜中铁含量一般不超过 1.5%。我国最常用的铁黄铜是 HFe59-1-1，可承受冷加工和切削加工，切削性为 25%。

铝黄铜，工业上变形铝黄铜的铝含量一般不超过 4%，大部分铝黄铜切削加工性能较好。

锰黄铜，锰基本上不改变黄铜的组织，但可以通过固溶强化使黄铜的强度和硬度提高，HMn57-3-1 合金切削性尚可，HMn62-3-3-0.7 合金易切削加工。

硅黄铜，黄铜的硅含量通常在 4%以内，常用的牌号为 HSi80-3。硅黄铜中少量的铅有利于提高材料的切削性能和减磨性能，但铅含量不宜超过 0.01%。HSi80-3 切削性为 15%。

镍黄铜，典型的镍黄铜是 HNi65-5，有很高的力学性能、耐蚀性和工艺性能，能极好地在冷、热状态下进行压力加工。HNi65-5 切削性为 30%（与 HPb63-3 比）。

(3) 青铜

青铜的种类很多，在退火状态下，切削加工性较差。若加入铅，青铜的切削加工性可提高几倍。

锡青铜，具有较高强度，良好的抗滑动摩擦性，优良的切削加工性能和焊接性能。QSn4-4-2.5 宜进行高速和自动切削加工，合金的切削加工性为易切削黄铜 HPb63-3 的 80%。QSn4-4-4 合金的切削加工性为易切削黄铜 HPb63-3 的 90%。锡磷青铜，加工锡磷青铜的磷含量一般不超过 0.45%。锡磷青铜的切削加工性为易切削黄铜 HPb63-3 的 20%。

铝青铜，QA19-2 合金切削加工性为易切削黄铜 HPb63-3 的 20%，QA19-4 合金切削加工性为易切削黄铜 HPb63-3 的 30%，QA1 10-3-1.5 合金热切削加工性为易切削黄铜 HPb63-3 的 30%，QA110-4-4 合金切削加工性为易切削黄铜 HPb63-3 的 20%～30%，QA1 11-6-6 合金切削加工性尚可。

铍青铜，切削加工性为易切削黄铜 HPb63-3 的 20%，预时效或时效后能改善其切削加工性能。

铬青铜，是含 0.4%～1.1%Cr 的高铜合金，切削加工性为易切削黄铜 HPb63-3 的 20%，切削时使用含 20%铅油的矿物油作冷却润滑剂。

锆青铜，是含 0.15%～0.30%Zr 的高铜合金，锻造或挤压后的切削加工性为易切削黄铜 HPb63-3 的 20%，时效后易切削黄铜 HPb63-3 的 30%。

铁青铜，QFe1.0（C19200）机加工性能为 C36000（HPb63-3）的 20%，QFe0.1（C19210）可机加工性为易切削黄铜 C36000（HPb63-3）的 20%，QFe2.5（C19400）可机加工性为易切削黄铜 C36000（HPb63-3）的 20%。

镉青铜，是含 0.8%～1.3%Cd 的高铜合金，切削加工性为易切削黄铜 C36000（HPb63-3）的 20%。

硅青铜，是含 Si、Mn、Ni 等合金元素的铜合金，Si 含量一般不超过 7.10%。主要代表是 QSi3-1，合金的切削加工性为易切削黄铜 HPb63-3 的 30%。

(4) 白铜

以镍为主要合金元素的铜合金。铜与镍能无限互溶形成连续固溶体（面心立方晶格）。以铜-镍合金为基础加入第三元素如锌、锰、铝等的白铜，相应地称为锌白铜、锰白铜、铝白铜等。这类材料具有优良的耐蚀性和中等以上强度，弹性好，易于热、冷压力加工，易于焊接但切削加工性差，加入少量的铅（<2%）及微量硒和碲，可改善切削加工性。

4.1.2.2　纯铜高精度加工方法

纯铜工件要达到较高尺寸精度和较细表面精糙度，一般不采用磨削加工，只能采用精车的方法才能达到。切削纯铜时刀具要求锋利、排屑好，所以应取较大的前角 γ_0，并磨有浅而宽的大圆弧卷屑槽。粗加工时，前刀面磨成平直面，以减少切屑变形，后角 α_0 和副偏角 κ_γ' 也应取较大的值，以便切削时加大背吃刀量。

如果纯铜中含有硫、硒、碲等易切削元素，则可提高切削加工性。

车削退火状态下的纯铜，刀具材料选用用高速钢，刀具几何角度为前角 $\gamma_0=25°\sim35°$、$\alpha_0=12°\sim20°$、$\kappa_\gamma=45°\sim90°$、$\kappa_\gamma'=15°\sim40°$、$\lambda_s=4°\sim-10°$。前面磨成平直型，切削刃锋利，使切屑变形减小，改善排屑条件，而且不易粘刀。

车削时加切削液，但切削速度不宜过大，防止切屑缠绕在工件上发生事故。

通过加工硬化成为“硬铜”时，纯铜的硬度可达到 100HBS 以上，由于韧性和塑性下降，切削加工性得以改善。

4.2　质量控制

详见第 2 篇第 4 章 4.2 质量控制。

4.3　设备管理

4.3.1　常用机加工设备主要技术参数

表 3-4-4～表 3-4-11 给出了常用机加工设备主要技术参数。

表 3-4-4　Φ1800mm 龙门锯床主要技术参数

序号	项　目	技术数据及说明
1	锯片	规格：Φ1800×Φ250×Φ14.5，最大线速度：3200m/min
2	锯片进给	进锯速度：200～1000mm/min，退锯速度：700～1000mm/min
3	定尺机	行程：2500mm
4	液压泵站	夹紧缸 2 个，校正缸 3 个，料头倾翻缸 1 个
5	锯切材料、规格	材料：铸造铝合金 1000～7000 系扁锭 强度：8～37kg/mm^2 温度：冷态－300℃ 尺寸规格(mm)：最大 5500×2000×500，最小 2500×950×300 铸锭弯曲：最大 15mm/5500mm
6	锯切规格和精度	锯切行程：3740～4000mm　平直度：±0.1mm/3740mm 纵向公差：±2mm/5m　对角公差：±0.1mm/500mm
7	锯切能力	铝合金：最大 7000cm^2/min　一般 4000～4500cm^2/min 纯　铝：最大 4500cm^2/min　一般 2500～3000cm^2/min

表 3-4-5　圆锭锯床的主要技术参数

序号	项目及规格	CS2-001 型圆锯床	CS2-002 型圆锯床	CS2-003 型圆锯床
1	圆锯片直径(mm)	2080	2000	1430
2	圆锯片厚度(mm)	14.5	14.5	10.5
3	被锯切圆锭直径(mm)	(400～800)±10	(300～700)±10	(80～420)±10
4	被锯切圆锭长度(mm)	(600～1800)±10	(600～1200)±10	400～3000
5	被锯切圆锭的最大重量(kN)	100	100	26
6	最大切割行程(mm)	910	910	560
7	圆锯片进给量(mm/min)	50～850	50～1800	50～2000
8	快速前进速度(m/min)	1800	1800	2000
9	空车返回速度(m/min)	2700	2700	27000
10	试片厚度(mm)	20～35	20～35	20～30
11	夹紧钳口最大开口量(mm)	850	750	550
12	夹紧钳口最小开口量(mm)	390	270	75
13	液压系统工作压力(MPa)	2.5	2.5	2.0
14	进出料辊道时速(m/s)	0.3	0.3	0.3

表 3-4-6　OPERATION 型带锯的主要技术参数

序号	项　目	单　位	参　数
1	锯切能力	块/h	6
2	锯切前铸锭长度	mm	≤7500
3	切割速度	m/min	600～3000
4	锯带尺寸（长×宽×厚）	mm	15506×41.5×1.3
5	锯带额定使用寿命	m^2	1000
6	锯头最大行程	mm	2200
7	切割铸锭最大宽度	mm	2000
8	切割铸锭最大高度	mm	850
9	锯切定尺精度	mm	±2
10	锯切料头长度	mm	100～700
11	锯切料尾长度	mm	20～300
12	液压站工作压力	MPa	10
13	压缩空气工作压力	MPa	0.65～0.7
14	润滑喷射装置的消耗	g/min	5～20

表 3-4-7　MSN-1450 圆锭带锯主要技术参数

序号	项　目	单　位	参　数
1	锯切能力	块/h	6
2	锯切前铸锭长度	mm	≤6500
3	切割速度	m/min	600～2800
4	锯带尺寸(长×宽×厚)	mm	13525×41.5×1.3
5	锯带额定使用寿命	m^2	800
6	锯头最大行程	mm	1400
7	锯切定尺精度	mm	±2
8	锯切料尾长度	mm	350
9	吸屑装置电机功率	kW	11
10	液压站工作压力	MPa	夹紧7；压杆2.85
11	压缩空气工作压力	MPa	0.6
12	润滑喷射装置的消耗	g/min	5～20
13	进锯速度	mm/min	60～3000

表 3-4-8　B2020A/1 龙门刨床主要技术参数

序号	项　目	单　位	参　数
1	可加工件最大尺寸	mm	6000×2000×1600
2	可加工工件最大重量	kg	20000
3	工作台切削速度	m/s	高速档7～70，低速档3.5～35
4	工作台返回速度	m/s	高速档7～70，低速档3.5～35
5	工作台行程	mm	最小530，最大6150
6	工作台T形槽个数	个	7
7	工作台T形槽宽	mm	28
8	垂直刀架进刀量	mm	水平：Ⅰ.0.2～3.25，Ⅱ.3.5～20
			垂直：Ⅰ.0.2～3.25，Ⅱ.3.5～20
9	侧刀架垂直进刀量	mm	Ⅰ.0.2～1，Ⅱ.2～11.6

表 3-4-9　平面铣床的主要技术参数

序号	项　目	单　位	参　数
1	铣削铸锭尺寸	mm	(2500～5000)×(1000～2060)×(340～480)
2	最大铣削铸锭重量	t	11.9
3	最大铣削面积	mm^2	5000×2060
4	最大铣削深度	mm	8
5	铣刀盘直径	mm	2200

续表

序号	项　目	单 位	参　数
6	铣刀数	把	精刀2把，粗刀20把
7	主轴转数	r/min	230
8	主轴电动机		N=155W，n=585r/min
9	夹紧铸锭用液压缸的工作压力	MPa	夹紧时2MPa，松开时0.5MPa
10	工作台的最大行程	mm	7900
11	铝屑破碎机破碎能力	kN/h	40
12	吸屑风机风量	m^3/h	25000
13	铝屑破碎机、风机电机功率	kW	各90
14	铝屑破碎机，风机电机转速	r/min	1500
15	装料机翻锭机液压系统公称压力	MPa	6.4
16	装料机翻锭机液压系统工作压力	MPa	5.0
17	液压站		油泵：YYB～AC129/36B-JF，油箱：$1.6m^3$ 液压油牌号：N32通用液压油
18	工作台液压站主要参数	MPa	工作压力：高压泵2.5MPa 低压泵0.5～1MPa

表3-4-10　圆锭车床的主要参数

序号	项目及规格	H9-003型车床	H9-001型车床	H9-002型车床
1	加工直径（mm）	400～800	300～680	80～420
2	加工长度（mm）	900～1800	600～1200	900～1500
3	主轴转速（r/min）	480	450	800
4	进给级数（级）	8	8	8
5	进给量范围（mm/r）	0.36～1.80	0.4～1.96	0.3～1.5
6	刀架最大行程（mm）	1900	1300	1000
7	尾架套筒最大移动量（mm）	950	650	500
8	尾架顶针最大移动量（mm）	140	140	120
9	离地面中心高（mm）	1380	1330	1070

表3-4-11　圆锭镗床的主要参数

序号	项目及规格	H9-004型镗床	H9-005型镗床	H0-004型镗床
1	镗孔直径(mm)	210～510	150～300	70～150
2	铸锭的外径(mm)	490～800	350～550	170～370
3	加工长度(mm)	600～1400	400～1100	300～800
4	主轴转速级数(级)	3	2	3
5	主轴转速(r/min)	220、320、500	400、800	615、820、1230

续表

序号	项目及规格	H9-004 型镗床	H9-005 型镗床	H0-004 型镗床
6	进给量级数(级)	5	5	5
7	进给量	0.11～1.8mm/r；58～364mm/min	0.11～1.38mm/r；87～548mm/min	147、215、325、502、813（mm/min）
8	主轴箱快速(mm/min)	2060	2400	3050
9	主轴箱最大行程(mm)	1580	1350	1300
10	镗杆直径(mm)	240、160	60、110	50、60、70、80、105

生产中切忌超参数范围使用设备，否则，会降低设备寿命，增加非正常故障，不能有效发挥设备的最大效率。生产工应熟悉设备的主要参数，如加工铸锭的尺寸范围、定尺范围、设备的进给速度要求等，对于不同的合金铸锭，还应根据设备状况选择合适的进给量、行程、钳口开度等，确保设备在安全状况下高效使用。操作过程中，还要注意加工参数变化对设备、刀具的影响，以便及时调整。加工作业结束后，应认真做好设备卫生和润滑保养，发现设备异常或设备参数达不到要求，及时同维护人员沟通，指出出现异常的现象或与设备技术参数的差距，便于维护人员准确查找原因，及时修复，恢复设备性能。

4.3.2　设备大、中、小修

按照“预防为主”的原则，为防止设备过早磨损和突然损坏，根据设备的磨损规律，有计划地对设备进行维护、检查和修理，以保证设备经常处于良好技术状态的设备维修制度称为计划预防修理制度。计划预防修理制度主要包括：日常维护、定期检查和计划修理。计划修理是计划预防修理制度的重要内容，它为各种类型设备规定了修理周期、修理内容、修理劳动量、修理停歇时间和修理费用等内容。

设备的计划预防修理，按修理的程度和工作量大小分为三种修理类别：

（1）大修理。对设备进行全面的修理，要求把设备全部拆卸分解，更换或修复主要机构、基准零件和其他所有已经磨损、磨蚀、老化而丧失工作性能的零部件，校正和调整整个设备，对设备外表进行除锈喷漆，修整设备基础等，使设备的功能得到全面恢复，达到出厂标准或满足生产要求的标准。大修理一般应包括中修理的全部内容。

（2）中修理。工作量介于小修理与大修理之间的一种修理。它要更换或修复一部分主要零部件和较多的磨损件，检查和调整整个机械、电气系统，消除各种扩大了的间隙，紧固所有机件，校正设备的基准等，以保证设备能恢复和达到应有的标准和技术要求。中修理一般应包括小修理的全部内容。

（3）小修理。对设备进行局部的修理，通常只是更换或修复少量的磨损零件，清洗润滑系统和旋转磨损部位，并更换润滑油，检查和调整部分机构，紧固各部连接零件等，以保证设备能正常使用到下一次计划修理。

4.3.2.1 Φ1800mm 龙门锯床检修与验收

（1）检修周期

参照表 3-4-12 执行。

表 3-4-12 Φ1800mm 龙门锯床检修周期及结构

检修周期结构	小 修	中 修	大 修
$D_0—X_1—X_2—Z_1—X_3—X_4—Z_2—X_5—X_6—D_1$	9个月	3年	9年

注：X—小修；Z—中修；D—大修。

检修周期和间隔期均为连续每天两班生产计算。

（2）检修内容

包括：主体部分、辊道、液压系统、定尺机等。

（3）检修质量标准

1）横梁与锯片减速机的间隙应在 0.3～0.5mm。

2）铜滑板接触点要均匀，每平方英寸不小于 8 点。

3）主轴的轴承径向间隙应小于 0.15mm。

4）辊道的纵横不水平度不应超过 0.1/1000mm，相邻两辊面的标高相对偏差不得大于 0.5mm。

5）蜗轮研刮后的接触面不小于 50%。

6）通用件的检修质量标准应符合有关规定。

（4）试车与验收

1）检查液压系统是否压力稳定，是否漏油。

2）各系统先点动，然后开动 1h，检查轴承的温升是否小于 60℃。

3）带负荷锯切 2h，检查各项性能是否达到设计要求。

4.3.2.2 CS2-003 型圆铸锭锯床检修与验收

（1）检修周期

参照表 3-4-13 执行。

表 3-4-13 检修周期和结构

检修周期结构	小修周期	中修周期	项目维修周期
$D_0—X_1—X_2—Z_1—X_3—X_4—Z_2—X_5—X_6—D_1$	8个月	2年	6年

注：D—大修；Z—中修；X—小修。

（2）检修质量标准

1）液压系统压力稳定，不得漏油。

2）斜铁的间隙为 0.1mm 左右。

3）铜瓦的接触点要均匀，每平方英寸不小于 12 点，间隙为 0.08～0.12mm。

4）两导轨上平面水平度公差为 0.04mm，两导轨斜铁啮合面平行度公差为 0.03mm。接触点每平方英寸为 16 点，侧面为 8 点。

5）机座的不平度小于 0.1mm。

6）电气元件完整无损、动作可靠。

7）线路绝缘良好、无损伤。

8）接地可靠。

9）电机运转正常。

（3）试车和验收

1）先检查油泵是否上压，各电磁阀是否动作准确可靠。

2）锯片减速机运转 2h，检查各润滑点是否有油。轴承的温升不得超过 50℃。

3）进刀系统，垂直夹紧系统联动十次，看连锁部分是否可靠。

4）带负荷试车 2h，各项性能均要达到设计要求。

4.3.2.3　B2020A/1 龙门刨床检修与验收

（1）检修周期

参照表 3-4-14 执行。

表 3-4-14　检修周期和结构

检修周期结构	小修	中修	大修
$D_0—X_1—X_2—Z_1—X_3—X_4—Z_2—X_5—X_6—D_1$	9 个月	3 年	9 年

注：X—小修；Z—中修；D—大修。

检修周期和间隔期均为连续二班生产计算。

（2）检修质量标准

1）横梁与导轨的间隙应在 0.2～0.4mm。

2）导轨直线度每 2m 不大于 0.05mm。

3）刀架与导轨间隙应小于 0.2mm。

4）传动轴、减速箱轴轴承间隙调整不大于 0.15mm。

5）多头蜗杆与齿条间隙在 0.2～0.4mm。

6）通用件的检修质量标准应符合有关规定。

（3）试车与验收

1）检查液压润滑系统是否压力稳定，润滑油充足。

2）各系统先点动，然后开动 1h，检查各机构运行状况。

3）带负荷刨削 8h，检查各项性能是否达到设计要求。

4.3.2.4　平面铣床检修与验收

1. 检修周期

参照表 3-4-15 执行。

表 3-4-15　检修周期和结构

检修周期结构	小　修	中　修	大　修
$D_0—X_1—X_2—Z_1—X_3—X_4—Z_2—X_5—X_6—D_1$	4～6 个月	12～18 个月	3～6 年

注：X—小修；Z—中修；D—大修。

检修周期和间隔期均为三班制连续生产计算。

2. 检修质量标准

(1) 床身、工作台、夹具、铣头

1) 检修工作台的不水平度时，应将工作台移至行程的中间位置，在工作台面中央沿纵、横向放水平仪测量。水平仪读数均不应超过 0.04/1000。

2) 检验床身导轨在垂直平面内的不直度和床身导轨的不平行度时，应符合下列要求：

①在导轨上按纵、横向放专用检具（圆棒、平尺）、水平仪，移动检具，在导轨全长上每隔 500mm（且不应大于专用检具的长度）测量一次。

②不直度以纵向水平仪读数画运动曲线进行计算，每米不直度不应超过 0.02mm，全长不直度不应超过 0.05mm。

③ "V"、"平" 导轨轨面平行度，在全长上不平行度不应超过 0.04/1000。

3) 在工作台与床身摩擦副中，滑板与工作台必须贴实，滑动面每 25mm×25mm 的面积上接触点不得少于 4 点。

4) 检验铣头水平主轴轴心线对工作台面的不平行度时，置千分表座于铣头，测工作台侧面跳动，全长不得大于 0.04mm，置千分表座于夹具立柱上，测铣头轴端面跳动不得大于 0.05mm。

5) 主轴套筒、托瓦之间接触面每 25mm×25mm 上的接触点不得少于 3 点。在涂抹研磨膏进行托瓦接触面刮研时，为防止套筒在轴瓦中转动，必须安装机械定位装置，套筒作轴向滑动。

6) 对 7184 轴承的安装，严格按大型锥形圆柱轴承安装程序进行，保证轴向窜动量在 0.35mm×0.45mm 之内，轴承的背紧螺母必须保证背紧，并防止松动。

(2) 上料、翻锭装置

1) 辊道的纵向中心线应全部按机组上锭中心线调整，其偏差不得大于 5mm。

2) 辊道的轴（横）向中心线（辊子轴线）应与上锭中心线相垂直，其不垂直度允许偏差不得大于 0.1mm/m。

3) 辊道的纵横向不水平度不得大于 0.1/l000。

4) 相邻两辊面的标高相对偏差不得大于 0.25mm，并只允许是局部的。

5) 辊面标高对其设计尺寸的偏差不得大于 2mm。

6) 其他传动设备的检修质量标准应参照相类似设备执行。

(3) 铝屑抽吸、破碎运输装置

1）破碎机甩刀片刃口必须锐利，圆角“R”不得大于0.5mm。

2）破碎机筛网必须完好，变形不得大于10mm。

3）风机、破碎机主轴挠曲不得大于0.03mm。

4）风道内壁必须光滑，不得有2mm以上的金属凸缘，不得有1mm以上的缝隙，以免铝屑刮挂造成阻塞。

（4）干油润滑设备

1）所有连接螺丝紧固，管卡子不松动。

2）滤器洗净吹干。

3）柱塞泵、风动干油站给油能力正常，压力操纵阀调整的压力适当，换向准确。给油器给油量适当，柱塞换向准确。

4）蜗轮减速机啮合正常，符合通用标准。

5）柱塞泵的柱塞和压力操纵阀、换向阀的阀芯与其孔的配合间隙不超过0.015～0.025mm。

6）以1.25～1.5倍工作压力进行试压，整个系统不漏油。

（5）稀油润滑设备

1）以1.25～1.5倍工作压力进行试压，整个系统不漏油、不渗油。

2）过滤器洗净吹（凉）干，不渗油。

3）油泵、安全阀等工作正常且系统稳定，无异常声音。

4）冷却器、加热器进行高压试验，不允许有渗漏现象。

5）油质符合质量指标要求。

6）所有连接螺丝紧固，管卡子无松动。

3. 铣床试车与验收

（1）设备开动前启动自动稀油循环润滑系统，向各润滑点供油不得少于20min，在此时间应对油压、油量进行检查调整。油压力继电器等安全连锁装置的动作应灵敏可靠。

（2）干油润滑系统油泵的工作压力，应使离干油站最远的润滑点能注入润滑脂，并使终端压力控制阀动作，终端压力控制阀的压力应调到能顶动电器行程开关。上述两工作压力在达到要求的情况下，应尽量调小。

（3）检查灌注式和半灌注式稀油润滑齿轮箱的油量、油位和各自稀油循环润滑点的油量是否充足，各干油点是否注足干油。

（4）启动液压油泵，调整液压系统压力，调压、调速、换向等各种元件灵活可靠，执行机构的推力、行程和速度应符合设计要求。

（5）液压系统在启动、换向、变速、停止时，运动应平稳，不得有爬行、跳动和冲击现象。

（6）负荷试车时，油温一般不应超过60℃。

（7）气动系统的阀门和机构的动作，应正确、灵活、可靠。

(8) 各台设备必须从低速至高速单独进行调整试运转。在可能的情况下，还应分解进行，使之达到规定的性能。

(9) 各轴承部位不得有不正常的噪声，滑动轴承的温度一般不应超过 60℃，滚动轴承的温度一般不应超过 70℃。

(10) 各台设备调试合格后，再进行总体联动试运转。

(11) 设备大修后，联动试运转不应少于 8h。

(12) 试运转中应随时停车检查各部连接、紧固等情况，并予调整。

(13) 各设备启动、制动、操纵、连锁、限位等装置的作用应平稳、灵敏、正确、可靠。

(14) 设备运转应无异常噪声、振动、发热等不良现象。

(15) 调整床面润滑油压，使其润滑充分、均匀，换向和慢速移动工作台时不发生抖动和爬行。

(16) 刀具齐全、完好，粗加工刀尖高度基本调整一致，允许误差＜0.05mm，高于吸滑罩前平面 12mm，精加工刀刃高于粗加工刀尖 0.06～0.12mm。

(17) 负荷试车前，据铸锭厚度调整铸锭靠背垫相对立柱大平面的高度，其高度要求基本一致，误差在 0.25mm 内。

4. 负荷试车与验收

1) 负荷试车应经 24h 的连续进行，在可能的条件下，应对设备性能进行全面考验。

2) 整理检修和试运转中的各项记录，并存入技术档案。

4.3.2.5　H9-001 型、H9-003 型铝锭车床检修与验收

(1) 检修周期

参照表 3-4-16 执行。

表 3-4-16　检修周期和结构

检修周期结构	大中小修次数	小修周期	中修周期	项目维修周期
$D_0—X_1—X_2—Z_1—X_3—X_4—Z_2—X_5—X_6—D_1$	1～2～6	8 个月	2 年	6 年

注：D—大修；Z—中修；X—小修。

(2) 检修质量标准

1) 安全阀的动作准确无误，在低于 0.4MPa 风压时主电机要自动断电。

2) 托料架的安全离合器要调得适中，不可过紧。

3) 尾缸的调整应小于 500N·m 的力矩。

4) 主轴的右侧轴承的径向间隙应小于 0.1mm，尾座套筒内的左侧轴承的径向间隙应小于 0.1mm。

5) 铸锭夹紧后的不同心度应小于 1mm，不水平度要小于 1mm。

6）电气元件完整无损、动作可靠。

7）线路绝缘良好、无损伤。

8）接地可靠。

9）电机运转正常。

（3）试车和验收

1）检查各润滑点油量是否适中。

2）试验风压低于 0.4MPa 时安全阀是否能将主电机断电。

3）点动各个开关，看动作是否正确，然后空负荷运行 0.5h，检查各个机构的温升是否小于 50℃。

4）带负荷试车 2h，要求各项性能均达到设计要求。

4.3.2.6　H9-004 型铝锭镗床检修与验收

（1）检修周期

参照表 3-4-17 执行。

表 3-4-17　检修周期和结构

检修周期结构	大中小修次数	小修周期	中修周期	项目维修周期
$D_0—X_1—X_2—Z_1—X_3—X_4—Z_2—X_5—X_6—D_1$	1～2～6	8 个月	2 年	6 年

注：D—大修；Z—中修；X—小修。

（2）检修质量标准

1）导向套、支承套与主轴的同心度应小于 0.08mm，铜套与镗杆的间隙应小于 0.08mm。

2）主轴前段的轴承径向间隙应小于 0.1mm。

3）导轨的接触点应每平方英寸 8 点以上。

4）主轴的轴向窜动小于 0.15mm。

5）棱形体夹紧铸锭后与主轴的同心度偏差应小于 0.35mm。

6）通用件的检修标准按规定执行。

7）电气元件完整无损、动作可靠。

8）线路绝缘良好、无损伤。

9）接地可靠。

10）电机运转正常。

（3）试车和验收

1）检查各润滑点油量是否适中。

2）检查风路系统是否动作准确可靠。

3）主轴转动 0.5h，检查轴承温度是否超过 50℃。

4）负荷试车 2h，要求各项性能均达到设计要求。

4.3.2.7 OPERATION 型方铸锭带锯床检修与验收

(1) 检修周期

参照表 3-4-18 执行。

表 3-4-18 检修周期和结构

检修周期结构	大中小修次数	小修周期	中修周期	大修周期
D_0—X_1—X_2—Z_1—X_3—X_4—Z_2—X_5—X_6—D_1	1～2～6	8个月	2年	6年

注：D—大修；Z—中修；X—小修。

(2) 检修质量标准

1) 辊道的纵横不水平度不应超过 0.1/1000mm，相邻两辊面的标高相对偏差不得大于 0.5mm。

2) 蜗轮研刮后的接触面不小于 50%。

3) 通用件的检修质量标准应符合有关规定。

4) 电气元件完整无损、动作可靠。

5) 线路绝缘良好、无损伤。

6) 接地可靠。

7) 电机运转正常。

(3) 试车和验收

1) 检查气动系统、液压系统是否压力稳定，是否漏油。

2) 各系统先点动，然后开动 1h，检查轴承的温升是否小于 60℃。

3) 带负荷锯切 2h，检查各项性能是否达到设计要求。

4.4 生产管理

见第 2 篇第 4 章 4.4 生产管理。

4.5 技术总结与工艺改进

见第 2 篇第 4 章 4.5 技术总结与工艺改进。

4.5.2 机加工工艺的改进和设备选择

4.5.2.1 机加工切削参数的选择

切削时，应根据加工精度、使用刀具以及铝合金本身机械性能，合理选择切削速度、进刀量、切削深度、切削液，同时还要正确磨削刀具的几何角度，适应切削加工不同合金需要。

(1) 刀具几何参数的选择

铝合金的强度和硬度比钢低，宜选取更大前角（γ_0）。粗车时取 γ_0＝200～250，精

车时取 γ_0=250～300，切削刃要求磨得锋利，刀具表面粗糙度值要小。由于铝合金的弹性模量较小（约为 70GPa），只有 45 钢的 1/3 左右，由工件弹性恢复产生的后面摩擦更为严重。所以应选取较大的后角（α_0），粗车时取 α_0=80～100，精车时取 α_0=100～120，刃倾角（λ_s）一般取 λ_s=0～100，粗加工取小值，精加工时取大值。

加工黄铜，刀具前角 γ_0=15°～25°，前刀面磨成圆弧形，后角 α_0=8°～10°。加工青铜，刀具前角 γ_0=5°～15°，精车时 γ_0=0°～7°，后角 α_0=6°～8°。加工黄铜和青铜时的切削速度 v=100～270m/min。

（2）刀具切削表面粗糙度的选择

刀具切削表面条件对于控制刀具磨损起重要作用。切削加工时，硬度较低的铝合金，往往会焊在刀具表面上，并形成积屑瘤。这种积屑瘤将构成一个新的切削表面，从而产生不稳定的切屑和较差的表面粗糙度，并引起刀具过热和过早失效。

（3）切削进给量

切削进给量要足够大，以保证刀具切削而不是与工件摩擦。由于铝合金的硬度较低，且导热性较好，宜进行较高速度切削。与车削 45 钢相比，车削硬铝的切削速度可提高 3 倍左右。工件、刀具和夹具必须安装牢固，刀具应尽可能与工件接触于中心线。

（4）冷却润滑

冷却润滑对刀具寿命的影响很大。切削液所起的作用是：润滑刀具使切屑移动流畅，使工件得到冷却，使断裂的切屑从工件上冲走。因此应使用优质的切削液，并将切削液用在工件的关键部位。用硬质合金车刀或尺寸规格较大、材质较好的高速钢车刀进行铝合金粗加工时，可以不使用切削液。

表 3-4-19～表 3-4-21 为铝合金典型切削参数。

表 3-4-19　典型的圆锯锯切参数

刀具材料	切削性类别	切削速度(m/min)		进刀量(mm/齿)		主间隙角 α_0(°)	顶角 γ_0(°)	冷却剂
		齿距中等	齿距大	齿距中等	齿距大			
高速钢	Ⅰ	800～2000	400～600	≤0.02	≤0.03	8	25	乳液、切削油等
硬质合金			≤2500		≤0.03	9～7	10	
高速钢	Ⅱ	300～1500	200～1000	≤0.002	≤0.03	8	25	
硬质合金			≤1500		≤0.03	9～7	8	

表 3-4-20　典型的车削参数

操作	刀具材料	切削性类别	切削速度(m/min)	副后角 α_0(°)	纵向前角 γ_0(°)	进刀量(mm/r)	切削深度(mm)	冷却剂
粗车	高速钢	Ⅰ	200～400	9～12	30～40	≤1	3～15	无
		Ⅱ	100～250	8～10	20～30	0.2～0.5	3～15	
	硬质合金	Ⅰ	600～1200	7～10	20～30	0.3～0.6	3～15	无
		Ⅱ	200～400	7～10	10～20	0.25～0.6	3～15	
精车	高速钢	Ⅰ	400～900	8～10	40～50	0.05～0.3	0.3～2.5	乳液或切削油
		Ⅱ	200～500	7～9	30～40	0.03～0.25	0.3～2.5	
	硬质合金	Ⅰ	≤2400	8～10	20～30	≤0.15	0.3～2.5	乳液或切削油
		Ⅱ	250～700	7～9	10～20	0.05～0.1	0.3～2.5	

表 3-4-21　典型的铣削条件参数

操作	刀具材料	切削性类别	铣削速度 (m/min)	主间隙角 α_0(°)	侧倾角 γ_0(°)	进刀量 (mm/齿)	切削深度 (mm)	螺旋线角 λ_0(°)	冷却剂
粗铣	高速钢	Ⅰ	300～600	8	25	0.1～0.5	2～20	30～40	无乳液
		Ⅱ	150～400	6	20	0.1～0.5	2～20	≤30	
	硬质合金	Ⅰ	≤2500	8	20	0.1～0.6	2～20	30～40	无乳液
		Ⅱ	300～800	6	15	0.1～0.6	2～20	≤30	
精铣	高速钢	Ⅰ	≤1500	12	30	0.03～0.1	≤0.5	30～40	乳液
		Ⅱ	250～800	10	25	0.03～0.1	≤0.5	≤30	
	硬质合金	Ⅰ	≤3000	12	25	0.03～0.1	≤0.5	30～40	乳液
		Ⅱ	500～1500	10	20	0.03～0.1	≤0.5	≤30	

注：按铝合金的切削性能，可将铝合金分为两类：Ⅰ类是指工业纯铝和硬度小于 80HB 的退火状态的铝合金；Ⅱ类是指淬火时效状态的变形铝合金。

4.5.2.2　刀具的选用

金属切削加工中，刀具选择几乎是每一个工人技师必须面临的问题。刀具选择要考虑许多问题，相应地就有许多原则，如效率原则、加工精度原则、稳定性原则、经济性原则等。效率原则其实与其他原则不可分割，尤其是与经济性原则存在矛盾的统一。效率原则首先是在保证可接受的加工精度和可接受的稳定性前提下的效率。没有这个基本条件，效率就无从谈起。其次，我们也不会在所有的条件下都强调效率，追求效率有一些约束条件。一个工序的效率提高需要与其他工序的效率相适应。

在金属切削加工中，刀具本身在制造成本中所占的比例并不是很高，通常在2%～4%之间，高的会到 7%左右。但刀具对加工效率的影响却非常巨大。那就是所谓一台几十万、几百万美元的设备能否发挥应有的作用，常常取决于一把几百美元的刀具。经成本分析实例表明，减少 30%的采购价格（指刀具性能没有任何改变）或延长 50%的刀具寿命（通常需要依赖刀具制造者的技术进步）都只能降低制造成本 1%左右。因为刀具总成本只是占到制造成本的 4%，但如果提高 20%的加工参数，大约可以降低 15%的制造成本。虽然如果提高的是切削速度 20%，刀具成本会提高 50%，但因为加工周期缩短，总成本还是有大幅度的下降。

除了加工效率原则之外，刀具对加工精度的影响也是需要考虑的，尤其是在精加工等加工精度、表面质量要求比较高的应用场合。在粗加工条件下，一般都会采用效率优先原则。在这一阶段，快速去除坯料上的加工余量，快速接近坯料完工尺寸的“净尺寸”状态，是选择刀具和加工参数的第一因素。但在精加工的条件下，情况会有很大差别。精加工时应该采用精度优先原则，即首先保证加工的尺寸精度、表面粗糙度和表面质量。

4.5.2.3　机加工设备的选择

铝合金机加工的发展趋势和改进：铝合金机加工追求的是在高效率的前提下，

减少金属损耗，并确保加工质量，因此世界先进的铝加工企业都采用自动化较高的设备，如锯床采用带锯，附带锯屑的自动回收压饼机构，铣床多采用双面铣或双面带侧面铣，同样带有铣屑的自动回收压饼机构。

除了采用好的设备和加工工艺之外，提高加工效率和加工质量也需要在铸锭铸造模具上采取一些措施，如将大小面交接处由圆弧交接改为直线交接，使铣床能够一次性的去掉铸锭表面的所有粗晶层。

1. 现代锯切的特点及发展方向

传统意义上的铸锭锯切常被认为是简单的切断下料工序。随着现代铝加工工业朝着高效、高精度和经济性的方向发展，锯切已成为板、带、薄、管、棒、型加工过程中重要的组成环节，因此自动化锯切不但可以为下道工序提供精度高、质量优的坯料，而且还具有节约金属，增加加工量和提高生产效率等优点，其中带锯床就是现代锯切加工的代表，并且逐步占据主导地位。

带锯全称为精密带式锯床，因其使用封闭式条状锯带而得名。用于锯切各种规格的铝锭。虽然带锯床开发、普及的历史较短，但技术进步显著，如今锯切一块480mm×1260mm规格的方铸锭仅需2min左右，与圆盘锯相比效率提高3～5倍，同时在材料的利用率方面带锯床也具有明显优势，由于锯缝小，锯屑成粉末状便于收集，可节约金属80%以上。由此可见，带锯床具有切割速度快、尺寸精度高、材料损失小等特点，除此之外，这种锯床适应性广、动力消耗低、噪声小、操作简便、易于维护，因而获得了越来越广泛的应用。尤其是在厚材及硬合金锯切加工中具有明显优势。

2. 现代铸锭铣床的特点及铣面的发展方向

现代先进的铣床均是卧式平面铣。其铣刀不分粗刀和精刀，更利于铣刀的更换和调整。它集合大面铣和侧面铣两项功能。原有的立式平面铣只能对大面进行铣面，侧面只能通过独立的刨床或铣床进行铣面。卧式平面铣床可以同时实现大面和侧面铣面，且侧面铣面量可以通过调整侧铣铣刀的角度控制铣面量。后期建设的卧式平面铣床，均配置了铣刀润滑系统。润滑系统的配置利于在铣削过程中，降低铣刀的温度，降低铣刀与铸锭间的摩擦，起到了润滑作用，有效地提高了铣刀的使用寿命。

（1）现代铣床的形式与结构

现代铸锭铣床主要有立式单面铣、卧式单面铣和卧式双面铣三种结构形式，但无论是立式还是卧式，其结构基本相同、主要包括：主机（铣削装置、工作台等）、辅机（上料辊道、卸料辊道、翻锭机等）及配套设备（风机、吸排屑管道、破碎机、除尘装置、碎屑收集等）。

（2）现代铣床的性能与特点

1）运用现代化数控技术，快速高效准确地实施逻辑程序指令控制，自动化程度和可靠性高。主电机备有软启动，启动电流小，对电网的冲击小；有自动厚度检测装置并能根据检测结果自动对刀；工作台运行可实现无级变频调速；有故障显示和故障诊断功能。

2）整体设计合理。铣床采用大功率、高刚性的箱体结构；主轴轴承采用高精度德国FAG主轴轴承，并采用循环油润滑，具有工作精度高，使用寿命长的特点；工作台床身为高强度铸铁件，树脂砂造型，动静刚度好；工作台床身导轨采用"一腔一泵"恒流闭式静压导轨，具有承载能力大、运动精度高、摩擦系数低、吸震性能好、导轨无磨损等优点；铣削装置和气力输送排屑装置（含吸排屑管路、破碎机、除尘装置等）的整体适应性强，确保了铣屑在管路内不堵塞。

3）所有移动部件自动注油润滑，免维护；生产操作简单、方便灵活，生产效率高。

4）铣削质量好，铣后铸锭表面没有因断屑飞溅而形成的划痕和粘附物，光洁度高，铣后表面 Ra 值$\leqslant$1.6μm；铣后铸锭锭两边和两端厚差小，铣面平行度$\leqslant$0.2mm/m。

5）现场环境好，特别是弥散在空气中的铝粉和飞溅到机列周围的断屑少。

(3) 平面铣的工艺要求及侧面铣的发展

一般而言，除表面质量要求不高的普通用途的纯铝板材，其铸锭可用蚀洗代替铣面外，其他所有的铝及铝合金铸锭均需铣面。铸锭表面铣削量应根据合金特性、熔铸技术水平、产品用途等原则来确定。其中，所采用的铸造技术是决定铣面量最主要的因素，例如目前先进的电磁铸造技术、LHC（low head carbon）铸造技术等，其铸锭表面急冷区小于1mm，显然，其铸锭单面铣面量大大减少。铸锭表面铣削量的确定要同时兼顾生产效率和经济效益。一般来说，平面铣削厚度为每面铣面量常在6～15mm，而侧面铣削厚度一般为5～10mm。目前一些特大型铝加工企业已开始采用侧铣工艺，因为侧铣能有效防止轧制过程中铸锭边部氧化物或偏析物随铸锭的减薄或滚边而压入板坯边部。在不滚边情况下，中间板坯每边的边部黑皮宽度约为35～40mm，而在较大滚边量情况下，易造成锭坯边部氧化物或偏析物朝锭坯中部方向转移，使板坯边部黑皮宽度更宽，致使切边量加大。对高表面高性能要求的特薄板或铝箔用锭增加侧铣是十分必要的。它不仅能改善产品实物质量，还能减少切边量，甚至部分热轧卷可不切边，因此能明显提高成材率和增加经济效益。

国内目前大多数中小企业采用的设备是单面铣，铣削过程需进行一次翻面，生产效率低，铣削面易机械损伤；国外大型铝加工厂大多采用双面铣 或双面铣带侧面铣，生产效率高，表面质量好。根据铣面时采用的润滑冷却方式不同，可分为湿铣和干铣，湿铣采用乳液进行冷却和润滑，乳液浓度一般为2%～20%，铣削完毕需用航空洗油清擦或用蚀洗的方法除掉表面残留的污物；干铣即铣面时不加冷却润滑剂，采用油雾润滑，其优点是表面清洁无污物，铣削完毕即可装炉加热。

3. 干切削加工的发展

切削液是加工企业中重要的辅助材料，随着使用量的不断增加，给企业成本控制带来较大压力，同时切削液给操作工人带来的危害，以及造成环境污染问题越来越受到重视。经过人们大量的探索与研究，如开发新型切削液、加强切削液管理、采用切削废液处理技术以及改进冷却方法等，试图减小使用切削液所带来的不利影响，但都未能取得很满意的效果。而要从根本上消除传统切削液带来的不利因素，干切削是一种可行的方法。而干切削在铝合金加工中应用越来越广泛，因为铝合金的硬度、强度相对较低，热导率大，干切削加工较容易实现，如今铝合金铸锭的铣面、车皮、锯切等都可以实现干切削。

（1）干切削加工的特点

干切削是指在切削加工中不使用切削液的工艺方法。它从源头上消除了切削液带来的一系列环境负面效应，主要具有如下特点：1）形成的切屑洁净、无污染、易于回收和处理；2）省去了与切削液有关的供应、回收、过滤等装置的购买及保养费用，以及与切屑、切削液处理有关的费用，既简化了生产系统，又节约了生产成本；3）不污染环境，工厂无须承担切削废液污染责任，也不会发生与切削液有关的安全及质量事故。

然而在加工中若不使用切削液，会使切削状态进一步恶化，即切削温度升高，刀具与切屑以及刀具与坯料表面之间的摩擦会进一步加剧，排屑不畅，刀具寿命降低，并使加工表面质量变差。因此，要使干切削加工能顺利进行，就必须寻求技术上的解决方案，使其能弥补切削液的主要功能。

（2）干切削加工的措施

1）开发适合干切削加工的刀具材料是其成功应用的关键之一。干切削刀具材料要具有优良的抗热性能，常用的有红硬性较高和耐磨性较好的粘结硬质合金、涂层硬质合金、陶瓷、涂层 HSS、金刚石及立方氮化硼（CBN）等。近年来，还在 Al_2O_3 基体中添加 20%～30%的 SiC 晶须，形成了“晶须增韧陶瓷”。SiC 晶须的作用犹如钢筋混凝土中的钢筋，它能成为阻挡或改变裂纹发展方向的障碍物，使刀具的韧性大幅度提高，是一种很有发展前途的干切削刀具材料。

2）开发刀具涂层技术。适宜的刀具涂层不仅可以增强刀具的抗热性能，降低刀具与切屑以及刀具与坯料表面之间的摩擦系数，减少刀具磨损，而且能降低切削力和切削温度，提高刀具寿命，并能改善加工表面质量。因此，开发刀具涂层技术也是实现干切削加工的关键之一。目前，干切削刀具涂层技术的主要发展趋势：一是采用“软”涂层，就是在刀具表面涂覆一层固体润滑剂－MoS_2，这种涂层刀具表面有润滑功能，在加工时可减少切屑与刀具之间的摩擦，避免产生积屑瘤，提高刀具寿命；二是采用软、硬组合涂层，即先在刀具上涂上“硬”涂层（如 TiN），再在其上涂“软”涂层（如 MoS_2）。

3）优化刀具几何形状。在干切削加工中，刀具几何形状的优化非常重要，以减少加工中刀具与切屑间的摩擦。刀具几何形状优化应做到：第一、减少刀具与坯料表面之间的接触面积，第二、考虑刀具表面的最大润滑性，防止积屑瘤的产生。

4）采用切削液最少量技术来尽量减少切削液的使用量，也称为准干切削。主要方式有气雾外部润滑和内部冷却两种，如果使用恰当，刀具、坯料和切屑可保持干燥，这就避免了废物处理的麻烦，所以把这种技术也称为“干切削”，并且是目前应用范围最广的方法。

4.5.3 零件的测绘方法和步骤

见第 2 篇第 4 章 4.5.4 零件的测绘方法和步骤。

4.6 培训与指导

见第 2 篇第 4 章 4.6 培训与指导。

参 考 文 献

[1] 肖亚庆. 铝加工技术实用手册[M]. 北京：冶金工业出版社，2005.
[2] 王祝堂，田荣璋，顾景诚，曾苏民. 铝合金及其加工手册[M]. 湖南：中南工业大学出版社，1988.
[3] 职业技能鉴定指导编审委员会. 热处理[M]. 北京：中国劳动出版社，1996.
[4] 南京机械制造学校. 热处理炉及车间设备[M]. 北京：机械工业出版社，1979.
[5] 戚翠芬，张树海. 加热炉基础知识与操作[M]. 北京：冶金工业出版社，2005.
[6] 吴元徽. 热处理工(初级)[M]. 北京：机械工业出版社，2006.
[7] 邵红红，纪嘉明. 热处理工[M]. 北京：化学工业出版社，2004.
[8] 胡昌华. 车间管理基础[M]. 科学技术文献出版社重庆分社，1988.
[9] 郭金龙，陈凤初. 现代铸锭铣床与铣面工艺[J]. 铝合金：2002.
[10] 机械工业部. 机制工艺基础与夹具[M]. 北京：机械工业出版社，2006.
[11] 机械工业部. 机械传动[M]. 北京：机械工业出版社，2004.
[12] 机械工业部. 金属切削原理与刀具[M]. 北京：机械工业出版社，2005.
[13] 尹汝珊，冯改山，张海川. 耐火材料技术问答[M]. 北京：冶金工业出版社，2005.
[14] 吴拓. 金属切削加工及装备[M]. 北京：机械工业出版社，2006.
[15] 职业技能鉴定指导编委会. 车工(初级、中级、高级)[M]. 北京：中国劳动出版社，1996.
[16] 陈端树. 金属工艺学[M]. 北京：高等教育出版社，1985.
[17] 机械工业部. 金属材料及热处理基础[M]. 北京：机械工业出版社，1996.
[18] 刘文，王兴珍. 轧钢生产基础知识问答[M]. 北京：冶金工业出版社，2006.